科学出版社“十三五”普通高等教育研究生规划教材·水产系列
国务院学位委员会学科评议组认定的水产学科核心教材
中国海洋大学教材建设基金资助

水产养殖生态学（第2版）

AQUACULTURE ECOLOGY (2nd Edition)

董双林　田相利　高勤峰　编著

科学出版社
北京

内 容 简 介

本书是国务院学位委员会学科评议组认定的水产学科研究生教育 7 部核心教材之一，主要介绍水生经济生物及其养殖生产活动与环境的相互作用，以及阐释水产养殖模式（系统）的构建原理。本书第二版除对第一版内容进行系统性完善外，也更适应国际化教育需要。本书的特色主要表现为：研究对象的复杂性和多样性、研究对象的多功能性、服务于产业发展的应用性和学科交叉性。本书内容既考虑长远也关注当下，探讨增产、节能、减排三者综合效益的最大化，探讨在食物生产、经济发展和环境保护间求得平衡的原理。

本书是水产养殖专业研究生教材，也可作为高等院校水产养殖专业师生参考用书，还可作为水产养殖、水生生物专业和环保工作人员的参考资料。

图书在版编目（CIP）数据

水产养殖生态学 / 董双林，田相利，高勤峰编著. —2 版. —北京：科学出版社, 2021.11

ISBN 978-7-03-070515-0

Ⅰ. ①水… Ⅱ. ①董… ②田… ③高… Ⅲ. ①水产养殖–生态学–研究生–教材 Ⅳ.①S96

中国版本图书馆 CIP 数据核字(2021)第 224624 号

责任编辑：李秀伟 白 雪 / 责任校对：郑金红

责任印制：赵 博 / 封面设计：蓝正设计

科学出版社 出版

北京东黄城根北街 16 号

邮政编码：100717

http://www.sciencep.com

北京富资园科技发展有限公司印刷

科学出版社发行 各地新华书店经销

*

2017 年 2 月第 一 版 开本：787×1092 1/16

2021 年 11 月第 二 版 印张：28 3/4

2025 年 2 月第三次印刷 字数：682 000

定价：198.00 元

(如有印装质量问题，我社负责调换)

前　言

我国是水产养殖的摇篮。在我国新石器时代早期（8000年前）的河南省贾湖遗址就发现了鲤鱼养殖活动的证据。公元前460年的春秋战国时期，范蠡所著《养鱼经》中更是详细描述了养鲤的池塘条件、人工繁殖技术、放养方法等。我国也是水产生态养殖的摇篮。在三国时期魏朝（公元220～265年）我国就有了稻田养鲤这一朴素的生态养殖方法的记载。进入唐代（公元618～907年），我国更是出现了鲤科鱼类混养的生态养殖模式。在唐昭宗时期（公元889～904年）刘恂所著《岭表录异》中有这样的描述："新泷等州，山田栋荒，平处以锄锹，开为町疃。伺春雨，丘中贮水，即先买鲩鱼子散水田中。一二年后，鱼儿长大，食草根并尽，既为熟田又收鱼利"。这可能是世界上最早关于生态养殖原理的记载。

然而直到1952年，M. Huet开始用生物学、工程学等方法阐释鱼类养殖原理，并用法文出版了《鱼类养殖教本》（*Trwité de Pisciculture*），水产养殖才从一门手艺或技术成为一门多学科交叉的科学。20世纪50年代末，我国科学家才开始有意识地用生态学原理解释、总结我国传统鱼类池塘养殖的实践经验，并著《中国淡水鱼类养殖学》一书于1961年由科学出版社出版。该著作初步阐述了我国传统养殖技术所依据的生态学原理。因此，20世纪50年代可视为水产养殖生态学开始形成的年代。

之后，随着产业发展和科技进步，水产养殖生态学研究内容不断拓展、深入。20世纪六七十年代，人们主要关注池塘养殖动物的生态位、鱼类生理生态学和水质管理等理论，所获研究成果有力地提升了池塘和大水域养殖产量；进入80年代，大水域鱼类增养殖的蓬勃发展，促使人们开始研究养殖生态系统的供饵能力和鱼产力等问题；到了90年代，随着养殖规模的迅速扩大，人们开始关注水产养殖活动对水域环境的影响、养殖容量等。近几十年来，可持续发展和生态文明概念日益深入人心，人们开始将水产养殖系统作为一个经济生态学系统加以研究，并从更广的视角审视水产养殖与环境的相互作用。经过60多年的发展，水产养殖生态学已形成了比较完整的知识体系。2019年世界水产养殖学会前主席Patrick Sorgeloos教授在世界水产养殖学会会刊*World Aquaculture*为《水产养殖生态学》（第一版）撰写了书评。同年，本书第二版已被国务院学位委员会学科评议组认定为水产学科研究生教育的7部核心教材之一。

自1998年为研究生讲授"水产养殖生态学概论"课程以来，我一直自问，也经常问选课学生一个问题："50年后，我国水产养殖业会是一个什么样的格局？"开设本课程的目的就是使选课学生以更宽的视野、更长的时间尺度来审视和了解水产养殖系统，为理解水产养殖业可持续发展奠定生态学理论基础。

世界水产养殖模式发展进程是生态化与集约化不断交替与融合、螺旋发展和提升的历史。在世界鱼类养殖8000年历史的绝大部分时间里，人们采用的是粗放型鱼类单种类养殖模式，一直到我国唐代才出现鲤科鱼类混养和稻田养草鱼等这些对天然饵料利用效率更高的生态养殖模式。之后，明崇祯时期（公元 1639 年）出现了施肥、投草等以外源物质投入提高产量的半精养模式。到了 20 世纪五六十年代，西方国家在水产颗粒饲料、浮式网箱和增氧机等方面的创新使水产养殖进入了集约化单养或称工业化单养模式阶段。尽管水产养殖模式的简单集约化可使养殖生产力和养殖规模迅速提高和扩大，但其负面影响也逐渐显现出来，且已不容忽视。现在人们开始反思简单集约化发展存在的问题，并提出和实施现代生态养殖模式，以平衡经济、社会发展与环境、资源制约之间的关系。人类正面临人口增长、环境污染和全球气候变化三重挑战，只有基于非化石能源和光合作用的生态集约化养殖模式，水产养殖业才能同时实现高产、零排污和低碳乃至碳中和的目标。

作为应用生态学的新分支学科，水产养殖生态学既考虑长远也关注当下。我们的终极目标是使水产养殖产业实现高产、零排污和碳中和，而当下的目标是，通过对水产养殖生产系统实施生态集约化改造，使水产养殖业步入可持续发展的轨道。水产养殖生态集约化是通过人工投入与水产养殖生态系统服务功能有机结合（综合）提高养殖产量和增进综合效益的方法。生态集约化追求的是增产、节能、减排等综合效益最大化。对于湖泊、水库、近岸海域等大水体，水产养殖生态学关注的是基于光合作用的养殖模式，对陆基小水体关注的是基于非化石能源和光合作用的生态集约化养殖模式，对盐碱地池塘和稻田养鱼关注的是渔、农互利机制，而对远海水域关注的则是基于非化石能源和海洋自净能力的养殖模式。

与第一版相比，本书第二版增加了一些全球关注的研究领域，以适应研究生国际化教育的需要；增加了底质修复和开放水域网箱养殖两章，使全书更加系统、完整。全书共 14 章，主要涵盖养殖生物个体生态学（第 5～6 章）、养殖水体环境管理（第 7～8 章）、水产养殖系统生态学（第 1～3 章、第 9～12 章和第 14 章）、水产养殖生产活动与养殖环境的相互作用（第 4 章和第 14 章）及水产生物生态防病原理（第 13 章）等内容。

本书第一版由王卫民教授和赵文教授审稿。第二版第 10 章主要由田相利教授编著；高勤峰教授编著第 12 章的主要部分，并参与第 2 章和第 4 章编写；其余 12 章由董双林教授编写。全书由董双林统稿，并对第 10 章和第 12 章进行了补充。中国海洋大学水产养殖生态学实验室的董云伟教授、李丽副教授、周演根副教授、廖明玲博士、王杰博士和本实验室毕业的张家松研究员、闫冬春教授等对全书进行了校对、修改，作者在此对他们表示由衷的感谢！

水产养殖生态学是一个迅速发展的分支学科，每天都有大量新知识产生，就在即将向出版社提交书稿时，作者又看到一些新的值得推介给读者的研究成果发表，所以本书一定会有一些国内外同行很好的学术研究成果未被编入。同时，由于作者水平有限，书中一定存在不少瑕疵甚或错误，谨请各位专家和广大读者批评、指正，以使本书的下一版能够更完善。

董双林

2020 年 10 月于青岛

目　　录

前言

第 1 章　绪论 ········ 1
1.1　水产养殖与水产养殖生态学 ········ 1
1.1.1　水产养殖与水产养殖学 ········ 2
1.1.2　水产养殖生态学与水产养殖学的关系 ········ 2
1.2　水产养殖生态学的发展 ········ 3
1.2.1　水产养殖生态学的萌发阶段 ········ 3
1.2.2　水产养殖生态学的发展阶段 ········ 3
1.2.3　水产养殖生态学的完善阶段 ········ 5
1.3　水产养殖业的可持续发展 ········ 5
1.3.1　水产养殖业的现状和发展趋势 ········ 6
1.3.2　水产养殖业发展面临的主要挑战 ········ 10
1.3.3　先辈们的智慧与启示 ········ 13
1.3.4　水产养殖系统的生态集约化 ········ 14
1.3.5　迎接绿色养殖新时代 ········ 17
1.4　水产养殖生态学的研究方向和特色 ········ 19
1.4.1　水产养殖生态学的主要研究方向 ········ 19
1.4.2　水产养殖生态学的特色 ········ 20
小结 ········ 23

第 2 章　水产养殖生态系统 ········ 25
2.1　水产养殖系统的分类 ········ 25
2.1.1　水产养殖系统的特点 ········ 25
2.1.2　水产养殖系统的传统分类 ········ 26
2.1.3　基于系统能量来源的分类 ········ 27
2.1.4　基于系统代谢特征的分类 ········ 29
2.1.5　基于系统的物质收支分类 ········ 29
2.1.6　基于生态限制因子的分类 ········ 30
2.2　水产养殖生物的主要物理环境 ········ 35
2.2.1　水的物理特性 ········ 35
2.2.2　水体的光照 ········ 36

2.2.3 水温 …… 39
2.2.4 水体的含盐量 …… 45
2.3 水产养殖生物的主要化学环境 …… 47
2.3.1 溶解氧 …… 47
2.3.2 pH 及其缓冲系统 …… 52
2.3.3 氨与硫化氢 …… 54
2.4 水产养殖生物的生物环境 …… 55
2.4.1 养殖生物的微生物环境 …… 55
2.4.2 养殖池塘食物网结构 …… 56
2.5 养殖水体间生态学差异 …… 59
2.5.1 不同类型水库的生态效率 …… 60
2.5.2 养殖水体的生态学差异 …… 62
2.5.3 养殖水体的限制性营养元素 …… 65
2.5.4 养殖水体的生态演替 …… 65
2.6 水产养殖生态系统的生态金字塔结构 …… 67
小结 …… 69

第 3 章 养殖水体的生产力和养殖容量 …… 72
3.1 养殖水体生产力及其影响因素 …… 72
3.1.1 养殖水体生产力 …… 72
3.1.2 影响养殖生产力的因素 …… 73
3.2 养殖水体生产力评估 …… 75
3.2.1 池塘养殖生产力评估 …… 76
3.2.2 大型水体养殖生产力评估 …… 77
3.3 水体的养殖容量及其影响因素 …… 84
3.3.1 养殖容量的定义 …… 84
3.3.2 影响养殖容量的因素 …… 85
3.4 水体养殖容量的评估 …… 87
3.4.1 海水池塘对虾养殖容量评估 …… 88
3.4.2 水库网箱养鱼养殖容量评估 …… 91
3.4.3 海湾海带养殖容量评估 …… 92
3.4.4 滤食性贝类养殖容量评估 …… 93
3.4.5 以营养负荷法评估大水域养殖容量 …… 95
3.4.6 养殖容量评估的模型 …… 96
小结 …… 97

第 4 章 水产养殖与环境的相互作用 …… 99
4.1 水产养殖对水质的要求 …… 99

4.2 外源污染物对水产养殖的影响……100
4.2.1 来源于农业和城市排污的营养物质……100
4.2.2 有害水华（赤潮）……101
4.2.3 油污染……101
4.2.4 重金属……102
4.2.5 有机锡……102
4.3 水产养殖对环境的负面影响……103
4.3.1 对海流的阻碍及沉积作用……103
4.3.2 营养物质排放……104
4.3.3 化学药物排放……106
4.3.4 养殖鱼类逃逸与外来物种入侵……108
4.3.5 破坏红树林……109
4.3.6 对生物群落结构的影响……109
4.3.7 水产养殖与其他用途的矛盾……111
4.4 全球气候变化对水产养殖的影响……112
4.4.1 全球气候变化对水域生态系统的影响……112
4.4.2 全球气候变化对水产养殖的影响……114
4.5 水产养殖与温室气体排放……115
4.5.1 水产养殖的直接能耗及碳排放……115
4.5.2 养殖生物捕获产生的碳输出……117
4.5.3 养殖水体对碳的封存……117
4.5.4 池塘水—气界面温室气体通量……119
4.5.5 碳汇渔业……122
小结……123
第 5 章　水产养殖动物的生长……125
5.1 水生动物的生长模式……125
5.1.1 水生动物生长的特点和个体大小……125
5.1.2 水生动物的生长模型……127
5.2 温度对水产养殖动物生长的影响……131
5.2.1 水生动物对温度的适应性……131
5.2.2 水温对养殖动物生长的影响……133
5.3 含盐量对水产养殖动物生长的影响……138
5.3.1 水生动物对含盐量的适应性……138
5.3.2 含盐量对养殖动物生长的影响……140
5.4 溶解氧对水产养殖动物生长的影响……143
5.4.1 水生动物对溶解氧的适应性……143

5.4.2 溶解氧对养殖动物生长的影响……144
5.5 光照对水产养殖动物生长的影响……145
5.5.1 水生动物对光照的适应性……145
5.5.2 光照对养殖动物生长的影响……147
5.6 水产养殖动物生长的个体变异……150
5.6.1 影响个体生长变异的因素……150
5.6.2 饲料投喂和放养密度与个体生长变异……154
5.6.3 放养规格与个体生长变异……157
5.7 周期性饥饿后水生动物的补偿生长……159
5.7.1 水生动物的补偿生长现象和特点……159
5.7.2 周期性饥饿后水生动物的补偿生长……160
5.7.3 影响补偿生长的因素……162
5.7.4 补偿生长的生理生态学机制……167
5.7.5 补偿生长理论应用实践……168
小结……168
第 6 章 环境因子周期性变动对水生生物的影响……171
6.1 温度周期性变动对水生生物生长的影响……171
6.1.1 温度日周期性变动对大型海藻的影响……172
6.1.2 温度周期性变动对水生动物的影响……172
6.2 盐度周期性变动对水生生物生长的影响……180
6.2.1 盐度周期性变动对大型海藻的影响……180
6.2.2 盐度周期性变动对对虾的影响……181
6.3 周期性干露对大型海藻生长的影响……182
6.4 光照周期性变动对水生生物的影响……184
6.4.1 光照周期性变动对孔石莼的影响……184
6.4.2 光照周期性变动对对虾的影响……186
6.4.3 渐变光照时间对虹鳟的影响……187
6.5 水中 Ca^{2+}和 pH 周期性变动对对虾的影响……188
6.5.1 水环境 Ca^{2+}浓度波动对对虾的影响……188
6.5.2 pH 变动幅度对凡纳滨对虾的影响……189
6.5.3 pH 变动周期对对虾的影响……190
6.6 营养因子周期性变动对对虾生长的影响……191
小结……192
第 7 章 养殖水质的生物调控……194
7.1 水域生态系统的生物操纵……194
7.2 浮游植物的生产及其限制因子……197

7.2.1　浮游植物的光合作用和呼吸作用 197
7.2.2　影响浮游植物生长的理化因子 198
7.2.3　养殖池塘的浮游植物群落 201
7.3　大型海藻营养吸收动力学 202
7.3.1　大型海藻的营养需求 203
7.3.2　铁限制对大型海藻的影响 204
7.3.3　大型海藻对氮的吸收动力学 205
7.3.4　大型海藻对磷的吸收动力学 210
7.3.5　大型海藻对养殖水质的净化作用 213
7.4　大型海藻与微藻的相互作用 214
7.4.1　大型海藻与微藻的营养竞争 215
7.4.2　大型海藻对微藻的克生作用 218
7.5　滤食性贝类和滤食性鱼类的摄食 221
7.5.1　滤食性动物摄食的测定 221
7.5.2　滤食性动物的滤食能力 224
7.5.3　滤食性鱼类的摄食节律和对食粒的选择性 229
7.5.4　滤食性鲢呼吸与摄食的关系 231
7.6　贝类代谢产物对浮游植物的增殖作用 234
7.6.1　滤食性贝类的呼吸和排泄 234
7.6.2　贝类的代谢产物对微藻的增殖作用 236
7.7　滤食性贝类对水质和底质的影响 237
7.7.1　贝类对养殖池塘水质的影响 237
7.7.2　贝类对养殖池塘底质的影响 240
7.8　滤食性鱼类放养对水质的影响 241
7.8.1　滤食性鱼类对水质的影响 241
7.8.2　滤食性鱼类对浮游细菌的影响 244
7.8.3　放养鲢对水体物质循环格局的影响 245
小结 245

第 8 章　养殖池塘的底质及其修复 248
8.1　养殖池塘的土壤 248
8.1.1　池塘土壤的特征 248
8.1.2　池塘土壤与水体之间的离子交换 251
8.1.3　池塘土壤的酸度 252
8.2　养殖池塘的沉降作用 253
8.3　养殖池塘底泥的呼吸作用 255
8.3.1　池塘底泥的好氧呼吸 255

8.3.2 池塘底泥的厌氧呼吸 …… 257
8.4 养殖池塘底泥与上覆水间的氮磷交换 …… 259
8.4.1 底泥与上覆水间的氮交换 …… 259
8.4.2 底泥与上覆水间的磷交换 …… 260
8.4.3 影响底泥与上覆水间氮磷交换的因素 …… 261
8.5 养殖池塘底质的修复 …… 263
8.5.1 物理修复 …… 263
8.5.2 化学修复 …… 264
8.5.3 生物修复 …… 265
小结 …… 268
第9章 综合水产养殖及其结构优化 …… 269
9.1 我国综合水产养殖的历史沿革 …… 269
9.1.1 综合水产养殖的定义 …… 269
9.1.2 我国综合水产养殖的历史沿革 …… 270
9.2 综合水产养殖的基本原理 …… 272
9.2.1 养殖废物的资源化利用 …… 272
9.2.2 通过互补机制稳定水质 …… 273
9.2.3 通过下行效应调控水质 …… 275
9.2.4 养殖水体资源的充分利用 …… 275
9.2.5 生态防病 …… 277
9.2.6 多生产活动有机结合以提高效益 …… 277
9.2.7 综合水产养殖中的辩证思维 …… 277
9.3 综合水产养殖系统的分类 …… 278
9.3.1 养殖种类综合型 …… 279
9.3.2 系统综合型 …… 282
9.4 综合水产养殖结构优化的原理和方法 …… 284
9.4.1 综合水产养殖结构优化的原理 …… 284
9.4.2 综合水产养殖结构优化的方法 …… 286
9.5 综合养殖结构的优化 …… 287
9.5.1 水库综合养殖结构优化 …… 288
9.5.2 池塘综合养殖结构优化 …… 289
9.5.3 海湾综合养殖结构优化 …… 291
9.6 综合水产养殖的发展 …… 292
9.6.1 综合养殖模式的集约化水平有待提升 …… 293
9.6.2 研究、推广、应用三个环节缺一不可 …… 293
9.6.3 规模化发展与第三方认证 …… 293

9.6.4 综合养殖食品的安全性和海藻销路 293
9.6.5 对开放水域综合养殖实施有效管理 294
小结 294

第 10 章 陆基集约化水产养殖 296
10.1 封闭循环水养殖系统 296
10.1.1 传统封闭循环水养殖原理 296
10.1.2 现代 RAS 中的反硝化作用 298
10.1.3 封闭循环水养殖的商业化应用 300
10.2 阳光工厂化养殖系统 301
10.2.1 鱼菜共生养殖系统 301
10.2.2 基于沉水植物的 SRAS 303
10.2.3 基于微藻的 SRAS 306
10.3 跑道养殖系统 307
10.3.1 传统跑道养殖系统 308
10.3.2 池塘内跑道养殖系统 308
10.4 生物絮团养殖系统 312
10.4.1 生物絮团养殖系统简介 313
10.4.2 生物絮团养殖系统的水质 314
10.4.3 生物絮团养殖系统水质的调控 316
小结 317

第 11 章 低洼盐碱地池塘养殖 319
11.1 盐碱地基塘渔农系统 319
11.1.1 盐碱地改良概述 319
11.1.2 基塘渔农系统 320
11.2 低洼盐碱地池塘水质和生物环境 322
11.2.1 低洼盐碱地池塘的水质特点 322
11.2.2 低洼盐碱地池塘的生物 323
11.3 水产养殖动物对盐碱的耐受性 324
11.3.1 pH 对淡水养殖动物的影响 324
11.3.2 养殖动物对含盐量的耐受性 325
11.3.3 养殖动物对碱度的耐受性 325
11.4 水中阳盐离子对对虾生长的影响 326
11.4.1 对虾对水体 Na^+/K^+值的适应性 327
11.4.2 对虾对水体 Ca^{2+}浓度的适应性 328
11.4.3 对虾对水体 Mg^{2+}/Ca^{2+}值的适应性 328
11.5 低洼盐碱地养殖池塘水质调控 329

11.5.1 施肥对盐碱池塘水质的影响……329
11.5.2 盐碱池塘水质改良剂……330
11.5.3 滤食性鱼类对盐碱池塘水质的调控……332
小结……335
第 12 章 开放水域鱼类网箱养殖……337
12.1 网箱养殖概况……337
12.1.1 网箱养殖的历史沿革……337
12.1.2 养殖网箱的类型……339
12.1.3 网箱养殖的优缺点……341
12.2 开放海域网箱的养殖容量评估……343
12.2.1 简单模型评估……343
12.2.2 颗粒物跟踪模型评估……344
12.2.3 水质数值模型评估……345
12.2.4 综合数值模型评估……347
12.3 网箱的污损生物及其清除……347
12.3.1 养殖网箱上的污损生物……348
12.3.2 污损生物对网箱养殖的影响……349
12.3.3 网箱污损生物的清除……350
小结……351
第 13 章 水产养殖动物的保健和福利……353
13.1 水产养殖动物的保健……353
13.1.1 环境恶化与疾病发生的关系……353
13.1.2 环境诱导性疾病……354
13.1.3 养殖鱼类保健……358
13.2 养殖水体细菌群落演替与调控……360
13.3 对虾养殖的生态防病……361
13.3.1 WSSV 的传播途径……362
13.3.2 对虾白斑病暴发与环境的关系……364
13.3.3 对虾白斑病的综合预防……368
13.4 养殖鱼类的福利……370
13.4.1 养殖鱼类福利指标……370
13.4.2 鱼类福利的评价方法……372
小结……373
第 14 章 水产养殖生产系统的可持续性……374
14.1 水产养殖系统的多维性……374
14.2 水产养殖的生态足迹……379

14.2.1　生态学效率与生态足迹 …… 379
14.2.2　生命周期评价方法 …… 380
14.2.3　刺参不同养殖系统的生态足迹 …… 382
14.2.4　生态足迹与系统可持续性 …… 385
14.3　水产养殖系统的碳足迹 …… 386
14.4　水产养殖系统的水足迹 …… 388
14.4.1　水足迹及其研究方法 …… 389
14.4.2　不同集约化水平系统的水足迹 …… 389
14.5　水产养殖系统的能值分析 …… 390
14.5.1　能值分析理论 …… 391
14.5.2　三种刺参养殖系统能值分析 …… 394
14.6　水产养殖系统的不确定性和可持续性 …… 396
14.6.1　我国水产养殖发展的不确定性 …… 397
14.6.2　我国水产养殖系统的可持续性 …… 398
14.7　水产养殖系统生态集约化发展 …… 402
14.7.1　水产养殖系统生态集约化方法 …… 402
14.7.2　水产养殖系统生态集约化途径 …… 403
14.7.3　政策建议和展望 …… 407
小结 …… 408
参考文献 …… 411

第1章 绪　论

1.1 水产养殖与水产养殖生态学 1
1.1.1 水产养殖与水产养殖学 2
1.1.2 水产养殖生态学与水产养殖学的关系 2
1.2 水产养殖生态学的发展 3
1.2.1 水产养殖生态学的萌发阶段 3
1.2.2 水产养殖生态学的发展阶段 3
1.2.3 水产养殖生态学的完善阶段 5
1.3 水产养殖业的可持续发展 5
1.3.1 水产养殖业的现状和发展趋势 6
1.3.2 水产养殖业发展面临的主要挑战 10
1.3.3 先辈们的智慧与启示 13
1.3.4 水产养殖系统的生态集约化 14
1.3.5 迎接绿色养殖新时代 17
1.4 水产养殖生态学的研究方向和特色 19
1.4.1 水产养殖生态学的主要研究方向 19
1.4.2 水产养殖生态学的特色 20
小结 23

2018 年全球水产养殖总产量（鲜重）达到 1.145 亿 t，其中 8210 万 t 养殖动物产量，3240 万 t 水生植物，总产值 2636 亿美元。几十年来，水产养殖产业是全球食物生产领域年均产量增速最快的产业，为人们提供大量优质动物蛋白质，也是人类食物微量营养素的重要来源（FAO，2020）。

我国是全球水产养殖大国。2018 年水产养殖总产量已达 4991 万 t，产值 3572 亿元人民币。如果不考虑水生植物（干重 235.1 万 t），2018 年我国水产养殖产量约占世界水产养殖总产量的 57.9%。2018 年，我国水产品人均占有量为 46.3kg，超过世界人均占有量的一倍（农业农村部渔业渔政管理局等，2019）。

水产养殖业肩负着改善民生、发展经济、减贫、保障人类食物安全的使命。然而，世界水产养殖业，特别是我国水产养殖业的发展，已面临一些诸如环境污染、资源消耗过多等问题，并且正在受到全球气候变化的影响。这些问题不仅会影响水产养殖业的效益，也关乎其可持续发展的问题，更关乎人类未来食物安全。水产养殖业的发展应该采取什么样的养殖模式、走什么样的发展道路值得深思和研究。水产养殖生态学正是研究这类问题的学问。

1.1 水产养殖与水产养殖生态学

水产养殖（Aquaculture）一词本身有三重含义：一是指一手技艺，二是指一门科学，三是指一个产业。根据联合国粮农组织（FAO）的定义，作为技艺的含义，是指在人为控制条件下，为了增加产量饲养或栽培水生生物。水产养殖的科学含义，是指系统地阐述养殖技术及其原理，是养殖生物生理学、生态学、水环境化学、工程学等的交叉学科。水产养殖生态学属应用生态学范畴，是研究水生经济生物及其养殖生产活动与环境相互作用、阐释养殖模式（系统）构建原理的学问。水产养殖学是 20 世纪 50 年代形成的学问，而水产养殖生态学是那个时期才开始逐渐形成的学问。

1.1.1 水产养殖与水产养殖学

人类利用水生生物资源已有 100 多万年的历史（Nakajima et al.，2019）。在距今约 2 万多年的周口店山顶洞人文化遗址中发现的很多鱼骨表明原始人类就开始食用鱼类。在新石器时代有了鱼钩、鱼镖，后来出现了鱼类养殖活动。我国河南新石器时代早期（约公元前 6000 年）贾湖遗址出土的鲤就是人们养殖的鲤（Nakajima et al.，2019）。古埃及 4000 年前的金字塔壁画中也有河道中养殖的罗非鱼图画。在公元前 11 世纪中国的甲骨文中就有养鱼的记载，如“贞其雨，在圃渔”“在圃渔，十一月”。《诗经》（公元前 1142～前 1135）中更是确切记载有“王在灵沼，于牣鱼跃”（刘建康和何碧梧，1992）。

至公元前 460 年的春秋战国时期，范蠡所著世界最早的养鱼著作《养鱼经》，更是详细描述了养鲤的池塘条件和人工繁殖技术、放养方法等。那时的鱼类养殖已具一定规模和技术水平。中国是世界公认的水产养殖的摇篮（Nakajima et al.，2019；Nash，2011；Pillay & Kutty，2005；Parker，2002）。后来，中国的养鲤技术传到了亚洲其他国家。日本养鲤已有 1900 多年的历史（Ling，1977）。

欧洲养鱼的历史最早可追溯至 11 世纪末 12 世纪初，修道士从中国带回养鲤技术，并在池塘养殖中国鲤鱼（Pillay & Kutty，2005）。池塘养殖的鱼类已成为中世纪僧侣和贫民的重要食物。现在，中欧、东欧水产养殖产量的 80%以上还是来自鲤科鱼类。

虽然 20 世纪初一些国家就开设了水产养殖课程，但主要教学内容还是一些靠经验或试错法获得的养殖技术。直到 20 世纪中期，由于科学技术的介入，水产养殖才从一门手艺或技术成为一门多学科交叉的科学（Stickney & Treece，2011）。1952 年，M. Huet 用法文撰写了《鱼类养殖教本》（*Trwité de Pisciculture*），1976 年曾文阳先生根据英文版将该书译成中文。1957 年，苏联学者苏赫维尔霍夫的《池塘养鱼学》中译本出版。1959 年，我国鱼类学、水生生物学研究者和水产养殖科技工作者联合在一起，开始总结我国传统淡水鱼类养殖经验，并对原理进行了科学阐述，编著了《中国淡水鱼类养殖学》（中国淡水养鱼经验总结委员会，1961）。该书总结出的我国“水、种、饵、密、混、轮、防、管”八字精养技术，指导、推动了我国淡水渔业的发展。之后，其他鱼类养殖著作也相继出版（Bardach et al.，1972；Hickling，1962）。

水产养殖与渔业增殖的目标都是提高水域的渔产量，但前者主要关注养殖生物个体或群体重量的增加，如池塘养殖对虾等，而后者更强调种群数量的增加，继而实现产量的增加。鲢和鳙通常不能在水库自然繁殖，因此水库放养鲢和鳙属于养殖活动；而鲤则可在水库繁殖，因此水库放养鲤应称为水库增养殖。De Silva（2003）将较大水体放养鲤等可天然繁殖的水生动物称为基于养殖的渔业（Culture-based fisheries）。

1.1.2 水产养殖生态学与水产养殖学的关系

水产养殖生态学属应用生态学范畴，是研究水生经济生物及其养殖生产活动与环境相互作用关系，阐释养殖模式构建原理的学问。其目标是为水产养殖业的可持续发展，即保护水域生态环境、合理利用资源和提高经济效益，奠定生态学基础。

因为水产养殖生物本身就是水生生物，所以水产养殖生态学的一些研究内容与水生生物学有很多相同之处。但是，前者研究的问题更宽泛，如养殖活动与环境的相互作用、养殖系统生态经济学、养殖业可持续发展等。水产养殖生态学与产业发展息息相关，一方面，其理论成果的技术化，即新理论指导下产生的技术革新，能相应地推动产业的发展；另一方面，它本身也随着产业规模的扩大、空间的拓展、养殖品种的增加而发展，即其发展受产业发展强烈驱动。

水产养殖是在人工干预下经济水生生物的生产活动，是自然过程和人工过程的有机结合。水产养殖学作为一门科学主要关注养殖苗种繁育、放养量确定、天然饵料的培养和利用、人工饲料合理投喂、养殖水体生物量调节（如轮捕轮放等）、水质调控、病害防治等技术，比较不同生产方式的生产性能等（刘焕亮和黄樟翰，2008；Parker，2002；刘焕亮，2000）。水产养殖生态学除关注养殖技术所依据的生态学原理外，更关注水产养殖生态系统的结构和功能、养殖生产活动与环境的相互作用及某些养殖方式通过能源、饲料和淡水消耗对人类社会产生的总体影响等。概括地说，养殖学更注重个体或群体生长和实际的养殖效益，生态学更注重生态学效率、生产活动对环境的影响和可持续性等问题。

1.2 水产养殖生态学的发展

水产养殖生态学的发展可分为萌发、发展和完善三个阶段。经过60多年的发展，水产养殖生态学已形成了具有鲜明特色的应用生态学的分支学科，也是水产养殖的分支学科。

1.2.1 水产养殖生态学的萌发阶段

人类开展水产养殖活动已有几千年的历史，而如果将1866年德国动物学家Haeckel提出“Ecology”一词作为生态学学科的开端，迄今生态学发展历史也仅155年。如果将瑞典人Forel在1869年提出“Limnology”一词作为湖沼学和水生生物学诞生的年代（李辛夫和陈宜瑜，1996），则水生生物学的历史仅152年。20世纪50年代以前，尽管水生生物学家或水域生态学家就某些水生经济生物的生态学进行了大量研究，但只是在20世纪50年代才真正出现水产养殖与生态学有意识地实质性交叉研究工作。

虽然历史上我国在公元800多年就出现了稻田养草鱼生态养殖技术，但直到20世纪50年代末才出现水产养殖生态学的萌芽。1959年，我国科技工作者开始有意识地运用生态学原理解释、总结我国传统鱼类池塘养殖的实践经验，并已认识了一些养殖鱼类的生态学特征，养殖鱼类人工繁殖与营养、温度、光照、水流等的关系，施肥原理，稻田养鱼原理，池塘水质与病害发生的关系等（中国淡水养鱼经验总结委员会，1961）。与此同时，以生态学原理指导水产养殖科学研究和生产实践的工作思路开始盛行，这使我国水产养殖技术和理论，特别是综合水产养殖（简称综合养殖）理论在国际上处于领先地位。

1.2.2 水产养殖生态学的发展阶段

20世纪六七十年代我国在水产养殖生态学研究方面取得了一些令世人瞩目的成果，并为80年代我国大水面（湖泊和水库）水产养殖的大发展奠定了理论基础。

在淡水鱼类池塘养殖方面，人们阐释了不同生态位鱼类合理混养的精养和半精养原理、混养密放和轮捕轮放以提高池塘养殖负载量的原理、精养池塘水质调控原理等。同时，稻田养鱼理论更加完善，并形成了鱼—畜（禽）—林等多种形式的水陆复合生态系统（刘建康和何碧梧，1992）。

20 世纪 60 年代初，海藻生理生态学的研究推动了海带养殖区域南移和紫菜、裙带菜养殖的开展。70 年代鱼类生理生态学和水质管理理论的研究推动了工厂化养鱼的发展。

在大水面方面，20 世纪 60 年代中国科学院水生生物研究所在武汉东湖系统地开展了养殖水域生物群落各组分定性、定量分析。70 年代后期大水面养殖生态学蓬勃发展，研究者结合湖泊、水库渔业增产试验，探讨了浮游植物生产量等与鱼产力间的关系，并用于指导鱼类放养实践（李德尚，1986，1980；何志辉和李永函，1983a，1983b；王骥和梁彦龄，1981）；水库、湖泊网箱养殖鱼类生理生态学研究为网箱养殖发展提供了理论支撑。这一时期我国池塘养殖和大水面养殖（放养）的实践和理论均在国际上处于领先地位。这一时期的部分成果已整理在《东湖生态学研究（一）》（刘建康，1990）、《中国淡水鱼类养殖学（第三版）》（刘建康和何碧梧，1992）等著作中。

进入 20 世纪 80 年代，我国全面开展了以水体供饵能力指导放养数量和放养种类的“鱼产力”研究，这些研究有力地促进了我国湖泊、水库鱼类放养业的蓬勃发展。同时伴随水库综合养殖理论的发展及网箱投饵养殖和围栏养殖在湖泊与水库的应用、推广，我国湖泊、水库的鱼产量遥遥领先于世界其他国家。这一时期我国浅水湖泊渔业生态学、湖泊富营养化对水产养殖的影响等研究也令世人瞩目。这一时期的研究成果部分地反映在《山东省大中型水库鱼产力的综合评估》（李德尚等，1993a）、《东湖生态学研究（二）》（刘建康，1995）等著作中。

1989 年开始，李德尚及其实验室开始使用中型人工模拟生态系统——围隔来研究水产养殖生态学问题（李德尚等，1993b），如水库和配养滤食性鱼对投饵网箱养鱼负荷力的影响。与此同时，Xie 和 Liu（1992）也利用中型人工模拟生态系统（原位围隔）在武汉东湖开展了放养滤食性鱼类对浮游植物群落结构影响等的研究。围隔实验方法的应用使得水产养殖生态学的野外现场研究步入了受控实验的研究阶段。随后，李德尚及其实验室又使用陆基池塘中型围隔进行了中国对虾养殖结构的优化和盐碱地池塘养殖结构优化等研究（李德尚等，1998；赵文等，2000a）。

20 世纪 90 年代，我国在一些湖泊和水库片面追求渔业高产而过度放养、过量投饲、大量施肥、湖区滥围的负面效应逐渐显现，海水池塘对虾养殖高投饲率、大排大灌的养殖方式也开始受到质疑。因此，人们开始研究渔业发展与水域环境保护问题，并着手研究无公害渔业的原理与技术，如开展了水库养鱼负荷力、湖泊天然渔业资源调控及优质高效渔业模式、对虾封闭式综合养殖等研究。形成了《水库对投饵网箱养鱼的负荷力》（李德尚等，1994）、《对虾与鱼、贝类的封闭式综合养殖》（李德尚等，1999）、《草型湖泊资源、环境与渔业生态学管理》（梁彦龄和刘伙泉，1995）、《长江流域湖泊的渔业资源与环境保护》（崔奕波和李钟杰，2005）等论文和专著。

尽管国际上有关水产养殖生态学的研究起步较我国晚一些，但发展很快，且一些基础性研究工作做得扎实、深入。代表性论著有《水产养殖系统中腐屑和微生物生态学》（Moriarty & Pullin，1987）、《养殖池塘水质管理》（Boyd & Tucker，1998）、《水产养殖对环境的影响》（Pillay，1992）等。20 世纪 80 年代后期开始，欧洲环北海多个国家在国际海洋考察理事会（ICES）内成立了专门研究海水养殖与近岸环境相互作用的组织，多学科携手对北海水产养殖污染问题进行了多年大规模的深入研究。通过研究，基本查明了海水养殖业所排放污染物的主要种类、污染途径和对北海的污染程度，提出了控制措施，并相应地改进了养殖技术（董双林等，2000）。Odum 和 Arding（1991）也已开始将养殖水体作为一个经济生态系统加以研究。

1.2.3　水产养殖生态学的完善阶段

20 世纪末，特别是进入 21 世纪后，人们开始高度关注水产养殖业可持续发展问题。20 世纪末，以美国斯坦福大学 Naylor 教授为首的几位国际知名学者联名在 *Science* 和 *Nature* 杂志上发表文章（Naylor et al.，2000，1998），对海水养殖业的发展趋势提出了质疑。在中国，人们开始反思湖泊和水库的渔业模式（李辛夫和陈宜瑜，1996），在海水池塘养殖中倡导封闭式综合养殖模式（李德尚和董双林，2002）和可持续发展养殖模式（Hai et al.，2018；Christou et al.，2012）。零排污、无公害、生态养殖、可持续发展等概念成为水产养殖生态学论文中出现频率很高的词汇。

为应对全球气候变化，世界众多学者开始研究全球气候变化对渔业的影响，我国学者也提出了“碳汇（Carbon sink）渔业”概念（Tang et al.，2011）。我国开放海域水产养殖的物种主要是贝类，其产品贝壳中含有大量的碳元素。1999～2008 年 10 年间，我国海水贝类的贝壳固定 67 万 t 碳，相当于 245 万 t CO_2，折合成“碳汇林”约 27.9 万 hm^2，为世界碳减排作出了很大贡献。

近些年，国内外一些学者开始关注水产养殖系统的水资源消耗、耕地占用、碳足迹、生态足迹等问题，人们开始从多维视角审视水产养殖业的发展（董双林，2019a；Boyd & McNevin，2014；Cao et al.，2013；Boyd et al.，2007）及养殖鱼类的福利问题（Toni et al.，2019）。人们开始研究水产养殖的生态集约化问题，即利用养殖生态系统服务功能提高养殖效益、减少水产养殖对环境的负面影响，并据此提出了工厂化循环水养殖车间阳光工厂化改造、深远海养殖等技术方案（Dong et al.，2020；董双林，2019b，2015a）

如果将我国科技工作者开始用生态学原理解释、总结我国传统鱼类养殖的实践经验作为水产养殖生态学诞生的标志，水产养殖生态学已经过了 60 年的发展，其作为应用生态学的一个分支，已逐步形成了具有鲜明特色的理论体系（董双林，2016）。

1.3　水产养殖业的可持续发展

水产养殖已有几千年的历史，但养殖环境污染等仅只是近几十年才逐渐显现出来的问题。究其原因，除其规模不断扩大外，还与我们某些不当的发展模式和发展理念有关。本节将主要介绍水产养殖业的发展趋势、面临的挑战和可持续发展等问题。

1.3.1 水产养殖业的现状和发展趋势

1. 水产养殖业的现状

2018年世界渔业总产量达到1.79亿t（FAO统计，不含水生植物），其中87.2%被人类直接消费，人均消费量超过20.5kg（FAO，2020）。自1961年起，至2017年，世界水产品的消费量年均增速（3.1%）一直是世界人口年均增速（1.6%）的近两倍，其为保障人类食物安全和免于饥饿或营养不良作出了重要贡献（FAO，2020）。

2018年世界水产养殖总产量鲜重达到1.145亿t，其中8210万t养殖动物产品，3240万t水生植物（鲜重）。如果不计水生植物，水产养殖对全球渔业总产量的贡献率从2000年的25.7%已增至2018年的46%，以食用部分计则达到52%。世界上包括我国在内，已有39个国家的水产养殖产量超过了天然捕捞产量。

世界水产养殖动物产量的62.5%产自内陆养殖，其余为海水养殖。养殖产品中鱼类占66.1%、贝类占21.3%、虾蟹占11.4%。养殖鱼类产量前五位的种类和占比为草鱼（*Ctenopharyngodon idellus*）10.5%、鲢（*Hypophthalmichthys molitrix*）8.8%、尼罗罗非鱼（*Oreochromis niloticus*）8.3%、鲤（*Cyprinus carpio*）7.7%和鳙（*Hypophthalmichthys nobilis*）5.8%。凡纳滨对虾（又称南美白对虾，*Litopenaeus vannamei*）养殖产量占虾蟹养殖产量的52.9%，克氏原螯虾（*Procambarus clarkii*）占18.2%。巨牡蛎（*Crassostrea* spp.）养殖产量占贝类养殖产量的29.5%，菲律宾蛤仔（*Ruditapes philippinarum*）占23.6%，扇贝科（Pectinidae）物种占11.0%。

世界范围内，2018年水产养殖动物产量排在前5位的国家是中国（占总产量的57.9%）、印度（8.6%）、印度尼西亚（6.6%）、越南（5.0%）和孟加拉国（2.9%），都是亚洲国家，而欧洲、美洲和非洲的水产养殖大国挪威（1.7%）、智利（1.5%）和埃及（1.9%）都刚进入世界前十名。

中国是水产养殖大国。2018年水产养殖总产量4991万t（海水养殖产量占41%），其中鱼类产量2694万t、贝类产量1464万t、甲壳动物产量514万t（表1-1）。

表1-1 2018年我国各类水产养殖产品的产量组成

Tab. 1-1 Aquaculture production and composition of China in 2018

类别 Groups	海水养殖 Mariculture		内陆水产养殖 Inland aquaculture	
	产量/10^4t Productions	%	产量/10^4t Productions	%
鱼类 Finfishes	150	7.4	2544	85.9
甲壳类 Crustacea	170	8.4	344	11.6
贝类 Mollusks	1444	71.1	20	0.7
水生植物 Aquatic plants	234	11.5	0.7	0.02
其他 Others	33	1.6	51	1.7
合计 Total	2031	100	2960	100

注：表中数据不包括香港、澳门和台湾，下同

Note: Data in the table exclude Hong Kong, Macao and Taiwan, similarly hereinafter

我国水产养殖业的格局与发达国家有所不同，我国海水养殖产品主要是不需要投饲养殖的滤食性贝类和大型藻类，需要投饲养殖的海水鱼类和甲壳动物仅占15.8%（表1-1）。我国养殖的淡水鱼类如鲢、鳙和草鱼属于滤食性或草食性鱼类，它们可有

效地利用水体的天然饵料和陆生植物。因此，我国目前的水产养殖种类生态学营养层次总体上较低，生态学效益较高，受到了国际社会的广泛赞誉，为人类的食物安全作出了重要贡献。

表 1-2 列出了 2018 年我国水产养殖产量的来源。从表中可以看到，海水养殖产品主要来自筏式、吊笼和底播养殖，养殖种类主要是贝类；而内陆水域养殖则主要来自池塘养殖，养殖种类主要是鱼类。集约化养殖方式（网箱、围栏和工厂化养殖）产量在海水养殖中占 5.0%，在淡水养殖中也仅占 3.0%（农业农村部渔业渔政管理局等，2019）。

表 1-2　2018 年我国各类水域养殖产量的来源

Tab. 1-2　Aquaculture production sources of China in 2018

海水养殖 Mariculture			内陆水产养殖 Inland aquaculture		
类型 Types	产量/10^4t Productions	%	类型 Types	产量/10^4t Productions	%
池塘 Pond	246.7	12.1	池塘 Pond	2211.0	74.7
筏式、吊笼 Raft & lantern	740.0	36.4	湖泊、水库 Lake & reservoir	392.7	13.3
网箱 Net cage	74.9	3.7	网箱、围栏 Net cage & pen	67.5	2.3
工厂化 Indoor	25.5	1.3	工厂化 Indoor	21.3	0.7
底播 Bottom enhanced	531.2	26.1	稻田养鱼 Paddy field	233.3	7.9
其他 Others	412.9	20.4	其他 Others	34.0	1.1

由于水产养殖业快速、规模化发展，目前该产业已遇到了诸多挑战。了解水产养殖的发展趋势和面临的挑战，对于我们研究、解决这些问题，促使水产养殖产业步入可持续发展的轨道大有裨益。

2. 水产养殖业的发展趋势

2016 年，就食用量（扣除鱼粉、鱼油等产量）而言，全球水产养殖的产量历史性地超过了全球捕捞产量（FAO，2018）。我国是最早重视发展水产养殖的国家，早在 1988 年就实现了养殖产量超过捕捞产量的飞跃，2006 年海水养殖产量也超过了海洋捕捞产量（图 1-1）。由于内陆渔业资源有限和近海渔业资源的衰退，我国在未来一段时间内的渔业增长还将会主要源于水产养殖的发展。

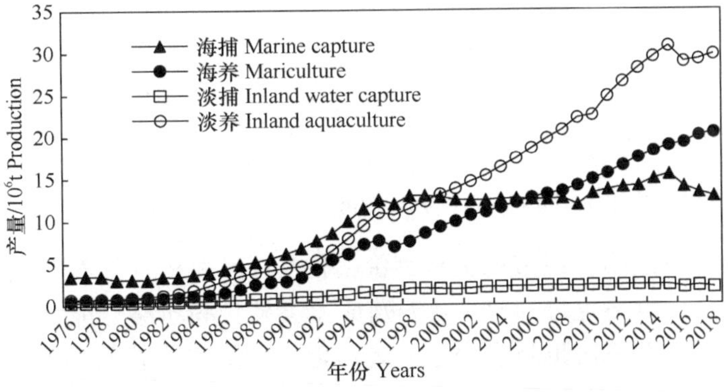

图 1-1　中国渔业产量变化

不包括香港、澳门和台湾数据，下同

Fig. 1-1　Fisheries production in China

Excluding Hong Kong, Macao and Taiwan, similarly hereinafter

自 2000 年起，全球水产养殖已不再保持 20 世纪 80 年代（年均 10.8%）和 90 年代（年均 9.5%）的高速增长，2001～2018 年，全球水产养殖动物年均产量增速为 5.3%，而 2017 年的年均产量增速为 4.0%，2018 年仅为 3.2%。这主要是由近几年我国水产养殖增速迅速降低所致（FAO，2020）。

我国水产品供给已由总量短缺转变为结构性过剩，并伴有地域性和季节性的供求不平衡（孙琛，2000），因此，我国水产养殖产量前些年增速就开始明显放缓，2016 年后我国实施的“减量增效”政策，更是促进了这一趋势。我国水产养殖业发展除增速放缓外，还呈现出养殖种类的数量不断增加、投喂养殖的产量比例不断提高、集约化水平不断提高等趋势。

1）水产养殖种类在迅速增多

2006～2016 年，世界商业化养殖的水生生物总数增长了 26.7%，从 2006 年的 472 个增加至 2016 年的 598 个。2016 年养殖的鱼类有 369 种（包括 5 个杂交种）、贝类 109 种、甲壳类 64 种、两栖和爬行动物 7 种、水生无脊椎动物 9 种、水生藻类 40 种（FAO，2018）。目前，我国水产养殖种类在 200 种以上。

在我国，人们热衷于开发“名、特、优、新”品种进行养殖。据早些年的报道，山东省先后直接或间接从国外引入革胡子鲇、虹鳟、美国红鲍、尼罗罗非鱼、海湾扇贝、凡纳滨对虾等水产养殖物种 62 种（刘世禄等，2003），江苏省也引入鲟、鳗鲡、虹鳟等 51 种非本地水产养殖物种（王迪等，2008）。我国的水产养殖业也因此走上了发展“名、特、优、新”的驱动模式（图 1-2）。

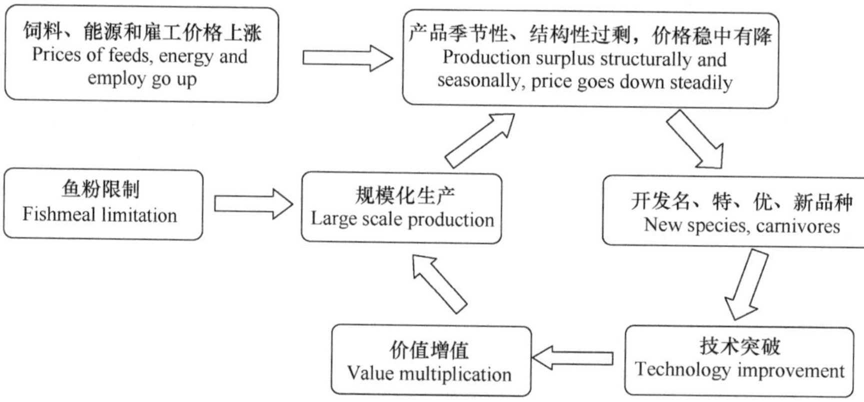

图 1-2 价格驱动的中国水产养殖发展模式

Fig. 1-2 One of aquaculture development patterns driven by the product price in China

尽管一个新开发的品种在市场上具有价格优势，然而一旦其养殖技术趋于成熟并具一定养殖规模之后，价格也将回落。其养殖成本会随鱼粉价格、能源价格、劳动力成本等的走高而走高，利润空间也将会变小。之后，人们又去寻找新的养殖种类。

2）投喂养殖的产量比例在提高

总体而言，全球水产养殖总产量中无需投喂种类比例在下降，从 2001 年到 2016 年下滑了 10 个百分点，至 30.5%（图 1-3）（FAO，2018）。从绝对数量上看，不饲喂种类养殖产量仍在继续增长，但增速低于需饲喂种类。2016年，不投喂种类的总产量为2440万t，主要是内陆水域养殖的滤食性鱼类和海水养殖的双壳贝类。值得一提的是，我国传统的草鱼池塘养殖是投喂鲜嫩青草，但现在基本上都是投喂颗粒饲料。2018年我国草鱼养殖产量为550万t，占我国淡水鱼类养殖产量的21.6%（农业农村部渔业渔政管理局等，2019），是世界养殖产量最高的鱼类种类，约占世界鱼类养殖产量的约10.5%。

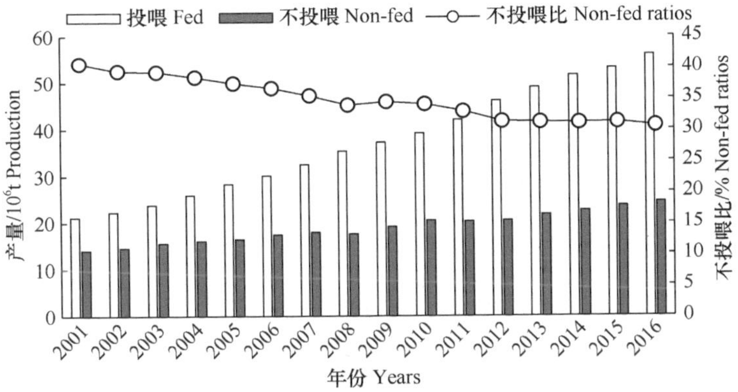

图1-3 世界水产养殖动物中需饲喂和无需投喂产量变化
Fig. 1-3 Fed and non-fed food fish aquaculture production in the world

1996年我国海水养殖产量为766万t，其中需要投饲养殖的鱼类和甲壳动物占4.1%，到2018年海水养殖产量达到2031万t，该比例也上升到了15.7%（图1-4）。1996年我国内陆水产养殖产量为1094万t，其中不需要投饲鲢和鳙养殖产量占38.2%，到2018年内陆水产养殖产量达到2960万t，这一比例却下降到了23.5%。可见，无论是海水养殖还是内陆水产养殖，投喂养殖产量比例都在持续上升。就整体而言，2009年我国水产养殖中有约41%的产量靠投饲养殖获得（董双林，2009），到2016年上升为47%（董双林，2019a）。

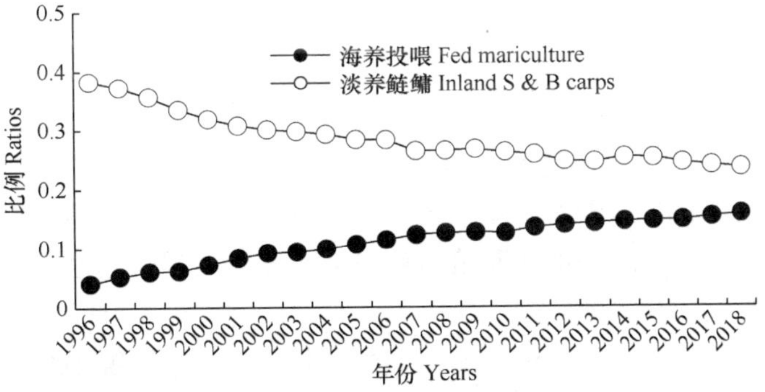

图1-4 我国海养鱼虾蟹占海水养殖总产量比例和鲢鳙占淡水养殖总产量比例
Fig. 1-4 The production ratio of fed fish and crustacean in mariculture to total mariculture, and the production ratio of silver (S) carp and bighead (B) carp to total inland aquaculture in China

3）水产养殖集约化水平总体上在不断提高

水产养殖集约化水平可依据作业强度、营养投入、放养密度、使用面积等分为精养、半精养和粗养（Boyd & McNevin，2014；Hai et al.，2018）。当然，从生态学的角度也可以依据养殖系统能量来源组成、制约生产力提高的生态限制因子等分类（详见第 2 章）。投饲养殖产量比例可作为表征一个国家或地区水产养殖集约化水平的指标，另外集约化养殖系统（网箱、围栏、工厂化）的采用比例也是衡量集约化水平的指标。

图 1-5 是近 15 年我国水产养殖产量的集约化比（集约化养殖产量与养殖总产量之比）变化。可以看出，海水养殖的集约化水平持续提高，从 2003 年的 2.1%提高到 2017 年的 4.7%。但是，由于环保的原因，水库、湖泊内大量围栏和网箱养殖被限制或者被取缔，淡水养殖的集约化比近年来明显降低。

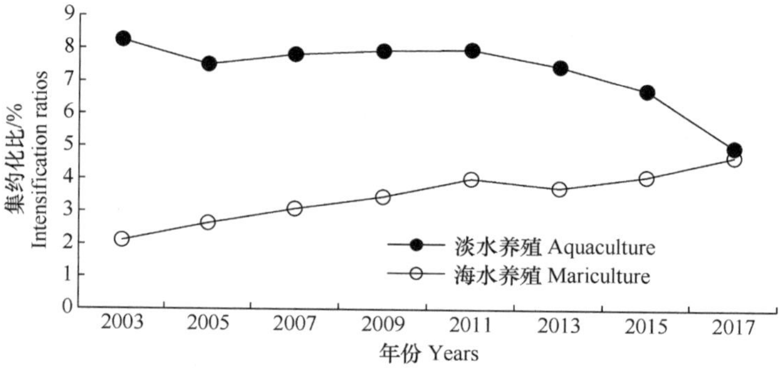

图 1-5　2003～2017 年我国水产养殖产量的集约化比
Fig. 1-5　The intensification ratios of aquaculture production from 2003 to 2017 in China

另外，颗粒饲料和增氧技术的广泛应用使得养殖水体放养密度大幅增加，单位水体的产量也相应增加。20 世纪 70 年代美国池塘养殖斑点叉尾鮰的年产量不足 2000kg/hm^2，2000 年增加到 3713kg/hm^2，2010 年则达 5544kg/hm^2（Boyd & McNevin，2014）。我国 2008 年内陆池塘和海水池塘的生产力分别为 6800kg/hm^2 和 4030kg/hm^2，到 2018 年相应的生产力则分别达到了 8290kg/hm^2 和 6170kg/hm^2。

1.3.2　水产养殖业发展面临的主要挑战

一方面，水产养殖活动会对环境产生一定的影响；另一方面，环境变化也会对养殖系统和养殖生物产生影响（详见第 4 章）。人类从事水产养殖活动已有几千年的历史，但到了 20 世纪 70 年代，由于人工颗粒饲料、增氧机的应用和网箱养殖技术的推广，才使得水产养殖规模迅速扩大，水产养殖与环境的相互作用越来越强烈，水产养殖业的发展也开始受到各种制约和挑战。

总体来讲，制约世界水产养殖业发展的因素包括资源、环境和社会三方面。资源和环境因素主要是野生资源（鱼粉和鱼油）、排污（有机物、N、P、抗生素、杀虫剂、重金属等）、自然资源（淡水、生境等）使用、病害、生物多样性等（Granada et al.，2016；Boyd & McNevin，2014；Naylor et al.，2000，1998），而社会因素主要是与其他产业的冲突、监管法规空白、鱼类福利等问题（Jennings et al.，2016；Naylor & Burke，2005）。美国国家海洋与大气局（NOAA）希望到 2025 年美国水产养殖业的产值从不足 1 亿美元提高到 50 亿美元（US Department of Commerce，2001）。远海养殖是其发展的战略方向，但在联邦政府管辖海域发展远海养殖还受到法规缺失、社会福利等制约（Naylor & Burke，2005）。

健康的水产养殖发展模式应能为人们提供充足、安全、可持续、数量稳定、合法生产的水产品（Jennings et al.，2016）。各国水产养殖的发展阶段、养殖方式、环境和资源禀赋不尽相同，因此，各国水产养殖业发展目前受到的制约和挑战也不尽相同。例如，挪威水产养殖面临的最急迫挑战是大西洋鲑寄生的海虱和峡湾养殖容量有限的问题，而中国水产养殖面临的最急迫问题是养殖污染和淡水短缺等问题。

尽管水产养殖业发展遇到上述诸多因素的制约和挑战，但有些因素并不是水产养殖一直就有的。例如，我国水产养殖业面临的疾病流行问题，在很大程度上是管理问题和防治的经济承受力问题。如果在对虾白斑综合征刚在我国出现时就不惜代价采取焚烧、隔离、彻底消毒策略，也许我国对虾养殖业就不会像现在这样被白斑综合征所困。

然而，有些问题是水产养殖业与生俱来的。从全球视角和更长的时间尺度来审视，挑战水产养殖业发展的主要因素是耕地与水资源短缺，产业发展对能源、鱼粉不断增大的需求和养殖污染等。

1. 有限的耕地和淡水资源与不断增长的对优质水产品的需求

据专家预测，到 2050 年，人类对水产养殖产品的需求量将达到 9300 万 t（Boyd & McNevin，2014）。全球范围内，尽管用于水产养殖的土地（设施占地和饲料组分种植用地）仅占地球面积的 0.17%，是畜牧业用地的 3.6%（Boyd & McNevin，2014），但其对湿地特别是红树林的影响还是很大的（Naylor et al.，1998）。

内陆封闭式、半封闭式水产养殖系统（池塘、跑道养殖系统、循环水工厂化养殖车间）不仅会占用土地，还会在生产过程中频繁换水，同时，饲料中一些组分的种植也需要消耗大量淡水，这使得水产养殖具有一定量的水足迹（详见第 14 章）。

全世界水产养殖每年直接使用淡水的量（不包括降水）为 111.4km^3，是农业用水的 6.6%。然而，养殖单位重量水产品所耗淡水资源远比农业灌溉要多（Boyd & McNevin，2014）。对于那些水资源短缺的国家，大规模发展内陆水产养殖是一个不可小觑的挑战。

我国是一个水资源十分短缺的国家，人均水资源量仅为世界人均水平的 1/4，是世界上 13 个贫水国之一。尽管我国农业需要在连续多年丰收的基础上继续增产，以满足人们对粮食的需求，但从国家水安全战略考虑，未来多年我国农业用水只能维持零增长或负增长，水利部已将此作为一项重要工作目标（吴普特等，2006）。我国基于淡水资源的利用形势和国家坚守 18 亿亩（1 亩≈666.67m^2）耕地红线的决心，内陆水域养殖业的发展会受到越来越强的土地和水资源制约。

2. 不断增长的能耗与全球减排任务

水产养殖过程会消耗能量，并直接或间接排放温室气体。全世界捕捞和水产养殖每年消耗能量 2EJ（1EJ=10^{18}J）和 0.4EJ，仅为世界终端用户耗能的 0.68%和 0.14%（FAO，2011）。即使按全生命周期评价（LCA）（详见第 14 章），水产养殖产业耗能也仅为 1.38EJ，即世界终端用户耗能的 0.47%。世界水产养殖每年排放温室气体 219.5Mt 二氧化碳当量（Mt=10^6t），LCA 评估的数据为 245Mt 二氧化碳当量，占总温室气体排放量的 0.55%

（Boyd & McNevin，2014）。全球水产养殖业耗能比例并不算大，但其增大的趋势不容忽视。

据调查，我国 2008 年前后渔业生产领域年总能源消耗为 1754 万 t 标准煤（1kg 标准煤=29.31MJ），其中水产养殖占 21%（徐皓等，2011）。从能耗结构看，池塘养殖由于生产规模大，能耗占养殖能耗总量的 61.3%；其次是工厂化养殖，占 21.3%；网箱养殖和围栏养殖的能耗占 14.3%。

集约化养殖具有高碳排放特点。据徐皓等（2011）的报道，我国当前池塘、网箱和工厂化养殖的单位产品耗电量分别为 1.33MJ/kg、11.3MJ/kg 和 31.2MJ/kg。耗电多意味着间接排放 CO_2 也多。随着水产养殖业规模的扩大和向集约化、高营养层次化的发展，该产业对能源的依赖程度会越来越大，生产过程中产生的 CO_2 也将越来越多。

大气中温室气体浓度的持续升高已成为 21 世纪社会经济可持续发展最为严峻的挑战。我国政府已决定，CO_2 排放力争 2030 年前达到峰值，届时单位国内生产总值 CO_2 排放量将比 2005 年下降 60%～65%。在此大背景下，简单的集约化发展在这方面有悖于国家减排要求，这也许需要国家针对食物生产产业出台特殊政策。

在全球气候变化大背景下，水产养殖业既要实现增产以满足人们的需求，又要节能、减排以实现产业的可持续发展。水产养殖的集约化可以实现增产的目标，封闭循环水养殖可以实现减排甚至零排污，什么样的养殖系统或模式可以同时实现增产、节能（低碳）、减排呢？这正是水产养殖生态学应着重研究的问题。

3. 内陆水域和近岸养殖海域污染与深远海海域的闲置

通过饲料投入水产养殖系统的 N 和 P 仅一部分被养殖动物摄食、同化，相当大的部分被释放到水环境中。因此，投饵养殖系统在生产过程中会连续或间断性地向邻近水域或自身养殖水域排放代谢废物（尿、粪）、假粪和残饵，增加了这些水体中的有机物和营养物负荷。不同的养殖系统和不同的放养密度对饲料 N 和 P 的利用率不同。当养殖生产排放的有机物或 N、P 量超过养殖水体的自净能力时或超过养殖容量时，水质就会恶化，养殖生产也将不可持续。

集约化养殖方式规模化发展，使得水产养殖消耗的饲料迅速增加。2012 年，全球水产养殖消耗了 3960 万 t 商品颗粒饲料（其中我国占 2300 万 t）。预计到 2025 年，水产养殖消耗的商品颗粒饲料量将达 8710 万 t（Tacon & Metian，2015）。一般情况下，仅 10%～20%饲料物质干重可转化成养殖动物生物量。投饵养殖鱼、虾的平均 N、P 排放量分别为 25.7kg/t 和 5.6kg/t，网箱养殖则为 64.4kg/t 和 13.9kg/t。一口 1.5m 深的养殖池塘每年向外排放的颗粒有机物约 750kg/hm^2（Boyd & McNevin，2014）。可见，随着投饲比例和投饲量的增加，养殖排污量也将增加。

我国水产养殖规模在世界上最大，已达到 719 万 hm^2（农业农村部渔业渔政管理局等，2019），其中开放水域 393 万 hm^2（近海 114 万 hm^2、滩涂 60 万 hm^2、湖泊 75 万 hm^2、水库 144 万 hm^2）、池塘 307 万 hm^2（海水 40 万 hm^2、内陆 267 万 hm^2）。我国大规模的水产养殖，特别是投饵养殖，已对水域生态系统构成了一定的压力，到了不可忽视的程度。

据崔毅等（2005）估算，2002 年我国黄渤海沿岸的海水养殖污水排放量达 119.8×10^8m^3，其中含 N 6010t、P 924t、化学需氧量（COD）29 016t。水产养殖的 N 和 P

排放量分别占该区域陆源排放量的 2.8%和 5.3%。另据程序（2009）推算，我国海水网箱和池塘养殖的 N 排放量分别达 3.7 万 t 和 45 万 t，而我国每年城镇生活污水排放 N 总量仅 90 多万吨。这些养殖污染物不仅会造成养殖水体自身污染、引发养殖生物疾病、影响生长等，还会引发更严重的海洋环境问题。

我国水产养殖排污已引起公众的广泛关注。2016 年开始，政府已开始取缔、限制一些内陆湖泊和水库的投饵网箱和围栏养殖活动，并禁止在水产养殖中使用烧煤锅炉。这一环保“风暴”使得内陆湖泊、水库的网箱和围栏养殖的发展受到限制（图 1-5），也影响了内陆水产养殖的发展（图 1-1）。

全世界每年人为排入天然水体的 N 和 P 总量分别为 50Mt 和 10.5Mt，其中水产养殖分别占 2%和 2.9%（Boyd & McNevin，2014）。鉴于近岸水产养殖环境负荷过大，一些国家和地区开始限制近岸海水养殖的发展。例如，挪威已严格限制峡湾内大西洋鲑养殖规模，鼓励峡湾外离岸养殖的发展。美国也开始关注远海养殖问题，但在联邦政府管辖海域发展远海养殖还受到法规缺失的制约。

当前，我国近岸海水养殖面积已占 10m 等深线以内海域总面积的 40%左右，而-10～-30m 等深线管辖海域的养殖利用率仅 1%，50m 以上的深远海海域的养殖还几乎是零。我国已开始鼓励深远海鱼类养殖，并准备在专属经济区海域实施无海域确权条件下的养殖证发放政策。这一政策必将推动我国深远海养殖的快速发展。

1.3.3 先辈们的智慧与启示

18 世纪，西方世界人们对大规模生产活动存在两种比较典型但完全相反的态度：一种是以 18 世纪英国塞尔波恩的牧师、自然博物学者怀特（Gilbert White，1720—1793）为代表的对待自然的“阿卡狄亚式的态度”，即以田园主义的观点倡导一种简单、和谐的生活，目的是恢复到一种与其他有机体和平共存的状态；另一种则是以林奈（Carolus Linnaeus，1707—1778）为代表的对待自然的“帝国式的态度”，即通过理性的实践和艰苦的劳动实现对自然的征服（Worster，1994）。类似极端对立的思想在现代经济活动中仍有反映，如经济乐观论与环境悲观论（徐中民等，2003）。

在我国古代，人们对自然的认识深受《周易》的“阴阳平衡”、老子的“道”和孔子的“中庸”思想影响。事物若要臻于完善，并要保住完善状态，它的运行就必须在恰当的地位、恰当的限度、恰当的时间（冯友兰，2008）。受这种思维模式的影响，我们的先辈在 1100 多年前发明了稻田养草鱼模式。刘恂在唐昭宗年代（公元 889～904 年）所著《岭表录异》有这样的记载：“伺春雨，丘中贮水，即先买鲩鱼子散水田中。一二年后，鱼儿长大，食草根并尽，既为熟田又收鱼利”（中国淡水养鱼经验总结委员会，1961）。这可能是我国历史上最早的草鱼与水稻综合种养的记载，也是世界渔业史上的大事。

小规格草鱼吃不了高大的禾苗。待禾苗长到一定高度时再放小规格的草鱼，那时草鱼就无法啃食水稻，它们之间就仅剩下互利关系了（详见第 9 章）。在稻田养草鱼模式中水稻与草鱼是一对矛盾，在一定的条件下它们间的对立关系可以发生转化。稻田养草鱼模式是中华先辈们的伟大创举，也是我国传统哲学思维在水产养殖生产中的实践。

我国现在流行的贝类与藻类间养系统、网箱养鱼与大型海藻间养系统中养殖生物间也是对立统一的关系。吃食性鱼类是异养生物，而海藻是自养生物，它们在生态学特性方面是相反的，但同时它们又是互补的（董双林等，1998）。如在一个水体中单养海藻，会因为缺乏营养（氨氮、CO_2）而产量受限；如单养鱼类，则会因缺乏溶解氧且氨氮太多而产量受限；但如将它们间养在一起，则可提高该水体的养殖容量，实现 1+1 远大于 2 的效果（图 1-6）。

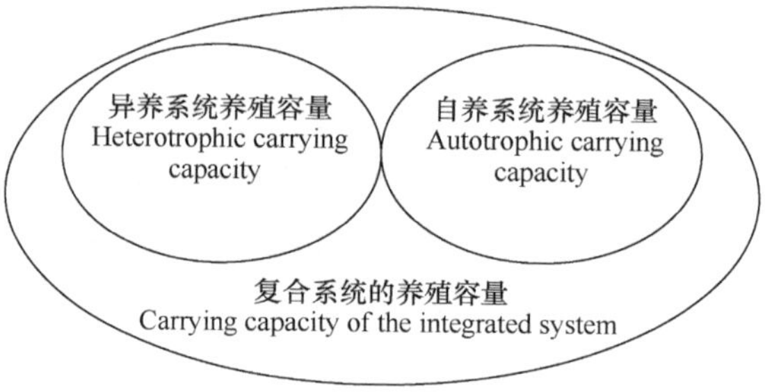

图 1-6　两个互补养殖系统复合的生态学效应
Fig. 1-6　Ecological effects of integration of two complementary aquaculture systems

对水产养殖生态学而言，该类问题的核心是对立体的选择和查明统一体构建的条件。自养生物与异养生物、投喂性种类（Fed species）与获取性种类（Extractive species）都是对立体，它们间的恰当比例就是条件（图 1-7）。我国水产养殖业现在面临的问题也是一个辩证的对立统一体。粗放的水产养殖系统可以做到低碳，但满足不了人们对高产的需求；工厂化循环水养殖系统可以满足人们对高产的需求，但就目前我们消耗的能源结构而言它很可能会是一个高碳的生产系统。长远地看，水产养殖业的发展既应考虑国民对食物的需求也应关注环境保护，既要“集约”又要“生态”，也就是生态集约化发展。

图 1-7　生态集约化水产养殖系统中的对立统一和平衡
Fig. 1-7　Unity and balance of opposites in ecological intensification of aquaculture systems

1.3.4　水产养殖系统的生态集约化

水产养殖产业的主要目标就是保障人类的食物安全，即实现水产品供给的充足、安全、可持续、平稳、合规。充足就是可满足人们的需求和偏好；安全就是在提供营养的同时将健康风险降到最低；可持续就是既考虑为当代也考虑为后代提供食物；平稳就是保障生产系统和供应链的弹性，以应对冲击；合规就是符合动物、人类和环境福利的法律和道德标准（Jennings et al.，2016）。

现在，地球上的人口数量已超过 70 亿，每年消耗超过 70 亿份资源。据世界银行和其他机构的预测，到 2050 年全球人口将超过 90 亿。那时的人均收入将是现在的 2.9 倍，人均资源消耗将是现在的两倍，因此，如果我们现在不采取任何措施，那时人类每年将至少消耗 180 亿份资源。到 2050 年，人类对渔业产品的需求量为 1.56 亿 t，其中 9300 万 t 左右将可能来自水产养殖（Boyd & McNevin，2014）。如前所述，水产养殖业的发展已面临土地和水资源短缺、养殖污染及产业发展对能源、鱼粉不断增大的需求等诸多挑战，应对这些挑战，保障人类的食物安全，并使水产养殖业的发展步入可持续的轨道，是十分艰巨的任务。

有理由相信，在营养、饲料和养殖科技工作者的共同努力下，鱼粉替代或减量会随着科技进步逐渐得到解决（Gamboa-Delgado & Márquez-Reyes，2018；Teves & Ragaza，2016；Powell，2003），而其他挑战则应在生态学思想指导下加以应对。

1. 水产养殖的生态系统方法

为应对水产养殖面积扩大、养殖密度提高和人工饲料广泛使用在一些区域造成的环境和社会负面影响，1991 年 4 月联合国粮农组织渔业委员会第十九届会议建议，应该建立新的渔业和水产养殖管理方法，树立负责任渔业理念，并应该为此制定行为守则。

1995 年在“渔业对粮食安全的可持续贡献问题国际会议（京都会议）”上，联合国粮农组织制定了《负责任渔业行为守则》（FAO，1995），目的是促进渔业对食物安全和食品质量作出贡献，促进对水生生物资源及其环境和沿海地区的保护。该《守则》的第九条规定：各国应尽量减少抽取地下水、用地、排污、使用药品、化学制品和其他水产养殖活动所造成的不利生态变化及有关的社会经济后果，以确保水产养殖业的发展具有生态方面的持续能力，合理利用水产养殖和其他活动所共用的资源。各国应促进负责任的水产养殖方法，确保水产养殖的环境和产品安全。

2006 年人们提出了从生态系统水平考虑水产养殖的问题，2008 年 FAO 出版了《构建水产养殖的生态学方法》（*Building An Ecosystem Approach to Aquaculture*），2010 年 FAO 将该方法推荐为《负责任渔业行为守则》中关于水产养殖发展的要求（FAO，2013）。

作为一项战略，EAA 强调的是结果而非方式。EAA 的三个主要原则为：①养殖活动不能超出环境的承载和恢复能力；②养殖活动应提高所有利益相关者的福祉和公平；③养殖活动应综合考虑到其他利益相关方的利益。显然，实施 EAA 就需要改变人类的一些不良行为和加深对生态系统功能的了解。

2. 水产养殖系统的生态集约化方法

在全球范围内，随着土地和水资源对水产养殖发展的制约日趋严重，水产养殖系统的集约化发展正在加速。虽然食物生产系统的简单集约化可能在短期内产出可预期的产量，但它存在长期风险（Nyström et al.，2019）。

1）简单集约化养殖的得与失

水产养殖产量的增加可以通过提高养殖系统的集约化水平实现，然而人们逐渐认识到，水产养殖的集约化是一把双刃剑。如图 1-8 所示，与粗放养殖系统相比，随着人力、电力、饲料投入的增加，精养系统产量大幅度提高，占地面积大大减小，直接的经济效益可能也会增加。然而，精养系统会大量消耗饲料（包括鱼粉）资源，并削弱了太阳光能和天然饵料资源的作用；高密度、单一种类的养殖还可能产生疾病问题，用药量增加，造成药物残留和产品质量下降问题；在对排放水处理不佳时或不作处理时，大量饲料投入会导致养殖废水排放或残饲和粪便沉积，对养殖水域或毗邻水域造成污染。

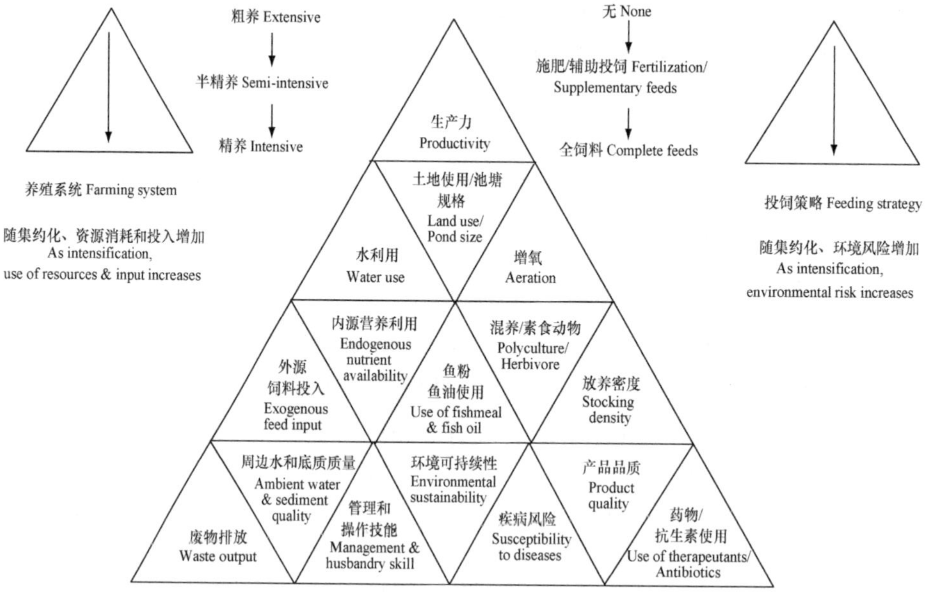

图 1-8　粗放养殖、半精养和精养系统的资源利用和潜在环境风险（引自 Tacon & Forster，2003）

Fig. 1-8　Main differences between conventional extensive, semi-intensive and intensive farming systems in terms of resource use and potential environmental risks (from Tacon & Forster, 2003)

众多国家实施农业集约化发展的实践表明，集约化农业在增加粮食产量和生产效率的同时也付出了昂贵的代价，如土地退化、有机质和营养流失、水资源枯竭、水污染等。如果将环境成本计算在生产成本之中，集约农业的成本其实很高。为此，国际上一些知名学者提出了农业可持续集约化（Sustainable intensification of agriculture）理念，目标是在消除饥饿、贫困的同时仍给人类保留良好的环境（Tilman et al.，2011）。水产养殖业的发展也应走可持续的生态集约化之路，而非走简单集约化发展之路。

循环水养殖系统（Recirculating aquaculture system，RAS）是一种高度集约化养殖系统，又称工厂化养殖系统。与传统的养殖系统相比 RAS 具有若干优势，如使用淡水较少、节约土地、饲料利用率较高等。然而，RAS 作为高度人工控制的系统，缺点也十分突出。

第一，成本较高。西方国家一般能源价格较低，劳动力成本极高，因此用人少耗电多的 RAS 在西方发达国家较为流行。但是，与发达国家相比，我国较高的能源价格和相对仍较低的劳动力成本使得 RAS 产品在很多情况下缺乏竞争力（详见第 10 章）。

第二，传统 RAS 会导致无机氮积累。传统 RAS 中的生物滤器可将高毒的氨氮、亚硝酸氮转变为低毒的硝酸氮。但是，现行系统基本都是在有氧环境下运行的，反硝化作用很弱，从而导致总无机氮积累。该系统长期运行后不仅会因无机氮积累威胁养殖动物安全，还会导致少量排放的尾水无机氮超标（详见第 10 章）。

第三，碳足迹过高。RAS 生产单位重量水产品无论是 CO_2、SO_2 还是 P 排放量都高于池塘和网箱养殖系统（详见第 4 章），因此具有较高的全球变暖潜势、酸化潜势和富营养化潜势（详见第 14 章）。

为克服低能源效率和废物清除造成的高成本，RAS 中应该植入大型水生植物（原位或异位），充分发挥光合作用这一高效的自然生态系统服务功能（详见第 10 章、第 14 章）。

2）水产养殖系统生态集约化方法

水产养殖系统生态集约化（Ecological intensification of aquaculture system，ELIAS）是一种通过人工投入与水产养殖生态系统服务功能（Ecosystem services of aquatic ecosystem）（详见第 14 章）有机结合（综合）的方式提高养殖产量和增进综合效益的方法（董双林，2015a）。ELIAS 强调的是，多方权衡考量，在保护环境、促进经济社会发展的前提下，高效地生产安全的水产品。生态集约化追求的是增产、节能、减排等多因素综合效益的最大化。

ELIAS 的结果与 EAA 基本相同，但 ELIAS 更是一种方式，即生态与集约有机结合的方式。该方式是我国传统哲学思维在当代水产养殖生产中的实践。集约意味着高密度、高产量，生态意味着养殖废物的资源化利用、自养和异养两个过程的平衡等（图 1-7）。现行的粗放型养殖系统应该基于水域生态系统服务功能进行集约化升级，一些集约化养殖系统应该进行生态化改造（见第 9 章、第 10 章、第 14 章）。

1.3.5　迎接绿色养殖新时代

水产养殖生产系统的发展过程其实就是水产养殖系统生态集约化的演进过程。随着人们对水产品需求的增加、科学技术进步及对环境问题的日益关注，总体上讲，水产养殖生产系统发展可划分为 4 个阶段：基于天然生产力的集约化、基于人工饲料的集约化、基于生态系统服务功能的集约化和基于绿色能源的水产养殖（表 1-3）。

2500 多年前（公元前 500 年），范蠡记载了鲤鱼单种粗养模式，这是一种基于天然饵料养殖鲤鱼的池塘养殖系统。700 年后（公元 220～265 年）我国出现了稻鱼养殖这一综合粗养模式（Lu & Li，2006）。到了唐代（公元 618～907 年），随着人口的增加和对水产品需求的增加，开始出现鲤科鱼类多种半精养模式，使得池塘生产力显著提高（Nash，2011）。据徐光启的《农政全书》（1639 年）记载，人们投草喂养池塘中的草鱼，并利用草鱼残饵和粪便肥水养殖鲢。人们还用羊粪投喂池塘中养殖的鱼类。上述阶段的水产养殖发展的总体策略开始是通过混养模式充分利用自然生产力，后来是通过施肥或补充饲料提高池塘生产力（表 1-3）。

表 1-3 水产养殖生产系统的生态集约化演进及其特性

Tab. 1-3 Evolution of ecological intensification and characteristics of aquaculture production systems

生产系统 Production systems	单种粗养 Extensive monoculture	综合粗养 Integrated extensive aquaculture	多种半精养 Semi-intensive polyculture	单种精养 Intensive monoculture	综合精养 Integrated intensive aquaculture	绿色养殖 Green aquaculture
时代 Time	公元前500年（500BC）	公元220～265年、公元618～907年（220~265AD、618~907AD）	1639	1950s～1960s	2000s	不久的将来 Near future
例子或模式 Examples or models	鲤鱼池塘单养 Carp monoculture in ponds	稻田养鱼、鲤科鱼混养 Rice-fish farming, polyculture of carps in ponds	投草喂养混养的草鱼 Fed grass carp with grass in carp polyculture ponds	精养池塘使用增氧机，大水面或近岸网箱养殖 Intensive pond farming with aerator, cage in large waters or nearshore mariculture	循环水养殖系统、鱼菜共生、絮凝团养殖、离岸综合养殖 RAS, aquaponics, bioflocs, offshore integrated aquaculture	基于绿色能源的循环水养殖、基于养殖容量的远海养殖、基于光合作用的非投饵养殖 Green energy-based RAS, carry capacity-based offshore mariculture, photosynthesis-base non-fed aquaculture
营养 Nutrients	天然饵料→补充饲料→颗粒饲料 Natural organisms→supplementary feeds→pelleted feeds				水产养殖投入与生态系统服务功能有机结合 Integrating aquaculture inputs with ecosystem services	基于绿色能源综合养殖 Integrating aquaculture with green energy
环境 Environments	池塘→水池、大水面→近岸海域 Ponds→tanks, large inland waters→nearshore					
技术 Technology	换水→曝气→循环水、网箱→近海养殖设施 Water exchange→aeration→water circulation, net cage→nearshore facilities					
关键制约因素 Key constrains	天然生产力→氧→多重因子（氧、氨、温度等） Natural productivity→oxygen→multi-factors (oxygen, ammonia, temperature, etc.)					
发展策略 Development strategies	鲤鱼粗养→基于天然生产力的集约化→基于人工饲料的集约化→基于生态系统服务功能的集约化→基于绿色能源的水产养殖 Carp extensive monoculture→natural productivities-based intensification→anthropogenic feeds-based intensification→ecosystem services-based intensification→green energy-based aquaculture					

20 世纪 50～70 年代，颗粒饲料、浮式网箱和增氧机突破使水产养殖进入集约化单养或工厂化单养模式阶段（Costa-Pierce，2010）。20 世纪 50 年代末美国俄勒冈湿颗粒饲料和 60 年代挪威聚乙烯（PE）和聚氯乙烯（PVC）浮式网箱的应用，加速了内陆大水面和近岸海水养殖的发展（Nash，2011）。20 世纪 70 年代初增氧机开始在美国亚拉巴马州应用。增氧机与颗粒饲料结合迅速提高了池塘养殖产量（Boyd & Tucker，1998）。水产品市场国际化和巨额投资加速了集约化单养模式的发展。在这一阶段，水产养殖的发展主要依靠外源营养和能源投入及大型水体的生态系统对废物稀释的服务功能。

尽管水产养殖生产系统的简单集约化可使生产力和规模迅速提高及扩大，但其负面影响也逐渐显现出来。因此，现在人们提出并实施生态集约化养殖或生态养殖（Costa-Pierce，2010）的理念，目标是平衡经济发展、环境保护和社会进步间的关系。现阶段水产养殖发展战略必须从基于颗粒饲料的集约化向基于生态系统服务的集约化转变（表 1-3）。

人类正面临人口增长、环境污染和全球气候变化的三重挑战，我们迫切需要一种高水产养殖生产系统产量、少有机物排放、低碳排放的养殖模式，只有基于非化石绿色能源和光合作用的集约化水产养殖生产系统，即绿色养殖系统，才能同时实现高产、零排污和低或零碳足迹的目标。绿色养殖系统包括绿色能源驱动的陆基和海基循环水养殖系统、基于绿色能源和环境容量的远海养殖系统、基于光合作用的非投饲养殖系统等。

我国 2019 年非化石能源消费占能源消费总量的比重已达 15.6%，较 2018 年增加 1.3%。国家《能源技术革命创新行动计划（2016—2030 年）》计划，到 2030 年我国非化石能源占一次能源消耗比重将达到 20%左右。可以预期，在不久的将来我们将迎来一个主要基于非化石能源的绿色水产养殖新时代。

1.4 水产养殖生态学的研究方向和特色

水产养殖生态学的研究内容和重点是随着产业发展、科技进步而不断变化的。20 世纪六七十年代，人们主要关注池塘养殖动物的生态位、鱼类生理生态学、水质管理理论等问题，其研究成果推动了池塘和大水域养殖产量的提高；进入 80 年代，随着湖泊、水库鱼类放养业的蓬勃发展，人们开始关注和研究养殖生态系统的结构与功能、供饵能力和养殖水体鱼产力等问题；到了 90 年代，随着集约化水平的提高和养殖规模的扩大，养殖水域污染日趋严重，人们开始关注水产养殖活动与养殖水体及邻近水域的相互作用、养殖容量等问题；进入 21 世纪，随着可持续发展和循环经济概念日益深入人心，人们开始将水产养殖系统作为一个经济生态学系统加以研究，从更广的视角审视水产养殖生产活动，协调经济发展与生态环境的关系；近些年，水产养殖系统的生态足迹、水足迹、动物福利等问题也开始引起人们的关注。另外，水产养殖生态学是交叉学科，其他学科理论上的发展和测试技术上的进步都会促进水产养殖生态学的发展。

1.4.1 水产养殖生态学的主要研究方向

现阶段，水产养殖生态学研究的主要内容包括养殖生物个体生态学、养殖水体环境管理、水产养殖系统生态学、水产养殖生产活动与养殖环境的相互作用、水产养殖生物生态防病原理等。

养殖生物个体生态学：主要研究水产养殖动物、植物各发育阶段最适的环境条件和养殖生物对环境变化的适应性，其目标是为养殖管理技术的提高提供理论依据。该方向涉及内容广泛、学科交叉内容较多，如养殖动物生理生态学、经济水生植物的营养吸收动力学等都属此研究范畴（见第 5 章、第 6 章和第 7 章）。

养殖水体环境管理：主要研究养殖水质、底质变化规律，水质和底质的保护和修复原理，其目标是为营造养殖生物最适生长条件，提高养殖生物的生长率、成活率和饵料利用率等提供理论依据（见第 2 章、第 7 章、第 8 章）。

水产养殖系统生态学：主要研究养殖水域生态系统的结构和功能，优化养殖系统结构，阐释综合养殖系统中养殖生物间的互利机制、养殖系统功能参数（如生态学效率、生产力、养殖容量等）等，为构建分解、生产、消费功能相对平衡、稳定、高效的养殖生态系统提供理论依据。这是水产养殖学与系统生态学的交叉内容（见第 2 章、第 3 章、第 9 章、第 10 章、第 11 章、第 12 章）。

水产养殖生产活动与养殖环境的相互作用：主要研究养殖活动对生态环境的影响、环境因子及人类其他活动对养殖生产的影响、养殖水体综合管理原理等。这是养殖生态学与环境科学和管理科学的交叉领域，其目标是为水域综合管理、合理利用和维护生态安全提供理论依据（见第 4 章、第 14 章）。

水产养殖生物生态防病原理：主要研究病原体致病力、养殖生物的健康水平、环境质量与养殖生物发病间的关系。其目标是通过阻断病原传播途径、改善环境条件，提高养殖生物抗病力、降低病原生物致病力，实现生态防病（见第 13 章）。

另外，水产养殖生态经济学、养殖动物生态营养学等交叉学科方向也是人们开始关注的研究内容。

1.4.2 水产养殖生态学的特色

水产养殖生态学的特色是相对于其他产业生态学而言的特点。概括起来讲，其特色主要有以下 4 方面：研究对象的复杂性和多样性、研究对象的多功能性、服务于产业发展的应用性和学科交叉性。

1. 研究对象的复杂性和多样性

水产养殖是在水体中开展的生产活动，水域生态系统的复杂性和养殖种类的多样性决定了水产养殖系统的复杂性和多样性。养殖水体类型多种多样，如池塘、水库、湖泊、河道、滩涂、近海甚至远海等。水域生态系统不仅包含一般生态系统所具有的生产者、消费者、分解者，而且这些生物生活于多变的水环境中，水的物理环境（温度、光照、水流等）和化学环境（溶解氧、pH、氨等）也时刻在变化。

现行的水产养殖系统多数是人工干预程度较高的半自然生态系统，该系统中天然生产、消费、分解等功能仍然在起作用，甚至起着主导作用，但由于养殖水体中放养动物的生物量非常大，以致必须进行人工干预来维持养殖生态系统结构和功能的稳定，如投饲以弥补初级生产量的不足，增氧以满足强烈的呼吸需要。因此，多数水产养殖系统的能源来自阳光和饲料，属于阳光和饲料能源双驱动系统。

水产养殖生物食性的多样性致使水产养殖系统是大农业中系统多样性最高的系统（表 1-4）。水产养殖既有直接栽培植物的生产系统，也有将植物蛋白转化为动物蛋白的养殖系统，还有将低值动物蛋白转化为高值动物蛋白的养殖系统。

表 1-4　水产养殖生物食性的多样性

Tab. 1-4　Feeding habit diversity of aquaculture species

种类 Species	功能 Functions	相近产业 Similar industries
水生植物 Aquatic plants	将无机营养盐转化成水产品 Absorb inorganic nutrients	农作物 Crops
草鱼/草食性 Grass carp/herbivores	将草转化成水产品 Turn grass into meat	牛、羊 Cattle, sheep
鲤/杂食性 Common carp/omnivores	将底栖生物转化成水产品 Turn zoobenthos into meat	猪、禽 Pig, poultry
鳜/肉食性 Mandarin fish/carnivores	将低值产品转化成高值产品 Turn low value meat into high value meat	/
鲢/滤食性 Silver carp/filter-feeders	将浮游生物转化成水产品 Turn plankton into meat	/
海参/沉积物食性 Sea cucumber/deposit-feeders	将底泥有机物转化成水产品 Turn sediment organic matter into meat	/

2. 研究对象的多功能性

水产养殖系统具有三大基本功能，即食物生产、价值增值和环境维持。这三大功能是一个对立统一的有机整体（图 1-9），各种功能的协调平衡是水产养殖业可持续发展的保障（董双林，2009）。回顾历史，3100 多年前我国开始的小规模池塘养鱼和欧洲 11 世纪末出现的池塘养鱼都应主要是为食用而进行的生产活动。尽管罗马的修道士有时也会将多余的养殖鱼类施舍给周边的贫民，但其主要目的还应是自我供给。那时的水产养殖系统主要是为生产食物而建立的简单生产系统。

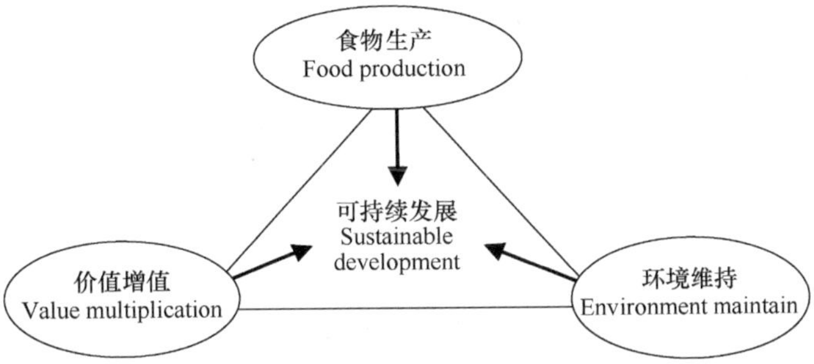

图 1-9　水产养殖系统的功能及其关系

Fig. 1-9　Functions of aquaculture system and the relationships among them

后来，随着池塘养鱼规模扩大，所生产的水产品除供自己享用外还有了一定的剩余，水产品进行以物易物的交换和买卖就成了自然而然的行为。自那时起，水产养殖就不再仅仅是一种单纯的食物生产活动，其又具有了经济活动（价值增值）的功能。

在过去几千年的绝大多数时间内，水产养殖规模并不大，就整体而言，那时粗放型的水产养殖活动对养殖水体的水质或周边环境并不会产生明显的影响。但是，自 20 世纪 70 年代开始，由于水产科技的进步，一些集约化养殖方式大规模发展起来，养殖产量空前提高，超水体环境负荷养殖的案例时常出现，水产养殖的水质安全和对环境的负面影响也开始引起关注。人们逐渐认识到，水产养殖系统具有维持养殖生物环境安全的功能，同时，其又是更大生态系统的一部分，与其周边环境有着复杂的相互作用。

水产养殖业可持续发展首先要做到平衡、发挥水产养殖系统的上述三大基本功能，在维持良好环境的前提下，实现食物生产、价值增值和生态优美综合效益的最大化。

水产养殖系统是典型的生态经济学系统，简单地用生态学或经济学方法对其加以研究都会失之偏颇。粗放的养殖方式通常具有较高的生态效益，而单种类高密度精养方式或许可获得较高的表观经济效益，但具有潜在的副作用。生态集约化应该能够更好地兼顾生态效益和经济利益发展途径，而且，研究水产养殖系统也应该采用经济学与生态学相结合的方法（详见第 14 章）。

3. 服务于产业发展的应用性

本学科具有鲜明的产业生态学印记，即具有很强的应用性特征。水产养殖生态学研究的应用性主要表现为：第一，其研究热点会随产业发展不同阶段的需求而变；第二，其研究内容源于新养殖空间和新领域拓展、新养殖品种的需求；第三，其研究内容源于养殖技术优化的需求。另外，还有些是基础研究，但其成果有的可转化为养殖技术。

1）研究热点随产业发展不同阶段而变

水产养殖生态学研究的热点随着产业发展和科技进步而不断变化。20 世纪六七十年代，人们主要研究养殖水体产量提高的生态学原理；进入 80 年代，人们开始研究养殖生态系统的结构与功能、供饵能力和养殖水体鱼产力等问题；到了 90 年代，人们开始关注水产养殖活动与养殖水体及邻近水域的相互作用、养殖容量等问题；进入 21 世纪，人们开始研究水产养殖可持续发展问题。

2）研究内容源于新空间、新领域拓展和新品种开发的需求

人们对新品种的需求和对新养殖空间的拓展，需要水产养殖生态学开展相应的研究，以指导养殖技术的研发。下面以黄海冷水团养殖鲑鳟鱼类为例加以简要说明。

由于大规模滩涂养殖和近岸海水养殖的诸多弊端，世界多国政府鼓励海水养殖向深远海拓展。2012 年我们开始研究黄海冷水团鲑鳟鱼类绿色养殖问题。目前鲑鳟鱼类养殖主要集中在挪威、智利等高纬度国家和地区，但我国开放海域夏季表层水温过高，鲑鳟鱼类无法度夏。因此，我们必须回答这些疑问：黄海冷水团海域能养鲑鳟鱼类吗？具体养殖什么品种好？用何种养殖模式养殖？如何做到安全生产和盈利？等等。

为此，从水产养殖生态学方面我们就应该研究：备选养殖种类比较生理生态学（温度、盐度耐受性等）；黄海冷水团海域养殖容量及与全球气候变化、富营养化的关系；养殖模式（节约淡水，均匀、多品种上市等）；降海鱼类入海窗口期（规格、盐度、营养与窗口期关系）；智能化管理的生态学基础，如智能投饵参数确定（消化生理、摄食行为、社会行为等）、智能补光参数确定（光强、光色、光照周期等）、智能补气参数确定（环境变化规律、呼吸生理、补气技术原理等）；另外，还有生态营养学、生态防污损生物、生态防病等。这类研究具有显著的创新性，其研究成果的技术化（应用基础研究转化为技术）可引领或推动产业的进步。

3）研究内容源于养殖技术优化的需求

现行的水产养殖技术有些是经过专业科技人员优化的技术，但绝大多数是养殖一线的生产者在实践中发明的技术，对于后者我们还需要进一步优化。下面举例说明。

目前，我国刺参育苗通常是在昏暗条件下进行的，但是刺参自然产卵和孵化并不在昏暗条件下进行。为查明幼参培育的最佳光照条件，我们研究了不同光照强度（0～2000 lx）对刺参浮游幼体存活、生长、发育及附着变态的影响。实验结果表明，受精后的 1～3 天幼参在 500 lx 光照下生长最快；开口第 5 天的幼体也是在 500 lx 下生长最快；第 9 天的幼体则是在 2000 lx 下生长最快（Li et al.，2019）。董贯仓（2009）也研究了不同光照强度（0～3000 lx）下幼参生长状况，结果发现，2000 lx 下幼参生长最快。上述研究表明，刺参育苗或养成车间内不应是昏暗的而应有一定的光照。

笔者曾问过一些年龄稍长的技术人员，为什么选择在昏暗条件下进行刺参育苗？多数人并不知道为什么，只是模仿别人。了解的人说，有光条件下刺参苗会拖（粪）便，死亡率较高。有光照后刺参苗有时的确会拖便，这是因为有光后用于育苗的波纹板上会着生大量微藻，如果参苗大量摄食这些高纯度的微藻就会因出现消化不良问题而拖便

（Shi et al.，2015）。笔者这里想讲的是，遮光不是解决该类问题的最佳思路。实验表明，向长满附着微藻的波纹板上撒点海泥就可解决参苗消化不良问题，并继而解决拖便问题。遇到此类问题应该思考我们的育苗条件与其天然条件差别在哪。由于沉积作用、再悬浮作用等，天然条件下幼参很少大量摄食比较单一的鲜活微藻饵料，而总是微藻与泥沙一块被摄食。因此，我们应该简单地调整饵料组成而不该耗资去调整光照。

水产养殖生态学的一个重要研究方向是养殖生物个体生态学，目的是查明养殖生物生长需要的最佳环境条件等。通常，要想查明养殖生物的最佳生长条件首先应了解其天然生活的环境条件。养殖的生物都对自己所处的生境经历了漫长的适应性进化，其天然分布的中心区域通常就是其最佳生长、生存区域，该区域的条件通常就是其最佳生长、生存条件。很多情况下，养殖的失败源于养殖条件与其天然生活条件的差异。因此，发现这些差异，并在养殖技术上加以改进、创新，就是本分支学科的重要研究内容。

我们应该向大自然学习，但我们不能一味地强调学习、强调保护、强调恢复。在一些可控的水体中，我们应该在学习自然的基础上构建高于自然的生产系统。我们向自然学习，放养生态习性多样的养殖生物，以充分利用水体各种资源（饵料生物、空间、时间）；以一定的比例配置生态功能互补的养殖生物，实现自养与异养过程的平衡，即生态平衡。在我国人口多、耕地少的情况下，我们必须尽力提高单位面积的产量，也就是提高放养密度及集约化程度。生态集约化水产养殖系统的构建原理正是本分支学科研究的核心问题。

4. 学科交叉性

水产养殖学本身是一门高度交叉的学科，生态学也是一门高度交叉的学科，水产养殖生态学又是水产养殖学与生态学的交叉学科。因此，水产养殖生态学具有很强的学科交叉性特点。水产养殖业是世界食物生产领域中年均产量增长速度最快的产业，快速发展中会不断遇到新问题，其中很多问题需要基于生态学理论加以解决。近些年，系统论、控制论、信息论的概念和方法的引入，也使生态学理论得到较大发展。生态学科的高速发展不断地为水产养殖生态学的发展提供了新理论、新方法。水产养殖生态学这一学科高度交叉性特点也决定了其快速发展的特点。

本书是为水产学科研究生编著的教材，其中大部分内容反映了我国作为世界第一水产养殖大国为使水产养殖产业走上可持续发展之路进行的系统性探索。我国是世界上水产养殖历史最悠久、养殖规模最大、养殖品种最多、养殖模式最为多样、遇到的和研究的问题也最多的国家。我国水产养殖业遇到的问题可成为其他国家的前车之鉴，我国的研究成果可作为其他国家科技人员的参考资料或案例。

小　　结

1. 水产养殖生态学属应用生态学范畴，是生态学原理在水产养殖中的应用，是研究水生经济生物及其养殖生产活动与环境相互作用、阐释养殖模式（系统）构建原理的学问。

2. 与水产养殖学不同，水产养殖生态学除关注养殖技术所依据的生态学原理外，更关注水产养殖生态系统的结构和功能、养殖生产活动对环境的影响、生态经济学效益等。概括地说，养殖学更注重个体生长和实际的养殖效益，生态学更注重生态效率和可持续性问题。

3. 如果将 20 世纪 50 年代末我国科技工作者开始用生态学原理解释、总结我国传统鱼类养殖的实践经验作为水产养殖生态学诞生的标志，水产养殖生态学已经历了 60 年的发展，其作为应用生态学的一个分支，已逐步形成了具有鲜明特色的学科体系。

4. 我国水产养殖业面临着疾病流行、良种匮乏、产品品质堪忧等诸多困难，但从更长的时间尺度来审视，挑战水产养殖业发展的主要问题包括：有限的耕地和淡水资源与不断增长的对优质水产品的需求、不断增长的能耗与全球减排任务、内陆水域和近岸养殖海域污染与深远海海域的闲置等。

5. 1100 多年前在我国出现的草鱼与水稻综合养殖，是人们朴素辩证思维模式影响下的创举，是中华先辈们对世界水产养殖业的伟大贡献。我国水产养殖业现在面临的问题也是一个辩证的对立统一体。粗放的水产养殖系统可以做到低碳，但满足不了人们对高产的需求；工厂化循环水养殖系统可以满足人们对高产的需求，但现阶段它是一个高碳的生产系统。长远来看，水产养殖业的发展既应考虑国民对食物的需求也应关注环境保护，既要“集约”又要“生态”，也就是生态集约化发展。

6. 水产养殖生态集约化（ELIAS）是一种通过水产养殖投入与水产养殖生态系统服务功能有机结合（综合）的方式提高养殖产量和增进综合效益的方法。ELIAS 强调的是权衡多方考量，在保护环境、促进经济社会发展的前提下，高效地生产安全的水产品。生态集约化追求的是增产、节能、减排等多因素综合效益的最大化。

7. 水产养殖生产系统的发展过程其实就是水产养殖系统生态集约化的演进过程。水产养殖生产系统发展可划分为 4 个阶段：基于天然生产力的水产养殖系统集约化、基于人工饲料的集约化水产养殖系统、基于生态系统服务功能的水产养殖系统集约化和基于绿色能源的水产养殖系统集约化。

8. 目前，水产养殖生态学研究的主要内容包括：养殖生物个体生态学、养殖水体环境管理、水产养殖系统生态学、水产养殖生产活动与养殖环境的相互作用、水产养殖生物生态防病原理等。

9. 相较于其他产业应用生态学，水产养殖生态学的特色主要有：研究对象的复杂性和多样性、研究对象的多功能性、服务于产业发展的应用性和学科交叉性。

第 2 章　水产养殖生态系统

2.1　水产养殖系统的分类　25
2.1.1　水产养殖系统的特点　25
2.1.2　水产养殖系统的传统分类　26
2.1.3　基于系统能量来源的分类　27
2.1.4　基于系统代谢特征的分类　29
2.1.5　基于系统的物质收支分类　29
2.1.6　基于生态限制因子的分类　30
2.2　水产养殖生物的主要物理环境　35
2.2.1　水的物理特性　35
2.2.2　水体的光照　36
2.2.3　水温　39
2.2.4　水体的含盐量　45
2.3　水产养殖生物的主要化学环境　47
2.3.1　溶解氧　47
2.3.2　pH 及其缓冲系统　52
2.3.3　氨与硫化氢　54
2.4　水产养殖生物的生物环境　55
2.4.1　养殖生物的微生物环境　55
2.4.2　养殖池塘食物网结构　56
2.5　养殖水体间生态学差异　59
2.5.1　不同类型水库的生态效率　60
2.5.2　养殖水体的生态学差异　62
2.5.3　养殖水体的限制性营养元素　65
2.5.4　养殖水体的生态演替　65
2.6　水产养殖生态系统的生态金字塔结构　67
小结　69

水产养殖生态系统是产业生态系统的一种特殊类型，其在自然属性方面类似于水域生态系统，在人为干预方面类似于一般农业生态系统，但在生态学的许多方面又不同于天然水域生态系统和陆地农业生态系统。

2.1　水产养殖系统的分类

我国是世界上水产养殖规模最大、开展水产养殖活动最早的国家，也是水产养殖方式最为多样的国家。生产实践中为了生产管理方便，人们为这些养殖方式或养殖系统赋予了不同名称，如藻类栽培、鱼类养殖、海水养殖、淡水养殖、网箱养殖等。本节将从生态学角度对目前存在的养殖系统进行分类，目的是更好地认识各种水产养殖系统的生态学本质。

2.1.1　水产养殖系统的特点

1. 与天然水域生态系统的差异

水产养殖生态系统在自然属性方面类似于水域生态系统，但在以下 4 个方面不同于天然的水域生态系统。

（1）系统的能量和物质输入不完全依赖于太阳辐射、降水、径流等，而是部分地受到人为控制，如放养苗种、投饲、投放药物、人工增氧、投入劳力等。

（2）为了使目标生物（养殖生物）的生产量最大化，系统的生物多样性被人为地显著降低。

（3）系统中的生物群落不是自然形成的（个别大水域粗放型养殖系统与自然系统比较接近），优势生物通常是人工放养的；因此，水产养殖系统较天然水域生态系统更不稳定；

（4）有些养殖系统还会给邻近环境施加负面影响，如排污污染邻近水域等。

2. 与一般陆地农业生态系统的差异

水产养殖生态系统在人为干预方面类似于一般农业生态系统，但在以下5个方面又有别于一般陆地农业生态系统。

（1）水产养殖生物在营养层次上更加多样。水产养殖既有直接栽培水生植物（如大型海藻）的生产方式，也有将植物蛋白转化为动物蛋白的养殖方式（如投草喂草鱼），还有将低值动物蛋白转化为高值动物蛋白的养殖方式（如投饵料鱼养鳜），更多的是将含有鱼粉和鱼油的配合饲料转化为水产品。另外，养殖的滤食性动物（如鲢、扇贝）摄食浮游植物和浮游动物，沉食性动物（如海参）可利用底泥中的有机物。

（2）水产养殖动物为变温动物（Poikilothermic animal），而且在温度适应性上多种多样，有的是狭温性，有的是广温性，有的是温带种，有的是热带种。它们的体温随水温而变，水温小幅变化就会直接影响狭温养殖动物的生长、繁殖，甚至生存。

（3）水产养殖动物多具有调节渗透压的能力。把体液渗透浓度调节到比环境水的渗透浓度高的动物称为高渗透压调节动物（Hyperosmotic regulator），相反的则称为低渗透压调节动物（Hypoosmotic regulator）。淡水产的动物属于前者，而海产硬骨鱼类则属于后者。鲑科鱼类多是广盐性动物，在淡水孵化、发育，属高渗透压调节动物，但长大入海后又变成低渗透压调节动物。

（4）水产养殖生物生活方式多样，多数为游泳生物，有些则营底栖生活。对于在水中生活的生物，如鱼类，其优势是可以利用水体的三维空间，但明显的缺点是受环境质量特别是水质的影响更直接、更大。鱼类用鳃呼吸，而且水中溶解氧含量要比空气中的少很多，因此水体溶解氧等的小幅变化都会直接影响养殖生物的生长，甚至生存。对于营底栖生活的生物（如棘皮动物和双壳贝类等）来说，底质的变化，如污染、缺氧等，对它们的危害有时是致命的。水温越高水中溶解氧量越少，但水温越高水生动物耗氧率越高，造成氧供需矛盾更为尖锐，值得关注。

（5）与畜禽相比，水生动物繁殖力更强，更像 *r*-选择策略的机会种类。水生动物刚出生时个体小、数量多，它们需要摄食的食物也很微小，如单胞藻、轮虫，开口就能摄食几百微米大的卤虫者则寥寥无几。

水产养殖动物生活的水环境十分重要，生产中将通过水环境为它们提供适宜生长的温度、足够呼吸的氧气，以及排除多余的废物、提供所需的饵料。

2.1.2 水产养殖系统的传统分类

水产养殖系统或方式多种多样，国内外学者或管理人员根据多种特征对它们进行了分类，常见如下。

根据水体的盐度：海水养殖、淡水养殖、半咸水养殖；

根据水的流动性：流水养殖、静水养殖等；

根据所使用水体的名称：池塘养殖、稻田养鱼、水库（湖泊）放养、河道养鱼、深远海养殖等；

根据养殖生物的类群：藻类养殖（栽培）、鱼类养殖、贝类养殖、对虾养殖等；

根据养殖对象的发育阶段或规格：苗种培育、食用（商品）鱼养殖、亲鱼培育等；

根据养殖设施的名称：网箱养殖、围栏（网）养殖、筏式养殖、跑道养殖等；

根据养殖种类对温度的耐受性：热带鱼养殖、冷水鱼养殖等；

根据集约化程度：粗（放）养（殖）、半精养、精养、工厂化养殖等；

根据养殖种类的数量：单养、混养；

根据水体的开放程度：开放水体养殖、半封闭水体养殖、封闭水体养殖和混合水体养殖（Tidwell，2012）。

现行的养殖方式及其名称还有很多，如鱼菜共生系统（Aquaponics）养殖、红树林鱼类养殖（Aquasilviculture），还有生物絮团（Bioflocs）养殖等。

上述这些命名和分类基本上是为便于养殖生产管理而划分的，多数并没有触及其生态学本质特征。

2.1.3　基于系统能量来源的分类

生态系统可以根据其生态结构特征或功能特征进行分类。例如，海洋生态系统类型可依据其结构和功能分为大洋、近岸、上升流、深海、河口等生态系统，淡水生态系统类型可依据其动力特征分为静水（湖泊、池塘）、流水（河流）、湿地等生态系统，陆地生态系统类型可依据其植被或当地条件分为苔原、草原、森林、沙漠等生态系统，半人工生态系统类型可依据其提供的商品和服务分为农业生态系统、经济林生态系统、农村人类技术生态系统（小城镇）、工业人类技术生态系统（城市）等。

生态系统的分类方法还很多，但基于能量结构的分类更能反映其本质。水产养殖系统中的养殖生物多是人工放养的，因此，该系统基本属性是或多或少具有人工能量补给的系统。人工放养的生物无论是捕捞的天然苗种还是人工培育的苗种都需要消耗电能或化石燃料等来捕捞或培育，同时放养的生物本身又含有能量，因此，苗种的放养就是人工补给能的投入。

水产养殖生态系统类型十分多样，能量结构也多种多样，但其基本的能量结构包括 4 部分（图 2-1）：一是系统接受的太阳能（S），二是维持产品生产所必需的能量（M），三是输出的产品能量（P），四是耗散能。

从能量结构关系方面考虑，水产养殖系统可分为如下 4 种类型（董双林，2015b）。

（1）天然的水产养殖系统。该类水产养殖系统的能量结构为 $M \approx 0$，如大水域鱼类放养。以水库鲢、鳙放养为例，投放水库的鱼种主要以放养水体中的天然饵料为食，投放苗种所含能量和清除养殖鱼类敌害生物耗能很少，几乎可以忽略不计。该类养殖系统产品所含能量基本上来源于太阳能。

（2）亚天然的水产养殖系统。该类水产养殖系统的能量结构为 $M>0$、$M<S$，

如池塘施肥养殖、开放海域扇贝养殖和藻类栽培等。池塘不投饲养殖刺参属此类。该系统虽然投放了附着基，但由于没有人工饲料的投入，一般也不安装增氧机，因此，人工辅助能远小于系统接受的太阳能。表 2-1 列出了池塘不投饲养殖刺参系统的输入能值①。从中可看出，该系统接受的太阳能值要远高于人工输入的能值（Wang et al.，2015b）。

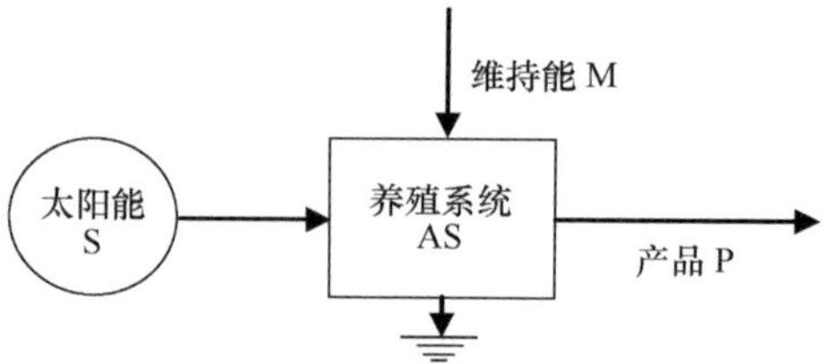

图 2-1　人工补给的水产养殖系统的能量结构（仿 Odum & Barrett，2005）

Fig. 2-1　Energy structure of aquaculture under artificial replenishment (from Odum & Barrett，2005)

S. Solar energy; M. Maintaining energy; P. Products; AS. Aquaculture system

表 2-1　工厂化养刺参、池塘粗养刺参和池塘精养鳗鲡系统的能值计算表[sej/(hm²·年)]

Tab. 2-1　Emergy accounting table for indoor and extensive culture systems for sea cucumber (SC) and intensive culture system for eel [sej/(hm²·yr)]

项目 Items	工厂化养参 Indoor-SC	粗养参 Extensive-SC	精养鳗 Intensive-eel
可更新资源能值 Local renewable resource input			
1. 太阳辐射 Solar radiation	\	3.42×10^{13}	3.15×10^{13}
2. 风 Wind	\	5.73×10^{8}	6.61×10^{14}
3. 降雨 Rain	\	3.70×10^{10}	1.45×10^{15}
4. 潮汐 Tide	\	3.87×10^{11}	\
5. 沉积积累 Sediment accumulation	\	4.15×10^{5}	\
购买资源投入 Purchased resource input			
6. 苗种 Fingerling	1.00×10^{9}	3.77×10^{7}	2.08×10^{15}
7. 电 Electricity	5.00×10^{5}	\	1.10×10^{16}
8. 煤或油 Coal or oil	9.59×10^{12}	\	6.35×10^{14}
9. 劳力 Direct labor	1.00×10^{6}	7.50×10^{3}	2.22×10^{15}
10. 租赁 Rent	1.00×10^{6}	3.00×10^{4}	1.03×10^{16}
11. 维护 Maintenance	5.67×10^{5}	2.50×10^{3}	
12. 药 Pesticide	5.00×10^{5}	\	1.49×10^{16}
13. 饲料 Feed	9.17×10^{5}	\	1.63×10^{17}
14. 捕捞 Capture	\	5.95×10^{3}	
15. 其他 Others	\	\	1.06×10^{15}
经济收益 Economic return	8.00×10^{6}	1.81×10^{5}	4.18×10^{17}

注：鳗鲡养殖资料来自 Li L J 等（2011）

Note: The data about eel farming system are from Li L J et al., 2011

① 能值（Emergy）是生态经济学量纲，是指一种类别的可用能量被直接或间接地用于另一类别的数量，如制造产品或服务。因各种资源、产品或劳务的能量均直接或间接地起源于太阳能，故多以太阳能值（Solar emergy）来衡量某一能量的能值大小，其单位为太阳能焦耳（Solar emjoule）。详见第 14 章有关内容

（3）人工辅助的水产养殖系统。该类水产养殖系统的能量结构为 S>0、M>S，如池塘投饲、增氧养殖等。该类系统接受人工饲料，当养殖动物密度较高时还需增设增氧机，系统人工辅助能的投入大于自然能的投入量。表 2-1 列出了池塘精养鳗鲡系统的输入能值，从中可看出，该系统接受的太阳能值要远小于人工输入的能值，系统的耗电能就高于辐射的太阳能（Li L J et al.，2011）。

（4）全人工辅助的水产养殖系统。该类水产养殖系统的能量结构为 S ≈ 0，如鱼类工厂化循环水养殖。工厂化循环水养殖系统，特别是室内养殖系统，能量几乎都来自人工辅助能，天然饵料的作用和植物光合作用的增氧作用很小，几乎可忽略不计。表 2-1 列出了室内工厂化养殖刺参系统的输入能值，从中可看出，太阳能值几乎为零，系统的能值全部为人工输入（Wang et al.，2015a）。

2.1.4 基于系统代谢特征的分类

董双林等（1998）曾依据水产养殖生态系统运转的驱动因素或代谢类型将水产养殖系统分为“自养型”养殖系统和“异养型”养殖系统（表 2-2）。“自养型”养殖系统主要靠太阳辐射直接为系统提供能源，从水环境中获得无机营养盐，如海带养殖系统等。在自养型养殖系统中，人们只需投入苗种，即可利用太阳能和水体的营养物质生产出经济产品。该类系统的生产力最终会受制于太阳能的利用率和（或）环境中营养盐的可供给量。“异养型”养殖系统主要靠人工投饲来提供能源，如吃食性鱼类网箱养殖系统等。对于异养型养殖系统饲料成为该系统的主要能量来源。

表 2-2 自养系统与异养系统的代谢特征

Tab. 2-2 Metabolic characteristics of autotrophic and heterotrophic cultural systems

类型 Types	自养系统 Autotrophic systems	异养系统 Heterotrophic systems
例子 Examples	海带养殖 Kelp culture	网箱养鱼 Fed fish in cage
能量 Energy	太阳辐射 Solar radiation	颗粒饲料 Pellet feeds
O_2	生产 Produce	消耗 Consume
CO_2	吸收 Uptake	呼出 Exhale
无机盐 Inorganic nutrients	吸收 Absorb	排泄 Excrete
富营养化 Eutrophication	延迟 Delay	加速 Accelerate

自养型养殖系统每年会随水产品的收获而有大量的 N、P 等营养物质从养殖系统输出，因而会降低水体的营养负荷。而异养型养殖系统的生产力（鱼产力）主要受到水质条件和（或）饲料投入的制约，水质调控和饲料投入量是该类系统产量提高的关键。由于该系统对投入饲料的利用率达不到 100%，因此，该系统会向邻近水域排放或自身沉积大量有机物，大量的 N、P 排放或积累成为该系统的负担。这两类养殖系统在生态学上有很多互补性，它们的综合（间养）可提高养殖水体的养殖容量（图 1-6）。

2.1.5 基于系统的物质收支分类

Chopin 等（2001）将水产养殖生物分为投喂性种类（Fed species），如对虾、大西洋鲑等，以及获取性养殖种类（Extractive species），如牡蛎、海带等。养殖这两类生物的养殖系统可称为投喂性养殖系统和获取性养殖系统。一般情况下，这两类生物的混养（综合）可减轻污染、提高资源利用效率。

Chopin 的这一分类方法在国际上十分流行，但该分类忽略了滤食性贝类具有的动物代谢属性。从养殖系统物质收支角度看，滤食性贝类属于获取性养殖种类，其在养殖过程中可以从水体中净提取氮、磷、碳等物质，但又会因为生物沉积作用（粪便或假粪的沉积）而在养殖区下部形成能量和物质的蓄积，造成养殖区局部自身污染。另外，滤食性贝类在养殖过程中会消耗水中的溶氧，排出 CO_2 和氨等。如果贝类与鱼类间养则会加剧溶解氧缺乏、氨积累等问题，而贝类与大型藻类间养则不会出现这些问题。正因为这些互补作用，才使得贝、藻间养在山东省桑沟湾取得了较好的生产效果（Fang et al.，1996）。

由此可见，尽管滤食性贝类是获取性种类、大西洋鲑是投喂性种类，两者间养还是会有些问题。如果两者再与大型海藻间养，问题就解决了：贝类滤食养鱼产生的残饵、粪便，藻类吸收贝类和鱼类产生的氨和 CO_2 等，并可为贝、鱼提供更多的 O_2（Chopin，2012）。

2.1.6 基于生态限制因子的分类

水产养殖系统基本上是专为生产水产品而建立的半人工生态系统。人们较为关心的也是重要的生态学特征之一是制约该系统生产力的生态因子。Boyd 和 Tucker（1998）认为，水产养殖系统的最重要生态因素是食物资源，并根据养殖动物的食物来源将池塘养殖系统分为 3 类，即养殖动物的食物基本由池塘中生长的植物（自养食物网）提供的池塘、食物间接来自投入的有机物（异养食物网）的池塘和食物直接来自投入的有机物（包括饲料）的池塘。其实，除饵料资源外，其他因子也很重要。例如，当饲料充分满足后，制约养殖水体生产量的因子就会转变成一些环境因子，如溶解氧含量、代谢产物浓度等。因此，从生态学角度，特别是从制约养殖水体鱼产力的角度，则可将水产养殖系统分为 6 种基本类型，即无机营养盐制约型、饵料制约型、溶解氧制约型、环境综合制约型、异养食物网制约型或生物絮团养殖型和综合养殖型等（表 2-3）。

1. *无机营养盐制约型或植物栽培*

本类型包含的养殖方式主要为水生经济植物的养殖（栽培），如海带养殖等。海藻养殖必须选择营养盐丰富、水流顺畅（以及时补充营养盐）的海域。本型养殖系统的主要制约因子是营养盐和光照，有些情况下温度也很重要。在很多情况下适量施用化肥可以增加海藻产量。

2. *饵料制约型*

本型是利用天然饵料养殖经济水生动物的各种养殖方式，可再分为以下三类。

第一类：粗放养殖类（2-1）。本类型除放养苗种外不再施加特殊的增加天然饵料的管理措施，如扇贝筏式养殖，大水域（湖泊、水库）滤食性鲢和鳙放养，罗非鱼、海参等的池塘粗放养殖，还包括大水域放养可以天然繁殖动物（如鲤等）的养殖方式，也称为基于养殖的渔业。这类养殖方式的产量取决于养殖种类生物学特征和水体相应的天然生产力。在养殖水体天然饵料组成和生产量确定的情况下，养殖种类不同天然产量也会不同。一般情况下，食物链短、食谱广的养殖种类产量会高一些。Boyd 和 Tucker（1998）报道，在美国不投饲、不施肥的池塘，仅靠天然饵料养殖斑点叉尾鮰的单季产量为 50～100kg/hm^2，而在相同条件下养殖罗非鱼的单季产量为 200～500kg/hm^2。它们的养殖产量与放养密度的关系如图 2-2 中的 2-1C 和 2-1T 所示。

表 2-3　水产养殖类型及其生态学特征（董双林，2015b）

Tab. 2-3　Aquaculture types and their ecological features (Dong, 2015b)

<table>
<tr><th colspan="2">生态学类型 Ecological types</th><th>特征 Features</th></tr>
<tr><td colspan="2">1 无机营养盐制约型或植物栽培
Inorganic nutrient dependent systems</td><td>包含海藻养殖等；营养盐和太阳辐射常制约产量
Including seaweed plantation; nutrient and solar radiation often restrict the yield</td></tr>
<tr><td rowspan="3">2 饵料制约型
Food dependent systems</td><td>2-1 粗放养殖类
Stocking without feeding and fertilization</td><td>一般应用于滤食性、腐食性、杂食性等种类养殖；天然初级生产量制约养殖产量。鱼产力约为 0.5g/(m^2·d)
Generally for filter feeder, saprophagous and omnivorous species aquaculture; limiting factor is natural food production; fish productivity is about 0.5g/(m^2·d)</td></tr>
<tr><td>2-2 施化肥养殖类
Chemical fertilizers</td><td>一般应用于滤食性、腐食性、杂食性等种类养殖；初级生产量制约养殖产量。施化肥鱼产力为 1.0～1.5g/(m^2·d)
Generally for filter feeder, saprophagous and omnivorous species aquaculture; limiting factor is natural food production; fish productivity is about 1.0~1.5g/(m^2·d)</td></tr>
<tr><td>2-3 施有机肥类或有机肥和无机肥混施养殖类
Organic fertilizer</td><td>一般应用于滤食性、腐食性、杂食性等种类养殖；初级生产量和腐食链效率制约养殖产量。施有机肥鱼产力为 3.0～3.2g/(m^2·d)
Generally for filter feeder, saprophagous and omnivorous species aquaculture; limiting factor is natural food production and saprophagous chain efficiency; fish productivity is about 3.0~3.2g/(m^2·d)</td></tr>
<tr><td rowspan="3">3 溶解氧制约型
Oxygen dependent systems</td><td>3-1 投饲不增氧养殖类
Feeding without aerator</td><td>应用于吃食性种类的养殖；养殖产量主要由养殖水体的氧平衡和饲料质量制约。投喂植物性饲料鱼产力（混养情况下）为 3.0～4.0g/(m^2·d)，投喂颗粒饲料鱼产力为 4.0~5.0g/(m^2·d)
Generally for fed species aquaculture; limiting factor is dissolved oxygen (DO) and feed quality; fish productivities are 3.0~4.0g/(m^2·d) for plant feeds, 4.0~5.0g/(m^2·d) for pelleted feeds</td></tr>
<tr><td>3-2 增氧且投饲养殖类
Feeding plus aerator</td><td>应用于吃食性种类的养殖；养殖产量主要由增氧机的增氧效率、开机时间和饲料质量制约。开设增氧机鱼产力可增加 2.0～3.0g/(m^2·d)
Generally for fed species aquaculture; limiting factor is DO and feed quality; fish productivity can increase 2.0~3.0g/(m^2·d)</td></tr>
<tr><td>3-3 室外设施养殖类
Outdoor facilities</td><td>应用于吃食性种类的养殖；养殖产量主要由养殖设施水的交换率制约。每秒每吨水可大致产鱼 14.6～27.9t
Generally for fed species aquaculture; limiting factor is DO; fish production can be 14.6~27.9t at t/s water condition</td></tr>
<tr><td colspan="2">4 环境综合制约型
Multi-environment-factor dependent systems</td><td>应用于吃食性种类的养殖；养殖产量主要由再循环水的水质，如氧气、氨、温度等制约
Generally for fed species aquaculture; fish productivity is limited by O_2, NH_3, temperature and so on</td></tr>
<tr><td colspan="2">5 异养食物网制约型或生物絮团养殖型
Heterotrophic food web dependent systems</td><td>主要应用于可高效利用天然生产力的对虾和罗非鱼，养殖产量主要由异养食物网效率和稳定性制约。养虾单季产量为 1～10kg/m^2
Mainly for shrimp and tilapia culture, which can take advantage of natural productivity in the systems, their productivities are mainly restricted by the stability of microbial community; the seasonal yield of shrimp is 1~10kg/m^2</td></tr>
<tr><td colspan="2">6 综合养殖型
Species coupling dependent systems</td><td>养殖生物或系统类型间的耦合程度制约其养殖生产效率
Fish productivity is limited by degree of coupling between culture species or sub-systems</td></tr>
</table>

第二类：施化肥养殖类（2-2）。本类是鉴于水体营养盐量制约了天然饵料生产量，进而制约了养殖动物的生产量，因此，可通过向水体施化肥增加天然饵料的生产量，进而增加养殖鱼类的生产量。如果养殖鲢或罗非鱼等滤食性鱼类，则浮游植物和浮游动物等就成为其可以摄食的饵料。在美国仅施化肥的池塘，罗非鱼单季养殖产量会比粗放类增加 2 倍以上，超过 1000kg/hm^2。选择合适的化肥、适宜的配伍及科学施用方式是提高该类水体养殖鱼产量的关键。

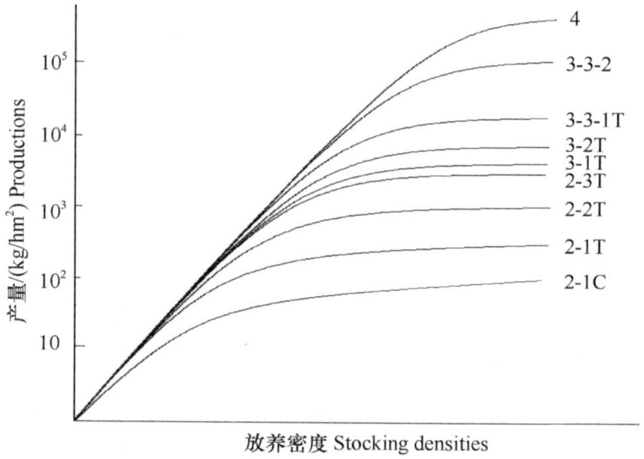

图 2-2　养殖方式、放养量与鱼类生产量的关系

T. 罗非鱼；C. 斑点叉尾鮰；2-1C. 斑点叉尾鮰粗放养殖；2-1T. 罗非鱼粗放养殖；2-2T. 施化肥粗养罗非鱼；2-3T. 施有机肥或混合施肥粗养罗非鱼；3-1T. 投饲不增氧养殖罗非鱼；3-2T. 增氧且投饲养殖罗非鱼；3-3-1T. 室外流水养殖罗非鱼和大水域网栏养殖鲢鳙；3-3-2. 大水域网箱养殖鲢鳙；4. 工厂化养殖罗非鱼

Fig. 2-2　Relationship between stocking densities and productions under different aquaculture models

T. Tilapia; C. Channel catfish; 2-1C. Channel catfish extensive farming; 2-1T. Tilapia extensive farming; 2-2T. Tilapia extensive farming with chemical fertilizers; 2-3T. Tilapia extensive farming with organic fertilizer or mixed fertilizers; 3-1T. Tilapia farming with feeding without aerator; 3-2T. Tilapia farming with feeding and aerator; 3-3-1T. Tilapia in raceway or silver carp and bighead carp farming in pen in large waters; 3-3-2. Silver carp in net cages; 4. Tilapia farming in indoor facility

第三类：施有机肥类或有机肥和无机肥混施养殖类（2-3）。施有机肥除了可以直接起到上述化肥的作用外，还可直接产生大量的有机物颗粒（碎屑），并培养出大量微生物，这些腐屑及微生物可以被滤食性鱼类或浮游动物直接摄食。由此可见，施用有机肥或有机肥与无机肥混合施用后可以从更多的途径（食物链）满足鱼类对饵料的需求，因此，一般情况下其养鱼产量就比仅施化肥的养殖方式要高一些。在施有机肥或混合施肥的美国池塘，罗非鱼单季养殖产量可接近 3000kg/hm^2。根据刘焕亮和黄樟翰（2008）报道，我国北方地区池塘以鲢、鳙为主体的四层次放养模式中鲢、鳙的产量为 5900kg/hm^2，鲢、鳙、草鱼、鲤、银鲫等 5 种鱼混养总产量可达 10 500kg/hm^2。

3. 溶解氧制约型

本型养殖方式是为养殖动物提供足量的人工饲料（包括鲜活饵料），饲料（饵料）的供应已不再成为养殖产量进一步提高的主要制约因素。随着放养量的提高（饲料投入也相应增加），养殖水体溶解氧下降将不可避免，因此，养殖种类的生物学特性和水体的溶解氧状况就成为继续提高养殖产量的主要制约因子。因此，为提高某一特定水产养殖种类的产量而实施的调节溶解氧的方式就成为本型再分类的主要依据。

第一类：投饲不增氧养殖类（3-1）。本类养殖方式是为养殖动物提供人工饲料（包括鲜活饵料等），但不为养殖水体溶解氧状况的改善提供任何人为措施，养殖水体的溶解氧按照自然的昼夜节律变化。在美国，采用此类方式养殖斑点叉尾鮰单季产量为 1500～2500kg/hm^2，而养殖罗非鱼的单季产量可达到 3000～4000kg/hm^2（Boyd & Tucker，1998）。罗非鱼产量比斑点叉尾鮰产量高的原因主要是因为前者的食谱更广，其除摄食人工颗粒饲料外还摄食池塘中存在的天然饵料。

第二类：增氧且投饲养殖类（3-2）。为了改善养殖水体（如池塘）的溶解氧状况，本类养殖方式采用一些设备来提高水体的溶解氧量，如涡轮式增氧机、水车等。有些养殖水体由于放养量还不是很高，养殖水体白天一般并不缺氧，晚上才需要开启增氧设备。这种间歇性开启增氧设备就可使产量明显提高，如美国采用此方式养殖罗非鱼的单季产量可达到 4000～6000kg/hm^2。如果放养量继续提高则白天的溶解氧也会较低，此种情况下需要全天运行增氧设备，养殖罗非鱼的产量可达到 6000～8000kg/hm^2。由于斑点叉尾鮰对低溶解氧等环境的耐受能力较强，其养殖产量会更高。

第三类：室外设施养殖类（3-3）。在养殖密度较高、养殖代谢废物较多的情况下，就需要采用能更好地稀释这些代谢产物的养殖方式。室外设施养殖类的典型代表包括开阔水域围栏养殖、网箱养殖、跑道式、池塘内跑道（In-pond raceway）等方式。在美国，投饲、增氧附加换水方式养殖罗非鱼的单季产量可高达 15 000～20 000kg/hm^2。

开阔水域围栏养殖和网箱养殖是近 40 年来迅速发展起来的新型养殖方式。围栏养殖适于在较浅水域实施，而网箱养殖则适于在较深水域实施。这两种养殖方式的共同点是：隔断是用网衣做成的，水可以自由通过，网内外水交换较好；养殖水体总面积或总容量比围栏养殖或网箱养殖的实际面积或容积要大几十倍，也就是以几十倍于网箱或网栏的水体支撑养殖动物的代谢活动。这类养殖方式除水交换较好外，还具有网围栏或网箱内敌害少、养殖动物因活动空间小而运动能减少等优点。

美国用体积为 1m^3 的小网箱养殖斑点叉尾鮰，单产高达 600kg/m^3。挪威养殖大西洋鲑的网箱规格越来越大，大的网箱周长可超过 100m。近几年挪威采用了 25 万 m^3 的半潜式钢架结构网箱（挪威渔场）养殖大西洋鲑，我国也建造了 5 万 m^3 的全潜式钢架结构网箱（深蓝 1 号）。2017 年我国大型深水网箱（养殖水体水深≥20m）养鱼的平均产量为 11.1kg/m^3，普通网箱平均产量为 11.6kg/m^2。我国围栏设施分为大型（大于 7hm^2）、中型（2～7hm^2）和小型（小于 2hm^2）三种，它们的单产分别为 2250kg/hm^2、3750kg/hm^2 和 7500kg/hm^2。

网箱养殖和围栏养殖的产量由于养殖种类、养殖设施的规格、养殖阶段、水动力状况等的不同而差异很大。一般情况下，养殖吃食性鱼类、养殖设施规格较小、商品鱼养殖阶段、水动力条件较好的网箱和围栏养殖产量较高。

这一类养殖方式一般产量高，投入的物质也较多，养殖活动对所在水域的影响也较大，其养殖排放物的降解和处理已成为人们关注、研究的热点。

4. 环境综合制约型

环境综合制约型养殖系统还可细分为开放式流水养殖、半封闭式循环水养殖和封闭式循环水养殖。室内设施养殖或称工厂化养殖属于封闭式循环水养殖系统，其显著特点是对水产养殖过程的多种环境因子的高度控制，如对溶解氧、水流、温度、代谢产物，甚至盐度等的调控。这类养殖方式产量会更高，养殖规格（上市时间）、养殖品质等也更加可控。

池塘流水养殖、开阔水域围栏养殖和网箱养殖尽管都可大大地改善养殖水体的溶解氧状况，有效地降低养殖水体中的代谢产物，如氨氮等的浓度，使养殖产量大幅提高，但是，当养殖动物的放养密度继续提高时就需要大量的洁净水。为减少养殖用水量并保障设施内有良好的水质，封闭或半封闭循环养殖系统应运而生。这一方式的养殖排出水中的部分颗粒物（粪便、残饲等）由颗粒分离器去除，部分胶体态有机物由蛋白分离器去除，部分溶解有机物及营养盐由微生物滤器或水生植物吸收，再经纯氧曝气之后注回养殖水体。这样一系列程序使得养殖水体水质洁净，并达到少用水、零排污或少排污的标准。这样的系统造价较高、维持费用较高，因此仅能用来养殖经济价值较高的种类。

在荷兰利用高度集约化系统养殖罗非鱼的年产量约 200kg/m^3，欧洲鳗养殖系统的年产量可达到 330kg/m^3 以上。在美国利用高度集约化养殖系统养殖斑点叉尾鮰的年产量（数茬）可达到 1500kg/m^3。养殖产量与水交换率的大小及充氧与否有关。例如，流量达 0.0035～0.016t/(s·m^2)时，鲤年产量为 90.3～2195kg/m^2；当水源中溶解氧饱和度为 70%，流量达 1.6t/(s·m^2)时，年产量达 20t/m^2；如果水源中溶解氧饱和度为 100%，流量达 0.9～1.0t/(s·m^2)，年产量可达 60t/m^2（刘焕亮和黄樟翰，2008）。

就目前国际生产技术水平，开放式流水养殖每生产 1kg 鱼需用水量为 200～300kg，而封闭式循环流水养殖每生产 1kg 鱼需用水量为 2.5～8.0kg（刘焕亮和黄樟翰，2008）。后者的工艺更复杂、对废水的回收率更高、技术水平要求更高，当然，其生产单位重量产品的能耗也会更多。

养殖动物的生长都有一个适宜温度范围，室外水体的温度会因季节变化而变化，并形成明显的养殖季节或生长季节。为延长生长季节，并使养殖动物始终处于适宜生长温度范围，地下热（凉）水、热电厂排放的热水及加热装置常被用来调控养殖水体的温度。这样的措施就使得养殖水体在突破溶解氧、代谢产物等的制约后进入了控制温度的更高阶段，使养殖季节更长，从而产量更高。

最新的研究成果表明，某些环境因子，如温度、盐度等，在生长“最佳点”附近有节律的适宜波动能够促进动物将摄入能量更多地用于生长（详见第 6 章）。因此，某些环境因子最佳波动节律和幅度的调控技术在环境综合制约型养殖方式中的应用将成为今后工厂化养殖的重要发展方向之一。

从以上几种养殖类型可以看出，随着人为干预（管理）程度的提高养殖水体的鱼产力也在提高。Boyd 和 Tucker（1998）综合分析美国池塘养殖的研究资料后指出，池塘天然鱼产力约为 0.5g/(m^2·d)，施化肥鱼产力为 1.0～1.5g/(m^2·d)，施有机肥鱼产力为 3.0～3.2g/(m^2·d)，投喂植物性饲料鱼产力（混养情况下）为 3.0～4.0g/(m^2·d)，投喂颗粒饲料鱼产力为 4.0～5.0g/(m^2·d)，开设增氧机鱼产力可增加 2.0～3.0g/(m^2·d)。据刘焕亮和黄樟翰（2008）报道，在流水条件下养鲤每秒每吨水可大致年产鱼 14.6～27.9t。

5. 异养食物网制约型或生物絮团养殖型

生物絮团养殖系统（Bioflocs 或 Biofloc-based aquaculture system）是 20 世纪 90 年

代出现的养殖系统。该系统基于异养食物网为养殖动物提供辅助饵料，并通过促进水体的物质循环来维持水质稳定。生物絮团养殖系统仍需要为养殖动物投饵，还需要额外投入碳水化合物用于培养有益微生物群落，更需要电能投入，用于强力增氧，使生物絮团始终处于悬浮状态。该养殖方式可以实现少换水甚至零换水，具有生物安全、环境友好等优点（Browdy et al.，2012）。

实施生物絮团养殖的水体可以是塑膜铺底的池塘，也可以是跑道或水泥池，主养种类是可利用天然生产力的罗非鱼和对虾。养殖对虾的单季产量为 1～2kg/m^2，高的可达到 10kg/m^2，养殖罗非鱼的生物量可达 10～30kg/m^2。

6. 综合养殖型

上述养殖类型主要是按单种类养殖进行划分的，多种类混养则属于综合养殖类型。该类型养殖系统的生产力不仅取决于养殖类型（如上所述），多个养殖种类或亚系统间耦合的程度将会显著影响或制约其生产效率。

另外，池塘内分割养殖系统（Partitioned aquaculture system）和鱼菜共生系统（Aquaponics）也属于综合养殖系统。该养殖类型的分类将在第 9 章介绍。

2.2　水产养殖生物的主要物理环境

像一般的水域生态系统一样，水产养殖生态系统由 6 部分组成：①水环境（包括光照、温度等环境）和基质；②无机物质，主要是无机盐、氧气、二氧化碳、氮气等；③有机化合物，主要是蛋白质、糖类、脂肪、腐殖质等；④生产者或绿色植物，即大型植物、浮游植物，也包括一些光合细菌及化能合成细菌等，它们利用无机物制造有机物；⑤吞噬生物或消费者，即以其他生物或颗粒有机质为食的生物，以植物为食的动物称为一级消费者，以一级消费者为食的动物称为二级消费者；⑥腐生生物或分解者，主要为细菌和真菌，它们主要通过吸收从植物或其他生物中渗出或提取的可溶性有机物来获得能量。水域生态系统结构的详细介绍可参阅董双林和赵文（2004）主编的《养殖水域生态学》和刘建康（1999）主编的《高级水生生物学》等书籍。本节将重点介绍与水产养殖生物密切相关的物理环境如水介质、温度、光照、盐度等。

2.2.1　水的物理特性

水产养殖与其他农业生产活动的最大不同是，养殖生产活动一般是在特殊的水介质中进行。因此，水的一些独特热力学特性及由此而产生的水运动会对养殖活动产生重要影响。水的重要物理特性包括：

（1）水的质量（密度）在 3.94℃时最大，为 1.000g/cm^3，而 0℃时质量为 0.9168g/cm^3，因此，冬季湖泊表面结冰，而冰下仍是液态的水；

（2）水的比热容很大，为 1cal/(℃·g)（1cal=4.1868J）；

（3）水的蒸发潜热很高，为 540cal/g，冰的升华热为 679cal/g，因此，水体温度比空气和表层土壤的温度更稳定；

（4）水的冰点是 0℃，水的沸点是 100℃；水含盐量增加会使水的冰点下降；

（5）水具有很好的导热性。

水的以上特性对水产养殖生产甚至地球上生命的存在都至关重要。由于养殖水体同样存在上述特性，在温度、风作用下水会出现某些形式的运动。

2.2.2 水体的光照

光是养殖水体中最重要的因子之一，其不仅是水体中初级生产者光合作用的能量来源，同时，也会影响水生动物的行为和水的运动状态。水的运动又会对水体的一些重要生态过程产生直接或间接的影响。

太阳光由可见光、紫外光和红外光组成，到达地球大气层外表面的能量为 1.9cal/(cm^2·min)，但是，由于大气的吸收，到达养殖水体水面上的太阳光主要为可见光和红外光部分。就全球平均而言，大气吸收的太阳光能量约占太阳辐射总量的 19%，剩下的部分约 40%为可见光、约 60%为红外光。

由于特定养殖水体所处纬度不同，其表面接受的太阳能也会不同。从图 2-3 可以看出，低纬度区域平均光照较强，季节变化幅度也较小；我国多数地区处于中纬度区域，其光照强度的变化幅度较大，且越往北变幅越大。

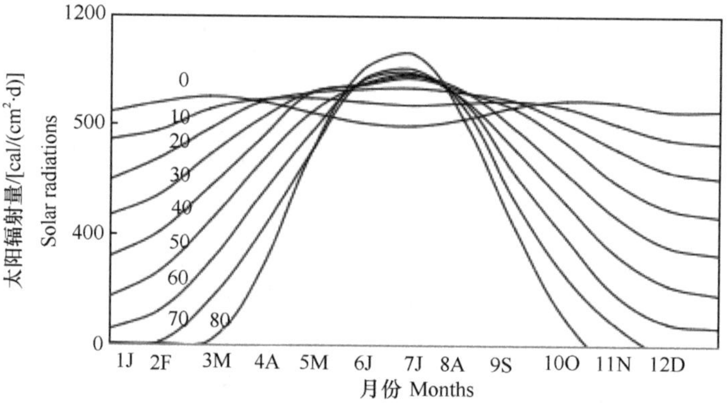

图 2-3 不同纬度不同月份的太阳辐射量

1J. 1 月；2F. 2 月；3M. 3 月；4A. 4 月；5M. 5 月；6J. 6 月；7J. 7 月；8A. 8 月；9S. 9 月；10O. 10 月；11N. 11 月；12D. 12 月

Fig. 2-3 Solar radiations in different months at different latitudes

1J. January; 2F. February; 3M. March; 4A. April; 5M. May; 6J. Jun; 7J. July; 8A. August; 9S. September; 10O. October; 11N. November; 12D. December

1. 太阳光的反射、透射和吸收

太阳光照射到一个具体养殖水体表面的能量与天气状况、纬度、季节和时间等有关。在晴朗的日子，太阳辐射从黎明前的几乎为零开始，之后迅速增加，到中午 12:00 达到最大值，然后迅速减弱，天黑时又几乎为零，并且在整个夜晚都几乎为零。白天时太阳辐射形状似一个钟形。水体正午太阳辐射的最大值会因水体的位置、气象条件、季节等的不同而不同。

照射在水面上的太阳光一部分会被水面反射，其余射入水中。太阳光在水面的反射率与太阳高度（入射角度）、水面的性质及气象条件等有关。太阳高度是射入某点的太阳光线与通过该点的水平面的夹角。太阳高度越小反射率越大。当波浪作用使水面受到干扰时，即波浪较大时，反射作用会增加。散射光同样会在水面被部分反射，但其反射率受太阳高度的影响较小。

冬季寒冷地区养殖水体的水面会结冰，冰和冰上的覆雪会影响光线的透射，而且其影响程度与冰和雪的性质、厚度有关。光线可以穿过冰上的覆雪，但衰减速度很快。据测定，直射光线透过 5cm 厚的覆雪会衰减 92%，透过 40cm 厚的覆雪后入射光就仅剩下 0.5%的能量。

散射光和直射光都可以穿透水面上冻结的冰，散射光比直射光穿过明冰的比率更大（表 2-4）。寒冷地区鱼类越冬池塘上冻结的明冰可使部分太阳光射入水体，该水体中浮游植物仍然可以进行光合作用，产生一定量的溶解氧，可保障鱼类安全越冬。

表 2-4　不同厚度明冰的太阳光透射率

Tab. 2-4　Penetration rates of light through different thickness of ice

冰厚/cm Ice thick	直射光/% Direct light	散射光/% Scattering light
7	72	79～80
35	48～52	58～60

人们时常可以看到养殖水体表面结的冰不透明，这样的冰称乌冰。下雪天结的冰或冰上覆雪半融化又冻结形成的冰常为乌冰，其对光线的透射影响很大。乌冰会严重妨碍光线的射入，致使水中光合作用很弱，溶解氧缺乏，威胁到冰下鱼类的生存。在这种情况下，养殖生产者常会将乌冰打破使水面重新冻结一层明冰，以保障越冬鱼类的安全。

照射到水面的太阳光经折射后进入水体，射入的光会被水强烈吸收而迅速衰减。光在水体中的衰减规律符合比尔定律：

$$I_Z = I_0 \cdot \mathrm{e}^{-kZ}$$

式中，I_Z 为 Z 深度的辐射量；I_0 为水体表面的光强；k 是消光（吸收）系数。消光系数的数值受水本身性质、悬浮颗粒和溶解物质等的影响。

在纯净水中，约 1/4 的辐射能被水体表层 1cm 所吸收，约 1/2 的辐射能被表层 10cm 所吸收。红外光（大于 0.76μm 部分）会被迅速强烈吸收，绝大部分在 1m 深就被吸收。随着波长减小吸收率也减小，蓝光的吸收率最小，因此到达 10m 深处的可见光部分主要是蓝光和紫光。

在纯净水中，波长为 0.75μm 的光在 1m 之内被吸收 90%，只有约 1%的光进入 2m 以下的水层，并且，随着水中溶解有机物量的增加吸收速率还会增加。由于太阳能很多是波长大于 0.75μm 的红外光，因此，大部分太阳能会在水体上层 2m 内被吸收。

悬浮于水中的颗粒物质（浮游生物、泥沙等）也会吸收光，从而影响不同波长光的入射深度。图 2-4 是一个透明度约 1.7m 的浅水湖泊中可见光的分布状况。从中不难看出，仅有很少量的蓝色光达到透明度以下，而绿色光则可以到达较深的水层。这一特性对于分布于透明度下的浮游植物的光合作用具有重要的意义。

2. 透明度和水色

透明度和水色是两个重要的反映水体透光性质和质量的参数。透明度可用 20cm 或 30cm 直径的透明度盘（Secchi disc）测量，它可表达光射入水体的深度。水中悬浮物和溶解有机质越多该数值越小。一般养殖池塘的透明度有几十厘米，水库和湖泊会大一些，可达 1m 以上，海湾的透明度更高一些，可达 2m 以上，远海的透明度在 10m 以上。

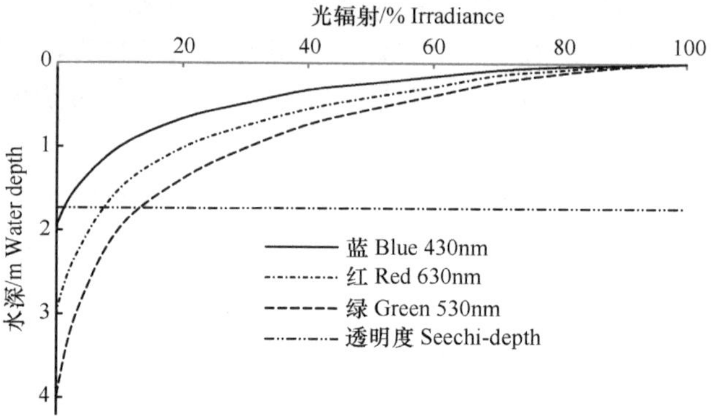

图 2-4　可见光在浅水湖泊中的垂直分布（引自 Scheffer，1998）

Fig. 2-4　Vertical distribution of visible light in a shallow lake (from Scheffer, 1998)

透明度盘测得的透明度与水下的光照强度有一定的相关性。Idso 和 Gilbert（1974）给出的消光系数 k 的经验计算公式为

$$k = 1.7 / Z_{SD}$$

式中，Z_{SD} 为透明度盘测量的透明度（m）。在获得了水面的光照强度和 k 值后，可利用前面介绍的比尔定律粗略计算给定深度的光照强度。

水色是光线从水中经水分子和悬浮颗粒物质散射和反射而到达观察者眼中的光线色泽，它不包括水面的反射光。水色计测得的 1 号水色为蓝色，21 号为黄色。一般情况下，号码越小水质越好。

3. 光照的生物学作用

太阳辐射被水吸收后可使水升温，从而引起水体运动。这方面问题将在后文详细介绍，本节仅简要介绍其生物学方面的作用，如对光合作用和对动物生理生态学的影响。

太阳辐射是养殖生态系统的重要能源，对于主要依靠天然饵料进行养殖的水体太阳光尤其重要。水体中的浮游植物或大型水生植物的光合作用每消耗一个 CO_2 分子就会利用 4～9 个光量子，并合成一个葡萄糖分子。

由于光能在水体中的衰减特性和光能在水中垂直分布的特点，水中光合作用也呈现特定的分布规律。水体的表层有时会由于光照太强而光合作用受到抑制，向下光合作用逐渐达到最大值，之后又逐渐减小，直至为零。对于我国一般淡水水体，光合作用的最大值往往出现在半个透明度上下。光合作用与呼吸作用相等的水层称为补偿深度，也是光亮带（Euphotic zone）的下限，一般出现在 1.7～2 倍透明度处，此处的光照强度约为表层光的 1%。光合作用为零的深度一般在 3 倍透明度附近。有些水体光合作用强度的垂直分布会出现其他类型，感兴趣的读者可参阅 Wetzel（1983）的《湖沼学》。

光合作用的强度决定着水层的溶解氧状况，在风作用较弱的情况下，水体在中午时溶解氧的垂直分布主要受光合作用和呼吸作用影响（详见本章 2.3 节内容）。

光的另一重要生物学作用是影响动物的行为和生理生态学特性。很多动物的昼伏夜出就与光强的变化有关。人们已发现白鲑的幼鱼对绿光较为敏感，对红光不敏感，而银鲈和金鲈的幼鱼对黄—橙光波敏感。有的研究发现，鲢在白光和绿光下生长较好。这些种类对不同光色的敏感性一般都与它们自然生活的水域或水层的光色有着很好的对应关系。不同的光照周期对动物的卵巢成熟、生长和繁殖也有明显的影响。

中国对虾（又称中国明对虾、东方对虾）视觉器官同时存在两类光感应细胞，它们分别对蓝光（0.48μm）和黄光（0.58μm）敏感，不同光色对其生长和代谢具有明显的影响。如表 2-5 所示，中国对虾在 4 种光色处理下的生长速度顺序是白光＞绿光＞黄光＞蓝光。中国对虾在蓝光下摄食、运动活跃，摄食率最大，这表明中国对虾对短波的蓝光敏感。尽管中国对虾在蓝光下活跃摄食，但由于活跃的运动也消耗了大量的能量，使所摄入的能量用于生长的比例减少（Wang et al.，2003）。

表 2-5　不同光色下中国对虾摄食能量的分配（%）

Tab. 2-5　Energy allocation of *Fenneropenaeus chinensis* at different light color (%)

光色 Light color	R/C	G/C	E/C	U/C	F/C
白光 White	65.15	12.94	1.42	5.76	14.73
黄光 Yellow	68.43	11.56	1.72	6.06	12.24
绿光 Green	69.99	10.81	1.36	6.16	11.69
蓝光 Blue	76.11	8.07	1.52	7.05	7.25

注：C 表示摄食能；R 表示呼吸能；G 表示生长能；E 表示蜕壳能；U 表示排泄能；F 表示粪便能。全书表格标注相同

Note: C is energy consumed; R stands for energy lost as respiration; G is energy for growth; E is energy lost in exuvia; U is energy lost in excretion; F represents energy of feces produced. The following tables are the same to present these parameters

波长约 0.48μm 的蓝光在干净的海水中穿透力最强，红光和紫外光在穿过干净的水时会迅速衰减，因此，干净的养殖水体常偏蓝色。养殖生产的一些活动会改变养殖水体的颜色，如投饲、施肥等，这主要是由于营养物质的投入使水体浮游生物、溶解有机物增多的缘故。溶解有机物和一些颗粒物的存在大大降低了光的穿透深度，尤其是对短波的蓝光影响较大。随着溶解有机物和颗粒物的增加，进入水体深处的光辐射量迅速减少，光谱也从短波的蓝光逐渐变为波长稍长的绿光。近岸或养殖池塘水多因人类活动其穿透率由较高的蓝—绿光向绿—橙光区偏移（McFarland，1986）。表 2-5 中的数据说明，对于中国对虾而言，干净的呈蓝色的养殖水并不一定比具有淡黄绿色的水好，绿光照下中国对虾有更多的能量用于生长。

2.2.3　水温

水温是水体中热量强度的度量。水的高比热容特性（使 1g 水温度上升或下降 1℃消耗或释放 1cal 的能量）使其吸收大量的入射光能，并以热的形式贮存在水体系统中。水体热贮存量、分布和变化不仅直接影响养殖水体的初级生产和分解过程，也会影响养殖生物的生长。

养殖水体的热量来源主要是太阳辐射能，其次是来自空气的热量输入、水表面蒸汽的凝结、沉积物或池底的热量输入、降雨、径流或注入水等。养殖水体的热量损失主要是蒸发、向空气中的热量辐射（主要在秋、冬季）、径流输出或排放水等。

水产养殖动植物绝大多数是变温生物，其生理、生态过程会随水温的变化而出现明显变化。依据对水温适应范围的大小，养殖生物可分为狭温生物和广温生物，也可依据其对水温的适应区间将它们分为冷水生物、温水生物和暖水生物。

水产养殖生物生活的水环境温度随时间一直在变化。正如上一节所述，太阳能会在水体表层被强烈吸收，即使是干净的水，进入 2m 以下的辐射能也不足一半。因此，这种热能垂直分布的不均性就会产生一系列特殊现象，了解水温的变化规律对水产养殖活动具有极其重要的意义。

1. 水体的热成层及其生态学意义

1）冬季水温逆分层

一年四季温带区域水体温度的垂直分布状况不同。冬季，水体的水温会出现水温逆分层，即上低下高（图 2-5A），这是因为水在 3.94℃（以下叙述为 4℃）时密度最大，高于或低于这一温度时水的密度都会较此小。以一个典型的北方较深的淡水水体为例，在冬季来临后水温会下降，当表层水温降到 4℃以下时上层水温开始低于下层水温。当表层水温降至 0℃时，开始结冰，其密度仅为 0.9168g/cm^3，小于其下的水。因此，冬季冰会覆盖在水的表面，具有减缓冰下水温能量快速散失的作用。水的这一重要物理特性对水中生命的存在具有极其重要的意义，否则，原始的水生生物不可能在水体中度过冬天，也不可能进化出世界上如此绚丽多彩的生命世界。

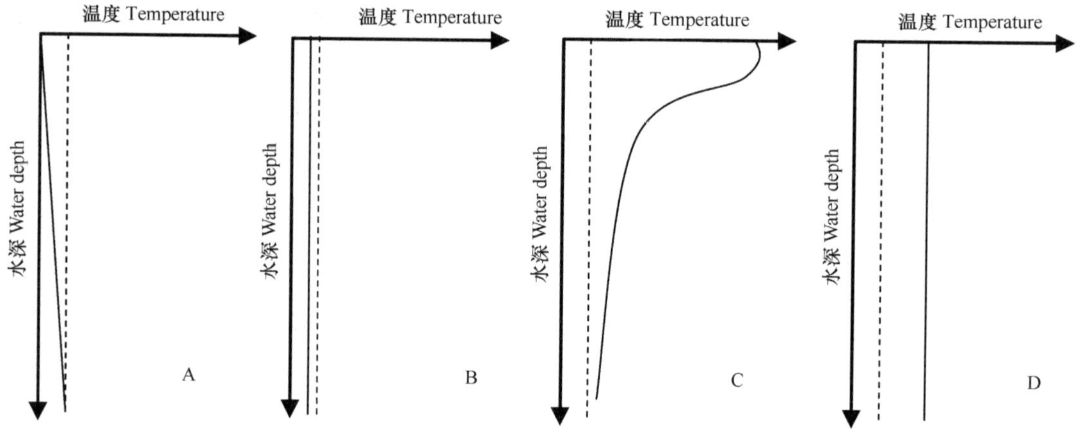

图 2-5 典型温带水体的热成层

A. 冬季；B. 春季；C. 夏季；D. 秋季；虚线为 4℃线

Fig. 2-5 The thermal stratification of a typical temperate water

A. Winter; B. Spring; C. Summer; D. Autumn.The dotted line is 4℃

2）春季上下全同温

春季来临时，由于太阳辐射的加强和气温的逐渐回升，水体上覆盖的冰逐渐消融。暖的雨水会加速这一消融过程。冰消融后，表层升温的水的密度会大于其下的水，这样就产生了下沉、对流现象。这种对流运动直至上下水层全部达到 4℃为止。这时的水温分布称为春季全同温（图 2-5B）。天然水体由于风的作用会在低于 4℃时就出现全同温现象。由于全同温时期整个水体上下温差很小，处于热不稳定状态。白天上层水的升温、蒸发和夜间的降温，加之风的推动，会使水体在这一段时间内处于上下频繁混合状态。

多数水体在不是很强的风力作用下就足以在水体中形成环流。春季水翻转持续的时间长短由很多因素决定。表面积较小、相对避风的水体，通常仅持续几天，而较大的、强风作用的水体可持续几周，并使水体的温度完全增加到最大密度温度（4℃）以上。较深的湖泊和水库在春季的这种混合可将底部积累的营养盐类输送到相对缺乏营养物质的上层，促使浮游生物快速生长和大量繁殖，并常形成浮游植物生物量的一次高峰。

3）夏季温跃层

在春天升温的过程中，只要有几天阳光明媚、水面平静，水体的温度就会出现分层。这时表层水温高、密度低，相应的混合阻力明显增加，几摄氏度的差异就足以阻止垂直环流的发生。并且随着夏季的来临和水体上层的进一步加热，这种分层会进一步加强，并一直持续到秋季。这时的水体纵向可分为相互不易混合的三层（图 2-5C）。夜晚降温或有风时上层水（Epilimnion）中会产生对流甚至环流，而该层水与下面水层很难出现交换过程。靠近水体底部的水层称下水层（Hypolimnion），其水温基本上是由春季翻水期的最终温度决定的。整个夏季成层期其温度变化较小，特别是较深的湖泊或水库坝前水较深的区域更为典型。上下层之间是中层水或温跃层（Thermocline），其是随水深度增加温度变化最快的水层。一般认为温跃层的水温变化应＞1℃/m。

海洋中也普遍存在温跃层，温度和密度在温跃层发生迅速变化，使得温跃层成为生物及海水环流的一个重要分界面。通常海洋的温跃层位于海面以下 100～200m，但我国黄海中部的温跃层较浅，位于海面下 20～30m。黄海温跃层下是一巨大的冷水团，称为黄海冷水团，面积约 13 万 km^2，体积约 5000 亿 m^3。其夏季底层水温在 4.6～9.3℃，近底层水的溶解氧不低于 5mg/L。我国渔业工作者已开始在黄海冷水团海域利用温跃层下的低温海水资源规模化养殖冷水鱼类（董双林，2019b）。

夏季水体热成层特别是温跃层的形成会阻碍上下水层间热能和营养物质的交换，上层的营养盐类很快被浮游植物大量消耗，导致浮游植物的生长受到抑制，生物量下降。热成层水体的上层水由于光合作用而溶解氧充足，但由于温跃层的阻隔而不能向中、下水层补充。下层水由于分解作用强烈加之光合作用较弱而溶解氧会逐渐减少。对于水体浮游生物较多或富营养型的水体该层水溶解氧通常很少，甚至会出现很厚的无氧带。有机物的分解和还原状态下沉积物中营养物质的大量溶出，使得底层水营养盐类丰富，但无法向上层水补充。更多的知识可参阅 Wetzel（1983）所著《湖沼学》的相关内容。

浮游植物生物量在夏季出现低谷是中纬度较深水体的普遍现象。这导致放养的浮游生物食性的鱼类在夏季生长减缓，尽管这时的水温可能最适于这些鱼类的生长。对于贫营养型的水体，夏季温跃层之下的水层仍然会有一定浓度的溶解氧，鱼类等好氧生物仍可生存，但在富营养型水体的下层，鱼类等动物会由于缺氧而窒息或逃避。

夏季具有热成层的水库大坝下部放出水的温度较低，会对其下游的生态系统产生一定影响。例如，一些大型河流上建造的大坝，夏季放出的低温水可能会改变鱼类等生物的生长、繁殖规律等。南方一些大坝夏季放出的低温水也可被用来养殖冷水鱼类，如新安江水库坝下养殖虹鳟就是如此。

4）秋季上下全同温

夏末和秋季，气温逐渐降低，水体表层水温也开始降低。由于表层低温、密度较大水的下沉、对流，上层水整体上温度也开始下降，温跃层厚度被渐渐压薄，直至消失。水温继续下降，表层水就开始与下层水进行交换。理论上，当水温达到 4℃时，水体上层与下层温度就会相同，这时称为秋季全同温（图 2-5D）。实际上，当水体表层水与底层水温度差较小时，整个水体处于不稳定状态，这时一场较强的风就会使整个水体混合。因此，天然水体秋季全同温时的水温常大于 4℃，具体的温度与水体面积、深度及地形、气象等条件有关。

秋季全同温期会导致上下水层间的物质交换。这时上层丰富的溶解氧会向下补充，温跃层下无氧区逐渐消失，逃避的动物会逐渐回来。下层丰富的营养盐类会向上补充，促进上层浮游生物迅速生长、繁殖，并形成全年浮游生物生物量的第二个高峰。正因为如此，浮游生物在温带较深水体中全年的生物量变化常呈马鞍形（图 2-6）。秋季丰富的饵料生物正是鱼类越冬前育肥的营养物质。

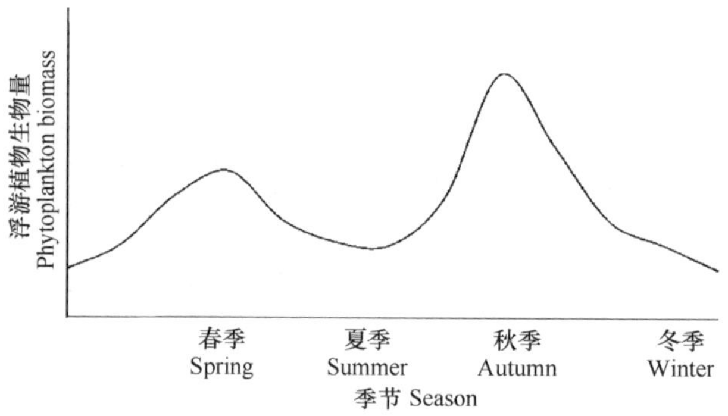

图 2-6　温带典型较深水体浮游植物生物量季节变化

Fig. 2-6　The seasonal variation of phytoplankton biomass in a typical temperate waters

随着冬季到来，当温度降至 4℃以下后，水体又开始进入冬季的水温逆分层期。结冰前，由于整个水体上下温差较小很容易被不甚强的风吹动而混合。风大且水浅的水体结冰前底层的温度较低。

温带较浅的水体，如养殖池塘、长江中下游较浅的湖泊，一般不存在明显、稳定的夏季温跃层，或存在的时间很短，其浮游生物生物量全年只存在夏季一个高峰（单峰形）。

2. 水体热混合类型

前面描述了一个典型的温带双循环水体全年热分层状况及水体对流、循环情况，然而，世界各地的水体热分层和循环情况并非这么简单，而是多种多样的。一般而言，温带水体一年中经历两次密度最大期（4℃期），夏季呈现温度（热）正分层，冬季温度逆分层；热带水体温度始终高于 4℃，全年始终呈现温度正分层，只有冬季出现水体上下层混合；极地水体温度全年始终低于 4℃，除夏季出现上下层水混合外，始终呈现温度逆分层。基于上述现象，有些学者用地域命名水体类型，但是，由于温带也存在类似上述典型热带水体样的水体，并且还存在其他类型的水体，因此，用地域命名水体类型并不科学，而根据其混合类型进行命名更合理。下面简要介绍水体的混合类型，以帮助我们理解各地养殖水体的水运动概况。

无混合水体：这类水体主要存在于南极，某些高山上或北极区域也有少量这类水体的记录。其长期被冰覆盖，几乎没有水体的热运动。

冷单季混合水体：这类水体的温度从不超过 4℃，多分布于北极和高山区域，其特点类似于前面讲述的典型极地水体，全年温度逆分层，夏季出现混合。

暖单季混合水体：这类水体的温度永不低于 4℃，多分布于热带和亚热带地区，其特点类似于前面讲述的典型热带水体，全年温度正分层，冬季出现混合。

双混合水体：该类水体是典型的温带水体，多分布于温带和海拔较高的亚热带地区。正如前述，其特点是冬季温度逆分层，夏季温度正分层，春、秋各一次全混合期。

弱混合水体：这类水体多存在于热带无风区，全年水体温度均超过 4℃。该类水体通常面积较小或较深，上下温差不大，水体混合会发生在反常的冷天气时。

多混合水体：这类水体一般面积较大、水深较浅或中等。冷多混合水体在赤道风大、海拔高的区域较常见，该区域无温度的季节变化，白天接受的太阳辐射使水温很快升高，夜间迅速降温，导致对流、混合。在赤道另一类水体热成层不明显，且无明显的季节变化，风或降雨过程就可导致环流产生，该类水体称为暖多混合水体。

3. 水体中的环流

1）风成环流

正如上述，养殖水体在风的作用下经常会出现上下水层的混合，这是由于在风的作用下水体会出现风成环流（图 2-7）。在定向风力的作用下，水体表层会形成风成流，大量的表层水会从背风岸方向移向迎风岸一侧，并造成两岸的水位差。20 世纪 80 年代一次台风过程中太湖迎风岸与背风岸的水位差曾达 1.48m。由于这种水位差，在水体下层就形成了与风成流方向相反的补偿流，使大量底部的水由迎风岸一侧向背风岸方向补充。上层的风成流与下层的补偿流共同构成了风成环流，并使水体的各种物质得以混合。风成环流强度取决于风的强度、持续时间、水体面积、深度、水体热成层状况、地形等。

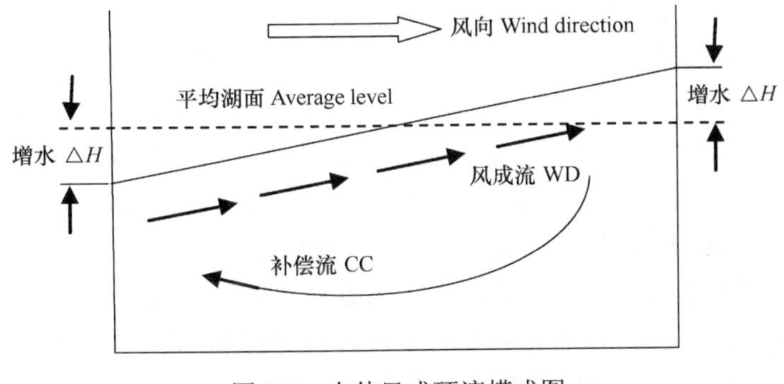

图 2-7　水体风成环流模式图

Fig. 2-7　Wind-driven water circulation

WD. Wind drift; CC. Compensation current; △*H*. Water level change

2）垂直环流

由于水的比热容大于构成池塘、湖泊、水库积水区的土壤，因此，在太阳辐射或气温作用下，水与土壤升温或降温速度不一致，这会导致水体内形成垂直环流。

在秋季降温期，沿岸土壤的降温速度快于水体，使贴近沿岸水的温度低于水体中心部位水的温度。贴近沿岸水由于温度低、密度高而下沉，形成下沉流，并形成了表层看上去由水体中心向沿岸流动的背向垂直环流（图 2-8A）。

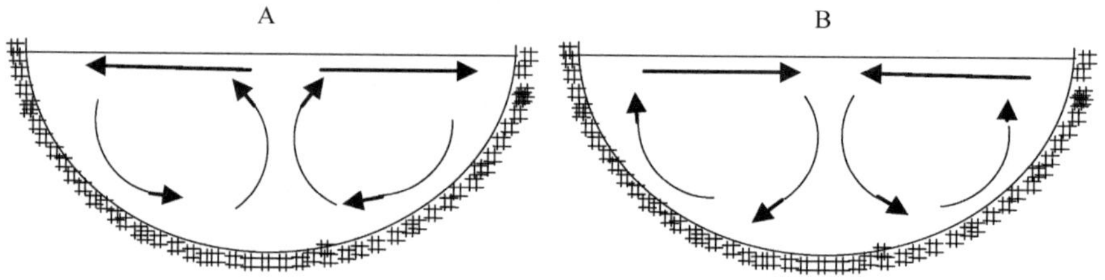

图 2-8　水体秋季和春季的垂直环流模式图

A. 背向环流；B. 相向环流

Fig. 2-8　The vertical circulation pattern in a waters in autumn and spring

A. Back direction circulation; B. Opposite direction circulation

相反，在春季增温期，沿岸土壤升温速度快于水体，使贴近沿岸水的温度高于水体中心部位水的温度。贴近沿岸水由于温度高、密度低而上升，形成上升流，中心部位的水补充空缺，沿岸水又补充中心的水空缺，这样就形成了表层看上去由沿岸向中心流动的相向垂直环流（图 2-8B）。

养殖水体除了前面描述过的有规律的季节混合、风成环流和垂直环流外，大雨也常造成水体的对流混合。在养殖水体（池塘、小型水库和湖泊等）热成层不稳定且水体底部存在较厚的缺氧或无氧层的情况下，下暴雨会导致水体突然混合，整个水体溶解氧不足，养殖动物可能会大量窒息死亡。这就是常见的“泛塘”事件出现的主要原因之一。另外，无风、闷热的天气也常出现“泛塘”事件。及时开启增氧机和注入新水是有效的急救措施。

4. 养殖生物对水温的要求

目前我们养殖的水生动物几乎都是变温动物，也就是其体温随着养殖水体温度的变化而变化，因此，水温的变化会直接影响养殖动物的代谢强度、生长速度、繁殖甚至生存。

水温对水生动物代谢的影响基本符合 van Hoffs 定律，即温度每提高 10℃，动物体内生化反应速度会增加一倍。但是，温度升得太高也会对动物的代谢活动产生负面影响。图 2-9 是温度对广温养殖动物耗氧速率影响的规律。在达到最大耗氧率之前，随着温度升高动物耗氧率增加；耗氧率的峰值只维持在一个很狭窄的温度范围；随着温度的继续升高，动物耗氧率会急速下降，并最终在达到致死温度时呼吸停止。

水温与水生动物生长的关系类似于图 2-9 所示的曲线，即一般的水生动物可以在一个较宽的温度范围内生长，但最适的生长温度范围较窄。例如，中国对虾耐受的温度是 4～38℃，适宜生长的温度在 18～30℃，最适的生长温度范围在 20～28℃，生长最快的温度在 25℃左右（王克行，2008；张硕等，1998）。

冷水种类最佳生长温度一般在 20℃以下，水温高于 25℃后会出现死亡。也有人将最适生长温度在 10～20℃的种类称为凉水种类，而将最适生长温度低于 10℃的种类称为冷水种类。

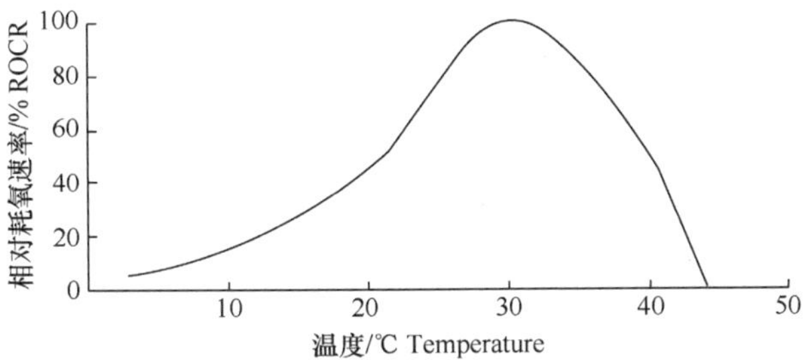

图 2-9　温度对水产养殖动物耗氧率的影响（引自 Boyd & Tucker，1998）

Fig. 2-9　Effect of water temperature on relative oxygen consumption rates (ROCR) of aquaculture animals (from Boyd & Tucker, 1998)

水生生物生活于具有周期性波动的温度环境中，如昼夜波动和季节波动，这种温度波动会对水生生物生长产生一定的影响。研究表明，适宜的温度波动可促进某些鱼、虾、海参等的生长（Dong et al.，2006；Tian & Dong，2006；Tian et al.，2006；Diana，1984）。关于变温对水生生物的促长作用的更多内容可阅读第 6 章。

2.2.4　水体的含盐量

含盐量是养殖水体的一项重要指标，对养殖生物及养殖水体的生态学过程均有重要影响。反映水体含盐量的参数有离子总量、矿化度、盐度、氯度等，后两者在海水养殖中常被使用。

1. 水体含盐量的化学分类

根据国际湖沼学会 1958 年的方案，依据水中的离子总量，天然水可分为 4 类，即

淡水		＜0.5g/kg
	寡盐水	0.5～5g/kg
混盐水	中盐水	5～18g/kg
	多盐水	18～30g/kg
真盐水		30～40g/kg
超盐水		＞40g/kg

根据含盐量对水的分类方式还很多。通常人们对＜1g/kg 的水无明显的味觉感觉，因此称其为淡水，而对于 1～25g/kg 的水称为半咸水。

苏联学者阿列金根据天然水八大主要阴、阳离子组成，即 Cl^-、SO_4^{2-}、CO_3^{2-}、HCO_3^- 和 K^+、Na^+、Ca^{2+}、Mg^{2+}的当量数，将天然水划分为不同的水质类型（图 2-10）。

三类：碳酸盐类 C：$HCO_3^-+CO_3^{2-}$的当量数＞SO_4^{2-}、Cl^-的当量数

硫酸盐类 S：SO_4^{2-}的当量数＞$HCO_3^-+CO_3^{2-}$、Cl^-的当量数

氯化物类 Cl：Cl^-的当量数＞SO_4^{2-}、$HCO_3^-+CO_3^{2-}$的当量数

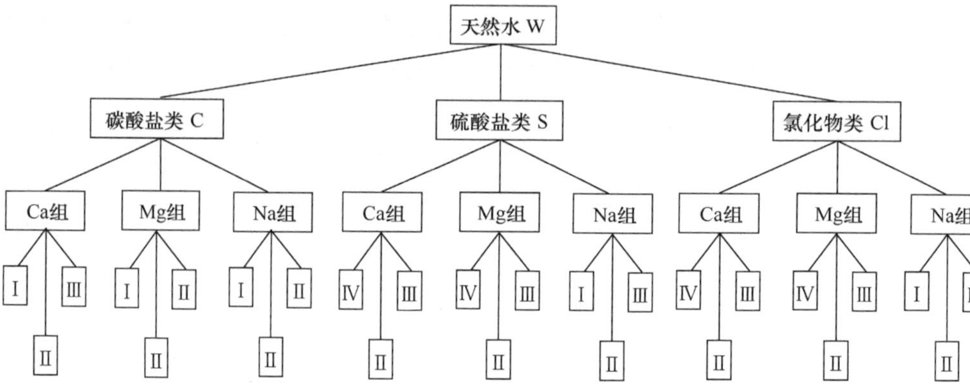

图 2-10　天然水的化学分类

Fig. 2-10　The classification of natural water based on chemical compositions

W. Water; C. Carbonate; S. Sulfate; Cl. Chloride

三组：Ca 组：Ca^{2+}的当量数＞Na^{+}（K^{+}）、Mg^{2+}的当量数

Mg 组：Mg^{2+}的当量数＞Na^{+}（K^{+}）、Mg^{2+}的当量数

Na 组：Na^{+}的当量数＞Ca^{2+}、Mg^{2+}的当量数

四型：Ⅰ型：HCO_3^-（CO_3^{2-}）＞$Ca^{2+}+Mg^{2+}$

Ⅱ型：HCO_3^-＜$Ca^{2+}+Mg^{2+}$＜$HCO_3^-+SO_4^{2-}$

Ⅲ型：$HCO_3^-+SO_4^{2-}$＜$Ca^{2+}+Mg^{2+}$或 Cl^-＞Na^+，海水属此类

Ⅳ型：HCO_3^-（CO_3^{2-}）$=0$

阿列金的分类方法是将八大离子作为水体的主要离子成分，忽略了其他微量的离子，即水中 $Ca^{2+}+Mg^{2+}+K^{+}+Na^{+}=HCO_3^-+CO_3^{2-}+SO_4^{2-}+Cl^-$。表 2-6 列出了几个典型水体的离子组成。三门峡水库是典型的淡水水体，山东省的大芦湖是微盐碱的低洼浅水湖，内蒙古自治区的达里湖则是典型的盐碱水体。在这几个水体中，一价与二价阳离子的比值 $[(K^{+}+Na^{+})/(Ca^{2+}+Mg^{2+})]$分别为：三门峡水库 0.94、大芦湖 1.55、达里湖 28.9、海水 3.76。达里湖一价、二价阳离子的比例失调，这是其对鱼类有害的重要原因之一。

表 2-6　几个典型水体的离子组成（me/L）

Tab. 2-6　The chemical compositions of several typical waters (me/L)

水体名称 Waters	Ca^{2+}	Mg^{2+}	$K^{+}+Na^{+}$	HCO_3^-	SO_4^{2-}	Cl^-	含盐量 Salinities	水型 Water types
三门峡水库 Sanmenxia Reservoir	2.13	1.27	3.18	3.65	1.32	1.61	0.489	C_{II}^{Na}
大芦湖 Dalu Lake	2.31	5.86	12.72	6.18	2.08	12.6	1.44	C_{II}^{Na}
达里湖 Dali Lake	0.29	1.89	63.0	44.5	5.44	33.4	5.56	C_{II}^{Na}
海水 Seawater	20.6	106	477	2.33	56.5	545	35	C_{III}^{Na}

水体的含盐量主要受当地的降雨量，河水的补给情况，流域内的地质、土壤、地貌等环境条件和人类活动等因素影响。我国各流域含盐量差异较大，有自东南向西北逐渐升高的趋势。我国东南沿海地区雨量充沛，土壤常年在流水淋溶作用下，可溶性盐类难以积累，河水的含盐量通常在 0.05g/L 以下，多属于碳酸盐类 Na 组或 Ca 组水。我国秦岭—淮河以南的长江中下游广大地区河水含盐量多在 0.2g/L 以下。我国秦岭—淮河以北的大部分地区河水含盐量多在 0.2～0.3g/L，除碳酸盐类水外，还出现了硫酸盐类和氯化

物类水型。我国黄土高原南部河水的含盐量可达 0.3～0.4g/L，西北部上升到 0.5～1.0g/L。甘宁苦水区水体的含盐量还会更高。

我国沿黄低洼地区分布有大量的盐碱池塘，自从人们利用基塘（上粮下渔）技术改造、开发低洼盐碱地以来，成百万亩的新挖池塘也开始被用来进行鱼类或虾类养殖。这些盐碱地池塘水离子组成特点有：含盐量较高、碱度高、pH 高，有些地方 Na^+/K^+失衡，即缺 K^+。关于这部分土地的渔业利用原理将在第 11 章介绍。

2. 含盐量对水产养殖的影响

生活于淡水中的鱼类、甲壳动物、贝类等动物的体液盐离子浓度高于水环境，相对于环境它们是高盐或高渗的；相反，生活于海水中的鱼类等动物的体液盐离子浓度低于水环境，相对于环境它们是低盐或低渗的。生活于淡水中的鱼类等动物的渗透调节包括从水环境中主动吸收盐离子、防止盐离子流失、排泄水分；相反，生活于海水中的鱼类等动物的渗透调节包括从水环境中主动吸收水分、分泌盐离子。

每一种生活于水中的鱼类、甲壳动物、贝类等的渗透压调节能力不同，其适应的环境含盐量也有所不同。渗透压调节是一耗能过程，正常体液离子平衡的破坏还会影响其他生理、生化过程的进行，因此，当环境的含盐量大大超过或远低于这些动物适宜的范围时它们就会因无法维持体液离子平衡而死亡。

淡水鱼类血液渗透压一般相当于 7g/L NaCl 溶液的渗透压，因此，许多淡水鱼类可以在高达 7g/L 含盐量的水体中生存，尽管在此含盐量条件下它们的生长并不一定很好。

许多水产养殖种类，如凡纳滨对虾（南美白对虾）、中国对虾、河蟹、虹鳟、花鲈、罗非鱼等，具有广盐生活的能力，这与它们生活的环境和进化历史有关。近些年，为提高养殖效益我国许多内陆区域热衷于在淡水或半咸水水域养殖广盐性种类，这无可厚非，但是，为提高水体含盐量而人为往淡水水体中加盐则是不可取的，容易造成土壤盐碱化。

2.3　水产养殖生物的主要化学环境

2.3.1　溶解氧

对于水产养殖动物而言，养殖过程中除水之外氧气则是最基本的条件。溶解氧对所有需氧的水生生物的代谢必不可少，因此，溶解氧的浓度和变化决定着许多水生生物分布、行为和生长等。另外，溶解氧还会影响水域生态系统中的许多生态学过程，是反映水质状况的综合性指标。

1. 氧气在水中的溶解度

在标准条件（0℃、海平面、大气压力为 760mmHg①）下，干燥空气中氧气的分压占 20.946%，即 159.2mmHg。当空气与水接触时，空气中的氧气就会溶解于水中，直到水中氧气的分压等于空气中氧气的分压时停止。相反，如果水中氧气的分压大于空气中氧的分压，则水中的氧气就会从水中逸出。

① $1mmHg=1.333\ 22\times10^2Pa$

氧气在水中的溶解度主要受温度、盐度和海拔等影响。氧气在水中的溶解度随温度的升高而呈现非线性降低。随盐度的增加水中溶解氧量也会减少。随着海拔的增加大气压力会降低，氧气分压的绝对值减小，水中溶解氧量也会减少。例如，青海省龙羊峡水库网箱养殖虹鳟就遇到溶解氧偏低的问题。只要知道当地海拔，就可以计算出相应的大气压力，并可按比例计算出水中溶解氧饱和度值。

在较深的水体，某一深度上覆水层产生的流体静压力增加，因此，在大气压和静水压的共同作用下，某一深度水中溶解氧饱和度值会增加，溶解氧气的绝对量也会增加。水库大坝底部水或瀑布下深潭水的静水压很大，水中氮气和氧气溶解量会大大增加，在此水中的鱼类，其血液中的气体溶解量也会相应增加。但是，当一些随水流而下的鱼类从大坝底部放出的水或深潭水中上浮到水面时，静水压的突然消失会使其血液中的溶解气体以气泡形式逸出，可能会导致鱼类出现气泡病，严重者可致死。

2. 水体中溶解氧的收支

养殖水体中溶解氧的来源主要有空气溶解、光合作用、补水、增氧机的使用等；水体溶解氧的减少或消耗的主要途径包括向空气中逸出、动物呼吸、水中和底质中微生物耗氧、排水、化学耗氧等。

1）氧气的溶解和逸出

当空气中的氧气分压与水中的相等时，水与空气中的氧气就处于平衡状态，空气与水之间氧气的净迁移为零。在水中氧气的分压小于空气中氧的分压，即实际溶解氧量低于饱和溶解氧量时，空气中的氧气会溶解入水中；但当水中氧气的分压大于空气中氧气的分压时，则水中的氧气就会从水中逸出。

当水体实际溶解氧量低于饱和溶解氧量时称为氧亏或氧债（D），当水体实际溶解氧量高于饱和溶解氧量时称为氧赢或氧过剩（S），它们的计算方法分别为

$$D = (DO_s - DO_m)/DO_s$$

$$S = (DO_m - DO_s)/DO_s$$

式中，DO_s 为现有条件下水中理论饱和溶解氧值；DO_m 为水体中实测溶解氧值。氧气迁移的速率与 D 和 S 值有关，D 或 S 值越大溶解或逸出的速率越大。

由于氧气的迁移要穿过水体表面的气膜和液膜，而这两个膜内很容易就达到氧气平衡，因此，在无风天气，即使 D 或 S 值很大，氧气溶解或逸出的速率也并不大。在有风有浪的条件下，氧气迁移速度会大大加快。空气中氧气向水中溶解的量与氧亏值、风浪、水体面积等有关。表 2-7 是自然条件下不同水体通过单位面积由空气增补氧气的数量。

表 2-7　自然条件下不同水体通过单位面积由空气增氧的数量[g/(m^2·d)]

Tab. 2-7　Reaeration rates of oxygen under natural condition in different waters [g/(m^2·d)]

氧亏 Oxygen deficit	0	0.2	0.4	0.6	0.8	0.9
池塘 Pond	0	0.3	0.6	0.9	1.2	1.5
大湖 Large lake	0	1.0	1.9	2.9	3.8	4.8
缓流的河流 Sluggish river	0	1.3	2.7	4.0	5.4	6.7
大河流 Large river	0	1.9	3.8	5.8	7.6	9.6
急流的河流 Rush river	0	3.1	6.2	9.3	12.4	15.5

资料来源：雷衍之，2004

Data from Lei, 2004

白天池塘溶解氧过饱和时也会出现逸出现象。国外低密度养鱼池塘的测定显示，逸出氧气量占池塘总耗氧量的 1.5%。

2）光合作用

水生植物的光合作用是水体氧气的主要来源，也是造成水体溶解氧日变化的主要原因。在自然界中植物光合作用的平均反应式如下：

1 300 000cal 辐射能+106CO_2+90H_2O+16NO_3^-+1PO_4^{3-}+矿质元素 = 13 000cal 在 3258g 原生质内的热能（106C、180H、46O、16N、1P，815g 矿质灰分）+154O_2+1287 000cal 热能的扩散（99%）

光合作用的一般简化表达式为

$$6CO_2+12H_2O \xrightarrow{\text{叶绿素、光}} C_6H_{12}O_6+6O_2+6H_2O$$

光合作用的速率与水体接受的太阳辐射量、水温、营养元素的供给状况和植物的种类等有关。一般情况下，河流和湖泊夏季水上层的光合作用产氧速率为 0.5～10g/(m^2·d)。一般池塘中浮游植物生物量高一些，产氧量也较高。例如，我国江苏无锡市郊成鱼高产养殖池塘光合作用产氧速率为 17.82g/(m^2·d)±2.77g/(m^2·d)；哈尔滨地区成鱼养殖池塘光合作用产氧速率为 20.3g/(m^2·d)±7.43g/(m^2·d)（金送笛等，1984；雷衍之等，1983）。一般海湾的光合作用产氧量较低，而一些海藻床或大型维管束植物丛生的湖区的初级生产力很高。

3）水体溶解氧的消耗

养殖水体中的氧气消耗主要是养殖动物、水中的微生物、浮游生物和沉积物中的微生物的呼吸所致，其简化表达式为

$$C_6H_{12}O_6+6O_2 \longrightarrow 6CO_2+6H_2O+\text{热量}$$

养殖水体溶解氧的消耗速率与养殖动物的体重、放养量、水中浮游生物生物量、微生物数量、水温、底质状况等有关。

养殖水体中浮游动物的呼吸和微生物对有机物的分解作用经常消耗大量的溶解氧，养殖生产中人们把这部分耗氧称为“水呼吸”，其常构成养殖水体氧气消耗的最重要部分。浮游植物也进行呼吸，据研究，处于生长期的浮游植物每天耗氧量占其生产量的 10%～20%。

水呼吸可用黑白瓶等方法进行测定。根据苏联学者的研究，出现藻类水华的养鱼池塘的水呼吸耗氧量为 5.3～13.5mg/(L·d)，而无藻类水华的养鱼池塘的水呼吸耗氧量为 2.4～5.3mg/(L·d)。我国江苏无锡 4～8 月高产养鱼池塘表层水呼吸耗氧量为 6.68mg/(L·d)±0.19mg/(L·d)，中层为 4.96mg/(L·d)±0.66mg/(L·d)。北方冬季鱼类越冬池塘的水呼吸较弱，耗氧量仅为 0.63mg/(L·d)±0.52mg/(L·d)。

一般的湖泊、水库和海湾水体中浮游生物、微生物和溶解有机物较养殖池塘中的少，因此，其水呼吸也较弱。

养殖动物的耗氧与其发育阶段、规格、放养量、摄食状况、运动状况、水温等有关。鱼的耗氧速率为 63.5～665mg/(kg·h)，规格和温度对其耗氧速率影响很大。

4）养殖水体沉积物耗氧

养殖水体沉积物的耗氧主要由底栖生物呼吸、有机物分解和还原性化合物氧化等构成。天然水体的底栖动物群落包括原生动物、水蚯蚓等，种类很多，生物量变化也很大。养殖池塘底栖动物的生物量随营养物质投入量的增加而增加，并与养殖的鱼、虾种类和数量及季节有关系。据调查，施肥池塘沉积物中底栖动物生物量干重为 10～12g/m^2，未施肥的池塘只有 3～9g/m^2，而我国沿黄盐碱地池塘则为 0.14～0.54g/m^2（赵文等，2001c；Boyd，1995）。

新鲜和部分分解的生物残体、沉积物中的微生物及其分解的化合物、养殖动物的粪便、残饵等构成了养殖水体沉积物中的有机物质。这些有机物质的分解会消耗大量的溶解氧。据报道，我国北方养鱼池塘夏季底质耗氧速率为 0.67～2.01gO_2/(m^2·d)，平均为 1.31gO_2/(m^2·d)；美国南方养鱼池塘底质耗氧速率为 0.19～2.74gO_2/(m^2·d)，平均为 1.46gO_2/(m^2·d)；日本养鳗池塘底质耗氧速率为 1.1～13.2gO_2/(m^2·d)；我国北方养鱼池塘冬季底质耗氧速率为 0.4gO_2/(m^2·d)。沉积物内部和贴近沉积物的上覆水层由于这种强烈的耗氧作用而经常处于缺氧状态。

我国江苏无锡淡水高产池塘总耗氧量中鱼类耗氧占 20%、水呼吸占 71%、底质耗氧占 9%（忽略了逸出）；另一淡水养鱼池塘耗氧中鱼类耗氧占 16.1%、水呼吸占 72.9%、底质耗氧占 0.6%、逸出占 10.4%。对海水养虾池塘的研究表明，池塘耗氧中对虾耗氧占 25.2%、水呼吸占 58.2%、底质耗氧占 16.2%。由此不难看出，水呼吸是养殖池塘的主要耗氧组分，底质耗氧一般情况下不可忽略。这一研究结果表明，为使养殖动物拥有充足的溶解氧，水质管理和底质改良是十分必要的。

3. 水体中溶解氧的分布与变化

养殖水体，特别是养殖池塘，溶解氧的变化主要受光合作用和呼吸作用两个相反过程左右，只有在放养量很小、比较清洁的水体中大气氧气的溶入和水中溶解氧的逸出过程才具有明显的作用。

1）养殖水体溶解氧的昼夜变化

通常，养殖水体的溶解氧具有明显的昼夜变化节律。如图 2-11 所示，天亮后水体的光亮带（入射光线可达到的水层）中光合作用产氧强度大于呼吸作用耗氧强度，水层中溶解氧浓度开始增加，一般到 15:00 左右达到最大值。之后，水中光合作用产氧强度开始小于呼吸作用的耗氧强度，水体中溶解氧浓度开始下降，并持续到第二天天亮前。天亮后，水中溶解氧又开始增加。

由于上层水入射光比较强，光合作用也比较强，溶解氧昼夜变化幅度比较大；而下层水光合作用相对较弱，其溶解氧的昼夜变化幅度也相应比较小（图 2-11）。另外，在有风天气，大气氧气的溶入和水中溶解氧的逸出比较强烈，水体溶解氧的昼夜变化幅度也相应会较小。

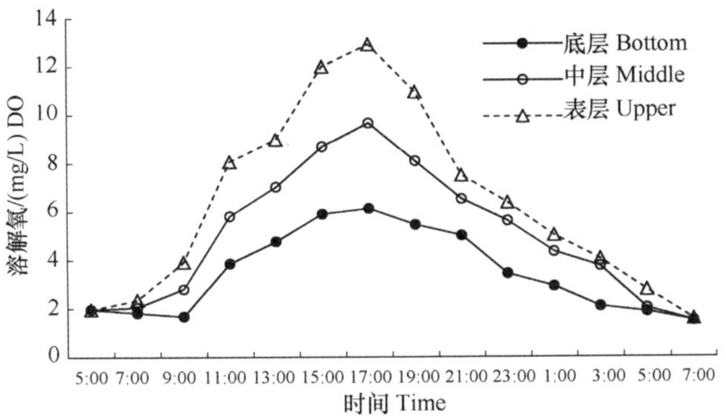

图 2-11　养殖水体溶解氧的昼夜变化（引自 Boyd & Tucker，1998）

Fig. 2-11　Diurnal variation of dissolved oxygen (DO) in aquaculture waters (from Boyd & Tucker, 1998)

2）养殖水体溶解氧的垂直分布

养殖水体溶解氧的垂直变化与水体深度、浮游生物密度、气象条件等密切相关。通常对于水不是很深、营养物质比较丰富、浮游生物密度较高的池塘，溶解氧的垂直分布如图 2-12 所示。总体上，上水层的溶解氧含量较下层水的高，早晨上层水与下层水溶解氧量间差异较小，下午两三点时上下层间差异较大。正午时分，由于光十分强，水体表层会出现明显的光抑制而导致溶解氧稍低于次表层溶解氧量。

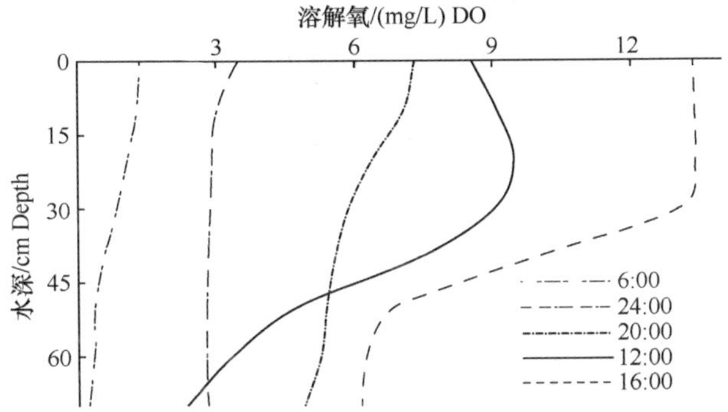

图 2-12　养殖池塘溶解氧的垂直分布（引自 Boyd & Tucker，1998）

Fig. 2-12　Vertical distribution of dissolved oxygen in aquaculture pond (from Boyd & Tucker, 1998)

在浮游生物生物量很大、透明度很低的水体中，由于浮游生物的自荫作用（当浮游植物较多时，就会对光产生强烈吸收，使光线进入深水层的量明显减少，这种现象被称为浮游植物的自荫作用），底层呼吸作用大于光合作用，会出现较厚的无氧区。处于此种状态的水体，在遇到闷热的雷雨天气时，极易发生鱼类“泛塘”现象，即下层无氧水与上覆水突然混合，导致整个水体溶解氧均较低，致使鱼类窒息。

对于水较深、营养物质贫乏、浮游生物密度较低、风作用不是很强的水体，还会时常出现底层溶解氧高于上层溶解氧的现象。这类水体的溶解氧动态主要受物理因素制约，下层水水温低、水静压高，其氧气溶解量会高于温度较高的上层水。

3）养殖水体溶解氧的水平分布

在风力作用较弱时，养殖水体溶解氧通常不会出现明显的水平分布差异。但在风的作用较强时，水体表层溶解氧的水平分布会出现不均一现象。风的作用会使水体表层产生与风向一致的风成流，底层出现逆风方向的补偿流。在水体表层和底层溶解氧差别较大时，这两种流会使迎风一侧溶解氧明显高于背风一侧（图 2-13）。

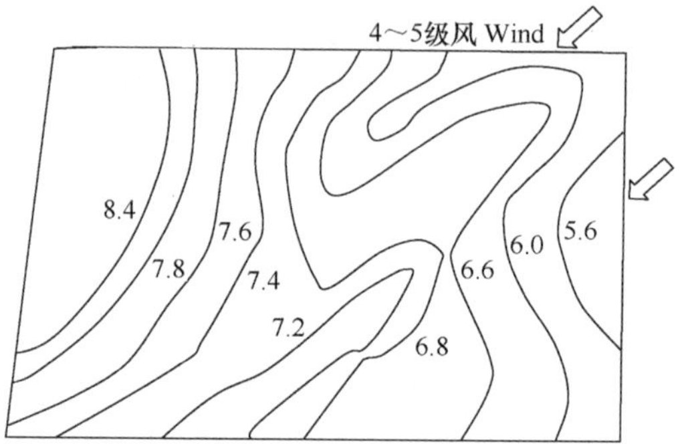

图 2-13　在风力作用下养殖水体溶解氧（mg/L）的水平分布（引自 Boyd & Tucker，1998）

Fig. 2-13　Horizontal distribution of dissolved oxygen (mg/L) in aquaculture pond under wind action (from Boyd & Tucker, 1998)

对于水草丰富的沿岸带水域，沿岸带溶解氧的日变化较敞水区的大。这是因为沿岸带丰富的水生植物白天光合作用和晚上呼吸作用所致。

4. 养殖动物对溶解氧的耐受性

养殖的鱼类和水生无脊椎动物主要靠鳃从水中摄取溶解氧。水中溶解氧量过低时，养殖动物就因不能摄取足以维持其生命活动所需的氧气而出现窒息。当水中溶解氧量高于窒息临界浓度但低于最适浓度时，尽管不至于使养殖动物窒息，但会影响其摄食、生长和发育。

通常，温水鱼类血红蛋白在溶解氧较低时具有比冷水鱼类更强的与氧结合并在组织中释放更高比例氧的能力，因此，温水鱼类通常较冷水鱼类更耐低氧。我国《渔业水质标准》（GB 11607—1989）规定，对于溶解氧在连续 24h 中，16h 以上必须大于 5mg/L，其余任何时候不得低于 3mg/L；对于鲑科鱼类栖息水域除封冰期其余任何时候不得低于 4mg/L。

水中过饱和的溶解氧有时也会引发鱼、虾的气泡病，这主要是由于溶解的氧气和其他气体从血液中形成气泡游离出来，严重者导致血管栓塞。水库大坝下的缓冲池和夏季水生植物光合作用强烈时常会发生此现象。

2.3.2　pH 及其缓冲系统

pH 是水中氢离子浓度的负对数。天然水体的 pH 一般在 4～10，特殊水体的 pH 会较低或较高。海水的 pH 在 8～8.5。

养殖水体 pH 是水的化学性质和生物活动综合作用的结果。其昼夜、垂直和水平变化规律类似于水体中溶解氧的变化规律，如其最高值往往出现在下午两三点，表层水的 pH 高于底层水的 pH 等。

水产养殖动物对水 pH 的耐受性有一定范围，pH 过低或过高都会对它们产生一定危害，甚至会导致死亡。我国《渔业水质标准》规定，淡水的 pH 应在 6.5～8.5，海水 pH 应在 7.0～8.5。

由于光合作用和呼吸作用，养殖水体，特别是浮游植物生物量较大的养殖池塘，正午前后水体的 pH 往往会超过《渔业水质标准》限定的上限，且在凌晨也往往会低于《渔业水质标准》限定的下限。这些都属于正常情况，因为这种波动是短期的，一般不会给养殖生物带来明显的影响。但是如果养殖水体长期处于过高或过低的 pH 环境，则会对养殖生物产生明显的影响，如生长减缓等。当 pH 低于 4 或高于 11，即使是短期的暴露也会对养殖生物造成一定的伤害。

养殖水体 pH 的变化会伴随着水中一些化合物存在形态的变化，有时会使某些化合物的毒性增强，如总碱度在 pH 较高时因具有毒性作用的CO_3^{2-}增多而毒性增加。

CO_2在水中的溶解度很高，但大气中 CO_2的分压较小，因此，通常水中 CO_2的浓度并不高。CO_2在水中会形成一个由 CO_2、H_2CO_3、HCO_3^-和CO_3^{2-}共同构成的 CO_2平衡系统，即

$$CO_2 + H_2O \rightleftharpoons H_2CO_3 \rightleftharpoons H^+ + HCO_3^- \rightleftharpoons 2H^+ + CO_3^{2-}$$

如图 2-14 所示，当 pH 小于 6.4 时，该平衡系统中 CO_2和 H_2CO_3占优势；pH 大于 6.4 而小于 10.4 时，HCO_3^-占优势；pH 大于 10.4 时，CO_3^{2-}占优势。同理，水中 CO_2平衡系统中各组分间的比例变化也会改变水体的 pH。

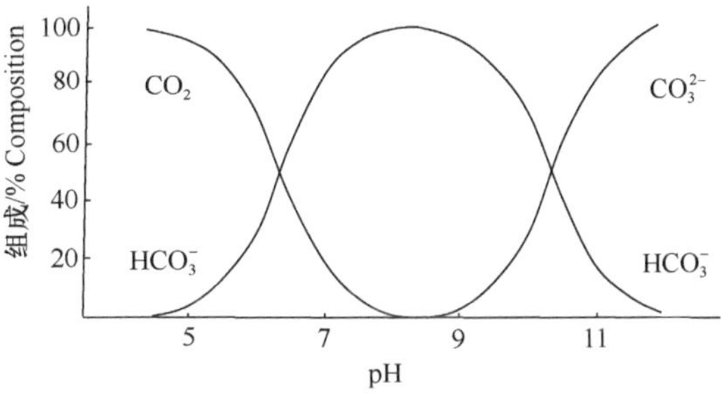

图 2-14　pH 对水体 H_2CO_3、CO_2、HCO_3^-和CO_3^{2-}的影响

Fig. 2-14　Effects of pH on the relative of H_2CO_3, free CO_2, HCO_3^- and CO_3^{2-}

当水体的 pH 呈弱碱性时，上述 CO_2平衡关系可用下式表示：

$$2HCO_3^- \rightleftharpoons CO_3^{2-} + CO_2 + H_2O$$

从上式不难看出，水体中光合作用和呼吸作用会明显影响水体 CO_2平衡系统的动态变化，并影响水体的 pH。光合作用会消耗 CO_2，这时平衡系统会向右移动，产生更多的CO_3^{2-}，pH 升高。呼吸作用会产生 CO_2，这时平衡系统会向左移动，产生更多的HCO_3^-，pH 降低。这就是养殖水体 pH 的变化趋势与溶解氧变化趋势类似的原因。

如果水体中具有丰富的 Ca^{2+}离子，光合作用强烈时可能会使水体中出现白色沉淀，这是因为

$$CO_3^{2-} + Ca^{2+} \rightleftharpoons CaCO_3 \downarrow$$

这一反应会消耗CO_3^{2-}，减缓 pH 上升的速度。当光合作用减弱，呼吸作用使CO_3^{2-}减少，这时形成的 $CaCO_3$再次溶解。CO_2平衡系统和 Ca^{2+}离子的存在会对水体 pH 的变化起到

有效的缓冲作用。

主要由HCO_3^-和CO_3^{2-}等组成碱度的水体，碱度过高会对鱼类造成伤害。雷衍之等（1985）的研究表明，碱度对鱼的危害主要是由CO_3^{2-}的毒性引起。四大家鱼（青鱼、草鱼、鲢和鳙）养殖用水的碱度危险指标值是 10mmol/L。

夏季，在有些硬度较低（Ca^{2+}、Mg^{2+}含量较少）的养殖水体，中午前后会因为光合作用强烈而使 pH 急速升高，以至于达到对养殖动物具有危害的程度。在有些碱度过高且 Ca^{2+}较少的水体，光合作用强烈时可使 pH 和CO_3^{2-}急速升高，对养殖生物产生伤害。后一现象在低洼盐碱地养殖池塘会经常见到，人为增加该类水体对 pH 变化的缓冲容量是有效利用这类水体的重要措施（详见第 11 章）。

淡水池塘常用生石灰清塘，以杀灭敌害，其原理就是使水体或底泥 pH 迅速升高到敌害生物无法生存的状态。对于海水，由于水中存在大量 Mg^{2+}，施用生石灰后海水的 pH 很难升高，因此海水养殖中带水清塘会消耗大量的生石灰。

2.3.3 氨与硫化氢

氨与硫化氢是养殖水体两个重要的无机化合物，其在水中的浓度受温度、pH 等影响，浓度较高时会对养殖动物产生危害。

1. 氨

氨在水中以非离子和离子两种形态存在，即 NH_3（非离子氨，UIA）和NH_4^+（铵）。这两种形态的氨在水中存在如下平衡反应，可以互相转化：

$$NH_4^+ + H_2O \rightleftharpoons NH_3 + H_3O^+$$

pH 高、温度高时该平衡式向右变化，NH_3 增加。NH_4^+毒性不大，而非离子氨对水生动物毒性很大。鱼类 NH_3 急性中毒浓度为 0.083～4.6mg/L，其中鲑科鱼类为 0.083～1.09mg/L，其他非鲤科鱼类为 0.14～4.6mg/L，鲤约为 1.5mg/L。我国《渔业水质标准》规定，渔业水体非离子氨含量不得超过 0.020mg/L。

水体中氨主要来源于含氮有机物的分解和水生动物的排泄。除软骨鱼类外，一般水生动物的含氮排泄物主要是氨。含氮有机物，如生物碎屑，在微生物的作用下分解的产物之一是氨。氨可以被植物直接吸收利用，也可以在厌氧生物作用下转化为亚硝酸盐或溶解形态的氮气。

水体中上述这些作用会导致水中氨含量的变动。在一般养殖水体中，上层水由于植物吸收作用强烈，氨的含量通常较低，而下层水由于植物吸收作用较弱，分解作用较强，氨的含量通常较上层水高，在水体出现热成层阶段这种差异尤其明显。

在一些氮限制（相对于对其他营养元素的需求而言比较缺氮）的水体，为培养天然饵料，人们有时会向水体施无机氮肥，如$(NH_4)_2CO_3$、NH_4Cl 等。这些含铵化肥的施用有时也会伤害养殖动物。这主要是因为施下的铵肥溶解入水后很快形成 NH_3 和 NH_4^+之间的平衡，在温度比较高的夏季，当水体 pH 较高（像低洼盐碱地养殖池塘那样）或由于光合作用 pH 升高后，水中非离子氨浓度就会很高，导致养殖动物中毒。因此，在必须施铵肥时应遵循少量多次、早晨施肥的原则。

在荷兰，有的养殖场采用充液氧、循环水、高密度方式养殖欧洲鳗鲡，尽管他们采用蛋白分离器、微生物滤器等措施，养殖水体的氨浓度仍然十分高，且 pH 很低，仅在 5 左右。尽管低 pH 可降低水中总氨中非离子氨的比例，但低 pH 也不利于鱼类生长。现代的循环水养殖系统开始采用反硝化技术，以减少无机氮在养殖系统中的积累（详见第 10 章）。

2. 硫化氢

SO_4^{2-} 是天然水中普遍存在的阴离子，特别是硫酸盐型水中 SO_4^{2-} 更多一些。在缺氧的条件下，SO_4^{2-} 可被微生物还原为 H_2S。养殖水体有机质丰富，分解产生的 SO_4^{2-} 也较多，在经常缺氧的底层水或沉积物中该离子还原作用十分强烈，尤其是 SO_4^{2-} 含量丰富的半咸水或海水养殖池塘更是如此。

H_2S 在水中溶解度很高，20℃时每升水可溶解 3.8g，0℃时可溶解 7.1g。H_2S 溶于水中呈弱酸性，并分两步电离形成如下平衡系统：

$$H_2S \rightleftharpoons H^+ + HS^- \rightleftharpoons 2H^+ + S^{2-}$$

在天然水体中 S^{2-} 几乎不存在，随着水体 pH 降低 H_2S 的比例增加，当 pH 为 7.2 时 H_2S 和 HS^- 的量相当。总 H_2S 中非离子 H_2S 的比例与 pH 和温度有关，pH 和温度越低非离子 H_2S 的比例越高。

非离子 H_2S 对养殖动物的危害很大。H_2S 有臭鸡蛋的气味，人的嗅觉可以觉察到空气体积分数为 2×10^{-9} 的 H_2S。一般认为，水中 H_2S 含量在 2.0μg/L 以下时对大多数鱼类无害。我国《渔业水质标准》规定，渔业水体硫化物应≤0.2mg/L。

维持养殖水体处于有氧状态，可抑制微生物将 SO_4^{2-} 还原为 H_2S 的过程。因此，经常增氧是避免非离子 H_2S 对养殖生物危害的有效途径。

2.4　水产养殖生物的生物环境

与天然水域生态系统相比，水产养殖系统的特征之一是，系统的生物多样性被人为地显著降低。例如，人们会清除捕食养殖生物的敌害动物，以提高养殖生物的存活率。然而，系统中的微生物、饵料生物等通常依然存在，这些生物对维持稳定的养殖环境和保持较高的生态学效率十分重要。

2.4.1　养殖生物的微生物环境

与其他水域生态系统一样，水产养殖生态系统中也存在大量微生物，这些微生物有些浮游在水中，但更多的是分布于生物、浮游碎屑和沉积物的表面和内部。广义的微生物包括水体中所有微小的生命形式，如细菌、古菌、真菌、原生生物（原生动物和蓝藻）及病毒等。狭义的微生物则仅包括细菌、真菌、病毒等。养殖水体中微生物在物质循环和致病性方面的作用是人们十分关注的问题。

细菌和真菌是生态系统的主要分解者，前者主要分解动物尸体，后者主要分解死亡的植物。近些年，病毒在致死微藻方面的作用也开始引起人们的关注（刘静雯等，2009）。

人们对水体中细菌研究得比较系统和透彻。据 Wetzel（1983）的统计，贫营养型、中营养型和富营养型水体中的细菌平均数量分别为 0.50×10^6 个/mL、1.00×10^6 个/mL 和 3.70×10^6 个/mL，平均生物量分别为 $0.15g/m^3$、$0.70g/m^3$ 和 $3.30g/m^3$。施肥水库的细菌数量和生物量则可高达 20×10^6 个/mL 和 $25g/m^3$。受污染水体的细菌数量还会更大。据刘国才等（1999）的研究，对虾半精养海水池塘中浮游细菌的数量变动在 0.63×10^6 个/mL 至 10.6×10^6 个/mL 之间。水体寄生在生物个体表面和体内的微生物数量巨大，其生物量可达被寄生生物的 1.5%（Karlsson et al.，2013）。

水体中的细菌从代谢类型上可分为光能自养、化能自养和异养三种类型，它们在水域生态系统的物质循环和能量流动中起着关键作用。光能自养细菌如硫细菌，在有光的条件下，氢的供体是 H_2S，其在自身同化代谢过程中完成了产氢、固氮、分解有机物三个在自然界物质循环中极为重要的化学过程。硫细菌在天然水域普遍存在，但一般情况下数量并不多，其光合作用产量仅占全部初级生产量的 3%～13%。

化能自养细菌又称无机营养菌，它们不依赖任何有机营养物即可正常生长、繁殖，如亚硝酸细菌、硝酸细菌、氢细菌及铁细菌等。它们不从日光或有机物获取能量，而是通过氧化简单的无机化合物获取化学能，同化二氧化碳进行细胞合成。通常情况下，化能自养细菌的数量并不多，但有时在有氧区和无氧区的过渡区域数量较多、作用较大，对维持生态系统的氮、硫等元素的循环有着重要作用。据 Wetzel（1983）研究，密歇根湖和劳伦斯湖化能自养细菌合成的有机碳量占水域总有机碳生产量的 3.1%。

异养细菌是以多种有机物如蛋白质、糖类等为原料，获得能量并增殖的细菌，包括腐生菌和寄生菌。靠动植物尸体和腐败物质的有机质为生的腐生菌在水体物质循环和能量流动中起着关键作用。对虾半精养海水池塘中浮游细菌的呼吸量、生产量及对腐质碳的分解量分别为 349μgC/(L·d)±167μgC/(L·d)、180μgC/(L·d)±86μgC/(L·d)及 529μgC/(L·d)±253μgC/(L·d)；浮游细菌的呼吸量约占浮游生物总呼吸量的 40%（刘国才等，1999）。

2.4.2 养殖池塘食物网结构

1. 食物链和食物网

生态系统中的生物通过食物（营养）关系构成食物链和食物网，每一个水产养殖系统都有特定的生态结构和功能。食物链是指生态系统中各种生物以食物联系起来的链条关系。例如，池塘中的浮游植物是一些浮游动物的食物，浮游动物又是小型鱼类或滤食性鱼类的食物，小型鱼类又是大型捕食性鱼类的食物。于是，浮游植物→浮游动物→小型鱼类→大型鱼类便构成了一条食物链。食物链有两种基本形式：①牧食食物链（Grazing food chain），是从绿色植物（如浮游植物）开始，结束于食草动物（如草鱼）或食肉动物（如鳜）；②腐屑食物链（Detritus food chain），是从死亡的有机质开始，通过微生物、食腐屑动物再到捕食者结束（图 2-15）。对于投喂饲料的养殖生态系统，饲料可被养殖动物直接摄食，饲料直接到养殖动物成了养殖系统的主链或主要环节。

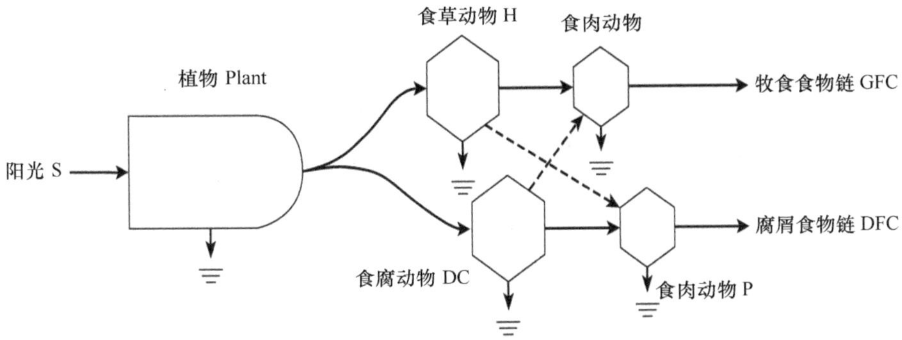

图 2-15　牧食食物链和腐屑食物链连接能流模式图（引自 Odum & Barrett，2005）
Fig. 2-15　Energy flow model showing linkages between grazing and detritus food chains (from Odum & Barrett, 2005)
S. Sunlight; H. Herbivores; P. Predators; DC. Detritus consumers; GFC. Grazing food chain; DFC. Detritus food chain

生态系统中的食物链并非孤立存在，而是彼此相连，从而构成复杂的网络，即食物网。多数动物的食物并不是单一的，因此，食物链之间相互交错形成网状结构是普遍现象。

水产养殖系统的第一功能是食物产出，其最佳状态是实现能量最大程度向养殖产品流动，从而实现产量提高并降低生产成本及其对环境的负面影响。因此，阐明水产养殖系统的食物网结构及其伴随的能量流动过程，是优化水产养殖系统的物种组成结构、提高系统生产效率的基础工作。

2. 刺参粗养池塘食物网结构

通常，水产养殖系统集约化程度越低，养殖生物的环境生物越多。一个生态系统包含的物种和个体数量越多，其食物网结构就越复杂。为了定量阐明生态系统内的能流和物流途径，生态学研究中往往将处于食物链相同环节的生物种类合并为同一营养级。

开放或半开放水产养殖系统不仅存在放养的经济物种，同时也存在野生物种。处于养殖动物营养级以下的生物为养殖动物的食物来源，相反，处于养殖生物营养级以上的生物则可能以养殖生物为其全部或部分食物来源。因此，养殖系统理想的物种结构为，在环境承载力限度内，适量增大养殖动物所处营养级以下的物种生物量，减少养殖动物所处营养级以上的物种生物量，即减少或清除养殖动物的敌害生物。

Feng 等（2014）测定了潮间带刺参综合养殖池塘中浮游植物、底栖微藻和大型海藻等生产者及浮游动物、贝类、刺参、鱼类等消费者的碳（$\delta^{13}C$）、氮（$\delta^{15}N$）稳定性同位素比值，并根据碳、氮稳定性同位素比值计算了不同生物在养殖池塘系统所处的营养级。结果显示，该池塘各生物碳、氮稳定性同位素比值总体上呈从生产者到消费者逐级升高的趋势。根据碳、氮稳定性同位素比值计算出该养殖池塘内主要消费者营养级跨度约为 3，滤食浮游植物的双壳贝类营养级均小于 2，沉积物食性的海参和纽细锚参营养级均为 2，捕食性的腹足类和头足类及杂食性的甲壳动物的营养级在 2.2～2.7，鱼类的营养级在 2.2～3.33，其中花鲈（*Lateolabrax maculatus*）的营养级最高，是营养级唯一超过 3 的消费者。

根据碳、氮稳定性同位素混合数学模型计算，该池塘食物网的主要结构如图 2-16 所示。可以看出，该池塘存在两条主要的能量流动过程，即大藻碎屑/底栖微藻→滤食性生物/沉积食性动物→杂食性动物→肉食性蟹类和鱼类，以及浮游植物→浮游动物→杂食性鱼类和甲壳类动物→肉食性蟹类和鱼类。

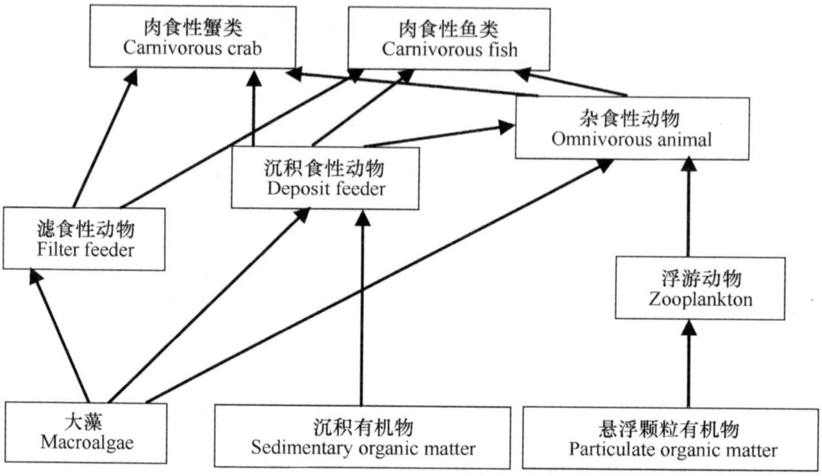

图 2-16　荣成靖海湾刺参综合养殖池塘食物网结构简图

Fig. 2-16　Food web structure of the sea cucumber farming ponds in Jinghai Bay, Rongcheng City

Sun 等（2013）分离了潮间带养殖池塘中刺参的食物组分，利用碳、氮稳定性同位素比值计算了不同食物成分对刺参食物贡献的季节性变化。研究表明，养殖刺参的主要食物来源包括水体沉积的颗粒有机物、底栖微藻、大型藻类及猛水蚤和线虫等小型底栖动物。

由于初级生产者的季节性演替及池塘理化环境的变化，不同组分作为刺参食物的贡献比例也呈明显的季节性变化。大型藻类是刺参最主要的食物组分，其对刺参食物吸收的周年平均贡献比例达到 27.7%～63.4%，猛水蚤、线虫、颗粒有机物和底栖微藻对刺参食物吸收的周年平均贡献比例分别为 16.9%～33.6%、8.1%～23.3%、4.3%～6.2%和 4.2%～9.2%。

3. 养殖系统“废物”的资源化利用

多品种综合养殖系统的构建目的之一是实现养殖“废物”的资源化利用，减少养殖排污对水体环境的影响，达到经济效益与生态效益双赢（详见第 9 章相关内容）。我国广东、香港等南方地区在石斑鱼网箱养殖过程中，会向养殖网箱投喂大量以凤尾鱼为主的鲜杂鱼作为石斑鱼饲料，大量残饵及粪便沉积在养殖区，对水体及底部环境造成显著影响。为缓解石斑鱼网箱养殖造成的环境影响，Gao 等（2006）在石斑鱼养殖网箱底部混养翡翠贻贝（*Perna viridis*），并采用脂肪酸谱和稳定性同位素分析技术研究了翡翠贻贝对石斑鱼残饵和粪便的利用。结果表明，石斑鱼养殖海区与无石斑鱼养殖的邻近对照海区的水体颗粒有机物的脂肪酸组成无显著差异，但是石斑鱼养殖海区与对照海区采集的翡翠贻贝体组织的脂肪酸构成差异显著，而且相对于对照海区翡翠贻贝，石斑鱼养殖海区采集的翡翠贻贝的脂肪酸构成更接近于残饵和石斑鱼粪便的脂肪酸构成，说明混养于石斑鱼养殖网箱的翡翠贻贝摄食了大量的残饵及石斑鱼粪便，导致其体组织脂肪酸构成发生显著变化。

碳、氮稳定性同位素数学模型计算结果表明，水体颗粒有机物、残饵和石斑鱼粪便对混养于石斑鱼养殖区的翡翠贻贝的食物贡献比例分别为 68.3%、27.5%和 4.2%。根据该海区单位产量石斑鱼养殖排污量和翡翠贻贝的摄食率可以估算，按翡翠贻贝平均体长 70mm 计算，每平方米石斑鱼养殖网箱排出的废物可以被周边混养的 1506 只翡翠贻贝完全利用（Gao et al.，2008）。

草鱼是我国最大的淡水鱼养殖品种之一，草鱼池塘集约化养殖过程投放大量的颗粒饲料，残饵及草鱼粪便在养殖水体和底泥的积累导致养殖环境严重恶化。Xia 等（2013）采用围隔实验方法研究了草鱼-鲢综合养殖系统中鲢清除草鱼养殖废物的可行性。草鱼与鲢放养生物量比例分别为 8∶2、7∶3、6∶4、5∶5 和 4∶6 等 5 种。研究结果表明，5 种不同的草鱼-鲢综合养殖结构中，残饵、鱼粪等养殖废物对鲢食物的贡献比例随着鲢和草鱼比例的上升而逐渐下降，其中草鱼和鲢放养的生物量比例为 8∶2 和 7∶3 时，鲢对养殖废物的摄食效率最高，达到 38.0%～38.5%（表 2-8）。

表 2-8　不同综合养殖结构中鲢对浮游植物及残饵和鱼粪等养殖废物的摄食比例

Tab. 2-8　Contributions of phytoplankton, feed residue and fish feces to the food uptake of silver carp in the different polyculture structure systems

草鲢生物量比例 Biomass ratio of grass carp to silver carp	浮游植物 Phytoplankton	残饵 Feed residue	草鱼粪便 Grass carp feces	鲢鱼粪便 Silver carp feces	残饵+粪便 Feed residue and feces
8∶2	0.620 ± 0.008^{a}	0.244 ± 0.013^{a}	0.107 ± 0.004^{a}	0.029 ± 0.013^{a}	0.380 ± 0.008^{a}
7∶3	0.615 ± 0.008^{a}	0.269 ± 0.010^{b}	0.090 ± 0.001^{b}	0.026 ± 0.014^{ab}	0.385 ± 0.008^{a}
6∶4	0.653 ± 0.012^{b}	0.243 ± 0.008^{a}	0.062 ± 0.005^{c}	0.042 ± 0.007^{bc}	0.347 ± 0.012^{b}
5∶5	0.709 ± 0.013^{c}	0.206 ± 0.007^{c}	0.048 ± 0.003^{d}	0.037 ± 0.010^{cd}	0.291 ± 0.013^{c}
4∶6	0.721 ± 0.009^{c}	0.206 ± 0.006^{c}	0.035 ± 0.005^{e}	0.039 ± 0.003^{d}	0.279 ± 0.009^{c}
0∶10（对照）	0.837 ± 0.033^{e}	—	—	0.163 ± 0.033^{e}	—

注：同列数据不同字母表示差异显著（$P<0.05$）。全书标注相同

Note：Data in the same column with different letters mean significant difference between different polyculture structures ($P<0.05$). The following tables are the same to present these parameters

总体而言，草鱼集约化养殖池塘中混养的滤食性鲢，可以直接摄食养殖水环境中的残饵和鱼粪等颗粒态养殖污染物，显著降低养殖水体中的颗粒态有机物浓度，对养殖水体起到净化作用。另外，养殖池塘中的浮游植物大量吸收利用草鱼和鲢排泄的 C、N 等营养元素，鲢再滤食这些浮游植物，提高了对养殖系统中溶解态营养盐的再利用效率，起到了间接清污的作用。

2.5　养殖水体间生态学差异

由于网箱养殖等技术的应用，用于水产养殖的水域得到了很大的拓展，过去不能开展水产养殖的河流和离岸海域，现在已经可以进行养殖活动。现在我们可以在河流、水库、湖泊、池塘，以及近海水域、离岸海域等开展养鱼生产活动。这些水域在生态学上有很大的差异，但整体上看，它们在许多方面也是渐次变化的连续生态类型，它们所展现的生态学特征是其水文特征、自然演替和人为影响共同作用的结果。

2.5.1 不同类型水库的生态效率

水库又称人工湖，是介于河流和湖泊之间的一种生态类型。河川型水库（如三峡水库）的生态学特点接近河流，平原型水库（如青岛市棘洪滩水库）更接近湖泊，丘陵型水库属前两者的中间类型。因此，研究不同类型水库的生态学特点有助于了解不同养殖水体类型间的谱带关系。

20 世纪 80 年代，我们对辽宁省 45 座不同类型水库的浮游生物进行了调查，结果发现，所调查水库中，有 6 座属贫至中营养型（浮游植物生物量 1～3mg/L），占总数的 13%；16 座属中至富营养型（3～6mg/L），占总数的 36%；11 座属富营养型（6～10mg/L），占总数的 24%；12 座属超富营养型（＞10mg/L），占总数的 27%；未发现贫营养型（＜1mg/L）水库（董双林等，1989）。这些不同营养类型的水库中浮游生物的组成也有些不同。就门类组成而言，贫至中营养型水库中硅藻比例比富营养型和超富营养型水库增加了 15%，而裸藻和蓝藻分别减少 50%和 300%，其他门类的藻类也稍有变化。另外，贫至中营养型水库的原生动物和轮虫比富营养型和超富营养型分别减少 150%和 62%，而枝角类和桡足类分别增加 52%和 38%。

下面以其中 13 座不同类型水库为例，说明其系统结构与功能的关系。这些水库的形态、自然环境相差悬殊（表 2-8）。降水量在西部的大清沟水库和东方红水库较少，而东南部的铁甲水库和合隆水库较大。光照自西向东减弱。这些水库中浑江水库和大伙房水库属较深的山谷型水库，合隆、东方红、疙瘩楼和团结水库属平原型水库，其余属丘陵型水库（史为良等，1988）。

这 13 座水库浮游植物生物量相差很大（表 2-9）。由于水浑，一些较浅的水库浮游植物生物量并不大，而面积较小且水深中等的大清沟水库生物量最大。浮游动物生物量变化范围较小，多水草的浅而清澈的团结水库浮游动物生物量最大。浮游细菌生物量各

表 2-9 辽宁省 13 座水库的自然状况

Tab. 2-9 Natural conditions of the 13 reservoirs in Liaoning Province, China

水库名称 Reservoirs	面积/km^2 Areas	均深/m Depth	积雨面积/km^2 Catchment areas	降雨量/mm Rainfall	透明度/cm Transparencies	太阳辐射量*/(kcal/cm^2) Solar radiations
浑江 Hunjiang	97.6	22.5	10 400	876	238	69
大伙房 Dahuofang	82.1	14.3	5 437	840	164	71
清河 Qinghe	46.0	8.7	2 376	722	116	72
柴河 Chaihe	20.8	13.0	1 355	735	104	73
汤河 Tanghe	31.6	10.5	1 228	791	303	70
铁甲 Tiejia	17.3	8.4	241	1 040	246	67
朱隈子 Zhuweizi	17.3	6.2	260	785	118	70
大清沟 Daqinggou	1.0	9.3	15	442	87	75
三道岭 Sandaoling	3.3	4.5	133	780	68	76
合隆 Helong	4.5	1.2	38	996	88	67
东方红 Dongfanghong	14.6	2.3	28	486	48	75
疙瘩楼 Gedalou	13.5	1.6	0	651	14	84
团结 Tuanjie	8.4	1.5	1 782	641	112	74

* 太阳总辐射量是该水库库区 5～9 月太阳总辐射量

* Total solar radiation is the solar radiations from May to September in the reservoir area

水库相差很大，清河水库的量最小，而集雨区或消落区有机质来源丰富的东方红水库和朱隈子水库生物量较大。泥底且较浅的团结、东方红、三道岭水库及较深的柴河水库的底栖动物生物量都很大，而水浑的疙瘩楼水库（不计人工养殖的皱纹冠蚌）、合隆水库和清河水库的底栖动物生物量都较小。水生维管束植物在水库一般很少，仅较浅的平原型水库有一些。团结水库水草很多，平均水草湿重 $3381g/m^2$、烘干重 $273g/m^2$。水深中等且浮游植物生物量较大的柴河、大清沟水库初级生产力较高，而水浅且浑浊或浮游植物量很小的疙瘩楼水库、朱隈子水库和铁甲水库初级生产力很低。

表 2-10 中列出了这 13 座水库 5～9 月的若干生态学效率。表中的数据表明，浮游植物的 P/B 值与水库的平均深度关系极为密切（n=13，r=–0.85，P<0.01）。这是因为水深不仅会影响水体中无机营养盐的状况，还会影响水柱中光亮带与呼吸带的比例，同时还对水的浑浊度也有一定影响。

表 2-10　辽宁省 13 座水库的生物量和初级生产力

Tab. 2-10　Biomass and primary productivities of the 13 reservoirs in Liaoning Province, China

水库名称 Reservoirs	浮游植物/(mg/L) Phy	浮游动物/(mg/L) Zoo	浮游细菌/(mg/L) PB	底栖动物 (g/m^2) B	初级生产力/ $[gO_2/(m^2·d)]$ PP	鱼产量/ (kg/hm^2) FY
浑江 Hunjiang	5.92	2.07	—	2.72	2.98	19.5
大伙房 Dahuofang	5.33	3.28	0.8	2.40	4.83	60.0
清河 Qinghe	5.05	1.21	0.05	0.69	3.74	51.0
柴河 Chaihe	9.81	2.17	0.14	8.40	6.05	42.0
汤河 Tanghe	5.99	2.16	—	0.39	2.88	39.0
铁甲 Tiejia	2.08	0.83	0.34	1.24	1.56	28.5
朱隈子 Zhuweizi	2.46	3.24	2.60	1.06	1.12	39.0
大清沟 Daqinggou	13.94	1.10	0.85	2.73	6.02	220.5
三道岭 Sandaoling	7.17	2.00	0.83	4.68	3.80	43.5
合隆 Helong	7.99	2.26	0.59	1.91	2.35	90.0
东方红 Dongfanghong	3.99	2.78	2.79	4.29	2.07	79.5
疙瘩楼 Gedalou	3.88	1.25	0.75	0.58	1.05	11.0
团结 Tuanjie	3.73	4.12	0.61	3.94	3.89	85.5

Note: Phy. Phytoplankton; Zoo. Zooplankton; PB. Planktonic bacteria; B. Benthos; PP. Primary productivity; FP. Fish yield

各水库浮游植物的 P/B 系数差异较大，范围为 16～512，平均为 110。该比值大小主要与水深有关。浮游植物的毛产量和 P/B 系数是衡量水体生产性能的重要指标。一些学者的研究表明，浮游植物 P/B 系数主要受纬度和生物量影响，但在辽宁省范围内由于各水库纬度相差不大，水深的影响就更大。水深会影响水的透光状况和光亮带与分解带的比例。水浅一般 P/B 系数大，但单位水面毛产量不一定就相应地高。

如果以放养鲢、鳙为主的这 13 座水库生长季节按 150d（5 个月）计，这些水库生长季节总辐射能的固定率（P_G/I）平均为 0.25%（表 2-11）。浑浊和浮游植物量少的疙瘩楼水库、朱隈子水库不足 0.1%，而浮游植物量大且具一定深度的柴河水库、大清沟水库则超过了 0.4%。团结水库水草固定能量约为总固定能的 40%。

表 2-11　辽宁省 13 座水库 5～9 月份生态学效率（%）

Tab. 2-11　Ecological efficiencies of the 13 reservoirs during May and September in Liaoning Province, China (%)

水库名称 Names	P_G/I	P_G/B	P_Z/P_G	P_B/P_G	P_D/P_G	F/P_G
浑江 Hunjiang	0.23	16	45	—	0.87	0.30
大伙房 Dahuofang	0.36	46	28	27	0.47	0.56
清河 Qinghe	0.27	81	8.0	1.3	0.17	0.62
柴河 Chaihe	0.44	35	13	3.4	1.3	0.32
汤河 Tanghe	0.22	34	22	—	0.13	0.62
铁甲 Tiejia	0.12	65	13	21	0.75	0.84
朱隈子 Zhuweizi	0.08	54	51	164	0.90	1.58
大清沟 Daqinggou	0.42	34	4.8	15	0.43	1.66
三道岭 Sandaoling	0.26	86	6.7	11	1.2	0.52
合隆 Helong	0.18	174	3.3	3.4	0.77	1.74
东方红 Dongfanghong	0.15	164	8.8	35	2.0	1.74
疙瘩楼 Gedalou	0.07	123	5.4	13	0.52	0.48
团结 Tuanjie	0.40	512	4.6	1.6	0.57	0.06
平均 Average	0.25	110	16.4	27	0.77	0.85

注：P_G. 初级生产量；I. 太阳能；B. 浮游植物生物量；P_Z. 浮游动物生产量；P_B. 浮游细菌生产量；P_D. 底栖动物生产量；F. 鱼产量；仅统计了捕捞队产量，不包括（无法统计）社会捕捞产量

Note: P_G. Primary production; I. Solar radiation; B. Phytoplankton biomass; P_Z. Zooplankton production; P_B. Production of planktonic bacteria; P_D. Benthos production; F. Fish yield

浮游动物产量和初级生产量的比率（P_Z/P_G）平均为 16.4%，丘陵型的大型水库比值较高，小型的较浅水库的比值较小。朱隈子水库 P_Z/P_G 值达到 51%，这是因为该水库的集雨区种植柞树养柞蚕，大量外来有机质进入库中，使其浮游细菌数量很大，为浮游动物提供了丰富的食物。浮游细菌生产量与初级生产量的比率（P_B/P_G）平均为 27%，朱隈子水库则高达 164%。

各水库底栖动物生产量与初级生产量的比率（P_D/P_G）相差不大，平均为 0.77%。各水库鱼产量与初级生产量的比率（F/P_G）相差较大，平均为 0.85%。大清沟、朱隈子、合隆和东方红 4 座水库都超过了 1.5%。我国水库的 F/P_G 较国外一般水库或湖泊的高，这主要得益于大量滤食性鲢、鳙的放养。它们食物链较短，生态效率较高。

2.5.2　养殖水体的生态学差异

1. 生态连续体概念

Cummins 于 1977 年提出了河流连续体（River continuum）概念，用以描述从小到大不同的河流梯度和生物群落如何适应变化的环境条件。上游源头河流很小，并经常是遮阴的，几乎很少有光照直接辐射到水生植物群落。水中消费者主要以靠陆生植物叶片或从流域进入的其他有机碎屑为食。水中存在一些大的粗颗粒有机物（CPOM）和水生昆虫。该生态系统总体上是异养的，总生产量/群落呼吸量（P/R）值远小于 1。但一般河流中游较上游宽阔了许多，没有遮阴，大型水生植物和浮游植物提供该系统的初级生产量，水生动物对流域进入的有机质依赖性大为减小。水中细颗粒有机物（FPOM）和滤食性动物占优势。河流中游的群落代谢是自养的，P/R 值大于或等于 1，物种多样

性最高。而在一些大河流的下游，水流速度下降，水通常比较深，多泥沙，因而降低了光的穿透深度和水生植物的光合作用。河流再次成为异养的（*P*/*R* 值小于 1），物种多样性降低。类似的事例还很多，如水库也分为河川型、丘陵型、平原型等类型，它们共同构成一个完整的生态连续体（Ecological continuum）。

2. 内陆养殖水体的生态学差异

正像河流连续体一样，如果再放大一些，将河流、河川型水库、丘陵型水库、平原型水库、湖泊、池塘作为一个连续的系列，它们间的生态学差异也具有一定的规律性（表 2-12）。

表 2-12　养殖水体生态学一般特征

Tab. 2-12　Ecological differences among various aquaculture waters

生态因子 Ecological factors	水体类型 Types of waters			
	河流 River	丘陵型水库 Reservoir	湖泊 Lake	池塘 Pond
水流 Current	强 Strong	较强 Relatively strong	弱 Week	很弱 Much week
透明度 Transparency	一般较大 Deep	较大 Relatively deep	一般较小 Shallow	很小 Much shallow
大型水生植物 Macrophyte	少 Less	少 Less	多 More	少 Less
浮游植物生物量 Phytoplankton biomass	小 Small	较小 Relatively small	较高 Relatively great	高 Great
生物多样性 Biodiversity	低 Low	较低 Relatively low	高 High	较低 Relatively low
生物呼吸 Respiration	弱 Week	较弱 Relatively week	较强 Relatively strong	强 Strong
溶解氧 DO	高、日变化小 High, less daily variation	高、日变化较小 High, less daily variation	日变化较大 Greater daily variation	日变化大 Greater daily variation
COD	低 Low	较低 Relatively low	较高 Relatively high	高 High
有机物质来源 Organic matter	外源多 Exogenous	外源较多 More exogenous	内源较多 More endogenous	内源多但施肥投饲的外源多 Endogenous pluses exogenous feed and fertilizer

比较而言，河流的水流速度大，溶解氧高且日变化较小。河流上游水透明度较大，而中下游浮游生物生物量、泥沙含量较高，透明度较小。我国有些河流的中下游泥沙含量较高，透明度很小，如黄河多年平均含沙量甚至达到 $37kg/m^3$。

一般河流的上游大型水生植物和浮游植物都较少，底栖附着植物多，抗流的游泳动物多，浮游生物较少，从流域带入河流的有机物质是该系统重要的营养来源。

湖泊的水流速度较河流小，除一些特殊水体外，一般沿岸大型水生植物丰富，开阔水域浮游植物生物量较高（1～10mg/L），其溶解氧的变化主要受水生植物光合作用和生物呼吸的影响，日变化明显。湖泊的透明度与其深度、面积和浮游生物含量关系密切。深水湖泊透明度较高，小型湖泊和受风影响较大的湖泊透明度较低。我国湖泊水体含盐量区域差异较大，东部平原湖泊含盐量较低，一般在 200mg/L 以下；云贵高原湖泊含盐量稍高，一般超过 200mg/L；蒙新高原湖泊含盐量较高，多在 1.0～20g/L。一般湖泊中生物作用强烈，内源营养已成为系统营养物的重要来源。

水库是介于河流和湖泊之间的中间类型，其生态特点介于两者之间。河川型水库的生态学特点接近河流，平原型水库更接近湖泊。

养殖池塘多是人工开挖的半人工生态系统，受施肥、投饲等影响很大，其生态学特点与池塘大小、深浅和养殖的集约化程度有关。粗养池塘的生态学特点接近小型湖泊，而精养池塘则是一个高度富营养型的水体。通常，养殖池塘系统大型水生植物较少，浮游植物生物量很高，溶解氧日变化大，COD、氨氮含量较高。

3. 海水养殖水体的生态学差异

为方便讨论，这里所指海水养殖水体包括河口、滩涂、近岸海域和离岸海域，目前红树林系统和海藻床系统还多限于增殖范围。

河口生态系统是咸水和淡水交汇带，潮汐作用是一种重要的物理调节和能量补充过程。河口生态系统不仅在水文方面十分特殊，其盐度的周期性水平变化和垂直变化也十分显著，高潮时等盐线可向上推移，低潮时等盐线又会向下移动。河口的浑浊度较高，沉积作用十分强烈，其底质多以松软的泥质为主。

河口是世界上营养盐含量最高的水体，尽管其高浑浊度影响了水域的初级生产，总体而言其仍是世界上初级生产力较高的区域。通常，河口的生物多样性并不高，广盐性生物较多。

像河口一样，近岸海域同样受到周期性潮汐影响，但不同的是其盐度的日变化则不是很大。海洋中浮游植物的优势类群主要以硅藻和甲藻为主，还有一些微型鞭毛藻类。沙质底质和岩礁底质的底栖生物群落差异很大，前者常以埋栖贝类、虾蟹类为主，后者则多以大型海藻、牡蛎、藤壶、贻贝等为主。由于潮汐和近岸海流的作用，近岸海域水交换较好，是良好的水产养殖场所。近岸海域也是旅游等活动场所，因此，近岸海水养殖与其他产业的矛盾十分突出。

与近岸海域相比，离岸海域水较深、海流较强、风浪较大。由于大型抗风浪网箱和其他离岸养殖设施的应用，离岸海域有望很快成为水产养殖发展的新区域。离岸海域的强海流和大风浪对养殖设施具有很大的破坏作用，但另一方面这些因素又可使养殖污染物很快被稀释，养殖水体水质较好。

像较深的湖泊、水库一样，夏季离岸海域也可能会形成温跃层，导致上下水层间生态学方面的显著差异。

滩涂养殖池塘与淡水养殖池塘在生态学本质上相同，但也存在下列差异：海水池塘盐度较高，只能养殖海水或广盐种类；低位滩涂池塘的水交换可利用潮汐实现；海水池塘硫酸盐含量较高，在缺氧时 H_2S 的潜在威胁更大；海水养殖池塘的底泥还不能直接用作周边种植作物的肥料等。

4. 近岸养殖、离岸养殖和远海养殖的划分

各国近海陆架坡度和海岸线状况差异很大，因此，世界上对海水养殖的区域划分并无统一的标准。联合国粮农组织2010年的报告中依据离岸距离、水深、开放程度、海况等将海水养殖划分为近岸养殖（Coastal mariculture）、离岸养殖（Off-the-coast mariculture）和远海养殖（Offshore mariculture）三类（Lovatelli et al.，2013）。其所谓近岸养殖是指

在水深小于10m、通常距岸不超过0.5km、有掩蔽的海域的养殖，离岸养殖是在水深10～50m、距岸0.5～3km、海况较恶劣的海域的养殖，而远海养殖则是指水深超过50m、离岸距离大于2km或超出视距、海况恶劣的海域的养殖。后两者也可合称为开放海域养殖（Open ocean mariculture）。

我国海水养殖规模宏大，远非世界上任何一个国家所能及，有些省份的滩涂平缓，浮筏式养殖已外延到了距岸19km的开放海域。笔者认为，根据我国实际情况，一般距岸2km（视距范围内）、水深10m浅或有掩蔽的海域的养殖可称为近岸养殖；距岸2km以上、水深10～50m开放海域的养殖称为离岸养殖；而利用现代化装备在50m以上水深的海况恶劣的海域养殖或在12海里领海之外的专属经济区海域开展的养殖称为深远海养殖（董双林，2019a）。

2.5.3　养殖水体的限制性营养元素

大约有 20 种元素是浮游植物必需元素，其中 11 种在浮游植物体中大量存在，是大量元素，如 C、H、O、N、P、S、K、Mg、Ca、Na 和 Cl。Si 对于硅藻来说也是大量元素，因为其细胞壁有大量的 Si。浮游植物细胞还需要 8 种微量元素，如 Fe、Mn、Cu、Zn、B、Mo、V 和 Co。

浮游植物需要从水中获得这些对于生长必需的营养元素。这些元素的浓度在水中随时间和地点变化很大，并会明显影响浮游植物群落及其各个种群的生产力和生长。水环境中这些元素的量对于浮游植物的生长需求而言并不是无限的，浮游植物群落的生产力通常会受到一种或两种相对可利用量最短缺元素的制约，这一种或两种元素被称为限制性营养元素。

浮游植物组织中各种元素间相对比例较稳定，其就是依此比例从水环境中吸收营养物质，以满足自身生长需要。浮游植物组织中的氮磷比约为 16∶1，此比值亦称 Redfield 值。相对于浮游植物组织的元素组成而言，实测水体中相对比例最小的元素就是第一限制性营养元素，第二小的就是第二限制性营养元素。事实上，淡水水体 P 通常是第一限制性营养元素，在海水和半咸水水体 N 成为第一限制性营养元素的情况会多一些。

海洋大型藻类和维管束植物的含 N 量和含 P 量与淡水的相似。就总体而言，限制水体初级生产者（包括浮游植物、大型藻类和水生维管植物）生产力的第一限制性营养元素，在海水系统中经常是 N，在淡水系统中经常是 P。

利用生氧量生物测验法实测表明，山东省莱州湾各种营养盐潜在限制性强弱的排列顺序为 N＞P＞Si＞Fe，而山东省桑沟湾的排列顺序为 N＞Si=Fe＞P（刘慧等，2003。根据文良印等（1999）的调查，山东省沿黄低洼盐碱地养殖池塘既有 N 限制的情况也有 P 限制的情况，应该是淡水与海水的过渡类型。

2.5.4　养殖水体的生态演替

生态系统的演替是包括群落结构、能量分配随时间变化的过程。天然水域生态系统演替的基本趋势主要包括：随时间延长群落生物量增大、物种多样性增加、优势物种由 *r*-选择的机会种向 *k*-选择的群落结构变化、*P*/*R*（生产/呼吸）趋近于 1、腐食链的作用增大等。图 2-17 是烧瓶微宇宙系统的百天演替过程，它与森林生态系统百年演替的模式十分相似（Odum & Barrett，2005）。

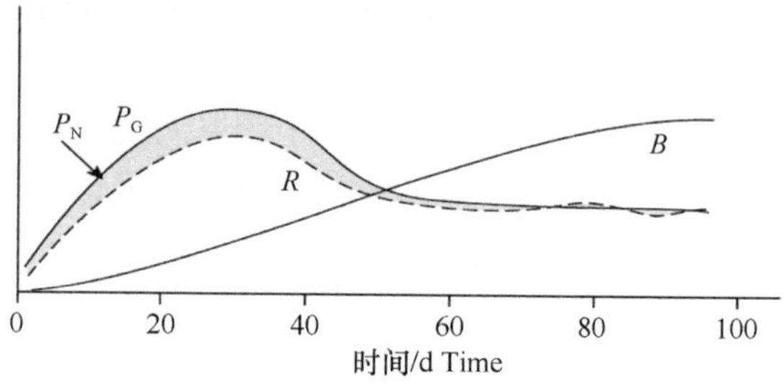

图 2-17　烧瓶微宇宙系统的百天演替过程（引自 Odum & Barrett，2005）

P_N. 净初级生产力；P_G. 毛初级生产力；R. 呼吸；B. 生物量

Fig. 2-17　One hundred days' succession of a microcosm system in a flask (from Odum & Barrett, 2005)

P_N. Net primary productivity; P_G. Gross primary productivity; R. Respiratory; B. Biomass

其实，前面所述河流连续体和不同养殖水体间的差异也类似于此处的生态演替，只不过它们包含了更大的时间和空间跨度，以及随之而来的水文特征的规律性变化及所导致的梯度性结果。在养殖实践中，人们十分关心养殖水体形成后或受扰动后，水体中微生物、浮游生物、鱼类生产量的变化，因为这直接与病害发生、饵料供给量及渔获量等有关。

1. *清塘后浮游生物群落演替*

水产养殖水体也会时常遇到以天计的演替和以年计的演替现象，如新注水池塘的水质变化就是以天计，水库合拢后的水质和渔业资源变化就是以年计。

用生石灰清塘是池塘养殖生产中经常采用的技术措施，目的是清除敌害生物、氧化底质等。池塘重新注入清水后，其中的浮游生物有以天计的演替规律。清塘后，注入淡水，池塘的浮游生物生物量高峰依次是浮游细菌和浮游植物→原生动物→轮虫→枝角类→桡足类（图 2-18），最后形成比较稳定的混合群体；而海水池塘由于缺少枝角类，其清塘后的演替规律为浮游细菌和浮游植物→原生动物→轮虫→桡足类，最后形成较为稳定的混合群体（李晓东等，2002；李永函，1983）。

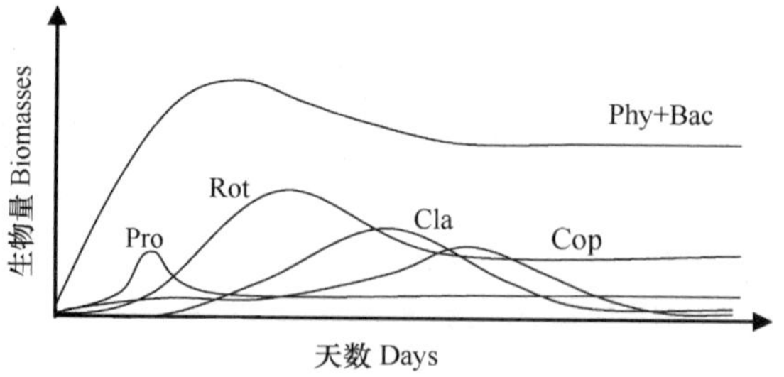

图 2-18　生石灰清塘后池塘浮游生物群落的演替过程

Phy. 浮游植物；Bac. 浮游细菌；Pro. 原生动物；Rot. 轮虫；Cla. 枝角类；Cop. 桡足类

Fig. 2-18　The succession of plankton community in pond after liming

Phy. Phytoplankton; Bac. Bacterioplankton; Pro. Protozoa; Rot. Rotifer; Cla. Cladocera; Cop. Copepods

生产实践中人们常依据这样的规律来培养大规格夏花鱼种（3cm 左右）。例如，在春季清塘后，水温 20～25℃时注清水，施有机肥，几天后浮游细菌和浮游植物会首先大量出现，接着摄食浮游细菌和浮游植物的原生动物大量出现，待注水 8～10d 轮虫大量出现，这时即可放养孵化出的可以开口摄食的鱼苗。几天后更大个体的枝角类出现，稍微长大的鱼苗又可以摄食枝角类。浮游生物的这种演替时序取决于池塘底部存在的浮游生物休眠卵的数量、萌发所需时间、它们间对食物的竞争等因素。

过去有时人们会为了延长轮虫高峰持续的时间而用 0.05ppm（$1ppm=1\times10^{-6}$）敌百虫（现为渔业禁用药）适时抑制枝角类数量的增长，以保障鱼苗有足量的适口天然饵料，加速鱼苗的生长。

2. 水库合拢后浮游生物生物量的变化

水库合拢后其水质也有一定的年际变化规律（图 2-19）。水库合拢后，其水位会迅速提高，淹没大片原本是陆地的区域。大量被淹没的陆生植物缓慢分解，使得水库在合拢后的几年内水中营养盐迅速持续增加，导致浮游生物生物量暴发性增长。随着被淹没的陆生植物分解完毕，水库营养盐浓度开始逐渐下降，浮游生物生物量也开始回落。之后，水库逐渐进入正常的天然富营养化过程。

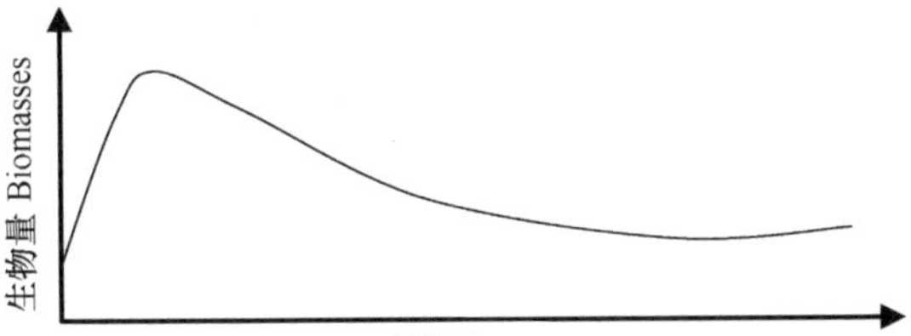

图 2-19　水库合拢后浮游生物生物量变化

Fig. 2-19　Changes in plankton biomass in reservoir after dam closure

水库合拢后，随着浮游生物生物量暴发性增长，鱼类的生产量也会增长，有时还会出现优势世代，并在随后多年的捕捞产量中占有很大比重。

2.6　水产养殖生态系统的生态金字塔结构

生态金字塔是把生态系统中各个营养级有机体的个体数量、生物量或能量，按营养级位顺序排列并绘制成图，其形似金字塔，故称生态金字塔或生态锥体。生态金字塔可分为能量金字塔、生物量金字塔和数量金字塔三类，它们分别是指各个营养级之间数量关系可采用生物量单位、能量单位或个体数量单位。一般来说，能量锥体呈正金字塔形，而生物量锥体和数量锥体则可能倒置或部分倒置。例如，森林生态系统和巨藻生态系统中，由于初级生产者体积非常庞大，因此，它们的数量常小于其上一级的消费者。如果生态金字塔用能量表示，自然生态系统的生态金字塔呈规则的正锥体形状。在生态系统的能流过程中，每经过一个营养级能流总量就减少一次，能量在逐级流动中的传递率一般只有百分之几到 20%。林德曼（Lindeman）在研究湖泊生态系统能流时，首次发现能流在各营养级间的传递率约为 10%，并称为“1/10 规律”。

美国银泉是一个典型的水域生态系统，其中的能量传递规律大致符合 10%规律

（图 2-20），其中较大型的动物（C2+C3）为初级生产的 1.94%。而我国武汉东湖是一个较浅的湖泊，其中放养了较多滤食性的鲢和鳙，生态效率大大提高，经济鱼类产量占初级生产量的 2.108%（图 2-21）。

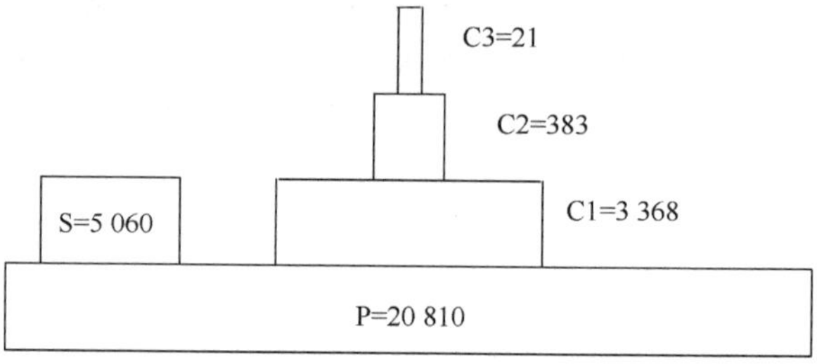

图 2-20　美国银泉生态系统能量金字塔[kcal/(m^2·年)]（Odum，1957）

P. 初级生产者；C1. 初级消费者；C2. 次级消费者；C3. 三级消费者；S. 细菌和真菌

Fig. 2-20　The energy pyramid of Silver spring ecosystem [kcal/(m^2·yr)] (Odum, 1957)

P. Primary producer; C1. Primary consumer; C2. Secondary consumer; C3. Third consumer; S. Bacteria and fungi

目前流行的水产养殖系统多是人工干预程度较高的半自然生态系统，该系统中自然生产、消费、分解等自然生态系统的重要功能仍然在起作用，甚至起着主导作用，但由于养殖水体中放养动物的生物量很大，以至于必须进行人工干预以维持养殖生态系统结构和功能的稳定，如投饲以弥补初级生产量的不足。图 2-22 是对虾半精养系统（放养对虾 7.2 尾/m^2，施肥、补充投饲、无人工增氧）的能量金字塔，对虾产量已占初级生产量的 2.88%。由于对虾的食物链较长，初级生产的转化效率不足以维持对虾生长，因此需要补充投喂一定量的饲料。

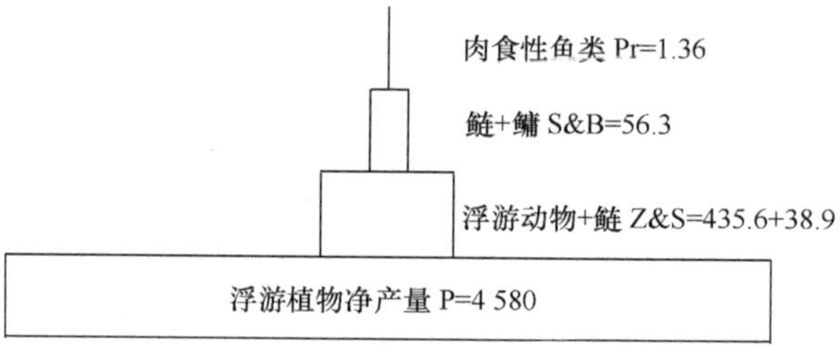

图 2-21　武汉东湖生态系统能量金字塔[kcal/(m^2·年)]（引自王骥，1999）

Fig. 2-21　The energy pyramid of Lake Donghu, Wuhan, China [kcal/(m^2·yr)] (from Wang, 1999)

Pr. Predators; S&B. Silver carp and bighead carp; Z&S. Zooplankton and silver carp; P. Primary production

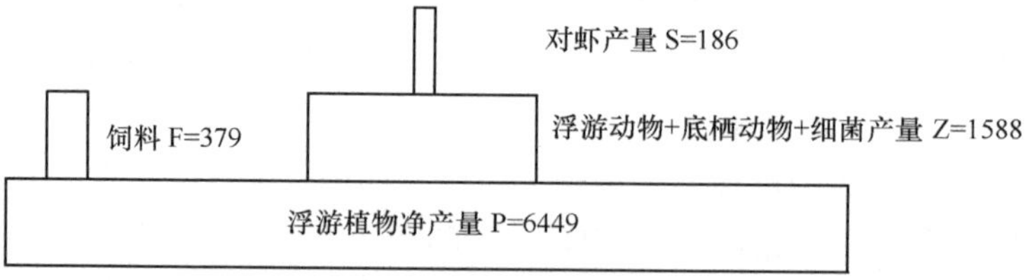

图 2-22　对虾半精养池塘生态系统能量金字塔[kJ/(m^2·季)]（引自阎希翥，1999）

Fig. 2-22　The energy pyramid of shrimp farming pond [kJ/(m^2·season)] (from Yan, 1999)

S. Shrimp; F. Feeds; Z. Zooplankton, zoobenthos and bacteria; P. Primary production

图 2-23 是施有机肥半精养对虾-罗非鱼-缢蛏三元综合养殖系统（放养对虾 7.2 尾/m^2）能量金字塔。对虾与罗非鱼和缢蛏混养大大提高了初级生产量和次级生产量的利用率，

经济动物的产量达到了初级生产量的 4.30%。

对于精养系统而言，由于放养密度很高，在养殖生态系统运行过程中，即在养殖过程中，该系统不仅接受大量的太阳辐射能量，同时还接受了养殖苗种、饲料、电力等所含有的能量，致使系统的能量金字塔出现严重畸形。随着水产养殖集约化程度的提高，工业辅助能（包括饲料）的投入越来越多，以满足庞大消费者群体和强烈分解作用对溶解氧的需求，人工增氧已成为必需，自然生态系统调控作用发挥得越来越小。室内工厂化养殖系统中，初级生产者几乎为零，其营养、能量几乎都来自饲料。

据包杰等（2006）报道，准精养条件下（放养对虾 30 尾/m^2）对虾单养系统中，对虾净产量为 2.25MJ/(m^2·季)、初级生产力为 2.56MJ/(m^2·季)、投入饲料 2.62MJ/(m^2·季)。对虾的净产量为初级生产量的 87.9%，总投入能（初级生产+饲料）的转化率为 43.4%，远大于美国银泉、武汉东湖和半精养池塘的数据。

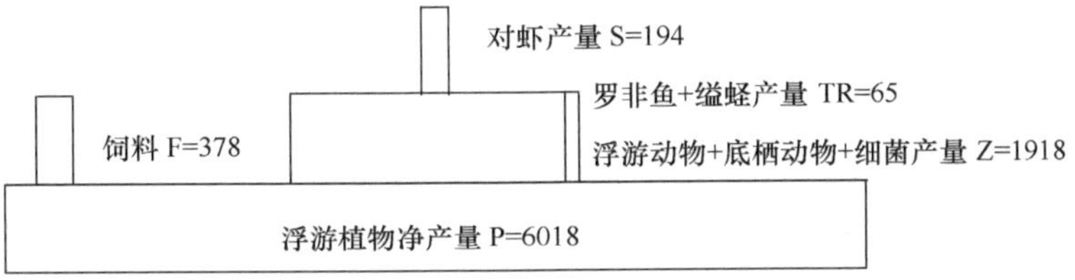

图 2-23 对虾综合养殖池塘生态系统能量金字塔[kJ/(m^2·季)]（引自阎希翥，1999）

Fig. 2-23 The energy pyramid of integrated shrimp farming pond [kJ/(m^2·season)] (from Yan, 1999)

S. Shrimp; TR. Tilapia and razor fish; F. Feeds; Z. Zooplankton, zoobenthos and bacteria; P. Primary production

对虾-青蛤-江蓠养殖系统中，对虾净产量为 2.62MJ/(m^2·季)、青蛤净产量为 1.98MJ/(m^2·季)、江蓠净产量为 8.92MJ/(m^2·季)、初级净生产量为 5.45MJ/(m^2·季)、饲料投入为 2.86MJ/(m^2·季)。经济生物净产量为初级产量（浮游植物+江蓠）的 93.8%，其总投入能（初级生产+饲料+江蓠）转化成经济生物的效率为 77.7%，不计江蓠的总投入能转化率为 55.4%。可见，综合养殖的效率（55.4%）比对虾单养的效率（43.4%）更高。第 9 章将对综合水产养殖系统作更加详细的介绍。

小 结

1. 与天然水域生态系统相比，水产养殖生态系统具有四个显著特点：第一，系统的能量和物质输入不完全依赖于太阳辐射、降水、径流等，而是部分地受到人为控制；第二，为了使目标生物（养殖生物）的生产量最大化，系统的生物多样性被人为地显著降低；第三，系统中的生物群落不是自然形成的，优势生物通常是人工放养的，因此，水产养殖系统比天然水域生态系统更不稳定；第四，一些养殖水体的排污会对邻近水域产生负面影响。

2. 与一般陆地农业生态系统相比，水产养殖生物在营养层次上更加多样；养殖动物基本为变温动物，对水温变化敏感；多具有一定的渗透压调节能力；生物生活方式更加多样；比畜禽繁殖力更强。

3. 基于系统能量来源，水产养殖系统可分为如下 4 种类型：①天然的水产养殖系统，其能量结构为维持能（M）≈ 0，如大水域鱼类放养（不投饵）；②亚天然的水产养殖系统，其能量结构为 M>0、M<太阳能（S），如池塘施肥养殖、开放海域扇贝养殖和藻类栽培等；③人工辅助的水产养殖系统，其能量结构为 S>0、M>S，如池塘投饲、增氧养殖等；④全人工辅助的水产养殖系统，其能量结构为 S ≈ 0，如鱼类工厂化循环水养殖。

4. 基于系统代谢特征，水产养殖系统可分为“自养型”养殖系统和“异养型”养殖系统两类。前者主要靠太阳辐射直接为系统提供能源，从水环境中获得无机营养盐，如海带养殖系统等。该系统的运行会降低水体的营养负荷。后者主要靠人工投饲提供能源，如吃食性鱼类网箱养殖系统等。该系统的运行会向邻近水域排污或自身沉积大量有机污染物。

5. 基于系统的物质收支，水产养殖系统可分为投喂性系统（Fed system），如对虾、大西洋鲑等养殖系统，以及获取性养殖系统（Extractive system），如牡蛎、海带等养殖系统。

6. 基于生产力的生态限制因子，水产养殖系统可分为无机营养盐制约型或水生植物栽培、饵料制约型、溶解氧制约型、环境综合制约型（如工厂化养殖）、异养食物网制约型或生物絮团养殖、综合养殖型（如贝藻间养）等。其中饵料制约型又分为粗放养殖类、施化肥养殖类、有机肥或混合施肥养殖类等三类。溶解氧制约型又分为投饲不增氧养殖类、增氧且投饲养殖类、室外设施养殖类等三类。

7. 光是养殖水体中最重要的因子之一，其不仅是水体中初级生产者光合作用的能量来源，同时也会影响水生动物的行为和水的运动状态。水的运动又会对水体的一些重要生态过程产生直接或间接的影响。

8. 水的高比热容特性使其吸收大量的入射光能，并以热的形式贮存在水体系统中。水体热贮存量、分布和变化不仅直接影响养殖水体的初级生产和分解过程，也会影响养殖生物的生长。

9. 世界各地水体热分层和垂直混合的类型多种多样。一般来说，温带较深的水体春季和秋季都会出现上下同温混合，夏季水温呈正分层，冬季呈逆分层。同温期时，上下水层的营养物质和溶解氧可以充分交换，因此，高度富营养化水体底部的厌氧带会逐渐消失。热带地区水体的水温总是高于 4℃。水温终年呈正分层，只有在冬季降温时才出现上下水层混合。

10. 溶解氧是反映水质状况的综合性指标，对水产养殖生物而言是除水之外的最基本条件。溶解氧的浓度和变化决定着许多水生生物分布、行为和生长等，还会影响水域生态系统中的许多生态学过程。

11. 养殖水体 pH 的变化是水的化学和生物活动综合作用的结果，对养殖生物的代谢、生长作用明显。

12. 氨与硫化氢是养殖水体两个重要的无机化合物，其在水中的浓度受温度、pH 等影响，浓度较高时会对养殖动物产生危害。

13. 尽管河流、河川型水库、丘陵型水库、平原型水库、湖泊、池塘在生态学上有很大的差异，但整体上看，它们是理化和生物因素渐次变化的连续生态类型。它们所展现的生态学特征是其水文特征、自然演替和人为影响共同作用的结果。

14. 总体而言，限制水体初级生产者生产力的第一限制性营养元素，在海水系统中通常是 N，在淡水系统中通常是 P。

15. 淡水池塘，在生石灰清塘、注入后，浮游生物生物量高峰出现的次序为：浮游细菌和浮游植物→原生动物→轮虫→枝角类→桡足类，最后是形成比较稳定的混合群体；而海水池塘，则相应的是，浮游细菌和浮游植物→原生动物→轮虫→桡足类，最后是形成较为稳定的混合群体。

16. 天然水域生态系统中存在两类食物链，其中牧食食物链是从绿色植物（如浮游植物）开始，结束于食草动物或食肉动物，而腐屑食物链则是从死亡的有机质开始，通过微生物、食腐屑动物再到捕食者结束。对于投喂饲料的养殖系统，饲料能量直接传到养殖动物，并成为系统的主链或主要环节。

17. 水产养殖系统多是人工干预程度较高的半自然生态系统，该系统中自然生产、消费、分解等自然生态系统的重要功能仍然在起作用，甚至起着主导作用，但由于养殖水体中放养动物的生物量很大，以至必须进行人工干预以维持养殖生态系统结构和功能的稳定，如投饲以弥补初级生产量的不足。

18. 一般而言，随着集约化水平或综合养殖水平的提高，养殖系统对系统总输入能的利用率也相应提高。

第 3 章　养殖水体的生产力和养殖容量

3.1　养殖水体生产力及其影响因素　72
3.1.1　养殖水体生产力　72
3.1.2　影响养殖生产力的因素　73
3.2　养殖水体生产力评估　75
3.2.1　池塘养殖生产力评估　76
3.2.2　大型水体养殖生产力评估　77
3.3　水体的养殖容量及其影响因素　84
3.3.1　养殖容量的定义　84
3.3.2　影响养殖容量的因素　85
3.4　水体养殖容量的评估　87
3.4.1　海水池塘对虾养殖容量评估　88
3.4.2　水库网箱养鱼养殖容量评估　91
3.4.3　海湾海带养殖容量评估　92
3.4.4　滤食性贝类养殖容量评估　93
3.4.5　以营养负荷法评估大水域养殖容量　95
3.4.6　养殖容量评估的模型　96
小结　97

养殖水体的生产力和养殖容量是两个重要的养殖生态学参数，其数值受水体初级生产力等生态因素的影响，而养殖容量还会受到社会因素的影响。了解这两个参数就可以明晰特定水体中某种养殖生物的生产能力和特点，并可据此有针对性地指导养殖工作，如放养量的确定、养殖过程中的日常管理等，从而有助于合理利用资源，提高经济效益。

3.1　养殖水体生产力及其影响因素

3.1.1　养殖水体生产力

本章中除初级生产力等术语外，一般所述生产力均是指养殖生物生产力。养殖水体生产力是养殖水体生产经济生物产品的能力或性能，主要受养殖水体初级生产力、养殖方式、养殖生物对无机营养盐或饵料（饲料）的利用能力等影响。养殖水体生产力有养殖水体生产潜力、最大日增重率和实际生产力三种表达方式。

养殖水体生产潜力是指在养殖生物放养密度最佳、死亡率为零状态下的生产量。实际情况是，养殖早期水体中养殖生物现存量（Standing crop）较低，会造成水体一定量饵料和空间的浪费，后期又由于养殖生物现存量过大（图 3-1），养殖生物呼吸消耗较多。因此，该指标反映的是养殖水体在一种理想状态下的自然属性。

一般情况下，在养殖过程中水体中的养殖群体质量或现存量一直在增长，其生长曲线类似 S 形曲线，即在拐点处养殖群体的个体或群体的瞬时特定生长率（*SGR*）最大（图 3-1）。因此，此时的群体日增重率，即最大日增重率，可作为表征养殖水体生产力的参数。实际净产量一般在数值上远小于最大日增重率乘以养殖天数这一理论数值。

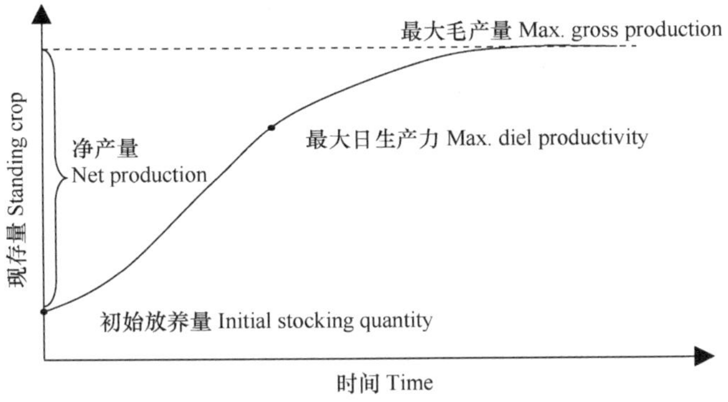

图 3-1　养殖水体中放养群体的现存量变化
Fig. 3-1　Standing crop dynamic of stocking animal in aquaculture waters

当养殖群体的现存量越过拐点后，个体或群体日增重率开始减缓，但养殖个体的规格和现存量还在增加，直至达到最大毛产量为止。养殖水体的实际生产力所表征的是水体所能生产鱼、虾等经济产品的最大净产量，即最大毛产量减初始放养量。

养殖产品规格是水产养殖生产中一个重要经济考量指标。通常，规格越大单位质量的价格越高，但对饲料的利用效率可能会有所降低。为获得更大的经济效益，生产实践中通常会在养殖群体的现存量超过拐点但到达最大毛产量前收获。因此，人们又常把年或季节可获得最大收益的产量作为实际生产力的参数。

3.1.2　影响养殖生产力的因素

养殖水体的生产力可以分为天然生产力和人工生产力。前者指养殖水体固有的自然生产力，如摄食天然饵料或吸收水中的无机营养盐形成的生产力；后者则指在养殖措施作用下所形成的生产力，如施肥生产力、投饲生产力等。养殖生产力通常指的是总生产力，即天然生产力和人工生产力的总和。

养殖水体的生产力除受水体的环境状况等多种客观因素影响外，还受放养种类、养殖方式等人为因素的影响。养殖水体特别是集约化程度较高的水体不同于天然水域，其生态系统结构通常较简单，而且受人为影响较大，如放养量大小、投饲的质和量、施肥及人工对环境条件的调控等。在同样的水体中，生产方式不同其生产力也会不同。影响生产力的因素有很多，下面主要就养殖种类、养殖方式、自然条件和水体环境状况等因素作一简要介绍。

1. 养殖种类

养殖水体的生产力与养殖种类有关。通常，食物链越短、食谱越宽的养殖种类生产力越高；相反，食物链越长、食谱越窄的养殖种类生产力越低。例如，在不投饲、不施肥，仅靠池塘天然饵料养殖斑点叉尾鮰的生产力为 50～100kg/(hm^2·季)，而同样条件下养殖罗非鱼的生产力为 200～500kg/(hm^2·季)（表 3-1）。这两种鱼生产力的差异是由其食性或营养级的差异导致的。斑点叉尾鮰和罗非鱼都摄食池塘中的浮游动物和水生昆虫等，但后者还大量摄食浮游植物和腐屑。因此，后者的营养级更低、食物链更短、食谱更宽，对池塘初级生产量的利用更高效。以色列池塘施肥养鲤的鱼产力为 4300g/(hm²·d)，而养罗非鱼则可达到 8380g/(hm²·d)。这是因为鲤主要摄食底栖动物，其食谱较罗非鱼窄，食物链也相对更长（何志辉，1985）。

表 3-1 不同养殖方式池塘斑点叉尾鮰和罗非鱼的生产力[kg/(hm²·季)]

Tab. 3-1 Productivity of channel catfish and tilapia with different culture systems [kg/(hm²·crop)]

养殖方式 Management type	净产量 Net production	
	斑点叉尾鮰 Channel catfish	罗非鱼 Tilapia
粗养 Extensive	50～100	200～500
施肥 Fertilization	200～300	1 000～3 000
施肥并补充饲料 Fertilization and supplemental feeding	—	3 000～4 000
投饲 Feeding	1 500～2 500	3 000～4 000
间歇性增氧 Feeding and emergency aeration	4 000～4 500	4 000～6 000
持续增氧 Feeding and continuous aeration	4 000～5 000	6 000～8 000
投饲、增氧并频繁换水 Feeding, continuous aeration and water exchanges	12 000～15 000	15 000～20 000

资料来源：Boyd & Tucker，1998
Data from Boyd & Tucker, 1998

大型海藻既是经济生物又是养殖水体的初级生产者，所以其天然生产力最高。滤食性贝类和鲢直接滤食浮游植物，因此，它们的生态效率和生产力也都较高。2014 年我国近海海带养殖的平均产量是 34.1t/(hm²·年)（干重），牡蛎的平均产量为 32.6t/(hm²·年)。

2. 养殖方式

正如第 2 章所述，水产动物养殖系统可分为饵料制约型、溶解氧制约型、环境综合制约型、生物絮团养殖型和综合养殖型等五大类。它们的管理方式或集约化程度不同，制约养殖产量的主要因子不同，养殖生产力也不同（表 2-3）。表 3-1 是美国池塘养殖斑点叉尾鮰和罗非鱼的生产力。从表中数据可以看出，利用池塘天然饵料养殖罗非鱼的生产力为 200～500kg/(hm²·季)，施肥后的生产力增加到 1000～3000kg/(hm²·季)，投饲但不增氧时生产力又增加至 3000～4000kg/(hm²·季)。

不同养殖方式下中国对虾生产力差异很大，变幅在 0.19～1.24g/(m²·d)，投饲后产量成倍增加（李德尚等，1999）。精养条件下凡纳滨对虾-青蛤-江蓠综合养殖系统中对虾的净产量为 2.1～2.7g/(m²·d)（王大鹏等，2006）。

3. 自然条件

天然水体鱼产力的高低取决于自生初级生产力、外来有机物的多少和养殖种类的生态学特点。世界范围内不同水域生态系统的初级生产力差异很大，其相应的鱼产力差别也很大。即使是同处我国的各地湖泊，它们的鱼产力差异也很大（表 3-2）。影响初级生产力和外源营养物质数量的自然条件主要有地理纬度、气候条件、初级生产者的组成、集水区条件、水体底质土壤特性和水体形态等。

表 3-2　中国不同地区各营养型湖泊的鱼产力（kg/667m²）

Tab. 3-2　Fish productivity in lakes with different conditions in China (kg/667m²)

营养类型 Trophic condition	东北区 Northwest area		长江区 Yangtze river area		华南区 South area	
	中小型 M-S	大型 L	中小型 M-S	大型 L	中小型 M-S	大型 L
富营养型 Eutrophic type	20～45	4～10	30～75	6～15	40～90	8～18
中营养型 Mesotrophic type	10～25	1.5～4	15～45	2～6	20～50	3～8
贫营养型 Oligotrophic type	＜10	＜1.5	＜20	＜2	＜25	＜3

资料来源：张觉民，1990（内部交流资料）。

Note: M-S means middle and small sizes; L means large size. Data from Zhang, J. M. (1990), personal communication

养殖水体的纬度：纬度决定着水体获得的太阳辐射量，因此，其也直接影响水体的生产力。通常，极地高纬度区域初级生产力较低。

集水区的土壤、岩石、植被等特点：如果集水区土壤肥沃、植被茂盛或多农牧业用地，人口密度大，集水区面积与水体容积比大，那么就有大量有机质和营养盐输入，初级生产力则高；反之，初级生产力则低。

水体的形态特征：水体的平均深度、沿岸带的倾斜度和宽度、湖岸的弯曲度等都会影响水体的渔业生产性能。水太深，光亮带与深水带的隔离使营养物质难以顺畅循环，则初级生产力较低。但水过浅，除受风力影响易浑浊外，还会因水体生产层太薄而单位面积初级生产力较低。沿岸带倾斜度小，沿岸浅水区域宽广，水草和底生藻类较繁茂，初级生产力通常较高。湖岸（库岸）线越弯曲、湾汊越多，水体与陆地的接触面越大，流入或溶出的养分也就越多，越有利于饵料生物的增长。

气候和水文条件：温暖地区生长期长，养分循环快，初级生产力通常较高。降水量适度的区域，从集水区流入的营养物质多，初级生产力较高。但持续常年降水量过大可能导致土壤中营养物质大量流失，反而导致初级生产力降低，如我国东南区域的一些水体。水位稳定，年变幅 0.5～1.0m，有利于水草和底栖动物的生长。

潮汐和海流：潮汐、海流等对海水养殖的生产力影响很大。潮差对靠自然纳潮换水的滩涂池塘的生产力影响很大，较大的潮差可使池塘换水更充分。海流对浅海养殖影响较大，适宜的海流可为养殖生物带来更丰富的溶解氧和营养物质，也可有效地稀释有害代谢废物。有上升流的海区通常初级生产力较高。

另外，水体的水质状况对养殖水域的初级生产力和次级生产力影响都很大（见第 2 章和第 5 章）。

3.2　养殖水体生产力评估

评估养殖水体生产力的方法有多种，但归纳起来总体可分为两类：一类是基于还原论（Reductionism）思想的评估方法，另一类则是基于整体论（Holism）思想的评估方法。还原论方法通常是依据天然饵料量、食物转化效率及其影响因素等参数计算特定养殖水体的生产力；而整体论方法则是依据养殖生物的生长状况或依据相关因子与生产力的相关性估算特定养殖水体的生产力。两类方法各有千秋，具有一定的互补性，因此，有时人们会将两类研究方法结合使用，以更好地估算特定养殖水体的生产力。

3.2.1 池塘养殖生产力评估

池塘生产力可用年或生产季节净产量作为估计值，也可用日最大生产量表征，还可用统计方法建立环境参数与已知养殖水体生产力关系的经验公式加以估算。下面以海水池塘对虾养殖为例加以简要介绍。

Wang J Q 等（1998）在山东省海阳市使用了陆基围隔研究了中国对虾与红罗非鱼（*Oreochromis mossambicus* × *O. niloticus*）混养系统的生产力。养殖采用投饵、不增氧、零排水的半精养方式。实验结果表明，对虾的放养密度显著影响对虾的养殖产量，对虾密度 6.0 尾/m^2 时平均毛产量最高，达 513.5 kg/hm^2（表 3-3）。罗非鱼的放养密度也会显著影响对虾的养殖产量。对虾的平均生长速度、成活率和产量随放养罗非鱼放养密度的增加而增加。当罗非鱼放养量为 0.32 尾/m^2 时，对虾的净产量可达 575.7 kg/hm^2（表 3-4）。

表 3-3 对虾放养密对对虾出塘规格、产量和成活率的影响

Tab. 3-3 Effects of stocking densities of shrimp on the yield sizes, productions, and survival rates of the shrimp

对虾放养密度/(ind./m^2) Shrimp stocking densities	收获的对虾 Shrimp yields			
	体长/cm Lengths	体重/g Weights	净产量/(kg/hm^2) Net productions	成活率/% Survival rates
4.5	9.59±0.61	10.41±0.57	337.9±27.97[a]	80.20±4.13
6.0	9.88±0.42	10.62±0.92	513.5±40.09[b]	89.02±6.80
7.5	9.42±0.27	9.64±0.71	440.2±165.50[c]	65.50±21.70

表 3-4 罗非鱼放养密对对虾出塘规格、产量和成活率的影响

Tab. 3-4 Effects of stocking densities of tilapia on yield sizes, productions and survival rates of the shrimp

鱼放养密度/(ind./m^2) Fish stocking densities	收获的对虾 Shrimp yields			
	体长/cm Lengths	体重/g Weights	净产量/(kg/hm^2) Net productions	成活率/% Survival rates
0.16	9.50±0.36	10.47±0.76	385.9±122.2	75.68±17.90
0.24	9.17±0.35	9.23±1.61	334.8±157.3	79.52±18.60
0.32	9.48±0.55	9.90±1.69	414.0±168.5	86.71±12.91
0.32	9.96±0.62	10.74±1.32	575.7±13.9	88.50±11.56

实验期间每一处理在实验早期（虾规格较小时）平均日净产量较低，后期较高。放养 6.0 尾/m^2 对虾并配养 0.32 尾/m^2 罗非鱼处理的对虾在 8 月 25 日的净产量最高，达 1.11g/(m^2·d)。

如果用生物量最大变化率标准评定，该养殖方式下对虾池塘养殖生产力为 1.11g/(m^2·d)；如果用实验期间最大净产量标准评定，该池塘对虾平均净生产力为 575.7kg/hm^2。1.11g/(m^2·d)只具有生态学意义，其含义是，如果 95d 都以此速度增长，净产量可达 1054.5kg/hm^2，在现时养殖模式下这是不可能实现的理论预期。

中国对虾-罗非鱼不投饲养殖，以及投饵的中国对虾-海湾扇贝、中国对虾-罗非鱼-

缢蛏养殖结构的生产力的研究结果见表 3-5（李德尚等，1999）。可见，生产力与养殖方式关系密切。投饲半精养条件下（不增氧）对虾-罗非鱼-缢蛏的最佳养殖结构的对虾生产力可达 1.24g/(m^2·d)。另外，放养密度更高的凡纳滨对虾-青蛤-江蓠混养结构的生产季节平均生产力可达 2.68g/(m^2·d)（王大鹏等，2006）。

表 3-5　不同养殖方式下对虾的生产力[g/(m^2·d)]

Tab. 3-5　Shrimp productivities in different integrated modes [g/(m^2·d)]

养殖模式 Integration modes	管理方式 Operation patterns	对虾生产力 Shrimp productivities
对虾-罗非鱼 Shrimp-tilapia	施肥 Fertilization without feeding	0.19～0.33
对虾-罗非鱼 Shrimp-tilapia	投饲无增氧 Feeding without aeration	1.11
对虾-海湾扇贝 Shrimp-bay scallop	投饲无增氧 Feeding without aeration	1.03
对虾-罗非鱼-鲈鱼 Shrimp-tilapia-sea bass	施肥无增氧 Fertilization without aeration	0.43
对虾-罗非鱼-缢蛏 Shrimp-tilapia-razor fish	投饲无增氧 Feeding without aeration	1.24
对虾-青蛤-江蓠 Shrimp-clam-seaweeds	投饲增氧 Feeding and aeration	2.68

必须指出，这些实验中得出的生产力，只是以对虾来估计的，而不是综合养殖总生产力。如果将对虾-罗非鱼-鲈鱼养殖系统中的罗非鱼和鲈鱼的生产力也加在一起，总生产力可达 3.59g/(m^2·d)。

3.2.2　大型水体养殖生产力评估

相对于池塘生产力评估而言，精确评估大型养殖水体生产力还比较困难。大型水体如湖泊中养殖动物很难一次或几次捕捞干净（生产实践中也不应该完全捕捞干净），因此，很难像前面池塘那样知道其实际产量。国内外学者通常会根据饵料生物量或初级生产力推算大型养殖水体的生产力，有的还根据以往多年实际鱼产量与某些环境变量的相关关系来估计鱼产力。

等级评价法是将不同水体的环境条件、渔业类型（鱼类组成、经营方式等）和鱼产量加以比较，宏观划定鱼产力等级，并参照相似类型水体的现有鱼产量确定所研究水体的可能鱼产量。李德尚等（1993a）曾利用此类方法将山东省 36 座大中型水库划分为高、较高、中等、较低和低 5 种类型，并参考 2 座经营较好、放养充分的典型水库的多年连续平均鱼产量，将这 5 类水库的鱼产力分别定为 440、370、290、220 和 150 kg/hm^2。回归分析法结果表明，影响这些水库鱼产力的主要因素依次是集雨区土壤肥力、人口密度和植被覆盖率。

鱼产力还可采用经验公式进行估计。该方法的鱼产力通常是根据多个水体鱼产量与某些非生物变量的相关性经过统计分析获得，如 Ryder 提出的形态土壤学指数（*MEI*）等（Ryder，1965）就属此类方法。

还有一类估计鱼产力的方法是动态模型法。这类方法的共同特点是从生态系统的能量流动和物质转换观点出发建立模型，如生物量—颗粒谱模型、时间序列传递函数模型和食物网再建模型（田相利，2004）等。

上述一些模型主要用于评估天然鱼类群体生产力，而我国大水域养殖主要以鱼类放养为主，即基于养殖的渔业（Culture-based fisheries），放养群体的数量在很大程度上受人为控制。因此，下面将重点介绍 Ryder 的形态土壤学指数和基于饵料生物量估计放养动物的生产力及特定放养水体鲢、鳙群体生产力问题等。

1. 形态土壤学指数

Ryder 通过对北美 34 个大型温水湖泊鱼产力的研究，提出了用形态土壤学指数（Morphoedaphic index，MEI）估计湖泊鱼产力的数学模式（Ryder，1982）：

$$Y = aMEI^b$$

这是幂函数式，两边取对数即变为直线式：

$$\log Y = \log a + b\log MEI$$

式中，Y 为水域的估计鱼产力；a 和 b 是因所研究湖群而异的计算参数；MEI 是湖水总溶解固体物（TDS）除以湖泊平均深度（$\overline{Z}$），即 $MEI = TDS/\overline{Z}$。

Ryder 计算了 34 个湖泊中渔业开发较好的 23 个湖泊鱼产力的估算模型：

$$Y = 2.094MEI^{0.446} \quad r^2 = 0.73$$

该模型中鱼产力单位为磅/英亩（1 磅=453.59g，1 英亩=4046.86m^2），TDS 的单位为 mg/L，深度的单位用英尺（1 英尺=0.3048m）。上式的简化式为：

$$Y \approx 2\sqrt{MEI}$$

如果都用公制单位，即 kg/hm^2、mg/L 和 m，则：

$$Y \approx \sqrt{MEI}$$

该模式所依据的原理是某些非生物环境因素与水域鱼产力的相关关系，属于一种经验性的鱼产力估计方法。该方法的成功之处是，它选择了两个与水体生产性能关系十分密切且简单的参数，即平均深度和总溶解固体物。其缺点是精度不高等。在我国使用 MEI 估计天然水域鱼产力时，应该对参数进行校正，也应根据具体情况对该模型进行改进。

2. 草食性鱼类生产潜力

草鱼是我国目前养殖产量最高的鱼类，其天然食物主要是水草，但现在我国已广泛通过投人工颗粒饲料进行养殖。

中国科学院武汉水生生物研究所陈洪达于 1975 年提出的评估湖泊草食性鱼类鱼产潜力的方法（崔奕波和李钟杰，2005）为

$$F = B \times P / (K \times 100)$$

式中，F 为鱼产潜力；B 为湖泊中水草的最高生物量；P 为草鱼对水草的可利用率；K 为草鱼食草的饵料系数。之后，梁彦龄和刘伙泉于 1995 年也提出了根据水草生长模型和草鱼生长及摄食模型估算草鱼生产潜力的方法。后来，崔奕波团队将草食性鱼类生物能量学模型与水草生物量动态模型结合，提出了预测草食性鱼类生产潜力的方法（崔奕波和李钟杰，2005）。具体方法如下。

1）草鱼生物能量学模型的建立

草鱼最大摄食水平（RL_{max}，%/d）是水温（T，℃）的函数：

$$RL_{max} = 0.04T^{2.32}$$

草鱼的最大摄食水平与体重的关系是一幂函数：

$$RL_{max} = 0.09W^{0.25}T^{2.32}$$

排粪率（F，kJ/d）与摄食率（C，kJ/d）具有恒定比例：

$$F = fC$$

式中，参数 f 与食物种类有关。

饥饿鱼的排泄率（U_s，kJ/d）与体重（W，g）及水温的函数为：

$$U_s = 0.001W^{0.71}e^{0.077T}$$

摄食鱼的排泄率（U_f，kJ/d）与摄食率具有恒定比例：

$$U_f = 0.049C$$

代谢分为饥饿代谢及摄食代谢。饥饿代谢（R_{fa}，kJ/d）是体重及水温的函数：

$$R_{fa} = 0.009\,26W^{0.753}e^{0.077T}$$

草鱼摄食代谢占可代谢能（$C–F–U$）的比例与摄食水平无关，其平均值为 67.2%。因此，摄食代谢（R_{fe}，kJ/d）为：

$$R_{fe} = 0.672(C - F - U)$$

鱼体能量值（E，kJ/g 湿重）是摄食水平（RL，%体重/d）的函数：

$$E = 2.767 + 0.0111RL$$

同时鱼体能量值与体重有关：

$$E = 1.706W^{0.179} + 0.111RL$$

实验获得这些模型后，再输入草鱼的初始体重、初始能量值、摄食水平、水温、食物能量值、食物消化率、生长周期后，就可计算整个生长周期中的体重增加量、摄食量及能量收支。

2）水草生长模型的建立

草鱼的食物——水草生长模型也需建立。由于各月水温、光照、水草的生命阶段不同其模型也有所不同。水草生长率[G，mg/(g·月)]与初始生物量（M，g/m^2）的模型为：

$$G = a + bM$$

式中，a 和 b 随水草种类和月份而变。

3）草鱼与水草的关系及草鱼鱼产力的估算

将草鱼生物能量学模型与水草生长模型相结合，便可建立草鱼-水草关系模型。模型的输入变量为草鱼的放养数、放养草鱼的初始体重、放养草鱼的摄食率、放养月份、水草初始生物量，还可输入放养草鱼的初始能量值、水草的消化率、水草的能量值等。根据放养水体各月水温，可计算出当月水草生长量和草鱼摄食水平及生长。由于草鱼喜欢摄食水草的较嫩部分，因此，可假定草鱼摄食造成的水草死亡率为摄食率的两倍。

崔奕波和李钟杰（2005）利用此方法估计了湖北省保安湖草鱼的合理放养量。假定 3 月放养 25g 草鱼，水草初始生物量为 11g/m^2，一年后 90%的草鱼被捕获，其余 10%继续生长一年。结果，在水草仍保持初始生物量的前提下，草鱼的合理放养量为 46 尾/hm^2。此放养条件下获得的草鱼产量可视为该湖的草鱼鱼产力。

上述方法是基于还原论的方法，每一步骤都具有一定的科学性，但是草鱼养殖生态学远比上述情况复杂。例如，草鱼对食物具有选择性，往往会把它喜食的水草首先吃光，然后再取食其他种类。另外，草鱼又嗜食水草嫩芽，这在水草萌发期对水草群落抑制作用十分强烈。因此，在使用计算结果时一定要留有足够的冗余量，即草鱼绝不能过量放养，否则大型水生植物群落就可能遭到严重破坏。

3. 滤食性鱼类生产潜力

鲢、鳙是典型的滤食性鱼类，也是我国重要的淡水养殖鱼类。我国学者曾用浮游生物生物量或浮游植物初级生产力估算养殖水体鲢、鳙鱼产力。

1）根据浮游生物的生物量推算鲢、鳙鱼产力

何志辉和李永函（1983a）以浮游生物的生物量指标估计了清河水库的鱼产力。计算方法为：

鱼产力=浮游生物生物量×(P/B)×水体面积×平均水深×利用率×饵料系数

清河水库浮游植物年平均生物量为 7.4mg/L，浮游动物平均生物量为 2.5mg/L，水库平均深度约 10m。假设：鲢摄食浮游植物的饵料系数为 40，鳙摄食浮游动物的饵料系数为 10，水库中有 20%的浮游植物可被鲢利用，25%的浮游动物可被鳙利用，浮游植物的生产量与生物量比值（P/B 系数）以 50 计，浮游动物的 P/B 系数以 20 计。经计算清河水库的鲢、鳙生产力分别为 187.5kg/hm^2 和 123.8kg/hm^2。

此方法简单易实施，但精度不高。这主要是因为很多参数并没有实测，仅借鉴了相似水体或生物的研究结果，参数的选择具有很大的主观性。

2）根据初级生产力推算鲢、鳙鱼产力

王骥和梁彦龄（1981）根据水体的初级生产力（以黑白瓶测氧量法测得）来计算鲢、鳙鱼产力。湖区浮游植物对鲢、鳙的供饵能力（F_{SC}）为：

$$F_{SC} = \text{浮游植物产氧量}(tO_2) \times P_{Na}/P_{Ga} \times a \times 14.686$$

式中，P_{Na}/P_{Ga} 是浮游植物单位面积净产量（P_{Na}）与毛产量（P_{Ga}）之比，一般选 0.8；a 为鱼类对浮游植物的利用率，其数值与放养密度、管理水平等有关，最大值为 0.5；14.686 为氧热当量，即 $1gO_2$=14.686kJ。

$$\text{武汉东湖 } F_{SC} = 5.874 \times \text{浮游植物产氧量}$$

鲢（F_{Hy}）、鳙（F_{Ar}）生产潜力可用下式估算：

$$F_{Hy} = F_{SC} \times E_{Hy} \times Hy/C$$
$$F_{Ar} = F_{SC} \times E_{Ar} \times Ar/C$$

式中，Hy 和 Ar 分别为鲢、鳙的相对比例。对于富营养型的东湖建议 Hy=0.7，Ar=0.3。C 为鲜鱼肉的热当量，鲢、鳙为 5.021kJ/g。E_{Hy} 和 E_{Ar} 分别为鲢、鳙对浮游植物的转化率。

$$E_{Hy} = \text{鲢全年增肉量} \times \text{鱼肉热当量} / \text{鲢全年摄食量} \times \text{鲜藻热当量}$$
$$E_{Ar} = \text{鳙全年增肉量} \times \text{鱼肉热当量} / \text{鳙全年摄食量} \times \text{鲜藻热当量}$$

武汉东湖的 E_{Hy} 和 E_{Ar} 分别为 0.032 和 0.072。将此结果代入前式后：

$$\text{武汉东湖 } F_{Hy} = 0.0262 \times \text{湖区浮游植物产氧量（t）}$$
$$\text{武汉东湖 } F_{Ar} = 0.0253 \times \text{湖区浮游植物产氧量（t）}$$

一个特定水体的鲢、鳙鱼产潜力，可以浮游植物水柱 O_2 日产量[g/(m^2·d)]为依据，求出其水柱 O_2 年产量[P_{Ga}，g/(m^2·年)]，乘以湖面积，即可得到其浮游植物年产氧量（tO_2）。

此方法科学性较强，但一些参数的选定也有一定主观性。例如，P_{Na}/P_{Ga}受水深、浮游植物的生物量等的影响显著；鲢与鳙比例也与水体形态、水文状况等有关。通常，贫或中营养型水体鳙比例应较高，富营养型水体鲢比例应较高。鱼类对浮游植物的利用率与鱼类放养密度、浮游植物的组成等关系密切。实际应用此方法时应综合考虑多种因素选定参数。

Beveridge（2004）曾用类似方法评估了东南亚水库施化肥养殖罗非鱼的实际生产力。其方法分为三步：第一步，测定养殖水体总初级生产力[ΣPP，gC/(m^2·年)]；第二步，假设鱼鲜重含碳量为 10%，可利用表 3-6 转化系统将ΣPP 转化为鱼产量（F_Y）；第三步，依据一些变量，如收获规格、养殖茬数等，制定生产计划。

表 3-6 不同初级生产力水体总初级生产力（ΣPP）转化为鱼产量的系数（Beveridge，2004）

Tab. 3-6 Conversion efficiencies of annual gross primary production (ΣPP) to areal fish yields for water bodies of different productivities (Beveridge, 2004)

ΣPP/[gC/(m^2·yr)]	转化率/% Conversion efficiencies	ΣPP/[gC/(m^2·yr)]	转化率/% Conversion efficiencies
＜1000	1.0～1.2	3000～3500	2.1～1.5
1000～1500	1.2～1.5	3500～4000	1.5～1.2
1500～2000	1.5～2.1	4000～4500	1.2～1.0
2000～2500	2.1～3.2	＞5000	约 1.0
2500～3000	3.2～2.1		

例如，在 100hm^2 的水库不投饵养殖罗非鱼，总初级生产力为 1200gC/(m^2·年)。查表 3-6 得知，1.3%的初级生产力可转化为鱼产量，即 15.5gC/m^2，相当于 15.5g 鱼/m^2，整个水库年总产量为 156t 罗非鱼。

如果一年养两茬，即 11 月到次年 5 月一茬，6～10 月一茬（高温季节鱼长得快，需要时间短）。该期间总毛初级生产力分别为 570gC/m^2 和 630gC/m^2。如果放养鱼种为 25g/尾，收获规格为 125g/尾，每尾鱼增重 100g，则需两茬总共放养 156t/100g=1.56×10^6 尾鱼种。按总毛初级生产力比例计算，两茬应分别放养罗非鱼 0.741×10^6 尾和 0.819×10^6 尾（Beveridge，2004）。

4. 底栖动物食性鱼类生产潜力

利用底栖动物生物量估计底栖动物食性鱼类的生产力，也是根据饵料生物的现存量、P/B 系数、可利用系数、饵料系数等一系列参数推算鱼产力。

梁彦龄和刘伙泉（1995）依据软体动物（B_M）、水生昆虫（B_I）、水生寡毛类（B_O）、浮游动物（B_Z）生物量及其 P/B 系数、干物质能值和鲤对底栖动物的利用率、能量转换效率、鲤鱼鲜肉的能值等参数，分别估算鲤生产潜力（F_Y）的简化公式：

$$F_Y = 0.032B_M$$
$$F_Y = 0.183B_I$$
$$F_Y = 0.235B_O$$
$$F_Y = 18.0B_Z$$

近些年国内外关于底栖动物的 P/B 系数、饵料系数等的研究逐步深入，一些参数也更加接近实际，现在应用上式时可对一些系数进行适当调整。

5. 基于放养和生长参数的鲢、鳙群体生产量估算

水库、湖泊放养鲢和鳙是中国淡水渔业发展的一种重要方式。一般的湖泊和水库，由于其上游水系流程较短，产漂流性卵的鲢和鳙并不能完成自然产卵和孵化过程。放养群体得不到自然群体补充，只能靠年复一年地人工投放苗种来补充养殖群体数量。因此，这类放养方式实质上是一种大水域养殖，只不过与池塘养殖相比这种养殖方式更粗放、养殖生物死亡率更高。对放养鱼类天然生产量的估算对于了解养殖水体生态系统的结构和功能具有重要意义。

1）鱼类生产量概念

鱼类生产属于次级生产范畴，其生产量是指在一定的时间和空间内所积累的生物量，即群体数目和生物增长量的乘积。鱼类生产量可用下式计算：

$$P = G \times \triangle t \times \overline{B}$$

式中，$\triangle t$ 为两样本时间间隔；$\overline{B}$ 为鱼类平均生物量；G 为瞬时增重率。

$$G_i = (\ln W_{i+1} - \ln W_i) / \triangle t$$

$$\overline{B} = (B_{i+1} + B_i) / 2$$

式中，W_i 为第 i 龄鱼的重量。鱼类群体中各年龄生物量 $B_i = N_i \times \overline{W}_i$。

鱼类的残存率（S）可利用 Robson-Chapman 公式计算，即：

$$S = T / (\sum N + T - 1)$$

式中，$T = N_1 + 2N_2 + 3N_3 + \cdots$

$\sum N = N_1 + N_2 + N_3 + \cdots$

N_1、N_2、$N_3 \cdots$分别表示渔获物中可充分捕捞的最低年龄鱼的数量和高于 1 龄、2 龄等年龄组的数量。计算高一龄鱼的残存率时，仅将上龄的编号都减去 1，然后代入公式即可。

利用残存率可计算每一年龄组的现存数量 N_i。例如，$N_2 = N_1 \cdot S_1$。

2）清河水库鲢和鳙渔获物分析

清河水库是位于辽宁省北部的一座大型水库，放养的鲢、鳙是其主要渔获物。对这样一个放养数量已知且无自然补充的特殊群体生产量的估计，对湖泊和水库渔业具有普遍意义。拖网是该水库的主要捕捞工具。1982～1985 年我们对清河水库鲢和鳙渔获物进行了采样、分析。共采鲢、鳙样品 2663 尾，根据鳞片鉴定其年龄组成，并将 5 月末到 6 月初所采 556 尾样品用于生长分析（董双林，1992）。表 3-7 是 1982～1985 年清河水库渔获物组成。

渔获物中鲢、鳙是 1974～1984 年放养的鱼种。这 11 年间，鲢、鳙平均年放养量分别为 830 尾/hm^2 和 416 尾/hm^2。1974～1984 年放养的鱼种在 1975～1985 年捕到。这期间鲢、鳙年平均捕捞量分别为 46.2kg/hm^2 和 36.9kg/hm^2。

3）清河水库鲢和鳙残存率估计

清河水库鲢、鳙可充分捕捞年龄均为Ⅲ龄。用 Robson-Chapman 残存率计算公式计算Ⅲ龄鲢、鳙的残存率分别为 0.344 和 0.452。计算所得Ⅳ至Ⅶ龄鲢的残存率分别为 0.171、0.411、0.356 和 0.300，而Ⅳ至Ⅶ龄鳙的残存率分别为 0.377、0.258、0.487 和 0.333。

表 3-7　清河水库 1982～1985 年渔获物组成

Tab. 3-7　Number, weight and age compositions of silver carp and bighead carp catches in Qinghe reservoir during 1982~1985

种类和数量 Species and quantity		年龄 Ages								总计 Total
		Ⅰ	Ⅱ	Ⅲ	Ⅳ	Ⅴ	Ⅵ	Ⅶ	Ⅷ	
鲢 Silver carp	数量/ind. Number	45	103	940	638	48	24	9	6	1813
	均重/kg Mean W.	0.025	0.195	0.59	1.37	2.41	6.06	8.58	10.65	
	测定尾数 Samples	45	28	94	129	42	22	9	6	375
	总重/kg Total W.	1.1	20.1	554.6	874.1	115.7	145.4	77.2	63.9	1852.1
鳙 Bighead carp	数量/ind. Number	19	246	326	143	95	8	7	6	850
	均重/kg Mean W.	0.015	0.415	0.89	1.80	3.79	8.95	13.0	14.7	
	测定尾数 Samples	16	30	43	48	19	22	7	6	191
	总重/kg Total W.	0.3	102.1	290.1	257.4	360.1	71.6	91.0	88.2	1260.8

Ⅰ、Ⅱ龄鲢、鳙在渔获物重量中分别占 3.46%和 7.00%。根据鲢、鳙各龄平均捕获重量推算，Ⅷ龄鲢、鳙年渔获尾数分别为 0.150 尾/hm^2 和 0.176 尾/hm^2。假定Ⅷ龄为最终捕获年龄，则：

$$放养尾数 \times S_1 \times S_2 \times S_3 \times S_4 \times S_5 \times S_6 \times S_7 = Ⅷ龄鱼渔获尾数$$

Ⅰ龄鲢、鳙自然死亡率高，而Ⅱ龄鲢、鳙被捕捞得多，假设该鱼Ⅰ、Ⅱ龄的存活率相等，则计算的鲢残存率为 S_1=0.204、S_2=0.344；鳙为 S_1=0.131、S_2=0.452。

4）清河水库鲢、鳙的生产量

根据鲢、鳙多年平均放养量 N_1 和各龄的残存率 S_i 可以计算出每一年龄组的现存数量 N_i。各龄鲢、鳙生物量 $B_i = N_i \cdot W_i$。清河水库各龄鲢、鳙资源量和生产量的计算结果列于表 3-8。鲢、鳙鱼的库存总数量分别为 1082 尾/hm^2 和 512 尾/hm^2，鲢、鳙的库存总

表 3-8　清河水库鲢、鳙鱼资源量和生产量（鲢/鳙）

Tab. 3-8　Stock and productions of silver carp and bighead carp in Qinghe reservoir (Silver carp/Bighead carp)

年龄 Age	均重/kg Average weights	瞬时增长率 Inst. growth	库存数量/(ind./hm^2) Number	库存生物量/(kg/hm^2) Biomasses	平均生物量/(kg/hm^2) Average biomasses	生产量/(kg/hm^2) Productions	P/B
Ⅰ	0.015/0.10		830/416	12.5/4.16			
		2.48/3.72			22.8/13.4	56.6/47.9	2.48/3.72
Ⅱ	0.196/0.415		169/54.6	33.0/27.7			
		1.11/0.763			23.8/22.4	37.4/17.1	1.11/0.77
Ⅲ	0.59/0.89		58.2/24.7	34.4/21.9			
		0.893/0.702			30.9/21.0	26.0/14.7	0.84/0.70
Ⅳ	1.37/1.80		20.0/11.1	27.5/20.0			
		0.566/0.746			17.9/18.0	10.1/13.4	0.57/0.75
Ⅴ	2.41/3.79		3.42/4.19	8.25/15.9			
		0.923/0.861			8.40/12.9	7.80/11.1	0.92/0.86
Ⅵ	6.06/8.95		1.40/1.08	8.55/9.75			
		0.349/0.373			6.41/8.25	2.25/3.15	0.35/0.37
Ⅶ	8.58/13.0		0.500/0.526	4.29/6.90			
		0.216/0.123			2.94/4.80	0.68/0.60	0.22/0.11
Ⅷ	10.65/14.7		0.150/0.177	1.68/2.55			
合计或平均值 Total or average			1082/512	130/104	123/101	141/110	1.15/1.09

生物量分别为 130kg/hm^{2}和 104kg/hm^2。鲢、鳙群体生产量分别为 141kg/hm^{2}和 110kg/hm^2。鲢、鳙渔获量是其生产量的 33%和 34%。

1975～1985 年，该水库鲢、鳙的回捕率分别约为 5.5%和 6.0%。根据Ⅰ、Ⅱ龄鲢、鳙的存活率推算，存活到Ⅲ龄鲢、鳙的量应为 6%左右。这说明放养鱼类的自然死亡主要发生在前两年，后期主要为捕捞死亡。

清河水库鲢、鳙放养群体的年 P/B 系数或生物量周转率分别为 1.15 和 1.09，这些数值较国外一些淡水湖泊鱼类种群的 P/B 系数稍高。池塘养殖条件下的鲢、鳙多为低龄鱼，其 P/B 系数可高达 1.7 以上。这表明，清河水库鲢、鳙群体生长较快，同时也表明其群体结构可能有些幼龄化。

鲢、鳙放养渔业的关键问题之一是放养数量和捕捞规格的问题。捕捞规格和捕捞强度的不同，会影响鱼类的绝对生长速度和现存量。在放养量不充足的前提下，提高捕捞规格，推迟开捕年龄能够提高水体中鱼的现存量，进而增加鱼类对水体饵料资源的利用率，保持或提高水体的鱼产量，并大幅度提高经济效益。

王宇庭和董双林（2003）用持续渔获数量与体重乘积得到的模型进一步对清河水库鲢、鳙渔业在不同的开捕年龄和捕捞死亡系数的条件下，进行了资源的动态分析。分析结果表明，推迟开捕年龄，如均从Ⅳ龄鱼开捕，鲢以 0.6 的捕捞死亡系数捕捞，自然死亡系数 0.3 时对应的产量为 65kg/hm^2；鳙以 0.5 的捕捞死亡系数捕捞，自然死亡系数为 0.2 时对应的产量为 64kg/hm^2。如此操作既可大幅度提高鱼产量，又可提高鱼的上市规格。相关知识可参阅 Ricker（1975）的文献。

3.3 水体的养殖容量及其影响因素

3.3.1 养殖容量的定义

容量（Carrying capacity）一词最早由 Tomas Malthus 于 1798 年在研究种群时提出，20 世纪 60 年代开始用于水产养殖研究中（Weitzma & Filgueira，2020）。养殖容量概念是由生态学中种群生长的逻辑斯蒂曲线（Logistic curve）演化而来。自然种群的 S 型增长基本符合逻辑斯蒂模型，即 $dN/dt = rN(K-N)/K$。这一模型中有两个重要参数，即容纳量（K）和拐点。在有限环境中，某一种群数量不可能无限增长，其增长会受到环境阻力抑制，如饵料供给量制约等。种群增长最终会在环境容纳量（K）上下振荡，此时种群增长可视为零。需要注意，养殖水体中放养的生物群体一般没有数量增长过程或可忽略，但是养殖群体的生物量（Biomass）或现存量却在增长，其变化特征如图 3-2 所示。

养殖容量的研究涉及生产、生态、社会等众多领域，因此，我们见到的养殖容量定义也是多种。Hepher 和 Pruginin（1981）将养殖生物的生长率或生产量接近零时对应的现存量定义为养殖容量，即图 3-2 中所示的最大养殖容量。也有的学者将该种养殖容量表述为，养殖水体中商品规格产品达到最高年产量时对应的现存量（Bacher et al.，1998；Smaal et al.，1998）。

养殖容量也可用应放养苗种的数量表示。上述养殖容量可转变为水体允许的苗种最大放养量。Carver 和 Mallet（1990）将养殖容量定义为“在生长率不受负影响下，达到

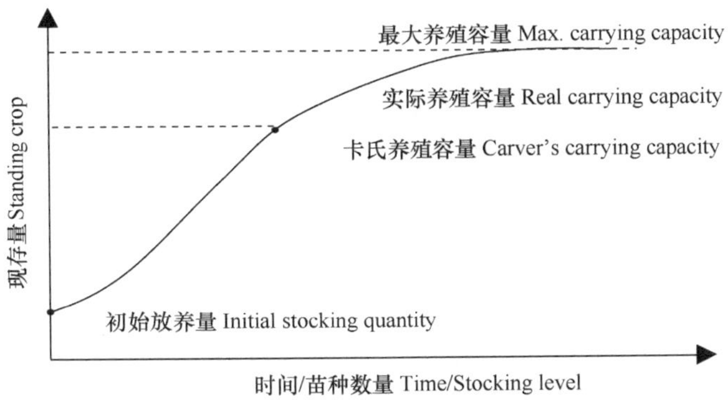

图 3-2 养殖水体中放养群体的养殖容量

Fig. 3-2 Carrying capacity of stocking cohort in aquaculture waters

最高产量的放养量"，即图 3-2 中所示拐点处对应的卡氏养殖容量（现存量或放养数量）。

养殖容量必须以水产养殖者获得应有的利益为前提。通常，养殖生物收获的产品规格越大单位产品的价格就越高，因此，生产实践中采纳的"实际"养殖容量应该大于图 3-2 中的卡氏养殖容量，小于最大养殖容量。太靠近最大养殖容量时，会由养殖生物群体的"呼吸"作用强于"生长"作用而造成食物资源的浪费和环境污染。

很多水体除从事养殖活动外还兼有其他功能，如供水、旅游等。例如，在有供饮用水任务的水库开展网箱养鱼，人们最关注的就是养殖活动对水质的影响。为此，李德尚等（1994）就将养殖容量定义为养殖排污不超越相应水质标准的最大养殖负荷量。

由此可见，养殖容量不是一个简单的生物学问题，其数值还取决于水体的生态环境、经济和社会因素。因此，广义的养殖容量应是，单位水体在保护环境、节约资源、保证应有效益等各个方面都符合可持续发展要求的最大养殖量（董双林等，1998）。McKindsey（2013）将养殖容量定义为一种生产强度，在该强度下养殖水体尽管受到环境等各种压力，但仍能可持续满足各方需求。实际养殖容量应是满足各方诉求，包括环保要求的养殖生物最大生物量或苗种最大放养量。

与养殖生产力不同的是，养殖容量不仅受水体物理条件、环境质量、养殖方式等客观因素影响，还会受经济和社会因素影响。养殖生产力表述的基本是水体自然属性，而养殖容量则是水体自然属性的社会价值（McKindsey，2013）。

3.3.2 影响养殖容量的因素

对于投饵的精养水体，如池塘、循环水系统，养殖生物数量已知，环境可控，其养殖容量主要取决于养殖生物的同化能力。而对于大型或开放水域的粗放养殖，如湖泊、水库、海湾等放养，养殖容量不仅受到养殖生物特性的影响，还会受到水体物理条件、生态环境、经济和社会因素的影响。

Inglis 等（2000）在研究滤食性贝类养殖容量时将养殖容量分为 4 个层次，即物理性养殖容量（Physical carrying capacity）或称自然养殖容量、生产性养殖容量（Production carrying capacity）、生态性养殖容量（Ecological carrying capacity）和社会性养殖容量（Social carrying capacity）。物理性养殖容量相当于图 3-2 中的最大养殖容量，后三类养殖容量则是图 3-2 中的实际养殖容量。

物理性养殖容量或称自然养殖容量是物理空间和条件（如水体大小、区位、水深、基质类型、盐度、水文状况、天然饵料等）所能允许的最大养殖量（图 3-3）。对于养殖投喂性种类（Fed species），饲料质量也会影响该养殖容量的大小。即使是同一养殖水体，养殖种类不同、养殖方法不同养殖容量也不同。

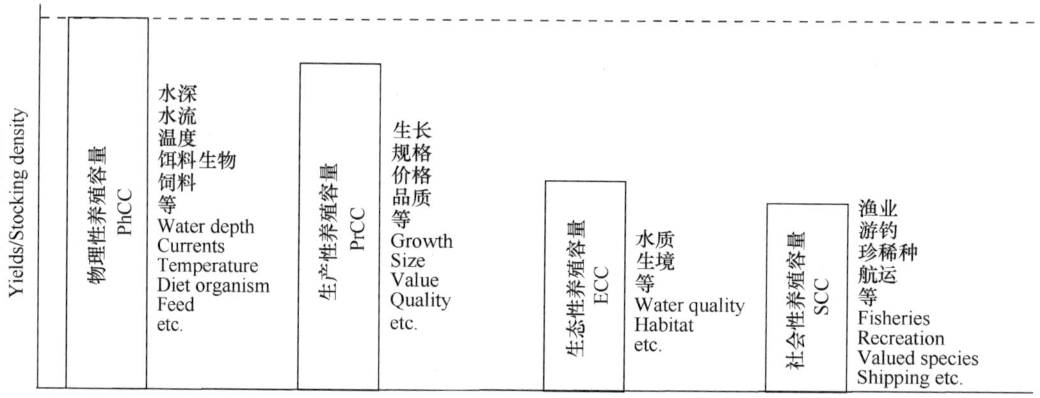

图 3-3 物理性养殖容量、生产性养殖容量、生态性养殖容量、社会性养殖容量及其影响因素

Fig. 3-3 Physical carrying capacity (PhCC), Production carrying capacity (PrCC), Ecological carrying capacity (ECC), Social carrying capacity (SCC) and affecting factors

生产性养殖容量是可获得最大收获量或相应的放养密度。人们对这类养殖容量研究得最多、最透彻。生产性养殖容量小于物理性养殖容量。如前所述，生产性养殖容量考虑了养殖生物的生长特性、规格、价格、品质等因素。因此，对于滤食性贝类，预报该养殖容量的模型就需要由三个模块组成：一是传输饵料、营养、代谢废物的水动力模型，二是描述影响饵料生物生产和消耗的生物化学模型，三是影响养殖生物的生长和饵料利用的生态生理学模型。

生态性养殖容量是对生态系统无显著影响的最大收获量或相应的放养密度。生态性养殖容量观察的视角不仅限于养殖生物，还关注非养殖生物和生境；而且，不仅关注水层生境，还关注底栖生境及整个系统的功能。因此，生态性养殖容量不仅与物理性养殖容量和生产性养殖容量密切相关，还与生境或生态系统有关。生态系统的变化可否被接受是由社会或其代表做出判断，因此，这一容量与社会价值观有关。从这一点看，生态性养殖容量与下面的社会性养殖容量含义有些重叠。

社会性养殖容量是其他利益相关方也可接受的最大收获量或相应的放养密度。这类容量最复杂，因为它要兼顾社群（捕捞业、休闲旅游及其他行业等利益相关方）诉求。科学家和利益攸关方之间的沟通是获得各方都可接受的公平的社会养殖容量评估结果的关键。目前，有关这类养殖容量的研究还远不够深入。

McKindsey（2013）建议滤食性贝类养殖容量的评估分 4 个层次或步骤：第一层次，即物理性养殖容量，需要了解可利用的自然条件、养殖场地需求和养殖种类。第二层次，即生产性养殖容量，需要利用模型确定养殖贝类可获得的饵料供给量。第三层次，即生态性养殖容量，需要利用模型或逻辑框架估算水体的生态性养殖容量，评价从零产出（或现有产出）到最大产出量。最后一个层次，即社会性养殖容量，需要权衡各种产出条件下的场景（Scenario），包括对生境或生态系统的影响，最后确定可以接受的生产水平。

按照这一步骤确定的养殖容量实际上是社会性养殖容量，即利益相关方对生态影响程度都可接受的产量水平。

实际上，前 3 个层次的养殖容量都与社会性养殖容量有关。首先，一个水域可作多种用途，如捕捞、休闲等，周围居民也希望有一个好的景观。其次，生产性养殖容量必须以养殖者可获得经济回报为前提。生态性养殖容量则一定会考虑公众对生境（水鸟、水质、海草、保护区等）的关切。

在发达国家和地区，如美国、加拿大和欧盟，确定养殖容量和选择养殖区域重点考虑的是社会因素，而包括多数亚洲国家在内的其他地区，生产因素是最重要的考虑因素，因为生产因素与经济发展和食物安全关系更密切。由于养殖规模扩大引发的环境等问题，我国已开始把环境保护放在了突出位置，因此，兼顾生产、生态和社会因素是我国确定养殖容量的方法论。Aad 等（2019）将平衡考虑生产、生态和社会目标的养殖容量称为综合养殖容量（Integrated carrying capacity）。

3.4　水体养殖容量的评估

养殖容量是一个特定水体在满足各方诉求，包括环保要求，时的养殖生物最大生物量或苗种最大放养量，表征的是一个水体能够获得多高产量或相应的苗种放养量。养殖容量的评估方法也包括整体论方法和还原论方法。还原论方法分为三步：第一步，选择与生态、社会和经济状态变化相关的变量，确定制约养殖生产的因子，如营养盐浓度、饵料可得性、生长速度、溶氧量、社会可接受程度等。第二步，了解和量化养殖压力（放养量、生物量）与状态变量间的关系，用于之后评估养殖容量水平的预测模型和实证研究。第三步，计算可接受的或安全的养殖容量（生物量、放养密度等）（图 3-4）。

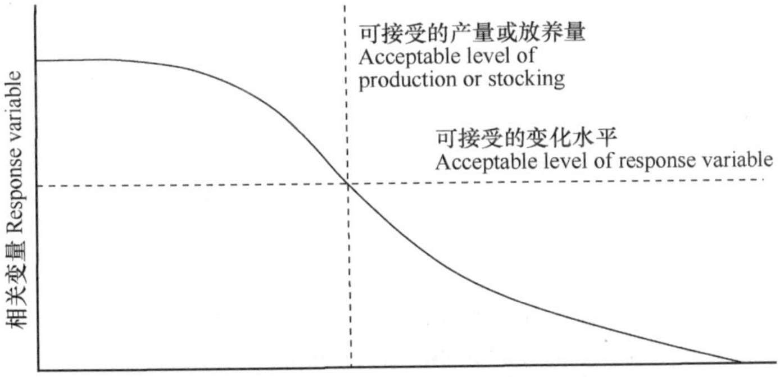

图 3-4　不同养殖产量影响下环境变量的变化[根据 Smaal 和 Duren（2019）文献修改]

Fig. 3-4　Response curve of an environmental variable under the influence of varying levels of aquaculture production (modified from Smaal & Duren (2019))

对于不投饵的养殖系统可依据饵料或营养盐供给量和养殖生物对饵料或营养盐的利用效率等指标来评估养殖容量；对于投饵养殖系统则可根据生物能量学或物质收支模型、养殖生物的生长状况或环境因子与养殖容量的关系估算物理性或天然养殖容量。然后，再考虑市场、生态和社会因素确定生产性养殖容量、生态性养殖容量和社会性养殖容量，即实际养殖容量。下面介绍几个不同营养层次养殖生物养殖容量的评估实例和养殖容量评估模型的类型。开放海域网箱养殖容量评估见第 12 章。

3.4.1 海水池塘对虾养殖容量评估

一般情况下，对虾是需要投喂颗粒饲料养殖的无脊椎动物，因此，制约其池塘养殖容量的主要因子不再是天然饵料供给情况，而是环境因子。下面介绍一个利用整体论方法评估池塘对虾养殖容量的实例。

刘剑昭等（2000）在山东省海阳市利用 15 个陆基围隔（5m×5m×1.2m）研究了海水池塘中国对虾（*Fenneropenaeus chinensis*）与红罗非鱼（*Oreochromis mossambicus* × *O. niloticus*）综合养殖的养殖容量。实验共设 5 个养殖密度处理（表 3-9），每个处理设 3 个重复。每一处理的中国对虾与罗非鱼的设计毛产量（最大负载量）之比为 1∶0.3。海水盐度为 30，投饲，无人工增氧，实验期间不换水。

表 3-9 对虾和罗非鱼的放养情况

Tab. 3-9 Stocking of shrimp and tilapia in the experiment to estimate the carrying capacity for shrimp in ponds

处理 Treatments	对虾规格/cm Shrimp sizes	对虾放养量/(ind./hm^2) Shrimp densities	罗非鱼规格/g Tilapia sizes	罗非鱼密度/(ind./hm^2) Tilapia densities
A	3.61±0.32	28 000	108.33±62.92	400
B	3.61±0.32	56 000	96.67±20.21	800
C	3.61±0.32	84 000	168.34±16.08	1 200
D	3.61±0.32	112 000	110.84±221.84	1 600
E	3.61±0.32	140 000	170.00±87.20	2 000

经过 90d 的养殖实验，D 处理与 A 和 B 处理对虾的收获规格差异极显著（表 3-10）。D 处理组对虾产量（收获时现存量）最高，达 1455.5kg/hm^2，其与 C 和 E 处理的产量差异显著。罗非鱼的产量（收获时现存量）随其放养密度的增加而增加。

表 3-11 是实验期间各处理对虾平均生长率（%/d）变化情况。表中的数据显示，前期对虾（小规格）生长率大于后期（大规格）生长率，而且总体上看，放养密度较小的处理组平均生长率较高。

表 3-10 对虾和罗非鱼的收获情况

Tab. 3-10 Yields of shrimp and tilapia in the experiment

处理 Treatments	虾规格/cm Shrimp sizes	虾成活率/% Shrimp survival	虾产量/(kg/hm^2) Shrimp productions	虾饲料系数 Shrimp feed coefficiencies	鱼获规格/g Fish sizes	鱼产量/(kg/hm^2) Fish productions
A	11.5±0.2	94.29±22.99	473.2±123.2	1.46±0.05	500±66	200±27
B	11.3±0.1	85.00±5.01	872.2±21.8	1.63±0.08	375±25	300±100
C	11.2±0.4	83.34±12.09	952.3±291.2	1.79±0.14	468±70	561±84
D	10.6±0.2	85.83±6.51	1455.5±97.0	1.81±0.25	448±110	742±142
E	10.0±0.5	75.58±9.29	1142.8±168.1	2.24±0.51	463±39	925±55

表 3-11　实验期间各处理对虾平均生长率（%/d）

Tab. 3-11　The growth rate of the shrimp during the experiment (%/d)

处理 Treatments	时间/(d/m) Date					
	2/7 Jul. 2	17/7 Jul. 17	1/8 Aug. 1	6/8 Aug. 6	31/8 Aug. 31	14/9 Sept. 14
A	8.53	4.40	3.11	2.36	3.01	1.69
B	8.60	4.33	3.77	1.59	2.40	2.07
C	8.16	3.99	3.17	2.47	2.32	1.86
D	7.60	4.49	2.97	2.24	2.94	1.36
E	8.13	3.66	3.23	2.34	2.45	1.33

表 3-12 是实验后期各处理组主要水质指标的变化情况。从表中数据可以看出，到养殖后期 DO（溶解氧）和 SD（透明度）随着养殖密度的增大和养殖时间的延长都有降低的趋势，TAN（总氨氮）和 COD 则正相反。到实验结束时，E 实验组的 DO、SD 和 COD 已明显超出渔业水质标准。

表 3-13 是各处理组当年的经济效益。从表中的数据可以看出，D 实验组的纯利润和产出投入比都最高。D 实验组的纯利润为 50 592 元/hm^2，远高于其他实验组。经统计分析，D 与 C 差异不显著，D 与其他处理的纯利润差异显著。

养殖效益可以用多个指标进行评判，如生物学效益综合指数、养殖效益综合指数等。生物学效益综合指数（SI）可定义为对虾毛产量（Y）、养成规格（S）和饲料效率（K）三者相对值的几何平均数，即 $SI = (Y \times S \times K)^{1/3}$。生物学效益综合指数还可用相对值表示，即将某一处理（如对照组）作为 100 进行计算。

养殖效益综合指数（CI）可定义为生物学效益综合指数、纯利润（P）和产出投入比（R）三者的几何平均数，即 $CI = (SI \times P \times R)^{1/3}$。养殖效益综合指数也可用相对值表示，即将某一处理（如对照组）作为 100 进行计算。

各实验组的综合评价结果见表 3-14。从表中数据可以看出，D 处理组的生物学效益综合指数（SI）和养殖效益综合指数（CI）都最佳。

该实验判断养殖容量的标准有以下 3 个：①养殖期间水质能够保持正常；②在养殖后期对虾的生长趋近于停滞；③获得最佳养殖效果。由以上实验结果可看出，各实验组对虾的生长在养殖后期都变慢，其中 D 和 E 实验组对虾生长变慢现象尤其明显，几近停滞。除了 E 实验组外，其他实验组的水质基本正常。E 实验组的 DO、SD 与 COD 已超出正常范围，其中 DO 已到了影响对虾生长的低限。D 实验组的纯利润和产出投入比都最高，生物学效果综合指数（SI）和养殖效果综合指数（CI）都最佳。

表 3-12　实验后期各处理组的主要水质指标

Tab. 3-12　Changes of water quality in the later stage of the experiment

处理 Treatments	水质 Parameters	时间/(日/月) Date										
		2/9	3/9	4/9	5/9	6/9	7/9	8/9	9/9	10/9	11/9	14/9
A	DO	4.38	4.87	4.31	4.56	4.67	4.02	3.25	3.25	2.85	3.30	
	SD	52	50	47	50	37	38	42	47	40	37	
	TAN			0.017					0.002			0.014
	COD								2.96			3.52

续表

处理 Treatments	水质 Parameters	时间/(日/月) Date										
		2/9	3/9	4/9	5/9	6/9	7/9	8/9	9/9	10/9	11/9	14/9
B	DO	3.78	4.26	3.91	3.76	4.36	3.82	3.19	3.31	3.47	3.38	
	SD	30	33	31	30	30	32	27	30	30	30	
	TAN			0.017					0.052			0.060
	COD								3.01			3.58
C	DO	3.54	5.19	4.02	4.51	4.07	2.39	2.94	2.77	2.58	2.84	2.84
	SD	32	28	22	25	25	27	17	20	20	20	20
	TAN			0.013					0.047			0.042
	COD								4.71			5.68
D	DO	4.73	4.73	3.88	4.13	4.11	2.67	3.19	3.29	2.98	2.89	2.89
	SD	28	28	18	22	23	28	25	30	23	27	27
	TAN			0.047					0.098			0.077
	COD								4.92			5.78
E	DO	3.44	4.04	4.03	4.21	4.60	3.59	1.31	1.45	1.26	1.23	1.23
	SD	20	15	15	15	17	17	20	17	13	17	17
	TAN			0.045					0.079			0.120
	COD								5.98			6.31

注：DO. 溶解氧（mg/L）；SD. 透明度（cm）；TAN. 总氨氮（mg/L）；COD. 化学耗氧量（mg/L）

Note: DO. Dissolve oxygen (mg/L); SD. Transparency (cm); TAN. Total ammonia N (mg/L); COD. Chemical oxygen demand (mg/L)

表 3-13　各处理组的经济效益比较（元/hm²）

Tab. 3-13　Economic efficiencies in each treatment (¥/hm²)

处理 Treatments	总成本 Cost	对虾产值 Shrimp yield values	总产值 Total output values	纯利润 Net profits	产出投入比 Output/Input
A	14 678	24 746	27 146	12 469	1.75
B	30 399	52 335	55 934	25 535	1.84
C	35 321	57 140	63 882	28 561	1.71
D	45 642	87 330	96 234	50 592	2.11
E	55 964	69 260	79 665	23 701	1.41

表 3-14　各处理的养殖效益比较

Tab. 3-14　Comparison of biological effects among different treatments

处理 Treatments	绝对 *SI* Absolute *SI*	相对 *SI* Relative *SI*	相对纯利润/% Relative profits	绝对 *CI* Absolute *CI*	相对 *CI* Relative *CI*
A	15.5	100	100	48.0	100
B	18.2	118	205	63.2	132
C	18.2	118	229	67.2	140
D	20.3	131	406	78.6	164
E	17.5	113	190	66.4	139

注：*SI*. 生物学效益综合指数；*CI*. 养殖效益综合指数

Note: *SI* is biological synthesis index; *CI* is synthetic efficiency index

综上所述，D 实验组满足养殖容量的上述评判标准，因此，可将 D 实验组的毛产量即现存量（中国对虾 1455.5kg/hm^2、罗非鱼 742kg/hm^2）作为该实验条件下池塘的养殖容量。由于该养殖容量考虑了经济、水质等因素，其实际上是生产性养殖容量。

3.4.2　水库网箱养鱼养殖容量评估

我国内陆大水域通常都具有多种功能，如防洪、灌溉、渔业、旅游、发电等。随着人们对水资源保护意识的提高，大水域渔业已从单纯追求鱼产量逐渐转变为在保障水质的前提下开展渔业活动。因此，大水域养殖容量应该是在符合我国渔业水质标准前提下的最大允许养殖量。下面简要介绍一个用现场围隔实验方法研究水库养殖容量的实例。

20 世纪 90 年代李德尚等（1994）曾对以灌溉和养鱼为主要用途的山东省东周水库投饲网箱养鲤的养殖容量进行实验研究。实验采用 18 个浮式围隔（每个 $14.3m^3$），体重 50～60g 建鲤的 6 个放养密度处理依次为：$0kg/m^2$、$0.76kg/m^2$、$0.38kg/m^2$、$0.25kg/m^2$、$0.19kg/m^2$ 和 $0.15kg/m^2$，分别记为 A、B、C、D、E 和 F 处理。每个处理设 3 个重复，养殖实验持续 34d。

实验期间各处理水体清晨的溶解氧量与载鱼量呈负相关，且差异显著。B～D 处理先后降到了《渔业水质标准》规定的最低值之下，其中 B 和 C 处理都发生过养殖鱼类浮头和死鱼现象。E 和 F 处理的溶解氧始终保持在 3.5mg/L 以上，且大于 5mg/L 的时间均超过 16h。表明这两个处理的溶解氧量符合《渔业水质标准》。

各处理非离子氨浓度与载鱼量呈正相关。其中只有 B 和 C 两处理超过了《渔业水质标准》规定的 20μg/L。总磷变化范围为 0.042～0.522mg/L，而指标合乎标准的 E 和 F 两处理均为 0.07mg/L。生化需氧量变化范围为 1.76～8.86mg/L，只有 B 处理超过了《渔业水质标准》规定。

实验结束时各处理组水质参数的实测极值与水质标准的限定值比较见表 3-15。从表中的数据可看出，B～D 处理属超负荷，而符合《渔业水质标准》的只有 E 和 F 组。E 处理载鱼量较 F 处理高，因此，从水质和载鱼量的角度考虑，E 处理代表了水库投饲网箱养鱼的容量。该处理的载鱼量或称物理性养殖容量为 $3096kg/hm^2$。

表 3-15　各处理水质参数极值与水质标准的比较

Tab. 3-15　Comparison of the extreme values of the water quality parameters in each treatment and water quality standards

参数 Parameters	最大值或最小值 Maximum or minimum						渔业水质标准值 Water quality standards	超标的处理 EFS
	A	B	C	D	E	F		
pH	7.7～8.6	7.0～8.4	7.1～8.6	7.1～8.5	7.3～8.6	7.4～8.6	6.5～8.5	
DO/(mg/L)	4.3	0.2	0.8	2.9	3.7	4.1	＞3.0	B、C、D
COD/(mg/L)	4.15	7.14	5.84	4.22	4.04	3.81	＜15	
非离子氨/(μg/L) Un-ionic ammonia	8.7	36.9	28.4	16.6	14.4	17.0	＜20	B、C
BOD/(mg/L)	3.52	8.86	4.00	3.20	2.40	1.76	＜5.0	B

Note：EFS means enclosures failing to meet the national water quality standard

为了评比养鱼效益，使用生物学效益综合指标（*SI*），并定义为

$$SI=(Yn\times \Delta W\times K)^{1/3}$$

式中，*Yn* 为处理的净产量（g）；ΔW 为平均尾增重（g）；*K* 为饲料效率（%）。将符合水质标准的 E 和 F 处理进行比较，结果 F 处理 *SI* 为 88.7、E 处理为 80.3。

从生物学效益综合指标角度评比，F 处理明显优于 E 处理。因此，考虑到水库养鱼

效果和水质两个因素，该实验中 F 处理效益最佳，其生产性养殖容量为 2594kg/hm^2。

鉴于养鱼生产中网箱不可能完全均匀分布，同时也考虑到大水域污染的危害性，笔者建议将实验结果加上 25%～35%的安全系数，即以 1800～2300kg/hm^2 作为生产中使用的养殖容量推荐标准。这一养殖容量实际上是生态性养殖容量。

3.4.3 海湾海带养殖容量评估

海带是一种大型褐藻。通常，水生植物的养殖容量主要受养殖水体营养盐供给量和温度的制约。20 世纪 90 年代以来，桑沟湾养殖海带的生长出现了因缺营养而烂顶的现象。因此，桑沟湾养殖容量问题就是最佳养殖密度的确定问题。史洁等（2010）曾用水动力和养殖生态耦合模型评估了山东省桑沟湾海带的养殖容量。

桑沟湾内无机氮营养盐源自各种生物的代谢、有机质矿化及外海的补充。当贝类排泄释放、底沉积溶出的无机氮固定时，外海的无机氮补充就成为控制海带生长的主要因子。海带养殖密度与养殖设施阻力和水体中海带阻力相关，并会影响外海营养盐的补充，从而影响海带自身的生长。

用于评估海带养殖容量的模型水动力部分是在普林斯顿海洋模型（Princeton ocean model，POM）基础上加入了养殖活动的影响。对海表养殖设施和水体中海带的阻力分别进行参数化，模拟得到桑沟湾作为典型养殖海域真实的流场。该模型的生态部分包含 4 个状态变量：海带、浮游植物、无机氮营养盐和悬浮有机颗粒物。

桑沟湾海带每年 11 月播苗，次年 5 月收获。营养盐浓度是其生长的主要限制因子。将模型运行 1 年后的结果作为最终模式的初始场，继续运行 1 年得到实际养殖密度下海带的生长情况和最终产量。通过改变模式中控制海带养殖密度的参数得到不同养殖密度下海带生长及产量情况，进而探讨最优养殖密度，即养殖容量。

该方法中将现有养殖密度设为标准密度（标准 1.0），计算现有密度 0.8 倍、0.9 倍、1.1 倍、1.2 倍和 1.5 倍养殖密度下海表养殖设施、水体中海带的阻力变化情况。计算结果表明，随着养殖密度的增大，阻力也增大，营养盐补充也相应减少。海带养殖密度从现有养殖密度的 0.8 倍增大到 1.5 倍时，海带养殖区的平均流速从 12.13cm/s 减小到 8.61cm/s，海带养殖期间外海对湾内无机氮的补充量也从 721.7t 减小到 397.9t（表 3-16）。

表 3-16 不同养殖密度下海水流动、外海营养盐补充及海带产量

Tab. 3-16 Currents, nutrient from the open sea and kelp production at different kelp culture densities

密度 Densities	养殖区流速 Current velocity		外海溶解无机氮补充 DIN supply from the open sea		海带产量 Kelp production	
	cm/s	变化/% Variation	t N	变化/% Variation	10^4t	变化/10^4t Variation
A 标准 1.0	10.80	0	589.2	0	7.01	0
B 密度 0.8	12.13	+12.3	721.7	+23	6.76	–0.25
C 密度 0.9	11.42	+5.8	661.1	+12	7.21	+0.20
D 密度 1.1	10.26	–5.0	555.2	–6	7.08	+0.07
E 密度 1.2	9.78	–9.5	510.1	–13	6.90	–0.21
F 密度 1.5	8.61	–20.3	397.9	–32	6.39	–0.62

Note: A density of kelp planting was current density at Sanggou Bay; B, C, D, E and F densities of kelp planting were 0.8, 0.9, 1.1, 1.2 and 1.3 times of the current density, respectively

养殖密度为现有养殖密度的 0.8 倍、0.9 倍、1.1 倍、1.2 倍和 1.5 倍时，整个海带养殖期内，外海对桑沟湾的无机氮补充量分别为现有养殖密度下外海对湾内无机氮补充量的 1.23 倍、1.12 倍、0.94 倍、0.87 倍和 0.68 倍。

计算结果表明，当养殖密度为现有养殖密度的 1.5 倍时，海带的产量为 6.39 万 t 干重，比现有养殖密度下减少 0.62 万 t；当养殖密度减小到现有养殖密度的 0.8 倍时，虽然外海的营养盐供应充足，但最终产量仅为 6.76 万 t 干重，比现有养殖密度下减少 0.25 万 t。当养殖密度为现有养殖密度的 1.1 倍和 0.9 倍时，最终产量都大于现有养殖密度下的产量，分别增加 0.07 万 t 和 0.20 万 t。

该研究表明，养殖密度为现有养殖密度的 0.9 倍时，获得了最高养殖产量 7.21 万 t 干重。该数值可以视作桑沟湾海带的养殖容量。

3.4.4　滤食性贝类养殖容量评估

无论是发展中国家还是发达国家，在开放海域养殖滤食性贝类都十分普遍。因此，开放海域滤食性贝类养殖容量评估是国际性问题。滤食性贝类可直接滤食养殖水体天然存在的浮游生物，属获取型养殖种类，无需人工投饵。滤食性贝类与环境之间存在相互作用。高密度养殖的滤食性贝类每天需要过滤大量的水，可减少水中的浮游植物，降低浑浊度，排泄溶解的营养物质，产生生物性沉积物。但在水中无机营养盐有限的条件下，贝类排泄的营养物质又可刺激初级生产，增加浮游植物的对贝类的可利用性。

评估一个天然水体滤食性贝类的养殖容量需要一定的工具，如指标和模型，来阐明贝类养殖与生态系统之间的相互作用，并确定如何管理养殖容量。滤食性贝类养殖容量的指标应表征养殖该贝类对生产性养殖容量和生态性养殖容量的正面和负面影响。指数是通过一组变量的计算获得的，可用作比较分析放养量（养殖容量）是否适宜。滤食性贝类养殖容量的指标分为水层指标（Pelagic indicator）、底质指标、底栖群落指标、生产指标和社会经济指标等。下面仅以水层指标加以简要介绍。

双壳类动物养殖有两个重要指标，清除率（*CR*）和牧食率（*GR*）。*CR*=*CT*/*RT*，其中 *CT* 为双壳类动物过滤给定区域水体的时间；*RT* 是水滞留时间（Smaal 和 van Duren，2019）。*GR*=*CT*/*PT*，其中 *PT* 是给定区域内浮游植物种群更新时间。如果 *CR*＞1，则水体更新时间小于双壳类动物清除时间，系统相对开放，双壳类动物对生态系统的影响较小。当 *CR*＜1 时，双壳类动物对水体的过滤速度比水体更新的速度快，因此，双壳类动物会通过牧食活动来影响中上层水体的生态过程。*GR*＞1 时，初级生产超过双壳动物过滤能力，因此，食物的生产速度快于消耗速度。当 *GR*＜1 时，系统会因为食物耗尽而崩溃。如果 *GR* 稍大于 1，则因为初级生产存在日变化而导致系统出现波动。

Gibbs（2007）建立了 3 个评估滤食性贝类养殖容量的指标，即滤水效率、摄食压力和调节比率。滤水效率（Clearance efficiency，*CE*）= *RT*/*CT*。其中 *RT* 是更新养殖海域所有水所需的时间，等于高潮时海域的海水总体积除以平均潮差与海域面积的乘积；*CT* 是贝类将该海域所有海水滤过一遍所需的时间，等于该海域海水总体积与贝类群体滤水能力的比值。

摄食压力（Filtration pressure，*FP*）= *BF*/*PP*。其中 *BF* 是每年收获养殖贝类从海域

移出的总碳量，等于海域贝类总产量与贝类体内碳含量的乘积；*PP* 是根据初级生产力计算的海域浮游植物每年所能固定碳的总量。

调节比率（Regulation ratio，*RR*）= *TC*/*TP*。其中 *TC* 是贝类滤水能力占整个养殖海域水体的比例，等于贝类群体滤水能力与养殖海域总水体的比值；*TP* 是浮游植物的周转率，等于浮游植物的初级生产力与浮游植物现存量的比值。

Dame 和 Prins（1998）将贝类养殖生产发展过程分为 3 个阶段：生态容量阶段，即养殖贝类生物量不足以显著性改变养殖海域的生态过程和群落的结构；养殖贝类控制浮游植物阶段，即当前贝类的养殖水平能够控制养殖海域的浮游植物变动；养殖容量阶段，即目前贝类的养殖生物量已经达到了养殖容量。

张继红等（2008）利用上述指标评估了辽宁省獐子岛海域扇贝的养殖容量。獐子岛海域养殖面积为 33 300hm^2，养殖种类主要为虾夷扇贝（*Patinopecten yessoensis*），2010 年虾夷扇贝产量为 49 890t。尽管獐子岛集团公司放养的虾夷扇贝已在放养海区成功自然繁殖，但其自然繁殖的幼体在未附着之前已基本上随海流漂移出獐子岛养殖海域。獐子岛海域捕获的虾夷扇贝基本是放养的虾夷扇贝，因此，该产业应属养殖型产业。

根据调查数据计算得到的养殖海域滤水效率、摄食压力和调节比率见表 3-17。3 个指标都小于 1，表明当时该海域虾夷扇贝的养殖量还未达到养殖容量。摄食压力和调节比率都介于 0.05 与 1.0 之间，表明獐子岛海域现存的贝类生物量已能够控制浮游植物的动态变化，超过了生态容量，但还低于养殖容量。

表 3-17　獐子岛海域食物限制性指标的估算结果

Tab. 3-17　Evaluation results of food limited indicators in Zhangzidao mariculture area

参数 Parameters	年均值 Average
更新该海域水体所需时间（*RT*，d）Days it takes for the water in the area to be flushed	8.45
贝类滤过该海域所有的水所需的时间（*CT*，d）Days it takes bivalves to process all the water	221
每年收获养殖贝类从海域移出的总碳量（*BF*，t）Total carbon extracted from the water column by bivalve culture each year	87 466
海域浮游植物每年所能固定的碳总量（*PP*，t）Total carbon fixed by phytoplankton in the area each year	279 730
贝类滤水能力占整个养殖海域水体的比例（*TC*）Ratio of daily volume of water cleared by the bivalves to the total volume of water in the area	0.005 5
浮游植物的周转率（*TP*）Phytoplankton turnover rate	0.037
食物限制性指标：滤水效率（*CE*）Food limited indicator: clearance efficiency	0.048
食物限制性指标：摄食压力（*FP*）Food limited indicator: filtration pressure	0.31
食物限制性指标：调节比率（*RR*）Food limited indicator: regulation ratio	0.16

摄食压力和调节比率两个指标能够反映海域内浮游植物生产量对养殖贝类摄食的贡献，但没能反映通过海水交换从外部海域携带进入该养殖区域的食物。尽管獐子岛海域叶绿素 *a* 浓度和初级生产力都处于较低水平，但该海域流速较大，平均为 48.83cm/s。因此，浮游植物周转率为 0.037，周转时间（= 1/0.037）为 27d，而更新该海域所有海水所需的时间仅为 8.45d。从滤水效率的值反映出，外部海域物质输入是该海域贝类食物的主要来源。

Aad 等（2019）使用滤水比率和摄食比率指标评估了海域的养殖容量。滤水比率（Clearance ratio，*CR*）= *CT*/*RT*。如果 *CR*＞1，则水体更新时间短于贝类滤清水体的时间，此时贝类对生态系统控制作用不大。Aad 等（2019）还分析了世界各地 20 个养殖滤食性贝类水体的 *CR*，结果发现，其中 12 个水体的 log*CR* 数值大于 0，表明这些水体的滤清时间长于水滞留时间，其余 8 个水体的 log*CR* 数值小于 0，即滤清时间短于水滞留时间。log*CR* 数值小于 0 表明水层的生态过程会受到滤食性贝类的控制。

摄食比率（Grazing ratio，*GR*）= *CT*/*PT*。其中 *PT* 是初级生产时间，即浮游植物生物量更新一遍的时间。如果 *GR*＞1，则表明初级生产超过贝类滤清能力，饵料生产超过消耗。如果 *GR* 稍大于 1，则系统不稳定。如果 *GR*＜1，饵料将被滤净，养殖系统将崩溃。Aad 等（2019）分析了 11 个滤清时间短于水滞留时间的养殖水体的摄食比率。这些海域的摄食比率从不足 1 到 11 以上不等，表明它们的养殖容量主要受制于当地的初级生产量。由于太平洋牡蛎入侵，荷兰西南部 Oosterschelde 湾 1996 年摄食比率为 3.4，但到 2009 年则下降到 2.5。

评估养殖容量的专用和通用模型很多，选择什么样的模型要依目的而定。有些问题不需要非常精细的建模。如仅想初步了解一个水域是否适宜养殖滤食性贝类，用简单的包含摄食率、放牧率、初级生产力和水滞留时间的模型就足够了。但要了解最佳养殖位置和养殖设施间最佳间距等问题，则需要准确知道营养物质、藻类和其他成分的运输，这就至少需要一个经过充分验证的水动力模型作为基础。有关滤食性贝类养殖容量评估更详尽信息可参阅 Dame 和 Prins（1998）、Smaal 等（1998）、McKindsey 等（2006）、McKindsey（2013）、Ferreira 等（2013）、Gibbs（2007）和 Aad 等（2019）等的文献。

3.4.5　以营养负荷法评估大水域养殖容量

对于小型养殖水体如池塘而言，水质是制约养殖动物生长和产量的主要因子，而对于大型水体人们会更关注养殖活动的环境效应。基于环境容量方法也可评估内陆大水域（如湖泊、水库等）投饵养殖的养殖容量。在内陆淡水水域磷是常见的初级生产力的第一限制因子。因此，将磷（P）作为限制水域生产量最重要的因素，采用 Beveridge（1984）、Dillon 和 Rigler（1974）模型计算理想的和允许的养殖产量（Q，t/年）公式为：

$$Q = P_{\text{mac}}/P_{\text{food}}$$

式中，P_{mac} 是可接受的最大磷负荷（t/年）；P_{food} 是水产养殖散失到水体中的磷负荷（kg/kg）。

P_{mac} 可由以下模型求得：

$$P_{\text{mac}} = (P_{\max}-P_0)\times H\times A\times r\ [1/(1-R)]$$

式中，$P_{\max}$ 是水体允许的最高磷质量浓度（mg/L）；P_0 是水体磷的本底质量浓度（mg/L）；H 是平均水深（m）；A 是有效养殖面积（m^2）；r 是年换水频率；R 是磷的滞留系数。

P_{food} 可由以下模型求得：

$$Q_{(x)} = kx = \Sigma k_i \cdot x_i \quad (i = 1, 2, 3)$$

$$k_i = (p_1 + p_2 - p_{\text{f}})(h\cdot w)$$

$$p_1 = p_{\text{m}}/b$$

$$p_2 = F\times p_{\text{F}}$$

$$k_1 = (p_m/b+F\times p_F-p_f)/(h\cdot w)$$

$$P_{food} = \{\Sigma[(p_m/b+F\times p_F-p_f)/(h\cdot w)]\cdot x_i\}/x$$

式中，$Q_{(x)}$是水产养殖 P 污染负荷（kg）；k 是养殖单位体重的鱼类 P 废物散失量（kg/kg）；x 是养殖总产量（t）；x_i 是某一养殖产品产量（t）；k_i 是某一养殖产品单位体重鱼类 P 废物散失量（kg/kg）；p_1 是单位体重鱼类苗种的磷含量（kg/kg）；p_2 是单位体重鱼类所需饵料的磷含量(kg/kg)；p_f 是单位体重鱼类捕获时的磷含量(kg/kg)；h 是养殖成活率(%)；w 是起捕率（%）；p_m 是鱼苗含磷率（%）；b 是体重增长倍数；F 是饵料系数；p_F 是饲料中的含磷率（%）。

一些重要鱼类养殖的相关参数和评估实例可参见《网箱养殖》(第三版)(Beveridge，2004)。边蔚等（2011）曾利用该方法计算过白洋淀的养殖容量。需要指出的是，现在白洋淀已禁止投饲养殖鱼类，因此，介绍上述研究仅是为读者提供一种基于环境容量评估大水域养殖容量的方法。

2019 年 2 月中华人民共和国农业农村部等十部委联合公布了《关于加快推进水产养殖业绿色发展的若干意见》。其要求，开展水产养殖容量评估，科学确定湖泊、水库、河流和近海等公共自然水域网箱养殖规模和密度，科学调减公共自然水域投饵养殖，鼓励发展不投饵的生态养殖。

一些公共自然水域除开展水产养殖外，还具有灌溉、防洪、旅游、渔业、发电等功能。因此，大水域养殖容量的确定还要考虑其他利益相关方的需求。巴西水库网箱养殖罗非鱼发展非常快，但新养殖场的许可首先要通过 Dillon 和 Rigler（1974）磷负荷模型计算。水库的最大磷负荷定为 30μg/L，预留给水产养殖的仅 5μg/L，其他留给养牛牧场、甘蔗生产、城市排污等（Ferreira et al.，2013）。

正如前面介绍，养殖容量分为 4 个层次，人们已对 3 个层次开展了大量的研究工作。但实际应用时我们最需要知道的是社会性养殖容量。例如，上述巴西水库留给水产养殖的磷负荷为 5μg/L，这就是该水库水产养殖存在和规划的依据。我们的很多工作就差这最后一公里。社会科学工作者的参与对我们完成这最后一公里十分重要。

3.4.6 养殖容量评估的模型

模型在养殖容量研究中特别有用，因为它们可以定义生态阈值和指标，并通过运行模拟来描述不同生产水平或环境条件下会出现的情景。模型是对环境中变量、关系和过程的简化表达。水产养殖容量模型有的简单有的复杂，简单的模型仅是一个数学公式，复杂的模型是一个养殖场尺度的生产模型，更复杂的模型涉及生态系统尺度的多重交互作用过程（Weitzman & Filgueira，2020）。复杂的模型既涉及信息的类型（如生物地球化学和流体动力学的变化），也涉及空间和时间。虽然模型必须通过案例研究和试验来仔细验证，但其优点是不需要去现场操作就可确定阈值。

评估生产力和养殖容量的简单模型是静态地描述养殖生物与周围环境之间简单关系的数学公式，其中包含影响养殖生产的指数，如形态土壤学指数（Ryder，1965）、摄食压力（表 3-17）。摄食压力指数在研究生态性养殖容量和生产性养殖容量时非常有用。其他简单的数学模型还有能量收支模型，它反映了生产特征，并关注与饵料收支相关的生长（崔奕波和李钟杰，2005；Grant & Bacher，1998）。这类模型还包括广泛使用的生长函数，如热单位生长系数（Thermal-unit growth coefficient）。该系数经常被用于池塘养殖的生产（Jobling，2003）。尽管这类简单的生长模型已得到广泛的应用，但它们提供的信息十分有限，如它们并不包含空间或时间变化信息。

水产养殖生态系统具有变化特性，这驱使人们研发了养殖场尺度甚至生态系统尺度的动态模型。养殖场尺度模型可用来研究个体生长和生产性养殖容量。动态能量收支（Dynamic energy budget，DEB）方法可很好地预测养殖生物个体生长（Kooijman，2010）。养殖场尺度的模型通常包括一个水动力子模型，用以解释水循环对饵料供应的影响（Ferreira et al.，2007）。虽然大多数养殖场模型研究生产性养殖容量，但有些沉积模型已用于评估局部尺度的生态性养殖容量。沉积模型主要用于预测养殖场排出的有机物的去向及其对底栖动物的影响。沉积模型包括养鱼废弃物模型 DEPOMOD（Cromey et al.，2002）和贝类 DEPOMOD（Weise et al.，2009）。

考虑到养殖生物与水环境复杂的相互作用，人们开发了模拟更大水域或生态系统尺度多过程间关系模型。例如，使用流行的 EcoPath 加 Ecosim 模型计算养殖生物与其他营养级生物间的能量转移（Byron et al.，2011）。在淡水环境中，磷收支模型（Dillon & Rigler，1974）已被用于预测淡水水体水产养殖对水质的影响，评估生态性养殖容量（Buyukcapar & Alp，2006）。EcoPath 加 Ecosim 模型受人诟病的问题是缺乏空间变化。在 EcoPath 基础上加时空变化的 Ecospace 模型克服了这一缺点。

许多可评估生态系统尺度养殖容量的模型都包括水动力组分。近年来，DEB 等生物能量模型已与生物地球化学和水动力模型相结合，用于预测养殖生物与生态系统变化间的相互作用和反馈过程（Dabrowski et al.，2013）。将个体生长模型与生态系统功能和水动力学相结合，有助于估算最佳收获量，预测水产养殖对生态系统的影响（Dowd，2005，1997）。

小　　结

1. 养殖水体生产力是养殖水体生产经济生物产品的能力或性能，有养殖水体生产潜力、最大日增重率和实际生产力三种表达方式。养殖水体生产潜力是指在养殖生物放养密度最佳、死亡率为零状态下的生产量。养殖生物群体的生物量或现存量在养殖过程中呈现 S 形曲线式增长，在拐点处养殖群体的个体或群体的瞬时特定生长率（*SGR*）最大，即最大日增重率。养殖水体的实际生产力是水体所能生产鱼、虾等经济产品的最大净产量，即最大毛产量减初始放养量。

2. 养殖水体的生产力是养殖生态系统本身的一种属性，由水体的环境状况等多种客观因素决定，但其也会受到养殖种类、养殖方式等的影响。

3. 评估养殖水体生产力的方法有多种，但归纳起来可分为两类：一类是基于还原论（Reductionism）思想的评估方法，另一类则是基于整体论（Holism）思想的评估方法。还原论方法通常是依据天然饵料量、食物转化效率等参数估算特定养殖水体的生产力；而整体论方法则是依据养殖生物的生长状况或依据环境因子与生产力的统计关系估算特定养殖水体的生产力。两类方法各有千秋，具有一定的互补性，因此，有时人们会将两类研究方法结合使用以更好地估算特定养殖水体的生产力。

4. 养殖容量是一个特定水体在满足各方诉求，包括环保要求，时的养殖生物最大生物量或苗种最大放养量。与养殖生产力不同，养殖容量不仅受池塘物理条件、环境质量、养殖方式等客观因素影响，还会受经济和社会因素影响。养殖生产力是水体的自然属性，而养殖容量则是水体自然属性的社会价值。

5. 将滤食性贝类养殖容量分为 4 个层次，即物理性养殖容量、生产性养殖容量、生态性养殖容量和社会性养殖容量。物理性养殖容量或称自然养殖容量是特定养殖种类和养殖方式下物理空间和环境条件所能允许的最大养殖量。生产性养殖容量是可获得最大收获量或相应的放养密度。生态性养殖容量是对生态系统无显著影响的最大收获量或相应的放养密度。社会性养殖容量是其他利益相关方也可接受的最大收获量或放养密度。

6. 双壳类动物养殖有两个重要指标，清除率（*CR*）和牧食率（*GR*）。$CR=CT/RT$，其中 *CT* 为双壳类动物过滤给定区域水体的时间；*RT* 是水滞留时间。$GR=CT/PT$，其中 *PT* 是给定区域内浮游植物种群更新时间。如果 $CR>1$，则水体更新时间小于双壳类动物清除时间，系统相对开放，双壳类动物对生态系统的影响较小。当 $CR<1$ 时，双壳类动物对水体的过滤速度比水体更新的速度快，因此，双壳类动物会通过牧食活动来影响中上层水体的生态过程。$GR>1$ 时，初级生产超过双壳动物过滤能力，因此，食物的生产速度快于消耗速度。当 $GR<1$ 时，系统会因为食物耗尽而崩溃。如果 *GR* 稍大于 1，则因为初级生产存在日变化而导致系统出现波动。

7. 评估生产力和养殖容量的简单模型是静态地描述养殖生物与周围环境之间简单关系的数学公式，其中包含影响养殖生产的指数，如形态土壤学指数、摄食压力、能量收支模型等。尽管这类简单指数或模型已得到广泛的应用，但它们提供的信息十分有限，例如，它们并不包含空间或时间变化信息。近年来，动态能量收支（DEB）等复杂的生物能量模型已与生物地球化学和水动力模型相结合，用于预测养殖生物与生态系统变化间的相互作用和反馈过程。将个体生长模型与生态系统功能和水动力相结合，有助于估算最佳收获量，预测水产养殖对生态系统的影响。

第 4 章　水产养殖与环境的相互作用

4.1　水产养殖对水质的要求　99
4.2　外源污染物对水产养殖的影响　100
4.2.1　来源于农业和城市排污的营养物质　100
4.2.2　有害水华（赤潮）　101
4.2.3　油污染　101
4.2.4　重金属　102
4.2.5　有机锡　102
4.3　水产养殖对环境的负面影响　103
4.3.1　对海流的阻碍及沉积作用　103
4.3.2　营养物质排放　104
4.3.3　化学药物排放　106
4.3.4　养殖鱼类逃逸与外来物种入侵　108
4.3.5　破坏红树林　109
4.3.6　对生物群落结构的影响　109
4.3.7　水产养殖与其他用途的矛盾　111
4.4　全球气候变化对水产养殖的影响　112
4.4.1　全球气候变化对水域生态系统的影响　112
4.4.2　全球气候变化对水产养殖的影响　114
4.5　水产养殖与温室气体排放　115
4.5.1　水产养殖的直接能耗及碳排放　115
4.5.2　养殖生物捕获产生的碳输出　117
4.5.3　养殖水体对碳的封存　117
4.5.4　池塘水—气界面温室气体通量　119
4.5.5　碳汇渔业　122
小结　123

人类从事水产养殖活动已有八千年的历史，但在绝大多数时间内，由于养殖规模并不大，就整体而言，水产养殖活动对周边环境并没有明显的影响。只是到了 20 世纪 70 年代，人工颗粒饲料的应用和网箱养殖技术的推广，才使得水产养殖规模迅速扩大，对环境的影响也越来越明显。现在，水产养殖对环境的影响已经到了不可忽视的程度。

水产养殖与环境存在相互作用。一方面，随着经济、社会的发展，人类对水域生态环境的影响越来越大，进而对水产养殖的影响也越来越大；另一方面，水产养殖也会影响环境。也就是说，水产养殖既是环境污染的主要“受害者”，有些养殖方式又是环境的“加害者”之一。此外，不同水产养殖方式所造成的环境效应也有所不同，有些养殖方式（如网箱投饲养殖）的排污会加速水域富营养化，而另一些养殖方式（如海藻栽培）则会延迟水域的富营养化。

4.1　水产养殖对水质的要求

水是水产养殖生物的生存介质，而且水产养殖属于食物生产活动，需要十分干净的水体。养殖水体的水质是影响水产养殖效益的重要因素。为了防止和控制渔业水域污染，保证养殖的鱼、虾、贝、藻类的正常生长、繁殖和产品质量，许多国家都制定了渔业水质标准（见第 13 章）。

通常，低温、流水、海水中生活的动物对水质要求较苛刻，而暖水、净水、淡水中生活的动物则对水质适应性更广一些（表 4-1）。对水产养殖而言，养殖水体的含盐量、主要盐离子组成、溶解氧、pH、非离子氨、硝酸盐、亚硝酸盐、硫化氢、温度、透明度等理化因子对养殖生物的生存和生长尤为重要。关于这些因子的介绍可参见本书第 2 章和雷衍之（2004）主编《养殖水环境化学》的相关介绍。

表 4-1 不同温盐类型鱼类的生态特性（引自 Tidwell，2012）

Tab. 4-1 Generalized characteristics among fishes characterized according to temperature range and salinity range (from Tidwell, 2012)

生态类型 Group	溶解氧需求 DO requirement	氨耐受力 Ammonia tolerance	蛋白质需求 Protein requirement
冷水鱼 Coldwater	＞5mg/L	低 Low	高 High
暖水鱼 Warmwater	＞2mg/L	中 Moderate	中 Moderate
热带鱼 Tropical	＞1mg/L	高 High	低 Low
海水鱼 Marine	较高 Higher		较高 Higher
淡水鱼 Freshwater	较低 Lower		较低 Lower

4.2 外源污染物对水产养殖的影响

水产养殖的生产过程需要清洁的、未污染的水域，因此其发展受到工农业生产、城市生活污水等的影响。尽管水产养殖水域本身具有一定生物的、化学的和物理的自净能力，但当污染物的量超过这一能力时水体就会出现污染现象。20 世纪 80 年代，欧洲环北海国家开展了海水养殖与近海环境相互作用调查研究。结果发现，对海水养殖和近岸环境影响较大的污染物主要为生活污水、化肥、杀虫剂、石油、重金属，有时还会受到有害水华等的影响（董双林等，2000）。

4.2.1 来源于农业和城市排污的营养物质

近海水域中相当一部分营养物质来自城镇、工业和农业活动。20 世纪 80 年代，墨西哥近岸水域的 N 和 P 负荷分别有 74%和 68%来自农业（Páez-Osuna et al.，1998）。瑞典近岸水域的 N 和 P 负荷则分别有 40%和 25%（不计大气沉降部分）来自农业（Ackefors & Enell，1990）。发展中国家农业来源的营养物质所占比例较发达国家的更高。

据《2018 年中国海洋生态环境状况公报》报道，2018 年中国海洋生态环境状况整体稳中向好。海水环境质量总体有所改善，符合第一类海水水质标准的海域面积占管辖海域的 96.3%，近岸海域优良水质点位比例为 74.6%，同比上升 6.7 个百分点。污染海域主要分布在辽东湾、渤海湾、莱州湾、江苏沿岸、长江口、杭州湾、浙江沿岸等近岸海域，超标要素主要为无机氮和活性磷酸盐。海洋渔业水域环境质量总体良好。近几年，我国水域污染状况开始明显好转。

在海洋和河口水域，通常 N 含量，有时也有 Si 的含量制约着浮游植物的生长，N/P 和 N/Si 的比率会影响浮游植物群落结构组成。环北海国家向北海排放 P 的量有明显减少的趋势，这使得北海生态学特点发生了显著变化，有些海域由原来的 N 限制变为 P 限制。

人类活动造成的营养物积累可加速水域的富营养化进程，突出表现为浮游植物生产量和生物量增加、种类组成改变、有害赤潮频繁发生、底栖藻类和动物群落改变、水体和沉积物耗氧量改变等。

营养物质积累和富营养化对海水养殖影响显著。人类活动带来的 N 输入增加可导致藻类过度生长、浮游植物小型化及食物网向微生物食物环主导的系统演变。这些变化不利于水产养殖生产。水质恶化带来的另一严重问题是暴发性疾病发生更频繁。

4.2.2　有害水华（赤潮）

海洋微藻是滤食性贝类及一些经济鱼、虾和蟹幼体的重要饵料，因此，一般情况下浮游藻类的适量繁殖对海水养殖和捕捞业是有利的。但在某些情况下，浮游藻类的过度繁殖会造成海水养殖、捕捞业的经济损失，甚至会威胁到人体健康，这时的水华又称赤潮、有害水华或有害赤潮等。时常产生水华的微藻有约 300 种，其中有 40 种左右可产生烈性毒素，并通过食物链效应影响人体健康。2016 年，智利南部 *Pseudochattonella* 和 *Karenia* 的大规模爆发导致 4 万吨鲑鱼死亡。由于食品安全风险，几家鲑鱼、贻贝和鲍鱼养殖场需要关闭 2 年，造成约 8 亿美元的经济损失（Diaz et al.，2019）。

有害水华一般通过三种途径影响海水养殖或人体健康，即大量消耗水体的溶解氧气、产生毒素和损伤鱼鳃。赤潮耗氧主要是由藻类在夜间或昏暗时分的呼吸造成的，但更常见的是水华崩溃时滋生的细菌呼吸所致。

由于海水养鱼养殖的发展，人们开始注意有害水华对鱼鳃的损伤。有些藻类可对鱼鳃直接造成机械损伤。野生鱼类可主动避开有害水华，而养殖于网箱中的鱼类则对有害水华无法躲避。1972 年日本濑户内海发生了卡盾氏藻（*Chattonella antiqua*）有害水华，造成价值 5 亿美元的网箱养殖鰤死亡（Hallegraeff，1995）。扭曲角毛藻（*Chaetoceros convolutus*）和凹角角毛藻（*C. concavicorne*）的长刺和小倒刺可刺穿鲑鳃表皮，造成毛细血管出血，妨碍鱼鳃的气体交换功能。过多分泌黏液而造成窒息，甚至造成组织破损出现继发性感染。对养殖鱼类危害更多的是多种藻类产生一种脂肪酸或半乳糖类脂物（Galactolipid），损伤鱼鳃表皮。该物质破坏鱼的红细胞，因此又称溶血素。1988 年 5～6 月欧洲发生了一次面积达 6 万 km^2 藻类密度为 10^7 细胞/L 的有害水华。1989 年 1 月新西兰 Big Glory 湾发生的异弯藻（*Heterosigma*）有害水华导致价值 1700 万新西兰元的网箱养殖大鳞大麻哈鱼死亡。

有几种方法可避免或减小有害水华的危害，如选择适宜的养殖海区、增氧、从深处提水注向养殖网箱、沉箱等。1988 年在北欧一水域金色藻（*Chrysochromulina*）水华发生时，由于监测及时，养殖在 1800 个网箱中的 2.6 万 t 鱼从原来养殖地移到了内湾，避免了一次灾难（Hallegraeff，1995）。

4.2.3　油污染

人类的许多生产活动特别是采油平台、炼油厂及油轮事故会将大量的油污排入近海。这些油污有的吸附在沉积物表面，有的溶解或分散在水中，有的浮在水面，它们对海洋生态系统的影响途径和程度也有所不同。

20 世纪 80 年代，欧洲北海和墨西哥湾油污染十分严重，导致许多海洋生物体内油浓度超标（Páez-Osuna et al.，1998）。溶解在海水中的石油可使海水养殖动物产生异味，使贻贝生长减缓、呼吸减弱。油的浓度为 0.3～1.2μg/L 时鰕虎鱼的游泳活动减弱，死亡率增加。油的浓度还不足 50μg/L 时鳕幼鱼变态就会出现异常。

4.2.4 重金属

20 世纪八九十年代，一些国家海洋生物体内汞的浓度曾高达人类不可食用程度（Rensel，1995；ICES，1993）。像其他重金属一样，汞对海洋生物不仅有直接危害还可沿食物链积累。例如，鱼在含汞 0.0024mg/L 的水中养殖 23d 后，其肌肉内含汞量达 3.38mg/L。鱼体内汞的蓄积会随鱼年龄和体重的增加而增加。汞对生物的影响，不仅取决于其浓度，且与其化学状态及生物本身特性有关。无机汞（氯化汞）在鱼体表的微生物作用下，能转化成毒性更强的甲基汞，在缺氧条件下这一转化更迅速。乙酸苯汞对鲢鱼种 96h 半致死浓度为 0.05mg/L，氯化乙基汞对鲢鱼种 96h 半致死浓度为 0.04mg/L，而对红鲤则为 0.05mg/L。

镉主要积累于高等动物的肾和肝脏组织中，含量超过 13～15mg/kg 湿重就会造成危害。硫酸镉对鲢鱼种 96h 半致死浓度为 2.77mg/L，红鲤为 2.27mg/L；虹鳟 42d 的半致死浓度为 0.006mg/L。镉中毒鱼类的鳃及表皮细胞会坏死，肠壁黏膜及肾小管受损，血液组成改变，胆碱酯酶活性下降，影响神经肌节，最终会畸变。

铅可在鱼、贝类体内高度富集，从而对其捕食者造成危害，包括人类。铅化合物在天然水中不易溶解，因此，天然水中溶解的铅很少。淡水中含铅 0.06～120μg/L，平均值为 3μg/L。海水含铅的平均值为 0.03μg/L。铅含量过高可诱发泥鳅血红细胞和卵细胞畸形，破坏血红细胞和卵细胞的正常生长，降低细胞的存活率，影响泥鳅的正常生理、生殖功能，显示较强的雌激素活性。

实验表明，海水中 0.1～0.2μmol/L 的铜离子就足以抑制浮游植物和细菌。部分溶解的铜可与溶解的天然有机碳结合，从而削弱了其对生物的影响。铜可引起鱼类红细胞和白细胞减少。雅罗鱼（*Leuciscus*）在 5mg/L 硫酸铜中 22h 死亡，赤眼鳟（*Squaliobarbus curriculus*）36h 死亡。铜离子浓度达 13.2μg/L 时，中国对虾的受精卵基本不能孵化；8.0μg/L 时，无节幼体不活跃，变态时间延长；32.2μg/L 时，无节幼体无一变态，2d 后大部分死亡。

通常锌在海区的浓度较高，但其比上述的重金属毒性小一些。8～12g 重的虹鳟在 40mg/L 硫酸锌水中，呈典型的急性炎症反应，出现大量颗粒白细胞，最后鳃小片的血液循环积滞，呼吸衰竭而死。在含锌离子 24.3mg/L 时，中国对虾的孵化率下降，无节幼体发育不正常，游动力差，绝大多数不变态而死亡。

4.2.5 有机锡

甲壳动物和鱼类对有机氯十分敏感。暴露在亚致死浓度下的凡纳滨对虾幼体呼吸率增加，糖原合成减弱（Galindo et al.，1996）。有机锡（TBT）曾经用于防除船舶或养鱼网箱上的污损生物，对许多生物危害很大。其浓度超过 1ng/L 就会影响浮游动物和浮游植物，超过 2ng/L 就会导致牡蛎壳异常，超过 20ng/L 就会影响牡蛎繁殖。对于鱼类，1～10ng/L 就影响其繁殖，1～100ng/L 就影响其行为。欧洲北海 TBT 的广泛污染曾导致一种海螺种群减少和雄性化。

4.3　水产养殖对环境的负面影响

水产养殖活动既是环境污染的“受害者”，同时，某些养殖方式和不当的养殖行为又是环境的“加害者”之一。水产养殖会对养殖水体的生物多样性、水质、生态环境、水域健康状况及某些资源等产生直接或潜在的危害（表 4-2）。下面简要介绍养殖设施对水流的阻碍、养殖动物的生物沉积作用、营养和化学物质排放、养殖鱼类逃逸、外来物种入侵和水产养殖对红树林破坏等。

表4-2　水产养殖对环境的威胁（Hai et al.，2018）

Tab. 4-2　Environmental threats from aquaculture (Hai et al., 2018)

威胁 Threat	危害 Hazard	风险 Risk
遗传 Genetic	逃逸 Escapes	健康问题 Fitness issues
	外来种/遗传改良生物 Exotics/GMO's	遗传污染、生物多样性丧失 Genetic contamination, loss of biodiversity
	野生亲鱼群体 Wild brood stock	基因渐渗 Introgression
	群体扩大 Stock enhancement	灭绝 Extinction
水质 Water quality	外排 Effluents	富营养化、污染 Eutrophication, pollution
	沉积物 Sediments	生境丧失 Habitat loss
生态 Ecology	土地改变 Land modification	生境改变 Habitat alteration
	盐化 Salinization	淡水丧失 Loss of freshwater
	温室气体排放 GHG emission	污染、气候变化 Pollution, climate change
健康 Health	抗生素 Antibiotics	抗药性 Resistance
	化学物质 Chemicals	污染、生物富集、毒理 Pollution, bioaccumulation, toxicity
	逃逸 Escapes	疾病 Disease
资源利用 Resource use/Inputs	鱼粉 Fishmeal	野生种群减少 Depletion of wild fish population
	野生群体 Wild seedstock	
	取用水 Water extraction	缺水 Water shortage

Note: GMO is genetically modified organism, GHG is greenhouse gas

4.3.1　对海流的阻碍及沉积作用

海水养殖设施对海流的阻碍作用和水产养殖区的生物沉积作用会对海域生态系统产生不可忽视的影响。贝类底播养殖对海流影响不大，但贝类和藻类的养殖筏架对海流的影响则不可忽视。我国 2018 年海水养殖产量中有 36.4%来自筏式和吊笼养殖。一些海域的养殖规模和养殖密度很大，对局部海域的环境产生了显著影响。例如，山东省桑沟湾扇贝筏式养殖区的养殖阻力大于海底应力，出现了表层海水先涨/落潮的现象，这与浅海潮流底层海水先涨/落潮的一般规律截然不同。就整体而言，由于养殖活动的影响，桑沟湾内流速减小 40%，平均半交换时间延长 71%（史洁和魏皓，2009）。

国外学者也观测到，海水养殖活动对养殖海域流场有显著影响。Gibbs 等（1991）发现新西兰贻贝养殖区的流速比周围流速减小 30%；Boyd 和 Heasman（1998）测量了南非 Saldanha 湾贝类筏式养殖区内外的流速，发现养殖区外的流速是养殖区内的 6 倍；Pilditch 等（2001）通过现场观测得到，通过扇贝养殖区的流速比周围环境流速减小了 40%。

在半封闭海湾大规模养殖滤食性贝类会产生大量的生物沉积，并对底质产生明显影响。贝类产生的生物沉积物具有黏着作用，可减少海床的侵蚀，有些贝类养殖区下部的海床因此每年可抬高 30～50cm（Pillay，1992）。在烟台市四十里湾，夏季每天栉孔扇贝的生物沉积量达 162t 干重。在荣成桑沟湾，栉孔扇贝养殖面积约 7500hm^2，养殖扇贝一年将累计产生大约 1.74×10^5t 重的生物沉积物（周毅等，2003a）。瑞典贻贝养殖区的生物沉积作用比非贻贝养殖区高三倍（Dahlbäck & Gunnarsson，1981）。地中海贻贝养殖区的生物沉积为 32.54mg 无灰分干重[g/(m^2·d)]。在日本广岛湾，一个 200m^2 筏架的长牡蛎养殖区，在 10 个月养殖时间内产生了 19.3t 的粪物质（干重）（Arakawa et al.，1971）。生物沉积一方面为贝类筏式养殖区下部的底栖生物群落提供了营养，但生物沉积过多并且水交换不畅时就会造成缺氧，H_2S 增加，进而对底栖生物群落产生不利影响。

网箱养殖产生的残饵、粪便沉积也会对网箱养殖区下部的生态环境产生影响。黄洪辉等（2007）对广东省大亚湾鱼类网箱养殖区及其邻近海域（对照区）沉积环境的调查表明，养殖区沉积物有机碳和硫化物含量平均值分别为 2.82%和 562mg/kg，均显著高于对照区的 2.42%和 238mg/kg；养殖区底层海水溶解氧浓度平均值为 5.25mg/L，显著低于对照区的 6.48mg/L。另据蒋增杰等（2007）对青岛市唐家湾的研究，网箱养殖区沉积物中总氮、有机碳和有机质的平均含量分别为 1.27mg/L、1.31%和 0.76%，显著高于对照区的 0.79mg/L、0.78%和 0.45%。

对欧洲鲑鱼网箱养殖区的调查显示，其下部沉积物的 C、N 和 P 的通量很小，每年只有约 10%的有机物可得到分解，79%的 C、88%的 N 和 95%的 P 沉积（相当于饲料输入 C 的 23%、N 的 21%和 P 的 53%）将积累于底部，无法被生物利用；导致有机物负荷增加、富营养化现象，如 BOD 增加、缺氧、氧化还原电位降低等，进而还原性化合物（如氨、硫化氢、甲烷等）增加，硫化细菌繁生，大型底栖动物生物量、丰度和种类数量降低或减少（Gowen，1992）。

随着与养殖区距离的增加，环境生物受养殖活动影响的程度逐渐减弱。在紧靠网箱的区域，大型底栖动物会减少、机会种增加，这一现象已被用作污染的生物判定指标。往外不远的区域为一过渡区，营养物质的适度积累刺激了底栖动物的生长。再往外的区域底栖动物的生物量、组成和丰度都降至正常水平。

4.3.2 营养物质排放

无论是池塘养殖还是网箱养殖，只要投饲或者施肥就可能向毗邻水域排放废水，从而导致富营养化，造成大量浮游植物滋生。在池塘和网箱放养的动物不可能百分之百地利用投入的饲料，总有一部分物质最后沉积在底泥或在排水时排放到毗邻水域中。

孙云飞等（2015）对草鱼单养和混养系统磷收支的研究显示，饲料中磷的输入占系统磷总输入的 82.60%～84.26%，雨水、水层存留和放养生物输入磷量分别占系统磷总输入的 4.04%～4.12%、7.81%～7.96%和 3.66%～5.55%。底泥中积累的磷占磷总输出的比例最大，为 76.46%～80.04%；水层积累（最后将随水排放）的磷仅次于底泥积累的磷，为 13.04%～15.14%。单养草鱼系统磷积累最多，渔获物中的磷仅为饲料投入磷的 6.91%，而草鱼、鲢和鲤混养系统对饲料磷的利用率为 13.52%。尽管草鱼混养系统使磷的利用率大为提高，但仍有大量的磷留在养殖系统或在以后的排水过程中进入毗邻水域。

不同的养殖种类、不同的集约化程度和不同的养殖模式的 N、P 负荷和对输出物质的归宿有不同影响。表 4-3 中列出的是一些水产养殖种类在生产过程中的营养负荷。可见，不同的养殖种类产生的 N、P 负荷是不一样的。鳟和巨鲇对环境的影响更大些。

另外，不同的养殖系统或养殖模式排放到环境的 N 和 P 量不尽相同（表 4-4、表 4-5）。就投饵养殖方式而言，网箱养殖和精养池塘系统或模式排放到环境中的 N 和 P 更多。

表 4-3　池塘和水池养殖不同种类的 N、P 负荷量（Hai et al.，2018）（kg/t）

Tab. 4-3　Typical nutrient load from production of selected aquaculture species in ponds and tanks (Hai et al., 2018) (kg/t)

种类 Species	总悬浮物 Total suspended solids	总氮 Total nitrogen	总磷 Total phosphorus	5 天生化需氧量 BOD_5	碳 Carbon
对虾 Shrimp	476	15.9	1.46	63.3	730
鳟 Trout	289～839	47～87	4.8～18.7	>944	101～565
鲑 Salmon	191～606	20.3～39.3	9.1～10	410	226
罗非鱼 Tilapia	382	44.95	14.26	10.4	145.6
巨鲇 Pangasius	2050	46～46.8	14.4～26.6	740	305.5
斑点叉尾鮰 Channel catfish	353	83.6	12.7	25.6	713.5

表 4-4　不同养殖模式下各输出途径中 N、P 占总输出的比例（%）

Tab. 4-4　The ratios of N and P in total output from different culture patterns (%)

养殖方式 Culture patterns		换排水 Discharge	渗漏 Leak	解氨及氨逸 Escape	收获 Harvest	底泥沉积 Sediment	参考文献 Conferences
半精养 Semi-intensive	N	7.4	10.6	52.7	24.7	—	Boyd, 1985
	P	6.8	8.3	—	29.7	55.3	
精养 Intensive	N	24.8	—	55.5	19.7	—	Daniels-Boyd, 1989
	P	4.9	—	—	41.8	53.3	
半精养 Semi-intensive	N	17.5	—	1.0	—	65.0	Acosta-Nassar et al., 1994
半精养 Semi-intensive	N	—	5.9～8.9	55.5	—	—	齐振雄等, 1998
	P	—	1.9～3.6	—	—	—	
精养 Intensive	N	8.0～12.0	5.0～7.0	—	19.0	62.0～68.0	杨逸萍等, 1999

表 4-5　不同养殖系统的 N、P 负荷量（kg/t）

Tab. 4-5　The N and P loading in different culture systems (kg/t)

养殖系统 Culture systems	N	P
淡水网箱养鱼 Fresh water fish cage	100	23
海水网箱养鱼 Sea water fish cage	90	20
池塘养鱼 Fish pond	68	16
精养虾塘 Intensive pond	104	42
半精养虾塘 Semi-intensive shrimp pond	50	14

注：数据引自常杰（2006）；每收获 1t 产品生成养殖环境 N、P 负荷量（kg）

Note: Data from Chang (2006); N or P loading (kg) in the environment for 1t aquatic products harvested

我国是水产养殖大国，水产养殖的污染也不容忽视。据崔毅等（2005）估算，2002 年我国黄渤海沿岸海水养殖污水排放量达 $119.8\times10^8m^3$，其中含氮 6010t、磷 924t、COD 29 016t。水产养殖的 N 和 P 排放量分别占该区域陆源排放量的 2.8%和 5.3%。另据程序（2009）推算，我国海水网箱养殖和池塘养殖的 N 年排放量分别达 3.7 万 t 和 45 万 t，而我国每年城镇生活污水排放氨氮总量也就是 90 多万 t。目前海水养殖的排污量虽然并不算大，但在某些地区的局部影响却很大。因此，这也是促使海水鱼类养殖向深远海发展的重要原因。

4.3.3 化学药物排放

现在水产养殖中使用多种化学药物，主要用于治病、清除敌害生物、消毒、麻醉和抑制污损生物等。

目前，我国批准的水产养殖用药包括抗微生物药、中草药、抗寄生虫药、消毒剂、环境改良剂、疫苗、生殖及代谢调节药等 7 类共 104 种。20 世纪末，东南亚主要养虾国家深受病毒、细菌、真菌等病原微生物的侵扰，养殖过程中常使用的药物有 43 种之多。1995 年，泰国养虾仅花费在购买药物上就高达 1 亿美元（Tonguthai，1996），主要用于水处理和防病治病。作为生产食物的水产养殖系统，养殖过程中任何处方药物的使用都应该由具有资质人员给出处方。但是，国内外都存在水产药物不规范使用的现象，有些地区甚至十分严重，对环境和（或）人类健康是一种威胁。

1. 抗微生物药物

抗微生物药主要用于预防和治疗由病毒、细菌和真菌感染所引起的水产动物疾病。它是水产养殖用药中应用最广泛、种类最多的一类药物。尽管这些药物对养殖动物的毒性不大，但它们对环境的影响还是受到了人们的高度关注。

许多抗生素十分稳定，即使养殖动物排出体外后还可保持很长时间活性。这些药物会影响浮游生物群落的多样性，增加病原微生物的抗药性。抗生素的使用还会影响周边的野生生物，进而影响食品安全。

据 Rico 等（2012）报道，亚洲水产养殖中使用的抗生素有 36 种。各国在鲑鱼养殖中使用抗生素的量相差很大。例如，智利 2007 年投入了 385.6t 抗生素生产出了 30 万 t 大西洋鲑，而同年，挪威生产出 82 万 t 大西洋鲑，投入的抗生素还不足 1t。

使用药物给养殖动物治病时会有相当一部分直接散失到环境中。将抗生素掺入饲料散失率为 70%～80%（Samuelsen，1989）。梁惜梅等（2013）的调查表明，在珠江口典型水产养殖区水中检出诺氟沙星、氧氟沙星和四环素残留，平均浓度为 7.63～59.00ng/L，且养殖时间越长，抗生素的残留量越高。

一些药物在养殖生物体内残留和积累是另一个潜在的威胁。尽管与农业相比，海水养殖排入沿岸海域的残余药物并不算多，将来也不会占很大比例，但局部的影响不能忽视。

2. 杀虫剂

抗寄生虫药是指能够杀灭或驱除水产养殖动物体内、体外或养殖环境中寄生虫病原的药物。国际上鲑养殖使用杀虫剂十分普遍，治疗海虱寄生虫病费用占养殖成本 10% 以上。用于治疗海虱寄生虫病的药物主要有阿维菌素（Avermectin）、拟除虫菊酯（Pyrethroid）、过氧化氢（Hydrogen peroxide）、有机磷（Organophosphate）等。这些药物的散失对环境具有一定的危害，如杀死土著生物，特别是甲壳动物，改变浮游生物群落结构等。关于这些杀虫剂的使用及副作用可参阅 Burridge 等（2010）的综述。

在东南亚，铵肥、次氯酸钙、铜化合物、福尔马林等常用于养虾池塘水处理，杀灭野杂鱼、病原生物等。除草剂也是广义的杀虫剂，它可清除水草，杀灭浮游植物，常用于养虾池塘水质控制。这些杀虫剂的使用在杀灭目标生物的同时也常对养殖生物或环境产生一些不利的影响（Gräslund & Bengtsson，2001）。

生物污损（Biofouling）是海水养殖中的一个特殊问题。污损生物附生于养殖生物或养殖设施表面，会影响养殖系统的产量，也会对养殖设施造成损坏。污损生物附生在养殖贝类贝壳上和网箱的网衣上，可与滤食性贝类竞争食物，并影响水交换，从而导致食物减少、水质恶化。有的污损生物，如某些多毛虫类，可穿透贝类的壳，侵害养殖贝类；有的会影响贝类壳的张合、增加养殖生物或设施的重量。保守估计，清除污损生物的花费能够占贝类养殖成本的 5%～10%（Fitridge et al.，2012）。

3. 金属

养殖水体的金属有些是来源于外源污染，有些则是养殖活动产生的，如防污损生物化合物的使用和饲料添加成分。饲料配方中适量添加铜、锌、铁、锰等金属元素可起到必要的营养物质作用，但散失到环境中并积累到一定量后则会产生毒害作用。

铜化合物常被用作涂料涂在网箱的网衣上，以防止海洋生物附着生长，保持网衣的通透性。涂料释放铜化合物的速度与化合物的性质、水温、流速等有关。有关的调查表明，使用了铜涂料网箱周边底泥沉积物中铜含量明显比其他地方的高。例如，在加拿大鲑养殖网箱周边底泥沉积物中铜的浓度为 100～150mg/kg 干重，超出了安全浓度标准（Burridge et al，1999）。Brooks 和 Mahnken（2003）调查的 14 个养殖区域沉积物中有 4 个铜超标。微藻、贝类和甲壳动物对铜十分敏感，因此，铜常被用来防除藻类和贝类污损生物。但应注意，铜也会对养殖水域生态系统产生显著的影响。

锌也是饲料中经常添加的元素，其毒性比铜低一些。像铜一样，网箱周边沉积物中锌也常超标。藻类对锌也很敏感。

4. 消毒剂

消毒剂是通过泼洒或浸泡等方式作用于养殖水体，用于杀灭动物体表、工具和养殖环境中的有害生物或病原生物，从而达到预防和治疗疾病的效果。

许多消毒剂具有表面活性，有的还是环境激素，对养殖鱼类的内分泌系统具有干扰作用。我们在这方面的认知还不足以彻底了解消毒剂对养殖生物及环境生物的影响。在泰国，养虾业每年用于消毒的氯达 5 万 t，其进入养殖水体后与不同的有机物反应产生卤代烃化物，有的物质可致癌，有的是剧毒（Gräslund & Bengtsson，2001）。

我国对水产养殖排放水有严格的要求，养殖生产者应严格遵守这一法规，监管者负起国家赋予的使命，才能够使我们生产的产品更安全、环境更美好，产业可持续。

4.3.4 养殖鱼类逃逸与外来物种入侵

1. 养殖鱼类逃逸

20 世纪，环北大西洋国家是大西洋鲑的主要养殖国家，养殖鱼类的逃逸对野生种群的潜在影响引起了这些国家的高度重视。在挪威沿海 1989～1996 年捕获的大西洋鲑中有 34%～54%是养殖逃逸的鲑，在峡湾捕获鲑中养殖逃逸的鱼占 10%～21%。另外，苏格兰、北爱尔兰、加拿大和美国在野生种群中也检出养殖逃逸的鲑。1994 年加拿大芬迪（Fundy）湾逃逸的大西洋鲑为 2 万～4 万尾，这一数量大于同年该海湾野生鲑自然回归的数量。近些年，由于养殖设施的完善鲑逃逸情况已大为改观。

养殖鱼类逃逸的另一个影响是可能造成外源基因污染。一些养殖品种主要是以养殖生产为目的进行的选育，通常具有高生长率、低繁殖能力、低游泳能力，基因的变异性小、纯合度较高，有的甚至还带有人工插入的外源基因（Baskett et al., 2013; Nair & Salin, 2012）。如这些养殖的鱼逃逸到自然生境中可能会与土著种进行种间杂交，导致土著鱼群基因库减少，降低土著种的遗传变异，造成基因组成的均一化。

养殖鱼类逃逸还可能会将地方流行病传给野生种群。有些养虾场当养殖的幼虾发生流行病时就连虾带水一同排入海中了之，这可能会给野生种群带来危害。

近些年来，从国外或其他地区引种活动仍十分活跃，很多单位将此作为提高养殖效益的重要途径。某些转基因鱼的养殖也将进入规模化生产阶段。人们开始担忧外来物种入侵或转基因鱼带来的危害，因此，一些专家建议，养殖外来物种或转基因鱼应进行不育化处理。

2. 外来物种入侵

为了改良品种、提高品质和产量，人们常有意识地引种。外来物种的引进具有两面性，有些物种的引进会给人们带来福利，如海湾扇贝、罗非鱼、虹鳟的引进，促进了我国渔业生产结构的优化和调整，而且不少物种都已形成新的养殖产业。据报道，山东省先后直接或间接从国外引入了革胡子鲇、虹鳟、美国红鲍、尼罗罗非鱼、海湾扇贝、凡纳滨对虾等水产养殖种类 62 种（刘世禄等，2003）。江苏省也引入了鲟、鳗鲡、虹鳟等 51 种水产养殖外来物种（王迪等，2008）。但是，有些物种的引进却会带来灾难，这种情况我们就称其为外来物种入侵。

外来物种入侵指通过人类活动有意或无意将其他区域分布的物种引入当地的自然或半自然生态系统中，并给当地的生态系统或景观造成明显损害或影响的现象。有些外来物种具有较强的环境适应能力，引入新的环境后常常缺少天敌和其他制约因子，因此很快生长、繁殖、扩散，不仅与本地种争食、争地盘，排斥本地种，甚至取而代之，有的还会与本地种杂交繁殖后代，造成“基因污染”。

外来物种入侵会破坏当地生态系统的生态平衡，威胁当地的生物多样性，导致许多原有经济物种衰败，严重时会造成重大经济损失，甚至是灾难性后果。尼罗尖吻鲈的引入使得非洲维多利亚湖 200 多种棘鳍鱼类灭绝；七鳃鳗入侵北美大湖地区，渔业损失巨大；亚洲鲤科鱼类入侵美国也成为当地公害。

我国云南省引进麦穗鱼、太湖新银鱼等鱼类后也导致洱海特有的大眼鲤和大理裂腹鱼、滇池的云南鲴等土著鱼类濒临灭绝。据统计，现在云南原有的 432 种土著鱼类中，5 年一直未采集到标本的有约 130 种，约占总种数的 30%；另外约有 150 种鱼类在 20 世纪 60 年代是常见种，现在已是偶见种，占总种数的 34.7%；余下的 152 种鱼类，其种群数量也均比 60 年代明显减少（Kang et al.，2015）。

引进有害的外来物种常常是无意识或法律法规意识淡薄的行为造成的。上述山东省引入的 62 种养殖新种类中只有不足 10 种是办过报批手续的（刘世禄等，2003），有些引进十分随意。因此，加强引种的管理和保护生物多样性的教育任务是长期的、繁重的。

4.3.5　破坏红树林

红树林是热带、亚热带沿海地区重要的湿地景观，是国际上生物多样性保护等关注的热点之一。由于受水产养殖业高额利润的驱使，大面积的红树林湿地被改造成了养虾和养鱼池塘，特别是菲律宾、泰国和厄瓜多尔更甚。菲律宾有约 50%的红树林已被改造成养半咸水鱼塘和虾池。

我国红树林面积在历史上曾达 25 万 hm^2，由于围垦包括水产养殖等开发利用，20 世纪 50 年代还有 4.2 万 hm^2，80 年代初还剩 2.2 万 hm^2，90 年代仅剩 1.6 万 hm^2。全世界的红树林已从 1980 年的 18.8 万 hm^2 减少到 2005 年的 15.23 万 hm^2。

红树林是很多鱼类、甲壳类和贝类的产卵场所和索饵场所。另外，红树林地区是营养物质的汇，陆地上排来的营养物质在此处积聚、消解、过滤。据 Robertson 和 Phillips（1995）的估算，热带红树林维持初级生产所需营养物为 219kgN/(hm^2·年)和 20kgP/(hm^2·年)。红树林消失就会丧失由它维持的捕捞产量，并可能导致污染物积累、土壤酸化。

4.3.6　对生物群落结构的影响

生物群落是指在相同时间聚集在同一区域上的各物种种群的集合。生物群落具有时间和空间的动态性，即使在相同的空间范围内，随着时间的变化，生物群落的结构是动态变化的。同时，不同物种在特定群落内的分布不是杂乱无章的，而是有序的，群落的组成是群落内所包含的物种种群之间及种群与环境之间相互作用的结果。多个物种共存是生态系统普遍的群落性状，水产养殖池塘系统亦不例外。

水产养殖过程中，养殖设施、养殖动物的摄食和排泄及养殖生产活动引起水域环境的改变，进而影响养殖水域自身及邻近水域的生物群落结构。因此，水产养殖水体生物群落结构的改变可以作为水产养殖活动对水域环境影响的重要指示。具体来讲，水产养殖活动对生物群落结构的影响主要表现在以下几个方面。

1. 对生物群落结构的直接影响

养殖动物由于摄食、代谢、生物扰动等生理活动和物理运动会对养殖水域浮游生物、底栖生物群落结构产生影响。养殖水体中放养的双壳贝类和海蜇摄食的水中颗粒物一部分以粪便或者假粪的形式形成生物沉积物，为底栖动物提供了食物，但同时也会改变底质环境条件，从而影响底栖生物群落结构。

冯建祥等（2011）比较了海蜇放养前、海蜇养殖期间及海蜇收获后海蜇养殖池塘与非养殖池塘底栖生物群落结构的变化，发现海蜇养殖期间池塘颗粒有机物的沉降速率和底泥总有机物含量显著高于非养殖池塘，并对池塘底栖生物群落结构产生了显著影响。海蜇放养之前的 5 月，养殖池塘香农-威纳指数①和皮洛均匀度指数②分别为 0.43 和 0.16，均低于对照池塘的 0.55 和 0.21。但到海蜇养殖期的 7 月，养殖池塘的香农-威纳指数和皮洛均匀度指数为 2.09 和 0.84，均高于对照池塘的 0.54 和 0.21。在海蜇收获后的 9 月，养殖池塘的香农-威纳指数和皮洛均匀度指数均比养殖期的 7 月有所降低，表明海蜇养殖可以提高养殖池塘的底栖生物多样性。

滤食性动物如双壳贝类、鲢、鳙等的滤食活动可直接影响水体浮游生物的群落结构（详见第 7 章相关内容）。杨建雷等（2011）比较了草鱼、鲢和鲤不同的综合养殖结构对浮游植物和浮游动物群落结构的影响。结果发现，在草鱼和鲤养殖池塘混养滤食性的鲢，可抑制池塘蓝藻水华的发生，浮游生物生物量显著降低，浮游生物的粒度趋于小型化，个体较小的小环藻、冠盘藻、原生动物和轮虫占有相对优势。

2. 养殖设施对生物群落结构的影响

有些水产养殖生产活动需要在水体中构建一定的养殖设施，如大藻养殖筏架和绳索、扇贝和鲍鱼养殖网笼、鱼类养殖网箱、海参养殖投放的人工礁体等。养殖设施的存在会改变养殖水域的水力学特征，减缓水流速度，降低水交换率。Lo 等（2008）的研究表明，由于养殖筏架对水流的阻挡作用，台湾的牡蛎养殖区水交换时间由正常情况下的 3～7d 延长到 5～13d。水流速度的降低会影响水质和浮游生物群落结构，同时还会影响水体颗粒物的沉降速率，从而改变养殖水体底质状况和底栖生物群落结构。

养殖设施的设立会增加生物可利用栖息地面积，提高生境多样性，从而改变养殖水域的生物群落结构。Heasman（1996）的研究表明，南非的贻贝养殖海区，由于大藻、藤壶、水螅、海鞘等动植物在养殖筏架的大量附着，不仅增加了养殖海区的生物多样性和生物量，而且导致表栖生物物种构成比例的改变。相对于非养殖区的表栖生物群落构成，养殖区表栖生物成为优势种。另外，养殖设施表面的表栖生物可作为其他动物包括鱼类、棘皮动物等的直接食物来源。Brooks（2000）的研究表明，美国华盛顿地区贻贝养殖筏架可为当地经济鱼类提供高了于非养殖海区 11 倍的食物资源，从而显著提高了当地经济鱼类的存量。

① 香农-威纳指数（H）源于信息论，其计算依据是用来描述某一个体在一定的群体中出现的不确定性，不确定性越高，多样性也越高。其计算公式为

$$H=-\sum_{i=1}^{S}P_i\log_2 P_i$$

式中，S 代表物种数目；P_i 代表第 i 个种个体数在该群落中占全部生物个体总数的比例

② 皮洛均匀度指数（J）专门用以衡量特定群落物种分布的均匀度，其实质是该群落实际的香农-威纳指数相对于该群落香农-威纳指数的可能最大值的比值，即

$$J=H/H_{max}=H/\log_2 S$$

式中，H_{max} 代表群落香农-威纳指数的可能最大值，即群落中 S 个物种的个体数目相等时的香农-威纳指数，此时香农-威纳指数值为 $\log_2 S$

3. 养殖活动对生物群落结构的影响

水产养殖池塘进行换水、投饵等生产活动会影响水体或底质环境条件，从而对水体浮游生物或底栖生物群落结构产生影响。例如，由于刺参具有独特的夏眠和冬眠现象，刺参养殖生产中通常采用在不同季节调节池塘水深的方法调节池塘水温，以缩短刺参的冬眠和夏眠时间。水深的季节性调节，会影响水体浮游生物的生物量和沉降量及底栖生物群落结构。水体沉降物及一些底栖生物是刺参的食物来源，因此，浮游生物和底栖生物群落结构的改变将影响刺参的食物环境（Sun et al.，2013）。温彬等（2016）调查了不同水深对刺参养殖池塘底栖生物群落结构及刺参食物环境季节性变化的影响，结果表明，水深为 1.5m、2.3m 和 3.1m 池塘间底栖生物的多样性指数和整体群落结构呈现显著不同的季节性变化特征。3 个池塘间群落结构相似性表现为春季（48%）＞夏季（43%）＞冬季（43%）＞秋季（37%）。

群落结构与环境因子的相关分析表明，水深为影响刺参养殖池塘大型底栖动物群落的主要因素。水深的改变，一方面会影响由水体沉降的颗粒有机物的量，另一方面会改变池塘底部温度和光照强度，影响池底本身内源性初级生产力，进而影响大型底栖动物群落和刺参养殖池塘环境。

根据刺参养殖池塘底栖生物群落结构的季节变化特征，科学调节池塘水深，可为养殖刺参提供更适宜的食物环境。夏季浅水位池塘有机质丰富，具更高生物多样性，但深水位池塘利于刺参夏眠；秋季深水位池塘能够为刺参提供更多的食物资源；冬季浅水位池塘可以为刺参春季摄食提供更多食物储备；春季深水位池塘生物多样性较高，能够为刺参提供稳定的生态环境。

鱼类、虾蟹类等动物养殖过程中需要投喂人工饲料，大部分未利用的饲料及动物产生的粪便和死亡的动物尸体最终会沉积池塘底部，引起池塘底部理化环境的改变，进而影响生物群落结构的变化。Gao（2005）对石斑鱼养殖对香港滘西湾（Kau Sai Bay）鱼类养殖海区底栖生物群落结构影响的研究表明，鱼类养殖产生的残饵、粪便等有机沉积物显著影响了养殖海区底栖生物的群落结构。相对于对照区和过渡区，石斑鱼养殖区底栖生物香农-威纳指数和皮洛均匀度指数都显著降低。养殖区、过渡区和对照区底栖生物丰度与生物量比值（W 值）分别为 0.238、0.086 和–0.141，即采样点距养殖区越近 W 值越小，表明距养殖区越近养殖活动对底栖生物产生的胁迫作用逐渐增强。由于养殖活动产生的环境胁迫致使小头虫（*Capitella* spp.）等小个体 r-选择机会种在养殖区占有相对优势地位。

4.3.7　水产养殖与其他用途的矛盾

水产养殖对环境的影响在很大程度上取决于它的规模、应用的技术和实施的地点。规划不当的大规模养殖活动还会与给排水、旅游、运输等产业产生矛盾。

另外，许多水产养殖方式需要人工辅助能投入，如控温、增氧等，这势必会导致 CO_2 排放。养殖设施建造所用材料和饲料原料的生产等也会产生温室气体。这些温室气体排放会导致全球气候变化。相关内容参见本章 4.5 节。

4.4 全球气候变化对水产养殖的影响

温室气体排放导致的全球气候变化是当今世界科学界的热点研究问题。温室气体是指在地球大气中，能让太阳短波辐射自由通过，同时吸收地面和空气放出的长波辐射（红外线），从而造成近地层增温的微量气体，包括二氧化碳、甲烷、氧化亚氮、氯氟烃等 30 余种。CO_2 是大气中最重要的温室气体，在温室效应和全球气候变暖的贡献中占约 70%。

自第二次工业革命以来，由于化石燃料的燃烧及人类对地球生态环境的破坏，大气中 CO_2 浓度已由 19 世纪初的 280ppm 升高至 2010 年的 389ppm（Tarasova et al.，2011）。人类活动每年向大气排放 7Gt C（$1Gt = 10^{15}g$）的 CO_2，其中 5.4Gt C 来自化石燃料的燃烧，1.6Gt C 来自森林砍伐（Takahashi，2004）。CH_4 是仅次于 CO_2 的全球第二大温室气体，大气中 CH_4 浓度已经从第二次工业革命前的 0.715ppm 上升到 2005 年的 1.774ppm（IPCC，2007）。虽然其浓度较低，但是 20 年尺度下 CH_4 的全球增温潜势（GWP）是 CO_2 的 72 倍（IPCC，2007）。CH_4 贡献了约 20%的温室效应。

在过去 100 年里，由于温室气体排放，全球气温升高了 0.56～0.96℃（Solomon et al.，2007）。大气中 CO_2 浓度升高会造成海洋酸化，最终也会导致海洋生态系统结构发生改变。同时，气候变化还会导致冰雪减少、海平面上升、水文系统变化等，这些现象势必会影响水域生态系统的结构和功能，进而影响水产养殖系统的结构和功能。因此，如何控制和降低全球温室气体排放，已是世界范围内各国政府需要着力解决的问题。

4.4.1 全球气候变化对水域生态系统的影响

由于海洋巨大的比热容，全球变暖 93%的能量都储存在了海洋中，另外 7%的能量用于加热陆地、加热大气、融化极地海冰、冰盖，融化山地冰川等等。同时，海洋还吸纳了 25%人为排放的二氧化碳。1901～2010 年，由于极地和高山的冰雪融化等作用，全球海平面平均上升了 0.19m。可见，支撑水产养殖的水域生态系统正在发生重大变化，而且这些变化还在加速。这些变化中尤以水文系统、降水格局、海平面、水温、溶解氧、海洋酸化及水域初级生产量等的变化对水产养殖的影响更直接、更大（Barange & Cochrane，2018）。

1. 水文系统和降雨格局变化

气候变暖对水循环影响重大。降水、温度和气候模式的变化及冰雪的融化会影响水资源的数量、质量和季节性分布，进而影响水域生态系统和水产养殖活动。

1901 年以来的观测数据显示，降水的变化因地而异，一些地区如北半球中纬度地区的降水可能是增加了，而另一些地区可能是减少（Hartmann et al.，2013）。然而，模型计算表明，高纬度地区和赤道附近可能是增加，在亚热带地区则是减少（Ren et al.，2013）。

降水的变化将大大改变许多河流、湖泊和水库的生态特性。由于修建大坝、灌溉和流域治理等，20 世纪全球河流的流量并没有显现出与全球变暖相关的变化。但可预计在不久的将来，冰雪融化将会使河流流量增加（Pervez & Henebry，2015）。

陆地上强降水事件的频率和强度也可能在短期内增加，尽管由于自然的多变性，这种趋势不一定在所有地区都很明显。

2. 海平面上升

海平面变化不仅会直接影响海域的面积和体积，还会明显影响一些海域的生态学特性和水产养殖活动。各区域海平面变化有所不同，西太平洋海平面上升的数值是全球平均水平的三倍，而东太平洋的数值为零或负值。据估计，在 2000～2100 年，全世界 95%海域的海平面会上升，但区域差异会很大（IPCC，2014）。

持续上升的海平面会影响北太平洋近岸生境和淡水-海洋界面的生态系统。随着海平面的上升，海水入侵强度和热分层程度可能会增加。估计到 2100 年，长江河口春季和小潮期淡水体积分别变化 48%和 28%（Qiu & Zhu，2015）。如果海平面每年上升 0.59cm，到 2100 年广西 37%的红树林、长江口外 5.8%的滨海湿地将容易受到影响（Cui et al.，2015；Li et al.，2014）。

3. 水温上升

20 世纪 60 年代以来，人们已观测到海洋上层（上 700 米）的变暖现象，海洋表层的升温速度为每百年 0.7℃（Huang et al.，2015）。各区域海洋温度变化的趋势不尽相同，但多数都是上升，特别是北半球，尤其是大西洋变暖更为明显。上层海洋吸收了 64%的人为造成升温的能量。因此，21 世纪上层海洋变暖可能将会持续，特别在热带和北半球亚热带地区，而深海水体明显变暖则可能出现在南大洋。亚热带和北极海域海洋表层温度变化已经超过其自然季节性变化范围。与 1986 年到 2005 年的平均值相比，到 21 世纪末，海洋上 100 米水层很可能变暖约 0.6℃（RCP2.6）到 2.0℃（RCP8.5），上 1000 米处水温变暖约 0.3℃（RCP2.6）到 0.6℃（RCP8.5）（IPCC，2014）。

对于淡水系统来说，由于气温升高，大多数地区的水温也会明显上升，但地域差异很大。不断上升的水温将导致淡水物种的改变及其区域分布的变化，且水质问题加剧，特别是营养负荷较大的水域。

4. 溶解氧变化

溶解氧是水域生态系统的重要组成部分，而且其浓度的变化对全球碳和氮循环具有重大影响。海洋中溶解氧的平均浓度差别很大，从南极水域过饱和到沿海沉积物的零浓度，后者是在一段时间内氧消耗超过了供应所致。海洋中很多海域存在缺氧区，包括开阔海域、沿岸上升流区、半封闭海域海底凹槽区、深邃的峡湾及其他海流不畅海域，但是，20 世纪 60 年代开始出现的沿岸水体氧气浓度降低和近几十年热带海域无氧区的扩展已引起了人们的高度关注。温室气体驱动的全球变暖可能是导致许多开放海域正在发生的脱氧活动的根本原因（Breitburg et al.，2018）。

海洋变暖会降低水中氧气的溶解度。据估计，海洋变暖将使现在海洋中约 15%的溶解氧逸失，海洋上 1000 米水层中溶解氧损失将超过 50%。模型模拟表明，到 2100 年，海洋中缺氧区体积可能将增加 10%～30%。当然，模型预测结果也存在很大不确定性，但无论如何，海洋变暖总体上会导致未来一个时期海水溶解氧浓度降低。

氧气会影响生物的生理生化过程和生物地球化学过程，但这种影响因种或类群而异。低氧区的存在和扩展会影响一些动物垂直迁移深度，压缩其栖息区域。

5. 海洋酸化

海洋酸化是指海洋 pH 在较长一段时间（通常是几十年或更长的时间）内的降低，其原因主要是海洋对大气二氧化碳的吸收。海洋酸化也可能是由海洋中其他化学物质的增加或减少引起的。人为海洋酸化是指由人类活动引起的那部分 pH 降低。

随着大气中二氧化碳浓度的增加，海洋会吸收更多的二氧化碳，继而导致海洋表层 pH 降低和碳酸钙的饱和度降低。碳酸钙对一些水生动物外壳的形成十分重要。

工业时代以来，海洋对二氧化碳的吸收导致海洋表层水的 pH 平均下降了 0.1，对应的酸度上升了 26%（Jewett & Romanou，2017）。沿海的 pH、二氧化碳分压和碳酸钙饱和度的变动高于开放海域。由冰融化和/或过量降水造成的盐度降低会加剧水的酸化，因为酸碱缓冲物质的浓度被稀释。表层水酸化率变化存在区域差异：北大西洋的酸化率比亚热带大西洋高出 50%，而且北冰洋的酸化速度比全球平均水平快，因为冷水可以吸收更多的二氧化碳。

虽然人们对酸化过程的性质已十分了解，对酸化速度的预测也十分确定，但对未来几十年后酸化的结果仍不清楚。海洋酸化对海洋生物的影响类型和程度因这些生物对酸化的生理应对能力差异而异。海洋酸化研究仍处于早期发展阶段，多数仅是在实验室条件下对短期、单因子敏感性的研究，而对长期反应和应对能力及多因子（如温度和酸化或含氧量和酸化）的研究还待加强。

6. 水域初级生产量变化

浮游植物的生产是海洋食物网的基础过程，控制着更高营养层次动物能量和食物可得性。不同的模型预测的气候变化对全球海洋初级生产影响的结果不尽相同。最近的研究表明，到 2100 年全球海洋初级生产量将下降 6%±3%（Kwiatkowski et al.，2017），但一些北极和北方淡水湖泊的初级生产量会有所增加（Michelutti et al.，2005）。

另外，在气候变化的影响下，全球和区域性海洋环流正在发生变化，墨西哥湾流和加利福尼亚海流（the California Current）上升流在弱化，而其他上升流在强化，如金丝雀流（the Canary Current）、洪堡流（the Humboldt Current）和本格拉流（the Benguela Current）。这些变化不仅会对海洋渔业资源产生较大影响，也会直接或间接影响水产养殖。

4.4.2 全球气候变化对水产养殖的影响

气候变化正导致养殖水体温度、pH、盐度及极端天气事件的频次和强度等方面的变化，所有这些变化都可能对水产养殖产生影响。气候变化对水产养殖产生的影响可分为直接影响和间接影响，还可分为短期影响和长期影响。短期影响包括由极端事件、疾病、有毒藻类和寄生虫造成的生产损失或基础设施损失，以及生产条件不佳导致的产量下降。长期影响包括野生苗种匮乏、生产用淡水资源受限、海洋和陆地来源的饲料资源受限，生产条件不佳、富营养化和其他干扰而造成的生产力下降等（Barange & Cochrane，2018）。

气候变化影响的尺度有大有小，小的会改变水生生物的新陈代谢，大的会对全球范围的水产养殖活动产生影响。现有资料表明，全球气候变化对水产养殖造成的不利影响可能会超过有利的影响。

气候驱动的长期趋势，如温度和盐度的上升，比短期气候极端事件的增加更容易解决。对于长期变化，我们有时间计划和实施应对措施，而对突发事件和短期事件，如风暴潮等，则更难有计划地应对。

就对气候变化的敏感性和适应能力而言，在淡水养殖方面，亚洲是最脆弱的地区，尤以越南最脆弱，其次是孟加拉国、老挝和中国。伯利兹、洪都拉斯、哥斯达黎加和厄瓜多尔在美洲是较脆弱的国家，而乌干达、尼日利亚和埃及在非洲是较脆弱的国家。在半咸水养殖方面，越南、埃及和泰国最脆弱。在海水养殖方面，挪威和智利被认为是最脆弱的国家（Barange & Cochrane，2018）。

4.5　水产养殖与温室气体排放

世界水产养殖每年排放温室气体 219.5Mt CO_2 当量，LCA 评估的数据为 245Mt CO_2 当量，占总温室气体排放量的 0.55%（Boyd & McNevin，2014）。虽然水产养殖 CO_2 排放量并不高，但我们仍有继续减排的余地。

2013 年，我国 CO_2 的排放量达 100 亿 t，占世界 CO_2 排放总量（361 亿 t）的 27.7%，已经超过了美国和欧盟等发达国家和地区的排放量（Friedlingstein et al.，2014）。作为发展中国家，根据《联合国气候变化框架公约》规定的“共同但有区别的责任”原则，我国不具有强制减排义务，但我国自愿采取减排措施。2015 年在巴黎气候变化大会上，我国承诺，到 2030 年左右我国将使 CO_2 排放量达到峰值，单位国内生产总值 CO_2 排放比 2005 年下降 60%～65%。水产养殖业也理所当然地对我国履行承诺负有一定的责任。

水产养殖系统对全球气候变化的作用主要体现在 4 个方面：在设施建造、产品生产和消费过程中直接或间接排放的温室气体；捕获养殖生物输出碳；养殖水体沉积物对碳的封存作用；养殖水体水—气界面温室气体逸散和溶入。本节将就上述 4 方面的情况作一简要介绍。

4.5.1　水产养殖的直接能耗及碳排放

据徐皓等（2011）的调查，我国 2008 年前后渔业生产领域年总能源消耗为 1754 万 t 标准煤，其中水产捕捞、养殖和加工所占的比重分别为 66%、21%和 13%。水产养殖业年能耗总量约为 362.1 万 t 标准煤。从能耗结构看，池塘养殖由于生产规模大，能耗占养殖能耗总量的 61.3%；其次是工厂化养殖，占 21.3%；网箱养殖和网栏养殖的能耗占 14.3%。

从能量结构关系角度看，水产养殖系统可分为 4 种类型：天然的水产养殖系统、亚天然的水产养殖系统、人工辅助的水产养殖系统和全人工辅助的水产养殖系统（详见第 2 章）。它们对人工辅助能，如电、煤等的依赖程度也依次增大。

2008 年我国池塘和 2007 年工厂化养殖生产单位产品能耗状况见表 4-6（车轩等，2010）。海水池塘养殖的能耗是淡水池塘养殖的能耗的 6.7 倍。

表 4-6　中国不同水产养殖模式的年能耗

Tab. 4-6　Average annual energy consumption of different aquaculture models in China

养殖模式 Models	单产/(kg/hm^2) Production	单产能耗/(kWh/kg) Energy consumption
淡水池塘养殖 Freshwater ponds	12 681±1 037	0.62 ±0.07
海水池塘养殖 Mariculture ponds	12 938±1 336	4.19 ±0.35
工厂化流水养殖 Running water systems	173 070±15 317	8.66 ±0.94
工厂化循环水养殖 Recirculation systems	244 622±77 320	5.07 ±1.90

我国传统的四大家鱼池塘养殖的单产能耗较低，仅 0.17kWh/kg，而池塘虾类养殖能耗较高，达 1.21kWh/kg（表 4-7）。

表 4-7　中国淡水池塘主要养殖种类的年能耗

Tab. 4-7　Average annual energy consumption in freshwater pond culture of different species in China

养殖种类 Species	单产/(kg/hm^2) Production	单产能耗/(kWh/kg) Energy consumption
四大家鱼 Chinese carps	15 292±1 062	0.17±0.02
黄颡鱼 *Pelteobagrus fulvidraco*	5 906±901	0.19±0.06
罗非鱼 Tilapia	18 469±3 266	0.36±0.17
鳗鲡 Eel	23 160±3 947	1.07±0.12
河蟹 Mitten crab	1 044±64	1.11±0.45
虾类 Shrimps	6 431±207	1.21±0.10

Robb 等（2017）研究了孟加拉国、印度和越南养殖尼罗罗非鱼、鲤科鱼和条纹鲇的耗能（表 4-8）。结果表明，印度池塘养殖鲤科鱼耗能要比越南养殖条纹鲇高 3.8 倍，比中国养殖罗非鱼耗能少一些。

表 4-8　几种鱼类养殖能耗

Tab. 4-8 Total energy consumption on-farm for several fish species

种类、国家和系统 Species, country and system	能量消耗/(kWh/kg) Energy consumption	参考文献 Reference
尼罗罗非鱼/孟加拉国 Nile tilapia/Bangladesh		
池塘 Pond	0.199	Robb et al.，2017
鲤科鱼/印度 Major carps/India		
池塘 Pond	0.224	Robb et al.，2017
条纹鲇/越南 Striped catfish/Vietnam		
池塘 Pond	0.0585	Robb et al.，2017
小养殖场 Small farms	0.183	Henriksson et al.，2014
中养殖场 Medium farms	0.243	Henriksson et al.，2014
大养殖场 Large farms	0.0675	Henriksson et al.，2014
池塘中的网箱 Cages in ponds	0.0907	Bosma et al.，2011

以上仅是养殖过程中的能耗，未包括饲料生产的能耗。尼罗罗非鱼、鲤科鱼和条纹鲇生命周期评估（评估方法详见第 14 章）的 CO_2 排放量为 1.58kgCO_2 当量/kg 鲜重、1.84kgCO_2 当量/kg 鲜重和 1.37kgCO_2 当量/kg 鲜重，其中绝大部分是饲料生产产生的 CO_2

排放量（Robb et al.，2017）。关于水产养殖设施建造和消费过程间接排放的温室气体请参见第 14 章碳足迹内容。

4.5.2　养殖生物捕获产生的碳输出

水产养殖产品的收获相当于从养殖水域生态系统移出大量的有机碳。大部分淡水鱼类的含碳量占干重超过 50%，最高可以达到 64.9%；淡水虾类含碳量在 43%左右，贝类在 40%左右，通过收获淡水水产品可有效地从养殖水体移出大量的碳（解绥启等，2013）。2009 年我国淡水养殖产品总移出碳量约为 130 万 t，12 个主要种类移出碳的数量见表 4-9（解绥启等，2013）。我国传统养殖鱼类，如鲢、鳙、草鱼、鲤、鲫等产量较高，通过它们移出的碳也较多。由于河蟹甲壳中富含碳，所以，河蟹养殖产品移出的碳量也较大。

表 4-9　2009 年中国淡水养殖产品碳移出量

Tab. 4-9　Carbon removal by freshwater aquaculture species in China in 2009

种类 Species	含碳量/% Carbon content in wet weight	全国年产量/t Annual production	移出碳/t Carbon removal
鲢 Silver carp	16.19	3 484 442	564 149
鳙 Bighead carp	13.40	2 434 555	326 204
草鱼 Grass carp	12.81	4 081 520	522 990
鲫 Crucian carp	14.22	2 055 478	292 356
鲤 Common carp	11.36	2 462 346	279 708
团头鲂 Blunt-snout bream	16.87	625 789	105 579
鳜 Mandarin fish	12.73	235 514	29 975
虾 Shrimps	11.08	833 242	92 368
河蚌 Clam	8.90	88 984	7 920
螺 Snail	7.93	99 080	7 860
蚬 Corbicula	11.06	20 125	2 226
河蟹 Mitten crab	11.10	574 235	63 656

我国大型海藻年养殖产量为 120 万～150 万 t，其干物质含碳量在 20%～35%。2007 年我国海藻养殖固碳量约为 34 万 t。2007 年我国贝类养殖产量为 994 万 t，其软组织含碳量为 42.2%～46.0%，贝壳含碳量为 11.3%～12.7%，因此，贝类养殖固碳量约为 88 万 t。从 1999 年到 2008 年 10 年间我国海水贝、藻养殖总共利用了 3789 万 t 碳，1204 万 t 碳通过收获而被移出了养殖海域（Tang et al.，2011）。贝类通过生物钙化的作用利用海水中的 Ca^{2+}和 HCO_3^- 生成主要以文石和方解石晶体的形式存在的贝壳，实现对碳的永久固定。这些封存的碳有相当一部分可能会经过漫长的地质年代才会再次进入生物地化循环过程。

4.5.3　养殖水体对碳的封存

残饵、粪便等有机颗粒沉积在养殖水体的底部会形成大量底泥，其有机碳浓度很高。如果不做清淤处理，这些有机碳会长久封存起来，并对全球的碳循环产生一定的影响。

Boyd 等（2010）报道了 9 个国家 233 个内陆养鱼和养虾池塘底泥对有机碳封存的效果。调研池塘的年龄 14.9 年±10.4 年，底泥厚度 16.8cm±11cm，年淤积速率为 1.44cm±0.79cm。沉积物中有机碳浓度为 2.46%±1.21%，底泥年分解速率为 144m^3/hm^2。

对施有机肥、施化肥和投饲料养殖罗非鱼的池塘研究表明，养殖过程中施粪肥养殖池塘有机碳输入输出差最高，达 2453g/(m^2·年)（表 4-10），而施化肥的池塘则为 1426.8g/(m^2·年)，二者相应的碳埋藏速率为 124.6～249.3g/(m^2·年)和 71.3～142.7g/(m^2·年)。这些养殖池塘中浮游植物光合作用产生的有机物都是重要甚至主要的有机碳来源。

表 4-10 典型淡水罗非鱼养殖池塘有机碳收支状况

Tab. 4-10 The organic carbon budget in typical culture ponds for tilapia

变量 Variables	有机碳/[g/(m^2·年)] Organic carbon		
	施粪肥池塘 Manure	施化肥池塘 Chemical fertilizer	投饲池塘 Feeds
输入 Input			
有机肥 Manure	1400	—	—
饲料 Feeds	—	—	450
光合作用生产 Photosynthesis	1095	1460	1460
纳水 Inflow	10	10	10
输出 Output			
排水 Effluent	30	30	40
鱼获物 Fish	22	13.2	66
输入输出差比 Input-output	2453	1426.8	1814
碳埋藏 Carbon burial	124.6～249.3	71.3～142.7	90.7～181.4

资料来源：Boyd 等，2010

Data from Boyd et al., 2010

世界范围内约 11.1 万 km^2 的内陆水产养殖池塘对全球碳的封存起着一定作用。这些池塘沉积物每年可封存或埋藏的碳量达 1660 万 t（表 4-11），占全球每年碳总排放量（80 亿 t）的 0.21%，其中占全球养殖池塘面积 55.9%的中国所起的作用最为重要。

表 4-11 全球内陆水体面积和有机碳年埋藏率和埋藏量

Tab. 4-11 Global areas of inland water bodies and annual rates and amounts of organic carbon burial in these systems

水体 Waters	全球面积/km^2 Global area	碳埋藏速率/[t/(hm^2·年)] Carbon burial rate	全球碳埋藏量/(Mt/年) Global carbon burial
大湖和内海 Large lakes and inland seas	2 180 000	0.05	11
小湖 Small lakes	320 000	0.72	23
大水库 Large reservoir	400 000	4.0	160
养殖池塘 Ponds	110 800	1.5	16.6
淡水 Freshwater	87 500	1.5	13.1
半咸水 Brackish water	23 330	1.5	3.5
农用围堰 Agricultural impoundments	77 000	21.2	163

资料来源：Boyd 等，2010

Data from Boyd et al., 2010

在海水养殖方面，陈燕（2016）研究了投饲单养对虾池塘（S）和不投饲混养对虾与刺参池塘（SS）有机碳收支状况。在进水界面和排水界面，各养殖时段投饲养殖的 S 池塘排水中溶解有机碳（DOC）、颗粒有机碳（POC）及总有机碳（TOC）浓度均高于进水中相应的浓度，这意味着 S 池塘排水输出的有机碳量均高于纳水输入的有机碳量。全年养殖过程中 S 池塘纳水输入的有机碳量为 1013.3kg/hm^2，而通过排水输出的有机碳量则为 1476.9kg/hm^2，排水输出的有机碳量是纳水有机碳总量的 145.8%，因此排水中较高的有机碳含量可能会对近海环境产生一定的负面影响。

不投饲的 SS 池塘排水中 DOC、POC 和 TOC 浓度均低于进水中的浓度，并且各养殖时段排水输出的有机碳量都低于纳水输入的有机碳量。全年养殖过程中 SS 池塘纳水输入的有机碳量为 1678.2kg/hm^2，而排水输出的有机碳量为 1258.7kg/hm^2，排水输出的有机碳总量是纳水输入的 75.0%。该刺参-对虾混养池塘降低了纳入水中 25.0%的有机碳。Li 等（2013）对刺参-海蜇-对虾综合养殖系统的研究也得出类似的结果，因此，不投饲的刺参综合养殖系统是近海环境有效的净化系统。

S 池塘在周年养殖过程中由饵料、初级生产和纳水输入的有机碳量分别为 1155.6kg/hm^2、2308.6kg/hm^2 和 1013.3kg/hm^2，而由排水和养殖动物生产所输出的有机碳量分别为 1476.9kg/hm^2 和 234.7kg/hm^2。S 池塘沉积的有机碳量为 2765.9kg/hm^2。按照全年养殖系统中有机碳分解率为 90%～95%（Boyd et al.，2010），则 S 池塘每年碳封存量为 138.3～276.5kg/hm^2。

SS 池塘在周年养殖过程中由初级生产和纳水输入的有机碳量分别为 2071.7kg/hm^2 和 1678.2kg/hm^2，而由排水、养殖动物生产及浒苔打捞输出的有机碳量分别为 1258.7kg/hm^2、42.94kg/hm^2 和 890.1kg/hm^2。养殖过程中累积的有机碳量为 1558.1kg/hm^2。按照全年养殖系统中有机碳分解率为 90%～95%，则 SS 池塘每年碳封存量为 77.9～155.8kg/hm^2。

Kennedy 等（2010）利用同位素跟踪方法对全世界 88 个海区调查发现，海草对碳的沉积率每年为 41～66gC/m^2，全世界海草每年沉积的碳量为 48～112Tg。贝类养殖中贝类死亡和贝类产生的生物沉积（粪便和假粪）作用也会增加碳封存。据杨茜等（2014）研究，由于大规模养殖贝、藻的原因，桑沟湾海域底层颗粒有机碳平均表观沉降通量为 20.01g/(m^2·d)，显著高于我国其他近岸海域，而且贝类筏式养殖区高于海带养殖区。这种生物耦联或生物泵作用加速了碳从水体向沉积界面的垂直迁移。

4.5.4　池塘水—气界面温室气体通量

就水—气界面而言，不同的水域生态系统对大气 CO_2 和 CH_4 浓度的增加具有不同的贡献。总体而言，内陆淡水湖泊是大气 CO_2 的源，海洋是大气 CO_2 的汇。据估测，世界范围内湖泊 CO_2 的释放量约为 0.14PgC/年（Pg=10^{15}g）（Cole et al.，1994）。淡水湖泊 CH_4 的平均释放率为 18.1mgCH_4/(m^2·h)（Ortiz-Llorente & Alvarez-Cobelas，2012），其中富营养湖泊 CH_4 释放率显著高于贫营养湖泊。全世界淡水湖泊 CH_4 的释放量为 8～48Tg C/年（Tg=10^{12}g）（Bastviken et al.，2004）。

海洋系统是地球上最大的碳汇，整个海洋含有的总碳量达到 3.9×10^{13}t，占全球总碳量的 93%。从千年尺度上讲，海洋吸收了人类排放的 80%～95%的 CO_2。就当前来看，海洋可以吸收大约 25%的 CO_2 排放量（Rödenbeck et al.，2013），并且沿海陆架吸收量占总吸收量的 50%（Cai et al.，2006）。海洋的 CH_4 平均释放率为 1.45mgCH_4/(m^2·h)，其排放速率远低于内陆湖泊。世界范围内海洋 CH_4 的总排放量为 10.9～17.8TgC/年（Ortiz-Llorente & Alvarez-Cobelas，2012）。就区域而言，河口和沿海陆架有机物含量较高，其 CH_4 释放率[3.29mgCH_4/(m^2·h)]高于大洋区。

2014 年我国淡水养殖池塘面积达 608 万 hm^2，占淡水总养殖面积的 72.5%；海水养殖池塘面积为 45.7 万 hm^2，占总海水养殖面积的 20.0%。因此，池塘养殖水面温室气体的逸散或溶解是水产养殖活动对全球气候变化影响的重要方面。

Chen 等（2015）2013 年研究了山东省高青县淡水草鱼混养池塘水—气界面的 CO_2 通量，结果显示，其 CO_2 通量具有显著的昼夜变化和季节变化；草鱼养殖池塘 CO_2 通量的平均值为 97.8mg/(m^2·h)，高于湖泊的通量，但低于沼泽的平均释放量（表 4-12）。

表 4-12　不同淡水生态系统水—气界面 CO_2 通量的比较[mg/(m^2·h)]

Tab. 4-12　Comparisons of CO_2 fluxes in different inland freshwater systems [mg/(m^2·h)]

观测地点 Site	观测时间 Time	平均值 Mean	变化范围 Range	参考文献 Reference
草鱼养殖池塘 Aquaculture ponds for grass carp	2013.4	1.7	–5.0～10.3	Chen et al.，2015
	2013.5	28.3	21.4～33.1	
	2013.6	37.2	31.3～47.6	
	2013.7	212.9	139.7～298.1	
	2013.8	181.9	33.7～311.8	
	2013.9	124.9	15.0～207.7	
武汉东湖 Lake Donghu	2003.3～2003.5	–2.5	—	Xing et al.，2005
	2003.6～2003.8	–5.7	—	
	2003.9～2003.11	5.8	—	
	2003.12～2004.2	58.8	—	
	平均值 Average	14.1	–58.6～159.4	
湖北扁担塘湖 Lake Biandantang, Hubei	2003.3～2003.5	28.8		Xing et al.，2006
	2003.6～2003.8	–31.7		
	2003.9～2003.11	–30.0		
	2003.12～2004.2	212.1		
	平均值 Average	44.8	–152.3～464.5	
淡水沼泽 Freshwater marshes	2002.6～2002.12	428.8	18.7～965.4	Song et al.，2006
	2003.1～2003.12	328.5	11.1～779.3	
	2004.1～2004.12	281.1	2.36～873.7	

另据 Chen 等（2016）的研究，海水池塘投饲单养对虾（S）和不投饲混养对虾与刺参（SS）池塘水—气界面 CO_2 累积通量分别为–5.69g/m^2（两季）和 11.23g/m^2（一周年）（表 4-13）。从数值上看，海水养殖池塘 CO_2 的通量值介于海洋和淡水湖泊之间，即大于海洋、小于淡水湖泊的通量。投饲养殖的 S 池塘水—气界面 CO_2 的累积通量为负值，表明实验期间该养殖池塘是大气 CO_2 的汇。相反，不投饲的 SS 池塘的 CO_2 累积通量为正值，表明实验期间该养殖池塘是大气 CO_2 的源。

SS 池塘不投饲，营养水平较低，浮游植物的叶绿素 *a* 含量较低，水清澈见底，因此在温度较高的 7～8 月池底滋生大量浒苔。在此期间由于浒苔强烈的光合作用，固定了大量的 CO_2，使 SS 池塘呈现大气中 CO_2 的汇。投饲的 S 池塘和不投饲的 SS 池塘实验期间水—气界面 CH_4 形式碳的累积通量分别为 0.57g/m^2（两季）和 0.068g/m^2（一周年）（表 4-13）。从数值上看，海水养殖池塘 CH_4 的通量介于海洋和淡水湖泊之间，大于海洋小于淡水湖泊的。

表 4-13　各种水体 CO_2 和 CH_4 的通量及全球增温潜势比较（g/m²）

Tab. 4-13　Comparison of CO_2 and CH_4 fluxes and the global warming potentials in different water ecosystems (g/m²)

水体 Waters	CO_2-C emission	CH_4-C emission	GWP（CO_2）20-year situation	GWP（CH_4）20-year situation	综合增温潜势 cGWPs
S	–5.69	0.57	–20.87	54.72	33.85
SS	11.23	0.068	41.18	6.53	47.71
世界湖泊 Global lakes	107.0	13.3	107	957.6	1064.6
富营养湖 Eutrophic lake	121.6	8.53	121.6	614.2	735.8
中营养湖 Mesotrophic lake	390.0	7.7	390.0	554.4	944.4
贫营养湖 Oligotrophic lake	110.0	0.29	110.0	20.88	130.9
白令海 Baltic Sea	–35.2	0.05	–35.2	3.6	–31.6
北海 North Sea	–61.6	0.017	–61.6	1.22	–60.4
东海 East China Sea	–64.1	0.016	–64.1	1.15	–62.9

全球增温潜势（Global warming potential，GWP）常被用作估计不同温室气体对气候的潜在影响，通常以 CO_2 为参考气体，即将某种温室气体在一定时间范围内产生的增温效应折换成等质量的 CO_2。由于温室气体在大气中寿命有限，其增温潜势在不同年限差别较大。以 20 年为时间尺度，如果 CO_2 的 GWP 值为 1，则 CH_4 对应的值为 72。

就水—气界面而言，投饲养殖的 S 池塘是大气的碳汇（$-5.69g/m^2+0.57g/m^2=-5.12g/m^2$），而不投饲养殖的 SS 池塘是碳源（$11.23g/m^2+0.068g/m^2=11.30g/m^2$）。S 池塘和 SS 池塘的 cGWPs 分别为 33.55 和 47.71（表 4-13），这表明，海水养殖池塘，无论投饲与不投饲，对全球增温都具有正影响，即均会加速全球变暖。

以往的研究表明，尽管海洋也会释放少量 CH_4，但其对 CO_2 具有强烈的吸收作用，因此，海洋的全球增温潜势为负值，即可减缓全球变暖。湖泊与海洋不同，其释放大量的 CO_2 和 CH_4，其全球增温潜势很大，而且可能随着水体富营养化程度的提高其 CH_4 增温潜势也会大幅增加。海水养殖池塘在全球增温潜势方面是介于海洋和湖泊之间的中间类型，它们都释放一定量的 CH_4，但由于受养殖管理等人为因素的影响，有的释放 CO_2 有的则吸收 CO_2。

就水—气界面而言，不投饲的 SS 池塘呈现大气中 CO_2 的源，每年释放的气体态碳的量为 113.0kg/hm²，与碳封存量相当（77.9～155.8kg/hm²）。不投饲的 SS 池塘中水—气界面碳通量与碳封存量的比值为 0.73～1.45，高于富营养型的东湖（0.08），却低于贫营养型的湖泊（1.16、3.88）及世界范围内湖泊的平均水平（2.3）（陈燕，2016）。因此，虽然不投饲的 SS 池塘在水—气界面呈现大气中碳的释放源，但释放量最终可以通过碳封存作用抵消。

该实验表明，投饲的 S 池塘虽然对全球温室效应有一定的积极贡献，但另一方面可能会通过排水中较高的有机碳含量对近海水域产生一定的负面影响。而不投饲的 SS 池塘通过生物利用和沉积作用可有效地消纳一部分通过纳水进入养殖池塘的有机碳量，此外，SS 池塘通过水—气界面释放少量的气体碳也可以通过碳封存作用抵消。综上所述，不投饲的 SS 池塘是更为环境友好的养殖模式。

4.5.5 碳汇渔业

通常意义上的碳汇（Carbon sink），是指通过植树造林、植被恢复等措施，吸收大气中的二氧化碳，从而减少温室气体在大气中浓度的过程、活动或机制。近年来，国际上海洋蓝碳（Ocean blue carbon）研究正在逐渐兴起。海洋蓝碳是指大气 CO_2 被吸收和固定在海洋中的那部分碳。唐启升院士还提出了“碳汇渔业（Carbon sinking fisheries）”概念，他将通过渔业生产活动促进水生生物吸收水体中的 CO_2、具有直接或间接降低大气 CO_2 浓度效果的渔业生产活动称为碳汇渔业（Tang et al.，2011）。有些学者也将凡不需投饵的水产养殖活动，也称提取型水产养殖（Extractive aquaculture），都归为碳汇渔业范畴（解绶启等，2013；杨健等，2012）。

1999～2008 年 10 年间，我国海水贝类的贝壳固定碳 67 万 t 碳，相当于 245 万 t CO_2，折合成“碳汇林”约 27.9 万 hm^2（Tang et al.，2011）。我国淡水养殖的鱼类食物链相对较短，很多是不用投饲料就可养殖的滤食性鱼类，如鲢、鳙，这些鱼类的养殖可以从养殖水域净移出大量的有机碳。2009 年我国淡水养殖产品总移出碳量约为 130 万 t（解绶启等，2013）。

从整体上看，水产养殖系统与全球气候变化的关系应考虑三个界面的作用：一是物质的投入—产出界面的通量，二是水—气界面温室气体的通量，三是养殖水体沉积物—水界面的通量。更广泛的考虑，还应包括养殖过程中直接和间接能源消耗产生的温室气体（见第 14 章的碳足迹）。

我国内陆渔业一方面通过有机碳收获从养殖水域移出了大量的碳，但另一方面，滤食性鱼类放养对养殖水体水—气界面 CO_2 通量的影响仍需进一步研究。在很多情况下，滤食性鱼类的放养可以抑制水体浮游植物生物量，而另一些情况则可加速水体中氮、磷等营养物质的循环，促进水体浮游植物生物量的增加（赵文等，2001d，2000a；董双林，1994）。浮游植物的光合作用与水体水—气界面 CO_2 通量密切相关。

海水贝类养殖可以通过生物沉积作用和贝壳的钙化作用封存大量的碳，同时，贝类钙化过程中每生成 1mol 的 $CaCO_3$，在淡水水体中能够释放约 1mol 的 CO_2，而海水中也会生成大约 0.6mol 的 CO_2（Ware et al.，1992）。Chauvaud 等（2003）研究入侵美国旧金山湾的蓝蛤（*Potamocorbula amurensis*）后发现，蛤类是产生 CO_2 的源。该区域蓝蛤每年通过钙化作用能够释放 $18gC/m^2$ 的 CO_2，而通过呼吸能够释放 $37gC/m^2$ 的 CO_2，并且由蓝蛤呼吸和钙化产生的 CO_2 超过了初级生产固定 CO_2 的量。一些学者认为，由于钙化和呼吸作用，贝类养殖是产生 CO_2 的源（Mistri & Munari，2012；Golléty et al.，2008；Gazeau et al.，2007；Chauvaud et al.，2003）。

张东旭（2015）的研究也证实，海水池塘中混养贝类会增加水—气界面 CO_2 向空气中的逸散。实验结果显示，海水蟹单养和虾蟹混养池塘系统在实验期间均表现为稳定的对大气 CO_2 的汇，水—气界面 CO_2 通量平均值分别为 $-47.06mg/(m^2 \cdot h)$ 和 $-49.99mg/(m^2 \cdot h)$，变化范围分别为 -68.22～$-30.50mg/(m^2 \cdot h)$ 和 -74.11～$-41.12mg/(m^2 \cdot h)$。而虾蟹贝混养池塘系统在养殖前期和中期表现为对大气 CO_2 的源，养殖后期则表现为汇。CO_2 通量变化在 -27.06～$104.88mg/(m^2 \cdot h)$，平均通量 $39.49mg/(m^2 \cdot h)$，也就是说，整体上表现为对大气

CO_2 的源。与上述研究不同的是，张继红等（2013）对桑沟湾 pCO_2 的测定结果显示，pCO_2 总体的空间分布趋势都是湾内向湾外递增，即贝类养殖区＜贝藻混养区＜藻类养殖区＜非养殖区，也就是贝类养殖并没有增加水体的 pCO_2。

根据张明亮（2011）的研究，桑沟湾养殖的栉孔扇贝每年通过呼吸和钙化分别放出碳 1.22×10^4t[446mgC/(m^2·d)]和 7.57×10^2t[27mgC/(m^2·d)]。通过生物沉积作用每年有 8.71×10^4t[3183mgC/(m^2·d)]碳被沉降到沉积物界面，通过贝壳钙化也可固碳 1.06×10^3t，这些碳绝大部分被埋藏从而相当长的一段年限内脱离了地球化学循环。因此，张明亮认为，从整体上看，尽管养殖扇贝通过呼吸和钙化释放出部分碳，但有更多的碳通过生物沉积作用被埋藏，养殖栉孔扇贝在湾内碳循环中起到了碳汇的作用。

目前，关于碳汇渔业概念国内外仍未达成共识，这主要是因为碳汇渔业涉及的种类较多，另外，相关的研究还不够系统、深入。与森林中的树木能够较长期保存不同的是，水产养殖的大型藻类、鱼类等产品一般得不到长期封存，因此，它们还没得到碳汇产品认可。关于养殖贝类是否是碳汇产品，学界已从不同层面、不同角度展开了研究，也取得了丰硕的成果。人们看到了贝类呼吸会导致海水 pH 下降，这会使 CO_2 饱和度增加，不利于海水吸收大气中的 CO_2。但是，人们对贝类代谢产物对微藻光合作用的促进作用关注不够。藻光合作用增强会使海水 pH 提高，有利于海水吸收大气中的 CO_2。张东旭（2015）的研究已表明，混养贝类的海水池塘在前期和中期表现为对大气 CO_2 的源，养殖后期则表现为汇可能正是这一作用的表现。现在我们缺乏一个让学界信服、系统边界清晰、长时间跨度的实证研究结果。养殖贝类在未来可能会作为碳汇产品。

小　　结

1. 水产养殖与环境存在相互作用。一方面，随着经济、社会的发展，人类对水域生态环境的影响越来越大，进而对水产养殖的影响也越来越大；另一方面，随着水产养殖规模的迅速扩大，水产养殖对环境的影响也已到了不容忽视的程度。

2. 水产养殖方式多种多样，有些养殖方式（如网箱投饲养殖）的排污会加速水域富营养化，而另一些养殖方式（如海藻栽培）则会延迟水域的富营养化。自 20 世纪 70 年代起，人工颗粒饲料的应用和网箱养殖技术的推广，使得水产养殖规模迅速扩大，对环境的影响显得越来越明显。

3. 通常，低温、流水、海水中生活的动物对水质要求较苛刻，而暖水、静水、淡水中生活的动物则对水质适应性更广。

4. 对海水养殖和近岸环境影响较大的污染物主要为生活污水、化肥、杀虫剂、石油、重金属，有时还会受到有害水华等的影响。

5. 水产养殖对水域生物多样性、水质、生态环境、水域健康等方面具有直接或间接的影响。人们关注比较多的方面包括：养殖设施对水流的阻碍、养殖动物的生物沉积作用、富营养化、化学物质排放、养殖鱼类逃逸造成的外来物种入侵、红树林破坏、水域生物群落结构改变等。

6. 全球气候变暖会引起水文系统和降雨格局的变化、海平面上升、水温上升、水体溶解氧变化、海洋酸化和水域初级生产量变化等。这些变化会对水产养殖活动产生直接或间接影响。

7. 水产养殖系统对全球气候变化的作用主要体现在 4 个方面：在设施建造、产品生产和消费过程中直接或间接排放的温室气体；捕获养殖生物输出碳；养殖水体沉积物对碳的封存作用；养殖水体水—气界面温室气体逸散和溶入。

8. 就总体而言，内陆淡水湖泊是大气 CO_2 的源，海洋是大气 CO_2 的汇。但是，投饵养殖可能会使海水池塘从大气 CO_2 的汇变为大气 CO_2 的源。

9. 1999～2008 年 10 年间，我国海水贝类的贝壳固定碳 67 万 t 碳，相当于 245 万 t CO_2，因此，海水贝类养殖被称为“碳汇渔业”。然而，我们还缺乏系统边界清晰、长时间跨度的实验证明。

第 5 章 水产养殖动物的生长

5.1 水生动物的生长模式 125
5.1.1 水生动物生长的特点和个体大小 125
5.1.2 水生动物的生长模型 127
5.2 温度对水产养殖动物生长的影响 131
5.2.1 水生动物对温度的适应性 131
5.2.2 水温对养殖动物生长的影响 133
5.3 含盐量对水产养殖动物生长的影响 138
5.3.1 水生动物对含盐量的适应性 138
5.3.2 含盐量对养殖动物生长的影响 140
5.4 溶解氧对水产养殖动物生长的影响 143
5.4.1 水生动物对溶解氧的适应性 143
5.4.2 溶解氧对养殖动物生长的影响 144
5.5 光照对水产养殖动物生长的影响 145
5.5.1 水生动物对光照的适应性 145
5.5.2 光照对养殖动物生长的影响 147
5.6 水产养殖动物生长的个体变异 150
5.6.1 影响个体生长变异的因素 150
5.6.2 饲料投喂和放养密度与个体生长变异 154
5.6.3 放养规格与个体生长变异 157
5.7 周期性饥饿后水生动物的补偿生长 159
5.7.1 水生动物的补偿生长现象和特点 159
5.7.2 周期性饥饿后水生动物的补偿生长 160
5.7.3 影响补偿生长的因素 162
5.7.4 补偿生长的生理生态学机制 167
5.7.5 补偿生长理论应用实践 168
小结 168

水生动物的生长是指其长度或重量的增加，该过程受内源和外源两类因子及其相互作用的影响。内源因子主要是遗传型和生理状况，外源因子则主要是食物、温度、盐度、光照、溶解氧等水质因子及种内、种间竞争关系等。遗传型决定代谢类型和进程，是控制水生动物生长的基础，而环境因子则是生长、发育不可或缺的条件。

5.1 水生动物的生长模式

每一种水产养殖动物都有其特定的生长模式。生长速度是动物养殖价值的一个重要指标，可反映养殖生物的生物学特性，也可反映一个具体养殖水体的水质、生产管理水平等，是人们确定养殖周期的重要依据。

5.1.1 水生动物生长的特点和个体大小

鱼类是最重要的水产养殖生物类群。养殖鱼类同天然生活的鱼类一样具有特定的生长方式。就鱼类整体而言，其生长特点主要表现在以下 6 个方面（殷名称，1995）。

（1）不确定性。鱼类的生长变异较一般脊椎动物要大许多倍。鱼类个体生长变异很大，变异系数（即生长标准差除以平均数）一般为 20%～30%，远远超过了其他大多数的饲养动物（7%～10%）（Gjedrem，1997）。由于生活于水中，大多数鱼类在其一生中几乎可以连续不断地生长。就某一特定的个体而言，由于外源因子影响的不同，其生长速度具有很大的不确定性，我们很难精确预测某一时间节点某条鱼的重量和尺寸。刺参的生长变异比一般鱼类还要大许多，这既有内因（遗传）作用也有外因（环境）的作用（见5.5节）。

（2）可变性。在不同环境条件下养殖的鱼类，即使是同一种类，生长速度亦不同，达到性成熟的规格也会有所不同。同一物种的不同地理种群的生长型可能也不同，如长江、珠江和黑龙江三个水系鲢、鳙和草鱼的生长特性就有很大差异。长江中5^+龄鲢的平均体长为74.9cm，珠江水系中同龄的鲢为73.3cm，而黑龙江中的则为56.5cm（李思发，1998）。这是因为，长江种群的生长适温期虽较珠江的短，但长江的饵料生物更丰富，因此，长江种群的生长较珠江的快；而黑龙江水系虽饵料生物丰富，但其生长适温期毕竟太短，因此，黑龙江种群的生长较长江和珠江的都慢很多。即使是同一种群不同的年份其生长也有可能不同，这主要是因为气候、水文等因素也有年际变化。

（3）阶段性。通常，鱼类的生长周期可划分为性成熟前、性成熟后和衰老期三个阶段。鱼类性成熟前生长速度很快，这是对尽快避免被捕食的进化适应，也是养殖生产中养殖效益最佳的阶段。性成熟后，鱼类会将积累的大部分物质和能量用于性腺发育，因此，生长速度会明显减慢。性成熟年龄是确定养殖周期的重要依据。一般情况下，鱼类养殖生产的适宜阶段恰好是性成熟前的2～3个生长发育期，即仔鱼、稚鱼和幼鱼期。有些鱼类，如虹鳟，为了获得更大规格产品，养殖生产中开始放养性腺不发育的三倍体个体。

蜕壳是甲壳动物（如虾、蟹类）的基本特征之一。由于其体外坚硬的甲壳不能随着身体的增长而增长，仅能通过间歇性的蜕壳而周期性地增长体长。甲壳动物从上次蜕壳到下次蜕壳的时间，称一个蜕壳周期。蜕壳前的准备时期，称为蜕壳前期；开始蜕壳到新、旧壳分离的整个过程，称为蜕壳中期；从刚完成蜕壳，逐渐到软壳硬化的过程，称为蜕壳后期；甲壳硬化后到下次准备蜕壳的一段时间，称蜕壳间隔期。蜕壳中期虾、蟹体长和体重都急剧增加，但其体组织中水分较多。蜕壳后期和间隔期其体组织中的水分比例会逐渐减少。

（4）季节性。水生动物生长的季节性是一种受水温、饵料等季节变化影响的短周期生长模式。一般养殖水体的水温都具有季节变化，这一变化不仅会影响水体中的饵料丰度，还会影响养殖动物的摄食行为、代谢强度和生长速度。对于广温性的鱼类，冬季由于停食或摄食减少而生长停滞或减慢；春季水温升高，其生长速度加快，夏季最快；秋季生长速度开始回落。

温带地区池塘中养殖刺参生长的季节性表现得尤为突出。刺参为寒温带海洋棘皮动物，当水温超过20℃时，刺参会进入夏眠状态，而当水温低于3℃时，其又逐渐进入冬眠状态。通常，大规格的刺参进入夏眠的温度稍低些。

（5）雌雄相异性。许多种水生动物雌、雄个体的生长模式不尽相同，雌、雄个体在体型及大小等方面存在明显差异。例如，半滑舌鳎雄性个体生长很慢，性成熟的雌、雄个体差异很大。因此，养殖生产中人们总是将雄性个体剔除或养殖全雌群体。武汉东湖各龄鲢、鳙雌鱼的体长都大于雄鱼的体长，同时，鲢、鳙生长的性别差异随年龄的增长而加大。雌、雄鲢 1～4 龄的体长瞬时生长率依次相差 0.56%、2.75%和 17.61%，雌、雄鳙 1～3 龄体重瞬时生长率分别相差 0.70%和 6.56%（阮景荣，1986）。生产中养殖虹鳟全雌个体是因为其性成熟时间一般比雄性个体晚一年，更容易获得更大规格产品。

（6）等速性和异速性。鱼类各部分的生长速度可以相同（等速性）也可能不同。鱼类某些组织如鳞片、耳石、脊椎骨等的生长速度与其体长的生长速度相同，因此，人们常用这些组织来推断鱼类的年龄和某年龄的体长等。

鱼类的个体大小是物种的主要属性之一。不同鱼类的年绝对生长速度与体型大小呈正比，在相同条件下，巨型、大型、中型和小型鱼类的年生长速度通常会随体型减小而递减。表 5-1 中列出了一些鱼类的最大体重。

表 5-1　主要养殖鱼类的最大规格（kg/尾）

Tab. 5-1　Maximum body weights of farming fishes (kg/ind.)

类型 Types	鱼名 Species	体重 Weights	鱼名 Species	体重 Weights	鱼名 Species	体重 Weights
巨型鱼 Giant fish	达氏鳇	1000	中华鲟	550	西伯利亚鲟	200
	史氏鲟	108	俄罗斯鲟	＞100		
大型鱼 Large fish	匙吻鲟	83	青鱼	70	眼斑拟石首鱼	56.8
	鳙	50	美洲条纹鲈	45	军曹鱼	43
	大口鲇	40	鲤	40	六须鲇	40
	大菱鲆	40	鲇	35	草鱼	35
	鲢	35	虹鳟	25	花鲈	25
	杜氏鰤	＞20	斑点叉尾鮰	20	短盖巨脂鲤	20
	大麻哈鱼	15	遮目鱼	15	褐牙鲆	15
	长吻鮠	13	鲻	12	革胡子鲇	＞10
	卵圆鲳鲹	＞10	红旗东方鲀	10	鳗鲡	10
	真鲷	10				
中型鱼 Medium fish	加州鲈	8	鲮	8	星鲽	8
	赤点石斑鱼	6.2	紫红笛鲷	6	尖吻鲈	＞5
	半滑舌鳎	＞5	三角鲂	5	银鲫	5
	尼罗罗非鱼	5	乌鳢	5	鳜	5
	许氏平鲉	＞4	鳊	4	黑鲷	＞3
	石鲽	＞3	斜带髭鲷	＞3	大黄鱼	＞3
	细鳞斜颌鲴	3	团头鲂	3	蓝鳃太阳鱼	＞2
	暗纹东方鲀	＞2	大泷六线鱼	＞1	大黄鱼	3.8
小型鱼 Small fish	香鱼	0.9	中华乌塘鳢	0.5	斑点胡子鲇	0.4
	泥鳅	0.1	池沼公鱼	0.02	大银鱼	0.02

资料来源：刘焕亮和黄樟翰，2008

Data from Liu & Huang, 2008

5.1.2　水生动物的生长模型

鱼类是水生生物中被研究最多的动物。鱼类生物学家研究出了一些模型或方程用于描述鱼类生长特性，如 von Bertalanffy 方程和能量收支模型等。

1. 鱼类 von Bertalanffy 方程

鱼类与一般动物不同的特点之一是一生中不停地生长，只是性成熟前的生长速度明显快于性成熟后的生长速度。体重生长曲线呈不对称的“S”形，拐点一般出现在性成熟期。拐点年龄前生长呈加速趋势，拐点年龄后则逐渐减速。

von Bertalanffy（1938）从新陈代谢角度认识“生长”概念，即鱼体瞬时增重量（生长）等于瞬时同化作用增加量与异化作用减少量的差。同化率（A）与生理吸收面积（S）呈正比，而异化率（D）与总消耗率或体重（W）呈正比，因此：

$$\mathrm{d}W/\mathrm{d}t = AS - DW$$

假设鱼体为等速生长，则 $W = ql^3$，$S = pl^2$（q、p 为常数，l 为体长），则：

$$\mathrm{d}(ql^3)/\mathrm{d}t = Apl^2 - Dql^3$$

$$\mathrm{d}l/\mathrm{d}t = (Apl^2 - Dql^3)/3ql^2 = (Ap/3q) - (D/3)l$$

这一线性微分方程的解为：

$$l_t = (A_p/D_q) - (A_p/D_q - l_0)\mathrm{e}^{-(D/3)t}$$

当 t 无限增加时，$l_t \rightarrow A_p/D_q$，因此，A_p/D_q 为平均渐进长度，$D/3$ 为常数，简写为 k；因此 $l_t = L_\infty - (L_\infty - l_0)\mathrm{e}^{-kt}$，其变换式为：

$$l_t = L_\infty(1-\mathrm{e}^{-k(t-t_0)})$$

由于等速生长，$W_t = al_t^3$，$W_\infty = aL_\infty^3$。所以：

$$W_t = W_\infty(1-\mathrm{e}^{-k(t-t_0)})^3$$

以上就是 von Bertalanffy 方程及其推导过程。上式中 t 为年龄，l_t 和 W_t 为 t 龄时的平均体长和体重，L_∞ 和 W_∞ 为平均渐进体长和体重，k 为生长系数，t_0 为理论生长起始年龄。

像其他鱼类生长规律一样，鲢、鳙的生长模式也符合 von Bertalanffy 方程。依据阮景荣（1986）的推算，武汉东湖鲢、鳙的生长模式为：

鲢　$l_t = 99.8(1-\mathrm{e}^{-0.3040(t-0.4821)})$

鳙　$l_t = 117.6(1-\mathrm{e}^{-0.3088(t-0.5392)})$

鲢、鳙的最大体长 l_∞ 分别为 99.8cm 和 117.6cm。

由于鲢、鳙体长与体重回归方程中系数 b 的值均接近于 3，依其 l_∞ 的值计算得到它们最大体重 W_∞ 分别为 17 104g 和 29 311g。它们的年龄与体重的关系如下式和图 5-1。

鲢　$W_t = 17\,104(1-\mathrm{e}^{-0.3040(t-0.4821)})^3$

鳙　$W_t = 29\,311(1-\mathrm{e}^{-0.3088(t-0.5392)})^3$

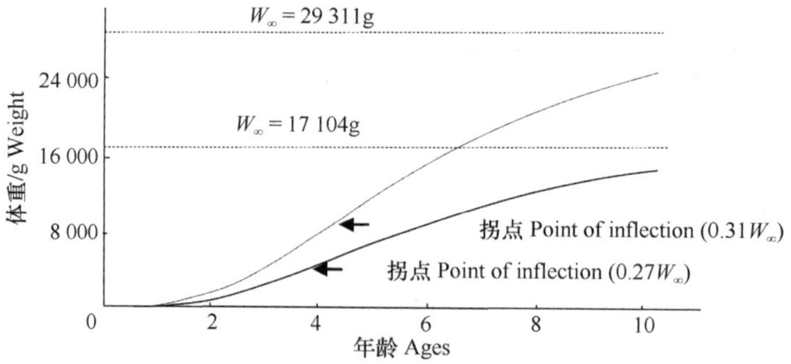

图 5-1　东湖鲢（实线）、鳙（虚线）体重的 von Bertalanffy 曲线

Fig. 5-1　The von Bertalanffy growth curves in body weight of silver carp (solid line) and bighead carp (dotted line)

由此可见，鲢、鳙的体重生长曲线是一条逼近于极限重量（W_∞）的非对称 S 形曲线。鲢、鳙的生长拐点分别为 4615g 和 9099g。根据理论生长曲线判定，东湖鲢、鳙的生长拐点分别处在 3.9 龄和 4.2 龄，并与体长生长率出现拐折的年龄相同。

经解剖发现，即使东湖的鲢、鳙已达到性成熟年龄，也未完成其性腺发育过程。这是因为鲢、鳙这类产漂流性卵，汛期产卵洄游逆江水而上时才可性成熟的鱼类，在东湖静水环境不能完成性成熟过程。需要指出的是，鱼类生长拐点与其年龄和个体大小有关，性成熟与否只是表观现象。正如东湖的鲢、鳙，即使它们不能完成性成熟过程，它们的生长照样会出现生长拐点。

鲢、鳙的瞬时生长率（G）随着年龄的增长而下降。例如，鲢 5 龄前体长瞬时生长率下降依次为 55.95%、52.33%和 30.34%，鳙 5 龄前体重的瞬时生长率下降依次为 60.09%、45.15%和 37.98%。

鱼类的生长，除了受遗传因素控制之外，还受饵料、温度、化学物质等环境因素影响。各世代鲢、鳙的瞬时生长率的波动是不同年份放养鱼种规格和环境条件的差异所致，同时也反映了不同世代的生长补偿作用。在鱼类的生长过程中，较小个体倾向于赶上较大个体的现象，称之为生长补偿作用。

一些鱼类的雌雄个体生长存在一定差异。表 5-2 中是鲢、鳙、草鱼、青鱼、团头鲂、兴国红鲤雌雄个体生长方程参数的差异（李思发，1998）。由此可见，这些鱼类最大雄性个体小于最大雌性个体。

表 5-2 一些鱼类 von Bertalanffy 生长方程参数

Tab. 5-2 Parameters of von Bertalanffy growth equations of some fish species

种类 Species	性别 Sex	生长参数 Growth parameters				地点 Locations
		L_∞/cm	W_∞/g	k	t_0	
鲢 Silver carp	♂	111.1	31 767	0.1758	–0.1933	长江天鹅洲
	♀	125.6	52 962	0.1607	–0.0684	
鳙 Bighead carp	♂	100.1	18 306	0.2745	0.3219	
	♀	136.0	47 424	0.1521	0.0104	
草鱼 Grass carp	♂	102.7	16 361	0.2317	–0.1646	
	♀	113.6	23 916	0.1911	–0.1165	
青鱼 Black carp	♂	198.1	122 466	0.0862	–0.3437	
	♀	220.4	157 384	0.0789	–0.2982	
团头鲂 Blunt snout bream	♂	39.5	1 411	0.5109	0.2164	湖北省淤泥湖
	♀	48.5	3 132	0.3365	0.1269	
兴国红鲤 Xingguo red carp	♂	76.8	13 066	0.1596	–0.1125	江西省兴国县
	♀	84.9	28 004	0.0288	–0.6206	

资料来源：李思发，1998

Data from Li, 1998

2. 贝类 von Bertalanffy 方程

贝类的生长与鱼类有所不同，贝类的壳是连续生长，但其软组织则呈现季节性生长现象。例如，珠母贝（*Pinctada margaritifera*）的软组织夏季生长迅速，冬季则几乎是零生长（图 5-2）。为解决这一问题可引入正弦系数 q（Bayne，2017），即：

$$l_t = l_\infty[1-\exp(-q)]$$

$$q = k(t'-t_0)+k/Q[\sin Q(t'-t_s) - \sin Q(t'-t_s)]$$
$$Q = 2\pi/(1-NGT)$$

式中，NGT 为“不生长时间 t_s”；t'为生长时间，即年龄 t 减去不生长时间总时长；t_0 是理论生长的起始年龄。这样贝类生长的季节性是用正弦波来描述，周期是 $1-NGT$，k 的单位是$(1-NGT)^{-1}$，而不是年。

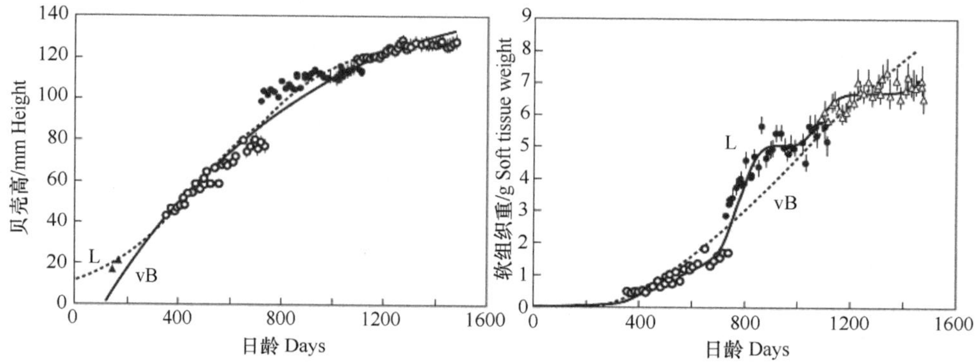

图 5-2　用 Logistic 方程（L）和 von Bertalanffy 方程（vB）拟合的珠母贝生长（引自 Bayne，2017）

Fig. 5-2　Growth of *Pinctada margaritifera* fitted by logistic (L) and Bertalanffy (vB) growth models for shell height and tissue weight (from Bayne, 2017)

3. 水生动物生物能量学模型

生物能量学模型是根据生物能量学原理建立的预测水生动物生长与摄食等关系的模型，在水产养殖和渔业管理中应用广泛。鱼类生物能量学模型的基本方程为：

$$G = C - F - U - R = C - F - U - Rs - Ra - SDA$$

式中，G 为生长能；C 为摄食能；F 为粪便能；U 为排泄能；R 为呼吸代谢能；Rs 为标准代谢；Ra 为活动代谢；SDA 为特殊食物动力作用或体增热。

由于甲壳动物具有蜕壳特点，它们的能量收支模型则为：

$$G = C - F - U - E - R = C - F - U - E - Rs - Ra - SDA$$

式中，E 为蜕壳能。由于虾蟹类蜕壳能组分在总能量收支中所占比例较少，因此，有些研究中常将虾蟹类能量收支中蜕壳项忽略不计。

有些特殊的水产养殖种类的能量收支方程中还可能会增加其他项，比如性腺，常见于性腺比较发达或主要食用部分是性腺的动物，像某些贝类、棘皮动物等。

贝类的生长包括软组织生长（$G_{软组织}$）、贝壳生长（$G_{壳}$）和性腺生长（$G_{性腺}$）三部分，因此，其生物能量学模型为：

$$G = G_{软组织} + G_{壳} + G_{性腺} = C - F - U - Rs - Ra - SDA$$

几种水生动物的能量收支特点见表 5-3。从表中的数据可以看出，草食性动物如魁蚶、鲍、草鱼粪便能占摄食能的比例较高，沉积物食性的刺参粪便能比例更高，可达摄食能的一半。运动性比较强的鱼类、对虾用于代谢的能量比例更高。

生物能量学模型在水产养殖中的应用包括从消耗的饲料量来推测鱼类的生长，或从鱼类的生长预期来预测饲料需求量，崔奕波和李钟杰（2005）还用所建立的草鱼生物能量学模型计算养殖水体的生产力和草鱼放养量等（见 3.2 节相关内容）。能量收支各组分与环境因子间的关系及各组分之间的相互关系也是生物能量学的主要研究内容。

表 5-3　几种水生动物的能量收支模型（%）
Tab. 5-3　Energy budgets of several aquatic animals (%)

物种 Species	生长/摄食 *G*/*C*	呼吸代谢/摄食 *R*/*C*	粪便/摄食 *F*/*C*	排泄/摄食 *U*/*C*	蜕壳/摄食 *E*/*C*	文献 References
魁蚶 *Scapharca broughtonii*	25.7	29.8	39.5	5.0	0	常亚青和王子臣，1996
鲍 *Haliotis midae*	4.5	32.4	63.0	0.1	0	Barkai & Griffiths，1988
草鱼 *Ctenopharyngodon idellus*	14.34	52.48	29.89	3.30	0	崔奕波，1998
褐点石斑鱼 *Epinephelus fuscoguttatus*	20.38	55.54	18.07	6.05	0	周晖等，2012
牙鲆 *Paralichthys olivaceus*	45.50	47.49	1.59	5.41	0	吴玉波等，2011
中国对虾 *Fenneropenaeus chinensis*	13.1	67.3	11.9	7.1	0.6	田相利，2000
刺参 *Apostichopus japonicus*	6.67	39.07	49.98	4.28		包杰，2008

5.2　温度对水产养殖动物生长的影响

环境条件对水生动物生长的影响明显大于哺乳动物，这些条件包括水体的温度、盐度、溶解氧、pH 等。营养条件也会显著影响鱼类的生长，养殖生产中营养条件的保障是通过调节放养密度、培养天然饵料、投饲等实现的。为了保障养殖鱼类既具有适宜的个体生长速度又具有较高的群体生产量，就需要为养殖鱼类提供良好的营养和环境保障，这也是养殖生产中实施各种措施的主要目的。温度对养殖生物影响最大，也是我们确定养殖池塘深度等技术措施的依据之一，因此，下面将首先介绍温度对水产养殖动物生长的影响。

5.2.1　水生动物对温度的适应性

水产养殖的鱼类和无脊椎动物都是变温动物，对温度十分敏感，水温的微小变化就会影响其代谢、发育、生长等。每一种养殖动物都对温度有一定的适应范围，超过了此温度范围就会对其代谢产生不利的影响。在适宜的温度范围内，随温度的提高养殖动物会表现出代谢强度增加、发育和生长速度增快。但当水温高出其适宜温度时，则其代谢强度会过高，能量积累减少，甚至表现为负生长。当温度过低，超出了其适宜范围下限时，则其生理反应减慢，代谢率降低，生长甚至会停滞。

水生动物也有广温和狭温之分。广温动物能够忍受 10℃以上幅度的温度变化，如鲤既可生存于黑龙江省冬季封冰的养殖池塘，也可养殖于广东夏季的池塘中；而狭温动物耐受的温度范围则小于 10℃，如一些南极或热带珊瑚礁生活的鱼类。养殖的水生动物通常都选择广温种类。人们选择的水产养殖动物多具有较宽的温度耐受范围（表 5-4）。

表 5-4　若干养殖动物的温度耐受范围、最佳生长温度和繁殖温度（℃）

Tab. 5-4　Range of temperature tolerance, optimum temperature for growth, and spawning temperature of selected cultured fishes (℃)

种类 Species	温度 Temperature		
	耐受范围 Range	适宜生长 Optimum	繁殖 Spawning
大西洋鲑 Atlantic salmon	1～24	10～17	7～10
溪红点鲑 Brook trout	1～22	8～13	8～13
褐鳟 Brown trout	1～25	9～17	9～13
斑点叉尾鮰 Channel catfish	4～35	28～30	25～27
大鳞大麻哈 Chinook salmon	1～25	10～14	8～13
银大麻哈 Coho salmon	1～25	9～14	8～13
鲤 Common carp	4～35	23～30	13～27
鳗鲡 Eel	4～35	25～28	16～17
草鱼 Grass carp	4～35	22～30	22～27
湖红点鲑 Lake trout	1～21	7～14	9～11
大口黑鲈 Largemouth bass	4～35	13～27	16～20
遮目鱼 Milkfish	10～35	25～35	23～32
白斑狗鱼 Northern pike	1～27	4～18	4～9
虹鳟 Rainbow trout	1～25	10～17	10～13
红大麻哈 Sockeye salmon	1～21	10～15	8～12
条纹鲈 Striped bass	2～32	13～24	13～22
罗非鱼 Tilapias	15～35	23～32	23～32
梭鲈 Walleye	1～27	8～16	9～13
鲇 Walking catfish	13～38	20～30	20～30

资料来源：Ney（1978），Piper 和 McElwain（1982）

Data from Ney (1978), Piper & McElwain (1982)

每一种动物都对温度有一个耐受上限和一个耐受下限，而且，像其他动物一样，水生动物的最适温度也比较接近其耐受温度的上限。水生动物对高温的耐受性不如某些细菌和微藻，而且，作为对环境适应性进化的结果，通常淡水中生存的动物对高温耐受性较强。大多数海洋无脊椎动物只能忍受 30℃的水温，而有些淡水无脊椎动物可忍受 41～48℃的水温。整体而言，鱼类不耐高温。鲟的卵子在＞20℃时即停止发育，而鲑、鳕的卵发育耐受温度的上限则更低，即使是鲢的最高半致死温度（LT_{50}）也仅 39.4℃。鳗鲡的适温为 25～30℃，LT_{50} 为 39.2℃。河蟹在 37℃时活动异常，40℃死亡。刺参适温为 16～20℃，26℃死亡。

水生动物对极限温度的适应有行为适应、生理适应等方式。行为适应有迁徙、集群等。在冬季，一些鱼类会迁移、聚集在较深的区域，一是因深处温度较高，二是为集群减少散热。刺参是一种特殊的养殖动物，既在冬季低温时冬眠也在夏季高温时夏眠，这属于生理适应。

水生动物对温度的适应性是可以驯化改变的。如果温度缓慢变化，鱼类对温度的耐受上限或下限会高或低一些。对食蚊鱼的实验表明，以每小时降温 3℃，由 25℃降到 16℃，食蚊鱼的耗氧量降低，但生活正常；如由 25℃降到 10℃，耗氧量降低，且 2～

3d 内鱼会死亡；如果由 25℃降到 16℃并驯养 23d，之后再由 16℃降至 10℃时，则 2～3d 内未见死鱼，但鱼活 40d 后又开始死亡（董双林和赵文，2004）。

同一种动物的耐温能力与其栖息地的基础温度或驯化温度密切相关，在较高温度中驯化，其耐受温度上限会提高，在较低温度中驯化则其耐受温度下限会降低。同一种生物的耐温性常有明显的季节变化和地域变化。通常在夏季（或在较低纬度）动物更耐高温而不耐低温，而且在冬季（或较高纬度）动物则更耐低温而不耐高温。

经历不同热历史的刺参对温度的耐受能力会有所不同。将刺参在 22℃和 12℃驯化 30d，然后再置于 17℃共同驯化 1 周，测定其致死温度。结果表明，高温驯化组和低温驯化组刺参半致死温度（LT_{50}）分别为 32.1℃和 31.5℃（Ji et al.，2008）。我国珠江口分布的中国对虾群体就比分布于黄渤海的群体经历了不同的热体验经历，因此，前者较后者也更耐高温（王克行等，1998）。

温度驯化能显著改变刺参的耐热性。刺参在 16℃、21℃和 26℃温度下驯化 40d 后，按每天 1℃将驯化水温降至 16℃，并养殖 2 周；然后，以每分钟 0.30℃±0.05℃的速率升温，当有半数刺参从缸壁脱落，丧失附着功能时，记录此时的水温，即临界热极值。结果表明，在 16℃、21℃和 26℃下驯养的刺参的临界热极值分别为 33.1℃、34.1℃和 36.6℃（Wang et al.，2013）。这些结果表明，经历过高温的刺参对高温的耐受性会明显提高，这为我们将北参南养提供了驯化的理论依据。

水生动物的不同发育阶段对温度适应性会有所不同，特别是洄游型动物。通常，胚胎发育阶段对温度要求比较严格。

5.2.2　水温对养殖动物生长的影响

在一定的温度范围内，水生动物的生长随温度的升高而增快。在自然界，温度的季节性变动会导致水生动物生长出现季节变动。生产上，通过控温延长生长季节可使养殖动物的规格增加。下面仅就水温对几种重要养殖动物生长的影响加以介绍。

1. 水温对刺参生长的影响

刺参是广温性物种，刺参可在 2～30℃存活，适宜的生长温度在 10～20℃。随着温度的升高，刺参的生长曲线呈“钟形”变化。Dong 和 Dong（2006）的实验表明，刺参生长最快时的水温是 15℃左右，但小规格刺参对温度的耐受能力更强，其最适生长温度也会更高一些。当然，刺参的热历史和生理状况等都会影响其对温度的耐温性。研究人员设置的温度梯度值也会影响实验结论。

不同温度下 13～32g 刺参的摄食能量及分配的情况见表 5-5。刺参的摄食能在 12℃、17℃和 22℃间无统计学意义上的显著差异。12℃时刺参摄食能用于生长的比例最高，达 10.00%±0.19%，显著高于其他温度处理。这表明，12℃是刺参养殖的较适温度，此时摄食旺盛、能量分配模式最佳。如果温度梯度设置更密一些结果会更精准。还可以看到，刺参摄食的能量近 50%并未被吸收而被作为粪便排出，吸收能量的大部分被呼吸所消耗。

温度对刺参生长的影响与摄食量变化有关。在最适温度下，刺参摄食率较高，而在高温条件下，摄食率和食物转化率都会显著降低。在夏季当水温升高后，刺参会出现停止摄食、活动减少、肠道退化、体重降低等现象。诱导刺参夏眠的阈值温度与其自然分布区域和体重有关。分布在较高纬度的刺参，其夏眠的阈值温度较高。随着刺参体重的增大，其夏眠阈值温度也有所降低。体重为 25～85g、86～160g 和 160g 以上的刺参夏眠的阈值温度分别为 24.1℃、22.9℃和 21.8℃；3 龄以上刺参的夏眠温度为 21.8℃（李馥馨等，1996）。

表 5-5　不同温度处理下刺参的能量收支

Tab. 5-5　Energy allocation of *Apostichopus japonicus* under different temperatures

温度/℃ Temperatures	摄食能/[J/(g·d)] *C*	*G*/*C*/%	*F*/*C*/%	*U*/*C*/%	*R*/*C*/%
7	2128.31±68.97[a]	7.25±0.55[c]	47.59±1.71[ab]	4.48±0.10[b]	40.68±1.60[a]
12	5308.18±188.81[b]	10.00±0.19[d]	56.64±1.84[c]	3.90±0.15[a]	25.55±4.26[b]
17	5564.38±343.06[b]	6.67±0.31[c]	49.98±1.54[b]	4.28±0.51[b]	39.07±1.61[a]
22	5281.57±319.11[b]	4.65±0.21[b]	43.87±0.84[a]	4.52±0.07[b]	42.46±4.58[a]
27	2622.29±132.41[a]	1.84±0.10[a]	43.47±1.71[a]	4.45±0.12[b]	45.80±4.74[a]

注：同一列中上标不同字母的数值间差异显著（P<0.05）；下同

Note: The values with different letters in the same column are significantly different from each other (P<0.05); Similarly hereinafter

实验研究显示，18g 刺参（干重）在 17℃下饱食养殖 36d 后体重增加了 18.5%，而同一时段 3℃“冬眠”组刺参、17℃饥饿组和 24℃“夏眠”组刺参体重均随饥饿时间的延长而下降（图 5-3）。刺参在冬眠、饥饿和夏眠 36d 后体重分别下降了 19.80%、38.07% 和 47.42%。

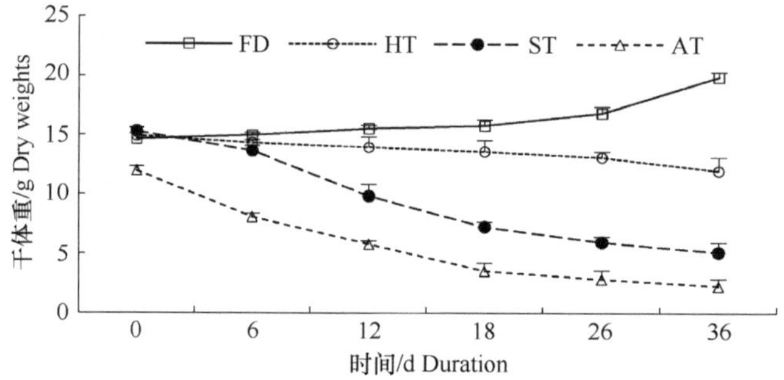

图 5-3　刺参在摄食（FD）、饥饿（ST）、冬眠（HT）和夏眠（AT）过程中的体重的变化

Fig. 5-3　Dry body weight of *Apostichopus japonicus* under conditions of feeding (FD), hibernation (HT), aestivation (AT), and starvation (ST)

饥饿组刺参的耗氧率始终以 24℃最高，其次为 17℃，最低为 3℃，其中饥饿组刺参耗氧率仅在饥饿第 3d 时高于饱食组，在其他时间均低于饱食组。实验期间，饱食组耗氧率一直缓慢增加，至 36d 后耗氧率增加 26.5%；而饥饿、夏眠和冬眠刺参的耗氧率随饥饿时间的增加而下降，至饥饿 36d 后分别下降了 71.7%、48.9%和 44.9%（Bao et al.，2010）。

2. 水温对对虾生长的影响

温度是对虾养殖中人们最关注的环境因子之一。黄渤海中国对虾（*Fenneropenaeus*

chinensis）分布环境的水温在 4～28℃，其适应的养殖环境温度会更广一些。水温对不同规格对虾的生长影响显著。

田相利等（2004b）研究了 18～34℃范围内 6 个温度梯度条件下海水养殖中国对虾的生长（表 5-6）。结果表明，28～31℃下中国对虾生长速度快于其他温度下个体的生长速度，特定生长率达到 3.10%～3.28%。根据拟合的多项式方程推算得到的中国对虾的最佳生长温度为 29.7℃。

表 5-6　不同温度下中国对虾的生长、摄食量和能量转化率

Tab. 5-6　Growth, food consumption and food conversion efficiency of Chinese shrimp (*Fenneropenaeus chinensis*) at different temperature

温度/℃ Temperatures	起始规格/g Initial sizes	摄食量/[mg/(ind.·d)] Feeding rates	*SGR*/(%/d)	能量转化率/% Energy conversion rates
18	0.35±0.02	10.06±1.11[e]	1.22±0.29[c]	15.27±2.12[a]
22	0.37±0.01	16.50±2.02[d]	1.83±0.20[bc]	14.83±1.11[a]
25	0.35±0.02	27.98±1.84[c]	2.73±0.22[ab]	15.70±1.72[a]
28	0.35±0.02	37.98±3.23[b]	3.10±0.42[a]	13.99±1.72[a]
31	0.36±0.02	50.24±1.90[a]	3.28±0.20[a]	13.25±0.59[a]
34	0.34±0.04	31.40±1.22[c]	1.96±0.38[bc]	7.24±1.12[b]

对虾对温度的适应性与发育阶段及所经历的热体验经历有关。据王克行等（1998）报道，中国对虾幼体发育、存活、生长的最佳温度为：无节幼体期为 22℃，蚤状幼体期为 22～25℃，糠虾幼体期和仔虾为 25～28℃。可见，随着对虾规格增加其最佳生长温度也随之提高。

凡纳滨对虾是较耐高温的虾种，其幼虾耐受的高、低温极限分别为 41℃和 4℃，生存的水温为 6～39℃，18～35℃水温范围内该虾均可摄食和生长，24～33℃ 摄食和生长较好（王克行等，1998）。然而，王兴强等（2004）的研究表明，30～33℃是凡纳滨对虾生长和摄食的最适水温；杨章武等（2011）的实验结果表明，31℃左右是该虾幼体生长、发育的适宜水温。Wyban 等（1995）研究发现，凡纳滨对虾生长的最适温度会受发育阶段影响，小于 5g 对虾的最适温度高于 30℃，而大于 5g 对虾的最适温度为 27℃左右。由此可见，凡纳滨对虾对温度的适应性也与其规格和热体验经历等有关。

从目前已报道的虾、蟹类能量收支的研究看，它们的能量分配模式主要有三种：一种是用于生长的能量大于其他各组分的能量支出，如 *Cherax tenuimanus* 生长能占摄食能的 58%（Villarreal，1991），*Callinectes rathebune* 则高达 76%（Rosas & Vanegas，1993）；另一种是呼吸代谢耗能大于其他的组分，主要特点是生长能小于呼吸代谢的支出，仅占摄食能的 30%～40%，而呼吸能可占 40%～60%，如 *Chionoecetes bairdi*（Paul & Fuji，1989），日本沼虾也如此（董双林等，1994）；第三种为排泄能的支出占摄食能的比例最大，主要表现在虾、蟹类的幼体阶段。中国对虾的能量分配模式中，用于呼吸的能量比例为最大（表 5-7），属于第二种类型。呼吸能占摄食能的比例随温度的升高而增大（61.84%～71.48%）。中国对虾摄食配合饲料时生长能占摄食能的比例平均为 12.45%，总体上，随温度升高而有所下降。当然，上述研究结果与实验动物的发育阶段及实验条件设置也有关系。

表 5-7　不同温度下中国对虾的能量收支

Tab. 5-7　Allocation of the consumed energy in Chinese shrimp at different temperatures

温度/℃ Temperatures	*G/C*/%	*F/C*/%	*U/C*/%	*E/C*/%	*R/C*/%
18	14.81±1.24[a]	16.11±0.89[a]	6.49±0.24[a]	0.75±0.09[a]	61.84±2.22[a]
22	13.94±1.34[a]	15.59±1.12[ab]	6.81±0.15[a]	0.80±0.09[a]	62.86±3.12[a]
25	13.82±0.48[a]	12.04±0.77[ab]	7.06±0.26[a]	0.44±0.15[a]	66.64±1.52[ab]
28	12.35±1.56[a]	11.73±1.04[b]	7.03±0.27[a]	0.51±0.11[a]	68.38±1.44[ab]
31	12.14±0.57[a]	8.41±0.45[c]	7.61±0.06[a]	0.52±0.01[a]	71.32±0.41[b]
34	6.37±0.98[b]	11.91±1.11[b]	8.44±0.18[a]	0.80±0.10[a]	72.48±2.11[b]

在摄食日本刺沙蚕条件下，温度和体重对中国对虾单位体重摄食碳量影响显著。随温度的升高和体重的下降，中国对虾摄食碳量显著增大（表 5-8）。在 20℃、25℃和 30℃条件下该虾的平均摄食碳量分别为 12.41mg/(g·d)、19.12mg/(g·d)和 26.08mg/(g·d)。

表 5-8　不同规格中国对虾在不同温度下摄食沙蚕的碳分配

Tab. 5-8　Carbon allocation of different body weight (BW) Chinese shrimp fed with polychaete worm at different temperatures

体重 BW	温度/℃ Temperatures	*G/C*/%	*F/C*/%	*E/C*/%	*R/C*/%
I	20	31.94±4.90	5.34±0.89	4.64±1.19	58.08±6.12
II	20	31.41±1.72	3.67±0.26	8.78±1.15	56.14±1.89
III	20	30.34±2.71	4.13±1.12	10.39±1.76	55.13±4.74
I	25	26.80±4.81	4.42±0.56	5.25±2.00	63.53±5.58
II	25	29.24±2.41	2.71±0.43	7.15±0.38	60.89±2.42
III	25	24.45±1.99	1.63±0.57	7.67±1.04	66.25±2.32
I	30	17.00±0.57	3.41±0.46	3.88±0.50	75.71±1.17
II	30	19.22±2.77	2.04±0.39	6.55±0.96	72.19±3.97
III	30	14.37±2.71	1.70±0.74	7.55±0.64	76.37±3.21

注：各规格虾的体重为：I. 0.271g±0.041g，II. 3.51g±0.30g，III. 11.06g±1.03g

Note: Size I is 0.271g±0.041g, Size II is 3.51g±0.30g, Size III is 11.06g±1.03g

在 20℃、25℃和 30℃、盐度 31、摄食日本刺沙蚕或配合饲料的条件下，中国对虾的氮摄食率随温度的升高而增大，随体重的增加而减小。其摄食沙蚕的摄食率[Cs，mg/(g·d)]与体重（W，g）、温度（T，℃）的回归方程为：

$$\ln Cs = 1.75W^{-0.354}e^{0.055T}$$

其摄食配合饲料的摄食率[Cp，mg/(g·d)]与体重（W，g）、温度（T，℃）的回归方程为：

$$\ln Cp = -0.704 - 0.364\ln W + 0.076T$$

中国对虾摄食沙蚕和配合饲料 N 的分配情况见表 5-9。其平均氮收支模式分别为：

$$100Cs = 27.63G + 3.58E + 1.66F + 67.13U$$

$$100Cp= 18.34G + 4.10E + 6.07F + 71.49U$$

式中，U 为排泄氮。

表 5-9　不同温度下中国对虾摄食不同饲料的 N 分配

Tab. 5-9　Nitrogen allocation of Chinese shrimp fed with polychaete worm and pellet at different temperatures

分配/% Allocation	摄食沙蚕 Feeding polychaete worm			摄食配合饲料 Feeding pellet		
	20℃	25℃	30℃	20℃	25℃	30℃
G/C	34.78	29.59	18.53	26.06	20.48	8.47
E/C	2.10	1.60	1.27	6.59	6.73	4.88
F/C	4.22	3.35	3.18	7.01	4.99	3.58
U/C	58.90	65.46	77.02	60.34	67.80	83.47

3. 水温对鲑鳟鱼类生长的影响

目前国内外养殖的鲑鳟鱼类主要有大西洋鲑（*Salmo salar*）、虹鳟（*Oncorhynchus mykiss*）、硬头鳟（*O. mykiss*）和褐鳟（*Salmo trutta*）等。虹鳟和硬头鳟属同一物种，前者为陆封型，后者为溯河洄游型。褐鳟是河川定居型，但可以适应海水和半咸水生活。鲑鳟鱼类属冷水鱼类，多生长于水温不超过 20℃、水质清澈的水域。

鲑鳟鱼类耐温特点对水产养殖十分重要。就耐高温能力而言，4 种养殖的鲑鳟鱼类从高到低顺序为虹鳟＞硬头鳟＞大西洋鲑＞褐鳟。就耐低温能力而言，虹鳟≈硬头鳟＞褐鳟＞大西洋鲑（表 5-10）。大西洋鲑和虹鳟是鲑鳟鱼类中比较耐高温的鱼类之，加之生长速度较快且个体较大，因此被广泛养殖。

表 5-10　4 种（类）鲑鳟鱼类耐温特性（℃）

Tab. 5-10　Temperature tolerant characteristics for 4 salmonid fish (℃)

阈值 Thresholds	大西洋鲑 Atlantic salmon	虹鳟 Rainbow trout	硬头鳟 Steelhead trout	褐鳟 Brown trout
生长温度 Temperature range for growth	6.0～22	1.1～22	1.1～22	3.6～19.5
最适温度 Optimum for growth	17.6	17.2	约 17	13.1
高温致死阈值 Upper lethal threshold	23.9	27.6	24.0	21.5～24.7

需要指出的是，不同发育阶段的鱼类个体对温度的适应性可能会有所不同，特别是洄游鱼类。例如，大西洋鲑胚胎发育阶段对温度的耐受范围为 0～16℃，仔鱼（Alevin）阶段为 0～24℃，而稚鱼（Parr）阶段则为 0～29℃（Jonsson & Jonsson，2011），但入海后的幼鱼或银化鲑（Smolt）的耐受上限则有所降低。

就孵化阶段对温度的耐受性而言，3 种鲑鳟鱼类耐高温能力的顺序为：虹鳟＞褐鳟＞大西洋鲑，但耐低温能力则虹鳟≈褐鳟＞大西洋鲑。

4. 水温对斑点叉尾鮰生长的影响

斑点叉尾鮰是美国重要的养殖鱼类，对温度适应性很广。该鱼耐受温度为 0～38℃；10～35℃为生长温度，在此范围内，温度每增加 1℃，其耗氧量就会增加 35mgO_2/(kg·h)；最佳生长温度为 28～30℃（表 5-11），此时代谢也最佳。30℃时斑点叉尾鮰鱼种摄食量最大，但 24～26℃时饵料转化利率最高。

表 5-11　斑点叉尾鮰摄食与温度的关系（引自 Tucker & Hargreaves，2004）
Tab. 5-11　Relationship between feeding and temperature for channel catfish (from Tucker & Hargreaves, 2004)

温度/℃　Temperature	反应　Response
接近 0　Near 0	极限低温　Critical thermal minimum
8～10	停食　No feeding
15	减食　Reduced feeding
22	50%最佳　50% optimum
28～30	最佳　Optimum
33	50%最佳　50% optimum
35	减食　Reduced feeding
36～38	停食　No feeding
38～42	极限高温　Critical thermal maximum

5.3　含盐量对水产养殖动物生长的影响

水是一种很好的溶剂，因此，天然水会或多或少地溶解一些盐类、有机质等。含盐量是养殖水体水质的一项重要指标，对养殖生物以及养殖水体的生态学过程均有重要影响。天然内陆水域的含盐量及离子组成差异很大，而海水的离子组成（比例）则比较稳定，因此，海水经常会用盐度、氯度表示其含盐量。

天然水体中的水生动物一般处于一个含盐量变化很小的环境，但有些河口生物、洄游型动物则会经常或阶段性地处在含盐量变化的环境中。水产养殖动物在养殖生产过程中有时也会从一个水体转移到另一个含盐量不同的水体，如对虾、大西洋鲑等。当水生动物的体液与外液含盐浓度不同时，就可能出现脱水或充水及各种离子的浓度和比值的变化，从而导致体内离子平衡被破坏。水生动物能够在一定程度上调节体内的渗透压，当然，这是一个耗能过程，会影响水生动物的生长、发育等。因此，了解含盐量对水产养殖动物生长的影响有助于更好地理解水质管理的意义和改进水质管理技术。

5.3.1　水生动物对含盐量的适应性

为保持体内离子组成的稳定性，水生动物在进化过程中形成了一系列适应机制，如构造适应、行为适应和生理适应等。构造适应是水生动物在体外形成不透性外覆物，以起到渗透隔离等作用，如轮虫的被甲、甲壳类的甲壳、鱼类皮肤和鳞片、软体动物的贝壳、水生昆虫的几丁质外骨骼等。行为适应是水生动物选择有利的渗透压环境，如对不适盐度环境的主动回避。生理适应主要是通过调节体内渗透压以适应环境。

根据渗透压调节的特点，水生动物可分为随渗生物（Osmoconformer）和调渗生物（Osmoregulator）两种基本类型。前者体液的化学成分和渗透压随外界环境的变化而变化，后者在外液化学成分波动较大时，内液化学成分和渗透压仅有较小变化，显示有一定调节能力。另外，水生动物还可通过渗透隔离来适应外界不利的渗透条件。

水生动物体内的盐类可从食物中摄取，也可通过体表渗透调节获得。通过体表渗透获得的盐类可分为被动交换和主动交换两种方式。盐类被动交换取决于有机体体液和外液在离子浓度上的差异，差异越大则交换越强烈。主动交换指水生动物借助特殊器官有选择地吸收或排出盐类。体表细胞对各种离子的主动吸收，在很多动物的矿质营养中起着重要作用，如虾、蟹类能够从水中吸收钙、锌等离子。

按照与含盐量的关系可以把水生生物分为狭盐性生物和广盐性生物两类。狭盐性生物不能忍耐环境含盐量的较大变化，大多数海洋生物和淡水生物都属此类；广盐性生物则能够忍受很大幅度的含盐量变化。一般说来大洋或外海的生物多是狭盐性的，沿岸和河口的生物和洄游型动物多是广盐性的，淡水生物中有很多种类也是比较广盐性的，这应该与它们的进化史有关。此外，同一种生物对盐度的适应能力还因各种内在和外在因素而有所变化。

水生动物对含盐量变化的适应能力通常随年龄的增加而增强，但有些海洋无脊椎动物的幼体较成体更耐高盐。许多淡水鱼类在仔鱼期的耐盐上限不超过 7g/L，成鱼期则超过 7g/L，如鲤科鱼耐盐上限可达 10～12g/L、鲟科鱼达 18～36g/L、鲑科鱼达 20～36g/L（表 5-12）。斑点叉尾鮰鱼卵可耐受 16g/L 的含盐量，孵化时耐受能力降至 8g/L，卵黄囊吸收完后为 9～10g/L，鱼种及养成阶段的耐盐上限为 11g/L（Tucker & Hargreaves，2004）。

表 5-12　几种淡水鱼类在不同发育期适应的盐幅（g/L）

Tab. 5-12　Salt tolerant ranges of several fresh water fishes at different development stages (g/L)

种类 Species	生殖期 Reproductive stage	仔鱼期 Larval stage	当年鱼 Fingerling stage	成鱼 Adult stage
鲤 *Cyprinus carpio*	0～3	6	7～10	10
鲫 *Carassius auratus*	0	7	10	10
草鱼 *Ctenopharyngodon idellus*	0～2	6～8	9～10	10～12
鲢 *Hypophthalmichthys molitrix*	0～2	5～6		8～10
鳙 *Hypophthalmichthys nobilis*				11～11.5
鳊 Bream	0～1.5	0～6.7	0～7.5	10～11
鲟 *Acipenser*	0	0～7.5	0～10	0～36
鳇 *Huso*	0	0～7.5	0～10	0～18
鲑 Salmon	0	0～7	15～22	35～36
鳟 Trout	0	0～7	15～20	30

当水环境盐度逐渐改变时，动物的耐盐性会大一些，但当水环境盐度急剧变化时动物的耐盐性则可能会低一些。经过一定时间的盐度驯化，常能提高水生动物的耐盐性。如草鱼的耐盐上限一般不超过 10～12g/L，但如果经过 15d 在 3～7g/L 和 9g/L 的含盐量水中驯化后，则其半致死含盐量可分别达到 14g/L 和 16g/L。

水生动物的耐盐性与温度存在相互作用。例如，鲢幼鱼对高盐度的耐受能力在水温 18～22℃最强。水生动物生存的盐幅还与水中盐类组成有关。相较于其他阴性盐离子，碳酸根离子（CO_3^{2-}）对鱼类的毒性更大一些（雷衍之等，1985）。

水中稍有点盐分（2～5g/L）对一些淡水动物生长具有促进作用。例如，鲢、鲤和日本沼虾的摄食和生长都会在 3g/L 的微咸水中得到加强，这是因为 3g/L 可能是许多淡水动物渗透调节中最节能的含盐量。鲤幼鱼在 2g/L 含盐量水中的耗氧率较在淡水中增大 25%～30%，同时生长速度也稍快。大口黑鲈（*Micropterus salmoides*）幼鱼在 1.5～2.0g/L 微咸水中生长速度较淡水中的快 1.8 倍。草鱼在盐度 3～7g/L 时的摄食率均高于在淡水中的摄食率。斑点叉尾鮰耐盐上限为 11g/L。

5.3.2 含盐量对养殖动物生长的影响

由于沿岸养殖海区或池塘的盐度常会受潮汐、降雨和陆地径流等影响而发生变化，因此，人们十分关注这些养殖水体盐度的变化。另外，由于对虾流行病的袭扰，内陆水域凡纳滨对虾养殖发展迅猛，并时常出现因水环境离子不平衡而产生养殖对虾大规模死亡问题。为此，下面就含盐量对几种养殖动物生长的影响加以介绍。

1. 盐度对刺参生长的影响

刺参属于狭盐性海洋动物，盐度变化对其生长影响显著。刺参养殖多在近岸海域或滩涂池塘、围堰进行。沿岸养殖海区和池塘的盐度一般变化不大，但在下暴雨期间池塘的盐度会急剧下降，有时会造成养殖刺参大批死亡。所以，了解盐度对刺参生长的影响具有重要的理论和实践意义。

不同规格的刺参对低盐的耐受能力有所差异。体长 0.4mm 稚参能耐受的最低盐度为 20～25；5mm 稚参为 10～15；成参为 15～20（隋锡林，1990）。

盐度对青刺参（实验起始均重 2.56g）和红刺参（实验起始均重 2.60g）生长的影响极显著（Zhang et al.，2011）。在盐度 22～38 内，青刺参和红刺参的特定生长率（*SGR*）与盐度呈钟形曲线关系，即在盐度 22～30 范围内随着盐度的增加其生长率逐渐增大。当盐度超过 30 并继续上升后（30～38），其生长率开始下降（图 5-4）。在盐度 22 时青刺参的 *SGR* 显著高于红刺参，在其余各盐度下两类刺参的 *SGR* 没有显著差异。这表明，青刺参对低盐的耐受性要稍好于红刺参。

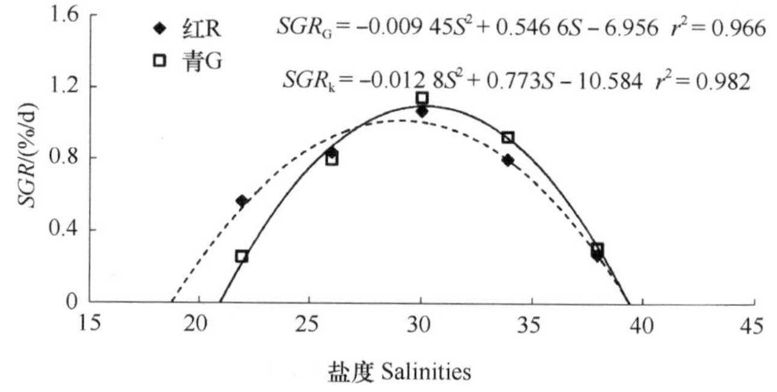

图 5-4 不同盐度下青刺参和红刺参的生长

Fig. 5-4 *SGR* of green and red variant *Apostichopus japonicus* at different salinities

在盐度 30 时青刺参和红刺参都具有较高的摄食率（*FI*）和食物转化率（*FCE*）。随着盐度的升高或降低两种色系刺参 *FI*、*FCE* 均显著减小。

盐度 30 条件下，无论是青刺参还是红刺参的摄食能用于生长的比例都最高。盐度 30 时红刺参摄食能量的分配方程为 $100C=6G+42F+3U+49R$，青刺参摄食能量

的分配方程为 $100C=6G+45F+3U+46R$。刺参生长能占摄食能量比例（G/C）较低（仅6%），而粪便能（F）和呼吸能（R）在刺参的能量支出中所占比例较高（合计在90%左右）。

2. 盐度对对虾生长的影响

盐度也是对虾养殖中人们最关注的环境因子之一。中国对虾和凡纳滨对虾都是渗透压调节能力很强的广盐性虾类。天然中国对虾的产卵、胚胎发育、幼体变态均在河口附近进行，盐度一般在 23～29。人工养殖条件下，中国对虾可在微咸水至盐度 40 的水中生长。天然的凡纳滨对虾栖息于水深 1～72m、水温 25～32℃、盐度 28～34、pH 为 8.0±0.3 的水环境中（王克行，2008）。

对于水质管理而言，适于对虾生长的最佳盐度是很重要的技术参数。中国对虾（实验起始重量 0.3g）在盐度 5～35 范围内摄食和生长表现良好，盐度 20 下生长最快，但其生长率与盐度 13 和 28 时的生长率在统计学上差异不显著（张硕等，1999）。盐度 5 条件下对虾虽仍可生长但较慢，蜕壳周期较长；盐度 35 条件下对虾生长也较慢，但对蜕壳影响不大。

凡纳滨对虾可以生长于盐度 0.5 的水环境中（表 5-13），但盐度 20～30 条件下生长较快，盐度 20 时摄食能用于生长的比例最高（王兴强等，2006）。

表 5-13　盐度对凡纳滨对虾摄食、存活、生长、食物能分配的影响

Tab. 5-13　Effects of salinities on food consumption, survival, growth and food energy allocation of *Litopenaeus vannamei* juveniles

盐度 Salinities	摄食量/[kJ/(g·d)] Consumption	存活率/% Survival	SGR/(%/d)	G/C/%	R/C/%
0.5	$1.78±0.18^{b}$	90.00±10.00	$3.71±0.16^{c}$	$16.32±0.26^{e}$	$69.50±0.35^{a}$
5	$2.01±0.16^{ab}$	96.00±8.94	$4.00±0.17^{bc}$	$16.80±0.28^{e}$	$69.41±0.60^{a}$
10	$2.24±0.19^{a}$	96.00±5.48	$4.09±0.15^{bc}$	$18.39±0.21^{b}$	$68.12±0.36^{b}$
15	$2.22±0.26^{ab}$	94.00±8.94	$4.24±0.21^{b}$	$18.03±0.29^{bc}$	$68.62±0.33^{ab}$
20	$2.25±0.21^{a}$	94.00±5.48	$4.66±0.20^{a}$	$18.93±0.18^{a}$	$67.73±0.59^{b}$
25	$2.22±0.11^{ab}$	90.00±10.00	$4.31±0.07^{ab}$	$17.68±0.29^{cd}$	$68.20±0.47^{b}$
30	$2.23±0.39^{ab}$	90.00±17.32	$4.38±0.33^{ab}$	$17.52±0.27^{d}$	$68.60±0.55^{ab}$
35	$2.16±0.14^{ab}$	98.00±4.47	$4.26±0.13^{b}$	$16.63±0.16^{e}$	$69.43±0.34^{a}$

在水温 25℃、盐度 5～35 范围内，中国对虾（起始重 0.3g）摄食碳量在盐度 13 时最大，为 61.64mg/(g·d)。摄食碳量[I_C，mg/(g·d)]与盐度（S）的回归关系为：

$$I_C = 35.437 + 3.571S - 0.156S^2 + 0.002S^3 \quad R^2 = 0.443$$

中国对虾最适生长的盐度为 20，此时的摄食碳利用率最高，为 25.8%。此时，其碳的特定生长率也最大，为 3.89%（表 5-14）。盐度对中国对虾碳生长的影响主要是通过对摄食量和摄食碳的转化率的影响实现的。中国对虾摄食沙蚕的生长率显著大于摄食配合饲料的生长率，摄食沙蚕和配合饲料的碳转化率分别为 26.8%和 13.8%。盐度 20 时对虾摄食碳分配于生长的最多，达 25.8%。

表 5-14　不同盐度下中国对虾摄食日本刺沙蚕的碳分配

Tab. 5-14　Carbon allocation of *Fenneropenaeus chinensis* fed with polychaete worm at different salinities

盐度 Salinities	G/C/%	F/C/%	E/C/%	R/C/%
5	13.72±1.01[a]	1.19±0.18[a]	1.70±0.26[a]	83.39±1.08[a]
13	22.60±2.58[b]	4.27±0.15[b]	1.18±0.60[ab]	71.32±2.80[b]
20	25.84±0.64[c]	5.94±1.14[c]	2.30±0.28[b]	65.92±1.92[c]
28	19.60±3.16[bd]	6.97±1.03[c]	2.17±0.25[b]	67.26±2.27[c]
35	18.97±1.63[d]	12.39±2.53[d]	2.90±0.34[c]	65.74±1.39[c]

在水温 25℃、盐度 5～35 范围内，中国对虾（起始重 0.3g）在盐度 20 时摄食氮分配于生长的最多，达 26.5%。排泄损失是氮支出的最大部分，达 69.6%～79.9%。

3. 盐度对鲑鳟鱼类生长的影响

有些鲑鳟鱼类终生生活在淡水中，而其他的则是栖息于海洋中，生殖季节溯河产卵。鲑鳟鱼类都是广盐性鱼类。通常情况下，不同发育阶段的个体耐盐能力差异很大。洄游型种类个体在海水中的生长速度通常快于在淡水中的生长速度。陆封型种类无需降海即可正常发育，经过盐度驯化也可以在海水中生长。但降海型种类不经过降海仅在淡水中性腺得不到正常发育、成熟。

虹鳟和硬头鳟虽属同一物种，但前者为陆封型，后者为溯河洄游型。40d 的养殖实验（Xiong et al.，2019）表明，初始体重 3.6g 的虹鳟和硬头鳟稚鱼都能很好地适应 15 以下的盐度，成活率都为 100%；但对 25 的盐度，硬头鳟适应得更好一些。从生长上看，虹鳟和硬头鳟稚鱼对盐度的适应性差异明显，盐度低于 5 时虹鳟生长速度明显快于硬头鳟，而盐度在 10 及以上时，硬头鳟生长速度明显快于虹鳟。在盐度 5 或 10 条件下虹鳟或硬头鳟摄食能用于生长的比例最高，用于呼吸的比例最低（表 5-15）。

表 5-15　不同盐度下虹鳟和硬头鳟稚鱼的能量分配

Tab. 5-15　Energy allocation of rainbow and steelhead trout juveniles at different salinities

盐度 Salinities	成活率/% Survival rates	G/C/%	R/C/%	F/C/%	U/C/%
		虹鳟 Rainbow trout			
0	100.00 ± 0.00[c]	27.60 ± 0.43[d*]	60.44 ± 0.81[b*]	4.57 ± 0.16[a]	7.39 ± 0.15[ab*]
5	100.00 ± 0.00[c]	34.00 ± 1.69[e*]	54.90 ± 1.77[a*]	4.22 ± 0.20[a]	6.89 ± 0.38[a]
10	100.00 ± 0.00[c]	28.28 ± 0.51[d*]	59.82 ± 0.87[b*]	4.55 ± 0.09[a]	7.35 ± 0.18[ab*]
15	100.00 ± 0.00[c]	26.35 ± 0.73[d*]	61.30 ± 0.80[b*]	4.61 ± 0.25[ab*]	7.74 ± 0.13[b*]
20	95.83 ± 7.22[c]	22.08 ± 0.51[c*]	64.80 ± 0.61[c*]	5.07 ± 0.26[ab*]	8.05 ± 0.19[b]
25	58.33 ± 7.23[b*]	16.96 ± 0.62[b]	70.21 ± 0.86[d]	5.61 ± 0.29[b]	7.22 ± 0.32[ab*]
30	37.50 ± 21.65[a]	6.66 ± 0.31[a*]	77.55 ± 0.37[e*]	8.34 ± 0.45[c*]	7.44 ± 0.54[ab*]
		硬头鳟 Steelhead trout			
0	100.00 ± 0.00[B]	36.26 ± 1.08[E*]	53.71 ± 1.42[B*]	4.08 ± 0.21[A]	5.94 ± 0.37[B*]
5	100.00 ± 0.00[B]	31.37 ± 0.87[D*]	57.05 ± 0.94[C*]	4.56 ± 0.02[AB]	7.02 ± 0.21[C]
10	100.00 ± 0.00[B]	43.76 ± 1.29[F*]	46.73 ± 0.62[A*]	4.65 ± 0.51[ABC]	4.85 ± 0.23[A*]
15	100.00 ± 0.00[B]	34.99 ± 0.72[E*]	54.17 ± 0.76[BC*]	3.92 ± 0.24[A*]	6.92 ± 0.28[C*]
20	91.67 ± 7.22[B]	27.80 ± 0.52[C*]	60.69 ± 0.77[D*]	3.95 ± .028[A*]	7.55 ± 0.37[CD]
25	87.50 ± 12.50[B*]	18.53 ± 0.80[B]	68.38 ± 1.41[E]	5.14 ± 0.34[BC]	7.95 ± 0.40[D*]
30	37.50 ± 0.00[A]	9.51 ± 2.00[A*]	75.19 ± 2.37[F*]	5.63 ± 0.94[C*]	9.67 ± 0.17[E*]

注：同一类鱼同一列中上标不同字母的数值间差异显著（$P<0.05$）；同一列上标星号的数字与相同盐度下另一类鱼的数字间差异显著（$P<0.05$）。

Note: The values with different letters in the same column are significantly different from each other in the same fish ($P<0.05$), and the value with asterisk are significantly different from the value of other kind of fish at the same salinity ($P<0.05$)

当洄游型鲑鳟鱼类个体长到一定规格后（也受光照周期、营养、盐度等影响）就需要入海，这是一个短暂的生理窗口期，若错过这个窗口期，其洄游行为、耐高盐能力等的发育就会消失。硬头鳟入海窗口规格约 300g（熊莹槐，2018）。

5.4　溶解氧对水产养殖动物生长的影响

养殖池塘的溶解氧含量存在显著的日变化和垂直变化，对养殖动物的生长影响显著。养殖水体缺氧常会引起水生动物大量死亡。然而，水体溶解氧过饱和也可能会导致水生动物患“气泡病”。因此，养殖水体的溶解氧是养殖生产者十分关注且经常调节的环境因子。

5.4.1　水生动物对溶解氧的适应性

水生生物按照需氧与否可分为好氧性生物和嫌氧性生物。绝大多数水生生物的生存需要氧气，属好氧性生物；但也有少数种类可以在完全无氧的条件下生活，属嫌氧性生物，如某些微生物。按照对溶解氧的适应幅度水生生物可分为广氧性生物和狭氧性生物。前者能耐受的环境氧气含量变化幅度较大，后者只能耐受较小的变化幅度。有些生活于大洋上层的生物和一些生活于急流中的生物属于后者。

水生动物个体的耗氧量差异很大，与其形体大小、发育阶段、活动状态、饱食程度、性别等有关，还与其所处的环境条件有关。一般情况下，个体越小、水温越高其呼吸强度越高。适温范围内温度每增高 10℃，细菌的耗氧率约增大 2.5 倍，轮虫耗氧率约增大 2.3 倍，鲢稚鱼耗氧率增大 1.9 倍。

水生动物对水环境溶解氧的变化具有一定的适应性。鱼类对溶解氧下降有两种适应机制。当溶解氧下降到一定程度，鱼类通过改变呼吸频率、吸水量等呼吸参数，进行自我调节，其代谢率随溶解氧水平的降低仍能够保持相对稳定，这类鱼称为“氧调变鱼类”。另一类鱼，在溶解氧下降过程中被动地适应缺氧环境，当水体中溶解氧量降低时，通常表现为呼吸频率减缓，耗氧率下降，这类鱼称为“氧随变鱼类”。被广泛养殖的鲢属于前一类型鱼类（图 5-5）。在 5.43～7.73mg/L 的正常溶解氧范围内，其呼吸频率（f）和吸水量（B）变化差异不显著；但当溶解氧水平降低至 4.40mg/L 后，鲢的 f 和 B 显著增加（Zhao et al.，2011）。另外，在摄食状态下鲢对溶解氧降低的反应会有所迟钝。

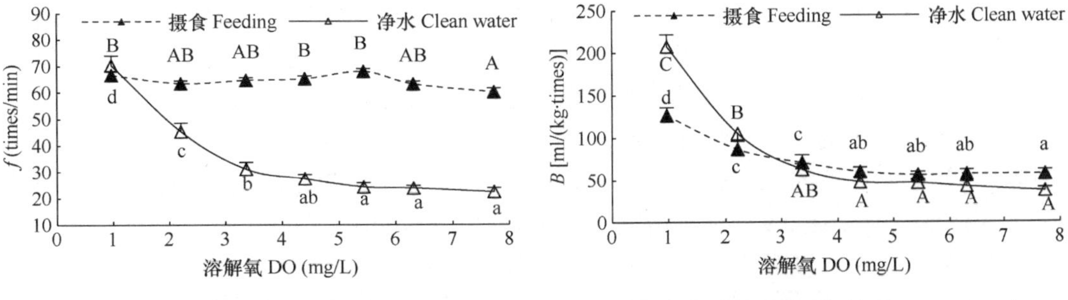

图 5-5　不同溶解氧水平和摄食与非摄食条件下鲢的呼吸频率 f（次/min）和吸水量 B [ml/(kg·次)]

Fig. 5-5　Respiratory frequencies f (times/min) and respiratory stroke volumes B [ml/(kg·strok)] of silver carp at different DO levels under feeding and non-feeding condition

增加体内血红素含量也是水生动物对氧气变化的一种适应。例如，同一种鲑鱼苗分别放养在池塘和河流中，经一定时间后，河流中放养鲑鱼苗的耗氧率为 400mg/(kg·h)，窒息点为 1.57mg/L，血液中血红素含量为 43%，而池塘中放养鲑鱼苗的相应数值为 300mg/(kg·h)、1.15mg/L 和 45%（董双林和赵文，2004）。利用皮肤呼吸空气中的氧气也是很多水生动物在氧气不足条件下的一种适应方法。例如，鲇的体表皮肤和黄鳝的肠上皮都有很好的呼吸作用。鱼类在缺氧情况下的“浮头”现象也是呼吸空气的动作。

每一种水生动物对水体溶解氧含量都有一个适应范围，当溶解氧含量降到某一界限时，其呼吸率就发生显著变化，以致不能维持其正常的呼吸强度，这时的溶解氧含量称为窒息临界氧量或窒息点。淡水池塘几种主养鱼类的窒息点（mgO_2/L）分别为：鲫 0.1，鲤 0.2～0.3，草鱼 0.4～0.6，鲢、鳙 0.25～0.4。

水体中含氧量过高也会对某些水生动物造成伤害。据报道，当溶解氧含量达到 32mg/L（过饱和）时，虹鳟幼鱼逐渐呈麻痹状态以致死亡，而成鱼则有较强的抵抗高溶解氧能力。当水中溶解氧过饱和时，鱼血液中氧也达到过饱和。但当水环境溶解氧含量突降，且降得比血液中氧向外扩散的速度更快时，鱼体内外氧分压失衡，血液中溶解气体就会形成气泡逸出并阻塞血管，程度严重时会导致死亡。这种情况即所谓“气泡病”。

5.4.2 溶解氧对养殖动物生长的影响

就养殖鱼类而言，淡水鱼类比海水鱼类更耐低氧环境，暖水鱼类比冷水鱼类更耐低氧（表 4-1）。海水鱼类或冷水鱼类一般静止代谢强度相对更高，如褐鳟的静止代谢就比鲫、鲤高（表 5-16），因此，养殖海水鱼类或冷水鱼类对增氧技术要求也更高。

表 5-16　3 种鱼类的静止耗氧量（引自殷名称，1995）

Tab. 5-16　Rest oxygen consumption rates of 3 fish species (from Yin, 1995)

种类 Species	褐鳟 Brown trout			鲫 Crucian carp			鲤 Common carp		
温度/℃ Temperature	10	15	20	10	20～22	32～35	10	20	30
耗氧率/[mgO_2/(kg·h)] Oxygen consumption	81	128	282	15.7	30～160	127～262	17	48	104

养殖水体溶解氧含量降低到一定程度会影响养殖鱼类对溶解氧的利用效率、摄食率，进而影响鱼类的生长。随溶解氧水平的降低，净水中养殖的鲢对溶解氧的利用率（EO_2）呈先升高再下降的变化（图 5-6）。当溶解氧水平降至 4.40mg/L 时，鲢对溶解氧的利用率最高，达 30.1%，但当溶解氧水平降为 0.97mg/L 时，鲢的 EO_2 降为 16.94%。在食物存在的情况下，鲢对溶解氧的利用效率（EO_2）会持续提高。这既表明溶解氧水平对鲢 EO_2 有影响，也表明鲢对溶解氧的变化具有一定的适应性调节能力。

随溶解氧水平的下降，鲢滤食率（*FR*）逐渐降低。在溶解氧水平 4.40～7.73mg/L 范围内，鲢对实球藻的 *FR* 为 1.29～1.40g/(kg·h)，随着溶解氧水平的进一步下降，鲢的 *FR* 显著降低，直至在 0.97 mg/L 溶氧水平时的 0.92g/(kg·h)（Zhao et al.，2011）。

溶解氧含量和温度对鱼类摄食和生存的影响具有交互作用。在 7℃时，大西洋鲑幼鱼最大摄食量出现在 42%氧饱和度以上，而在 19℃时，则出现在 76%氧饱和度以上（表 5-17）。类似地，在 7℃时，大西洋鲑幼鱼存活低限为 24%氧饱和度，而在 19℃时，则为 40%氧饱和度。

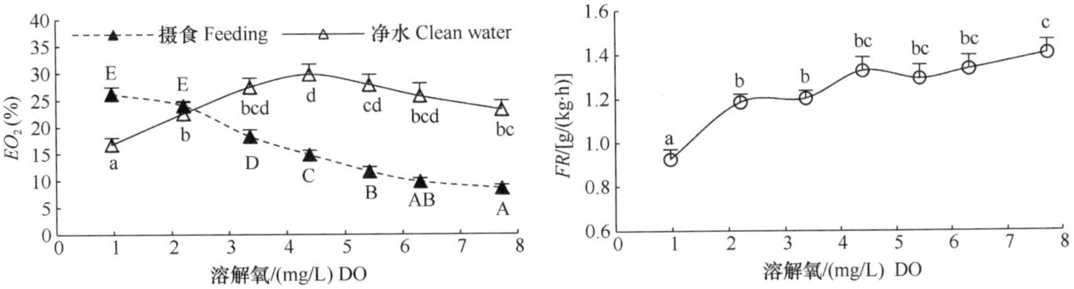

图 5-6　不同溶解氧水平和摄食与非摄食条件下鲢的溶解氧利用率（EO_2）和滤食率（FR）

Fig. 5-6　Oxygen extraction efficiencies (EO_2) and filtration rates (FR) of silver carp at different DO levels under feeding and non-feeding condition

表 5-17　银化后的大西洋鲑（300～500g）维持最大摄食量和存活的溶解氧低限（Noble et al.，2018）

Tab. 5-17　Lower limit for oxygen saturation with maximal feed intake (DO_{maxFI}) and limiting oxygen saturation (*LOS*) for Atlantic salmon post-smolts of 300～500g (Noble et al., 2018)

温度/℃ Temperature	最大摄食量溶解氧低限/% DO_{maxFI}	存活溶解氧低限/% *LOS*
7	42	24
11	53	33
15	66	34
19	76	40

通常鱼类胚胎期对溶解氧要求比较苛刻。例如，斑点叉尾鮰胚胎存活的溶解氧需求水平在 1.9mg/L 左右，大于 5mg/L 才能保障存活率在 50%以上，大于 8mg/L 才可获得满意的孵化结果。然而，对斑点叉尾鮰稚鱼（132g/尾）而言，18℃下 72h 半致死溶解氧浓度为 0.9mg/L，可以持续存活的溶解氧水平为 1.5mg/L。溶解氧大于 3.0mg/L 时斑点叉尾鮰稚鱼（60g/尾）才可保持良好的摄食状态、较大的生长速度和较高的食物转化率（Tucker & Hargreaves，2004）。

5.5　光照对水产养殖动物生长的影响

光是地球上几乎所有生物得以生存和繁衍的最基本的能量源泉，也是养殖水体最重要的生态因子之一。光不仅会影响水体的热状态、植物的光合作用，还会影响养殖动物的行为、生长、性腺发育等，因此，了解光照对水生动物的影响对在养殖生产中实施光调控技术具有重要意义。

5.5.1　水生动物对光照的适应性

光照是水产养殖中十分重要的生态因子，具体包括光照强度、光照周期、光色（光谱组成）。在室内集约化养殖的水体人们还可以调控光强、光周期，以达到促进养殖动物生长、控制性腺发育等目的。

光照强度对水生动物生长的影响因强度而异、因种而异。动物的生长所需的最低和最适光照强度是其在长期进化过程中形成的，是对所栖息环境的适应。很多水生动物都有一定的趋光性。有些鱼类对一定强度的光照具有趋光运动，有些时候也可能影响鱼类饵料生物的趋光性，因此，人们就利用鱼类的这种习性对鱼类实行灯光诱捕。尼罗罗非鱼的趋光性随照度的增加而增强，并在 1000 lx 达到最大值。像海参等棘皮动物等就对强光具有负趋光性，光照较强时它们就会潜入深水区或遮阴物体下面。

有些鱼类的仔鱼对光照十分敏感。例如，鲱（<1 lx）、条纹鲈（1 lx）、庸鲽（1～10 lx）仔鱼可感受到 10 lx 以下的光照，而大西洋鲑（200～600 lx）、漠斑牙鲆（350 lx）和点斑篮子鱼（1000 lx）的仔鱼感受光的低限（阈值）较高。

虽然棘皮动物缺乏感光器官，但是它们对光强、光周期以及月光都有反应。在光刺激下，它们主要通过体壁和神经系统的细胞色素或光感受器来调节对光的反应。通常情况下，它们会寻找遮蔽物、背光迁移来躲避强光照射。自然光照下刺参存在显著的昼伏夜出行为节律（Dong et al.，2010）。刺参在拂晓的 5:00 和黄昏的 18:00 前后存在迅速移入和移出参礁的行为转变过程（图 5-7）。

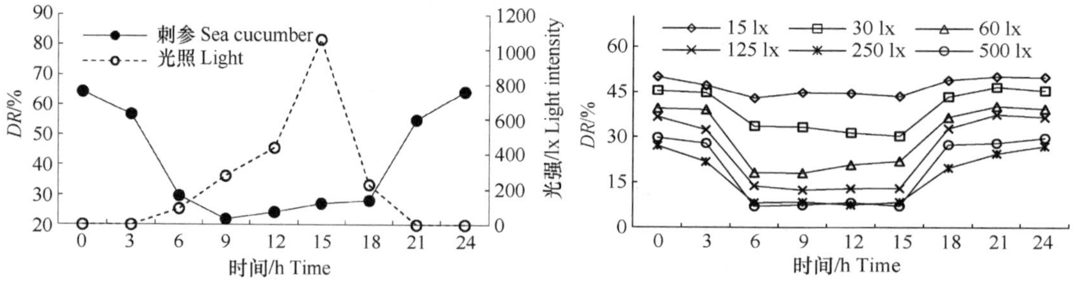

图 5-7　自然光照下刺参的行为节律

分布比率 $DR=N_i/N\times100\%$，式中，N_i 为某观测时刻分布在参礁外的刺参数量，N 为实验放养刺参总量

Fig. 5-7　Daily activity rhythm of *Apostichopus japonicus* under natural light

DR stands for distribution rate outside artificial reefs, $DR=N_i/N\times100\%$, N_i is the number of sea cucumber distributed outside the shelters at a certain observation time, and *N* is the total amount of the experimental sea cucumber

光照越强刺参活动的日节律性越强。在 15 lx 光照下刺参的活动节律已十分微弱。刺参在全黑暗条件下亦存在“昼伏夜出”行为节律。刺参活动节律性较弱的弱光条件下，摄食活动时间会更长。

5.18 lx 及更弱光照下，光强的变化对刺参行为无显著影响（礁外刺参数量≥44%）。此条件下刺参的行为节律主要受机体内生物钟支配。在 5.18～278 lx 光照范围内，随光照的增强刺参出现避光行为的比率逐渐增加（礁外刺参数量 8.17%～43.96%）。278 lx 及更强光照下，刺参行为主要受到光照影响（礁外刺参数量≤8.17%），并且光强的增加对刺参影响不再显著增强。

光照在养殖水体具有垂直分布不均性。水对不同波长的光吸收强度不同，纯水对长波段的红光等吸收速率大于短波段的蓝光等，这就导致随水深增加不仅光照强度减弱而且长波段光迅速衰减。光谱的不同部分对水生动物行为的影响也可能不同。光色（光谱成分）对水生动物生长的影响也具有种属特异性，这种特性是其对栖息环境的进化适应。一些水生动物具有色觉，对不同光色反应不同，如鳙在红色和紫色光线作用下较为活跃，而在黄色、绿色、蓝色光线下则比较平静。白鲑（*Coregonus pollan*）的幼鱼对绿光较为敏感，而对红光不敏感。在清水中，银鲈（*Bidyanus bidyanus*）幼鱼和金鲈（*Macquaria ambigua*）幼鱼对黄—橙光波最为敏感，这是对浑浊水中黄色和橙色波长的光占优势水体的适应。中国对虾在蓝光下较为活跃，而在黄光和绿光下较为安静（Wang et al.，2003）。

有些水生动物对光照的反应与其发育阶段、环境条件有关。有的鱼类在仔鱼的较早发育阶段，光可能作为活动和防御的环境信号起作用，而到较后期可能是对食物的条件反射。紫贻贝的面盘幼虫在 7～15℃具有趋光性，而 20℃时则趋光性消失。

光照时间的长短（光照周期）对很多动物生殖腺发育具有明显的影响。一般而言，春、夏季繁殖的动物可以用逐渐延长的光照时间来促使其生殖腺成熟，而对于秋、冬季繁殖的种类，则必须用逐渐缩短的光照时间才有效果。养殖生产实践中，人们就经常利用延长光照时间使春季繁殖的鲑鳟鱼类提前产卵，反之亦然。

光照对水生动物发育过程也有很大的影响。比目鱼的受精卵在阴暗处孵化要比在光照下慢 1～2d，闪光鲟（*Acipenser stellatus*）的受精卵也是在光照下发育较快，在暗处发育减慢，但是，有些天然条件下在暗处发育的受精卵则情形很可能会相反。例如，天然条件下大麻哈鱼（*Oncorhynchus keta*）的受精卵埋藏在沙砾下发育，如果暴露在光照下则发育会滞后。

光照强度、光周期和光谱组成都对水生动物的摄食影响明显。光照强度对水生动物摄食的影响具有种属特异性。动物的摄食呈现两种摄食模型，即具有峰值的摄食曲线和 S 形摄食曲线（周显青等，2000）。具有前一种摄食曲线的动物是依靠视觉摄食，在适宜的光照范围动物摄食较为活跃，摄食量较大。有些动物在个体发育的不同阶段，其适宜的照度还可能有所不同。例如，真鲷稚鱼的适宜照度为 10～100 lx，仔鱼为 1～100 lx；鲻幼鱼和大泷六线鱼（*Hexagrammos otakii*）仔鱼的摄食高峰均在 100 lx 上下。

依靠视觉摄食的鱼类不仅存在一个适宜的光强区，而且还存在一个摄食的视觉阈值，低于此值摄食很少或不摄食。随着视觉的发育，光的敏感性上升，摄食的视觉阈值可降低。

5.5.2　光照对养殖动物生长的影响

光照包括光照强度、光照周期、光色组成，它们都可能会对水产养殖动物的生长产生影响。

1. 光照强度对养殖动物生长的影响

光照强度对刺参浮游幼体存活、生长、发育及附着变态的影响十分显著（张永胜，2013）。还未开口摄食的刺参幼体，在完全黑暗条件下生长率最低，平均生长速度仅为 78.5μm/d，而在 500 lx 下生长率最高，为 107.9μm/d。开口摄食 2d 的刺参幼体也是在 500 lx 下生长率最高（99.1μm/d）。在 0～2000 lx 范围内，开口摄食 6d 的幼体在 2000 lx 下生长率最高（87.9μm/d）。刺参幼体存活率随光照强度的增大而升高，2000 lx 下幼体的存活率最高（86.1%），且显著大于 0 lx 下的存活率（74.2%）。在 0～2000 lx 范围内，2000 lx 下刺参稚参特定生长率（*SGR*）达到 1.50%/d±0.12%/d，显著高于其他光照强度下稚参的生长速度。目前，我国刺参育苗通常是在昏暗条件下进行的，上述研究表明，有一定的光照对刺参育苗是十分必要的。

光照强度对中国对虾生长的影响也十分显著。在 0～5500 lx 范围内，300 lx 光照下对虾生长最快（图 5-8），且显著快于 5500 lx 光照下对虾的生长（Wang F et al.，2004）。

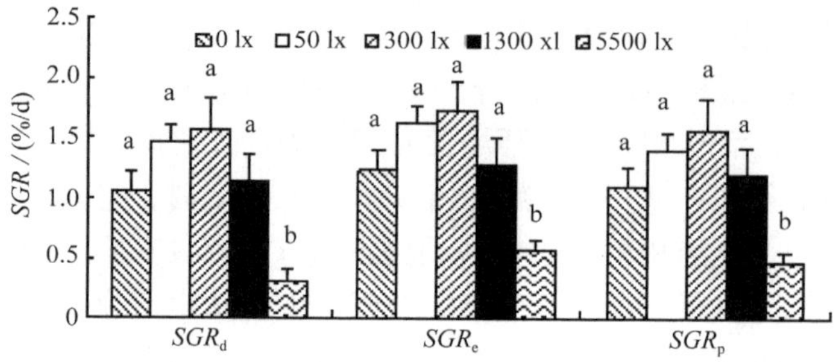

图 5-8 不同光照强度下中国对虾的干重、蛋白质和能量的特定生长率（SGR_d、SGR_p 和 SGR_e）

Fig. 5-8 Specific growth rates (*SGR*) of *Fenneropenaeus chinensis* under the different light intensity treatments

The indices SGR_d, SGR_p and SGR_e indicate specific growth rate in terms of dry matter, protein and energy, respectively. There are no significant difference among the *SGR* with same letter ($P<0.05$). Similarly hereinafter

光照强度对中国对虾摄食能分配模式的影响也十分显著。光照强度是通过影响中国对虾稚虾食物转化率和能量分配模式，进而影响其生长。5500 lx 光照下，对虾摄食能用在呼吸的能量比例最高，达 72.1%，而用在生长的能量比例最低，仅为 4.7%。

大鳞大麻哈鱼（*Oncorhynchus tshawytscha*）在强光下比在弱光下生长快；北极红点鲑（*Salvelinus alpinus*）幼体在 50 lx 时生长最快，死亡率较低，高于或低于此值的光照强度都会抑制其生长。虹鳟在 50 lx 光照强度下比在 700 lx 下生长快。红点鲑和大西洋鲑都是在强光下死亡率较高、黑暗时死亡率较低。此外，8 lx 的光照强度就可抑制 1^+龄大西洋鲑的性腺发育，43 lx 光照强度可促进大西洋鲑的银化过程。

2. 光照周期对养殖动物生长的影响

养殖水体的光照周期会随季节而变化，对养殖动物生长亦有重要的影响。一些研究表明，光照时间能够控制一些水生动物的繁殖、发育、生长等。光照周期对刺参浮游幼体存活、生长、发育及附着变态的影响很大（张永胜，2013）。实验研究表明，刺参幼体附着变态率由高到低依次为：10L∶14D，即 10 小时光照 14 小时黑暗（67.63%）、14L∶10D（63.59%）、24L∶0D（55.5%）和 0L∶24D（47.69%）。不同光照周期也会显著影响稚参生长。随着光照时间的延长，刺参个体特定生长率（*SGR*）逐渐上升，并在 14L∶10D 下达到最大，随后下降。

光照强度和光照周期对刺参稚参生长（SGR_w）的交互影响作用显著（表 5-18）。在该实验条件下，光照周期对刺参生长的影响大于光照强度的影响。在一定光照周期下，随光照强度的增加，刺参生长先逐渐上升而后下降；而在相同光照强度下，刺参的生长随光照时间的延长也逐渐先上升而后下降。14L∶10D 和 2000 lx 时稚参生长速度最快。

表 5-18 不同光照处理下刺参的特定生长率（%/d）

Tab. 5-18 Specific growth rates of *Apostichopus japonicus* under different light treatments (%/d)

光照周期 Photoperiods	SGR_w			
	0 lx	1000 lx	2000 lx	4000 lx
0L∶24D	0.76±0.02	$0.76±0.02^{1}$	$0.76±0.02^{1}$	$0.76±0.02^{2}$
10L∶14D	$0.76±0.02^{a}$	$0.88±0.06^{ab,12}$	$1.00±0.03^{b,2}$	$0.90±0.06^{ab,3}$
14L∶10D	$0.76±0.02^{a}$	$0.94±0.03^{b,2}$	$1.17±0.03^{c,3}$	$0.96±0.05^{b,3}$
24L∶0D	$0.76±0.02^{b}$	$0.80±0.05^{b,12}$	$0.79±0.06^{b,1}$	$0.58±0.03^{a,1}$

注：同行中标有不同字母的数据间差异显著（$P<0.05$），同列中标有不同数字的数据间差异显著（$P<0.05$）

Note: The values with different letters in the same line are significantly different from each other ($P<0.05$), and the values with different figures in the same column are significantly different from each other ($P<0.05$)

4 种光照周期（0L∶24D、10L∶14D、14L∶10D 和 24L∶0D）下，中国对虾的特定生长率（SGR_d）、摄食率（FI_d）和食物转化率（FCE_d）均未见显著差异。但是，4 种光照周期下中国对虾的蜕壳频率（*MF*）有所不同，24L∶0D 和 0L∶24D 下较低，14L∶10D 和 14D∶10L 下较高，二者间差异显著。14L∶10D 和 14D∶10L 下，对虾用在蜕壳的能量较高，且与全黑暗和全光照处理的差异显著（王芳等，2005）。光照周期会影响对虾蜕壳频率和用在蜕壳上的能量分配，但对养殖对虾的摄食率和食物转化率影响不大。与光照强度和光色对中国对虾生长的影响程度相比，光照周期对养殖对虾生长的影响程度较小。

鲢、鳙和鲤随着日照时数的延长生长速度都加快，但在短日照时数下鲤长得远快于鲢和鳙。鲢和鳙在日照 10～12h 时生长速度最快、成活率最高（王吉桥等，1994）。

实验表明，秋、冬季实施短光照可加快虹鳟生长；11 月至次年 7 月，加长光照可使大西洋鲑生长加快；从 11 月初开始给入海一年的大西洋鲑施加连续的光照，可提高其生长速度，抑制其性腺成熟。从人工繁殖角度看，由于大多数鲑鳟鱼在秋季或冬季产卵，因此，在其性腺成熟的前一年，先实施长日照，然后变短日照，可促进其生殖发育。

动物可能存在生长所需的最低和最适光照周期，这是其在长期进化过程中形成的对生活环境的一种适应，任何偏离其自然光周期的人工光照条件都可能抑制其生长速度。

3. 光色对养殖动物生长的影响

光色对水生动物生长的影响也具有种属特异性，这种特性是其对栖息环境的进化适应。白鲑（*Coregonus pollan*）的幼鱼对绿光较为敏感，而对红光不敏感。在清水中，银鲈（*Bidyanus bidyanus*）幼鱼和金鲈（*Macquaria ambigua*）幼鱼对黄—橙光波最为敏感，这是对浑浊的黄色和橙色波长的光占优势水体的适应。

光色对刺参 *SGR* 影响显著（Bao et al.，2014）。在不同光色下养殖的刺参的 *SGR* 大小顺序依次为：黄光＞自然光＞蓝光＞红光＞绿光。不同光色处理下刺参的摄食能及分配比例见表 5-19。从表中可以看出，刺参在自然光下摄食能最高，在绿光下摄食能最低。刺参在自然光下用于生长能的比例最高，在绿光下的比例最低，差异显著。

表 5-19　不同光色处理下刺参能量收支各组分的分配比例

Tab. 5-19　Energy allocations in *Apostichopus japonicus* under different light colors

光色 Color	*G*/*C*/%	*F*/*C*/%	*U*/*C*/%	*R*/*C*/%	*C*/[kJ/(g·d)]
自然光 N	$7.01±0.33^a$	$46.78±0.99^a$	$11.16±0.08^a$	$36.45±1.21^a$	$7342.63±260.42^a$
红光 R	$6.64±0.29^a$	$50.7±1.05^{ab}$	$12.06±0.13^b$	$29.76±0.78^{bc}$	$6282.06±400.08^b$
黄光 Y	$7.96±0.26^b$	$54.47±2.48^b$	$10.90±0.14^a$	$27.57±0.99^c$	$6437.56±255.43^b$
绿光 G	$4.01±0.30^c$	$47.43±2.35^a$	$11.11±0.2^a$	$35.35±1.05^{ab}$	$3857.63±191.13^c$
蓝光 B	$5.44±0.30^d$	$48.97±2.25^{ab}$	$11.01±0.2^a$	$34.14±2.46^{ab}$	$6230.30±230.71^b$

注：同列中标有不同字母的数据间差异显著（$P<0.05$），下同

Note: The values with different letters in the same column are significantly different from each other ($P<0.05$). Similarly hereinafter. N. Natural light; R. Red; Y. Yellow; G. Green; B. Blue

蓝光下中国对虾干重特定生长率（SGR_d）最小，分别是白光和绿光下的 73.0%和

85.8%，且与白光相比，差异达到显著水平（Wang et al.，2003）。蓝光下，对虾的摄食率最大，且与白光下的差异显著。蓝光下，对虾食物转化率最低，分别是白光和绿光下的 64.5%和 75.8%；蓝光下，对虾用在呼吸和排泄上的能量比例最高，而用在生长上的能量最少，且与白光相比差异达到显著水平（表 5-20）。

表 5-20　不同光色处理对虾各部分能量占摄食能的比例

Tab. 5-20　Allocation of the consumed energy in *Fenneropenaeus chinensis* at different treatments

光色 Light colors	R/C/%	G/C/%	E/C/%	U/C/%	F/C/%
白光 White	$65.15±0.48^{a}$	$12.94±0.70^{a}$	$1.42±0.17^{a}$	$5.76±0.08^{a}$	$14.73±0.65^{a}$
黄光 Yellow	$68.43±2.19^{ab}$	$11.56±1.54^{ab}$	$1.72±0.16^{a}$	$6.06±0.29^{a}$	$12.24±0.87^{b}$
绿光 Green	$69.99±1.24^{b}$	$10.81±1.39^{ab}$	$1.36±0.24^{a}$	$6.16±0.21^{a}$	$11.69±0.79^{b}$
蓝光 Blue	$76.11±1.22^{c}$	$8.07±1.26^{b}$	$1.52±0.13^{a}$	$7.05±0.19^{b}$	$7.25±0.33^{c}$

蓝光下，对虾摄食活跃，摄食率高，但由于食物转化率低，活动消耗能量多，用于生长的能量比例较低，导致了对虾在蓝光下生长较慢。浮游生物较多的养殖池塘海水与“清洁”的海水相比，池塘底部的短波蓝光少，而绿光等长波长的光更多，这可能是养殖池塘“不干净”的海水中对虾的生长较“干净”海水中快的重要原因之一。

有研究表明，虹鳟（143g）红光下生长比白光、蓝光下稍快；蓝光对虹鳟（71g）生长和肝生化成分有负面影响；虹鳟（32g）黄光下生长比红、蓝、白光下快。蓝 LED 灯可致大西洋鲑短期应激，白 LED 灯则没有。不同光色对大西洋鲑性腺发育的抑制作用为蓝光＞金卤灯光谱色＞绿色＞红色。

5.6　水产养殖动物生长的个体变异

自然界动物的生长是一个很复杂的过程，不同物种间个体差异很大（表 5-1）。然而，同一物种即使是同父母的子女个体生长也有差异，这种差异就是本节要介绍的个体生长变异。鱼类的个体生长变异会影响其存活、繁殖、生产量。水产养殖实践中，人们也常会阶段性地将不同规格的个体进行筛分，避免不同规格的鱼类混养在一起，以提高养殖鱼类的成活率、饲料利用率，甚至生长率。

导致鱼类个体生长变异的因素很多，主要包括性别因素、环境因素、社会等级行为因素、遗传因素等。在水产养殖生产中人们十分关心投饲水平、放养密度和放养规格差异对养殖动物个体生长变异的影响。因此，下面就养殖动物个体生长变异的一般原因和饲料、放养密度及放养规格差异对养殖动物个体生长变异的影响加以介绍。

5.6.1　影响个体生长变异的因素

大多数陆地养殖动物的个体生长变异系数①在 7%～10%，而鱼类个体生长变异系数要大得多（表 5-21）。动物个体生长变异的直接原因多是摄食或食物利用率的差异，间接原因是遗传因素、环境因素、社会等级行为、性别差异等。

① 变异系数（CV）（%）= 100 × ($SD/\bar{x}$)，其中 SD 为标准差，$\bar{x}$ 为平均数

表 5-21 鱼类和刺参个体生长变异系数（Kestemont et al.，2002；Martins，2005；董双林，2015b）
Tab. 5-21 Individual coefficient variation (CV) in growth for fish and sea cucumber (Kestemont et al., 2002; Martins, 2005; Dong, 2015b)

种类 Species	生长表达 Growth expression	变异系数/% CV
大西洋鲑 *Salmo salar*	体重/g Body weight	7.5
虹鳟 *Oncorhynchus mykiss*	特定生长率/(%/d) *SGR*	31.1～166.1
北极红点鲑 *Salvelinus alpinus*	特定生长率/(%/d) *SGR*	约 16.0
大西洋庸鲽 *Hippoglossus hippoglossus*	特定生长率/(%/d) *SGR*	＞100.0
大菱鲆 *Scophthalmus maximus*	特定生长率/(%/d) *SGR*	约 30.0
鲫 *Carassius auratus*	体重/g Body weight	9
中华鲟 *Acipenser sinensis*	特定生长率/(%/d) *SGR*	31.7
欧洲鳗鲡 *Anguilla anguilla*	特定生长率/(%/d) *SGR*	37.2～46.6
尼罗罗非鱼 *Oreochromis niloticus*	体重/g Body weight	11
大西洋鳕 *Gadus morhua*	特定生长率/(%/d) *SGR*	约 100.0
赤鲈 *Perca fluviatilis*	体重/g Body weight	37.7～54.1
非洲鲇 *Clarias gariepinus*	特定生长率/(%/d) *SGR*	18.1～58.2
刺参 *Apostichopus japonicus*	体重/g Body weight	40.5～76.3

1. 养殖动物内在的个体生长变异

有些养殖动物个体变异很大，如养殖 7 个月的赤鲈个体变化范围为 7～89g。如果将该赤鲈群体筛分成三个没有重量重叠的规格组，再养殖 200d 后，组间规格重叠又达到 60%。这一重叠并不仅仅是由伴性生长差异造成的，主要是由有些个体生长较快造成的（Mélard et al.，1996）。

动物个体间本就存在内在的个体生长潜力差异。在育苗生产中我们经常会遇到，即使是同亲本、同批次开口摄食的仔鱼在养殖一段时间后，个体间在体重或体长方面也会出现很大差异，其中部分原因是存在母系影响（Maternal effect），也就是存在遗传性个体差异。例如，孵化 12d 的黄条鰤（*Seriola lalandi*）仔鱼（10～12mm）就开始表现出个体差异，19d 较大个体就出现攻击性行为。Martins（2005）曾将 17 尾体重 68.3g±1.2g 的非洲鲇单个独立饲养 42d，每一个体所处养殖环境相同，结果它们的个体体重变异系数还是从 7.50%增加到 18.13%。

养殖动物的个体变异与时间和规格有关。在同批次孵化、培育的刺参群体中，随机取 10 头不同体重（2～5g）的刺参并单独养殖 100d，消除社会等级行为、密度等对动物个体生长变异的直接影响。结果发现，刺参个体生长的变异系数逐渐从 12.04%增加到 40.51%，并趋于一个极值（图 5-9）。小个体与大个体刺参的体重增重率分别为 50%和 175%，特定生长率分别为 0.40%和 1.01%（Liang et al.，2010）。

这些刺参个体间在生长、摄食率和食物转化率等方面存在很大差异，并与其初始体重呈正相关。图 5-10A 显示，刺参的初始体重与实验终末体重相关性极显著；图 5-10B 显示，初始体重与 *SGR* 相关性极显著；图 5-10C 显示，初始体重与摄食率相关性显著；图 5-10D 显示，初始体重与食物转化率相关性极显著。与刺参稍不同的是，非洲鲇个体变异的 80%缘于摄食差异（Martins，2005）。

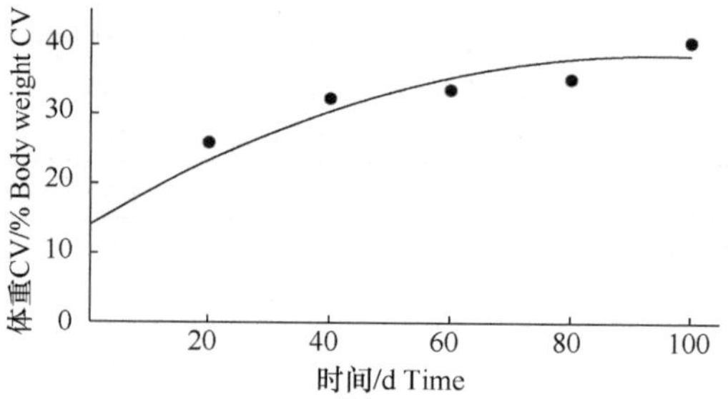

图 5-9　单独养殖刺参的体重变异系数与时间的相关性

Fig. 5-9　Relationship between coefficiencies of variation for body weight of *Apostichopus japonicus* housed individually during the experiment

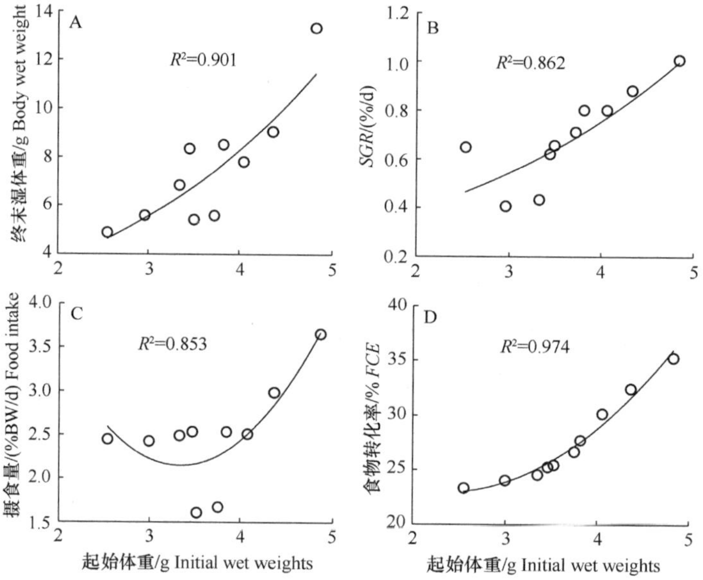

图 5-10　刺参初始体重与终末体重（A）、生长率（B）、摄食率（C）和食物转化率（D）的相关性

Fig. 5-10　Relationships between initial wet weight and final wet weight (A), specific growth rate (B), food intake (C), and food conversion efficiency (D) of *Apostichopus japonicus* housed individually

刺参个体间在能量分配方面也出现明显差异。初始体重较小的个体呼吸消耗的能量比例更高一些，相应地用于生长的能量比例更少。例如，6 头小个体的刺参呼吸速率平均为 46.13kJ/(g·d)，而 4 头稍大个体的呼吸率平均为 25.90kJ/(g·d)，两者差异显著。

2. 影响养殖动物个体生长变异的环境因子

已有的研究表明，影响水产养殖动物个体生长变异的环境因子包括温度、光照，或许还有化学信息素等，但对于后者我们了解得并不多，属于化学生态学研究范畴。

Kestemont 等（2002）的研究表明，孵化 44d 的赤鲈（*Perca fluviatilis*）仔鱼随温度升高体重增长加快，体重变异也变大（图 5-11）。另外，随温度升高赤鲈仔鱼的成活率下降，这是由温度升高后体重变异增大，残食数量增加所致。不同规格芒鲇（又称巴沙鱼，*Pangasianodon hypophthalmus*）仔稚鱼的最适生长温度略有不同，但都是在最适温度条件下生长最快，个体体重变异系数最小，存活率最高。

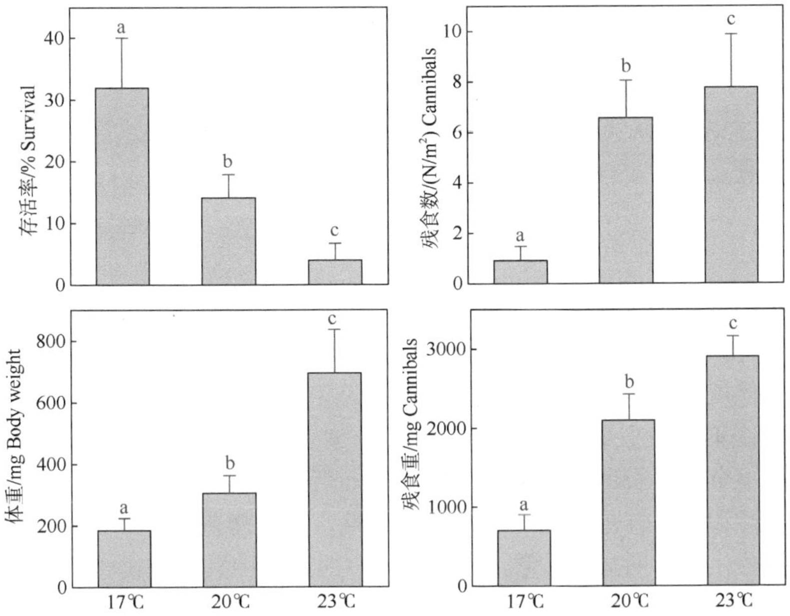

图 5-11　温度对赤鲈孵化 44d 仔鱼存活、生长和残食的影响（Kestemont et al.，2002）
Fig. 5-11　Effect of rearing temperature on survival, growth and cannibalism among perch larvae reared from egg stage over 44 days (Kestemont et al., 2002)

光照强度对赤鲈仔鱼生长影响显著。5 lx 光照下，赤鲈早期仔鱼（带卵黄囊）*SGR* 为 20.7%/d，而 400 lx 下赤鲈仔鱼 *SGR* 为 23.7%/d；但后期仔鱼（卵黄囊已吸收）的表现则相反，5 lx 光照下 *SGR* 为 10.4%/d，而 400 lx 下为 7.4%/d。然而，光照强度对赤鲈仔鱼存活率、残食率和规格变异影响不大。

短光照下，赤鲈仔鱼残食严重，生长慢，个体生长变异大。光照时数与赤鲈早期仔鱼存活率呈正相关（Kestemont et al.，2002），L24∶D0 下存活率为 56.2%，而 L8∶D16 为 39.6%。长光照下欧洲鲈（*Dicentrarchus labrax*）前期仔鱼生长快，个体生长变异小，但短光照（L8∶D16）下欧洲鲈后期仔鱼成活率达 61.2%±4.0%，比其他长光照处理都高（Kestemont et al.，2002）。

有研究显示，当鱼类消耗在克服水流的能量较多时，个体间攻击的频率就会下降。上述温度、光照、水流都是物理因素，关于水化学因子对个体生长变异的影响我们了解得还不多。

有些影响水生动物个体生长变异的环境因子并不明确。例如，刺参属于攻击性行为不明显的种类，但它们个体间即使在非物理接触的情况下仍然存在个体间相互作用。Pei 等（2014）研究发现，刺参除了身体接触外，水环境中非常规水质因子如信息素，也会影响它们个体间的生长变异。

信息素是指同种个体之间相互作用的化学物质，能影响彼此的行为、习性乃至发育和生理活动。信息素主要依靠空气、水等传导媒介传给其他个体。信息素主要包括性信息素、告警信息素、聚集信息素、示踪信息素、标记信息素等几种类型。鱼类的化学告警信息素一般来源于两个方面：一是皮肤损伤释放的信息素，可能通过捕食者对被捕食者的攻击性行为或同种个体间的攻击性行为而产生；二是自身释放信息素，如干扰信息素等。非洲鲇由于互相攻击而释放的化学告警信息素会抑制同种其他个体的生理功能，使单位水体鱼产量降低。

3. 社会等级行为对养殖动物的影响

社会等级是指动物群体中各个动物的地位具有一定顺序的等级现象。人们已发现哺乳动物、鸟类、鱼类、蚂蚁、蜜蜂等均具有社会等级行为，这种等级行为对个体生长的影响十分明显。

社会等级结构在具有攻击性行为的肉食性鱼类中比较常见。大规格个体在社会等级中占据优势地位，从而获得更多或更好的资源，抑制劣势小个体的摄食、生长和代谢，加剧群体内个体规格分化的程度。孵化 19d 的黄条鰤仔鱼就会出现个体攻击性行为。受攻击的是占群体 42%的小个体，死亡率较高，但如果将大个体筛除则攻击性行为基本消失，但这时的小个体生长速度也不高，仅到 12d 后才能恢复正常生长（Moran，2007）。

一些肉食性和杂食性鱼类具有很强的攻击性，如鲑鳟鱼类、鲇、罗非鱼等，这些鱼类群体内规格分化现象明显。通常，同一群体中的鱼类中具有攻击性行为的个体生长速度较快，而攻击性弱的个体生长速度较慢。例如，攻击性强的非洲鲇个体 *SGR* 为 7.7%±1.8%，而攻击性弱的个体 *SGR* 为 6.2%±1.3%（Martins，2005）。

养殖群体个体差异大小会影响群体内发生攻击性行为的次数和持续时间。例如，个体变异较大的通讯螯虾（*Pacifastacus leniusculus*）群体（14.1g±5.5g）内个体发生攻击性行为次数为 97.7±34.9，持续 14.1s±5.0s，而变异较小的群体（11.6g±1.7g）则相应地为 63.4±26.0 和 19.7s±9.7s。但是，两个群体的死亡率差异不显著（Ahvenharju & Ruohonen，2007），表明这些攻击基本上是非致命攻击，称为驱离更恰当。

Adams 等（2000）发现，当大西洋鲑群体中少数优势大型个体被去除后，剩下的小鱼间的攻击性会增强一个数量级。这表明，大型优势个体的存在会抑制较小个体间的攻击性。大个体存在时，小个体的生长率为 4.3%/d～4.7%/d，而去除大个体后生长率则为 2.8%/d～2.9%/d。

4. 养殖动物性别对个体生长变异的影响

很多动物雌、雄个体在形态和生长方面存在很大差异。鱼类雌、雄个体间在摄食能力、生长与生殖能量配置、性类固醇激素水平等方面的差异均会影响个体生长，导致雌、雄个体间的生长差异。尼罗罗非鱼雄鱼生长快、个体大，雌鱼生长慢、个体小。雄性尼罗罗非鱼的消化管明显长于雌鱼，引起摄食率和饵料效率的差异。铜吻鳞鳃太阳鱼（*Lepomis macrochirus*）雌、雄个体生长速度的差异主要与胃的大小、摄食量的大小有关。雌欧洲鳗鲡和雄尼罗罗非鱼垂体 GH mRNA 的表达量要高于雄欧洲鳗鲡和雌尼罗罗非鱼，这是它们雌、雄生长差异的内在原因之一。

5.6.2 饲料投喂和放养密度与个体生长变异

1. 饲料投喂对个体生长变异的影响

饲料粒径和日粮水平会影响养殖动物的个体生长变异。尼罗罗非鱼稚鱼个体生长变异与投喂的颗粒饲料粒径呈正相关。体重 3g 和 20g 尼罗罗非鱼稚鱼的最佳颗粒饲料粒径为 1.4mm 和 2.5mm。投喂稍小于最佳粒径的饲料可以降低养殖鱼类的个体生长变异，投喂大于最佳粒径的饲料则会影响尼罗罗非鱼的生长（Azaza et al.，2010）。

投喂水平对有些鱼类生长变异影响较大。例如，在限食条件下（日粮为 1%体重）每天投喂 6 次，赤鲈生长最快，同时个体体重变异也最大（Mélard et al.，1996）。相反，杂交罗非鱼在日粮水平为 3.0%体重或饱食时，*SGR* 较高，且个体体重变异较小，而日粮为 1.0%体重时体重变异较大（王岩，2003）；随着投喂次数增加金赤鲷（*Pagrus auratus*）仔稚鱼的生长速度明显增快，且每天投喂 8 次金赤鲷的体重变异系数（38.32%）低于每天投喂 2 次的变异系数（52.11%～51.24%）。

但是，投喂水平对有的鱼类生长变异影响并不大。例如，足量投喂饲料可以降低虹鳟和北极红点鲑的攻击频率，但投喂频率并没有影响北极红点鲑的规格变异大小；饲料限制可降低白鲑摄食率和生长速度，但也没有增加个体间摄取量变异或生长速度的变异。大菱鲆（初始体重 69.0g±16.5g）也有类似的表现（表 5-22）。两种温度下，随着日粮水平的提高，大菱鲆特定生长率相应提高，饵料系数总体上也有所提高，但体重变异系数变化不大（Van Ham et al.，2003）。

表 5-22　温度和日粮对养殖 53d 大菱鲆稚鱼生长、饵料系数、体重变异系数变化的影响
Tab. 5-22　Effects of temperature and ration on SGR, feed conversion efficiencies (FCE) and coefficients of variation (CV) of body weight after 53 days' rearing of juvenile turbot

温度/℃ Temperature	日粮/(%W/d) Ration	摄食量/(%W/d) Feed consumption	特定生长率/(%/d) *SGR*	饵料系数/(g/ g) *FCE*	体重变异系数变化/% △CV
16	100	0.9	1.16±0.05^{a}	1.20±0.03^{ab}	1.06±0.3
16	65	0.6	0.85±0.01^{b}	1.30±0.05^{a}	1.02±0.3
16	35	0.3	0.46±0.01^{c}	1.09±0.01^{b}	1.02±0.5
22	100	1.1	1.15±0.09^{a}	1.06±0.04^{b}	1.02±0.8
22	65	0.7	0.87±0.00^{b}	1.17±0.00^{b}	1.01±0.7
22	35	0.4	0.36±0.02^{c}	0.80±0.02^{c}	1.14±0.5

可见，投喂量对鱼类个体生长变异的影响可能因物种的生态特性、发育阶段、环境条件等而异。由于养殖鱼类最终的个体生长变异会影响售卖价格，可能还会影响总产量、饵料转化率等，因此，这方面的研究还有待深入。

2. 放养密度对个体生长变异的影响

通常，随着养殖动物密度的提高生长速度会下降，但也有例外。Mélard 等（1996）74d 养殖实验显示，初始体重 1g 的赤鲈放养密度从 400 尾/m^3 增加到 10 000 尾/m^3 时，其平均生长速度反而从 0.12g/d 增加到 0.2g/d，提高了 67%；同时，生长变异系数也从 98.4%下降到 57.9%，这表明高密度养殖赤鲈稚鱼效果更好。但当赤鲈长大（体重＞20g）后则高密度养殖鱼（2080 尾/m^3）的生长速度则慢于低密度养殖鱼的生长速度。放养密度对个体生长变异的影响因种、规格而异。

赤鲈显著的生长异质性（Growth heterogeneity）与其具有领地行为有关。有的鱼类在群体密度较低时，大的个体总是不断追赶（攻击）较小的个体，但当密度很高时这种追赶行为会减弱。例如，杂交罗非鱼（初始体重 41g）在 5 尾/箱密度下的 *SGR* 为 1.72%/d±0.04%/d，显著低于 10 尾/箱的 *SGR*（2.08%/d±0.07%/d），体重变异也小一点。同时，5 尾/箱罗非鱼的食物转化率（65.08%±3.21%）也显著低于 10 尾/箱的食物转化率（87.97%±1.84%）（Wang et al.，2002）。

刺参的攻击性行为不明显，但放养密度对刺参个体生长变异影响极其显著（Dong et al.，2009）。当刺参的放养密度为 5～50 头/100L（分别记为 D5、D10、D20、D30、D40、D50），在 50d 的养殖实验中，D5、D10 和 D20 密度刺参的存活率均为 100%，而 D30、D40 和 D50 密度刺参在 20d 后存活率随放养密度的增加而下降。不同密度处理刺参的体重特定生长率在 D20 处理最大，为 1.46%/d，且显著高于其他密度组，放养密度再增加或减少其生长率均明显下降（图 5-12）。这表明，刺参密度与存活、生长关系符合 Alee 效应，即中等密度动物的存活、生长状态更佳。

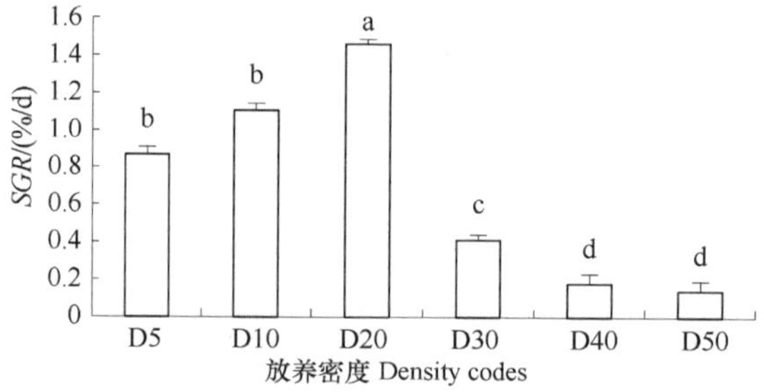

图 5-12　不同密度处理刺参的特定生长率

Fig. 5-12　Specific growth rates of *Apostichopus japonicus* in different density treatments

D5 stands for 5 sea cucumbers per 100-L fiberglass tank, D10 stands for 10 sea cucumbers per 100-L fiberglass tank, and so on

图 5-13 是实验期间不同密度刺参个体体重变异系数。由该图可见，各密度处理的刺参个体体重的变异系数在实验第 10 天均显著高于实验起始的变异系数，并且随着放养密度的提高，体重变异系数趋于稳定的时间越迟。

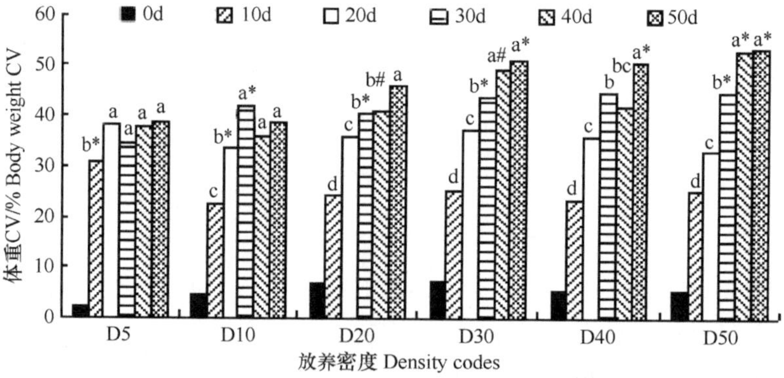

图 5-13　不同密度处理刺参体重变异系数

字母代表同一密度不同时间的差异显著性 $P<0.05$，符号代表同一时间不同密度的差异显著性 $P<0.05$

Fig. 5-13　Coefficients of variations in weight of *Apostichopus japonicus* in different stocking density treatments

Different letters indicate significant difference within a treatment ($P<0.05$), different symbols indicate significant difference between treatments at the same day ($P<0.05$)

5.6.3　放养规格与个体生长变异

前面已经介绍过，几尾大规格大西洋鲑会抑制小规格鱼间的攻击性行为，提高小规格鱼的生长速度（Adams et al.，2000）。另外，杂交罗非鱼在 10 尾/箱密度比在 5 尾/箱鱼密度下打斗行为更弱，因此生长更快，食物转化率更高（Wang et al.，2002）。这些现象对我们制定这些鱼的养殖方案很有意义。

Martins（2005）将体重 66.5～214.1g 的非洲鲇分成小、中、大三个体重没有重合的组，另加一个三种规格混合组。经过 27d 养殖后发现，这四个组间尽管在鱼类行为上有些差异，但在生长速度、摄食量、食物转化率和死亡率间均无显著差异。Moran（2007）利用黄条鰤仔鱼做了一个类似的 15d 实验，结果发现，小、中和混合规格组鱼的体重变异系数都明显增加了，只有大规格组鱼的体重变异系数增加不显著。

裴素蕊（2012）设计了更长时间的实验，研究用同规格的大（9.36g±0.23g）、中（6.40g±0.27g）、小（3.46g±0.36g）和三种规格混合（分别记为 H、M、L 和 HET 处理）四种处理，进行了为期 50d 的稚参养殖实验。实验结束时各处理组刺参的生长状况见图 5-14。可以看出，H 和 M 处理的刺参特定生长率显著高于 L 处理。实验期间，混合规格处理组（HET）中的 M 规格和 L 规格刺参基本上都附于玻璃钢水槽壁上，很少下来摄食，因此，它们的特定生长率呈负值。H 处理组刺参生长率（1.67%/d）稍高于处理组刺参（1.27%/d）。

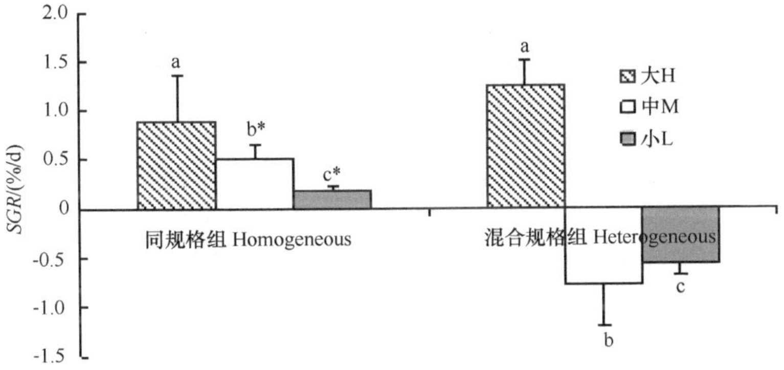

图 5-14　同规格组和混合规格处理中大、中、小刺参特定生长率

字母不同表示同规格组中差异显著 $P<0.05$，*表示不同规格组中差异显著性 $P<0.05$

Fig. 5-14　Specific growth rates of low, medium and heavy weight *Apostichopus japonicus* in different treatments

Different letters indicate significant different ($P<0.05$), * indicates significant different in the same size ($P<0.05$), and bars represent standard errors of the means

图 5-15 是不同规格组刺参的变异系数随时间变化情况。如该图所示，各处理组的刺参在放养 10d 时也表现出明显的个体生长变异。10d 后 H 处理组的个体生长变异趋于稳定，M 和 HET 处理组在 40d 后个体生长变异趋于稳定，L 处理组个体生长的变异系数始终在增大。实验结束时 HET 处理组的生长变异系数达 76.23%。

刺参的规格筛分对摄食能量的分配影响显著。从表 5-23 表中可以看到，在同规格处理组，即规格筛分后，刺参摄食能量的 52.7%～64.7%并没有被同化吸收，而是作为粪排出体外；摄食能的第二大去处是呼吸，占摄食能的 21.5%～37.4%；生长能仅占摄

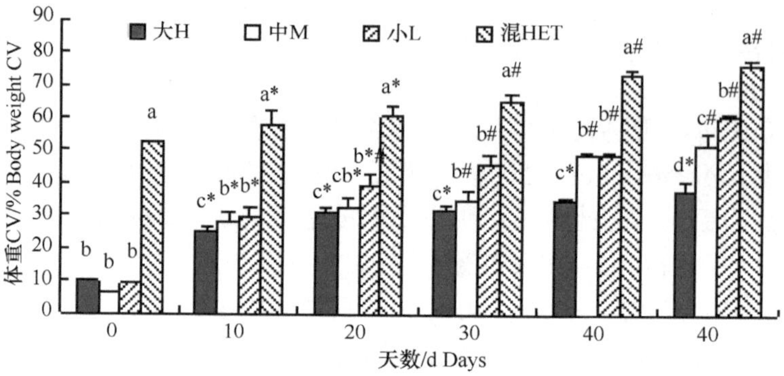

图 5-15　不同规格组的刺参体重变异系数

字母不同表示处理间差异显著（$P<0.05$），符号不同表示相同处理不同时间差异显著（$P<0.05$）

Fig. 5-15　Coefficients of variations of *Apostichopus japonicus* body weight in different size treatments

Different letters indicate significant difference between the treatments ($P<0.05$), different symbols indicate significant difference of the same treatment at different time ($P<0.05$)

入能的 5.9%～11.3%。混合规格处理中的 H 处理组刺参摄食能量用于生长的部分最多（12.4%），稍高于同规格处理的 H 刺参的生长分配（11.30%），但两者统计学上并未达到差异显著水平（$P>0.05$）。同规格处理的 H、M 处理组刺参与同规格处理的 L 处理组刺参的能量分配模式差异较大。同规格处理的 L 刺参用于生长和排粪的能量明显少于其他处理组，而用于呼吸和排泄的能量明显多于其他处理。混合养殖组中的 M 和 L 处理组刺参基本停止摄食，体重出现负增长，身体组织储存的能量主要被呼吸消耗。

表 5-23　不同规格刺参摄食能量的分配

Tab. 5-23　Allocations of the consumed energy of *Apostichopus japonicus* in different treatments

规格 Sizes		*G/C*/%	*F/C*/%	*R/C*/%	*U/C*/%
H		$11.30±1.72^a$	$64.60±1.55^a$	$21.48±1.57^c$	$2.62±2.23^c$
M		$10.73±1.29^a$	$63.55±1.61^a$	$24.24±2.81^c$	$2.48±0.52^c$
L		$5.92±1.09^b$	$52.73±1.58^b$	$37.41±1.16^b$	$3.95±1.37^b$
HET	H	$12.39±0.62^a$	$64.76±0.32^a$	$20.28±0.35^c$	$2.57±1.79^c$
	M	—	0	$91.2±1.76^a$	$8.8±1.76^a$
	L	—	0	$82.2±2.67^a$	$17.8±2.67^a$

注：混合规格组的 M、L 组刺参的摄食能和粪便能均为零，其生长能为负值，表中排泄能和呼吸能是以生长能的负百分比来表示

Note: The food consumption and faeces of sea cucumbers in M and L treatments of HET group were zero, and their growth were negative. So Their excretion and respiration were calculated based on their negative growth values

上述实验表明，刺参的个体生长变异很大，混合规格养殖处理中的刺参个体生长变异甚至超过 70%。刺参具有明显的规格等级行为，优势者的大个体会抑制劣势者较小个体的生长，一些很小的个体甚至会出现负生长。在将规格变异很大的群体中的大规格刺参剔除后，中等规格个体会出现生长补偿现象，而较小的个体由于某种因素可能会出现生长退偿（负生长）现象。

上述实验都是在实验刺参饵料充分满足的情况下进行的，但在刺参养殖中，有些养殖场对放养到池塘的刺参不再进行饲料投喂，单位养殖水体中的食物资源有限，刺参的食物没有得到充分满足，这会对刺参的个体生长变异产生影响。实验研究表明，在食物

资源有限的条件下，放养密度过大会降低刺参的平均生长率，增大个体生长变异，使刺参达到商品规格的时间延长，甚至会使单位面积产量（生物量）降低；放养密度过低可有效促进刺参生长，降低个体生长变异，但其单位面积产量会降低（裴素蕊等，2013）。因此，我们需要了解并在生产中放养合适密度的刺参。

5.7　周期性饥饿后水生动物的补偿生长

动物个体继饥饿或营养不足后在恢复正常摄食时会表现出超过正常（未受饥饿胁迫的）的生长速度，称为补偿生长现象。目前为止，人们对畜禽类动物的补偿生长现象进行了广泛研究，并在一些种类的饲养中通过改变投饲方法而获得经济效益。自 20 世纪 70 年代以来，水生动物补偿生长的研究逐渐受到人们重视，现已成为水产动物生理生态学研究的热点之一。相对而言，我国这方面的研究起步较晚，20 世纪 90 年代以后才开始对某些鱼类进行研究，之后对其他水生动物的研究也相继展开。

5.7.1　水生动物的补偿生长现象和特点

水生动物的繁殖力、死亡率、对环境的适应能力等都与其个体大小有关，并且，常会在环境、营养条件改善后表现出补偿生长现象（吴立新和董双林，2000）。对海湾扇贝（*Argopecten irradians*）的研究发现，同龄扇贝中仅较小的个体具有补偿生长能力；幼鲍（*Haliotis fulgens*）经摄食营养不平衡的饲料一段时间后再转食营养全面的饲料，其生长速度显著快于一直喂食营养全面的饲料的个体；扁卷螺（*Planorbis contortus*）继不同程度食物限制后恢复正常喂食，其生长速度快于连续喂食的对照组。中国对虾继饥饿或营养不足后也表现出补偿生长效应（吴立新等，2001）。人们发现具有补偿生长现象的鱼类涉及鲑科（Salmonidae）、鲤科（Cyprinidae）、鲽科（Pleuronetidae）、鳕科（Gadidae）、尖吻鲈科（Latidae）、鲟科（Acipenseridae）、鲇科（Siluridae）、鮰科（Ictaluridae）、鲱科（Clupeidae）、丽鱼科（Cichidae）等几十种鱼类。

从补偿量的角度看，补偿生长因种类、限食程度等的不同差异较大，并大致可分为超补偿生长、完全补偿生长、部分补偿生长和无补偿生长 4 类（图 5-16）。

（1）超补偿生长（Over-compensatory growth），指经过一段时间限食再恢复正常喂食一段时间或经过几个这样的周期后，动物体重超过了相同时间内（限食时间+恢复喂食时间）持续喂食的鱼。例如，刺黄盖鲽（*Pleuronectes asper*）饥饿 2 周后再恢复投喂，至 12 周时出现了补偿生长（Paul et al.，1995）。再如，中华鲟（*Acipenser sinensis*）在饥饿 1d 饱食投喂 3d 的周期性投喂养殖方式下表现出超补偿生长现象(鲁雪报等,2009)。类似现象在虹鳟、斑点叉尾鮰幼鱼及星斑川鲽（*Platichthys stellatus*）中同样存在（陈建春等，2013）。

（2）完全补偿生长（Full compensatory growth），指限食后恢复生长时动物的生长速度加快，最终其体重能达到或接近相同时间内持续饱食的动物。例如，姜海波和姜志强（2007）采用饥饿 3d、投喂 6d 的循环投喂模式投喂牙鲆（*Paralichthys olivaceus*）4 个周期，结果鱼体净增重与持续喂食饲料组相近，出现了完全补偿生长。

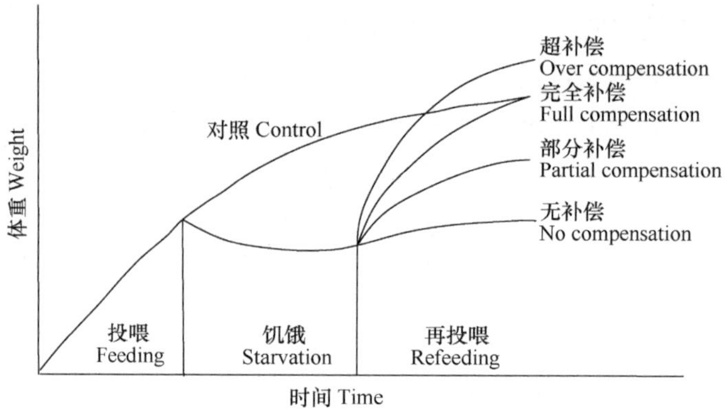

图 5-16　补偿生长的理想范式（仿 Ali et al.，2003）
Fig. 5-16　Idealized patterns of growth compensation (from Ali et al., 2003)

（3）部分补偿生长（Partially compensatory growth），指限食后恢复生长阶段动物的生长速度较持续饱食的动物有所加快，但最终体重没能赶上非限食组动物。杂交条纹鲈（*Morone chrysops* × *M. saxatilis*）在分别饥饿 1 周、2 周和 4 周后再恢复投喂饲料至 18 周，各组均表现为部分补偿生长现象（Turano et al.，2008）。

（4）无补偿生长（No compensatory growth），指经过一段时间的饥饿或限食后在恢复生长过程中，动物体增重和生长速度均不能达到同期持续投喂组的水平。例如，南方鲇（*Silurus meridionalis*）饥饿 60d 恢复摄食后，摄食水平较同期持续投喂的鱼个体低，表现为无补偿生长（邓利等，1999）。

有些水生动物补偿生长时生长率是高于持续饱食的个体，但高生长率并非一直持续下去，而是逐渐下降，经一段时间后又会恢复至正常水平。北极红点鲑（*Salvelinus alpinus*）在限食处理 8 周后恢复饱食时生长率迅速升高并超过持续饱食组，至第 10 周达到最高（为限食结束时的 5 倍，比持续饱食组高 60%），12 周后开始下降。尽管 16 周时生长率仍然高于正常水平，但从整个趋势看，生长率降至正常水平只是个时间问题（Miglavs & Jobling，1989）。

补偿生长阶段生长率的升降快慢因种类和限食程度不同而表现不一。Wieser 等（1992）报道了三种鲤科鱼类[雅罗鱼（*Leuciscus cephalus*）、卡拉白鱼（*Chalcalburnus chalcoides*）、红眼鱼（*Scardinius erythrophthalmus*）]继饥饿后的补偿生长研究结果，发现卡拉白鱼和红眼鱼在饥饿 2 周后恢复饱食时生长率快速升高，而雅罗鱼似乎对恢复喂食的生理反应较慢，生长率上升相对延迟。

5.7.2　周期性饥饿后水生动物的补偿生长

1. 饥饿—喂食周期处理后的补偿生长

Wu 等（2002b）在 25.0℃±0.5℃条件下研究了不同“饥饿—喂食—再饥饿—再喂食……”处理周期对中国对虾生长的影响。实验虾起初体重无差异，实验结束时一直投喂的处理 C40（投喂 40d）对虾体重显著大于其他处理（表 5-24）。需要指出的是 C40 处理喂食了 40d，而其他处理则仅喂食了 32d。在都喂食 32d 的 5 个处理中连续喂食的

C32 对虾的体重显著低于其他 4 个间断喂食处理的对虾。这说明处理组对虾表现为部分补偿生长现象。

表 5-24　不同饥饿—喂食处理周期的中国对虾的生长和存活

Tab. 5-24　Growth and survival of *Fenneropenaeus chinensis* under different starvation-and-refeeding cycles

处理 Treatments	湿体重/g Body wet weight		增重/% Weight gain	存活/% Survival
	始 Initial	终 Final		
S1F4	2.258±0.105	7.542±0.214^b	234.6±6.0^b	100.0±0.0
S2F8	2.217±0.059	7.297±0.130^b	229.4±3.9^b	100.0±0.0
S4F16	2.153±0.017	7.410±0.139^b	244.2±3.8^b	93.8±6.3
S8F32	2.152±0.010	7.302±0.102^b	239.3±3.4^b	93.8±6.3
C40	2.190±0.016	8.400±0.309^c	283.4±11.4^c	93.8±6.3
C32	2.190±0.016	6.735±0.153^a	207.5±4.9^a	93.8±6.3

注：S1F4 为饥饿 1d 喂食 4d，共 8 个周期；S8F32 为饥饿 8d 喂食 32d，1 个周期

Note: C40 fed *ad libitum* throughout the experiment (the control); C32 fed *ad libitum* continuously for 32 days; S1F4 repetitively starved 1 day and refeed 4 days for 8 cycles; S8F32 starved 8 days and refeed 32 days for 1 cycle

整个实验阶段处理组 S1F4 的摄食率（湿重、干重、蛋白质和能量）显著高于对照组，其他处理组的摄食率较对照组稍有增加。处理组 S1F4 的食物转化率（湿重、干重、蛋白质和能量）则显著低于对照组，其他处理组的食物转化率与对照组无显著差异。

对半滑舌鳎的研究（房景辉等，2011）表明，在 72d 实验结束时，饥饿 2d、投喂 4d、重复 12 次的 S2F4 处理组个体的体重虽轻于持续投喂 72d 的对照组个体，但统计学上差异不显著（表 5-25），说明半滑舌鳎在 S2F4 处理组表现出生长补偿现象。该实验还表明，S2F4 处理组半滑舌鳎较对照组具有更高的摄食率和能量转化率（$P<0.05$）。

表 5-25　不同投喂模式下半滑舌鳎的生长、摄食率和消化率

Tab. 5-25　Growth, feeding rate and energy conversion efficiency of tongue sole at different treatments

处理 Treatments	初体重/g Initial weight	末体重/g Final weight	摄食率/% Feeding rate	能量消化率/% Energy digestion rate
C	48.64±0.45	175.48±2.86^b	1.69±0.03^a	91.52±0.57^a
S2F4	49.17±0.78	163.74±2.85^b	2.33±0.03^c	93.47±0.44^c
S4F8	48.60±0.61	150.79±5.32^a	2.33±0.04^c	92.96±0.22^{bc}
S8F16	48.40±0.55	148.47±5.80^a	2.29±0.02^c	93.83±0.21^c
S12F24	49.70±0.43	149.57±4.23^a	2.13±0.02^b	92.05±0.34^{ab}

注：S2F4 表示饥饿 2d 投喂 4d 的节律，S4F8 表示饥饿 4d 投喂 8d 的节律，S8F16 表示饥饿 8d 投喂 16d 的节律，S12F24 表示饥饿 12d 投喂 24d 的节律

Note: S2F4 repetitively starved 2 day and refeed 4 days; S4F8 repetitively starved 4 days and refeed 8 days; S8F16 repetitively starved 8 days and refeed 16 days; S12F24 repetitively starved 12 days and refeed 24 days

杨严鸥等（2005）在相同条件下研究了长吻鮠（*Leiocassis longirostris*）、异育银鲫（*Carassius auratus gibelio*）和草鱼在不间断投喂水蚯蚓（*Limnodrilus hoffmeisteri*），即对照（S0）、连续投喂 4d 后饥饿 1d（S1/F4）和连续投喂 2d 后饥饿 1d（S1/F2）3 种处理的补偿生长。30d 的实验结果显示，长吻鮠和异育银鲫在 3 种处理条件下的终体重无显

著差异，草鱼在 S0 组和 S1/F4 组的终体重无显著差异，但 S1/F2 组的终体重显著降低。这表明，长吻鮠和异育银鲫在 S1/F4 和 S1/F2 组时具有完全补偿生长现象，而草鱼只在 S1/F4 组具有完全补偿生长现象，在 S1/F2 组仅呈现部分补偿生长。可见，各种水生动物继周期性饥饿后表现出的补偿生长程度不尽一样。

2. 补偿生长过程中机体的生化组成变化

饥饿或营养不足时，动物机体消耗自身贮存的能量以维持生命活动。多数水产动物的主要贮能物质为脂肪和糖原，饥饿或营养不足状态下，机体主要消耗这两种物质。一般情况下，只有在脂肪大量消耗后才开始利用蛋白质作为代谢能源。伴随能源物质的不断消耗，机体内水分和灰分相对含量会逐渐上升。

一般来说，动物在解除营养限制、恢复正常摄食以后体内水分相对含量逐渐降低，脂肪和能量增加，最后生化组成（包括蛋白质、脂肪、水分、灰分）恢复至对照水平。中国对虾在“饥饿—喂食—再饥饿—再喂食……”处理实验中起始和结束时体组织的生化组成见表 5-26。可以看出，间歇性饥饿处理对养殖对虾体脂肪含量影响显著，处理组 S4F16 和 S8F32 的脂肪含量显著高于对照组，而对养殖对虾体组织其他成分含量无显著影响。

表 5-26　不同饥饿—喂食处理周期的中国对虾体组织的生化组成

Tab. 5-26　Changes in body chemical composition and energy content of *Fenneropenaeus chinensis* during the experiment

时间 Time	处理 Treatments	水分 Water[1]	蛋白质 Protein[1]	脂肪 Lipid[1]	能量 Energy[2]
起始 Initial	—	76.92±0.41	16.79±0.34	1.46±0.03	4.39±0.06
结束 Final	S1F4	73.18±0.65	19.54±0.48	1.79±0.06[a]	5.26±0.12
	S2F8	74.29±0.73	18.22±0.58	1.94±0.07[ab]	5.01±0.14
	S4F16	73.68±0.48	19.69±0.37	2.14±0.05[b]	5.31±0.11
	S8F32	73.15±0.87	20.04±0.62	2.53±0.08[c]	5.40±0.14
	C40	74.16±0.66	18.49±0.47	1.81±0.05[a]	5.14±0.13

1 表示湿体重的百分数；2 表示为 kJ/g

1 Values were expressed as % wet weight; 2 Values were expressed as kJ/g wet weight

5.7.3 影响补偿生长的因素

动物的生长受众多因素影响，但目前在水产动物补偿生长研究中涉及的因素主要是限食程度、恢复生长时间、食物的营养性质、性成熟程度等。

1. 限食程度

限食程度涵盖限食水平和持续时间两个方面。限食可分为完全限食和部分限食，前者是完全限制个体对食物的摄取，后者则是在一定程度上限制个体摄取食物。Wilson 和 Osbourn（1960）依据限食阶段动物的体重变化将限食水平分为三类，即①限食（包括饥饿）使动物减重；②限食使动物的体重保持不变；③限食并没有影响动物增重。

限食水平对水生动物的影响程度与生物种类有关。对真鳑（*Phoxinus phoxinus*）而言，饥饿和维持日粮两个限食水平的处理对恢复饱食阶段个体的摄食水平、生长率及食物转化率的影响不显著（Russell & Wootton，1992）；而对红罗非鱼（*Oreochromis mossambicus* ♀×*O. niloticus* ♂）而言，继 1.5%、0.5%体重日粮水平限食后，个体在恢复生长阶段的生长率和摄食率显著高于对照组个体，而受 3.0%体重日粮水平限制的个体在恢复生长阶段的生长率和摄食率与对照组无显著差异（王岩，1999）。

Wu 等（2001）研究了投喂水平对中国对虾补偿生长的影响。在 25.0℃±0.5℃条件下，将体重为 2.189g±0.093g 的中国对虾分为 4 组，其中一组连续饱食投喂 40d（对照组 C），另三组每天分别按初始体重 4%、8%和 12%限量投喂 10d，然后再饱食投喂 30d（分别记为限食组 R4、R8 和 R12）。限食期结束时，各处理对虾的生长出现差异，随限食程度的增加对虾体重出现降低程度加大的趋势。恢复生长期的前 10d 日粮水平 R12 处理与饱食处理（对照组）的对虾体重无差异，然而，R4 和 R8 处理组对虾的体重显著低于对照组。这一趋势一直持续到实验结束。结果显示，实验结束时 R12 处理组的对虾体重赶上了对照组，而 R4 和 R8 处理的体重还小于对照组。限食期间，所有处理组对虾的生长率（包括干重 SGR_d 和能量 SGR_e）均随日粮水平的降低幅度也相应降低，各处理组间差异显著（表 5-27）。

表 5-27 限食期间各处理中国对虾的干重和能量生长率（*SGR*）、摄食率（*FI*）和食物转化率（*FCE*）

Tab. 5-27 Specific growth rates (*SGR*), food intakes (*FI*) and food conversion efficiencies (*FCE*) of *Fenneropenaeus chinensis* during the period of restricted feeding in terms of dry weight and energy

时间 Time	参数 Parameters	R4	R8	R12	C
限食 Restriction	SGR_d	–0.08±0.16[a]	1.79±0.17[b]	3.34±0.33[c]	5.07±0.36[d]
	SGR_e	–0.80±0.25[a]	1.34±0.18[b]	3.16±0.28[c]	5.46±0.26[d]
	FI_d	4.31±0.07[a]	7.88±0.15[b]	10.15±0.34[c]	16.99±1.11[d]
	FI_e	5.04±0.08[a]	9.11±0.18[b]	11.56±0.39[c]	18.61±1.22[d]
	FCE_d	–4.95±0.85[a]	20.81±0.67[b]	33.65±2.62[d]	28.38±2.48[c]
	FCE_e	–18.51±0.53[a]	13.16±0.51[b]	28.07±2.25[c]	28.22±2.13[c]
恢复喂食 Refeeding	SGR_d	4.12±0.21[b]	4.22±0.09[b]	3.86±0.34[ab]	3.29±0.20[a]
	SGR_e	4.46±0.13[b]	4.11±0.19[b]	4.06±0.27[b]	3.17±0.24[a]
	FI_d	13.25±1.27[a]	13.32±0.48[a]	12.09±0.49[a]	11.87±1.39[a]
	FI_e	14.89±1.78[a]	14.88±0.07[a]	13.19±0.84[a]	13.10±1.31[a]
	FCE_d	27.79±2.06[a]	25.52±4.09[a]	28.66±3.32[a]	25.96±2.37[a]
	FCE_e	26.39±3.18[a]	24.00±1.91[a]	27.55±3.40[a]	22.79±0.99[a]

Note: Treatment C had *ad libitum* access to polychaete worms throughout the 40 days as the control; Treatments R4, R8, R12 were fed at 4%, 8% and 12% of body weight per day (% B.W/d), respectively in the 10 days' ration restriction period, and were then fed *ad libitum* during the recovery feeding period

另外，在饱食期间所有限食处理组对虾的 SGR_d 和 SGR_e 均稍高于对照组。饱食开始后各限食处理组对虾的 *SGR* 迅速上升到高于对照组的一个高峰，之后，在第 2 个和第 3 个 10d 饱食期又急剧降至与对照相似的水平。

实验表明，饱食投喂后，限食组对虾的摄食率和生长率均显著高于对照组对虾，但这种补偿生长效应仅持续约 10d。实验还表明，经一段时间限食投喂后，中国对虾在恢复生长时表现出了完全和部分补偿生长现象。该补偿生长效应主要是通过增加摄食量来实现的。

补偿生长的强度还与限食期持续时间的长短有关。对大西洋鳕（*Gadus morhua*）

的研究表明，短期（3 周以内）禁食不足以引起补偿生长效应，而禁食处理 8 周后在恢复生长时大西洋鳕具有完全补偿生长能力（Jobling et al.，1994）。类似地，真鲹限食处理（饥饿和维持日粮）4d 后不能产生补偿生长效应，而限食 16d 后个体在恢复生长阶段才出现完全补偿生长。

Wu 等（2000）研究了 25.0℃±0.5℃条件下中国对虾（初始体重 2.164g±0.055g）饥饿后的摄食对食物（日本刺沙蚕 *Neanthes japonica*）的利用和体重、身体成分的变化情况。44 天的实验期间各处理组平均体重的变化见表 5-28。饥饿期所有处理组的对虾均减重，饥饿时间越长减重越多。饥饿期结束时，除饥饿 12d 处理组（S12）外，饥饿 4d 和 8d 处理组（S4 和 S8）对虾的体重差异不显著，连续饥饿 12d 的对虾体重显著低于连续投喂的对虾处理（C）。

表 5-28 实验期间中国对虾体重的变化（g）

Tab. 5-28 Body weight of *Fenneropenaeus chinensis* during the experiment (g)

处理 Treatments	起始 Initial	饥饿结束 At end of starvation	恢复期生长 Recovery growth			
			8d	16d	24d	32d
S4	2.201±0.113	2.176±0.111[ab]	3.245±0.056	4.541±0.229	5.867±0.387	7.212±0.461
S8	2.152±0.021	2.050±0.020[ab]	3.018±0.045	4.254±0.263	5.656±0.444	7.302±0.732
S12	2.156±0.040	1.966±0.040[b]	2.851±0.216	3.900±0.263	5.201±0.288	6.594±0.277
C	2.146±0.021	2.146±0.021[a]	3.074±0.153	4.266±0.302	5.553±0.514	6.846±0.715

Note: The shrimp in treatment S4, S8, S12 and C were starved for 4, 8, 12 and 0 days at beginning of the experiment

在摄食阶段各处理组 SGR_w 的变化相似，即随时间的延长 SGR_w 趋于降低（图 5-17）。无论是在 8d 的摄食期还是整个生长恢复期，各处理组的 SGR_w 差异均不显著。但在摄食期间以干重、蛋白质和能量表示的生长（SGR_d、SGR_p 和 SGR_e）则与饥饿的时间长短有关。恢复摄食后 S4 与对照处理的 SGR_d、SGR_p 和 SGR_e 无显著差异，但 S8 和 S12 的生长显著快于对照处理组。

恢复摄食后，所有经历过饥饿的对虾都表现出超常的食欲。恢复摄食后的前 8d 饥饿处理对虾的 *FI* 显著大于对照处理，其摄食强度与前期饥饿时间长短呈正比。但恢复摄食到第二个 8d 期间所有经历过饥饿的对虾食欲都迅速下降到了与对照组相似的水平。

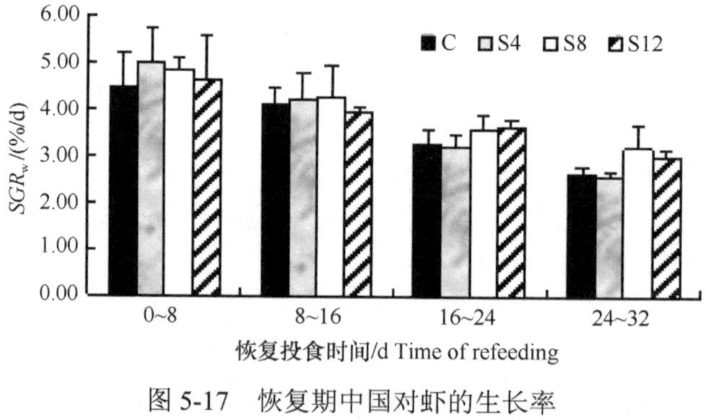

图 5-17 恢复期中国对虾的生长率

Fig. 5-17 Changes in specific growth rate of *Fenneropenaeus chinensis* in the period of recovery growth

The shrimp in treatment S4, S8, S12 and C were starved for 4, 8, 12 and 0 days in starvation stage

2. 持续饥饿的时间和恢复生长时间

饥饿与投喂的时间比例对对虾和鱼类补偿生长的程度影响很大（表 5-24、5-25、表 5-26）。研究表明，尼罗罗非鱼的禁食时间越长，其在恢复期的摄食率和生长率升幅越大，补偿能力越强（王岩，1999）。但并不是饥饿时间越长，鱼类表现出来的补偿生长能力就越强。鱼类对饥饿时间有一定的承受期限，超出这一期限非但不能恢复正常生长，还可能出现生长停滞。例如，斑点叉尾鮰幼鱼饥饿 4 周后就基本丧失了补偿生长潜力（Gaylord & Gatlin，2000）。再如，美国红鱼（*Sciaenops ocellatus*）饥饿 10d 和 15d 后，恢复投喂时，其消化酶的含量和活性都较低，在 30d 的恢复投喂期内其消化酶活性仍未达到同期持续投喂组（姜志强等，2002）。补偿生长效应需要适度限食予以激发。当然，动物对食物限制有一定的承受范围，超出一定的限食程度将对动物的生理机能造成不可逆伤害。

众多研究表明，水生动物补偿生长过程中的生长率总是表现为先上升一段时间后再恢复至正常水平。显然，若恢复生长时间太短，生长率尚未恢复至正常水平，就不能充分发挥补偿生长效应；反之，恢复生长时间过长，补偿生长效应在一定程度上会消失，如南方鲇表现的那样（邓利等，1999）。

饥饿时间的长短还会影响中国对虾体组织的干湿比（干重/湿重）。对虾（初始体重 1.454g±0.150g）停食 4d、8d 或 12d 后，体组织干湿比由初始的 23.20%±0.31%下降至 20.81%±0.24%、18.28%±0.29%或 16.90%±0.22%；再经 28d、24d 或 20d 恢复投喂期后，其干湿比又恢复至 26.23%±0.18%、26.13%±0.36%或 25.86%±0.34%（吴立新等，2001）。可见，饥饿时间长短还会影响对虾之后身体生化组成方面的补偿模式。

3. 营养物质性质

对水生动物的研究发现，鲍（*Haliotis fulgens*）幼体继摄食营养不平衡的巨藻或主要含巨藻的饵料后，在恢复摄食鲍内脏饵料阶段表现出生长率显著高于一直投喂鲍内脏饵料的对照个体（Viana et al.，1996）。

Wu 等（2002a）研究了 24.0℃±0.5℃条件下中国对虾（初始体重 1.347g）继饲料蛋白质限制后的补偿生长特性。对照组连续投喂蛋白质含量 44.6%、能量含量 18.5kJ/g 干重的饵料。在营养限制阶段（第 1 周和第 2 周）处理组 T_{15} 和 T_{30} 投喂的饵料分别含蛋白质 15.0%和 29.3%、能量 18.2kJ/g 干重和 18.3kJ/g 干重。恢复生长阶段（第 3 周至第 6 周）各处理组投喂的饵料与对照组相同。限制摄食结束后，摄食不同饲料的对虾体重显著不同，对照组对虾体重最大，而摄食 15%蛋白饲料的 T_{15} 虾体重最小。恢复摄食 44.6%蛋白饲料后的前两周，T_{30} 对虾体重与对照已无显著差异，但 T_{15} 对虾体重与对照仍有显著差异。在恢复生长的前两周，前期蛋白限制的对虾表现出高于对照组的生长率（图 5-18），而且蛋白质限制越严重其生长率反弹也越显著。实验的最后两周 T_{15} 处理组对虾生长仍然显著高于其他两个处理组。实验结束时 T_{30} 和对照组之间的 *SGR* 已无显著差异。需要说明的是，在恢复期各处理组以湿重计的生长率间统计学意义上已无显著差异。

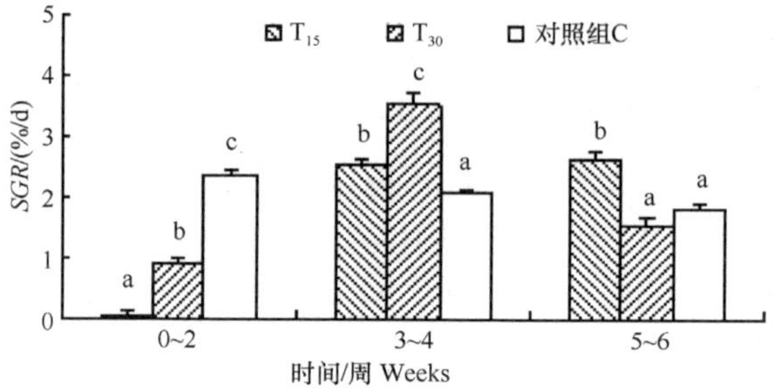

图 5-18 实验期间中国对虾能量生长率的变化

Fig. 5-18 Specific growth rates (*SGR*) in term of energy for juvenile Chinese shrimp held on the three feeding regimes during the course of experiment

Means with different letters within each period are significantly different ($P<0.05$). Shrimp in Treatment C (control) were given a standardized diet with 44.6% crude protein in *ad libitum* throughout the trial period. In Treatment T_{15} and T_{30} the crude protein supply was reduced to 15.0% and 29.3%, respectively during the restriction period. In the realimentation phase, shrimp previously received protein restriction were given the same feed as the controls

实验结束时处理组 T_{30} 取得了完全补偿生长，而处理组 T_{15} 的体重显著低于对照组。鉴于恢复生长后期（5～6 周）处理组 T_{15} 的干重、蛋白质和能量生长率仍然显著高于对照组，尚不能判断其是否具有完全补偿生长能力。

实验结果还表明，随着饲料蛋白质水平降低，食物转化率和蛋白质消化率显著降低，而摄食率和蛋白质效率显著增加。恢复生长以后，各处理组的食物转化率显著高于对照组，只是处理组 T_{15} 的食物转化率升高出现了滞后现象。恢复生长初期（3～4 周）处理组 T_{15} 的摄食率显著高于对照组，但干物质消化率和蛋白质消化率显著低于对照组。恢复阶段各实验组的蛋白质效率无显著差异。

限制期结束时，处理组对虾组织的水分和灰分含量显著高于对照组，而蛋白质、脂肪和能量含量显著低于对照组，但恢复生长期间处理组和对照组之间的体组织成分和含能量差异逐渐消失。这说明中国对虾继蛋白质限制后的补偿生长伴随着体组织生化成分和含能量的恢复。

上述结果表明，处理组 T_{30} 的补偿生长是通过改善食物转化率实现的，而处理组 T_{15} 的补偿生长是通过提高摄食水平和改善食物转化率两方面来实现。然而，鲤继蛋白质限制（低于正常水平 30%）或能量限制（低于正常水平 37%）后均没有明显的补偿生长效应（Schwarz et al.，1985）。

4. 性成熟程度和温度等

研究发现，饥饿 10d 后再恢复投喂饲料，雄性罗非鱼的特定生长率、摄食率和增重率明显高于雌性罗非鱼，前者的补偿生长效应较后者明显（Barreto et al.，2003）。Jobling 等（1993）比较了性成熟与未成熟大西洋鲑个体的补偿生长特点。发现两者在恢复生长时都具有部分补偿生长能力，但最终成熟个体的体重小于未成熟者，这与多数哺乳类动物的研究结果一致。

水温对中国对虾补偿生长有一定的影响（Wu & Dong，2002）。对虾饥饿 6d 后，在恢复喂食后对虾 *SGR* 都高于相对应的对照（图 5-19）。然而，恢复投喂对虾 30 天后，除 30℃处理组外，其他处理组对虾的体重都赶上了对照组的体重。可见，过高的温度不利于对虾的补偿生长。

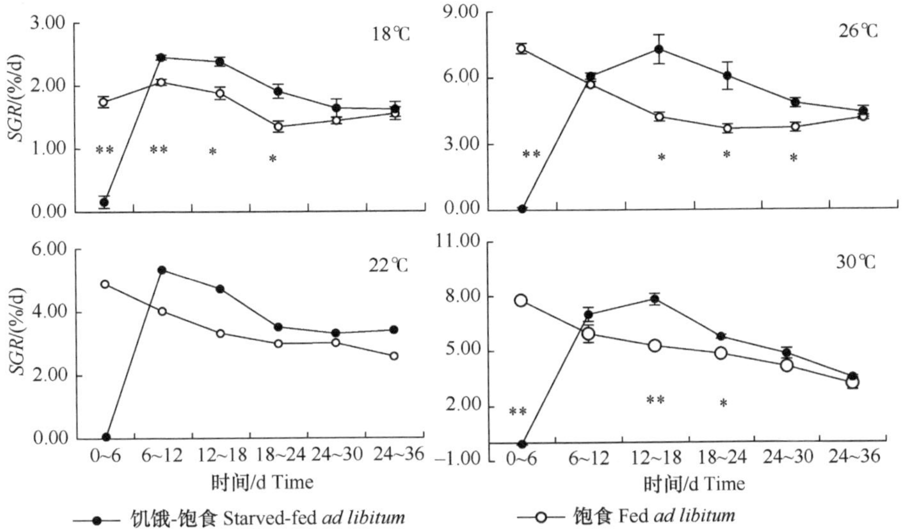

图 5-19　实验期间中国对虾生长率变化

* 表示处理与对照的差异显著（$P<0.05$），**表示差异极显著（$P<0.01$）

Fig. 5-19　Changes in specific growth rate (*SGR*) for juvenile *Fenneropenaeus chinensis* held on either fed *ad libitum* or starved-fed *ad libitum* at four temperatures during the course of experiment

The shrimp in the starved-fed *ad libitum* treatments were starved for 6 days at beginning stage. Asterisks indicate significant differences between treatments (* for $P<0.05$ and ** for $P<0.01$)

各温度处理组对虾恢复生长后均表现为食欲增大和生长加快，之后，摄食率逐渐降至对照水平。各温度处理组对虾在恢复生长后 6d 内的食物湿重转化率均显著低于对照组水平，但随后处理组和对照组之间的食物转化率的差异消失。这表明，各温度条件下中国对虾的补偿生长均是通过恢复生长阶段增加摄食来实现的。

5.7.4　补偿生长的生理生态学机制

Le Magnen（1985）提出哺乳类存在“体重调节点”理论。该理论认为哺乳类能够记忆先前的营养史并调节其食欲进行生长补偿。鉴于鱼类受环境因素影响较大，生长具不确定性，Russell 和 Wootton（1992）认为，鱼类的补偿生长与其“生长率调节点”有关。总的来说，关于水产动物补偿生长的生理机制尚无统一的认识，现主要有以下三种观点。

（1）限食使动物的代谢水平降低，当恢复进食时，较低的代谢水平能持续一段时间。这种代谢支出的降低使动物在恢复生长阶段将摄入的食物能量用于生长的比例增大，从而提高了食物转化率。

（2）限食后恢复喂食时，动物体内立刻进行高速的合成作用，代谢水平迅速升高，不可能通过降低代谢水平来明显改善食物转化率。补偿生长是动物在恢复生长阶段的一段时间内通过增加摄食实现的。

（3）动物在恢复喂食阶段不仅增加食欲，提高摄食水平，同时改善了食物转化率；因此，补偿生长是这两种生理因素共同作用的结果。

补偿生长的机制可能会因种类而异，还会受到其他因素的影响。就种类而言，中国对虾继饥饿后出现补偿生长的机制主要是，恢复喂食阶段食欲显著增大，而且食物转化率有些情况下也明显提高。但半滑舌鳎有所不同，其补偿生长机制是降低了代谢水平和提高了食物转化率（Fang et al.，2014）。

5.7.5 补偿生长理论应用实践

关于水生动物饥饿后补偿生长的研究已有很多，研究结果也展现出很好的应用前景，有的学者为此还申请了基于海水养殖鱼类补偿生长机制的专利技术，但目前真正付诸实践的报道还不多。这也许是因为水生动物超补偿生长现象并不十分普遍，也许是经济方面的原因。尽管出现完全补偿生长的动物在统计学意义上与持续投喂的动物在生长方面没有差异，但实际上前者的体重还是与后者的体重有些差异。体重上这一“不显著”的差异对经营者可能具有决定性意义。商业意义上需要的是超补偿效果，这应是今后应用基础研究的重点。

另外，投饲料不足时，会导致某些养殖动物个体生长变异加大，影响养殖效益。而关于间歇性投饲对养殖动物个体生长变异的影响目前还不十分清楚。

不过，人们以往的研究还是具有十分重要的意义。当周末人手不够时，或者法定假日无法安排投饲的工人时，可以设法购置自动投饵机，即使没有投饵机也可以利用补偿生长理论把恢复投喂的头几天工作做好，以“补偿”或“超补偿”弥补周末或假期的“损失”。

对于将补偿生长理论用于甲壳动物养殖实践时则应十分慎重，因为它们多具有自相残食的习性，尤其是在部分个体蜕壳时，软壳个体受饥饿者的威胁更甚。介子林（2006）曾利用一个面积约 $0.1hm^2$ 的池塘进行了重复饥饿—投喂实验。实验设置12个陆基围隔（5.0m×6.0m×2.0m），凡纳滨对虾初始湿重为0.107g±0.015g，放养密度为214.0g/围隔。实验设C（对照组）及饥饿—投喂处理组S1、S2、S3共4组，分别饥饿0d、1d、2d和3d后再投喂6d、5d、4d和3d，如此循环7次。实验共进行44d。实验结果显示，各处理组对虾体重和食物转化率差异不显著，但随着饥饿时间的延长对虾的死亡率增大，因此，其总产量也就相应降低。该实验表明，间歇性投饲，即补偿生长原理不宜简单地应用到凡纳滨对虾的养殖生产中。相较于中国对虾，凡纳滨对虾自相残食的习性稍弱，如果这是养殖中国对虾其情形则可能更严重。

小　　结

1. 鱼类生长具有以下6个特点：不确定性、可变性、阶段性、季节性、雌雄相异性，鳞片、耳石、脊椎骨等的生长速度与其体长生长的等速性。不同鱼类的年绝对生长速度与体型大小呈正比。水产养殖经常是选择长得快的个体在适宜其生长的季节或营造好的生长环境等条件下养殖水生生物。

2. 鱼类生长曲线呈不对称的“S”形，拐点一般出现在性成熟期。拐点年龄前生长呈加速趋势，拐点年龄后则逐渐减速。贝类的生长与鱼类有所不同，贝类的壳是连续生长，但其软组织则呈现出季节性生长现象。

3. 动物生物能量学模型：$G = C–F–U–E–R = C–F–U–E–Rs–Ra–SDA$。其中，$G$ 为生长能；C 为摄食能；F 为粪便能；U 为排泄能；E 为蜕壳能；R 为呼吸代谢能；Rs 为标准代谢；Ra 为活动代谢；SDA 为特殊食物动力作用或体增热。贝类的生长包括软组织生长（$G_{软组织}$）、贝壳生长（$G_{壳}$）和性腺生长（$G_{性腺}$）三部分。

4. 每一种水生动物都对温度有一个耐受上限和一个耐受下限，而且最适温度比较接近其耐受温度的上限。水生动物对温度的适应性是可以驯化改变的。如果温度缓慢变化，鱼类对温度的耐受上限或下限会高或低一些。经历不同热历史的水生动物对温度的耐受能力会有所不同，这一现象可用于耐高温或耐低温动物的驯化实践。

5. 大多数海洋生物和淡水生物都属狭盐性生物，而河口生物和洄游型动物多是广盐性生物。水生动物对含盐量变化的适应能力通常随年龄的增加而增强，但有些海洋无脊椎动物的幼体较成体更耐高盐，这应该与其进化史有关。当水环境盐度逐渐改变时，动物的耐盐能力会强一些，但当水环境盐度急剧变化时动物的耐盐能力则会弱一些。经过一定时间的盐度驯化，水生动物的耐盐能力可提高。

6. 养殖水体缺氧常会引起水生动物大量死亡，但是水体溶解氧过饱和也会导致水生动物患“气泡病”。一般淡水鱼类比海水鱼类更耐低氧环境，暖水鱼类比冷水鱼类更耐低氧。通常鱼类胚胎期对溶解氧要求比较苛刻。多数水产养殖动物属“氧调变动物”，可通过改变呼吸频率等适应低氧环境。

7. 光照对养殖动物的影响因种而异，因季节而异，因发育阶段而异。动物的生长所需的最适光照，是其在长期进化过程中形成的，是对所栖息环境的适应。任何偏离其自然光照的人工光照条件都可能抑制其生长、发育。蓝光下对虾呼吸代谢较强。浮游生物较多的海水与“清洁”的海水相比，到达水体深层的短波段蓝光较少，而长波段绿光更多一些，这可能是“不干净”海水池塘中养殖的对虾比“干净”海水中对虾生长快的重要原因之一。

8. 水生动物个体生长的变异系数较陆地饲养动物更大，直接原因多是摄食或食物利用率的差异，间接原因是遗传因素、环境因素、社会等级行为、性别差异等。

9. 饲料粒径和日粮水平可影响很多养殖动物的个体生长变异。放养密度和放养规格差异对养殖群体的个体生长变异也有很大影响。有些养殖动物，如罗非鱼和刺参，存在 Alee 效应，即中等密度动物的存活、生长状态更佳。

10. 动物个体继饥饿或营养不足后在恢复正常摄食时会表现出超过正常的生长速度，称为补偿生长现象。从补偿量的角度看，补偿生长大致可分为超补偿生长、完全补偿生长、部分补偿生长和无补偿生长 4 类。

11. 养殖动物的补偿生长受众多因素影响，如限食程度、恢复生长时间、食物的营养性质、性成熟程度等。影响程度变化很大，且具有种类特异性。

12. 鱼类的补偿生长与其“生长率调节点”有关。产生补偿生长的机制为：①限食使动物的代谢水平降低，当恢复进食时，较低的代谢水平能持续一段时间，从而提高了食物转化率；②限食后恢复喂食时，动物在一段时间内通过增加摄食实现快速生长；③动物在恢复喂食阶段不仅增加食欲，提高摄食水平，同时改善了食物转化率，从而实现快速增长。

13. 养殖动物的补偿生长已展现出很好的应用前景，但应用于甲壳动物养殖时应十分慎重，因为它们在饥饿时个体间残食严重。

第 6 章　环境因子周期性变动对水生生物的影响

6.1　温度周期性变动对水生生物生长的影响 171
6.1.1　温度日周期性变动对大型海藻的影响 172
6.1.2　温度周期性变动对水生动物的影响 172
6.2　盐度周期性变动对水生生物生长的影响 180
6.2.1　盐度周期性变动对大型海藻的影响 180
6.2.2　盐度周期性变动对对虾的影响 181
6.3　周期性干露对大型海藻生长的影响 182
6.4　光照周期性变动对水生生物的影响 184
6.4.1　光照周期性变动对孔石莼的影响 184
6.4.2　光照周期性变动对对虾的影响 186
6.4.3　渐变光照时间对虹鳟的影响 187
6.5　水中 Ca^{2+}和 pH 周期性变动对对虾的影响 188
6.5.1　水环境 Ca^{2+}浓度波动对对虾的影响 188
6.5.2　pH 变动幅度对凡纳滨对虾的影响 189
6.5.3　pH 变动周期对对虾的影响 190
6.6　营养因子周期性变动对对虾生长的影响 191
小结 192

水产养殖生态学的一个重要研究方向是养殖生物个体生态学。该方向主要是为查明养殖动、植物各发育阶段的最适环境条件，以便为生产中营造养殖生物较快生长和发育的环境奠定理论基础。

影响水生生物个体生长的因子很多，外源因子主要有水温、盐度、光照、溶解氧量、营养因素等。谢尔福德耐受性定律（Shelford’s Law of Tolerance）认为，动物对各种环境因子的适应都有一个最佳适宜点，在此处动物可获得最大的存活率和生长率等。受此观念的影响，对于养殖的水生动物，人们总试图通过实验（试验）找到该养殖动物的最佳环境因子点，并设法将环境控制在此条件下养殖该动物，以期获得最高产量。

事实上，自然水体中的各种环境因子存在一定的周期性变化，如日变化、季节变化、潮汐变化等。我们的研究发现，一些水生生物的生长并不存在环境因子的所谓最佳“点”，而是一个最佳变化范围，环境因子的适宜波动可加速水产养殖生物的生长。了解这样的规律有助于我们创建加快养殖生物生长速度的养殖技术。

6.1　温度周期性变动对水生生物生长的影响

20 世纪 40 年代人们就发现番茄生长具有温周期现象（Thermoperiodicity of growth），即其生长、生理过程存在昼夜差异的现象。近些年，人们也发现，温度日周期性变动对潮间带海藻也有有益作用（王巧晗，2008）。

自然界中，生物的生命活动具有周期性特征，即生物生命活动按照一定的时间顺序与昼夜、潮汐、月相变化及四季变化相适应，分别称为“近似昼夜节律”、“潮汐节律”、“月节律”和“年节律”。生物节律是生物体对环境条件可预见变化的适应性，其中近似昼夜节律与生物的生命活动的关系最为密切（Brown，1970）。它是地球自转导致自然状态下光照和温度产生的昼夜交替变化的结果，是生活在地球上的生物经历长期的自然选择后所形成的内在的生理机制，其能够使生物的生命活动过程与昼夜变化相协调，从而适应地球自转所产生的昼夜光、温变化。这种经历昼夜调整后形成的生理节奏亦被称为生物钟。

养殖水体的水温变化也具有一定的周期性，如昼夜变化、季节变化等。而目前大多数对水生生物的实验研究都是在实验室恒温条件下进行的，因而，实验室恒温条件下所得到的实验结果是否符合自然状况下的真实情况一直受到人们的质疑。

6.1.1 温度日周期性变动对大型海藻的影响

有些生活在潮间带的大型海藻可以作为养殖动物的饲料，还能通过吸收营养盐控制微藻的生长，产生克生物质抑制微藻生长（Jin et al.，2003）。因此，其也是人们进行水产养殖水质调控和废水处理的工具藻类。

大型海藻会经历有节律的短期和长期的环境变化，并在长期的进化过程中对这些环境变化产生了一定的适应性。在模拟自然潮汐过程中温度周期性变化的实验中发现，在一定的温度波动幅度内，孔石莼（*Ulva pertusa*）的生长速度较恒温对照组的快。20℃±2℃、20℃±4℃和 20℃±6℃处理下孔石莼生物量和生长率都明显高于 20℃恒温对照组，而 20℃±10℃处理组的生物量和生长率则低于恒温对照组。平均温度为 20℃时，对孔石莼生长最有利的日温度变动幅度为±3.69℃。这表明，像陆生高等植物一样，大型海藻的生长也具有温周期现象，即在一定的温度波动幅度内，温度变化可促进低等的大型海藻孔石莼的生长（Wang et al.，2007）。

不同种类或分布于潮间带不同位置的海藻对温度日周期性变动的反应不同。图 6-1 是变温下 4 种大型底栖海藻的生长情况。中潮带藻类孔石莼在 26℃±3℃的 *SGR*（平均 17.52%/d）显著高于相应恒温 26℃的 *SGR*（平均 16.21%/d）（$P<0.05$），高潮带藻类扇形拟伊藻（*Ahnfeltiopsis flabelliformis*），曾用名叉枝藻（*Gymnogongrus flabelliformis*），在 23℃±3℃的 *SGR* 仅稍高于相应恒温 23℃的 *SGR*（$P>0.05$），而对于中潮带藻类缘管浒苔（*Enteromorpha linza*）和低潮带藻类扁江蓠（*Gracilaria textorii*）并没有出现变温促进生长作用。

温度日周期性变动可促进潮间带海藻真江蓠（*Gracilaria asiatica*）的生长（王巧晗，2008）。温度日周期性变动中昼高温不但促进了真江蓠对水体中的吸收，也促进了其净光合作用速率，同时，夜低温能够抑制真江蓠夜间的呼吸作用。

温度波动对带形蜈蚣藻（*Grateloupia turuturu*）孢子萌发率具有显著的影响。在平均温度为 15℃和 20℃、温度波动幅度为±3℃时，温度日周期性变动对带形蜈蚣藻的萌发率都有一定的促进作用。但是，当平均温度达到 25℃时，同恒定温度下相比，温度日周期性变动对带形蜈蚣藻的萌发率则没有明显的促进作用，甚至显著低于恒定 25℃处理。

6.1.2 温度周期性变动对水生动物的影响

目前对水生动物生长的实验研究多是在实验室恒温条件下进行的，而实验室恒温条

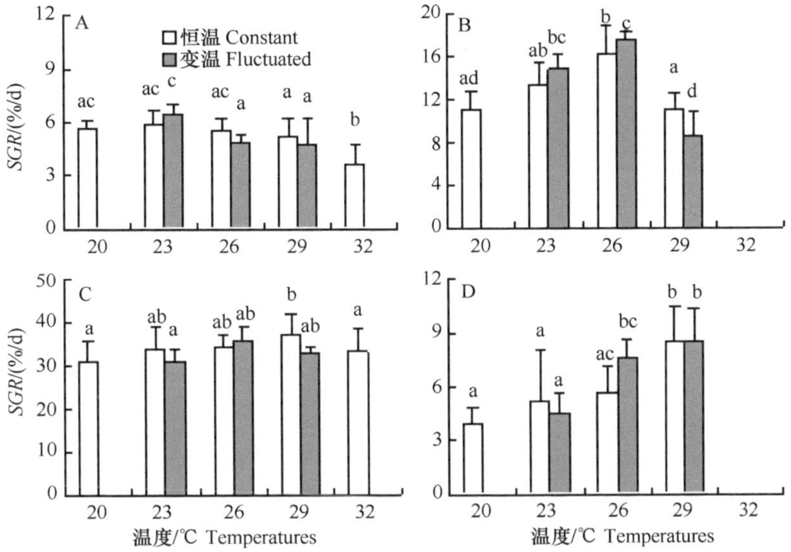

图 6-1　变温下扇形拟伊藻（A）、孔石莼（B）、缘管浒苔（C）和扁江蓠（D）的特定生长率

Fig. 6-1　Specific growth rates (*SGR*) of *A. flabelliformis* (A), *U. pertusa* (B), *E. linza* (C) and *G. textorii* (D) at constant and diel fluctuating temperatures (±0℃ and ±3℃)

件下得到的实验结果不一定符合自然状况下的真实情况。20 世纪 70 年代人们就发现，与恒温相比周期性水温波动可以促进鱼类生长。水产养殖动物基本上都是变温动物，其体温随水温变化而变化，了解其对温度周期性变化的适应性具有十分重要的理论意义和实践应用价值。

1.　不同平均温度的变温对水生动物生长的影响

在以往的众多实验研究中，大多数实验鱼类在适宜的周期性水温变化条件下生长速度会明显加快（田相利和董双林，2005）。在 15℃±2℃和 18℃±2℃处理下刺参的生长速度也显著快于相应的恒温处理（Dong & Dong，2006）。

Tian 等（2006）比较研究了 22℃±2℃、25℃±2℃、28℃±2℃和 31℃±2℃ 4 个变温和 18～34℃的 6 个恒温梯度下中国对虾生长情况。实验结果显示，恒温时，在 31℃以下中国对虾的生长率随温度升高而增加，31℃生长最快，到 34℃则显著下降。与相应的恒温相比，22℃±2℃、25℃±2℃和 28℃±2℃变温下对虾的 SGR_w 比相应恒温下的显著增加，28℃±2℃条件下生长最快（图 6-2）。

与相应的恒温比较，变温下一些鱼类的生长曲线会向左漂移。一方面，平均温度低于恒温最适温度的变温操作对动物个体生长具有促进作用，平均值高于最适温度的变温会对生长产生抑制作用；另一方面，在变温条件下，动物个体的最适生长温度会比恒温下有所降低。对虾的情况也如此，恒温条件下对虾生长最快的温度是 31℃，而变温情况下最快生长的平均温度是 28℃（28℃±2℃）（图 6-2）。在变温幅度为 3.8℃的变温下，与相应的恒温相比，虹鳟的生长曲线向左平移了 1.5℃，而北极红点鲑的最适生长温度在变温下也降低了 0.4℃（Hokanson et al.，1977；Lock & Mclaren，1970）。

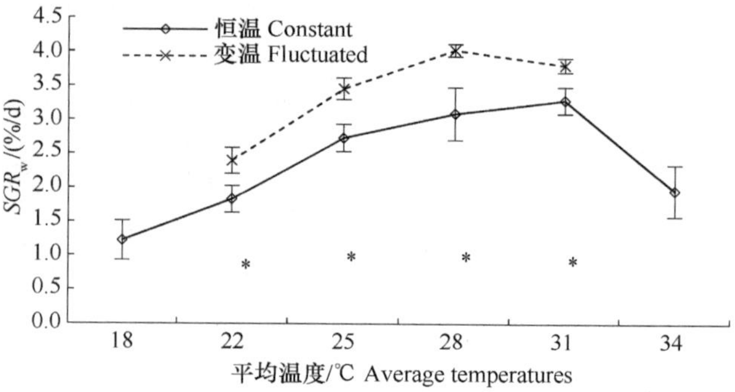

图 6-2　不同温度处理下中国对虾的体重特定生长率

*表示恒温与变温间生长差异显著

Fig. 6-2　SGR_w of Chinese shrimp at different thermal regimes

* Stands for a significant difference between SGR_w at constant temperature and corresponding fluctuated temperature

在适宜的温度变化范围内，某些鱼类变温下的生长速度不仅可以大于相应平均温度下的生长，甚至还快于变温的上限恒温。例如，鲤稚鱼在 18～30℃的变温下，生长速度不仅快于恒温 18℃和 24℃下鲤的生长速度，甚至快于 30℃恒温下鲤的生长速度（Zdanovich，1999）；同样，莫桑比克罗非鱼（*Oreochromis mossambicus*）在 26～31℃的变温下生长速度均高于恒温 26℃和 31℃下的生长速度；大口黑鲈（*Micropterus salmoides*）在 15～29℃变温下生长也显著快于恒温 15℃和 29℃下的个体。

但是，当平均温度高于该动物生长的最适恒温时，变温则会对生长产生抑制作用。例如，鲑鱼（*Oncorhynchus clarki*）生存和生长的温度上限为 22～24℃，因而 20～26℃的变温下其生长明显慢于恒温 20℃。在 28℃±4℃和 30℃±4℃变温下尼罗罗非鱼生长速度均高于相应的恒温，而在变温 28℃±4℃下明显快于 30℃±4℃。这些都可能与变温上限超过了实验动物的适温范围有关。

2. 不同变温速率对水生动物的影响

在适宜的变温幅度下，温度变化速率会影响水生动物的生长，变温速率过大或过小都会影响对水生动物促进生长的效果。一般来讲，对广温种类生长产生积极影响的温度变化速率要高于狭温种类。鲤在变温幅度 2～6℃、变温时间 2～12h（高、低温转换时间）范围内，以 1.3℃/h 的变温速率下生长最快，当变温速率低于 0.6℃/h 时就不会出现促进生长效果；而当变温速率高于 5.3℃/h 时，其生长率明显降低（Konstantinov et al.，1990）。鲫生长最佳的变温速率为 1.3～2.0℃/h，小于 0.7～0.8℃/h 时不产生促进生长作用。

田相利（2000）比较研究了平均温度 22℃、25℃、28℃和 31℃下，变温幅度为±2℃的速变变温、渐变变温模式对中国对虾生长的影响，结果发现，4 个平均温度下对虾在渐变变温下（FT-a）的特定生长率均显著高于相应的恒温处理组（图 6-3）。速变变温（FT-b）中，25℃±2℃和 28℃±2℃下对虾特定生长率显著高于相应的恒温处理组，22℃±2℃和 31℃±2℃下则与相应的恒温处理组差异不显著。

与相应的恒温相比，变温下对虾能量收支模式有所改变。4 个平均温度下的渐变变温下对虾生长能占摄食能的比例均显著高于对照组。而速变变温的结果有所不同，除平

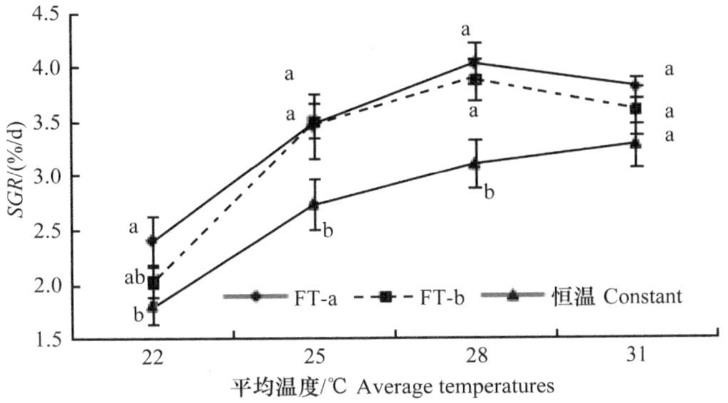

图 6-3　变温模式下中国对虾的特定生长率

♦渐变变温处理；■速变变温处理；▲恒温处理

Fig. 6-3　*SGR* of Chinese shrimp at different thermal regimes

♦ The treatment with gradual changing temperature; ■ The treatment with quick changing temperature; ▲ Constant temperature

均温度 22℃外，生长能比例与相应恒温相比，未见显著差异。不同温度处理下，对虾呼吸能占摄食能的比例均未见显著差异。

该实验中恒温、渐变温度和速变温度下对虾的摄食能分配方程式如下：

恒　　温：$100C=13.1G+11.9F+7.1U+0.6E+67.3R$

渐变变温：$100C=16.1G+11.4F+6.7U+0.5E+65.4R$

速变变温：$100C=14.6G+12.1F+6.7U+0.6E+65.9R$

导致变温与恒温下对虾生长差异的机理因温度处理的不同而有所不同。变温导致的生长能占摄食能及同化能比例的变化和呼吸能占同化能比例的变化是渐变变温促进对虾生长的主要原因。而对于速变变温，在 22℃下生长加快的原因是生长能比例的提高，在平均温度 25℃和 28℃的变温下，摄食量的差异是导致其与相应恒温下生长差异的主要原因。

Spigarelli 等（1982）比较研究了恒温 12℃、自然变温 7.7℃±1.3℃和连续渐变温度 12.5℃±4.6℃对褐鳟（*Salmo trutta*）生长的影响。结果表明，连续渐变温度下虹鳟的生长速度显著快于自然变温和恒温，而自然变温与恒温对照的差异不显著。脂肪积累的数量和部位也存在差异，自然变温导致较高的脂肪贮存率，主要积累在盲肠等部位，而连续渐变型也导致较高的脂肪积累，但主要积累在肌肉中，而恒温下的脂肪积累最少，且趋向于分布在肌肉中。

3. 不同变温幅度对水生动物的影响

变温幅度是对水生动物的生长影响较大的因子。很多实验表明，在物种的生态适温限度内，温度波动幅度适宜的变温对水生动物个体的生长具有积极的促进作用。变温幅度过大，则会对其生长产生消极影响；而变温幅度过小，即使温度变化频率很高，也不足以对水生动物的生长产生明显的积极影响。对于不同种类而言，由于自然栖息、分布的生境不同，因而对其生长产生促进作用的适宜变温幅度也不尽相同。一般来说，广温性鱼类多在±4～±6℃，如鲤、鲫、罗非鱼等；而狭温性鱼类则较窄，为±1.5～±2℃，如尾纹半线脂鲤（*Hemigrammus caudovittatus*）等（Konstantinov et al.，1989）。

与鱼类比较，虾蟹类的适宜变温幅度可能相对较小，与狭温性鱼类相近。河蟹（*Eriocheir sinensis*）幼蟹在平均温度 22℃±3℃时下生长最快，±4.5℃的变温幅度则会对其生长产生抑制作用（王勇军，1999）。在平均温度 15℃和 18℃时，可以促进刺参生长的最适变温幅度为±1.38℃和±1.67℃（Dong et al.，2006）。

Tian 和 Dong（2006）比较研究了三个平均温度（25℃、28℃和 31℃）和 4 种不同变温幅度（±1℃、±2℃、±3℃和±4℃）对中国对虾生长的影响。实验结果表明，25℃±2℃、25℃±3℃、28℃±2℃和 31℃±1℃变温下，对虾的特定生长率都显著高于相应的恒温处理，而变温 31℃±4℃则显著低于相应的恒温处理，其余未见显著差异（图 6-4）。经计算得知，在该实验中 25℃、28℃和 31℃三个平均温度下，对中国对虾具有促进生长作用的最佳变温幅度分别为±2.2℃、±2.0℃和±1.4℃。

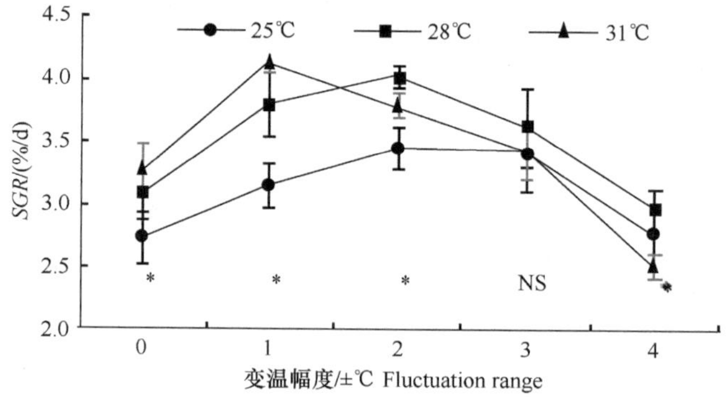

图 6-4　不同变温处理下中国对虾的特定生长率

图中 NS 表示同一列数据之间差异不显著（$P>0.05$），*表示差异显著（$P<0.05$）

Fig. 6-4　*SGR* of Chinese shrimp at different thermal regimes

NS stands for no significant difference among the same fluctuation range; * stands for significant difference among the same fluctuation range

中国对虾摄食能总体上随温度升高而增加，但除了 31℃±4℃处理显著高于相应恒温外，其余变温与相应恒温对照的摄食率差异不显著。在 25℃±4℃和 31℃±4℃下，对虾生长能占摄食能的比例显著低于相应的恒温处理，28℃±2℃下则显著高于相应的恒温处理。呼吸能占摄食能比例总体上随温度升高而增加，在 28℃±2℃下低于相应的恒温处理，31℃±4℃下则显著高于相应的恒温处理。粪便能占摄食能比例随温度升高而降低，但粪便能、蜕壳能和排泄能占摄食能的比例在相同平均温度下，不同变温模式之间未见显著差异。该实验表明，适宜的变温能够促进对虾的摄食，并提高对虾对饲料的转化率，促使摄食能向着有利于生长的方向分配。

该实验中恒温和变温下中国对虾的能量收支方程式如下：

$$\pm 0℃\quad 100C = 12.77G + 10.71F + 7.10U + 0.49E + 69.02R$$

$$\pm 1℃\quad 100C = 12.77G + 10.73F + 7.23U + 0.49E + 68.78R$$

$$\pm 2℃\quad 100C = 13.91G + 10.32F + 7.04U + 0.44E + 68.29R$$

$$\pm 3℃\quad 100C = 15.42G + 10.25F + 6.89U + 0.38E + 67.06R$$

$$\pm 4℃\quad 100C = 7.69G + 11.08F + 7.98U + 0.42E + 72.83R$$

Guo 等（2010）还研究了 25℃±0℃、25℃±1℃、25℃±2℃、25℃±3℃和 25℃±4℃ 5 种不同温度波动处理下凡纳滨对虾特定生长率、摄食率及饲料转化率（表 6-1）。实验结果表明，在平均温度为 25℃时，变温幅度为±2℃和±3℃组对虾的特定生长率均高于恒温对照组，且以±2℃组最高。变温幅度±4℃组对虾的特定生长率显著低于其他处理组。±4℃处理组摄食率最低，且其食物转化率也显著低于生长较好的±2℃和±3℃组。±2℃和±3℃处理组对虾的摄食率与其他处理组没有显著差异，但食物转化率显著高于其他处理组。由此可以推断，平均温度为 25℃时，适宜的变温幅度促进对虾生长的原因是提高了对虾的食物转化率，而±4℃组对虾的摄食率和食物转化率均低是导致对虾生长不良的原因。

表 6-1 不同变温幅度对凡纳滨对虾生长、摄食和食物转化率的影响

Tab. 6-1 Effects of different thermal regimes on the growth, feed ingestion and food conversion efficiency of *Litopenaeus vannamei* in terms of dry weight

处理组/℃ Treatments	特定生长率 SGR_d/(%/d)	摄食率 FI_d/(%BW/d)	食物转化率 FCE_d/%
25±0	0.567±0.045^{ab}	2.461±0.063^{a}	4.089±0.348^{a}
25±1	0.502±0.051^{ad}	2.327±0.066^{ab}	3.687±0.540^{ab}
25±2	0.695±0.030^{c}	2.395±0.092^{ab}	5.457±0.118^{c}
25±3	0.672±0.017^{bc}	2.301±0.020^{ab}	5.455±0.141^{c}
25±4	0.410±0.013^{d}	2.198±0.030^{b}	2.900±0.113^{b}

注：SGR_d/(%/d)为干重表示的特定生长率，单位为%/天；FI_d/(%BW/d)为干重表示的摄食率，单位百分体重/天；FCE_d/%为干重表示的食物转化率，单位为%。

4. 变温和日粮水平对养殖动物生长的影响

田相利（2000）研究了三个变温（28℃±1℃、28℃±2℃和 28℃±4℃）下日粮水平（过量、饱食、70%饱食和 40%饱食）对中国对虾生长及饲料转化率的影响。结果表明，在过量投喂下，不同变温幅度下对虾的特定生长率与相应的恒温处理相比没有显著差异。在饱食、70%饱食和 40%饱食的条件下，28℃±2℃变温下对虾的特定生长率显著高于其他变温与恒温处理。

在饥饿状态下，变温并未加重对虾对饥饿的反应，变温下对虾的减重程度与恒温的相近。在各日粮水平下，过大的变温幅度（±4℃）会使对虾的生长率降低，但均未见显著差异。不同变温幅度之间比较，各日粮水平下饲料转化率的变化趋势与特定生长率的变化相似。饱食水平下，对虾饲料转化率比过量投喂时有所升高。根据回归方程计算，在 28℃、28℃±1℃、28℃±2℃和 28℃±4℃下，对虾以重量和能量表示的维持日粮分别为 0.72%、0.66%、0.39%、0.83%和 4.98%、4.61%、4.35%、5.12%（图 6-5）。28℃±2℃的变温下中国对虾的维持日粮最低，表明其代谢率的降低可能是该实验中变温促进生长的主要原因。

5. 变温促进水生动物生长的机制

Mclaren（1963）在解释浮游动物昼夜垂直迁移现象时首次提出了能量收益（Energy bonus）假说，Brett（1971）则对该假说做了进一步阐述。该假说主要被用来解释鱼类和浮游动物的垂直迁移现象，认为较高的水温使动物个体具有较高的摄食率，而较低的水温则使机体基础代谢率降低，从而有利于机体同化和合理利用食物中的能量，使更多的能量用于机体生长和繁殖。之后，一些学者对变温能够促进动物生长的机制进行了更广泛、深入的研究，发现不同种类和不同实验条件下动物产生变温促进生长现象的主要机制可能不同。

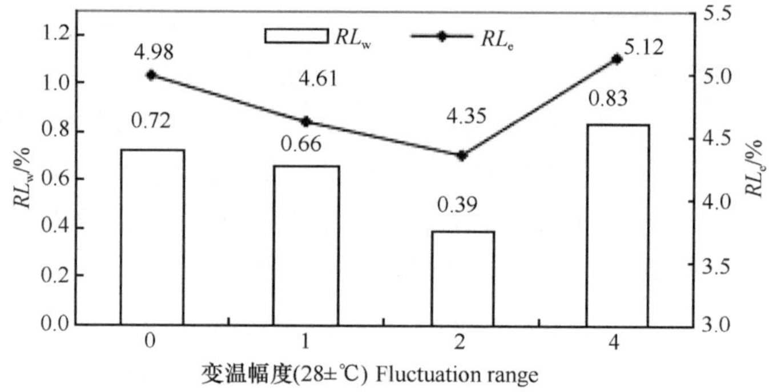

图 6-5　不同变温幅度下中国对虾的维持日粮

RL_w. 重量表示的维持日粮水平；RL_e. 能量表示的维持日粮水平

Fig. 6-5　Maintenance ration levels in weight (RL_w) and in energy (RL_e) of Chinese shrimp at different thermal regimes

1）变温条件下动物个体摄食量增加

在变温条件下一些水生动物的摄食量会显著增加，这可能是变温促进生长的原因之一。研究表明，同一变温模式下大口黑鲈（*Micropterus salmoides*）在 15～19℃变温下摄食量明显提高，生长速度显著快于恒温对照组（Diana，1984）。

对中国对虾的研究也表明，22℃、25℃、28℃和 31℃恒温与它们±2℃的变温相比，变温情况下对虾的摄食量都或多或少增加，并多数差异显著（表 6-2）。这表明，摄食量显著增加也是变温条件下中国对虾生长速度加快的原因之一（田相利等，2004b）。

表 6-2　不同变温条件下中国对虾的生长和摄食量

Tab. 6-2　The growth and food consumption of Chinese shrimp at different thermal regimes

处理/℃ Treatments	初体重/g Initial weight	*SGR*/(%/d)	干重摄食量/(mgdw/ind.) Food consumption
22±2	0.35±0.03	2.40±0.20[a]	17.86±1.54[a]
22	0.37±0.07	1.83±0.20[b]	16.50±2.52[a]
25±2	0.35±0.06	3.45±0.16[a]	34.70±2.52[a]
25	0.35±0.03	2.73±0.20[b]	27.98±1.84[b]
28±2	0.34±0.02	4.02±0.09[a]	49.46±2.82[a]
28	0.35±0.03	3.10±0.42[b]	37.98±3.23[b]
31±2	0.35±0.01	3.80±0.10[a]	56.91±2.02[a]
31	0.36±0.03	3.28±0.20[a]	50.24±1.90[b]

2）变温促进生长的生物能量学机制

在适宜的变温条件下，水生动物的生物能量学特性会发生一定改变，从而有利于机体对摄入能量的有效利用。

变温条件下动物个体代谢率降低是变温促进生长的重要原因。动物的生长率与代谢强度紧密相关，在适宜水生动物生长的温度范围内，生长率和代谢率一般呈正相关关系，即代谢率越高生长越快。有的研究表明，在变温条件下，动物的代谢率会发生一定的改变。在促进动物个体生长的适宜变温下很多种类的代谢率（耗氧率）明显降低，如鲫、鲤、罗非鱼、海湾扇贝等。在对塔霍湖亚口鱼（*Catostomus tahoensis*）

生长不具有加快作用的变温条件下则未发现变温与相应恒温之间代谢率的差异（田相利和董双林，2005）。

中国对虾在高温下的代谢补偿为部分补偿，在低温时代谢补偿不明显。例如，对于已适应 19℃的中国对虾，当温度突然升至 31℃时，其耗氧率出现上扬；适应 8h 后再突然降低 12℃，其耗氧率又出现快速下降；而对于适应 31℃的对虾，在温度突然降低 12℃时，其耗氧率出现快速下降；当温度又回到 31℃时，其却并不出现耗氧率的上扬。

在昼夜循环变温模式下，中国对虾在驯化期内通过降低耗氧率的波动幅度来逐渐适应昼夜的变温。在适应变温之后，24～30℃（平均 27℃）的昼夜变温下对虾的耗氧率明显低于相应的恒温 27℃下的耗氧率（图 6-6）（Tian et al.，2004）。

在对生长可产生积极影响的变温条件下，有些动物个体的摄食量并没有显著增加，但对食物的转化率及同化率却显著提高。同时，在对生长具有促进作用的变温条件下，水生动物个体的维持日粮普遍降低，如中国对虾在平均 28℃±0℃、28℃±1℃、28℃±2℃和 28℃±4℃的变温条件下，28℃±2℃时中国对虾的维持日粮最低，而恒温和变温幅度较大时对虾的维持日粮都很高。

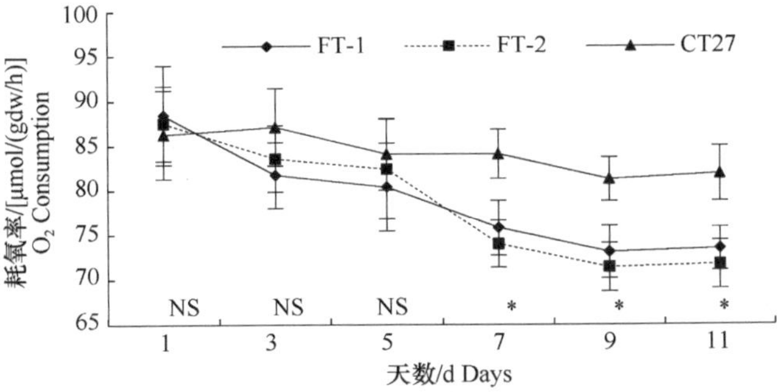

图 6-6　两种变温模式下对虾日平均耗氧率的变化

三种模式的日平均水温都是 27℃，但 FT-1 是模拟池塘自然的温度变化，FT-2 是在高温和低温期都维持 4 小时的温度变化，CT27 是 27℃恒温

Fig. 6-6　Daily mean value of oxygen consumption of the shrimp in two patterns of fluctuating temperature regime and control treatment

The average daily water temperature of the three modes is 27℃, however, FT-1 simulates the natural temperature change in pond, FT-2 maintains the temperature for 4 hours in both high and low temperature periods, and CT27 is a constant temperature of 27℃

在适宜的变温条件下，动物个体的生物能量学特性会朝着利于生长的方向改变。与恒温相比，在适宜促进生长变温范围内，中国对虾摄食能中用于呼吸的比例降低，用于生长的比例则显著提高（表 6-3）。本节前面介绍的研究实例也佐证了该结论。

温度是影响呼吸代谢过程中氧化磷酸化的重要因子，变温可增加氧化磷酸化反应的变化模式，优化初始能量向 ATP 的积累。在恒温 20℃时，鲤肝脏线粒体的耗氧率为 11.5ng 原子氧/(kg 蛋白质·min)，而在 20℃→30℃→20℃的变温下为 13.2ng 原子氧/(kg 蛋白质·min)，提高了 15%。与此同时，氧化磷酸化率则从 20.3%提高到 25.7%，即在变温条件下用于氧化磷酸化的氧原子的利用效率要明显高于恒温条件。也就是说，在变温下动物个体在细胞水平的能量利用得到了优化（田相利和董双林，2005）。

表 6-3　不同变温下中国对虾摄食能（*C*）分配于生长（*G*）、蜕壳（*E*）、粪便（*F*）、排泄（*U*）和呼吸（*R*）的百分数

Tab. 6-3　The percentage of food consumption energy (*C*) allocated to growth (*G*), molting (*E*), fecal (*F*), excretion (*U*) and respiration (*R*) in Chinese shrimp at different thermal regimes

处理/℃ Treatments	*G*/*C* (%)	*E*/*C* (%)	*F*/*C* (%)	*U*/*C* (%)	*R*/*C* (%)
22±2	18.16±1.12[a]	14.81±1.23[a]	6.05±1.02[a]	0.63±0.04[a]	60.35±2.41[a]
22	13.94±1.34[b]	15.59±1.15[a]	6.81±1.15[a]	0.80±0.09[a]	62.86±3.12[a]
25±2	15.62±0.26[a]	13.56±1.02[a]	6.47±0.28[a]	0.28±0.03[a]	64.06±1.91[a]
25	13.82±0.48[a]	12.04±0.77[a]	7.06±0.26[a]	0.44±0.15[a]	66.64±1.52[a]
28±2	17.97±1.58[a]	10.43±0.96[a]	6.41±0.20[a]	0.46±0.11[a]	64.72±0.55[a]
28	12.35±1.56[b]	11.73±1.04[a]	7.03±0.27[a]	0.51±0.11[a]	68.38±1.44[a]
31±2	12.66±0.21[a]	6.75±1.54[a]	7.8±0.12[a]	0.41±0.01[a]	72.38±1.31[a]
31	12.14±0.57[a]	8.41±0.45[a]	7.61±0.06[a]	0.52±0.01[a]	71.32±0.41[a]

6. 变温促进生长理论的应用

很多研究已经表明，适宜的变温可以促进很多水生动物的生长，这些研究成果在生产上具有很好的应用前景。首先，一些实施控温的工厂化养殖可采用适宜的变温控制。其次，具有两个或多个不同温度水源的养殖设施可实施适宜的变温调控，如同时拥有发电厂温排水、地下井水、地面水等水源。另外，可通过控制池塘水深来控制水温的日变化幅度，达到变温促进生长的效果。例如，中国对虾在 25℃、28℃和 31℃三个平均温度下具有促进生长作用的最佳变温幅度分别为±2.2℃、±2.0℃和±1.4℃，我们可据此管理池塘水深。春末，在池塘平均水温达 25℃时，池塘水可浅一些，受气温变化影响，水温变化幅度就大一些；而在夏季水温达 31℃左右时，池塘水可深一些，水温变化幅度就会小一些。当然，具体池塘水深会因地而异，需要进一步研究确定。

6.2　盐度周期性变动对水生生物生长的影响

河口区的盐度常常受到气候的影响而发生波动，雨季往往较低，而旱季则会偏高。由于降雨和地表径流的影响，潮间带的生物都会经历有节律的短期或长期的盐度变化。对于生活在潮间带的一些生物，由于不能移动或移动缓慢，每天都要经历由周期性潮汐作用和水分蒸发带来的盐度周期性变化。另外，受降雨和蒸发的影响，养殖水体盐度会在一定时间内产生一定幅度的波动，尤其是面积偏小的池塘这种影响更大。

甲壳动物在不同的发育和生长时期对盐度的需求也可能不同，为了满足其生长发育的需要，在养殖过程中，有时会人工调节盐度，使养殖的甲壳动物达到最佳的生长状态。有些人认为，低盐养殖对虾能促进对虾蜕皮和生长，因而在育苗和养殖中，常常利用加淡水来降低盐度，以达到促进对虾蜕皮、加快生长的目的。另外，近年来，沿海养殖环境日趋恶化，虾病频繁暴发，很多学者认为低盐度养殖是目前控制虾病流行的一种有效方法。因此，我们需要了解变动的盐度对水生生物的影响。

6.2.1　盐度周期性变动对大型海藻的影响

王巧晗等（2007）以孔石莼为实验对象，观察了盐度日周期性变动对海藻生长的影

响。结果发现，孔石莼对盐度变化具有较强的耐受力，即使在盐度变化幅度为±15.0 的处理下，孔石莼的生长率仍一直保持在 12%/d 以上。同时，盐度日周期性变化下，孔石莼的生长率都明显低于恒定盐度对照组，并且随着盐度变化幅度的增大，孔石莼的生长率也变得越来越小。由此看来，盐度日周期性变化不利于孔石莼的生长。我们需要对更多水生植物进行这方面研究，特别是对经历节律性盐度变化的河口植物的研究，以了解大型海藻对盐度变动的响应规律。

6.2.2　盐度周期性变动对对虾的影响

虽然对虾对盐度变化具有很强的耐受能力，但盐度大幅度骤降也会导致其大量死亡。目前人们对恒定盐度下某些水生动物的生长状况有所了解，但关于变动的盐度对水生动物生长的影响了解还不很多。下面以中国对虾为主介绍一下盐度周期性变动对水生动物的影响。

养殖中国对虾时，雨后池塘表面常常会漂浮大量对虾蜕壳，因此，很多人认为突然降低盐度会加快对虾的蜕皮。人们猜测，适度的盐度降低可能会促进对虾生长， Mu 等（2005a）的研究证实了这一假说。该实验起始盐度为 30，9d 为一个周期，即 4d 维持盐度 30 养殖，1d 逐渐降低盐度，4d 维持低盐养殖，之后再升高至 30；重复上述变化，持续 30d。实验结果表明，小规格仔虾（0.55g/尾）对盐度变化更加敏感。盐度波动幅度对中国对虾稚虾的蜕壳周期影响显著，其中盐度降低 10（S10）明显抑制了对虾的蜕壳，S2 则可促进对虾的蜕壳，前者较后者蜕壳周期延长了 4.97d（表 6-4）。这说明在一定的波动幅度内改变盐度可促进小规格中国对虾蜕皮，但如果波动幅度过大，则会抑制中国对虾蜕皮。盐度波动对于稍大规格对虾（1.45g/尾）蜕壳的影响则不明显。

表 6-4　不同盐度降低幅度下两种规格中国对虾稚虾蜕壳、存活和生长

Tab. 6-4　Weight gain, survival, and intermolt period of two sizes of juvenile Chinese shrimp in different treatments

处理 Treatments	初始体重/g Initial weight	相对增重率/% Weight gain	存活率/% Survival	蜕壳周期/d Exuvia cycle
S0	0.55±0.01	94.55±4.96[a]	100.0±0.0	11.83±0.94[ab]
S2	0.55±0.05	105.45±5.40[ab]	95.0±5.0	8.41±0.05[a]
S4	0.55±0.01	121.82±7.67[bc]	95.0±5.0	10.32±0.76[ab]
S7	0.55±0.01	130.91±7.00[c]	100.0±0.0	11.33±1.03[ab]
S10	0.55±0.01	109.09±2.21[ab]	95.0±5.0	13.38±1.67[b]
S0	1.45±0.01	52.28±7.31[a]	81.25±11.97	10.18±0.20
S2	1.45±0.01	66.02±9.28[ab]	87.50±7.21	9.64±0.73
S4	1.45±0.01	82.51±5.40[b]	87.50±7.21	9.54±0.44
S7	1.45±0.01	69.30±6.26[ab]	93.75±6.25	9.09±0.55
S10	1.45±0.00	57.63±10.14[ab]	81.22±11.97	9.17±0.38

注：S0 是对照，其盐度是 30，并保持 30d。其他 4 个处理组：维持盐度 30 达 4d，然后 1d 降盐至 28（S2）、26（S4）、23（S7）或 20，并维持 4d，之后各处理组盐度均再恢复至 30；30d 实验期间重复上述变化

Note: S0 is control, its salinity was kept 30ppt for 30 days. Other treatments' salinities were 30ppt for 4 days, and dropped to 28ppt (S2), 26ppt (S4), 23ppt (S7) or 20ppt (S10) within one day, and were kept for 4 days; then their salinities were returned to 30ppt and kept for 4 days; these regimes were repeated in the 30 days' experiment

适当地周期性降低盐度后再恢复盐度可促进中国对虾生长。Mu 等（2005a）的实验中 S4 和 S7 生长速度较快，小规格对虾 S7 处理和大规格对虾的 S4 处理的相对增重率分别较恒定盐度 S0 组高 38.5%和 57.8%。

S4 和 S7 两组的干重摄食量（FI_d）分别高于 S0 组 16.0%和 11.5%。盐度波动幅度对中国对虾的干重食物转化率（FCE_d）未产生显著的影响，这表明，导致对虾生长产生差异的原因主要是摄食量不同。

蜕壳伴随虾类的整个生命过程，对虾生长是通过蜕壳来实现其间歇性体长增长的，即在蜕壳时体长快速增加，而蜕壳后到下次蜕壳前体长几乎很少增加。过快或过慢的蜕壳频率都对生长不利，正如表 6-4 中中国对虾所显示的那样。该实验的结果提示，在对虾养殖中，人们可适度加淡水来周期性地降低盐度，以达到促进对虾蜕壳、加快对虾生长的目的。但是，加淡水的频率应适度。

各处理组之间中国对虾的摄食量未受盐度波动的影响，生长产生差异是由食物转化率、*G*/*C* 不同所致。不同盐度波动幅度下中国对虾稚虾摄食能的分配见表 6-5。从表中可以看出，不同盐度波动幅度下中国对虾稚虾能量分配的模式有所不同。S0 和 S10 两处理组用于呼吸的能量比例显著高于 S4 组，且用在生长的能量比例显著低于 S4。S10 和 S0 两组用于排泄能的比例显著高于 S4 和 S7 两组。S7 用于粪便能的比例显著高于 S10（Mu et al.，2005b）。

表 6-5　不同盐度波动下中国对虾摄食能的分配（%）

Tab. 6-5　Allocation of the consumed energy in juvenile *Fenneropenaeus chinensis* at different salinity fluctuation (%)

处理 Treatments	*R*/*C* (%)	*G*/*C* (%)	*E*/*C* (%)	*U*/*C* (%)	*F*/*C* (%)
S0	72.44±0.70[a]	10.11±0.98[a]	1.59±0.31	6.91±0.11[a]	8.96±0.16[ab]
S2	70.61±1.80[ab]	12.85±1.67[ab]	1.46±0.06	6.56±0.27[ab]	8.52±0.81[ab]
S4	68.04±0.25[b]	15.04±0.58[b]	1.48±0.09	6.15±0.04[b]	9.28±0.56[ab]
S7	68.38±0.74[ab]	13.44±0.80[ab]	1.94±0.26	6.41±0.08[b]	9.82±0.31[b]
S10	72.46±1.47[a]	10.95±1.21[a]	1.95±0.32	6.89±0.09[a]	7.74±0.34[a]

凡纳滨对虾稚虾在盐度 18、波动幅度为 0、2、4、6、8 五种条件下蜕壳情况的研究表明，波动幅度为 4 的对虾蜕壳总数最多，而波动幅度为 8 的对虾在高蜕壳率部分和低蜕壳率部分的天数最多，即蜕壳同步性最好（李英，2010）。

6.3　周期性干露对大型海藻生长的影响

由于潮水周期性的涨落，潮间带一些大型海藻会阶段性地经历水生和气生的环境条件，并在长期的进化过程中对浸没和干露的环境变化具有一定的适应能力。在紫菜养殖实践中，人们也常利用周期性干露的办法提高紫菜的产量和品质。

王巧晗（2008）对孔石莼生长的研究显示，每 12h 中不同干露（暴露在空气中）时间对孔石莼的生长具有明显的影响。相比持续浸没在水中而言，每半天干露 0.5h 可明显促进孔石莼的生长，但干露 5h 则会显著抑制孔石莼的生长。

郭赣林和董双林（2008）比较研究了不同干露时间对分布于潮间带不同垂直位置的 4 种大型海藻的脱水率、生长和光合作用的影响。结果表明，在相同的干露条件下，它们的脱水率由高至低依次为：扁江蓠（低潮带种）>孔石莼（中潮带种）>扇形拟伊藻（高潮带种）>缘管浒苔（中潮带种）。扁江蓠的耐干露能力最差，缘管浒苔的脱水速度最慢。

不同干露时间处理对分布于潮间带不同垂直位置的大型海藻的生长和光合作用影响不一样（图 6-7）。高潮带藻类扇形拟伊藻的特定生长率随着干露时间的延长而逐渐减小，至每天干露 6.0h 时，扇形拟伊藻特定生长率为一直浸没藻体生长的 16%。中潮带藻类孔石莼在每天干露 0.5h 时的特定生长率显著高于一直浸没的对照组，然而，随着干露时间的延长，其特定生长率逐渐减小，至干露 6.0h 时则显著小于一直浸没在水中的藻体。缘管浒苔在每天干露 2.0h 内，特定生长率没有显著差异，而在干露 4.0～6.0h 时则显著小于一直浸没在水中的藻体。低潮带藻类扁江蓠仅在干露时间不长于 1.0h 时可存活和生长。

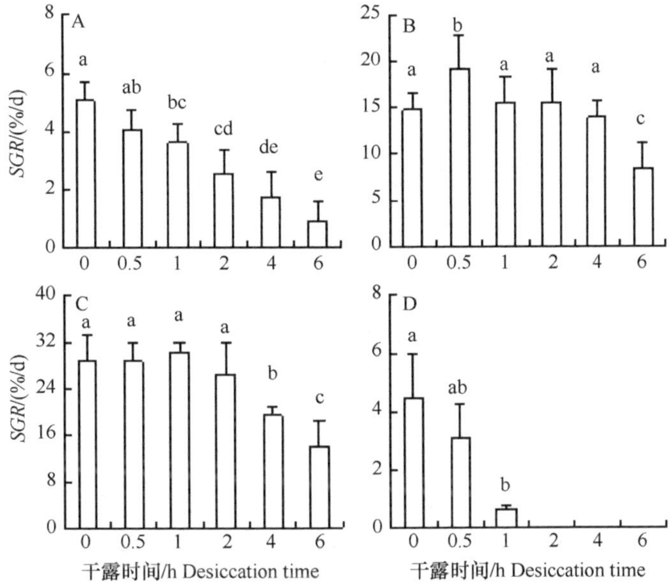

图 6-7　干露状态下扇形拟伊藻（A）、孔石莼（B）、缘管浒苔（C）和扁江蓠（D）的特定生长率

Fig. 6-7　Specific growth rates (*SGR*) of *G. flabelliformis* (A), *U. pertusa* (B), *E. linza* (C) and *G. textorii* (D) after different desiccation time

对每天不同干露时间处理下藻类光合作用的研究表明，与持续浸没对照相比，高潮带藻类扇形拟伊藻随着干露时间延长光合作用速率下降，呼吸速率没有显著变化。中潮带藻类孔石莼随着干露时间延长光合作用速率逐渐提高，并在干露 2.0h 时达到最大值。但随着脱水率的进一步上升，其光合作用速率显著下降，即干露在一定程度上促进了孔石莼的光合作用。孔石莼的呼吸速率在干露 0.5～4.0h 时显著升高，而在干露 6.0h 时与一直浸没在水中的藻体相比没有显著差异。缘管浒苔在各干露处理下的光合作用速率与一直浸没在水中的藻体相比未见显著差异，而呼吸速率则高于一直浸没在水中的藻体的呼吸速率。

周期性干露对孔石莼叶绿素 a、叶绿素 b、蛋白质、可溶性糖和游离脯氨酸含量影响显著。干露 0.5h、1.0h 和 2.0h 处理的藻体可溶性糖的绝对含量明显高于持续浸没处理的。

但干露时间过长（3.0h、4.0h 和 5.0h）不但使孔石莼生长物质含量减少，还使孔石莼渗透溶质增加。当干露时间为 5h 时，可溶性糖含量突然增高。游离脯氨酸含量也随着干露时间的增加而增加。

总之，潮间带大型海藻在干露状态下的生长、光合作用能力及生化组成变化与它们自身的形态构造和在潮间带的垂直分布位置有关。

6.4 光照周期性变动对水生生物的影响

地球表面接受的太阳辐射具有昼夜变化节律，同时，由于季节、天气、水体浑浊度、水深变化等原因，水生生物在生长过程中会经历光照强度季节和日变化等。同时，从早到晚太阳高度（光线入射角度）不同，光线从进入水表至抵达水底经过的路径不同，因此，水底的光照强度和光波段（颜色）也会不同（参见第 2 章 2.2 节）。各种水生生物经过长期的进化也已对此变化产生了相应的适应性。恒定光照条件下的实验结果很难反映自然状态下水生生物生长的真实情况。因此，对周期性变化的光照强度和光色条件下的水生生物进行研究对我们认识真实的自然十分有意义。

6.4.1 光照周期性变动对孔石莼的影响

人们很早就注意到了光照周期对农作物生长、发育、开花、结实的影响，并通过光周期来改良作物品质和选育优良的栽培种类。光照周期也是水生植物所历经的重要环境因子之一，因此，了解其对水生植物的影响可为养殖技术的改进提供理论依据。

1. 光照周期对孔石莼的影响

研究表明，孔石莼在长光照下的生长速度比在短光照下的生长速度快，但持续光照和持续黑暗都对孔石莼的生长不利（王巧晗，2008）。持续光照条件下，前 2～4d 孔石莼的生长率仍可维持在较高的水平。但是，随着持续光照天数的增加，孔石莼会产生明显的光抑制现象，藻体开始产生黑斑，并逐渐白化，直至腐烂。虽然部分藻体仍然能够维持一定的生长，但由于藻体溃烂而致藻体生物量的累积速度明显下降。在光照强度为 240μE/(m^2·s)、光照周期为 13∶11 时孔石莼日增重最多。

光照周期与光照强度对孔石莼的影响存在交互作用。光照强度为 110μE/(m^2·s)时，随着光照时间的减少，孔石莼叶绿素 a 含量有逐渐增加的趋势。这种现象是海藻通过补偿性地增加光合色素来弥补光照不足而引起的光能利用率低和生长缓慢的机制（刘静雯和董双林，2001a）。

从孔石莼游离脯氨酸的含量来看，不同光照强度下，日照时间为 10～16h 的处理中游离脯氨酸的含量都比其他处理要低。游离脯氨酸作为一种细胞防御物质，其含量较低说明孔石莼在这一光暗周期范围内比在持续光照和持续黑暗条件下更有利于生存、生长。

2. 光照强度日周期性变动对孔石莼的影响

光照强度适宜波动对孔石莼的生长具有明显的促进作用。孔石莼在水温 20℃、明暗周期 L：D=12：12 条件下，进行光照强度波动幅度为±40μmol/(m²·s)、±80μmol/(m²·s)和±120μmol/(m²·s)的处理时，结果孔石莼的生长明显快于恒定光照强度的处理（表 6-6）。但是，相对于恒定光照处理，超过±160μmol/(m²·s)的光照强度波动对孔石莼的生长没有表现出显著的促进生长作用。

表 6-6 平均光照强度为 200μmol/(m²·s)时光照强度日周期性变动对孔石莼生长的影响

Tab. 6-6 Effects of circadian fluctuation of light intensity on growth of *U. pertusa* under 200μmol/(m²·s) mean light intensity

处理 Treatments	日增重/(mg/d) Weight increments	处理 Treatments	日增重/(mg/d) Weight increments
200±0	15.86[a]	200±120	27.74[d]
200±40	20.59[bc]	200±160	18.26[ab]
200±80	23.36[c]	200±180	17.19[a]

光照强度日周期性变动对孔石莼叶绿素 a、叶绿素 b、蛋白质、可溶性糖和游离脯氨酸含量影响明显。光照波动幅度为 80μmol/(m²·s)处理下孔石莼的叶绿素 a 和叶绿素 b 含量显著高于波动幅度为 120μmol/(m²·s)、160μmol/(m²·s)和 180μmol/(m²·s)处理。孔石莼的蛋白质和可溶性糖含量有随着光照强度波动幅度增大而减少的趋势。游离脯氨酸含量以恒定光照强度下最高，且显著高于各光照强度波动处理。

3. 光色及其变化对孔石莼的影响

由于水对不同波长的光谱选择性地吸收，不同水层（水深）的光谱组成或不同水层的生物感受到的光谱不同。11 个光谱成分（光色）或者变化的处理对孔石莼生长影响的结果见图 6-8。从图中可以看到，橙色光、蓝色光下孔石莼的生长与白光下差异不显著，而红色光和绿色光对孔石莼的生长产生了明显的抑制，尤其以红色光的抑制作用最为显著。

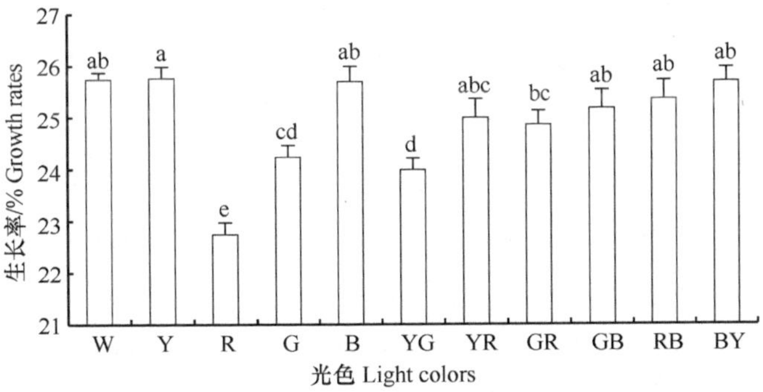

图 6-8 光色对孔石莼相对生长率的影响

图中字母 W、Y、G、R、B、YG、YR、GR、GB、RB 和 BY 分别代表白光、橙色光、绿色光、红色光、蓝色光、橙色光：绿色光=6h：6h、橙色光：红色光=6h：6h、绿色光：红色光=6h：6h、绿色光：蓝色光=6h：6h、红色光：蓝色光=6h：6h、蓝色光：橙色光=6h：6h

Fig. 6-8 Effects of light spectra on growth rates of *U. pertusa*

The letters W, Y, G, R, B, YG, YR, GR, GB, RB and BY represent the lights of white, yellow, green, red, blue lights, and yellow：green (6h：6h), yellow：red (6h：6h), green：red (6h：6h), green：blue (6h：6h), red：blue (6h：6h) and blue：yellow (6h：6h)

从图 6-8 还可以看出，光色的变化并没有对孔石莼的生长起到明显的促进作用。

另外，光色变化的处理中，孔石莼的叶绿素、蛋白质和可溶性糖的含量比在相应的单色光处理下的高，而光色变化处理的细胞防御物质游离脯氨酸的含量有比在相应单色光下低的趋势。

潮间带海藻在潮水涨落过程中其所处的水深会发生变化，随着水深的变化入射至海底的光线成分也会发生相应的改变。孔石莼这种在光色变化情况下细胞内含物变化的特点可能与其不断适应潮间带海水涨落引起光谱组成的变化有关。

6.4.2 光照周期性变动对对虾的影响

在自然环境或者人工养殖的池塘中，对虾在生长过程中会经历光照强度和光色的日和季节变化。即使在同一时刻，对虾在不同水层也会经受不同光强和光色的环境。Guo 等（2011a，2011b，2012）的研究表明，光照强度波动和光色变化对凡纳滨对虾的影响十分显著。

1. 光照强度周期性变动对对虾生长的影响

每天光照强度适宜的波动可以增加实验对虾的摄食量，并降低代谢强度，加快对虾的生长速度。在 2700 lx±0 lx、2700 lx±600 lx、2700 lx±1200 lx、2700 lx±1800 lx 和 2700 lx±2400 lx 等 5 个不同的光照强度日周期性变动条件下，光照强度的变化对凡纳滨对虾的蜕壳率影响不显著，但是，±600 lx、±1200 lx 和±1800 lx 条件下对虾的增重率均显著高于恒定光照±0 lx 处理，而且以±1800 lx 影响最大（表 6-7）。±600 lx、±1200 lx 和±1800 lx 三种条件下对虾的摄食率显著高于恒定光照组。另外，±1200 lx 和±1800 lx 条件下对虾摄食能中用于生长的能量比例均显著高于恒定光照下对虾的相应比例，而其用于呼吸的能量比例则显著低于恒定光照处理。

表 6-7　光照强度日节律性变化下凡纳滨对虾稚虾增重率、存活率和蜕壳率

Tab. 6-7　Growth, survival and molting of *Litopenaeus vannamei* in different diurnal light intensity regimes

处理组/lx Treatments	初始体重/g Initial weight	相对增重率/% Weight gain	存活率/% Survival rate	蜕壳率/(%/d) Molting rate
2700±0	2.738±0.008	98.4±2.0^{a}	95.0±5.0	7.53±0.36
2700±600	2.731±0.007	115.2±4.4^{b}	95.0±5.0	7.69±0.66
2700±1200	2.747±0.004	122.6±2.0^{b}	95.0±5.0	7.11±0.45
2700±1800	2.740±0.004	132.7±1.9^{c}	100.0±0.0	7.69±0.28
2700±2400	2.740±0.008	103.9±2.1^{a}	95.0±0.0	6.97±0.43

2. 光色周期性变动对对虾生长的影响

光色的日节律性变化显著影响对虾蜕壳和生长。在温度为 24～26℃、盐度为 28～31、光照周期为 14L∶10D、光色不变和 7h 的短波长光照+7h 长波长光照处理条件下凡纳滨对虾存活率、生长率和蜕壳率情况见表 6-8。

表 6-8　光色日节律性变化下凡纳滨对虾稚虾的存活率、生长率和蜕壳率

Tab. 6-8　Survival, growth and molting of *Litopenaeus vannamei* in different light color regimes

处理 Treatments	初始体重/g Initial W.	存活率/% Survival	*SGR*/(%/d)	蜕壳率/(%/d) Molting
Y	1.21±0.01	90.0±5.8	3.12±0.12^{a}	5.05±0.17^{ab}
G	1.21±0.01	90.0±5.8	3.39±0.02^{bc}	5.97±0.15^{b}
B	1.21±0.01	95.0±5.0	3.12±0.10^{a}	4.82±0.32^{a}
GY	1.21±0.00	95.0±5.0	3.29±0.03^{ab}	7.10±0.48^{c}
BY	1.21±0.00	90.0±5.8	3.52±0.05^{c}	7.98±0.42^{c}
BG	1.21±0.00	95.0±5.0	3.58±0.03^{c}	7.44±0.31^{c}

注：Y. 黄；G. 绿；B. 蓝；GY. 绿变黄；BY. 蓝变黄；BG. 蓝变绿。在光色变化处理中每天都是第一种光色照射 7h，之后转变为第二种光色 7h。实验持续 45d

Note: Y. Yellow; G. Green; B. Blue; GY. Green to yellow; BY. Blue to yellow; BG. Blue to green. In color light change treatment the first color was kept for 7h, then change to the second color for 7h every day. The experiment lasted for 45d

实验结果表明，变光处理对虾的蜕壳率显著高于恒定光处理，BG 组和 BY 组对虾特定生长率均显著高于持续单光色组。这说明光色变化可加速对虾生长，也可显著提高蜕壳率。该实验还表明，BG 组和 BY 组对虾用于排泄的能量比例显著低于单色光照组，而用于生长的能量比例均显著高于蓝光组。

6.4.3　渐变光照时间对虹鳟的影响

鱼类的行为、生长、繁殖受体内生物钟控制，触发生物钟的环境因子主要是光照、温度、潮汐等的变化。天然水体的光照和温度变化常是相伴而生，日照变长、光照强度增加也会导致水温上升。为研究光照时间变化对鱼类的影响，董亢（2020）将水温控制在 17.3℃±0.9℃，观察光照时间逐渐增加（L12∶D12→L16∶D8）或逐渐减少（L12∶D12→L8∶D16）对虹鳟（初始体重为 34.1g）生长的影响。实验起始光照为 12L∶12D，每天增加或缩短 4min，养殖实验持续 60d，结果见表 6-9。

表 6-9　不同光周期下虹鳟幼鱼的生长参数

Tab. 6-9　Growth parameter of juvenile rainbow trout under different photoperiods

参数 Parameters	L12∶D12	L12∶D12→L8∶D16	L12∶D12→L16∶D8
成活率/% Survival rate	91.11±7.70	97.78±3.85	91.11±3.85
肥满度/% Condition factor	1.62±0.08^{b}	1.78±0.05^{a}	1.61±0.06^{b}
特定生长率/% *SGR*	1.61±0.04^{b}	1.84±0.05^{a}	1.63±0.03^{b}
饲料系数 *FCR*	1.03±0.06^{b}	0.92±0.03^{c}	1.18±0.06^{a}
摄食率/% *FR*	1.54±0.05^{b}	1.54±0.04^{b}	1.78±0.06^{a}

注：起始光照时间为 L12∶D12。L12∶D12 处理是 60d 养殖期间一直保持 L12∶D12；L12∶D12→L16∶D8 处理是每天增加 4min 光照，直至 60d 养殖实验结束；L12∶D12→L8∶D16 处理为每天减少 4min 光照，直至 60 天养殖实验结束

Note: The initial photoperiod was L12∶D12. Treatment L12∶D12 was keeping this photoperiod during 60 days' experiment; Treatment L12∶D12→L16∶D8 was increasing the light time for 4 minutes every day until the end of the 60 days' experiment; Treatment L12∶D12→L8∶D16 was decreasing the light time for 4 minutes every day until the end of the 60 days' experiment

实验结果显示，养殖 60d 后，L12∶D12→L8∶D16 处理组虹鳟特定生长率和肥满度显著高于另外两个处理的虹鳟，而且，其饲料系数显著低于其他两个处理，摄食率与恒定光照处理 L12∶D12 相同。这表明，该实验条件下，逐渐缩短光照有利于虹鳟生长，而且与延长光照处理相比，其对食物的利用率更高。

鱼类对光照周期变化的适应性与季节、规格等有关。例如，随着光照时间的延长，真鲷（*Pagrus major*）的生长速率和饲料利用率增加；相反，长光照会抑制大菱鲆（*Scophthalmus maximus*）和日本白姑鱼（*Argyrosomus japonicus*）的生长和饲料利用率。

6.5 水中 Ca^{2+}和 pH 周期性变动对对虾的影响

养殖水体 Ca^{2+}浓度和 pH 都会随着水体光合作用强度的变化而变化，尤其是盐碱地池塘中的变化更明显（参见第 2 章 2.3.2 节和第 11 章 11.2.1 节等）。水体 Ca^{2+}浓度和 pH 周期性变化对水产养殖动物尤其是对虾的影响很大。

6.5.1 水环境 Ca^{2+}浓度波动对对虾的影响

水环境中维持一定的 Ca^{2+}浓度对水生甲壳动物的存活、蜕壳、生长是十分必要的。李英（2010）的研究表明，在 Ca^{2+}浓度为 385mg/L（海水对照组）、591mg/L、803mg/L、985mg/L、1155mg/L 和 2380mg/L 6 个浓度处理中，除 2380mg/L 外，其他处理组对虾蜕壳次数均比海水对照组多。其中，803mg/L 处理组对虾的蜕壳次数最多，591mg/L 处理组对虾的蜕壳同步性最好。因此，有理由相信，人们可以通过控制水中 Ca^{2+}浓度，使养殖对虾蜕壳的同步性更好，以解决养殖中对虾自残严重的现象。下面介绍节律性添加钙对凡纳滨对虾蜕壳和生长的影响。

侯纯强等（2010）研究了盐度为 30、水温 25℃条件下凡纳滨对虾稚虾对 Ca^{2+}浓度波动的响应。实验设置恒定 Ca^{2+}浓度（360mg/L）为对照组（C），4 个不同的 Ca^{2+}波动幅度分别为 C±60mg/L、C±120mg/L、C±180mg/L 和 C±240mg/L 处理组，波动周期为 4d。实验结果表明，不同 Ca^{2+}浓度波动幅度处理下，对虾的蜕壳率存在一定的差异。C±240mg/L 组对虾的蜕壳率最高，达 11.0%/d，显著高于其他处理组，但其增重率也最低。其余几个 Ca^{2+}浓度波动幅度处理下，对虾增重率与对照无显著差异。

但是，如果以 Ca^{2+}浓度 385mg/L、盐度 30 养殖 4d，再将 Ca^{2+}浓度提高到 591mg/L、803mg/L、1155mg/L 和 2380mg/L 并分别养殖 4 天，然后恢复到 385mg/L，再提高 Ca^{2+}浓度。起始体重 1.21g 的凡纳滨对虾经 40d 养殖的结果表明，将 Ca^{2+}浓度调高到 591mg/L 和 803mg/L 处理的对虾生长率、摄食率和摄食能用于生长的比率显著高于其他三个处理组（Hou et al.，2010），蜕壳率也显著比 385mg/L 处理的高（表 6-10）。

节律性添加钙对养殖对虾的生长能、呼吸能、排泄能和蜕壳能占摄食能的比例影响显著。适宜地节律性添加钙能促进对虾的蜕壳和生长，降低对虾的呼吸率和排泄率。根据对虾生长与 Ca^{2+}浓度波动幅度所做的回归方程得知，在对虾养殖过程中节律性地向海水中添加 295mg/L Ca^{2+}可以显著提高对虾的生长速度。

表 6-10　不同 Ca^{2+}浓度波动模式下凡纳滨对虾稚虾的蜕壳率和能量分配

Tab. 6-10　Molting frequencies and energy budgets of juvenile *Litopenaeus vannamei* under different Ca^{2+} concentration fluctuations

处理 Treatments	蜕壳率/(%/d) Molting	*G*/*C*/%	*R*/*C*/%	*U*/*C*/%	*F*/*C*/%	*E*/*C*/%
C385	5.1±0.2^{a}	17.76±0.50^{a}	55.12±0.58^{b}	5.49±0.11^{b}	21.27±0.50^{a}	0.36±0.04^{a}
C591	7.0±0.8^{b}	19.71±0.14^{b}	51.61±0.88^{a}	5.26±1.27^{b}	22.73±0.76^{ab}	0.69±0.04^{b}
C803	7.5±0.6^{b}	20.71±0.22^{b}	50.98±0.80^{a}	4.31±0.36^{a}	23.23±0.78^{b}	0.77±0.12^{b}
C1155	7.3±0.3^{b}	18.59±0.46^{a}	55.48±0.19^{b}	4.39±0.06^{a}	20.86±0.33^{a}	0.68±0.02^{b}
C2380	6.9±0.6^{b}	18.43±0.44^{a}	53.73±0.43^{b}	4.66±0.14^{a}	22.45±0.47^{ab}	0.73±0.05^{b}

注：C385 组是对照处理，整个实验中 Ca^{2+}浓度为 385mg/L，而 C591、C803、C1155 和 C2380 处理组的 Ca^{2+}浓度则周期性地由 385mg/L 分别波动至 591mg/L、803mg/L、1155mg/L 和 2380mg/L

Note: The Ca^{2+} concentration of the control group C385 was 385mg/L throughout the experiment, while the Ca^{2+} concentration of the C591, C803, C1155 and C2380 groups periodically fluctuated from 385mg/L to 591mg/L, 803mg/L, 1155mg/L and 2380mg/L respectively

6.5.2　pH 变动幅度对凡纳滨对虾的影响

以往的研究表明，pH 低于 4.8 或大于 10.6 对于虾蟹都是致命的，其 pH 最佳适应范围是 6.6～8.5。过去有关 pH 对养殖对虾的影响多是静态 pH 梯度作用的研究，而 pH 节律性变动对养殖对虾影响的研究则比较少。海水 pH 一般为 7.5～8.2，但由于光合作用，养殖水体 pH 在一天内总是在节律性变化。盐碱地池塘或浮游植物生物量较大池塘的 pH 比一般对虾养殖池塘 pH 日变化幅度会更大。因此，了解 pH 周期性变动对养殖对虾的影响具有重要的理论和实践意义。

有学者研究了 pH 周期性变动对凡纳滨对虾的影响（郑振华等，2008）。45d 的养殖实验表明，阶段性地将 pH 降到 4.0（处理 A）会使对虾成活率降为 68.8%，显著低于其他处理。实验结束时处理 G 的特定生长率显著高于除 F 组外的其他处理（表 6-11）。研究结果还表明，处理 F 和处理 G 的对虾摄食量高于其他各处理，但仅与处理组 A、H 差

表 6-11　不同 pH 处理下凡纳滨对虾的存活率、蜕壳率和生长率

Tab. 6-11　Effects of fluctuating pH on survival rates, molting frequencies and growth rates of *Litopenaeus vannamei*

处理 Treatments	成活率/% Survival rates	蜕壳率/(%/d) Molting frequencies	*SGR*/(%/d)
A（pH 4.0）	68.75±6.25^{a}	8.17±0.74^{a}	1.33±0.12^{a}
B（pH 5.0）	100.00±0.00^{b}	5.00±0.68^{ab}	1.79±0.15^{b}
C（pH 6.0）	93.75±6.25^{ab}	4.47±0.72^{b}	1.78±0.12^{b}
D（pH 7.0）	93.75±6.25^{ab}	6.11±0.39^{ab}	1.76±0.09^{b}
E（pH 7.9）	91.67±8.33^{ab}	6.03±1.07^{ab}	1.93±0.04^{b}
F（pH 8.4）	100.00±0.00^{b}	4.31±1.27^{b}	2.01±0.08^{bc}
G（pH 8.9）	100.00±0.00^{b}	6.85±1.96^{ab}	2.28±0.08^{c}
H（pH 9.4）	100.00±0.00^{b}	4.81±1.21^{ab}	1.69±0.16^{b}

注：实验所用水的 pH 为 7.9±0.15，保持 39h，然后 pH 变为 4.0、5.0、6.0、7.0、7.9、8.4、8.9 或 9.4，保持 9h。这一变化模式重复进行，并维持 45d

Note: The experimental water with pH 7.9±0.15 was kept for 39h, then was changed to pH 4.0, 5.0, 6.0, 7.0, 7.9, 8.4, 8.9 or 9.4 for 9h. These regimes were repeated and lasted for 45 days

异显著。处理组 A 的食物转化率显著低于其他各处理组，处理 G 的食物转化率显著高于除 H 以外的其他处理。该实验结果还表明，每 2d 给予凡纳滨对虾 9h、pH 8.9 的刺激能显著提高其食物转化率并促进其生长。

能量收支情况表明，对虾在 pH 不同幅度的周期性变化下能量收支模式发生了很大改变。处理 A 摄入的食物能用于蜕壳、排泄和呼吸的比例均高于其他各处理组，用于粪便和生长的为最低，因而其饲料转化率最低，生长最慢。处理 G 摄食能上升，且用于排泄和呼吸的能量比例最低，用于生长的比例最高。因此，多因素综合效应是造成该实验各处理间对虾生长差异的原因。处理 A 和处理 G 的能量收支模式分别为：

$$\text{处理 A} \quad 100C = 7.3G + 19.9F + 2.2E + 7.1U + 63.5R$$

$$\text{处理 G} \quad 100C = 14.0G + 26.0F + 1.6E + 5.7U + 52.7R$$

6.5.3 pH 变动周期对对虾的影响

为了解 pH 周期性变动对凡纳滨对虾生长的影响，郑振华（2006）还研究了每天 pH 8.9±0.10 处理 0.5h、1h、2h、4h、8h 和 12h 条件下对虾的生长。两个对照组 pH 7.9±0.15 和 pH 8.9±0.10。30d 的养殖实验表明，每天处理 1h 和 2h 的生长率显著高于对照和 12h 的处理，而每天处理 12h 的对虾特定生长率（*SGR*）显著小于对照组和其他处理组（表 6-12）。处理 2h 的摄食量最大，但仅与处理 12h 的差异显著。处理 1h 的食物转化率最高，但仅与处理 12h 的差异显著。该研究表明，每天给予凡纳滨对虾 2h 或 4h 弱碱 pH 的刺激能提高其摄食量或食物转化率，并显著促进其生长。

表 6-12　不同 pH 处理下凡纳滨对虾的存活率、蜕壳率和生长率

Tab. 6-12　Effects of pH fluctuation patterns on survival rates, molting frequencies and growth rates of *Litopenaeus vannamei*

处理 Treatments	成活率/% Survival rates	蜕壳率/(%/d) Molting frequencies	*SGR*/(%/d)
pH 7.9	100.0±0.0[a]	4.38±0.92[ab]	3.04±0.39[b]
pH 8.9	100.0±0.0[a]	4.79±0.63[ab]	3.72±0.28[bc]
0.5h	100.0±0.0[a]	3.75±0.87[a]	3.67±0.25[bc]
1h	100.0±0.0[a]	5.42±0.54[abc]	4.23±0.05[c]
2h	100.0±0.0[a]	7.08±0.80[bc]	3.91±0.09[c]
4h	93.80±0.06[a]	6.46±1.04[abc]	3.63±0.13[bc]
8h	100.0±0.0[a]	8.13±1.04[c]	3.62±0.14[bc]
12h	100.0±0.0[a]	6.25±0.99[abc]	2.20±0.37[a]

注：用时间表示的处理是将 pH 维持在 7.9，每天有 0.5h、1h、2h、4h、8h 或 12h 调整为 8.9。实验持续 30d

Note: The pH values of the treatments in terms of time were kept at 7.9, however, every day they were changed to 8.9 for 0.5h, 1h, 2h, 4h, 8h or 12h. The experiment lasted for 30d

能量收支结果表明，弱碱 pH 不同处理时间的周期性变化下对虾能量收支模式发生了很大改变。摄入的食物能中处理 12h 用于蜕壳和呼吸的比例均高于其他各处理组，用于粪便和生长的为最低，饲料转化率最低、生长最慢。处理 0.5h 和处理 1h 对虾用于呼吸的比例较低，用于生长的比例较高，但处理 0.5h 摄入的食物能较少，因此其生长与对照差异不显著，而处理 1h 的摄食能也很高，所以取得了最好的生长结果，且与对照差异显著。处理 2h 尽管用于生长的能量比例不高，但其总摄食能最高，所以生长结果也优于对照。由此可以看出，摄食能总量和能量分配模式所形成的综合效应是造成实验各处理对虾生长差异的原因。

6.6　营养因子周期性变动对对虾生长的影响

前面介绍了环境因子如水温、盐度、光照、Ca^{2+}浓度和 pH 周期性变动对水生生物生长的影响。其实，天然条件下，水生动物摄入的营养成分也不是恒定的，会随捕食到的生物种类的变化而变化。因此，营养成分这一广义环境因子的周期性变动也会影响水生动物的生理生态学变化。

由于自然环境的多变性和对虾可利用饵料种类的多样性及其对饥饿压力的适应，对虾形成了杂食性的生活习性。在饵料种类比较丰富时，对虾对饵料具有一定的选择性，但在饵料匮乏时，也不得不摄食其不十分喜好的食物。对虾可能会对食源的变化在生理生态学方面有一定的适应性进化。对虾养殖实践中，在经济条件允许的情况下人们总是给对虾投喂“最好的”饵料，但这也许并不是最好的投喂策略。

Zheng 等（2009）研究了交替投喂配合饲料和日本刺沙蚕（*Neanthes japonica*）对凡纳滨对虾生长的影响及其饲料利用情况。实验结果表明，沙蚕作为对虾的天然饵料比人工饲料更容易消化吸收，其食物转化率也更高。随着沙蚕投喂比例的增加，对虾生长和食物转化率也增加。另外，与假设饲料间不存在相互作用的预期值相比，5 次投饵中有一次投喂配合饲料更能显著地促进对虾的生长和食物转化率（表 6-13）。

表 6-13　不同处理条件下凡纳滨对虾的预期增重（*eWG*）、实测增重（*WG*）、预期干食物转化率（$eFCE_d$）和实测干食物转化率（FCE_d）

Tab. 6-13　The estimated weight gain (*eWG*), observed weight gain (*WG*), estimated dry food conversion efficiency ($eFCE_d$) and observed dry food conversion efficiency (FCE_d) of *Litopenaeus vannamei* under different treatments

处理 Treatments	湿体重/g Body wet weight		增重/%　Weight gain		干食物转化率/% FCE_d	
	始重 Initial	终重 Final	*eWG*	*WG*	$eFCE_d$	FCE_d
R1	1.381±0.001ᵃ	3.32±0.21ᵃ	141.00	141.00±15.50ᵃ	13.96	13.96±1.02ᵃ
R2	1.380±0.001ᵃ	4.44±0.31ᵇ	183.82±1.14	221.58±22.28ᵇ	18.36±0.11	19.86±0.80ᵇ
R3	1.381±0.003ᵃ	5.09±0.28ᵇᶜ	216.54±2.62	268.99±19.89ᵇᶜ	21.72±0.27	24.12±1.07ᶜ
R4	1.380±0.001ᵃ	5.45±0.30ᶜ	243.52±2.67	294.84±21.98ᶜ	24.49±0.27	26.34±0.87ᶜᵈ
R5	1.381±0.001ᵃ	5.68±0.24ᶜᵈ	262.88±2.95	311.01±17.20ᶜ	26.48±0.30*	29.24±0.65ᵈᵉ
R6	1.380±0.001ᵃ	6.49±0.18ᵈ	270.48±0.74*	370.57±13.32ᵈ	27.26±0.08*	31.06±0.22ᵉ
R7	1.382±0.001ᵃ	5.49±0.34ᶜ	297.83	297.06±24.16ᶜ	30.03	30.03±2.70ᵈᵉ

注：处理 R1 和 R7 分别表示全部投喂配合饲料和全部投喂沙蚕；处理 R2～R6 每个周期沙蚕与配合饲料的投喂次数分别为 1∶4、1∶2、1∶1、2∶1 和 4∶1。例如，R2 表示投喂 1 次沙蚕后，再投喂 4 次配合饲料

Note: The treatments of R1 and R7 represents feeding formulated diet and polychaete worm always; the feeding times per feeding cycle for R2-R6 were 1∶4, 1∶2, 1∶1, 2∶1 and 4∶1, respectively. For example, R2 means that after feeding the polychaete worm once, feeding formulated diet four times

Chamberlain 和 Lawrene（1981）、Huang 等（2005）的研究也发现，凡纳滨对虾、日本对虾（又称日本囊对虾，*Marsupenaeus japonicus*）和中国对虾摄食混合饲料时要比单独摄食其中任何一种饲料时生长更快。周期性投喂不同饲料促进对虾生长的原因是不同饲料搭配可能会改善摄入食物的营养平衡，从而达到对饲料资源的节约，并使饲料间产生加成效果。

另外，从 Zheng 等（2009）进行的对虾能量分配模式实验可以看出，处理 R7 的排泄能比例最高，且与处理 R5、R6 差异显著，而处理 R6 的排泄能比例最低。这表明处理 R7 摄入过多蛋白质不能及时利用而以含氮废物排出，而周期性投喂相对低蛋白的饲料可以提高蛋白质的利用率，并减少排泄耗能。

另外，阶段性蛋白质饥饿能促进对虾对饲料营养成分特别是蛋白质的利用。这方面的内容可参见第 5 章 5.7.4 相关内容。

小　　结

1. 谢尔福德耐受性定律认为，动物对各种环境因子的适应都有一个最佳适宜点，在此处动物可获得最大的存活率和生长率等。受此观点影响，人们总试图通过实验（试验）找到水生动物的最佳环境因子点，并设法将环境控制在此条件下养殖该动物，以期获得最高产量。事实上，水生生物适应了环境因子的周期性变化，多数情况下，水生生物对周期性变动因子的适应是一个最佳适宜范围。例如，平均温度为 20℃时，对孔石莼生长最有利的日温度变动幅度为±3.69℃。不同种类或分布于潮间带不同位置的海藻对温度日周期性变动的反应有所不同。

2. 适宜的温度周期性变动会加快很多种水生变温动物的生长速度。变温条件下水生动物最佳平均温度会较恒温条件的最佳温度下移，如恒温条件下中国对虾的最佳生长温度为 31℃，温度周期性变动情况下中国对虾的最佳生长温度为 28℃±2.0℃，而且该变温下对虾的生长速度显著高于 31 和 21 恒温下对虾的生长速度。

3. 温度周期性变动包括温度升降速率、波动幅度等。在 27℃±3℃变温时，最接近自然条件的昼夜变温节律下对虾的生长率最高，变温速率过大或过小都会影响对水生动物促进生长效果。在 25℃、28℃和 31℃三个平均温度下，对中国对虾具有促进生长作用的最佳变温幅度分别为±2.2℃、±2.0℃和±1.4℃。

4. 对虾的饱食程度会影响变温促进生长的效果。在过量投喂下，不同变温幅度下对虾的特定生长率与相应的恒温相比差异不大。在 70%饱食和 40%饱食条件下，28℃±2℃变温下对虾的生长率显著高于其他变温与恒温处理，维持日粮也最低。

5. 温度周期性变动促进水生动物生长的机制：①变温条件下动物个体摄食量增加；②变温条件下动物个体呼吸代谢率降低；③变温条件下动物个体摄食量增加，同时呼吸代谢率降低。

6. 适宜的盐度波动幅度和速度可促进对虾生长，最佳的变动幅度与对虾规格有关。此条件下对虾呼吸代谢率降低、食物转化率显著提高。

7. 适当时间的干露（暴露在空气中）会促进某些海藻的生长。例如，每 12h 干露 0.5h 与不干露处理相比能明显促进孔石莼的生长，但干露 5h 则会显著抑制孔石莼的生长。不同种类或分布于潮间带不同位置的海藻对干露的反应有所不同。

8. 光照强度适宜波动对大型海藻的生长具有明显的促进作用，如 200μmol/(m^2·s)±120μmol/(m^2·s)光照下，孔石莼生长速度最快。

9. 每天光照强度适宜的波动可以增加对虾的摄食量，并降低代谢强度，加快对虾生长速度，如 2700 lx±1800 lx 下凡纳滨对虾生长速度最快。每天光色适宜的变化可以促进对虾生长，如蓝色→绿色和蓝色→黄色两种变光色条件下凡纳滨对虾生长率均显著高于持续蓝、绿或黄单色光下对虾的生长率。

10. 每天光照时间逐渐变化会影响虹鳟的生长，如 L12∶D12→L8∶D16(即从 L12∶D12 开始，每天缩短光照 4min，持续 60d）有利于虹鳟幼鱼生长，且对食物的利用率更高。

11. 海水中养殖对虾时，间歇性地提高水体的 Ca^{2+}浓度至 591～803mg/L 或间歇性地将 pH 提高到 8.9 可提使凡纳滨对虾的摄食率和生长率增加。

12. 对虾摄食混合饲料时要比单独摄食其中一种饲料时生长更快。

13. 生物长期生活在环境因子周期性变化的环境中，一定会产生某种适应机制。人们创造的稳定的“最佳”养殖环境，对生物可能是一种干扰。查明生物对周期性变动环境的适应性机制，并在养殖生产中加以利用，应成为一个新的研究方向。

第 7 章　养殖水质的生物调控

7.1　水域生态系统的生物操纵　194
7.2　浮游植物的生产及其限制因子　197
7.2.1　浮游植物的光合作用和呼吸作用　197
7.2.2　影响浮游植物生长的理化因子　198
7.2.3　养殖池塘的浮游植物群落　201
7.3　大型海藻营养吸收动力学　202
7.3.1　大型海藻的营养需求　203
7.3.2　铁限制对大型海藻的影响　204
7.3.3　大型海藻对氮的吸收动力学　205
7.3.4　大型海藻对磷的吸收动力学　210
7.3.5　大型海藻对养殖水质的净化作用　213
7.4　大型海藻与微藻的相互作用　214
7.4.1　大型海藻与微藻的营养竞争　215
7.4.2　大型海藻对微藻的克生作用　218
7.5　滤食性贝类和滤食性鱼类的摄食　221
7.5.1　滤食性动物摄食的测定　221
7.5.2　滤食性动物的滤食能力　224
7.5.3　滤食性鱼类的摄食节律和对食粒的选择性　229
7.5.4　滤食性鲢呼吸与摄食的关系　231
7.6　贝类代谢产物对浮游植物的增殖作用　234
7.6.1　滤食性贝类的呼吸和排泄　234
7.6.2　贝类的代谢产物对微藻的增殖作用　236
7.7　滤食性贝类对水质和底质的影响　237
7.7.1　贝类对养殖池塘水质的影响　237
7.7.2　贝类对养殖池塘底质的影响　240
7.8　滤食性鱼类放养对水质的影响　241
7.8.1　滤食性鱼类对水质的影响　241
7.8.2　滤食性鱼类对浮游细菌的影响　244
7.8.3　放养鲢对水体物质循环格局的影响　245
小结　245

在养殖水体中可用作水质和底质调控的生物主要包括大型水生植物、滤食性贝类、滤食性鱼类、沉积物食性海参等。这些水产养殖工具种是与主养生物混养或间养的生物，既有较高的经济价值，同时还可起到调控、改善养殖水体水质和底质的作用。对于这些工具种，我们不仅要了解其生长和存活的特征和机制，更应关注其对养殖环境的影响及其机制。

7.1　水域生态系统的生物操纵

养殖水体的水质经常会因投饲活动等而受到污染，为了进行健康养殖生产就必须对水质进行调控、改善，这在环境科学上又称环境修复。水质调控和环境修复的方法很多，大致可分为物理方法、化学方法和生物学方法三类。

水质调控或环境修复的物理方法主要是通过清淤、沉淀、过滤等物理过程去除污染物，改善水质或底质。化学方法主要是通过施用化学试剂使污染物质发生氧化、分解等反应，最终将污染物转化为无害物质。该类方法速度快但费用较高，而且易引起二次污染。生物学方法是利用微生物、植物和动物，将环境中的污染物降解为二氧化碳和水或转化为其他无害物质的方法。其又可再分为原位修复和异位修复两亚类。一般而言，生物学方法费用低廉、处理操作简单、安全性较高。

水域生态系统的生物操纵是养殖水体水质调控的重要技术手段。生物操纵（Biomanipulation）概念首先由 Shapiro 等（1975）提出，即通过调整食物链的结构使初级生产者生物量降低，并使生态系统整体上处于更有益的状态。Shapiro 和 Wright（1984）发现，把实验生态系统中浮游动物食性的鱼类移除后，浮游植物食性的浮游动物生物量会明显增加，浮游植物的生物量会减少。上述过程中营养盐基础并没改变，是食物网理论（Food web theory）在起作用。后来，许多人不再用硫酸铜杀藻，而改用生物操纵控制藻类，即通过放养食鱼的鱼类或直接减少食浮游动物的鱼类数量来抑制浮游植物生物量。之后，Carpenter 等（1985）又据此提出了营养级联（Trophic cascade）效应概念，McQueen 等（1986）也提出了上行效应（Bottom-up effect）和下行效应（Top-down effect）等概念和方法。这些理论奠定了水域生态系统人工控制和养殖水质生物调控的理论基础。

养殖水体浮游植物生物量和群落结构的调控是养殖水质生物调控的核心内容，因为养殖水域生态系统的浮游植物不仅是主要初级生产者，还可通过光合作用、呼吸作用等影响水环境的溶解氧、CO_2、pH、氧化还原电位、非离子氨浓度等水质因子。养殖水体某一时刻浮游植物群落的生物量和结构通常是上行效应和下行效应共同作用的结果。上行效应主要是通过控制营养物质输入量（增加或减少）和/或营养物质的比例，如 N/P 比，来控制浮游植物群落的生物量和结构，并进而对更高营养层级的结构产生影响。其作用途径为：营养物质→浮游植物→浮游动物→鱼类。水域生态系统营养盐波动会对浮游植物生物量产生影响，随后，食物链底层出现的波动会沿食物链传递，导致后续营养层级生物量的变化（图 7-1）。上行效应的特征是向后影响有一定的时滞，且影响强度会逐渐减弱（Reynolds，1997）。

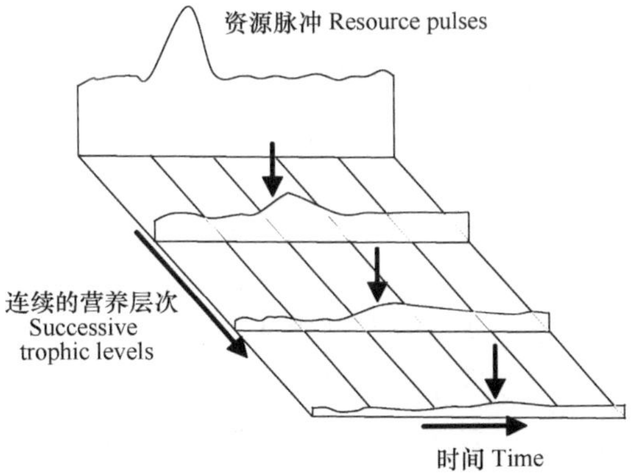

图 7-1　一种资源脉冲沿食物链传递（引自 Reynolds，1997）

Fig. 7-1　Transmission of a resource pulse through a food chain (from Reynolds, 1997)

下行效应主要是通过控制摄食浮游植物的动物数量和结构来控制浮游植物的生物量和群落结构。其作用途径为：食鱼的鱼类→食浮游动物的鱼类→浮游动物→浮游植物。下行效应的影响向下传递也会有一定的时滞，但影响的强度可能会逐渐放大（图 7-2）。

例如，向食物网结构比较简单的水体中放养掠食小鱼的凶猛鱼类，很可能就会出现浮游植物生物量减小、水体变清的现象。如图 7-2 所示，放养凶猛鱼类后，浮游动物食性的小鱼数量就会变少，导致浮游动物数量增加。浮游动物数量增加后，被其摄食的浮游植物数量就会减少。相反，如果捕杀掠食小鱼的凶猛鱼类，浮游植物数量可能会增加。

水体中浮游植物的摄食者主要是浮游动物。浮游动物可通过摄食速率和对食物颗粒的选择性影响浮游植物群落。某种浮游植物的生长速率对维持其种群的存在具有极其重要的作用，当某种浮游植物的生长速率小于浮游动物的摄食压力时，其种群就会逐渐在群落中减少或消失。只有生长足够快的浮游植物种群才可抵御浮游动物的摄食，并维持一定的种群数量。浮游动物很难摄食个体较大特别是成群体的浮游植物种类，而单细胞的小型浮游植物则容易被浮游动物摄食。这就是为什么人们常会见到某些群体蓝藻在浮游植物群落中占据优势的重要原因之一。

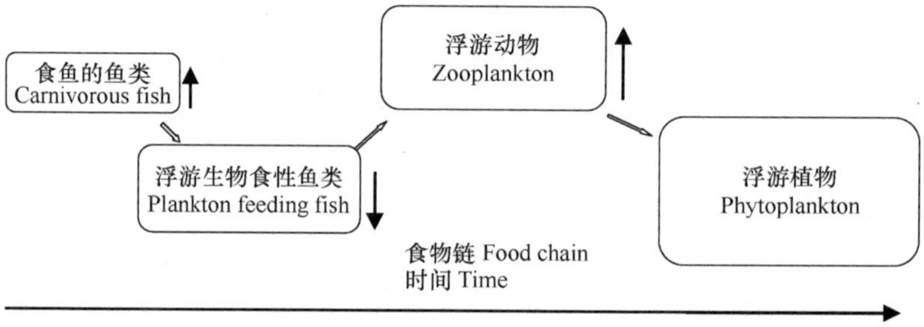

图 7-2　水域生态系统中的下行效应示意图
Fig. 7-2　Top-down effects in aquatic ecosystem

经典的生物操纵理论所依靠的关键因子是浮游动物，但也有些学者提出了非经典的生物操纵理论，即利用滤食性鱼类直接对浮游植物进行生物操纵，并取得了一定的效果。在养殖水体中适量混养一些滤食性鱼类或贝类可以对浮游植物起到下行效应的控制作用，包括对浮游植物生物量和群落结构的控制。一些鱼类可以直接滤食大型和成群体的浮游植物（谢平，2003；Dong et al.，1992），另一些鱼类可以通过摄食浮游动物间接影响浮游植物群落（董双林，1994）。滤食性贝类，如牡蛎、扇贝等，可以滤食小到几微米的浮游植物。因此，放养这些贝类可以明显减少浮游植物的生物量，对养殖水质产生明显的影响（董双林等，1999）。

以往的研究表明，鱼类只有在低生产力（贫营养）系统中，才会对浮游植物群落的发展起重要作用。对于池塘等一些富营养型水体，恢复大型水生植物植被或混养大型海藻，减少过量投喂饲料等上行效应手段的效果会更好。

滤食性鱼类和滤食性贝类可直接滤食浮游植物，并将浮游植物直接转化成体组织并成为经济产品。混养大型海藻可直接降低养殖水体营养负荷。因此，养殖或混养这些植物和/或动物既可减少养殖水体营养负荷又可直接抑制浮游植物生物量，因此，是养殖水质生物调控的最有效手段。

底栖和沉积物食性的海参也是生物操纵的工具种。海参的摄食可以减少水体底质中的有机物含量，即净化底质，降低水体的营养负荷，从而改善水质。因此，海参是通过上行效应改善水质。

大型水生植物、滤食性贝类、滤食性鱼类、沉积物食性海参能够改善水质和底质的功能使它们成为综合养殖中重要的混养或配养生物（详见第 9 章）。

7.2 浮游植物的生产及其限制因子

淡水水体的植物主要由浮游植物和大型水生维管植物组成，而在海洋主要由浮游植物和大型海藻组成，个别区域也会有较多的海洋维管植物。由于光线入射深度的限制，大型维管植物和大型海藻主要分布在较浅的水域，深水区域的初级生产者主要为浮游植物。

在粗放型养殖系统中，浮游植物作为主要初级生产者通过食物链或食物网直接或间接支撑着整个水体养殖动物的生产量，即使在半精养系统，即辅助投饲和施有机肥的养殖水体，浮游植物的初级生产量仍有相当一部分通过食物链或食物网传递到养殖动物生产过程中。浮游植物的另一个极重要功能就是调节水质，其通过光合作用和呼吸作用影响着水环境的溶解氧、pH、氧化还原电位等（见第 2 章 2.3 节）。因此，调节养殖水体中的浮游植物生物量和群落结构就成为水产养殖中一项极其重要的工作内容。

7.2.1 浮游植物的光合作用和呼吸作用

浮游植物物种多样性很高，包含有蓝藻（又称蓝绿藻、蓝细菌）、绿藻、硅藻、甲藻、金藻等门类。它们的形状各异、体内色素多样，通常不具备主动运动能力，少数种类可利用鞭毛等构造进行微弱的运动，或通过改变形状而调节自身浮力等。

养殖池塘中常见的浮游植物都是一些世界性分布的种类，文献中报道的种类有几百种。各养殖池塘浮游植物的群落组成差异很大。如果从正在降落的飞机上俯视一片淡水养殖池塘，就会看到各个池塘呈现五颜六色的景观。

当浮游植物群落密度达到一定量时，水体就会呈一定的颜色，这时水的颜色由优势浮游植物的色素决定。当浮游植物数量较大时就会形成所谓的“水华”。不同优势种群浮游植物构成的水华颜色不同，常见的养殖池塘水色有绿色、蓝绿色、黄色、棕色、红色等。有经验的专家常可通过水色及其分布、变化情况判断浮游植物群落大致的优势种类和数量（何志辉和李永函，1983b）。

浮游植物都含有叶绿素等色素，用于进行光合作用。光合作用是植物吸收光并将光能转化成化学能，同时将无机物转化成有机物的过程。浮游植物光合作用产生的能量一部分会用于组织生长和细胞分裂，即生长。光合作用过程需要光作为能源，还需要水、CO_2、无机营养盐和其他元素。

光合作用对于水产养殖极其重要，它是一些水产养殖方式（如大型海藻养殖）唯一的太阳光能利用过程。对于另外一些养殖方式光合作用也是主要或重要的能量来源，它既为一些养殖动物提供重要甚至主要的食物来源，也为水产养殖水体提供溶解氧，吸收 CO_2，维持良好的养殖水质环境。浮游植物在黑暗条件下也会消耗能量和溶解氧，产生 CO_2，即

$$C_6H_{12}O_6 + 6O_2 \longrightarrow 6CO_2 + 6H_2O + \text{热量}$$

上述过程称为呼吸，是光合作用的逆过程，对养殖水体的化学环境有着重要的影响。

7.2.2 影响浮游植物生长的理化因子

浮游植物扩散到一个新水体往往是被动的，主要途径包括引水工程、水禽和风携带等，人为主动移植的实例很少。由水库、河流或湖泊引水灌注的池塘中的浮游植物初始群落，主要由水源地或途经水道的浮游植物群落决定；而用地下井水灌注的池塘浮游植物初始群落组成，主要由底泥中存活的浮游植物和周围水体浮游植物的扩散决定。由于空气中存在大量单细胞绿藻，并且其相对表面积大，繁殖速度快，因此一个新的水体常是绿藻类先占优势。养殖水体浮游植物群落之后的演替过程主要是依据各种浮游植物对资源的竞争能力进行。影响养殖水体特别是池塘浮游植物生长和群落演替的理化因子主要有水体的光照、营养盐和水温等。

1. 光

光是浮游植物光合作用的能源，也是影响浮游植物生长的最重要因子。影响浮游植物光合作用的光主要是 400～700nm 波段光（光合有效辐射，PAR）的强度，其单位通常使用 μE/(m^2·s)或 lx。光进入水体后会被水和水中粒子强烈吸收，因此，随着水深增加光辐射量锐减（详见第 2 章 2.2 节）。浮游植物含有多种色素，它们吸收光的特性也有一定的差异。例如，叶绿素主要吸收蓝光和红光，硅藻和黄藻具有的胡萝卜素和叶黄素会强烈吸收绿光，蓝藻具有的藻胆素和藻红蛋白可吸收绿光和黄光。

有的浮游植物生长所需的最小光照强度小于 5μE/(m^2·s)，而有的则大于 20μE/(m^2·s)。浮游植物生长所需的最小光照强度与浮游植物种类、营养状态、水温等因素有关。温带水体阴天时紧靠水表层下的光照强度大约是 200μE/(m^2·s)，而赤道水体晴天时紧靠水表层下的光照强度可达 1600μE/(m^2·s)。粗略地讲，如果紧靠水表层下的光照强度平均为 1000μE/(m^2·s)，浮游植物生长所需的最小 PAR 平均为 10μE/(m^2·s)的话，那么，浮游植物需要的光照是紧靠水表层下光照强度的 1%。水体中光照强度为紧靠水表层下光照强度 1%的水层称为补偿深度或补偿点，其上水层浮游植物的生产量大于其呼吸量，具有净初级生产的能力。水体中的浮游物会强烈吸收光，因此，当浮游生物量较大或水较浑浊时水体的补偿深度就较小。

浮游植物在进化过程中产生了适应水下低光照环境的机制，同时，也丧失了耐强光的能力。当光强达到 200～800μE/(m^2·s)时浮游植物的光合作用就会受到抑制；当光强超过 1400μE/(m^2·s)时大多数浮游植物的光合作用就会完全停止。在水体的表层由于光照较强抑制了浮游植物的光合作用，因此，该层的初级生产力并不是最高。温带淡水水体光合作用最强烈的水层往往出现在水体的半个透明度水层上下。

当浮游植物生物量较高时，由于浮游植物对光强烈吸收，使光进入较深水层的量明显减少，单位面积水柱的初级生产量也会随之减少，该现象称为浮游植物“自荫作用”。当自荫作用出现时，某些可主动运动的浮游植物，如具有鞭毛的或可改变细胞密度（浮力）的浮游植物，会向水体上层运动，以获得更多的光照，从而在浮游植物群落组成中占据一定优势。

单细胞浮游植物对光照强度变化的反应具有物种特异性。研究表明，光照强度的节律性变化有利于单细胞浮游植物的光合作用和生物量积累（Mallin & Paerl，1992），但也有相反的情况（Kroon et al.，1992），另外还存在没有特殊反应的情况。

2. 营养盐

浮游植物生长的必需营养元素大约有 20 种，其需要从水中获得这些必需营养元素。这些元素的浓度在水中随时间和地点变化很大，并会影响浮游植物群落生长和结构。对于浮游植物的需求而言，水环境中这些元素的量并不是无限的，浮游植物群落的生产力通常会受到一种或两种可利用量短缺的元素制约，这一种或两种元素被称为限制性营养元素。例如，在 P 是限制性元素的情况下，往水体添加其他元素并不能刺激浮游植物群落生产量增加，只有添加 P 才能使浮游植物群落生产量增加。可被浮游植物利用的铁和磷在水中溶解量很小，它们可通过施肥增加或通过化学螯合等方式而“减少”，因此，通过调控水中铁和磷的含量来控制水质对水产养殖具有重要意义。

需要指出的是，任何一种必需营养元素在相对浓度较低时是一种营养物质，但当其浓度很高时就有可能成为有毒物质（图 7-3）。光、水温、Cu 等理化因子对浮游植物生长的影响也有类似规律。

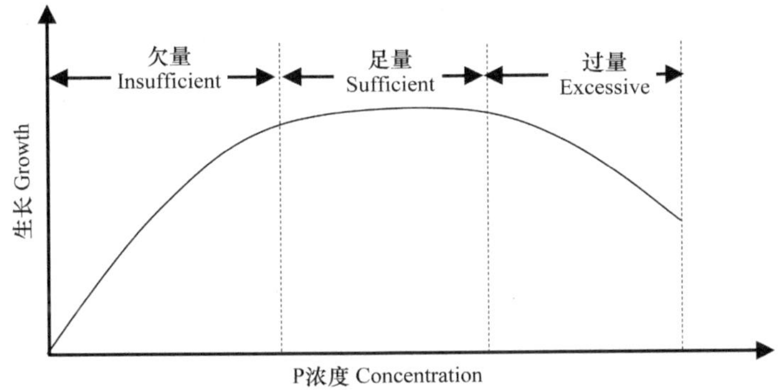

图 7-3 浮游植物对添加单一限制性营养元素的反应（引自 Boyd & Tucker，1998）
Fig. 7-3 The response of phytoplankton to additions of a single limiting nutrient (from Boyd & Tucker, 1998)

实验研究表明，氮磷比例会对浮游植物生长产生很大影响。铜绿微囊藻（*Microcystis aeruginosa*）会在低氮磷比和高温下竞争占优势，而小席藻（*Phormidium tenue*）则在高氮磷比和低温下具竞争优势。

当仅往水体中添加一种限制性营养元素并达到某一量时，营养元素间的比例会发生质的变化，此时该种元素就不再成为浮游植物限制性营养元素，取而代之的将是另一种较为缺少的元素。这种情况可称为多重营养限制。在水产养殖水体中 P 和 N 通常是第一和第二限制性营养元素或第二和第一限制性营养元素。人们对美国 49 个湖泊的调查结果表明，其中 35 个湖泊 P 是第一限制性元素，8 个湖泊 N 为第一限制性元素，其余为其他限制性类型。

海水中浮游植物的氮磷比多数大于 Redfield 值（16∶1）。事实上，P 通常是淡水水体第一限制性营养元素，N 通常是海水和半咸水水体的第一限制性营养元素。Valiela（1995）曾对美国近海水域（盐度 32）和滩涂池塘（含盐量 4ppt）进行了施肥实验，结果发现，尽管这两类水体多数都表现出 N、P 双营养限制，但含盐量较低的池塘中更多的是 P 为第一限制性元素，而高含盐量的近海水体则相反。

李德尚等（1988）创建了生氧量法来确定水体限制性营养元素。该方法简便、易掌握。刘慧等（2003）利用生氧量法研究了莱州湾和桑沟湾的限制性营养盐。结果表明，莱州湾营养元素限制性强弱的排列顺序为 N＞P＞Si＞Fe，而在桑沟湾排列顺序为 N＞Si=Fe＞P。

不同浮游植物对营养元素的吸收能力不同。通常，相对表面积大的浮游植物对营养盐具有更强的吸收能力。各种浮游植物对营养物吸收能力的差异会影响它们的生长、分裂速度，进而影响浮游植物群落演替和结构。蓝藻对 CO_2 的利用能力很强，因此在 CO_2 浓度较低时会在浮游植物群落中占优势。

张青田等（2002）研究得到了 6 种海洋微藻最适增殖的氮、磷浓度值和氮磷比，结果见表 7-1。在相应的浓度水平下，大多数微藻在氨氮环境中的增殖速率高于在尿素环境中，但蓝隐藻例外。亚历山大藻在高浓度有机氮中表现出了增殖优势。各种微藻需要的氮磷比不尽相同，变化在 10∶1～40∶1。

表 7-1　微藻增殖的最适氮、磷浓度（μmol/L）

Tab. 7-1　The optimal concentrations of N and P for microalgae to grow (μmol/L)

微藻 Microalgae	最佳浓度 Optimal concentration			
	氯化铵 NH_4Cl	KH_2PO_4-P	尿素 Urea	KH_2PO_4-P
赤潮异弯藻 *Heterosigma akashiwo*	300	10	300	10
海链藻 *Thalassiosira* sp.	150	5	100	5
纤细角毛藻 *Chaetoceros gracilis*	200	5	300	5
等鞭金藻 *Isochrysis* sp.	150	10	150	5
亚历山大藻 *Alexandrium* sp.	100	10	300	10
蓝隐藻 *Chroomonas* sp.	200	10	300	10

3. 水温

浮游植物对水温有很广的适应性，并具有种类特异性。有些种类可以在冰雪中生存，有的种类可在 70℃以上的温泉中生存。蓝藻通常较耐高温，因此在夏季常成为养殖水体浮游植物的优势类群。温度对浮游植物的生长具有明显的影响，在 5～25℃温度区间，水体温度每增加 10℃一些常见的浮游植物的生长速度会增加 1.8～3 倍。

以上内容仅是对影响浮游植物生长的主要因子—光、营养和水温的概要介绍，更详细的内容可参见 Reynolds（1984）的论述。事实上，浮游植物的生长和群落演替是多种因子综合作用的结果。浮游植物生物量在温带较深的水体呈现的马鞍形年度变化（春季和秋季各一次生物量高峰），是水温及其变化引起的水体热成层、水运动、光照、营养盐等众多因子变化共同作用的结果（见第 2 章相关内容）。需要指出的是，温带地区的浅水湖泊和池塘的浮游植物生物量年度变化主要受温度、光照、营养影响而仅呈现夏季一个高峰，如武汉东湖的浮游植物就仅存在夏季一个生物量高峰（王骥，1999）。

7.2.3　养殖池塘的浮游植物群落

水深 1～1.5m 的天然水体叶绿素 a 可达 300～600μg/L（Wetzel，1983；Reynolds，1984）。一个水体的浮游植物最大可持续生物量与浮游植物的生理状态、群落结构、非生物浑浊度、生态系统的水动力学特征等有关。模型计算表明，叶绿素 a 在 50～250μg/L 时浮游植物净产量较高。在美国施肥养殖池塘的浮游植物叶绿素 a 含量通常在 60～150μg/L（Boyd & Tucker，1998）。

利用稳定性同位素对养殖池塘的研究表明，即使是在对虾投饲养殖的半精养池塘，天然饵料仍然是养殖动物食物的重要来源之一（Dong et al.，2002）。另外，浮游植物还可通过吸收营养盐、光合作用等调节池塘水质。如果没有浮游植物在维持池塘水质方面的作用，养殖所花费的管理成本将会大大提高。池塘养殖核心工作之一就是最大限度地利用自然过程生产天然饵料，供应溶解氧，去除水中的含氮无机化合物。

以上讲的是投饲养殖池塘中浮游植物的有利一面，但是，池塘水质管理实践中遇到的难题是无法控制浮游植物“疯”长。浮游植物生物量过大造成的溶解氧缺乏和有毒含氮废物的积累是全球水产养殖池塘普遍存在的问题，其严重地影响了池塘养殖效益。

何志辉和李永函（1983b）在研究我国无锡一带高产养鱼池塘时发现，当地池塘经常会出现如下 4 类浮游植物水华，即膝口藻水华、隐藻水华、裸甲藻水华和绿球藻类水华。当地渔民对水是什么颜色并不太关心，认为水“活”就是好水。“活”指水色有变化。所谓“早青晚绿”含意是早晨水色较淡，日出后到午后越来越浓。这种现象是由鞭毛藻类的趋光垂直移动造成的。例如，有扁形膝口藻（*Gonyostomum depressum*）水华的鱼池到午后水色转浓，水的透明度可能较早晨减少 7～10cm。膝口藻水华是当地最受欢迎的“肥水”。这种藻大小适口，种群数量比较稳定。镜检养殖的鲢、鳙消化道表明，消化情形极好，是鱼类的最优食物之一。隐藻水华和绿球藻类水华是由褐色到绿色的一般肥水。

尽管生态学家对池塘浮游植物进行了长时间广泛、深入的研究，人们也仅仅是在宏观层面了解了驱动、影响池塘浮游植物群落结构的动力和演变趋势，还不能预测特定池塘在特定时间将出现的浮游植物群落结构。营养负荷是影响浮游植物群落结构的重要因子。在低或中营养负荷的水体常会出现绿藻、眼虫藻、硅藻等组成的多样的群落，当营养负荷增加后，温暖区域的池塘常会呈现出少量物种占优势，如个体大、具鞭毛的藻类或成群体的蓝藻。

施肥养殖池塘通常需要维持适量的浮游植物生物量，但投饲养殖池塘常由于饲料带入的营养物质远超过该系统的营养负荷量，而出现超常的浮游植物生物量。控制浮游植物生长的最容易的方法是减少营养输入，但在投饲池塘很难做到。生产实践中使用增氧机已很普遍，经济上似乎也比直接控制浮游植物更合算，但这是治标不治本的方式。

滩涂池塘鱼、虾养殖系统中过剩的营养物质通常是通过纳潮换水进行稀释、排放，这表面上看是“治本”的方法，但从更大的空间范围和时间尺度上看，这还是治标的方法。治本的方法是进行多营养层次综合养殖，对排放水进行处理，循环利用水，以提高养殖水体对投入营养物质的利用率，这样才能够实现在维持合理养殖产量的同时达到营养物质的零排放或少排放。

许多淡水养殖池塘中蓝藻生物量非常大，会导致水质恶化。这些形成水华的蓝藻

在生态策略上属 *k*-选择型种类，即生长慢、对有限资源具有较强的竞争力、适应稳定的环境、种群生物量常处于最大值附近。由于这些藻类生长较慢，比多数真核浮游植物种类产氧能力差。在光线极弱和水湍流较弱的情况下，这种水华型浮游植物由于浮力作用会在水面形成浮膜，并由于阻碍光线的射入而进一步使水体溶解氧降低。蓝藻浮膜比水层中的真核浮游植物水华更容易突然大量死亡。这种大量死亡、分解常会导致严重的不良后果，如大量养殖动物因缺氧窒息死亡，即“泛塘”。

在以浮游植物为食物网基础的养殖系统，即以天然饵料为主要食物来源的粗放养殖系统，蓝藻水华的低生长率会影响养殖产量。蓝藻水华的初级生产量向动物的传递主要是通过腐屑途径或经过轮虫、原生动物摄食后再通过食物链向后传递。显然，传递环节的增加会降低初级生产向养殖动物转化的效率。无胃的浮游植物食性鱼类，如鲢，对直接摄入的蓝藻水华消化率很低，而有胃的罗非鱼有强酸性的胃液，可消化直径 0.5mm 的微囊藻水华。对于浮游生物食性的罗非鱼而言，蓝藻水华既易获得又易消化，是一类被喜食的浮游植物（Boyd & Tucker，1998）。

在经济方面，蓝藻对水产养殖最不利的是某些种类可分泌使水产品产生很大土腥味的代谢产物。这些化合物在水中可被鱼皮肤吸收，使鱼肉产生人们不喜欢的异味。蓝藻的两种代谢产物，即土臭素（Geosmin）和 2-甲基异冰片（2-methylisoborneol）具有土腥味，是池塘养殖鱼类出现土腥味的“祸魁”。有几种蓝藻还会产生对脊椎动物剧毒的化合物。

粗养和部分半精养水体的养殖动物主要靠摄食天然饵料生长，因此，这些养殖水体的养殖产量与浮游植物生物量具有很高的相关性（图 7-4）。但当浮游植物的生物量超过一定量时鱼产量不再继续增加，当生物量过大时甚至还会出现减产。当浮游植物生物量增加到一定量时，自荫作用出现，浮游植物净生产量减少，同时水质状况也会恶化。

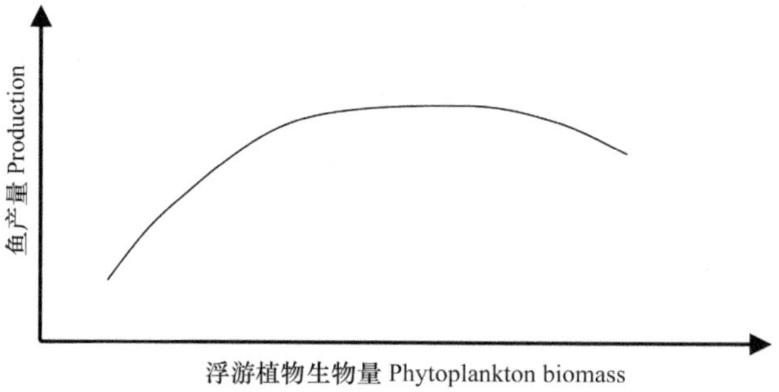

图 7-4　施肥池塘中浮游植物生物量与鱼产量的关系（引自 Boyd & Tucker，1998）
Fig. 7-4　The relationship between animal production and average phytoplankton biomass in fertilized ponds (from Boyd & Tucker, 1998)

7.3　大型海藻营养吸收动力学

大型海藻不仅是海洋环境的初级生产者、水质调控者，而且与人类的生活和经济发展密切相关。大型海藻对养殖水质调控作用和能力的发挥与其营养吸收动力学等有关。

7.3.1 大型海藻的营养需求

大型海藻灰分中的元素组成与海洋微藻类似，C、H、O、N、P、Fe、Mg、Cu、Mn、Zn 和 Mo 等都是其生长必需元素。通常必需和非必需元素（除 H 外）在海藻体内的累积浓度都大于海水中的浓度。

一般藻类培养介质中需加入三种维生素，即维生素 B_1、维生素 H 和维生素 B_{12}。由于维生素在海水中含量通常都较低（维生素 B_{12} 约 1ng/L，维生素 B_1 约 10ng/L，维生素 H 约 2ng/L），因而是海藻培养中最广泛需要的物质。

氮、磷、铁是海藻生长的主要限制性元素，通常在海水中的浓度变化较大，并且在海藻体内的浓度远高于在海水中的浓度。营养盐浓度虽然可以作为是否是限制性营养的指标，但营养盐之间的比例、营养盐供应率、周转时间及其有效性在确定营养限制的程度时则更为重要。就海藻群落而言，可能存在双营养限制（即两种元素同时起限制作用）。某一种海藻对两种营养的需求比例（如氮磷比）与另一种海藻可能差别很大，结果可能是同一水体对 A 种海藻可能是氮限制，而对 B 种则可能是磷限制。铁、锰等是藻类许多生化反应中的必需元素，有时也会成为海藻生长的限制因子。而海水中的铁是否会成为限制海藻生长的元素常取决于海水中可利用形式铁的量而非总铁浓度。

在自然海水中，氮的平均浓度为 0.420μg/g。海水中的氮主要以无机氮（N_2、NH_4^+、NO_3^-、NO_2^-）、可溶性有机氮（尿素、游离氨基酸、酰胺和维生素）和颗粒有机氮（有机氮碎屑和浮游生物成分）的形式存在。几乎所有的海藻都能以 NH_4^+、NO_3^-、NO_2^- 为氮源，但高浓度（50μmol/L）的 NH_4^+、NO_3^- 或 NO_2^- 则对藻类有毒。NO_2^- 一般在浓度低至 1μmol/L 时才可作为氮源，浓度太高则会抑制藻类生长。海藻也可以利用水体中一些可溶性有机氮作为 N 源，如尿素、酰胺、氨基酸，特别是甘氨酸、丝氨酸、丙氨酸和谷氨酸（刘静雯和董双林，2001b）。

在自然海水中，磷的平均浓度为 0.071μg/g。在天然海水 pH（约 8.2）、20℃条件下，磷主要以三种游离形式存在于一个平衡体系中，HPO_4^{2-} 占 95%、PO_4^{3-} 占 1%、$H_2PO_4^{2-}$ 占 2.5%。海藻主要利用无机正磷酸盐。某些大型海藻可通过产生细胞外碱性磷酸化酶来水解并利用有机磷（如磷酸甘油）。当细胞外无机磷浓度较高时，碱性磷酸化酶的合成会受到抑制，此时，细胞利用有机磷的能力较弱。当细胞外无机磷耗尽后，细胞内储存的多聚磷酸盐和正磷酸很快被利用，随后碱性磷酸化酶的活性增高。磷限制和光照能激活石莼（*Ulva lactuca*）体内碱性磷酸化酶的活性。

在自然海水中，铁的平均浓度为 0.000 06μg/g。铁是藻类代谢过程中一种重要的营养元素，是有机体进行光合作用和许多生化反应中的必需元素，是合成叶绿素必不可少的元素。铁在植物体内以多种形式与蛋白质结合，作为重要的电子传递体或催化剂参与多种生命活动。在天然海水 pH 条件下，Fe^{3+}与 OH^-结合形成 $Fe(OH)_3$，这是一种相对不溶性化合物（Ksp≈10^{-38}mol）。因此，处于可溶性状态的铁仅是那些与自然海水中的螯合剂或配位体（如腐殖酸）等形成的复合物。

根据海藻对铁的需求及铁在海水中的存在形式推测，铁可能成为一些海藻生长的限制因子。最近许多研究表明，在赤道中心区域和太平洋东北部及其他一些水域铁会限制浮游植物的生长。这些水域表面水的可溶性铁小于 0.5nmol/L，NO_3^- 浓度为 21～27μmol/L，浮游植物的生产力很低，叶绿素浓度小于 0.2μg/L。虽然好氧条件下海藻不能有效利用 Fe^{3+}形态的铁，但大多数生物能通过某些特殊机制获得生长所需的铁。

7.3.2 铁限制对大型海藻的影响

铁是海藻许多生化反应的必需元素，有时会成为限制性元素。水产养殖系统中铁元素可通过施铁肥增加或通过化学螯合而“减少”，因此，探讨铁对大型海藻的影响不仅具有理论意义也具有水质调控的实践意义。

1. 铁限制对大型海藻生长、组织元素的影响

据 Liu 等（2000，2002）的研究，细基江蓠繁枝变种（*Gracilaria tenuistipitata* var. *liui*，以下简称细基江蓠）和孔石莼（*Ulva pertusa*）组织中铁含量随铁限制培养时间的延长呈指数递减，60d 的实验中它们组织中 Fe 含量分别由起始的 578μg/g 干重和 702μg/g 干重降至 30.4μg/g 干重和 21.8μg/g 干重。这可能是由于生物量增加使组织中仅存的铁库被稀释的结果。

铁限制期间，上述两种海藻的生长率迅速下降，6 周后细基江蓠生长停止，并出现不同程度的黄化甚至死亡。实验期间，虽然孔石莼没有产生黄化现象，但藻体变得非常薄而软。

在铁限制过程中细基江蓠和孔石莼组织中总氮（TN）、总碳（TC）和总磷（TP）水平也有所降低。另外，在 60d 的铁限制过程中，孔石莼 TC、TP 的下降速度均比细基江蓠的快，而 TN 下降速度则比细基江蓠的缓慢一些。孔石莼组织中 C:N 明显下降，而细基江蓠则几乎保持恒定。两种海藻组织中的氮磷比也下降，而氮铁比及碳铁比均不同程度地上升。

铁限制培养 60d 后，细基江蓠组织中 18 种氨基酸含量均有不同程度的降低，总氨基酸含量也仅为非铁限制组的 83.7%。而孔石莼组织中除胱氨酸外所有氨基酸含量均略有所上升，使得其总氨基酸含量是对照组的 1.02 倍。

藻体在处于铁限制时，大部分光合作用产物将转向合成蛋白质以维持生长的需要，这是因为固定一分子 C 所需要的能量是固定一分子 N 的 2 倍。铁限制使得两种海藻组织中氮铁比和碳铁比值显著增大。这是由于相对组织碳、氮而言，铁限制使组织铁的含量下降更为迅速，同时孔石莼组织铁库的消耗比细基江蓠更快。两种海藻组织中氮磷比值的下降表明，铁限制对氮吸收利用的影响大于磷。

Doucette 和 Harrison（1990）曾报道，铁限制条件下 10 种浮游藻类生长的半饱和常数为 10^{-23}～10^{-21}mol/L，其中一种海洋甲藻体内铁限制导致了叶绿体数量的减少和其片层组织的退化，每个细胞铁含量的最大值与最小值之比为 10～100。氮代谢对铁限制非常敏感，因为氮代谢过程中的许多酶是含铁蛋白。

2. 铁限制对大型海藻组织色素水平和光合 C 固定作用的影响

细基江蓠和孔石莼体内的叶绿素及细基江蓠体内藻红素含量均随着组织铁含量的降低呈指数递减，尤其在铁限制的前 10d 更为明显。约 5 周后变化开始减缓，并一直保持在较低水平。6 周后，细基江蓠体内藻红素降低到对照组的 33.8%，细基江蓠和孔石莼体内的叶绿素含量分别只为对照组的 7.9%和 4.9%。

铁限制培养 2 周后的光谱分析结果表明，铁限制使细基江蓠的叶绿素和藻红素的吸收减少，铁限制 2 周的孔石莼叶绿素吸收也明显减少。

与对照组相比，铁限制的细基江蓠和孔石莼的最大碳固定率分别由 1.69mgC/(gdw·h)降低到 0.08mgC/(gdw·h)和由 13.6μgC/(cm^2·h)降低到 0.37μgC/(cm^2·h)。光合作用指数[PI，mgC/(mgChl·h)]也有所下降，同时光合作用的光饱和点也明显降低。

超微结构观察结果表明，铁限制培养 30d 后的细基江蓠和孔石莼的细胞结构明显不同于对照组。最显著的变化是质体数量减少，叶绿体外被不清晰，类囊体片层结构模糊而且淀粉粒的数量明显增加，叶绿体内较多而大的嗜锇颗粒成串出现，线粒体内嵴（内膜）不清晰。两种海藻的藻胶层也呈现出内外致密而中间疏松的不均匀排列。

总体而言，铁限制使得海藻细胞中色素含量减少，叶绿体结构受损，光系统活性降低，光合固碳能力下降。外在表现是，海藻的生长率降低，直至停止生长，甚至黄化并死亡。对细基江蓠而言，藻体顶端损伤先于中部和底部。

7.3.3　大型海藻对氮的吸收动力学

研究海藻营养吸收动力学的主要目的在于获得它们对营养盐吸收的有关参数，并据此判别它们对水质影响的趋势，计算它们对水质影响的结果。营养吸收动力学依赖于吸收过程中包含的吸收机制。如果只是被动扩散，则传递率直接与电化学势梯度（即外界营养盐浓度）成比例，而易化扩散和主动传递则随外界营养盐浓度的增加而表现出膜载体的饱和现象。离子吸收率（V）与外界该离子的浓度（S）之间关系可用酶动力学方程来描述：$V=V_{max}S/(K_s+S)$。式中 V_{max} 为最大吸收速率，K_s（或 K_m）为米氏常数。某些大型海藻的离子传递能力可用 V_{max} 和 K_s（或 K_m）来描述。然而主动吸收也不一定都遵循此处所提到的简单的饱和动力学模式，它与介质中营养盐的形式、藻类本身的生理状态等关系密切。当处于某种营养盐限制下的海藻被移入该营养盐丰富的环境中，其吸收速率明显增加。前期营养限制的程度越大，V_{max} 的增加就越明显。此时离子的吸收主要由组织内部的营养循环而非外界营养盐浓度所控制。

目前研究大型海藻的营养吸收多采用营养盐消失法。如果吸收率随时间而变化，则必须将多瓶法和干扰技术（Multiple flask and perturbation）结合测定吸收率。这种吸收率随时间变化的过程一般可分为三个阶段，即快吸收阶段（Surge uptake）、内部控制的吸收阶段（Internally controlled uptake）和外部控制的吸收阶段（Externally controlled uptake），分别用 V_s、V_i 和 V_e 表示。很多研究表明，内部控制的吸收率（V_i）与藻类同化率非常接近，可用来表示同化率（刘静雯和董双林，2001b）。

1. 细基江蓠和孔石莼对氮储存和吸收能力

氨是水产动物代谢的主要排泄物，也是人工饲料的含氮降解物，养殖水域中氨的含量达到一定水平将对养殖动物产生毒害。消除过量的氨和其他无机营养盐可改善养殖水质，同时也可缓解沿岸水域的富营养化等问题。国内外学者普遍认为，养殖大型海藻是吸收、利用营养物质、延缓水域富营养化的有效措施之一。Liu 和 Dong（2001a，2001b）比较研究了江蓠和孔石莼对氮的储存和吸收能力，旨在为更好地利用这两种工具藻奠定理论基础。

1）氮加富条件下的生长率及组织各氮库的大小

氮加富后两种海藻体内所有氮库均显著增加。细基江蓠 TN 的干重含量由起始的3.65%增加到 5.78%。与细基江蓠相比，孔石莼组织 TN 增加更明显，从 2.54% 增加到4.79%。在氮加富前后，细基江蓠和孔石莼体组织中氨基酸（AA）和蛋白质（Pro）均是体内最大的氮库，分别占组织 TN 的 14.9%～16.9%、69.04%～58.6%和 5.87%～9.2%、42.8%～66.6%。叶绿素（Chl）是比较小的氮库，分别占两种海藻 TN 的 0.9%～1.09%和 1.4%～1.61%。在细基江蓠体组织中藻红素（PE）也是相对较大的氮库，它占到 TN的 4.8%～5.83%。无论细基江蓠和还是孔石莼，其组织中的库都比较小，而且是最容易变化的氮库，它们分别占 TN 的 2.1%～3.0%和 1.65%～2.78%。

另外，在氮加富前后，两种海藻的 AA 和 Pro 库占各自总的可提取 N（EN）库的百分比也出现了一定差异。在细基江蓠中 AA 库占其 EN 库的 16.2%～19.6%，而孔石莼则只占到 11.4%～9.2%。相反，孔石莼的 Pro 库占其 EN 库的 82.7%～83%，而细基江蓠则占 75.2%～68.6%。

2）氮饥饿过程中生长率、氮库的变化及与组织 TN 之间的关系

在20d的氮饥饿过程中细基江蓠和孔石莼组织中所有氮库均随饥饿时间的延长呈指数递减，而且后者各种氮库都比前者相应的氮库递减速度更快。经非线性回归分析表明，细基江蓠和孔石莼的特定生长率与组织 TN 之间关系符合 Droop 方程：$\mu=\mu_{max}[1-(N_Q/N)]$（式中 μ 为特定生长率，μ_{max} 为最大特定生长率，N_Q 为维持生长所需的最小组织 TN 浓度，N 为组织中实际 TN 浓度）。方程式分别为：

$$\mu_G=26.656\ (1-2.204/N) \quad (R^2=0.9217)$$

$$\mu_U=32.400\ (1-1.375/N) \quad (R^2=0.8533)$$

氮加富后的 20d 饥饿过程中，两种海藻在短期（24h）内组织中 TN 含量与特定生长率之间的关系基本符合 Droop 方程。孔石莼的最大特定生长率（32.4%/d）比细基江蓠的（26.7%/d）要高，而其维持最小生长率所需要的组织 TN 浓度（1.38%干重）则比细基江蓠的（2.20%干重）低。

氮饥饿培养 20d 后，细基江蓠和孔石莼组织中 TN 的含量分别从 5.78%和 4.79%降至 2.56%和 1.38%。与其他氮库不同的是，氮饥饿后两种海藻组织中的蛋白质库占总氮库的百分比均有所增加，细基江蓠从氮饥饿前的 58.6%增加到 72.5%，孔石莼也从 66.5%增加到 76.2%。细基江蓠和孔石莼的生长率在氮饥饿的前 2～5d 仍然维持得很高，分别达到 18.2%和 24.3%。在随后 20d 饥饿后分别降至 2.56%和 0.99%，而且孔石莼生长率降低得更快。

3）氮饥饿的两种海藻对 NH_4^+ 的吸收动力学

两种氮饥饿海藻对 NH_4^+ 的吸收结果表明，介质中 NH_4^+ 的浓度及 NH_4^+ 的吸收率与培养时间之间均呈非线性关系。以吸收率对吸收时间作图，曲线出现三个不同的吸收趋势：起始 NH_4^+ 浓度较高时的快吸收阶段（V_s），这一吸收速率的大小与起始浓度的高低有关；随后介质中 NH_4^+ 浓度和吸收速率均降低并保持较小的变化，称为组织内部控制的吸收（V_i），这一阶段 NH_4^+ 浓度仍然相对较高（＞20μmol/L），而且这一浓度的大小与起始 NH_4^+ 浓度有关；最后随着介质中 NH_4^+ 浓度的降低，吸收率迅速下降至几乎为零，这一阶段是介质营养盐浓度控制的吸收阶段（V_e）。

将处于氮饥饿状态的两种海藻置于较高 NH_4^+ 浓度中进行吸收实验时，在起始较短的时间内有一个快吸收阶段，此时吸收动力学不符合米氏动力学饱和方程。因此，将多瓶和干扰技术结合使用，测定两种海藻在不同起始浓度下不同时间间隔内的 NH_4^+ 吸收率。将不同时间阶段的吸收率经非线性回归分析，结果表明，它们均符合饱和吸收动力学规律。它们的最大吸收率（V_{max}）和半饱和常数（K_s）均随着吸收时间的延长而降低，直到 120min 左右达到较稳定的内部控制吸收阶段。

在整个吸收过程中，吸收曲线的初始斜率 a（V_{max}/K_s）变化不大，表明在低浓度下的吸收率不受短时快吸收的影响而保持相对稳定。在相应时间内的吸收动力学参数不同，孔石莼的 V_{max}、K_s 和 a 值均大于细基江蓠的相应值（表 7-2）。

表 7-2　氮饥饿细基江蓠和孔石莼在不同时间间隔内 NH_4^+ 吸收的动力学参数

Tab. 7-2　Kinetic parameters of ammonium uptake curves measured during separate time intervals in several independent perturbation experiments

种类 Species	时间间隔/min Time interval	V_{max}/[μmolN/(gdw·h)]	K_s/(μmol/L)	a/[μmolN/(gdw·h)]	R^2
细基江蓠（*G. tenuistipitata* var. *liui*）	0～15	230±25.0**	24.0±7.8	9.6	0.93
	15～30	120±14.0**	11.8±4.1	10.2	0.92
	30～60	75±5.0**	7.0±2.0	10.7	0.95
	90～120	68±3.5**	6.0±2.0	11.3	0.88
	120～240	35±1.5**	2.8±0.8	12.5	0.92
孔石莼（*U. pertusa*）	0～15	340±26.5**	31.1±8.4	10.9	0.89
	15～30	210±22.7**	16.6±5.5	12.7	0.96
	30～60	141±14.0**	10.5±2.8	13.4	0.97
	90～120	96±6.0**	7.6±2.3	12.6	0.86
	120～240	50±2.1**	3.8±1.5	13.2	0.94

**$P<0.01$

4）氮饥饿过程中两种海藻对 NH_4^+ 的吸收、同化

两种海藻在氮饥饿的第一天均出现明显的 0～15min 的快吸收和 120～150min 同化吸收两个时相段，而且两个阶段的吸收率随着介质中 NH_4^+ 浓度的升高逐渐增大并趋于饱和。同时，随着氮饥饿程度的加重，两个阶段的吸收率迅速增加。在近似体内 TN 水平下，孔石莼两个阶段的吸收率都比细基江蓠要高，动力学参数表现出明显的种类差异。

就起始快吸收而言，其动力学参数随组织中 TN 水平的变化也发生相应的变化。孔石莼组织中的 TN 含量从 4.42%降至 1.38%，相应的快吸收阶段的最大吸收率（V_{max}^{s}）从 88.6μmolN/(gdw·h)增加到 346μmolN/(gdw·h)。而细基江蓠 TN 含量从 5.23%降至 2.86%，相应的快吸收阶段的最大吸收率从 61.8μmolN/(gdw·h)增加到 250μmolN/(gdw·h)。孔石莼和细基江蓠的半饱和常数（K_s）分别由 9.0μmol/L 增加到 31.1μmol/L 和由 8.1mol/L 增加到 25.6mol/L。a 值（即低浓度下对 NH_4^+ 的亲和力）仍然是孔石莼较细基江蓠高，它们的平均值分别为 11.2 和 8.94。

同化阶段的吸收率在高浓度下显著低于快吸收阶段的吸收率。孔石莼和细基江蓠同化阶段的最大吸收率（V_{max}^{ass}）随着组织中 TN 水平的降低，分别从 41μmolN/(gdw·h)增加到 90μmolN/(gdw·h)和从 28.8μmolN/(gdw·h)增加到 60μmolN/(gdw·h)。半饱和常数（K_s）也比快吸收阶段低，分别从 4.0μmol/L 增加到 7.6μmol/L 和从 3.0μmol/L 增到 5.6μmol/L。a 值的平均数则分别是 11.9 和 10.6。

细基江蓠和孔石莼的快吸收和同化阶段的最大吸收率 V_{max} 均随着氮饥饿程度的加重而增大，快吸收阶段的吸收率增加尤其迅速，同时半饱和常数 K_s 也相应增大。同一种海藻两个阶段的 a 值变化不明显，这表明对 NH_4^+ 的吸收率并非在低浓度下就开始产生快吸收，即起始的快吸收现象可能只有在外界 NH_4^+ 浓度较高时才会出现。

2. 温度和盐度对大型海藻氮吸收的影响

1）温度和盐度对氮饥饿细基江蓠氮吸收的影响

培养在温度 20℃、25℃和盐度为 10、20 条件下的细基江蓠对 NH_4^+-N 在 24h 内吸收达 99%，而在 15℃、20℃和盐度 10 和 20 条件下的藻体在第一天内几乎将介质中的 NO_3^--N 全部吸收。细基江蓠在较低盐度（10～20）下对 NH_4^+-N 和 NO_3^--N 的吸收大于高盐度（30～40）时。其在 15～20℃范围内对 NO_3^--N 的吸收较快，而在 25～30℃条件下藻体对 NH_4^+-N 的吸收较快。藻体在 4d 内吸收了介质中 90%～100%的氮（刘静雯和董双林，2001b）。

第一天 NH_4^+-N 的相对吸收率[μmolN/(gdw·h)]与温度和盐度之间存在以下关系：

$$V_{NH_4^+} = 0.489(S-4.59)e^{-0.082(S-4.59)}(T-7.09)e^{-0.045(T-7.09)} \quad (R^2=0.878)$$

温度和盐度与细基江蓠 NH_4^+ 吸收的关系如图 7-5 所示。

NO_3^--N 的相对吸收率[μmolN/(gdw·h)]与温度和盐度之间存在以下关系：

$$V_{NO_3} = 11.81(S-4.081)(T-9.221)e^{(-0.1S-0.148T)} \quad (R^2=0.9122)$$

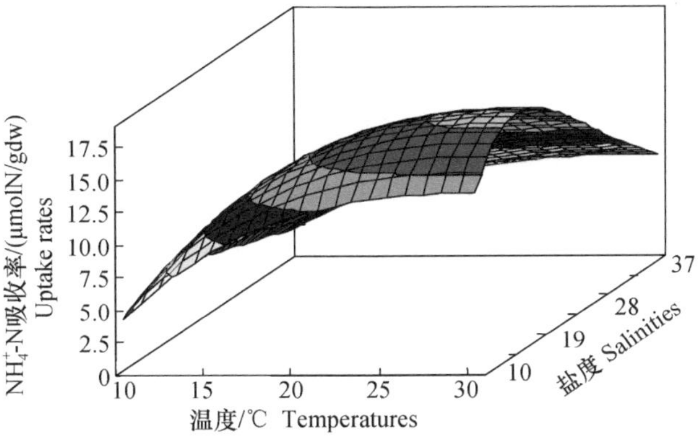

图 7-5　不同温度和盐度下细基江蓠 NH_4^+ 吸收（彩图请扫封底二维码）

Fig. 7-5　NH_4^+ uptake rates of *G. tenuistipitata* var. *liui* at different temperatures and salinities

不难看出，盐度对两种形态氮吸收的影响类似，但温度对其作用则不同，即低温下细基江蓠对 NO_3^--N 的吸收较快，而高温下则更利于对 NH_4^+-N 的吸收。另外，光照、温度及其相互作用均对细基江蓠的生长率影响显著（刘静雯和董双林，2001a）。

2）温度、盐度和光照对鼠尾藻氮吸收的影响

温度和盐度均对鼠尾藻总无机 N 吸收速率影响极显著，二者的交互作用也极显著（姜宏波等，2007）。在盐度为 10 条件下，鼠尾藻对总无机 N 的吸收速率开始随温度升高而升高，15℃时达到最大，之后随温度的升高而下降。在盐度为 20 条件下，鼠尾藻对总无机 N 的吸收速率随着温度的升高而上升，在 25℃时达到最大，当温度进一步升高至 30℃时则开始下降。而在盐度为 30 和 40 条件下，鼠尾藻对总无机 N 的吸收速率均随温度的升高而升高。总体上看，在盐度 20、温度 25℃和盐度 30、温度 30℃条件下，鼠尾藻对总无机 N 吸收速率较高，分别为 11.26μmol/(gdw·h)和 11.01μmol/(gdw·h)。

总无机 N 吸收速率[U，μmol/(gdw·h)]与温度（T）、盐度（S）的回归关系可以表示为：

$$U = -0.059+0.048\,54S+0.724T-0.004\,32S^2-0.023T^2+0.011ST \quad (R^2=0.736)$$

双因子方差分析表明，温度和光照强度对鼠尾藻总无机 N 吸收速率影响均极显著，二者对总无机 N 吸收速率的交互作用也极显著。温度对总无机 N 吸收速率的影响大于光照的影响。在 15℃时，鼠尾藻对总无机 N 的吸收速率随着光照强度的增加而升高；而在其他几个温度处理中，其吸收速率则是先随着光照强度的升高而升高，在光照为 100μE/(m^2·s)时达到最大；之后，随着光照强度的继续增大，其吸收速率呈下降趋势。总体上看，鼠尾藻在温度为 10℃下吸收速率较慢，在 15℃时吸收速率较快。在温度为 15℃、光照强度为 180μE/(m^2·s)时处出现较高 N 吸收速率，为 10.55μmol/(gdw·h)。

鼠尾藻对总无机 N 吸收速率[U，μmol/(gdw·h)]与温度（T）、光照强度[L，μE/(m^2·s)]的关系可以表示为：

$$U = -13.799+2.046T+0.083L-0.049T^2-0.000\,3L^2-0.002T\times L \quad (R^2=0.747)$$

7.3.4 大型海藻对磷的吸收动力学

磷一般不被认为是海洋中的限制性营养元素，但近年来由于无磷洗涤剂的使用等原因，使磷在某些海域中也成了限制性营养元素，如大西洋的西北部，中国南部沿海等。生长在佛罗里达州的一种圆扁江蓠（*Gracilaria tikvahiae*）在夏季是磷限制，冬季是氮、磷双限制。对海洋浮游植物磷的吸收与生长动力学的研究表明，磷吸收是主动吸收。

1. 资源竞争理论

资源竞争理论主要是以Monod方程和Droop方程为基础发展起来的。Monod于1950年提出了单一种群在单一资源限制下的生长模型，即Monod方程：

$$\mu(R) = \mu_{\max}S/(K_\mu+S) \tag{7-1}$$

式中，$\mu_{\max}$是单位时间内种群增长的最大速率；K_μ是二分之一最大生长率时对应的基质（资源）浓度；S是资源供应量。许多生物种群的增长都可用此式描述。其特性有二：第一，即使资源变得无限，种群的增长率也仅趋近于一个有限的速率；第二，随着资源可得性的增加，其回报减少，即随资源增加，种群密度减速度增加（图 7-6）。

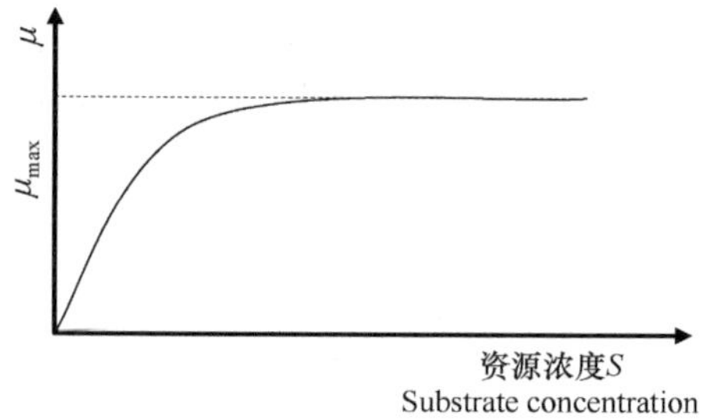

图 7-6　Monod 方程的图解

Fig. 7-6　Graphical explanation of Monod equation

Tilman（1977）将 Monod 方程推广至多种群间对于多种资源（如多种营养盐）的竞争。在多种群需要的多种资源中，对于 n 个种群中的第 i 种群以及 m 种资源中的第 j 种资源，Monod 方程的微分形式如下：

$$\frac{\mathrm{d}N_i}{N_i\mathrm{d}t} = \mathrm{Min}(\frac{r_iR_j}{k_{ij}+R_i} - D_i)$$

$$\frac{\mathrm{d}R_i}{\mathrm{d}t} = F_j(S_i - R_i) - \sum_{i=1}^{n}(\frac{\mathrm{d}N_i}{\mathrm{d}t} + N_iD_i)Q_{ij}$$

式中，r_i为 i 种群单位个体的最大生长率；k_{ij}为资源 j 限制下的种群 i 的半饱和生长常数；D_i为种群 i 的单位个体死亡率；Q_{ij}为单位个体资源份额，即生产单位个体的种群 i 所需的资源 j 的量；R_j为资源 j 的可得浓度；S_i代表为栖息地提供的资源 j 的最大浓度，或是恒化培养器中资源 j 的流入量；F_j为资源 j 的流通率或供给率；n 为种群数目；m 为限制性资源的数目。

Droop 于 1968 年提出了一个种群生长受个体资源份额（Q）限制的种群生长模型：

$$\mu(Q) = \mu'_{max}(1-Q_{min}/Q)$$

式中，Q_{min} 代表基本维持份额，此时种群停止生长，只能维持。依据该方程，$\mu(Q)$是一像长方形的双曲线（图 7-7），与份额轴在维持份额处相交，上升到渐近线值 μ'_{max}。这个渐近值只是一个表观最大生长率值，因为只有在 Q 无限大时才可获得该值。实践中使用一个有限的最大份额 Q_{max}，此处 $\mu(Q)$曲线被截取一部分，得到一个真实的最大生长率 μ_{max}，其小于 μ'_{max}。

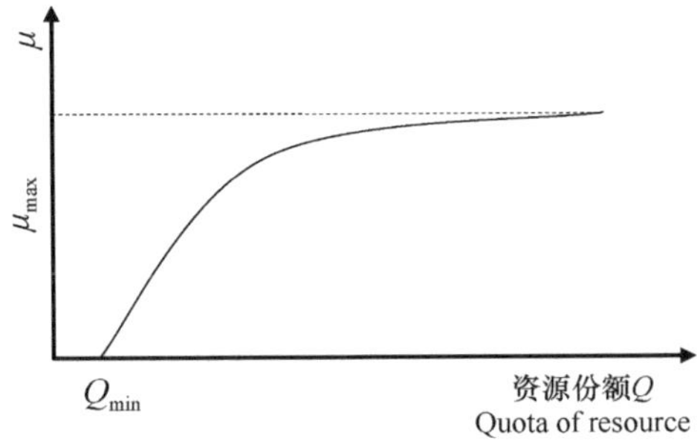

图 7-7　Droop 模型的图解

Fig. 7-7　Graphical explanation of Droop equation

在 Monod 方程中，令式（7-1）等于零，得到一种群在平衡状态下的资源需求值：

$$R_i^* = D_i K_i /(r_i - D_i)$$

式中，R_i^* 为一种群在其生长率等于死亡率时的限制性资源的浓度；K_i 是第 $_i$ 种群的容量。在多个种群竞争同一种非生物资源的情况下，如果它们的资源需求值作如下排列：

$$R_1^* < R_2^* < R_3^* < R_4^* \cdots$$

那么根据 Monod 方程，种群 1 将能够在竞争中淘汰其他种群，种群 2 将能够淘汰除种群 1 以外的所有其他种群，依次类推。这就是稳态下竞争单一非生物资源的 R^* 法则。

这一法则意味着，从长远的观点讲，在一环境中，资源可得性（如浓度）由竞争种群中 R_i^* 最低的种群限定。如果 R 低于这一水平，则无种群能够生长，所有种群密度全都降低，这使 R 增加，并最后达到 R_i^*；如果 R 高于这一水平，至少有一个种群可以生长（具最低 R_i^* 的种群），因此 R^* 会下降，直至其达到最低的 R_i^*；如果 R 接近 R_i^*，则具有最低 R_i^* 的种群生长接近于零，其余种群都为负增长，即种群密度减少。随着时间的推移，R 向优势竞争者 R_i^* 的收敛，并最终达到优势竞争者种群的平衡密度。

当两个或多个种群受到一种以上非生物资源限制时，R_i^* 值仍为一重要的竞争预测参数。当多个种群受多种资源限制时，式（7-1）限定了每一种群保持平衡的非零增长所需的每一资源的量，令式（7-1）等于零，得到：

$$R_{ij}^* = D_i K_{ij}/(r_i - D_i)$$

式中，R_{ij}^* 为种群 i 的生长率等于死亡率时所需的资源 j 的量。此式表明，对每一种群来说，有多少种限制性资源，就有多少个 R^* 值。这就是对两种非生物资源的竞争-资源比（Resource-ratio）假说。该式给出了在两种资源限制下一个种群数量衰退、增长或维持不变的资源范围。

2. 孔石莼对磷吸收及生长动力参数

图 7-8 所示是孔石莼的 Monod 生长实验结果，图中直线为 Monod 方程的线性形式。孔石莼的半饱和生长常数为 0.016μmol/L，其最大生长率估计值为 0.16/d（南春容和董双林，2003）。

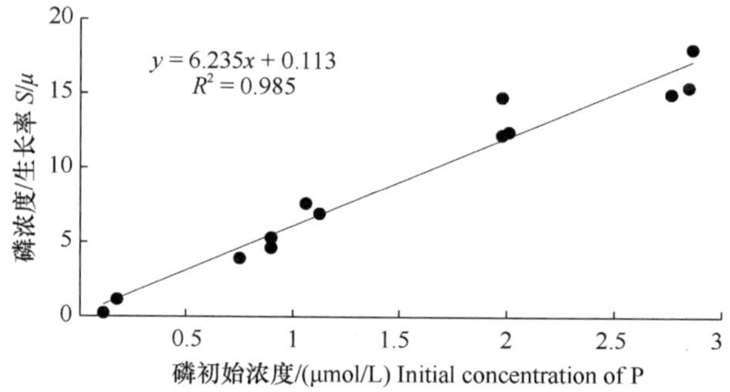

图 7-8　孔石莼生长率μ与磷初始浓度 S 之间的关系

Fig. 7-8　Linear form of the Monod model of *Ulva pertusa*, the initial phosphate concentrations S vs initial phosphate concentrations S/growth rates μ

图 7-9 是孔石莼在不同磷浓度下，接种 60min 时的吸收速率。该图显示，孔石莼对磷酸盐的吸收速率与其初始浓度之间的关系符合 Monod 方程。孔石莼对磷吸收的最大速率 V_{max} 为 3.3μmolP/(gdw·h)±0.6μmolP/(gdw·h)，半饱和常数 K_s 为 5.1μmol/L±0.85μmol/L。从孔石莼的 Droop 生长实验结果可以得到，其最大生长率为 0.15/d；孔石莼的细胞维持份额为 3.0μmolP/gdw。

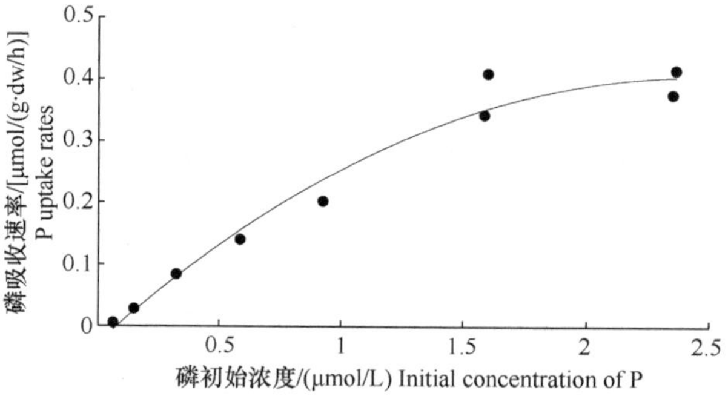

图 7-9　孔石莼磷吸收速率与磷初始浓度之间的关系

Fig. 7-9　Short-term uptake rates of *Ulva pertusa* as a function of phosphate concentrations

3. 温度、盐度和光照强度对鼠尾藻磷吸收速率的影响

自然生长的鼠尾藻体组织磷的百分含量具有明显的周年变动。一般在 11 月至次年 4 月含量较高，均在 0.25%以上，最高出现在 2 月份，含量达 0.42%。在 5～10 月其含量相对较低，都在 0.25%以下，7 月份最低，仅为 0.15%（姜宏波等，2009）。

温度和盐度对鼠尾藻磷的吸收速率影响显著，并存在交互作用，其中盐度的影响要大于温度的影响（姜宏波等，2007）。总体上看，在盐度 40 条件下，温度 15～30℃范围内，鼠尾藻对磷的吸收速率显著高于其他盐度处理，吸收速率达到 1.5μmol/(gdw·h)以上。磷吸收速率[U，μmol/(gdw·h)]与温度（T）、盐度（S）的关系可以表示为：

$$U = 0.282 - 0.083S + 0.080T + 0.001S^2 - 0.002T^2 + 0.002ST \quad (R^2=0.740)$$

光照强度和温度对鼠尾藻的磷吸收速率影响存在交互作用，其中温度对磷吸收速率的影响要大于光照强度的影响。在每一温度梯度下，鼠尾藻对磷的最大吸收速率均出现在光照强度为 60μE/(m^2·s)处，而后随着光强的继续增强或减弱，其吸收速率均呈下降趋势（包杰等，2008）。

总体上看，在温度为 25℃、光照强度为 60μE/(m^2·s)时，鼠尾藻对磷吸收速率最大，为 1.30μmol/(gdw·h)。磷吸收速率[U，μmol/(gdw·h)]与温度（T）、光照强度（L）的关系可以表示为：

$$U = 0.581 - 0.005T + 0.003L + 0.001T^2 - 0.000\,02L^2 - 0.000\,02TL \quad (R^2=0.812)$$

4. 磷浓度及氮磷比对鼠尾藻磷吸收速率的影响

磷浓度会影响鼠尾藻对磷的吸收速率。磷吸收速率也是随着各处理组磷浓度的升高而升高。磷浓度在 5.33μmol/L 和 13.33μmol/L 时其对磷吸收速率差异不显著，但显著高于 0.067μmol/L、0.33μmol/L、1.33μmol/L 三个处理。磷浓度为 13.33μmol/L 时，鼠尾藻对磷的吸收速率为 0.11μmol/(g·h)。

氮磷比和氮浓度对鼠尾藻的磷吸收速率影响极显著，且两者间存在交互作用。氮磷比的影响大于氮浓度的影响。氮浓度 80μmol/L、氮磷比 5∶1 条件下鼠尾藻对磷的吸收速率最大，为 0.16μmol/(g·h)（图 7-10）。

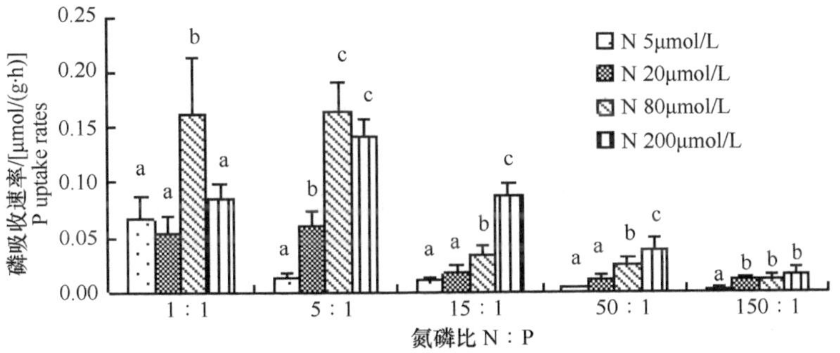

图 7-10　不同氮磷比和氮浓度对鼠尾藻磷吸收速率的影响

Fig. 7-10　The effects of N∶P and N concentrations on P uptake rates of *Sargassum thunbergii*

随着比值的下降，总氮和总磷的吸收趋势有所不同。鼠尾藻藻体对总氮吸收率在为 10∶1 时较低，为 0.27μmol/(g·h)。藻体对总磷的吸收速率差异较大，最大吸收速率出现在 NH_4^+-N∶NO_3^--N 为 3∶1 时，此时吸收速率为 0.05μmol/(g·h)，其次为 10∶1，之后磷吸收速率随着 NH_4^+-N∶NO_3^--N 比率下降而下降。

7.3.5　大型海藻对养殖水质的净化作用

投饵养殖系统的最大问题是排污，因此，利用水生植物处理投饵养殖系统的尾水已成为解决这一“顽疾”的主要途径。水产养殖尾水中富含溶解的氨和磷酸盐，这些营养可被水生植物吸收，转化成经济生物量，同时还可稳定水环境中的溶解氧、pH 及 CO_2。

大型水生植物与投饵养殖动物间养分为封闭小水体串联养殖和开放大水体间养两类。在小水体中串联养殖水生植物净化水质的效果，主要与植物种类、放养密度、水交换次数（频率）、养殖条件等有关，而对于在开放大水体中间养的效果则主要与放养密度和间养距离有关。

Ashkenazi 等（2018）利用金头鲷（*Sparus aurata*）与三种海藻串联养殖，比较了三种海藻的净水效果。鱼类养殖密度为 14kg/m^3，换水频率为 12 次/d。串联的养藻池中藻类生物量为 0.4～1.6kg/m^2，换水频率为 50 次/d。实验表明，硬石莼（*Ulva rigida*）对总氨的净吸收率可达 1.6g/(m^2·d)，净水效果最佳，可达 100%（表 7-3）。沙菜（*Hypnea musciformis*）蛋白质和总碳水化合物含量最高，经济价值最高。一种江蓠 *Gracilaria conferta* 的净水效果最差。

表 7-3　实验中大型海藻生物学和氨吸收参数（Ashkenazi et al.，2018）

Tab. 7-3　Biological and nutrient uptake parameters of the seaweed species in the experiment (Ashkenazi et al., 2018)

参数 Parameters	硬石莼 *Ulva rigida*	一种江蓠 *Gracilaria conferta*	沙菜 *Hypnea musciformis*
特定生长率/ (%/d) SGR	18.27±2.44	10.91±3.29	11.36±2.13
收获量/[g/(m^2·d)] Biomass yield	171.28±20.91	94.18±12.83	81.24±48.05
蛋白质含量/% Protein	22.72±1.39	17.7±1.52	25.32±1.25
总碳水化合物含量/% Total carbohydrates	34.15±2.2	41.48±3.04	48.97±1.3
总氨吸收率/[g/(m^2·d)] TAN uptake rate	1.6±0.44	0.51±0.27	0.52±0.31
总氨吸收效率/% TAN uptake efficiency	100	50	60

Al-Hafedh 等（2012）进行了 *Oreochromis spilurus* 与石莼（*Ulva lactuca*）或弓江蓠（*Gracilaria arcuata*）串联养殖实验，结果显示，弓江蓠和石莼的湿重特定生长率分别为 2.71%/d 和 1.77%/d，氨氮去除速率分别为 0.45g/(m^2·d)和 0.42g/(m^2·d)，氨氮去除效率分别为 80.15%和 83.06%，溶解磷酸盐去除速率分别为 1.03g/(m^2·d)和 1.07g/(m^2·d)，溶解磷酸盐去除效率分别为 41.06%和 41.11%。该实验表明，这两种海藻都可用于养鱼尾水的净化工具种。

Kerrigan 和 Suckling（2018）进行了开放海域滤食性贝类、大型藻类与网箱养鱼间养统计分析。结果表明，在养鱼网箱中或距网箱 1～60m 处养殖的贝类比在 61m 开外处养殖的贝类生长明显快，但对于大型海藻只有在贴近网箱（0m）时才生长得更好。

7.4　大型海藻与微藻的相互作用

前面已经介绍了利用大型海藻直接处理水产养殖排放水或改善水产养殖水质的情况。另外，大型海藻还可通过与微藻的相互作用来改善养殖水质。大型海藻调控水质的功能在很大程度上是通过影响微藻实现。大型海藻主要通过三种途径影响微藻：①通过遮阴作用影响微藻的光合作用；②通过对营养竞争影响微藻生长；③通过分泌克生物质抑制微藻的生长甚至杀死微藻。下面将主要介绍后两种情形。

7.4.1　大型海藻与微藻的营养竞争

传统生态学认为，逻辑斯蒂增长是种群增长的普遍规律。由逻辑斯蒂方程扩展到两个种群间的竞争就形成了洛特卡-沃尔泰拉（Lotka-Volterra）模型。传统生态学家曾把该模型作为竞争理论，但近些年来，它的理论地位受到质疑。Lotka-Volterra 模型除了 2 个竞争种群的密度之外与任何其他客观条件都没有关系，因此，用它很难预测实验结果。一种全新的以资源消费为基础的竞争理论应运而生，也就是以 Monod 方程和 Droop 方程为基础的资源竞争理论（南春容和董双林，2003）。下面介绍根据 Monod 方程和 Droop 方程研究的大型海藻与微藻间的营养竞争关系。

1. 孔石莼与亚心形扁藻对磷的吸收及生长动力参数

在 20℃、140μE/(m^2·s)光强、亮：暗周期为 14：10 的实验条件下，大型海藻孔石莼和亚心形扁藻（*Platymonas subcordiformis*）在不同 PO_4^{3+} 浓度下的 Monod 生长动力参数见表 7-4（Nan et al.，2003）。孔石莼的半饱和常数和最大生长速率分别为 0.016μmol/L 和 0.16%/d，亚心形扁藻相应的参数分别为 0.021μmol/L 和 0.83%/d；孔石莼对磷的半饱和吸收常数和最大吸收速率分别为 5.1μmol/L 和 3.3μmolP/(gdw·h)，亚心形扁藻相应的参数分别为 1.5μmol/L 和 5.0×10^{-8}μmolP/(cell·h)。

表 7-4　孔石莼和亚心形扁藻的 Monod 生长参数

Tab. 7-4　Phosphorous kinetic parameters for *P. subcordiformis* and *U. pertusa*

种类 Species	μ_m/(%/d)	K/(μmol/L)	f/(%/d)	R^*/(μmol/L)	Q/[μmol/(L·cell)或μmol/(L·g)]
亚心形扁藻（*P. subcordiformis*）	0.83±0.04	0.021±0.02	0.10	0.003	1.08×10^{-6}
			0.30	0.015	1.76×10^{-6}
			0.50	0.106	1.08×10^{-5}
孔石莼（*U. pertusa*）	0.16±0.03	0.016±0.02	0.05	0.007	1.17
			0.075	0.015	2.31
			0.10	0.031	3.33

注：K 为半饱和生长常数；μ_m 为最大生长速率；Q 为维持份额；f 为去除率；R^*为各不同去除率下保持平衡生长的资源需求值

Note: K is the half saturation constant; μ_m is the maximal growth rate; Q is the subsistence quota; f is the removal rate; R^* is the calculated amount of phosphate required to grow

两者在磷限制下的 Droop 生长动力参数为：孔石莼的维持份额和最大生长率分别为 3.0μmolP/gdw 和 0.17%/d，亚心形扁藻的相应参数分别为 2.4×10^{-9}μmolP/cell 和 0.80%/d。由于大型海藻与微藻的形态不同，它们对于营养盐吸收速率的计算单位不同，微藻通常以每细胞的吸收速率计，大藻通常以每克干重的吸收速率计，两者之间无法做出比较。因此对于大藻和微藻之间吸收速率的比较可借鉴最大比吸收速率概念。Eppley 和 Thomas（1969）提出的比最大吸收速率 $V_m^{sp} = V_{max}/Q$，式中 V_{max} 为最大吸收速率，Q 为维持份额。也就是说，藻类对某种营养盐的最大吸收速率可在其细胞内该种元素含量的基础上加以比较。经计算，孔石莼和亚心形扁藻对磷的最大比吸收速率分别为 1.1/h 和 20/h。以上这些营养动力学参数显示，亚心形扁藻对磷的最大比吸收速率和最大生长率都较孔石莼显著高。

2. 营养盐限制下大型海藻与微藻间竞争

R^*法则是资源竞争理论的核心。如果几个种群竞争同一资源，并且它们的死亡率已知，那么竞争结果可通过计算 R^*值来预测，具有最低 R^*值的种群将在竞争中取胜。

用孔石莼和亚心形扁藻为材料，在半连续培养的长期竞争实验中分别对它们施予相同或不同的去除率（死亡率），得到相同或不同的资源需求值（R^*），可以检验大型海藻与海洋微藻间的竞争效果。图 7-11 是对两种藻类的去除率皆为 $f = 0.10/\mathrm{d}$ 处理下，两者间的竞争结果。可以看出，在此种处理下，亚心形扁藻的资源需求值 R^*显著低于孔石莼。因此，亚心形扁藻始终会在营养竞争中取胜，并且两种群间的竞争结果与种群的起始密度无关。

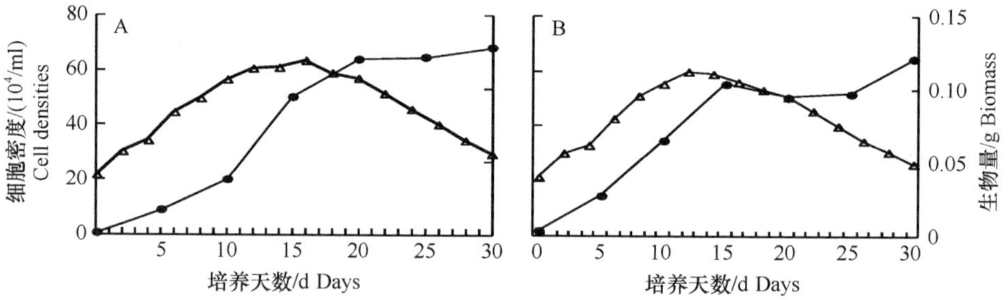

图 7-11　对两种藻类的去除率皆为 $f = 0.10/\mathrm{d}$ 处理下，两者间的竞争结果

A. 亚心形扁藻的密度为 2×10^3 细胞/ml；B. 亚心形扁藻的密度为 2×10^4 细胞/ml。●亚心形扁藻；△孔石莼

Fig. 7-11　Results of competition experiments at the flow rates $f = 0.10/\mathrm{d}$ for both of the species

A. The initial cell density of *P. subcordiformis* was 2×10^3cells/ml; B. The initial cell density of *P. subcordiformis* was 2×10^4cells/ml. The initial biomass of *U. pertusa* was 0.04g wet weight for both of the experiments. ●—*P. subcordiformis*, △—*U. pertusa*

图 7-12 是亚心形扁藻的去除率 $f = 0.50/\mathrm{d}$、孔石莼的去除率 $f = 0.05/\mathrm{d}$ 时的竞争结果。可以看出，在此种情况下，孔石莼的资源需求值显著低于亚心形扁藻，孔石莼始终会在营养竞争中取胜。

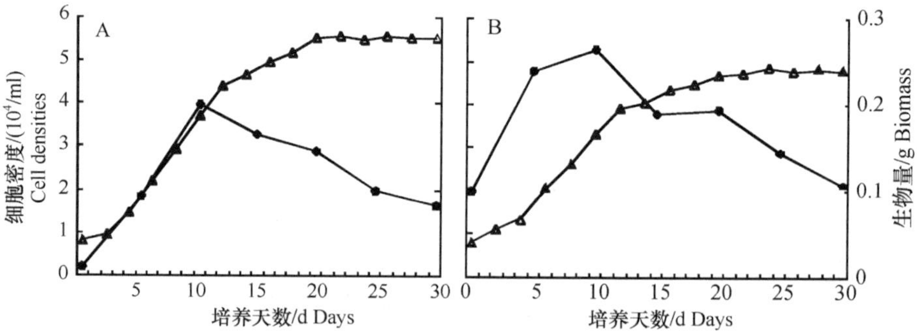

图 7-12　亚心形扁藻的去除率 $f = 0.50/\mathrm{d}$ 和孔石莼的去除率 $f = 0.05/\mathrm{d}$ 时的竞争结果

A. 亚心形扁藻的密度为 2×10^3 细胞/ml；B. 亚心形扁藻的密度为 2×10^4 细胞/ml。●亚心形扁藻；△孔石莼

Fig. 7-12　Results of competition experiments at the flow rate $f = 0.50/\mathrm{d}$ for *Platymonas subcordiformis*, and 0.05/d for *Ulva pertusa*

A. The initial cell density of *P. subcordiformis* was 2×10^3cells/ml; B. The initial cell density of *P. subcordiformis* was 2×10^4cells/ml. The initial biomass of *U. pertusa* was 0.04g wet weight for both of the experiments. ●—*P. subcordiformis*, △—*U. pertusa*

正如 Monod 模型所预测，具有显著低的资源需求值 R^*的种群在竞争中取胜；但当两种群的资源需求值 R^*相同时，孔石莼在竞争中逐渐被亚心形扁藻所淘汰。通过 Monod 模型预测结果与实验观察结果的比较，表明仅在两者间的资源需求值 R^*差异显著时，Monod 模型才能预测大型海藻与海洋微藻间的竞争结果。

张善东（2006）的研究表明，龙须藻（*Gracilaria lemaneiformis*）与包括甲藻、针胞藻和硅藻在内的 5 种赤潮微藻进行营养竞争时，微藻的增殖均受到了明显抑制，甚至导致微藻死亡。在营养盐充足的条件下，1g 鲜重的龙须藻对 NO_3^- 的吸收能力相当于 6.0×10^7 个东海原甲藻（*Prorocentrum donghaiense*）细胞，对 PO_4^{3-} 的吸收相当于 2.4×10^7 个东海原甲藻细胞。相对于东海原甲藻，龙须藻对营养盐的吸收利用更具有优势。龙须藻抑制微藻的机理，主要是通过竞争吸收利用水体中有限的营养盐，导致可供微藻吸收的营养盐量相对减少，从而抑制微藻的生长增殖。

营养吸收动力学参数显示，锥状斯氏藻（*Scrippsiella trochoidea*）对硝酸盐的最大吸收速率高于龙须藻，而且前者可以更好地适应低硝酸盐环境。龙须藻从共培养体系中胜出是因为其储存营养盐的能力更强，因此能够更好地忍受贫营养环境。

3. 大型海藻与海洋微藻间营养竞争的 *r-k* 选择法则

按照种群增长的逻辑斯蒂方程，任何种群都有两个基本参数，即种群内禀增长能力 r 和环境容纳量 K。根据这两个参数的基本性质，可按栖息环境和进化对策把生物分成 r-选择者和 k-选择者两大类。从营养动力学参数方面看，亚心形扁藻对磷的最大比吸收速率和最大生长率都显著高于孔石莼。相对而言，亚心形扁藻应属于 r-选择者，孔石莼则属于 k-选择者。

大型海藻与微藻间的营养竞争可以看作是 r-选择者和 k-选择者之间的竞争，它们具有不同的生理特性，对不同的资源供给方式也应有不同的反应及竞争特征。表 7-5 是不同磷浓度及脉冲下，两种藻类混合培养时受抑制或促进的生物量百分比（南春容和董双林，2004a）。每日一次磷添加（脉冲）的浓度为 0.16μmol/(L·d)、0.8μmol/(L·d)、2.4μmol/(L·d) 和 5.0μmol/(L·d)，每周一次磷脉冲则为上述相应浓度的 7 倍。

表 7-5　不同磷浓度及脉冲方式下亚心形扁藻和孔石莼混合培养受抑制（－）或促进（+）的生物量的百分比（与单种培养相比）

Tab. 7-5　The percentages of biomass inhibited or promoted of *Platymonas subcordiformis* and *Ulva pertusa* co-culture (compared with monoculture) under various phosphorous concentrations and pulses

磷浓度及脉冲方式/[μmol/(L·d)] P concentration and pulse		亚心形扁藻 *P. subcordiformis*		孔石莼 *U. pertusa*	
		第 1 周 1st week	第 2 周 2nd week	第 1 周 1st week	第 2 周 2nd week
0.16	1d 脉冲 1-day pulse	−14.5	−28.3	+24.1	+27.2
	7d 脉冲 7-day pulse	−24.1	−38.3	+11.1	+22.2
0.8	1d 脉冲 1-day pulse	−25.5	−26.8	−9.4	−27.1
	7d 脉冲 7-day pulse	−21.3	−21.6	−14.8	−37.2
2.4	1d 脉冲 1-day pulse	−43.2	−58.5	−22.9	−52.8
	7d 脉冲 7-day pulse	−32.6	−48.7	−28.9	−58.0
5.0	1d 脉冲 1-day pulse	−32.4	−58.9	−20.0	−46.8
	7d 脉冲 7-day pulse	−18.7	−56.9	−27.2	−56.8

比较不同磷浓度下亚心形扁藻、孔石莼的生物量可以看出，在磷浓度为 0.16μmol/(L·d)时，混合培养时亚心形扁藻的生物量受到抑制（与单种培养相比），孔石莼的生物量受到促进。在磷浓度大于 0.8μmol/(L·d)后，无论每日磷脉冲还是每周磷脉冲，对于亚心形扁藻和孔石莼，单种培养的生物量总大于相应的混合培养的生物量。两者间的关系表现为营养竞争关系。随着磷浓度继续增加，两者相互抑制的百分量亦有增加的趋势。在该实验进行的时间段内，在两种藻类的生物量达到最高峰时，两者相互抑制的生物量百分比最高可达 50%以上。

在磷浓度为 0.16μmol/(L·d)时，对于亚心形扁藻，每周磷脉冲时受抑制的生物量的百分比大于每日磷脉冲的量，而磷浓度大于 0.8μmol/(L·d)时，每周磷脉冲时受抑制的生物量的百分比总小于相应的每日磷脉冲的量。对于孔石莼而言情况则相反。

在磷供应浓度为 0.16μmol/(L·d)、种群混合培养时，孔石莼的生物量得到增长，亚心形扁藻的生物量受到抑制（与单种培养相比）。导致这一结果的原因有两种可能：一种是由于藻类细胞存在营养“渗漏”（Olsen et al.，1989）。在环境中磷浓度很低的情况下，孔石莼能更有效地吸收利用亚心形扁藻“渗漏”出的磷，故孔石莼占优势。另一种可能是这两种藻类之间存在分泌物的作用（见下面有关克生作用介绍）。在磷供应浓度达 0.8μmol/(L·d)以上时，亚心形扁藻迅速增殖，成为环境中的优势种群。

Pianka（1972）曾把 *D*/*S* 比率（资源需求量/资源供给量）与 *r*-*k* 选择连续体（*r*-*k* selection continuum）联系起来，认为在资源匮乏时，$D/S \rightarrow 1$，*k*-选择者占优势；当 $D/S < 1$ 时，*r*-选择者占优势。上述实验中在磷供应浓度为 0.16μmol/(L·d)时，孔石莼和亚心形扁藻的资源需求量近于供给量，故孔石莼（*k*-选择者）逐渐在竞争中占优势；在磷供应浓度达 0.8μmol/(L·d)以上时，资源供给量超过需求量，故亚心形扁藻（*r*-选择者）占优势。

4. 不同初始生物量比例下大藻与微藻的营养竞争

Nan 等（2003）的研究表明，在磷限制下孔石莼与亚心形扁藻竞争的最终结果与两种群的起始密度无关。然而，张善东（2006）的研究表明，当起始生物量比相对较低（13.5∶1 和 6.7∶1）时，与龙须藻共培养体系中的锥状斯氏藻细胞密度的下降是因为龙须藻竞争吸收利用水体中的 NO_3^-；当起始生物量比相对较高（33.6∶1）时，除去营养竞争之外，龙须藻主要通过细胞直接接触来抑制锥状斯氏藻的生长。

高密度的孔石莼（10g/L）能显著抑制亚心形扁藻的增殖。但在孔石莼密度较低的情况下（0.25g/L），随着磷浓度的升高，亚心形扁藻的增殖速率及其达到的最终密度随之提高（南春容和董双林，2004a）。在高密度孔石莼处理下，亚心形扁藻的增殖速率及其达到的终密度受磷浓度的影响不明显。该实验观察结果与由两者的磷吸收及生长动力参数预测的结果不符，由此可以推测孔石莼与亚心形扁藻间可能存在相生相克作用。

7.4.2 大型海藻对微藻的克生作用

水域生态系统中各种生物之间存在着密切的联系和复杂的相互作用，包括资源

（营养盐、空间及光照等）竞争、选择性捕食及克生效应（Allelopathy）等。这些相互作用对水域生态系统的结构和动态变化都有显著的影响，其中，水生生物间的相生相克效应正逐渐被人们所重视（南春容和董双林，2004b）。克生效应是一种植物（包括微生物）通过向环境释放化学物质而对其附近的另一些植物（包括微生物）产生直接或间接、促进或抑制作用的现象。南春容和董双林（2004a）对孔石莼与亚心形扁藻间对磷竞争现象的观察发现，孔石莼与亚心形扁藻间竞争的结果有时与由两者的磷吸收及生长动力参数预测的结果不符，并推测孔石莼与亚心形扁藻间可能存在相生相克作用。

Jin 等（2003）采用大型海藻和微藻共存的培养系统检验了孔石莼新鲜组织对赤潮异弯藻（*Heterosigma akashiwo*）和塔玛亚历山大藻（*Alexandrium tamarense*）的影响。在 10d 的共存培养实验中，与对照相比赤潮异弯藻的生长明显地受到孔石莼鲜组织的抑制。当孔石莼新鲜组织浓度为 5gwet/L 和 10gwet/L 时，赤潮异弯藻细胞在 2d 内几乎全部死亡。当大型海藻新鲜组织的浓度高于 1.25gwet/L 时，亚历山大藻的生长也被显著抑制。然而与赤潮异弯藻不同的是，即使在很高浓度（10gwet/L）时，亚历山大藻也不会全部死亡。

EC_{50}浓度符号代表大型海藻抑制微藻生长达 50%时大型海藻的浓度。有性系孔石莼新鲜组织对赤潮异弯藻和亚历山大藻的 EC_{50}浓度分别为 0.6g/L 和 2.5g/L（表 7-6），说明孔石莼新鲜组织对于前者的抑制作用要比对后者的抑制作用强。

表 7-6　用 EC_{50} 值表示的两系孔石莼新鲜组织和干粉末对赤潮异弯藻和亚历山大藻的抑制作用（g/L）

Tab. 7-6　Summary of inhibitory effects of the fresh tissue or the dry powder of either strain of *U. pertusa* on *H. akashiwo* (Ha) or *A. tamarense* (At) represented as the EC_{50} values (g/L)

处理方式 Treatments	赤潮异弯藻 Ha	亚历山大藻 At
无性系孔石莼新鲜组织 Fresh tissue of non-sexual strain of *U. pertusa*	0.3	2.0
有性系孔石莼新鲜组织 Fresh tissue of sexual strain of *U. pertusa*	0.6	2.5
无性系孔石莼干粉末 Dry powder of non-sexual strain of *U. pertusa*	0.4	0.6
有性系孔石莼干粉末 Dry powder of sexual strain of *U. pertusa*	1.0	0.8

两系孔石莼的干粉末对赤潮异弯藻和亚历山大藻的生长抑制作用明显。当孔石莼干粉末浓度高于 0.3gdw/L 时，可显著抑制赤潮异弯藻生长，当浓度为 1.2gdw/L 和 2.4gdw/L 时，所有赤潮异弯藻细胞在 1d 内全部死亡。

两种微藻在一次性和半连续大型海藻培养水过滤液添加方式下生长都没有受到明显抑制，表明两系孔石莼所分泌的克生物质容易降解，过滤水中克生物质浓度已很低。在干、鲜重相当时，孔石莼新鲜组织比其干粉末更能有效地抑制微藻的生长，表明大型海藻新鲜组织内克生物质的连续分泌是有效抑制两种赤潮微藻生长的关键。

为了确认孔石莼是否分泌克生物质并排除由于直接接触而对赤潮异弯藻和亚历山大藻生长产生抑制，金秋等制作了分隔共培养系统来将微藻与孔石莼隔开，但是水可交换，因此并不阻碍克生物质起作用。该装置如图 7-13 所示。

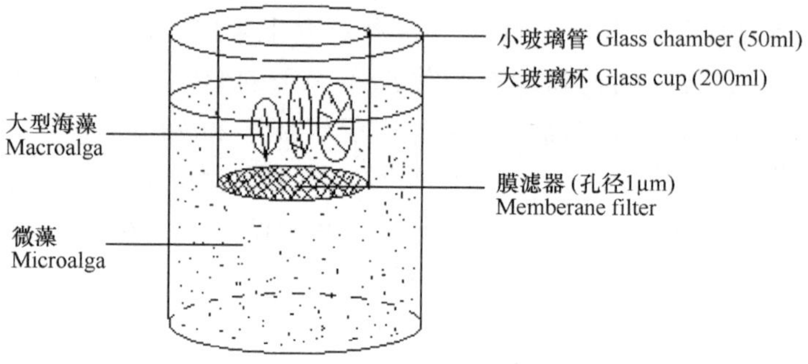

图 7-13 大型海藻与微藻分隔共培养系统示意图

Fig. 7-13 Schematic picture of the isolation co-culture system of macro- and micro-algae

实验结果显示，到第 8 天时与孔石莼分隔共培养中的赤潮异弯藻几乎全部死亡（图 7-14 A 和 B），而与孔石莼分隔共培养中的亚历山大藻的生长只是被孔石莼显著抑制（图 7-14 C 和 D），在大型海藻的作用下其细胞仍有大量存活。该实验的结果表明，有性和无性的两类孔石莼都可分泌克生物质，抑制这两种微藻的生长，甚至致死微藻。

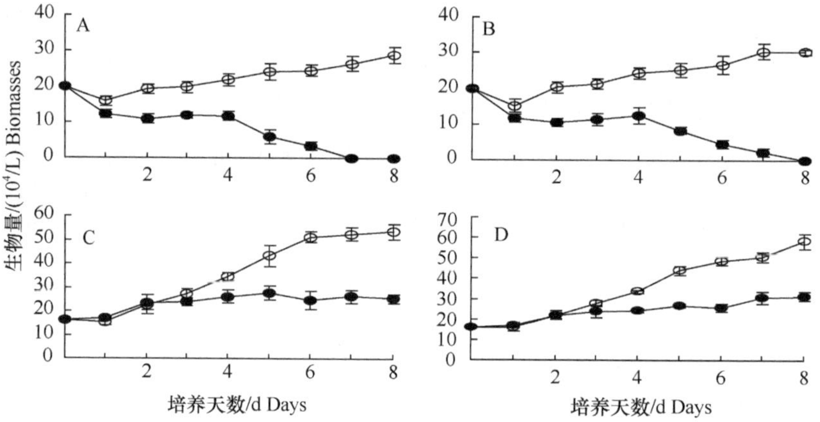

图 7-14 与 2.5gwet/L 无性系（A、C）和有性系（B、D）孔石莼分隔共培养的赤潮异弯藻（A、B）和亚历山大藻（C、D）的生长曲线

○ 对照；● 与大型海藻分隔共培养

Fig. 7-14 Growth curves of *H. akashiwo* (A, B) or *A. tamarense* (C, D) coexisting with the non-sexual (A, C) or the sexual (B, D) strain of *U. pertusa* at the concentration of 2.5gwet/L in isolation co-culture assays

○ control; ● isolation co-culture with macroalgae

Jin 等（2005）还发现，孔石莼（*Ulva pertusa*）和缘管浒苔（*Enteromorpha linza*）的新鲜组织对海洋原甲藻（*Prorocentrum micans*）的生长均有强烈的抑制作用，并且在较高浓度的大型海藻作用下，海洋原甲藻全部死亡。

海洋原甲藻在一次性大型海藻培养水过滤液添加方式下生长没有受到明显抑制，而在半连续添加方式下，其生长受到了显著抑制。这表明，这两种大型绿藻所分泌的克生物质容易降解，并且其新鲜组织内微量克生物质的连续分泌是有效克制海洋原甲藻生长的关键。相反，海洋原甲藻对这两种大型绿藻的生长没有明显的作用。

Jin 等（2006）的研究还发现，较高浓度（＞0.2ppt）的孔石莼组织蒸馏水提取物对赤潮异弯藻、亚历山大藻和海洋原甲藻的生长均有显著的抑制作用。但即使在最高浓度（1.6ppt）的此种提取物作用下，三种赤潮藻在实验结束时均能维持一定的生物量，并没有全部死亡。无性系孔石莼组织蒸馏水提取物对于赤潮异弯藻、亚历山大藻和海洋原甲藻的 EC_{50} 值分别为 0.61ppt、0.76ppt 和 0.65ppt。

用蒸馏水及 4 种具有不同极性的有机溶剂（极性从高到低：甲醇＞丙酮＞乙醚＞氯仿）提取无性系孔石莼组织的物质，并对赤潮异弯藻、亚历山大藻和海洋原甲藻进行生长抑制活性实验。实验结果表明，孔石莼组织甲醇提取物在 5 种提取物中具有最高的生长抑制活性。

三种微藻对孔石莼组织提取物的敏感程度也有所不同，赤潮异弯藻最敏感，海洋原甲藻次之。在相对较高浓度的甲醇提取物作用下，三种微藻均完全死亡。另外 3 种有机溶剂的提取物对三种微藻的生长没有表现出明显的影响。这表明，孔石莼组织中含有对三种微藻生长有抑制作用的活性物质，且这些物质具有相对较高的极性。

进一步的实验结果表明，孔石莼组织中含有多种不饱和脂肪酸，其中一些对赤潮异弯藻具有强烈的杀藻作用。不饱和脂肪酸可能是孔石莼组织内抑制赤潮微藻生长的克生物质的重要组成成分。

适当的温度（25℃）、较低的盐度（10ppt）、较高的光照强度[$400\mu mol/(m^2 \cdot s)$]和高 pH（10）均能增强孔石莼抑制赤潮异弯藻的效果。

4 个不同营养状况（N 和 P 营养充足、N 限制、P 限制、N 和 P 双限制）条件下孔石莼对赤潮异弯藻的克制效果研究表明，不同的 N、P 营养状况会显著影响孔石莼抑制赤潮异弯藻的效果。N、P 营养限制下的孔石莼对赤潮异弯藻的克制作用减弱，N 限制的赤潮异弯藻对孔石莼克生物质的耐受性增强。

7.5　滤食性贝类和滤食性鱼类的摄食

非经典的生物操纵理论是利用滤食性贝类或滤食性鱼类直接对浮游植物进行调控。在养殖水体中适量混养一些滤食性动物可以对浮游植物起到下行效应的控制作用，包括对浮游植物生物量和群落结构的控制。滤食性贝类，如牡蛎、扇贝等，可以滤食小到几微米的浮游植物，可以明显减少浮游植物的生物量，对养殖水体的水质产生明显的影响（非经典生物操纵）。一些鱼类可以直接滤食大型和成群体的浮游植物（谢平，2003；董双林等，1999；Dong et al.，1992），还有些鱼类可以通过摄食浮游动物间接影响浮游植物群落（董双林，1994）。

目前，在水产养殖水体中用来进行水质调控的滤食性贝类主要包括蚌类、蛤类、扇贝、牡蛎、贻贝、蛏等，而用来调控水质的滤食性鱼类主要有鲢、鳙、罗非鱼等。下面主要介绍滤食性贝类和鱼类的摄食和对水质、底质的影响。

7.5.1　滤食性动物摄食的测定

鱼类的滤食方式是靠口咽腔有节律地舒张和压缩形成水流，并利用鳃耙等结构滤取食粒。而滤食性贝类则主要是利用鳃丝、刚毛等从连续过滤的水中滤取食粒。与鱼类相比，贝类的滤食除具有连续性特征外，其可滤食的食物粒径也更小，因此，其对水质的调节作用也常更明显、直接。

1. 滤食性贝类摄食的测定

鳃不仅是贝类的呼吸器官，还是滤食性贝类最重要的取食器官，贝类的取食与鳃的结构及鳃丝上纤毛的运动密切相关。长牡蛎（*Crassostrea gigas*）和菲律宾蛤仔（*Ruditapes philippinarum*）的鳃较海湾扇贝（*Argopecten irradians*）和栉孔扇贝（*Chlamys farreri*）的鳃显得更坚实，滤水结构也更致密一些。它们鳃丝的间距大小排序为菲律宾蛤仔＜海湾扇贝＜栉孔扇贝＜长牡蛎。前三者的鳃丝间距在 20～30μm，长牡蛎的鳃丝间距更大一些（王芳等，1998a）。

滤食性贝类的取食有两种途径（Ward et al.，1993）：一是食物颗粒随水流通过主鳃丝直接进入鳃的背缘，再经背部纤毛的摆动进入唇瓣，亦称水动力作用（Hydrodynamic action）；二是食物颗粒流经鳃的表面，在整个鳃系统的作用下（纤毛摆动、黏液细胞的作用等）进入鳃的腹缘，沿腹部食物运送沟进入唇瓣，亦称黏液纤毛作用（Mucociliary action）。贝类以何种途径滤食为主却决于贝类种类、发育阶段、饵料浓度、种类组成等。海湾扇贝对比重较大但规格中等的硅藻摄食率较高，很可能在摄食过程中以水动力作用的摄食机制占主导地位；而长牡蛎的摄食机制以黏液纤毛作用为主，可更有效运输较小规格的藻类，因而表现出对较小规格藻类的较高选择性（王芳等，2000）。

滤食性贝类的摄食经常被认为是被动、机械性滤食。人们很早就开始研究它们的摄食生物学，并形成了一些常用的概念和数学表达：滤水率（Filtering rate），是指单位时间动物所过滤水的体积；滤取效率（Filtering efficiency），是指滤食性动物将过滤的水中食粒滤除的百分数或比率；滤除率（Clearance rate），是指动物单位时间水中食粒完全被滤食的水体积；牧食率（Grazing rate），是指动物在单位时间内所摄食的微藻细胞数或重量；摄食率（Ingestion rate 或 Feeding rate），是指动物所摄食的食物重量或能量占水体食物总重量或能量的百分数。

在一个含有均匀悬浮食物颗粒的容器中，贝类滤食这些食粒，食粒的密度（C）变化率为：

$$\frac{\mathrm{d}C}{\mathrm{d}t} = K \cdot C$$

积分后得：

$$C_t = C_0 \mathrm{e}^{-K \cdot t}$$

式中，

$$K = \frac{\ln C_0 - \ln C_t}{t}$$

滤除率（CR）为：

$$CR = v \cdot K = v \cdot \frac{\ln C_0 - \ln C_t}{t}$$

式中，v 是每一实验动物拥有的水体积，等于水体积/实验动物数；C_0 和 C_t 分别表示实验开始和实验结束时食粒的密度。CR 的单位是 ml/个体。

动物的摄食率为：

$$F = \frac{C_0 - C_t}{C_0} \times 100\%$$

动物的牧食率（G）为：

$$G = CR \cdot C = F(\frac{C_0 - C_t}{2})$$

实验用饵料生物在有些实验期间可能会生长，如浮游植物等，则食粒的平均密度可用下式计算：

$$C = \frac{C_0\left[e^{(K_g - K_t)t} - 1\right]}{t(K_g - K)}$$

其中 K 是瞬时滤除率，K_g 是饵料的瞬时增（生）长率。这时的牧食率计算方法为：

$$G = \frac{C_t K - C_0}{(K - K_g)t}$$

食粒的瞬时增长率要用对照实验中的数据计算。式中，$K_g = (\ln C_0 – \ln C_t)/t$。$C_0$、$C_t$ 分别表示对照实验中饵料生物实验起始和结束时的密度。

2. 滤食性鱼类滤食的测定

摄食浮游生物的鱼类可分为颗粒吞食性鱼类和滤食性鱼类。前者依靠视觉摄食（吞食）单个的浮游动物，如很多小型鱼类。很多鲤科鱼类在生命早期阶段（仔鱼期）属这类食性。后一类鱼不靠视觉，被动滤食，称为滤食性鱼类。滤食性鱼类可再分为两类：一是网式滤食者（Net filter feeder），这类鱼摄食时口张开、高速游泳，使随水进入口中的食物被滤食器官所获。一些大洋鱼类，如鲔（*Euthynnus affinis*），摄食时每秒游 5.9 倍体长。另一类是泵式滤食者（Pump filter feeder），这类鱼利用口咽腔有节律的扩张和收缩压水，使水通过滤食器官而获得食物，鲢、鳙、鲻、罗非鱼等属此类。有些鱼类随个体发育的变化从颗粒吞食性转为泵式滤食性，如鲢、鳙；有些鱼依据食粒的组成、规格和密度的变化，可转变食性，如罗非鱼在浮游生物多且无其他食物时，就转为滤食性。

网式滤食者游泳速度快，所以，浮游动物的逃避运动对其摄食影响不大，影响其摄食的主要因子是对浮游生物的滤取效率和过滤的水量。而泵式滤食者的摄食对浮游动物的逃避很敏感。

泵式滤食鱼类对浮游植物的滤食量 G 可用下式表达：

$$G = B \cdot f \cdot D \cdot E \cdot x$$

式中，B 为吸水量，即鱼类滤水一次通过口咽腔的水量（ml/次）；f 为鱼类的滤水频率（次/min）；D 为食粒密度（个/ml）；E 为滤取效率，即鱼类滤水一次能将所过滤水中特定颗粒滤取的百分率；x 为日摄食节律系数，即一天用于摄食的时间占一天的百分数。

对于滤食浮游动物而言，$G = B \cdot f \cdot D \cdot E \cdot x \cdot P$，其中 P 为浮游动物被捕捉到的概率。

滤食性鱼类的滤除率 F_C 和滤水率（F）的计算可采用下式：

$$F_C = V(\ln C_0 - \ln C_t)/t$$

$$F = V(\ln C_0 - \ln C_t)/(t \cdot E)$$

式中，C_t 和 C_0 分别表示实验结束和开始时食物颗粒的密度；V 为实验水体的体积；t 为实验持续的时间。也可用下面所述的方式计算泵式滤食性鱼类的摄食、滤水：

$$C_t = C_0(1-B \cdot E/V)^n = C_0(1-B \cdot E/V)^{f \cdot t}$$

式中，n 为实验过程中滤水次数。

$$滤水率\ F = B \cdot n/t$$

$$滤食量\ G = F \cdot C \cdot E$$

式中，C 为食粒密度。

7.5.2 滤食性动物的滤食能力

1. 滤食性贝类的滤食能力

不同的贝类种类及不同规格的贝类对所滤食食物颗粒的大小和速率有所不同，它们对养殖水体水质的影响也会有所不同。下面就海湾扇贝、长牡蛎和缢蛏的滤食能力做一简要介绍。

1）滤食性贝类对食物颗粒的选择性和滤除率

王芳等（2000）研究了海湾扇贝和长牡蛎对小球藻（*Chlorella* sp.，球体当量直径 *ESD*=4.35μm）、牟氏角毛藻（*Chaetoceros muelleri*，*ESD*=5.55μm）、新月菱形藻（*Nitzschia closterium*，*ESD*=5.79μm）和一种塔胞藻（*Pyramimonas* sp.，*ESD*=11.6μm）的滤食行为。实验结果（表 7-7）表明，小规格海湾扇贝（壳高 14～16mm，壳长 14～15mm）和小规格牡蛎（壳长 16～25mm）的摄食率随藻类规格的增大而增加，而大规格海湾扇贝（壳高 59～62mm、壳长 61～63mm）和大规格牡蛎（壳长 77～90mm）的滤食则表现出明显的差异，即海湾扇贝对中等规格（*ESD*=5.55～5.79μm）的藻类具有较高的选择性，而长牡蛎对小规格（*ESD*=4.35μm）藻类具有较高选择性。

表 7-7 海湾扇贝和长牡蛎对 4 种不同规格微藻的摄食率（%）

Tab. 7-7 Feeding rates of *Argopecten irradians* and *Crassostrea gigas* for four sizes of microalgae (%)

贝类及规格 Bivalves and Sizes		藻类规格/μm (*ESD*) Algae sizes			
		4.35	5.55	5.79	11.6
海湾扇贝 *A. irradians*	小 Small	4.21±0.50	7.24±1.23	11.9±0.08	11.0±0.34
	中 Medium	14.9±1.50	31.6±0.81	35.1±3.40	25.5±1.36
	大 Big	23.3±1.66	32.5±1.29	28.8±1.66	17.7±1.50
长牡蛎 *C. gigas*	小 Small	0.81±0.03	1.98±0.56	3.04±0.03	3.15±0.09
	中 Medium	10.1±1.87	31.3±0.80	12.5±1.94	11.1±1.62
	大 Big	97.3±2.50	79.3±3.62	67.7±9.57	35.6±3.40

Note: *ESD* is equivalent spherical diameter

范德朋等（2002b）利用 4 种不同规格的单细胞藻类（小球藻、小新月菱形藻、湛江等鞭金藻 *Isochrysis zhanjiangensis* 和塔胞藻）作为饵料，研究了缢蛏（*Sinonovacula constricta*）的滤除率及缢蛏对不同规格饵料颗粒的选择性（表 7-8）。实验结果表明，3 种规格的缢蛏对 4 种单细胞藻类的滤除率表现出不同的变化规律，即随藻类规格的增大，小规格和中规格缢蛏的滤除率逐渐变大，特别是小规格缢蛏的滤除率变化较显著。显示出小规格缢蛏对大规格（*ESD*=8.83μm）藻类具有较高的选择性，中规格缢蛏对藻类的选择性不明显。大规格缢蛏的滤食器官已发育完善，因此，其对小规格（*ESD*=4.46μm）藻类具有较高的选择性，且随着微藻规格的增大其滤除率显著下降。

表 7-8　三种规格缢蛏对 4 种规格微藻的滤除率[ml/(g·min)]

Tab. 7-8　Clearance rates of razor fish *S. constricta* for 4 sizes of microalgae [ml/(g·min)]

规格/g Sizes of razor fish	藻类规格/μm (*ESD*) Algae sizes			
	4.46	5.24	6.12	8.83
0.226±0.035	0.21±0.06	0.43±0.04	0.67±0.17	0.78±0.26
0.399±0.210	1.33±0.28	1.48±0.32	1.77±0.13	1.88±0.17
2.354±0.248	3.76±0.08	1.24±0.12	1.33±0.24	0.67±0.41

水温对贝类滤除率的影响显著。当水温从 20℃升至 26℃时，小规格贝类和中规格贝类（海湾扇贝壳高 50～51mm、壳长 50～53mm，牡蛎壳长 65～70mm）的滤除率均随水温的升高而增加。当水温从 26℃升至 29℃时，中规格海湾扇贝的滤除率略有增加，其他的滤除率则下降（表 7-9）。海湾扇贝和长牡蛎都表现出在适宜的温度范围内温度升高代谢加强、滤食加快、滤除率增加；当水温超过一定范围时，贝类则处于不正常的生理状态，导致滤除率下降。

表 7-9　水温对小规格和中规格海湾扇贝和长牡蛎滤除率的影响[ml/(g·min)]

Tab. 7-9　Effects of temperature on the clearance rates of *A. irradians* and *C. gigas* [ml/(g·min)]

贝类及规格 Bivalves and Sizes		温度/℃　Temperatures			
		20	23	26	29
海湾扇贝 *A. irradians*	小 Small	71.8±23.4	99.8±12.1	128.9±27.3	86.6±24.7
	中 Medium	3.81±0.42	8.94±1.39	12.9±4.54	14.8±5.80
长牡蛎 *C. gigas*	小 Small	50.3±6.14	119.6±25.8	159.5±21.3	106.9±11.8
	中 Medium	11.6±0.20	12.7±0.50	21.8±0.88	18.0±0.80

在该实验温度范围内，该两种贝类的滤除率（*FR*）与水温（*T*）的关系可用下式表示：

海湾扇贝：

$$\text{小贝}\quad \ln FR = 0.0483T + 3.319 \quad r = 0.60 \quad n=16 \quad P<0.01$$

$$\text{中贝}\quad \ln FR = 0.143T - 1.347 \quad r = 0.85 \quad n=12 \quad P<0.01$$

长牡蛎：

$$\text{小贝}\quad \ln FR = 0.081T + 2.262 \quad r = 0.64 \quad n=16 \quad P<0.01$$

$$\text{中贝}\quad \ln FR = 0.062T + 1.227 \quad r = 0.75 \quad n=12 \quad P<0.01$$

由表 7-8 中的数据和上式可以看出，温度对两种贝滤除率的影响不同。对于小贝来说，长牡蛎高于海湾扇贝（$Slope_C$= 0.081；$Slope_A$= 0.048），前者约为后者的 1.7 倍。对于中贝来说，则是海湾扇贝高于长牡蛎（$Slope_C$= 0.062；$Slope_A$= 0.143），后者约为前者的 2.3 倍。可见，长牡蛎的小贝在低温时对升温的敏感性高于海湾扇贝，而中贝对升温的敏感性低于海湾扇贝。

滤食性贝类主要以鳃丝和其表面着生的纤毛来滤取食物。形态学观察表明，大规格的海湾扇贝和长牡蛎鳃的外侧都布满顶纤毛和侧纤毛，且这些纤毛间的距离都不足 1μm，这就决定了它们可以滤取小至 1μm 的食粒。

小规格的海湾扇贝和长牡蛎很可能由于滤食器官还未发育完善，较稀疏，致使对较小规格藻类滤取效率较低，因而表现出摄食率随藻类规格的增大而增加。该两种贝类较大规格个体对食粒的选择性不同于其小规格个体。

如果两种贝类仅靠鳃丝和纤毛被动、机械地滤取食物，势必会出现随藻类规格的增大从鳃丝间漏掉的机会就会减少，贝类对它们的滤食率也会提高。而事实上，实验中较大规格贝类个体对藻类规格的滤食谱都未出现上述情况，表明这两种贝类一定存在着机械被动滤食以外的取食机制。

2）藻类密度对滤食性贝类滤除率的影响

当新月菱形藻（*Nitzschia closterium*）密度从 2.5×10^6 个/L 增加到 7.5×10^6 个/L 时，小规格长牡蛎（壳长 17～33mm，软组织重 0.055g±0.015g）的滤除率随藻类密度的升高而增大（图 7-15）；当藻类浓度为 0.5×10^6 个/L 时，其滤除率又高于 2.5×10^6 个/L 时的滤除率。小规格海湾扇贝[贝壳高×壳宽= (14～15)mm×(15～18)mm，软组织重 0.135g±0.016g]则表现出当藻类浓度从 0.5×10^6 个/L 增加到 5×10^6 个/L 时，滤除率随藻类浓度的升高而增大（王芳等，1998c）。

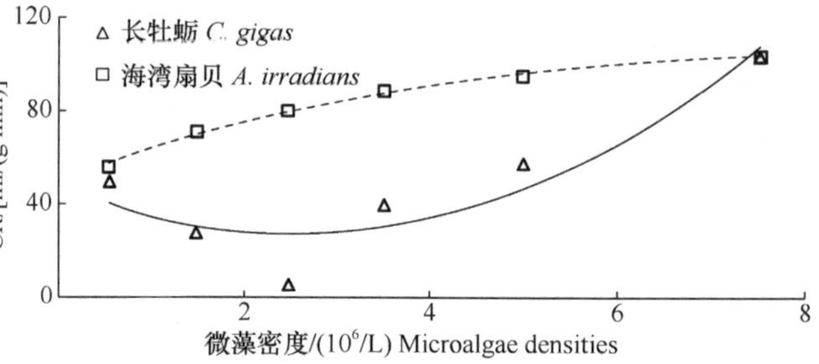

图 7-15 藻类浓度对小规格海湾扇贝和长牡蛎滤除率（*CR*）的影响

Fig. 7-15 Effects of microalgae densities on the clearance rates of small size of *A. irradians* [(14~15) mm×(15~18) mm] and *C. gigas* (length 17~33mm)

藻类密度对两种贝类大贝滤除率影响的实验结果显示，当藻类浓度从 2.5×10^6 个/L 增加到 10×10^6 个/L 时，长牡蛎（壳长 60～75mm，软组织重 3.146g±0.612g）的滤除率随藻类浓度的升高而增大；当藻类浓度为 20×10^6 个/L 时，滤除率则下降。海湾扇贝[壳高×壳宽= (44～51)mm×(45～53)mm，软组织重 4.639g±0.994g]则表现出当藻类浓度从 5×10^6 个/L 增加到 20×10^6 个/L 时，滤除率随藻类浓度的升高而增大。

从上述结果看，小规格的海湾扇贝和长牡蛎滤食器官还未发育完全，其对食物的滤除率与大规格贝类有所不同。大规格的海湾扇贝与长牡蛎对微藻密度增加的反应也有所不同。

3）环境因子对贝类滤水率的影响

在温度 15～30℃时，缢蛏的滤水率呈一个峰值变化，在温度为 20℃时滤水率最大。随着缢蛏规格（A. 3.917cm±0.266cm、B. 5.383cm±0.237cm、C. 6.249cm±0.475cm）的增大其个体滤水率也相应增加（潘鲁青等，2002）。

表 7-10 是常见的几种滤食性贝类最大摄食率出现的温度值。从中可见，海湾扇贝和长牡蛎较耐高温，而栉孔扇贝、菲律宾蛤仔和缢蛏的耐受温度较前两种稍低一些。

表 7-10　几种贝类最大摄食率的温度值

Tab. 7-10　Temperature at the Max. *FR* in several shellfish

种名 Species	最大摄食率的温度值/℃ Temperature with the Max. *FR*	参考文献 References
缢蛏 *Sinonovacula constricta*	20	潘鲁青等，2002
菲律宾蛤仔 *Ruditapes philippinarum*	22	董波等，2000
栉孔扇贝 *Chlamys farreri*	24	袁有宪等，2000
长牡蛎 *Crassostrea gigas*	26	王芳等，2000
海湾扇贝 *Argopecten irradians*	29	王芳等，2000

在盐度 6～30 范围内，随盐度的增加缢蛏个体滤水率逐渐升高，而且在盐度 14～22 其滤水率变化幅度较大。随着缢蛏规格的增大其个体滤水率也相应增加。

在 pH 6～9 时，缢蛏的滤水率呈一个峰值变化，在 pH 为 8 时最大。

2. 滤食性鱼类的滤食能力

滤食性鱼类对不同饵料生物的摄食能力是鱼类自身的生物学属性。滤食性鱼类有三个极为重要的摄食生物学参数，即吸水量 *B*、滤水频率 *f* 和滤取效率 *E*，它们的乘积就是较好的摄食能力 *FC* 的表达（Dong & Li，1996）指标，即

$$FC = B \cdot E \cdot f$$

滤食量等于摄食能力乘饵料密度，即 $G = FC \cdot D$。

1）滤食性鱼类的吸水量（*B*）

泵式滤食性鱼类吸水量，即鱼类滤水一次通过口咽腔的水量（ml/次）可用填充法（Drenner et al.，1982）、呼吸箱法（Yamamoto et al.，1988）和食粒密度计算法（Dong et al.，1992）测定或估计。

Yamamoto 等（1988）用呼吸箱法测定了鲤鱼的吸水量，Dong 等（1992）用呼吸箱法测定了 1^+龄鲢、鳙（标准体长分别为 15.1～25.1cm 和 13.2～26.5cm）的吸水量，结果如下：

$$B_h = 0.561L - 8.94$$

$$B_a = 0.627L - 7.48$$

式中，B_h 和 B_a 分别为鲢、鳙的吸水量（ml/次）；*L* 为体长（cm）。从上两式的比较可以看出，相同规格鳙的吸水量比鲢要大一些。

陈兆波等（1999）用呼吸箱法测定了 1^+龄奥利亚罗非鱼（标准体长为 7.9～19.4cm）的吸水量和滤水率 *F*，结果如下：

$$B_O = 0.2633L - 2.147$$

$$F_O = 4.232L - 11.00$$

另外，比较发现，奥利亚罗非鱼的吸水量和滤水率都较尼罗罗非鱼的小，而比红罗非鱼的大（陈兆波等，1999）。

董双林等还采用食粒密度计算法测定了小规格鲢、鳙（标准体长分别为 5.6～11.0cm 和 8.3～14.3cm）的 B，并研究了水温 T、体长 L 对滤水频率 f 的影响。结果如下：

$$B_h = 0.107L - 0.837$$

$$B_a = 0.157L - 0.418$$

$$f_h = 2.15T - 2.37L + 52.99$$

$$f_a = 1.27T - 2.89L + 71.55$$

由此可见，鳙吸水量较鲢大，但其滤水频率较鲢低。

2）鲢和鳙对食物颗粒的滤取效率（*E*）

滤取效率 E（鱼类滤水一次能将所过滤水中特定颗粒滤取的百分率）可用鳃耙间距估计法、作图计算法（Smith，1989）、呼吸箱法（Dong et al.，1992）和食粒密度计算法（Dong & Li，1994a）方法测定或估计。Dong 和 Li（1994a）利用食粒密度计算法测定的鲢、鳙滤取效率与饵料规格的关系，结果如图 7-16 所示。

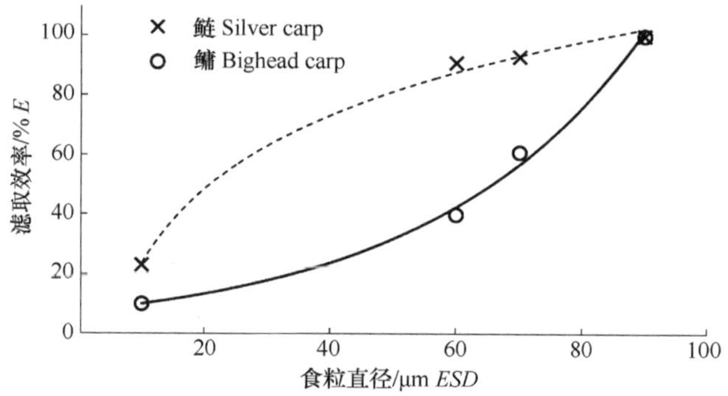

图 7-16　鲢、鳙对不同 *ESD* 食物的滤取效率

Fig. 7-16　Filtering efficiencies (*E*) of silver carp and bighead carp for different food particles (equivalent spherical diameter, *ESD*)

图中 *ESD* 是饵料颗粒的球体当量直径（μm）。由此可见，鲢、鳙对于小规格食粒的滤食效率都很低，但对于 10～60μm 食粒的滤取效率鲢明显大于鳙。对于 90μm 的轮虫的滤取效率两者相等，均为 1。鲢、鳙的滤取效率（E_h、E_a）与食粒规格 *ESD* 的关系如下：

$$E_h = 35.85\ \ln ESD - 59.00 \quad (R^2 = 0.9959)$$

$$E_a = 7.443e^{0.029}ESD \quad (R^2 = 0.9969)$$

3）浮游动物对鱼类摄食的逃避

鱼类摄食浮游动物时常会出现浮游动物的主动逃避，这会降低鱼类对其摄食的成功率。因此，鱼类摄食率（I）可表示为：

$$I = B \cdot f \cdot C \cdot E \cdot P$$

式中，*B* 为吸水量；*f* 为滤水频率；*C* 为浮游动物的密度；*E* 为滤取效率；*P* 为鱼类对浮游动物捕获或滤食成功的概率。

Drenner 等（1986）用一吸管模拟鱼类泵吸，测定了不同泵吸距离对不同浮游动物的捕获概率。下面是 1cm 距离泵吸时的捕获概率：

棘爪网纹溞 *Ceriodaphnia reticulata*	0.96
盔形溞 *Daphnia galeata mendotae*	0.92
蚤状溞 *Daphnia pulex*	0.76
短尾秀体溞 *Diaphanosoma brachyurum*	0.49
中剑水蚤 *Mesocyclops* spp.	0.28
剑水蚤 *Cyclops scutifex*	0.24
镖水蚤 *Diaptomus pllidus*	0.07
幽蚊 *Chaoborus* sp.	0.09

可见，枝角类被捕获的概率在 49%及以上，桡足类被捕获的概率均在 30%以下。由于轮虫和枝角类、桡足类的幼体规格都较小，它们被鱼类捕获的概率会大为增加，估计轮虫被捕获的概率约 100%。

4）滤食性鱼类的摄食能力

Dong 和 Li（1994b）对鲢、鳙的摄食能力进行了测定和比较，结果如表 7-11 所示。表中的数据表明，鲢对浮游植物摄食能力高于鳙，而鳙对浮游动物的摄食能力高于鲢，两种鱼对约 70μm 的食物颗粒摄食能力相当。因为池塘等小水体中浮游植物与浮游动物的比例较在大水体中的比例大，这就是小水体通常鲢生长得好，而大水体中通常鳙生长得好的重要原因。因此，在大水域应多放养鳙，在池塘等小水体应多放养鲢。

表 7-11　鲢、鳙摄食能力（*FC*）比较（体长：8.0cm，25℃）

Tab. 7-11　Comparison of feeding capacities (*FC*) between silver carp and bighead carp (Body length 8.0cm, temperature 25℃)

种类 Species	滤水频率/（次/分）*f* (Times/min)	吸水量/（ml/次）*B* (ml/stroke)	*f*·*B*	食物粒径/μm *ESD*	*E*/%	*FC*
鲢 Silver carp	87.8	0.52	45.7	10	23	1050
				60	91	4160
				70	93	4250
				90	100	4570
鳙 Bighead carp	80.2	0.84	67.4	10	10	670
				60	40	2700
				70	61	4120
				90	100	6470

Note: *f*. Filtering frequency; *B*. Suction volume; *ESD*. Equivalent spherical diameter of food particles; *E*. Filtering efficiency

7.5.3　滤食性鱼类的摄食节律和对食粒的选择性

1. 滤食性鱼类的摄食节律

摄食节律是鱼类摄食生态学的重要内容，包括日摄食节律和年摄食节律等。正如本章前面所述，准确了解其摄食节律就可精确设定其摄食节律参数（x），从而更好地计算其日或年摄食量。年摄食节律与水温有关。研究日摄食节律的方法大致可分为三类：即野外现场肠道食物分析法、流水实验方法和静水实验方法。

李思发等（1980）、谢从新（1989）和 Wang（1989）都曾用野外现场食物分析法研究过池塘中鲢的摄食节律。他们都发现鲢天亮后开始摄食，天黑前出现摄食高峰，午夜后有一段停食期。陈少莲等（1987）在研究东湖鲢摄食节律时也发现上述类似规律。Herodek 等（1989）在室内利用流水实验方法研究鲢日摄食节律时发现，鲢夜间摄食相对较弱但仍然摄食。

在野外实验中，光照、水温、溶解氧等都有其自己的日变化节律，并且交织在一起，根本分辨不出谁是影响鱼类摄食节律的主导因子。而室内的控制实验则可达到逐个因子分析的目的。王芳等（1993）用室内控制实验方法研究了水温和光照对鲢摄食节律的影响。结果表明，无论在温度、光照两因子是否变化的条件下鲢的摄食节律都大体一致，即在上午有一个摄食高峰，在午夜前后还有一个摄食次高峰。这一结果说明鲢体内的生物钟对控制摄食节律具有重要作用。

2. 鲢、鳙对食粒的选择性

对食物的选择性是滤食性鱼类及其他滤食性动物的一种十分重要的生物学属性。滤食性鱼类对食物的选择性可分为对具体食物的选择性（种类或规格选择性）和对摄食区域的选择性（区域选择性）。

从上面的介绍可以看到，鲢、鳙对于水体中均匀混合的各种浮游植物并没有种类上的选择性。它们对食粒的选择只表现为对规格的选择，即随食粒规格的增大鲢、鳙对其滤取效率也增加。这种对食粒规格的选择性是基于其滤食器官结构的被动选择性。

然而，当水体中食物种类分布不匀时，鲢和鳙都具有主动趋向饵料生物种类组成或密度不同的水域或水层进行摄食的能力，即摄食区域选择性。Dong 和 Li（1994a）使用 6m×1m×1m 玻璃水槽对鲢、鳙摄食区域选择性进行了测定、比较。结果表明，在一个较大的水体中，如果浮游植物、浮游动物分布不匀时，鲢、鳙可以主动地游到浮游生物丰富的区域进行摄食，它们对浮游动物的选择性强于对浮游植物的选择性，而且鳙的区域选择性似乎强于鲢。

对它们摄食行为的观察还发现，这种对摄食区域的选择性是基于其味觉能力的选择性，这一结论也得到了摄食器官上发现密集的味蕾等组织学观察结果的支持（李德尚和董双林，1996）。

3. 水体饵料组成和水体中泥沙等对鲢、鳙食性的影响

从前面的介绍可以看出，滤食性鲢、鳙可以被动地对水体中的食粒进行规格选择，同时，它们还可以主动对食物颗粒组成不同或密度不同的区域或水层进行选择。那么，养殖水体中它们的食物组成究竟如何呢？国内外众多的研究表明，各水体中鲢、鳙的食物组成变化很大，但鳙比鲢摄食更多较大型浮游动物是显而易见的（谢平，2003）。另外，据 Kajak 等（1975）和陈少莲（1982）的报道，鲢、鳙的食物组

成与其栖息水体中的浮游植物群落组成基本一致，即水体中的饵料组成对鲢、鳙的食物组成起决定性的作用，也就是说，鲢、鳙被动地对水体中的食粒进行规格选择是其摄食的主要机制。

谢平（2003）、刘焕亮和黄樟翰（2008）回顾了半个世纪国内外学者对野外现场捕获的鲢、鳙前肠内容物的分析结果，发现鲢、鳙均可摄食浮游植物、浮游动物、腐屑等；鲢以浮游植物为主要食料，鳙则以浮游动物为主要食料。对于一个具体的水体而言，鲢、鳙的食性受到其本身滤食能力、摄食的选择性和水体饵料组成的影响。

滤食性鱼类的滤食能力主要由其鳃耙结构和口咽腔容量决定，但是水中的颗粒物粒径组成会对其摄取的食粒组成产生影响。如果滤食性鱼类所能摄食的食物粒径由摄食器官的鳃耙间距决定，那么鲢和鳙所摄取的食物粒径应不小于 11μm 和 33μm，因为鲢和鳙鳃耙或鳃耙侧突起的间距分别为 11～19μm 和 33.7～41.25μm（刘焕亮和黄樟翰，2008）。但是，在湖泊、水库或池塘捕获的鲢、鳙前肠中我们常可见到小于 10μm 的浮游植物，这说明它们还存在其他的摄食机制。

董双林和李德尚（1994）曾将粒径（球体当量粒径）为 3.2μm±0.4μm 的蛋白核小球藻（*Chlorella pyrenoidosa*）和粒径为 10.0μm±0.12μm 的雷氏衣藻（*Chlamydomonas reinhardtii*）与粒径为 19.6μm±4.78μm 的实球藻（*Pandorina morum*）混在一起让鲢滤食。结果发现，鲢对水体中单独存在的小球藻 4h 的滤除率仅为 7.6%±1.65%，而加入实球藻后鲢对小球藻 4h 的滤除率达到 17.9%±6.46%；鲢对水体中单独存在的衣藻 12h 的滤除率为 31.7%±3.96%，而加入实球藻后鲢对衣藻 12h 的滤除率达到 50.2%±11.8%。Zhao 和 Dong（2017）的实验也表明，当实球藻和椭圆小球藻（*Chlorella ellipsoidea*，*ESD*=6.8μm±1.3μm）同时存在于养殖水体时，鲢可以摄食到一定量的椭圆小球藻。滤食性鱼类的此种摄食机制可称为“拥挤效应”或“阻塞效应”，这是一种滤食性鱼类摄食中的生态效应。

水中存在的泥沙也会产生“拥挤效应”，使滤食性鱼类对微小食粒的滤食率提高。例如，往斜生栅藻（*Scenedesmus obliquus*）存在的水体中加一些泥沙，鲢对栅藻的滤除率会明显提高。

7.5.4　滤食性鲢呼吸与摄食的关系

一般鱼类的呼吸（鳃滤水）是一个独立的过程，与其摄食过程无关，但滤食性鱼类由于其特殊的滤食器官结构，其呼吸与摄食是结合在一起的过程。滤食性鱼类的摄食会影响水体浮游生物的数量和结构，同时，呼吸消耗溶解氧、产生 CO_2，也会影响水质。因此，了解滤食性鱼类呼吸与摄食的关系及其调节机制对于我们认识养殖水体中发生的生态过程具有重要意义。

1. 低溶解氧水平下鲢摄食与呼吸的关系

鲢是典型的滤食性鱼类，也是广泛养殖和用于控制水质的鱼类。但是，滤食性的鲢、鳙鳃的相对呼吸面积（鳃小片总面积/体重）比一般的鱼类要小约一个数量级，且鳃小片表面光滑（王志余和董双林，1990；董双林等，1989a）。因此，它们对低氧的耐受能力更差一些。另外，浮游生物量较大的水体经常会出现阶段性的溶解氧量下降，因此，了解低溶解氧条件下鲢呼吸与滤食的关系具有重要意义。

在无浮游植物存在条件下，鲢在 5.43～7.73mg/L 的正常溶解氧范围内，呼吸频率(f)、吸水量（B）、鳃通量（V_G，呼吸频率与吸水量之积）及氧利用率（EO_2，相当于呼吸前和经呼吸后水溶解氧含量减少的百分率）变化差异不显著；但当溶解氧水平降低至 4.40mg/L 后，鲢的 f、B 及 V_G 显著增加，而 EO_2 显著下降；而当溶解氧水平下降至 2.21mg/L 时，鲢的耗氧率（VO_2）达到最高值（Zhao et al.，2011）。

在溶解氧水平 3.37～7.73mg/L 范围内，在溶解氧下降时，水中有浮游植物时（滤食组）鲢的 f、B、V_G 显著升高，VO_2 显著增加，而 EO_2 降低；当溶解氧水平下降至 2.21mg/L 时，滤食组鲢的 B、V_G 和 V_G/VO_2（鱼体利用单位重量氧气需要通过鳃的水量）显著增加，鲢开始出现缺氧反应。

综合以上分析可得出如下结论：当溶解氧水平大于 3mg/L 时，前期饥饿状态下的鲢表现为“主动滤食，被动呼吸”，即高 V_G、高 FR 和稳定的 VO_2；在溶解氧水平低于 3mg/L 时，鲢则表现为“被动滤食、主动呼吸”，即 V_G 激增，滤取效率（E）下降，并出现抗滤反应，即通过剧烈的咳嗽反应将滤积在鳃耙沟中的浮游植物细胞从口咽腔喷出。

2. 浮游植物密度对鲢呼吸与摄食的影响

当水体中实球藻密度在 0～23.8mg/L 的低浓度范围内，随着密度增加，鲢的呼吸频率（f）、吸水量（B）和鳃通量（V_G）逐渐升高，但升高幅度均不显著，表明鲢对水体中低浓度浮游植物细胞的反应并不敏感，主动滤食的反应表现较弱。当浮游植物达到较高密度时（63.3mg/L），鲢的 f 和 V_G 显著增加，表现出强烈的摄食反应。此后，随着浮游植物密度的进一步增加，鲢的摄食反应开始减弱（Zhao et al.，2014）。

在浮游植物密度 5.88～63.3mg/L 范围内，鲢的摄食率（FR）随着浮游植物密度的增加呈显著上升的趋势，当密度增加至 138mg/L 后，FR 的增加幅度逐渐变缓，呈幂函数关系。

当浮游植物密度增加到 63.3mg/L 之后，鲢的摄食反应开始减弱，说明较高浮游植物密度环境中，鲢能够通过调节鳃通量从而达到减少滤食的目的。但随着浮游植物密度进一步增加，调节 V_G 已不足以减少浮游植物细胞的摄入量。这时，伴随着呼吸运动被动吸入口咽腔的浮游植物细胞会逐渐增加。实验观察到，当浮游植物密度增加至 138mg/L 时鲢开始出现抗滤反应，此时两次抗滤动作出现的时间间隔较长，但随着密度的进一步增加，鲢出现抗滤的时间间隔逐渐缩短。

抗滤行为会导致鲢对浮游植物滤取效率降低，进而导致摄食率下降。鲢的抗滤反应，实质上是清洗鳃耙、鳃丝的过程，可达到恢复鳃耙和鳃丝正常滤食和呼吸的功能。因此，抗滤反应是鲢在高浓度浮游生物水体中除了调节 V_G 以减少滤食之外的又一适应性策略。长期生活在高浓度浮游植物水体中的鲢，为保证正常的呼吸和滤食，抗滤反应需不间断进行。滤食性贝类产生假粪可能也具有类似的功能。

V_G/VO_2 可以用来表征鱼鳃对水中溶解氧的转移效率。随着浮游植物密度的增加，鲢对溶解氧的转移效率呈先上升后降低的趋势。与 V_G/VO_2 值相对应，鲢对氧利用率（EO_2）则随着藻密度的增加表现出相同的趋势，并且与 V_G 在密度增加过程中表现出的变化趋势刚好相反。在浮游植物密度 138～242mg/L 范围内，鲢 EO_2 显著上升，表明鲢在高密度浮游生物水体中，在减少滤食的同时，可通过增加对氧的利用效率来满足正常的溶解氧需求。

另外，在浮游植物密度增加过程中，鲢 B 的变化差异均不显著，因此，在不同密度浮游生物水体中，鲢在通过调节 V_G 控制呼吸和滤食的过程中，V_G 的增加或减少是由其 f 的增减所致。

3. 不同粒径浮游植物对鲢摄食和呼吸的影响

在溶解氧水平从 7.49mg/L 下降到 0.98mg/L 的过程中，投喂实球藻和小球藻的鲢呼吸频率 f 分别为 59～66 次/min 和 68～80 次/min，后者高于前者（Zhao & Dong，2017）。随着溶解氧水平的下降，两组鲢的摄食率 FR 均逐渐降低。在溶解氧水平 4.04～7.49mg/L 范围内，鲢对实球藻的 FR 为 1287～1398mg/(kg·h)，对小球藻的 FR 为 276～334mg/(kg·h)。此后随着溶解氧的进一步下降，两组鲢的 FR 均显著降低。在不同溶解氧水平下实球藻组鲢的 FR 均显著高于小球藻组。导致小球藻组鲢 FR 显著较低的直接原因是鲢在滤食小球藻过程中 E 非常低。

在不同溶解氧水平下小球藻组鲢的 VO_2、B、V_G、EO_2 及 V_G/VO_2 与实球藻组鲢的这些参数均没有表现出明显的差异，表明鲢在两种滤食机制下表现出了相同的呼吸和滤水策略。

4. 饥饿对鲢摄食和呼吸的影响

饥饿作为一种生理状态普遍存在于天然鱼类，在养殖过程中也时有出现。通常情况下，滤食性鱼类在饥饿时会表现为主动摄食（滤食），而在非饥饿状态下，滤食性鱼类在呼吸时也许同时进行着被动的滤食过程。在缺氧条件下，鱼类通常会通过调节其生理机能来应对溶解氧的不足，与此同时，其摄食策略也会发生相应的改变。Tsadik 和 Kutty（1987）发现，滤食性罗非鱼在缺氧时对人工颗粒饲料的利用率显著下降。

在不同溶解氧条件下，滤食性鱼类在主动滤食和被动滤食状态下的滤食和呼吸策略又是怎样的呢？赵志刚（2011）就此问题进行了实验研究。实验结果显示，在溶解氧量为 5.28～7.43mg/L 条件下，处于饥饿状态下的鲢对水中存在的小球藻十分敏感，此时，其 f、V_G 及 V_G/VO_2 均显著高于非饥饿鲢。

鲢在主动滤食过程中 V_G 较大，能量成本付出也会较多，因此，在常氧条件下饥饿鲢 VO_2 显著高于非饥饿鲢。当溶解氧水平降至 3.17mg/L 以下时，饥饿与非饥饿鲢的 B、V_G 及 V_G/VO_2 均显著升高，并开始出现缺氧反应，与此同时，鲢的 VO_2 也逐渐升高。当溶解氧水平进一步下降至 1.90mg/L 时，鲢的 VO_2 均达到最高值，表明此时鲢通过自身调节获取水中溶解氧的潜能已发挥至最大。当溶解氧继续降低至 0.89mg/L 时，尽管鲢的 f 和 B 仍在增加，由于呼吸效率降低，鲢已不能从水中获得更多的溶解氧，此时的溶解氧量已接近鲢的临界溶解氧值。

在实验溶解氧水平范围内，非饥饿鲢也表现出一定水平的摄食率（*FR*）和滤除率（*CR*），说明处于被动滤食状态下的鲢也能进行一定程度的摄食，此时应是“被动滤食”。但与主动滤食的饥饿鲢相比，常氧水平下鲢 *FR* 和 *CR* 较低。在溶解氧水平 3.17～7.43mg/L 范围内，由于溶解氧相对充足，主动摄食鲢的 *FR* 保持在相对较高的水平。此后随着溶解氧的下降，鲢在摄氧能力有限的前提下，用于维持呼吸的能量比例显著增加，从而导致其 *FR* 开始逐渐下降。

对被动摄食的鲢而言，当溶解氧水平降低至 3.17mg/L 时，V_G 增加导致鲢的 *FR* 和 *CR* 短暂升高，但随着溶解氧水平的进一步下降，虽然鲢的 V_G 急剧增加，但严重缺氧导致其 *FR* 和 *CR* 显著降低。

在常氧（5.28～7.43mg/L）条件下，饥饿鲢的 EO_2 均显著低于非饥饿鲢，表明在溶解氧充足的条件下，鲢在主动滤食过程中增加鳃通量是为了保证更多地滤取食物，而非呼吸需求。非饥饿鲢在溶解氧水平降至 3.17mg/L 以下时，EO_2 开始显著降低，此时鲢因缺氧导致鳃通量显著增加。在常氧条件下，饥饿鲢滤取小球藻的效率（*E*）显著低于非饥饿鲢。这可能是由于鲢在主动滤食过程中 V_G 较大所致。

7.6　贝类代谢产物对浮游植物的增殖作用

滤食性贝类对水质的影响主要是通过对浮游生物的摄食而发生作用，同时，它们在养殖过程中消耗氧气、呼出二氧化碳和排泄含氮化合物也会对水质产生较大影响。

7.6.1　滤食性贝类的呼吸和排泄

海湾扇贝的耗氧率[Q_O，mg/(g·h)]和氨排泄率[Q_N，mg/(g·h)]与温度（*T*，℃）和湿体重（*W*，g）的关系为：

$$Q_O = 0.046W^{-0.272}1.08^T$$
$$Q_N = 6.79W^{-0.327}1.03^T$$

海湾扇贝的体重、温度及体重与温度的交互作用皆对其耗氧率影响显著（王芳等，1998d）。

长牡蛎的耗氧率和氨排泄率与温度、湿重间的关系为：

$$Q_O = 0.085W^{-0.130}1.06^T$$
$$Q_N = 2.66W^{-0.236}1.01^T$$

长牡蛎的体重、温度及体重与温度的交互作用皆对其排氨率影响显著。

上面的方程式表明，在一定范围内随体重增加贝类单位体重耗氧率下降，而随温度升高单位体重耗氧率上升；同时，随温度升高，单位体重的排氨率呈上升的趋势。

从表 7-12 中可以看到，长牡蛎的呼吸系数 Q_{10} 变化幅度较大，表明其对温度变化的敏感性高于海湾扇贝。

温度和贝体重对菲律宾蛤仔和栉孔扇贝的耗氧率和氨排泄率影响也十分显著（王芳等，1997），且温度和贝体重存在交互作用。

表 7-12　海湾扇贝和长牡蛎在不同温度范围下的 Q_{10} 值

Tab. 7-12　The Q_{10} value of *A. irradians* and *C. gigas* at different temperatures

种类 Species	温度/℃　Temperature		
	16～20	20～24	24～28
长牡蛎 *C. gigas*	1.61	4.72	1.13
海湾扇贝 *A. irradians*	/	2.28	2.03

菲律宾蛤仔的耗氧率[Q_O，mg/(g·h)]和氨排泄率[Q_N，μg/(g·h)]与温度（T，℃）和湿体重（W，g）存在下列关系：

$$Q_O = 0.307W^{-0.738}1.004^T$$

$$Q_N = 7.841W^{-0.910}0.990^T$$

栉孔扇贝的耗氧率和氨排泄率与温度和湿体重存在下列关系：

$$Q_O = 0.040W^{-0.349}1.079^T$$

$$Q_N = 57.40W^{-0.561}0.992^T$$

该实验中栉孔扇贝的呼吸系数（Q_{10}值）为 6.32，菲律宾蛤仔的呼吸系数为 2.93，前者是后者的 2.15 倍。菲律宾蛤仔分布于中、低潮区，栉孔扇贝分布于低潮线以下，菲律宾蛤仔生活的环境温度变化较栉孔扇贝的大，它对温度变化有较强的适应能力，温度变化对其影响较小（Q_{10}值较小）。海水池塘的日温差变化较大，就温度的适应性和呼吸排泄特性而言，菲律宾蛤仔是较栉孔扇贝更好的池塘养殖种类。

菲律宾蛤仔属埋栖型贝类，喜栖息在内湾风浪较小、水流通畅并有淡水注入的中低潮区的泥沙滩涂。在泥沙环境里，菲律宾蛤仔的呼吸、排泄处于正常状况，当栖息条件改变时，如把它放在无埋栖物的底质中，它的生理状况会发生变化，会导致其耗氧率、排氨率的改变。菲律宾蛤仔在无沙和有沙条件下的平均耗氧率[Q_O，mg/(ind.·h)]与温度（T，℃）、体重（W，g）的关系符合下式（王芳等，1998b）：

$$\text{无沙}\ Q_O = 0.0430W^{-0.672}1.10^T$$

$$\text{有沙}\ Q_O = 0.0269W^{-0.612}1.10^T$$

菲律宾蛤仔在无沙和有沙条件下的平均排氨率[Q_N，μg/(ind.·h)]与温度（T，℃）、体重（W，g）的关系符合下式：

$$\text{无沙}\ Q_N = 28.3W^{-0.520}0.97^T$$

$$\text{有沙}\ Q_N = 6.50W^{-0.978}1.02^T$$

从上述方程式可以看出，有沙条件下菲律宾蛤仔的耗氧率和排氨率都较无沙条件下所测数值低。这一方面说明，沙栖时更接近菲律宾蛤仔自然栖息环境，代谢强度更低；另一方面也意味着，在研究埋栖型贝类的生理生态学时，实验设计上应尽量模拟其自然的生态环境，这样所获研究结果才更真实、更有意义。

范德朋等（2002a）研究了温度（15℃、20℃、25℃和 30℃）和规格（贝类软组织干重 0.213g±0.063g、0.479g±0.056g、2.008g±0.238g）对缢蛏耗氧率和排氨率的影响。结果表明，在该实验温度范围内缢蛏平均耗氧率[Q_O，mg/(ind.·h)]与软体部干重（W，g）的关系符合 $Q_O = aW^b$。方程中 b 值的范围是 0.345～0.514，平均为 0.456；a 值的范围是 0.413～0.915，平均为 0.680。

在该实验温度范围内，缢蛏排氨率[Q_N，μg/(ind.·h)]与软体部干重（W，g）的回归关系为 $Q_N = cW^d$。c 值随着温度的升高而增加，变动范围是 41.0～166.9，平均为 101.9；d 值变动范围为 0.624～0.785，平均为 0.709。

缢蛏耗氧率与温度及干重的关系为：

$$Q_O = 0.320W + 0.0298T - 0.370$$

缢蛏排氨率与温度及干重的关系为：

$$Q_N = 69.75W + 7.93T - 154.1$$

7.6.2 贝类的代谢产物对微藻的增殖作用

滤食性贝类不仅对养殖水体的浮游植物具有摄食、抑制其群落发展的一面，它还有通过排泄代谢产物，增加水体营养物质，进而促进浮游植物生长的另一面。

王俊等（2001）研究了菲律宾蛤仔、长牡蛎和栉孔扇贝对球等鞭金藻（*Isochrysis galbana*）、海水小球藻（*Chlorella* spp.）、新月菱形藻（*Nitzschia closterium*）和牟氏角毛藻（*Chaetoceros muelleri*）的摄食和（间接）促长作用。该实验是将暂养过贝类的海水用来培养藻类，观察贝类代谢产物对藻类生长的影响。结果显示，随着暂养水体贝类密度的增大，藻类增长加快，但当贝类密度进一步增大，藻类增长速度趋于平缓（图 7-17）。

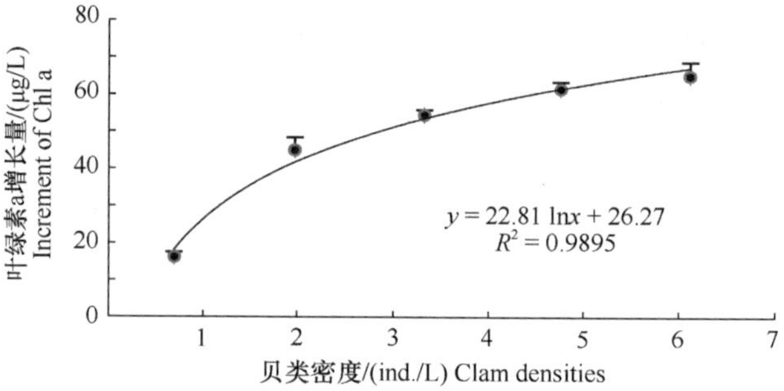

图 7-17 菲律宾蛤仔的暂养密度对海水小球藻的促长作用

Fig. 7-17 Effects of clam *Ruditapes philippinarum* densities ever in experimental water on growth of microalgae *Chlorella* sp.

不同贝类对球等鞭金藻的间接促长作用的实验结果显示，栉孔扇贝对球等鞭金藻的促长作用明显，藻类较早达到较高的密度；菲律宾蛤仔的作用较缓慢，效果也明显不如其他两种贝类，但 3 种贝类对球等鞭金藻促长作用趋势类似。贝类对不同藻类的间接促长作用的实验结果显示，贝类对微藻间接促长作用效果随藻类种类的不同而表现出一定的差异。菲律宾蛤仔和长牡蛎对海水小球藻、新月菱形藻和球等鞭金藻的促长效果依次增强。从栉孔扇贝对球等鞭金藻和牟氏角毛藻的实验结果看，球等鞭金藻随贝类密度增加迅速达到生长高峰，进而处于平缓增长，而牟氏角毛藻则呈幂指数增长。

在养殖生态系统中，贝类和浮游微藻处于同一生态环境中，不仅存在贝类对浮游微藻的摄食作用，还存在贝类代谢产物对藻类的促长作用。上述结果表明，在估计水域养殖容量和渔产力时要同时考虑摄食压力和间接促长两种作用因素。对素食性浮游动物的研究表明，其代谢产物对微藻的促长作用与摄食压力相当（Sterner，1986）。

7.7　滤食性贝类对水质和底质的影响

国内外已有大量关于在开阔海域养殖牡蛎、贻贝对水质和底质影响的报道，并表明这些贝类可以有效减少水中悬浮颗粒物、TN、TP 等的浓度（Shumway，2011），改善养殖环境。但在开阔海域或水体很难实施有重复和对照的实验研究。下面介绍几例利用池塘围隔模拟生态系统的实验研究结果。

7.7.1　贝类对养殖池塘水质的影响

1. 长牡蛎对水质的影响

穆峰（2002）利用 12 个 5m×5m×1.2m 围隔研究了长牡蛎对养虾池塘水质的调控作用。实验所用长牡蛎壳长为 92mm±10mm，软体部的湿重为 7.542g±0.239g。吊养密度分别为 0 个/m^2（对照）、9.6 个/m^2、16.8 个/m^2 和 28.8 个/m^2 4 个处理，分别记为Ⅰ、Ⅱ、Ⅲ和Ⅳ。

在整个实验期间，除对照处理的透明度在不断下降外，其余各处理在总体上保持上升态势。Ⅲ和Ⅳ处理的透明度上升迅速，放养牡蛎 15d 后水体清澈见底（120cm）；Ⅱ处理虽然透明度也有所上升，但速度比较缓慢。这表明，放养牡蛎可提高水体的透明度，牡蛎放养密度越大透明度上升越迅速。

从图 7-18 可以看出，各处理的 pH 变化情况明显不同。Ⅰ、Ⅳ处理的 pH 波动起伏比较大，但变化的方向相反。从总体来看，Ⅰ呈上升趋势，而Ⅳ呈下降趋势。相比较而言，Ⅱ和Ⅲ的变动较为缓慢。该研究表明，放养牡蛎可降低水体的 pH，牡蛎密度越大 pH 下降越迅速。

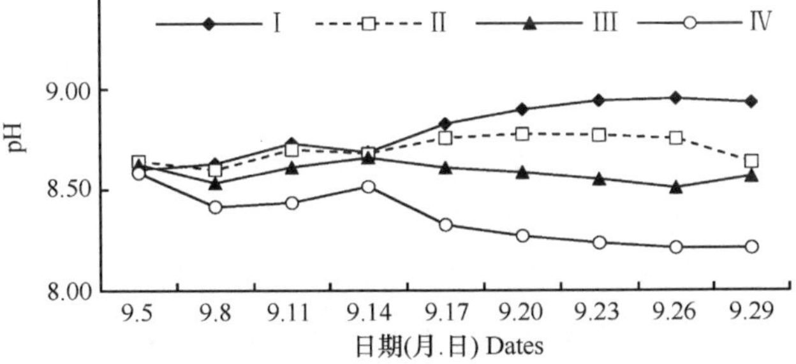

图 7-18　实验期间各处理的 pH 变化
Fig. 7-18　Variation of pH in each treatment

没放养牡蛎的Ⅰ处理的 COD 基本上呈上升趋势。Ⅱ处理的 COD 在总体上略有升高。Ⅲ处理的 COD 基本上呈下降趋势，且变动比较缓慢。Ⅳ处理的 COD 虽然在总体上呈下降趋势，但波动起伏远较Ⅲ处理剧烈。总体上看，放养牡蛎可以降低水体的 COD 水平。

从图 7-19 可以看出，没放养牡蛎的Ⅰ处理的叶绿素 a 始终保持很高的浓度，在 9 月 20 日之前一直处于上升状态，然后略有下降。其他三个处理的叶绿素 a 在 9 月 11 日后便结束了上升趋势，一直到实验后期才有所回升，其中Ⅱ处理的叶绿素 a 变化比较缓慢。各处理的叶绿素 a 浓度平均值分别为：Ⅰ处理 31.80μg/L，Ⅱ处理 20.83μg/L，Ⅲ处理 12.17μg/L，Ⅳ处理 13.61μg/L。总体上看，放养牡蛎可以降低水体的叶绿素 a 水平。

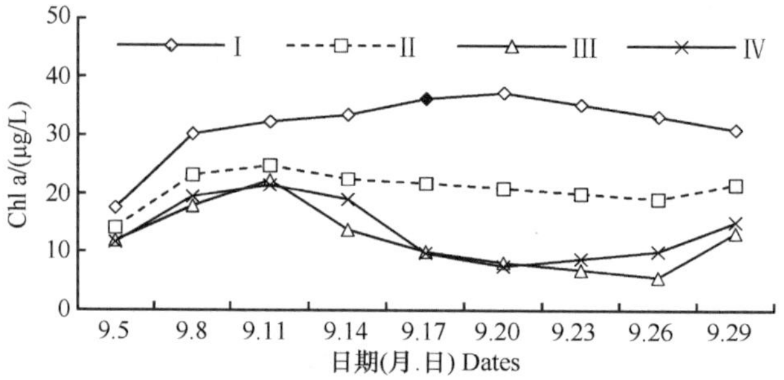

图 7-19　实验期间各处理叶绿素 a 的变化
Fig. 7-19　Changes of chlorophyll a in each treatment

2. 海湾扇贝对水质的影响

董双林等（1999）在海水池塘中利用 5m×5m×1.1m 的围隔研究了海湾扇贝放养对池塘水质的影响。海湾扇贝的规格为 49.6mm±4.5mm×46.8mm±5.1mm、组织干重为 1.22g±0.39g。海湾扇贝在围隔中吊笼养殖。海湾扇贝的养殖密度分别为 0 个/m^2（A0）、0.2 个/m^2（A1）、1.0 个/m^2（A2）、2.0 个/m^2（A3）、3.0 个/m^2（A4）和 4.0 个/m^2（A5）。实验持续 21d。

与实验开始时相比，实验结束时 A0 和 A1 两个处理的叶绿素 a 含量分别增加了 108% 和 30%，而 A2、A3 和 A4 处理的叶绿素 a 则平均下降了 17%，密度最高的 A5 处理叶绿素 a 含量下降达 67%。就初级生产力而言，未放养海湾扇贝的对照处理（A0）初级生产力提高了 272%，而放养海湾扇贝最多的处理（A5）则下降了 38%，A1～A4 初级生产力分别增加了 73%、94%、40%和 4.5%。这表明，海湾扇贝放养可以抑制浮游植物群落的生长。

实验水体实验开始时，5μm 规格以上的浮游植物生产量占浮游植物总初级生产量的比例平均为 61%；但实验结束时，5μm 规格以上的浮游植物生产量占浮游植物总初级生产量的比例在对照处理下降了 1.4%，其余处理的比例都或多或少有所增加。没放养海湾扇贝水体的浮游植物多样性指数仅下降了 4.4%，而放养海湾扇贝水体的浮游植物多样性指数则下降了 35.4%～84.2%。这表明，海湾扇贝放养可以改变浮游植物群落的结构。

实验水体中浮游动物主要是原生动物和桡足类，轮虫在实验前期各围隔中都占一定的比例，实验后期均很少见到。实验期间各围隔浮游动物平均数量随放养贝类数量的增加而减少，放养贝类较少围隔中的原生动物较多，放养贝类较多的围隔后期桡足类占绝对优势，原生动物和轮虫都很少。这表明，菲律宾蛤仔放养可以直接或间接改变浮游动物群落的结构。

除 A2 围隔颗粒有机物（POM）实验结束时比实验开始时稍有增加外，其余围隔的 POM 都不同程度地减少，其中 A0 减少 20%，A5 减少 64%。实验结束时各围隔的 COD 与实验开始时相比不是持平就是略有下降，A4 和 A5 下降最多，分别为 7.8%和 6.4%。

实验期间各围隔的总磷浓度都呈下降趋势，其中 A0 仅下降 4.5%，其他围隔下降 25%～45%，A5 下降最多。各围隔总溶解磷均有所下降，下降幅度为 11%～29%。除 A0 总颗粒磷增加 8.8%外，其余围隔均下降 34%～65%。

总颗粒氮含量在实验开始阶段有所下降，之后逐渐上升；总溶解氮则呈持续下降趋势。A0 围隔中总氨氮浓度平均为 0.028mg/L，而放养扇贝的围隔中总氨氮浓度平均为 0.043mg/L。实验期间 A0 的总氨氮浓度下降 88%，其余围隔平均下降 80%，A5 下降 65%。A0 的 NO_3^--N 浓度平均为 0.214mg/L，放养扇贝的围隔中平均为 0.187mg/L。实验期间 A0 的 NO_3^--N 浓度增加 12%，其他围隔中浓度持平或有所下降，A5 的下降 90%。

由以上结果可见，放养海湾扇贝可使养殖水体初级生产力下降，但较小规格的浮游植物（＜5μm）生产量所占比例增加。放养的海湾扇贝可使浮游植物的多样性指数降低，水体磷浓度下降。

3. 菲律宾蛤仔对池塘水质的影响

卢敬让等（1997）利用 5m×5m×1.4m 的围隔研究了施肥（鸡粪和化肥）养殖对虾池塘中菲律宾蛤仔对浮游生物的影响。各处理的中国对虾放养密度均为 24 000 尾/hm^2，菲律宾蛤仔的放养密度分别为 0 万粒/hm^2（记为 FS）、20 万粒/hm^2（FB1）、40 万粒/hm^2（FB2）、50 万粒/hm^2（FB3）和 120 万粒/hm^2（FB4）。每个围隔施肥量为鸡粪 10.6～16.9kg/(hm^2·d)、尿素 2.5～3.0kg/(hm^2·d)、$(NH_4)_2HPO_4$ 0.53～0.71kg/(hm^2·d)。实验持续 3 个月。

表 7-13 是实验期间各处理的水质、细菌和底栖动物状况。从表中可以看出，实验期间各处理在 TN、TP 和 COD 方面差异不大，但放养菲律宾蛤仔水体中细菌和底栖动物数量或重量明显减少，且有随放养密度增大细菌和底栖动物数量或重量减少程度更大。

表 7-13　实验期间各处理围隔的水质、细菌和底栖动物

Tab. 7-13　Water quality, bacteria and zoobenthos of each treatment during the experiment

水质 Water quality	FS	FB1	FB2	FB3	FB4
蛤日产量/[g/(m^2·d)] Clam productions	0	0.67	0.83	0.53	0.36
总氮/(mg/L) TN	3.56±0.32	3.59±0.07	3.51±0.39	3.32±0.22	3.26±0.13
总磷/(μg/L) TP	190±126	201±94	192±100	140±71	165±76
化学需氧量/(mg/L) COD	4.86±0.48	4.84±0.53	5.01±0.88	4.49±0.59	4.22±0.40
细菌/(10^9ind./L) Bacteria	17.64±11.06	5.83±6.49	16.88±5.47	12.19±5.10	10.35±4.77
底栖动物/(gdw/m^2) Zoobenthos	4.12±7.39	1.36±0.67	1.48±0.74	1.07±1.00	0.65±0.25

FB2 处理的浮游动物和浮游植物生物量最高。各处理浮游生物大都随放养贝类密度的增加呈下降趋势。下降显著的为蓝藻、甲藻和隐藻，尤其在高密度养殖贝类组生物量

极低，甚至没检测到。在 4 个放养蛤仔的处理中，轮虫只出现过 2 次，且数量极少。

菲律宾蛤仔生产量和氮利用率与初级生产量呈显著正相关关系，相关系数分别为 0.953 和 0.979。FB2 初级生产量最高，因而其对虾生产量和氮利用率也最高，FB1 次之。

从总的实验结果看，放养菲律宾蛤仔对浮游生物群落结构、初级生产力的影响很大，可以在一定程度上对水质具有调节作用。少量放养菲律蛤仔可以增加浮游植物和浮游动物的生物量，但放养密度较大时则可减少浮游生物的生物量。菲律宾蛤仔可使蓝藻、甲藻和浮游桡足类数量显著减少。

7.7.2 贝类对养殖池塘底质的影响

苏跃朋等（2003）使用了 18 个围隔（10m×10m×1.5m）研究了长牡蛎放养密度对养虾池塘底质的影响。实验用中国对虾（体长 1.211cm±0.139cm）放养密度为 45 尾/m^2，牡蛎吊养密度为 0g/m^3、127g/m^3、253g/m^3、496g/m^3、1003g/m^3 和 1246g/m^3，分别记为Ⅰ、Ⅱ、Ⅲ、Ⅳ、Ⅴ和Ⅵ。实验持续 30d。试验期间各处理池塘底泥中 N、P 和 S 的含量变化见表 7-14。处理Ⅵ由于牡蛎放养密度过高，后期出现部分牡蛎死亡现象。

表 7-14 混养牡蛎水体底质中 N、P、S 的含量

Tab. 7-14 Contents of N, P and S in sediment of shrimp-oyster polyculture

指标 Items	时间/d Time	处理 Treatments					
		Ⅰ	Ⅱ	Ⅲ	Ⅳ	Ⅴ	Ⅵ
总氮/(mg/L) TN	0	1.30±0.31	1.40±0.21	1.12±0.16	1.15±0.17	1.31±0.38	1.32±0.08
	10	1.06±0.04	1.15±0.08	1.91±0.14	1.75+0.21	1.77±1.05	1.43±0.34
	20	0.89±0.15	0.96±0.13	1.42±0.06	1.30±0.08	1.03±0.20	1.16±0.38
	30	1.87±0.29	2.06±0.17	1.96±0.16	1.99±0.17	1.99±0.30	2.19±0.06
总磷/(mg/L) TP	0	5.25±1.49	5.32±0.18	5.69±0.85	5.48±0.66	5.12±0.40	6.89±2.97
	10	5.34±0.09	5.34±0.20	6.08±0.90	5.43±0.55	5.50±1.07	5.61±1.04
	20	4.63±0.66	5.32±0.63	6.78±0.31	5.63±0.65	5.48±1.01	5.05±0.63
	30	6.30±0.65	6.74±1.33	7.36±0.41	6.28±0.92	5.72±0.36	8.41±1.50
硫/(mg/L) S	0	0.65±0.09	0.48±0.08	0.31±0.04	0.22±0.14	0.22±0.07	0.74±0.35
	10	0.99±0.23	1.11±0.41	0.70±0.12	0.35±0.18	0.30±0.11	1.07±0.38
	20	0.97±0.47	1.74±1.21	0.70±0.21	0.39±0.12	0.71±0.58	1.31±0.36
	30	0.61±0.53	1.35±0.80	0.50±0.29	0.46±0.19	0.12±0.03	1.71±0.89

Note: Stocking densities of oyster in the enclosures were: Ⅰ. 0g/m^3; Ⅱ. 127g/m^3; Ⅲ. 253g/m^3; Ⅳ. 496g/m^3; Ⅴ. 1003g/m^3; Ⅵ. 1246g/m^3. Stocking density of shrimp (1.211cm±0.139cm) in the enclosures was 45ind./m^2. The sizes of the enclosures were 10m×10m×1.5m

以处理Ⅳ为例，混养牡蛎水体底质中总氮含量从起始的 1.15mg/g±0.17mg/g 增加到结束时的 1.99mg/g±0.17mg/g；总磷含量从起始的 5.48mg/g±0.66mg/g 增加到结束时的 6.28mg/g±0.92mg/g；硫离子起始含量为 0.22mg/g±0.14mg/g，到结束时为 0.46mg/g±0.19mg/g。对不同密度放养牡蛎处理做两因素方差分析（时间和牡蛎放养密度），底质中氮水平差异极显著，磷差异显著，硫水平差异不显著。

使用综合污染指数 A 评价各处理的污染水平。$A = C_i/S_i$，式中 A 为 3 种污染物的综合污染指数，C_i 为 3 种污染物的实测浓度值乘积，S_i 为 3 种污染物的评价标准值乘积。底质评价标准中 TP、TN 和 TS 的水平分别为 4.2×10^{-3}mg/g、10×10^{-3}mg/g 和 3×10^{-3}mg/g。

Ⅳ和Ⅴ处理组的相对污染指数低于对照组（58.70），表明对虾养殖池塘以适宜的密度混养牡蛎可降低底质有机污染（图 7-20）。不同密度牡蛎混养处理相对污染指数排列如下：Ⅵ组（126.85）＞Ⅱ组（98.14）＞Ⅲ组（60.64）＞Ⅳ组（33.05）＞Ⅴ组（29.68）。

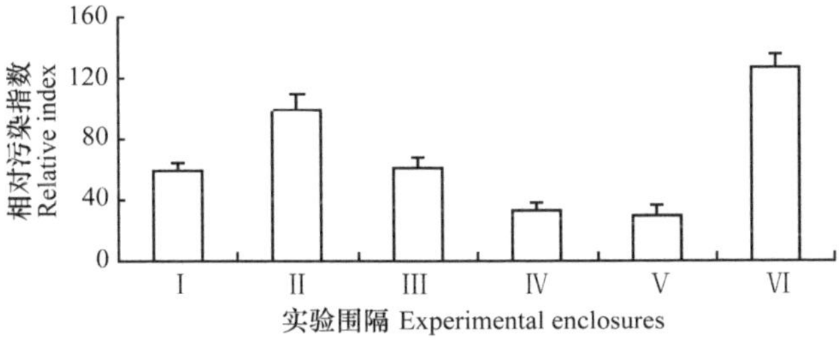

图 7-20　不同牡蛎混养密度水体底质中 N、S、P 综合相对污染指数比较

Fig. 7-20　Relative index of three multiple contamination factors N, S and P in shrimp-oyster culture with different oyster densities

总之，混养牡蛎虾池的底质中 TN、TS、TP 水平随养殖时间的延长呈上升趋势，到实验结束时，混养不同密度牡蛎的围隔底质污染程度不同。根据 TN、TS、TP 综合相对污染指数评估养殖负荷得到结论是：在养殖密度为 4.5×10^6 尾虾/hm^2 对虾养殖池塘，混养牡蛎最佳生物量为 500～1000g/m^3。

7.8　滤食性鱼类放养对水质的影响

鲢、鳙、罗非鱼是世界性广泛养殖的鱼类，不仅是因为它们具有优异的养殖生物学特性，还在于它们可以通过影响养殖水体的浮游生物而成为水质调控者。近些年，鲢、鳙对水质的影响已引起国内外学者的广泛关注（董双林，1994），并由于担心其会促进浮游植物水华的发生，国外有的学者甚至建议禁止在水库放养鲢（Spataru & Gophen，1985）。因此，阐明鲢、鳙、罗非鱼放养对水质的影响就颇有理论和实践意义。

7.8.1　滤食性鱼类对水质的影响

罗非鱼多属滤食兼吞食性鱼类，在投饲不足时可以大量摄食浮游生物。鲢、鳙主要靠鳃耙滤取浮游生物，同时，它们还有其他摄食机制，如“沉食作用”（李德尚和董双林，1996）、“阻塞效应”（董双林和李德尚，1994）等，摄食小于其鳃耙间隙的微小浮游植物。不过，一般情况下后两种摄食方式只是第一种方式的补充。在东欧人们经常将鲢、鳙混养于养鲤池塘中，这一方面是为提高养殖总产量，另一方面是为改善池塘水质。实践中人们发现，鲢与鲤混养可以提高鲤的产量，而鳙与鲤混养则可能使鲤产量下降，因此鲢、鳙在对浮游生物群落的影响方面还是有所不同。

1. 放养鲢、鳙对水质的影响

李琪等（1993）利用 30 个 14.3m^3 的围隔研究了不同放养密度的鲢与鲤混养水体中水质的变化。实验数据表明，放养鲢后，浮游动物生物量、浮游植物生物量、叶绿素 a 和浮游植物毛产量平均分别下降了 58.7%、63.6%、52.5%和 65.0%，透明度和浮游植物群落多样性指数分别提高了 18.2%和 32.5%，铜绿微囊藻数量减少了 90.6%，浮游植物“水华”得到明显抑制。但小型绿藻（＜20μm）数量未出现显著变化，因而其在浮游植物生物量中所占比例反而提高了 82.3%。尽管放养鲢后水体氨氮浓度有所增加，但水体的 TP 浓度显著降低。此外，放养鲢后还显著降低了水体中的 COD 和 pH。这些都表明，鲢对养殖水体的水质有净化作用。

谢平于 1989～1992 年在武汉东湖利用 2.5m×2.5m×2m 的围隔研究了鲢、鳙放养对东湖水华的影响（谢平，2003）。研究结论是：①东湖水质至今仍适合微囊藻水华的滋生，浮游动物在东湖不能控制蓝藻水华；鲢、鳙养殖密度上升是导致东湖 20 世纪 80 年代中期蓝藻水华消失的根本原因。②在较高的养殖密度下，鲢、鳙单养或混养均可控制蓝藻水华的发生；在东湖目前的营养水平下，鲢、鳙控制微囊藻水华的有效密度在 46～50g/m^3。③鲢、鳙是通过食物链（直接滤食）来消除蓝藻水华的。

国内外还有一些放养鲢、鳙后水体浮游生物减少的案例。例如，Kajak 等（1975）在一小型湖泊用围隔研究发现，养殖鲢不仅使水中浮游生物的生物量锐减，也导致蓝藻比例大幅下降。再如，Opuszynski 和 Shireman（1995）在池塘的研究表明，鳙养殖池塘中的总浮游植物、蓝藻及绿藻密度均较低，各类浮游动物也都明显降低，特别是枝角类的密度不到无鱼池塘的一半。

Burke 等（1986）的研究表明，养鱼池塘中混养鲢、鳙均可很快降低各类浮游动物的密度，桡足类、无节幼体、枝角类和轮虫的数量都减少几倍到几十倍，但浮游植物的叶绿素却增加了 100%以上。

赵文等（2001d）的实验结果也表明，放养鲢后池塘浮游植物生长受到促进，而浮游动物生长则受到抑制。

Smith（1989）统计了 14 例在不同水体放养鲢的实验，其中有 11 例的实验结果是，放养鲢后浮游植物量增加。之后国内外所进行的 9 例放养鲢的实验研究中，有 3 例发现浮游植物量增加，5 例减少，1 例没明确研究结果（董双林，1994）。由此可见，现在已不必争论滤食性鱼类放养是否会抑制或促进浮游植物生产的问题，现在的主要问题应该是探讨滤食性鱼类生态效应的条件依赖性及其机制。

现在已经清楚，滤食性鲢可直接滤取大型浮游植物和微小浮游植物的群体，而对单个体微小浮游植物滤取效率不高；鲢还可有效地滤食某些较小的浮游动物，如轮虫、象鼻溞等小型枝角类和桡足类的幼体。尽管由于浮游动物的逃避反应鲢对大型浮游动物的成体滤食率较低，但由于鲢可有效地滤食它们的幼体，因此，也可减少它们的种群数量。鳙可直接滤食较大的浮游植物、浮游植物群体（Phytoplankton colony）和浮游动物（图 7-21）。

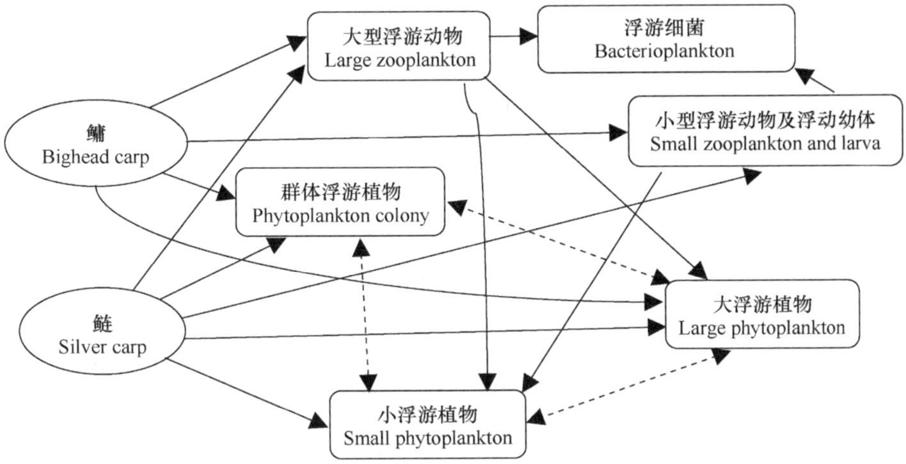

图 7-21　鲢、鳙对浮游生物群落影响的途径

Fig. 7-21　Influence paths of silver carp and bighead carp on the structure of plankton community

现在，鲢、鳙对浮游植物的间接影响是人们更加关心的问题。其影响可能主要有以下 3 方面。

第一，植食性浮游动物被鲢、鳙抑制后，减小了对浮游植物特别是对微小种类的压力，而使其数量增加。Smith（1985）在这方面做了一个很好的实验。野外一些较大水体中的实验也证明这一作用很大。鳙通过直接影响浮游动物而间接影响浮游植物的作用可能比其直接对浮游植物的影响更大。鳙可促进蓝藻水华的发生（Januszko，1974）就是这一作用原理。

第二，大型浮游植物被大量滤食后，减少了微小浮游植物的营养竞争者。加之微小种类的繁殖能力较强，所以，一般情况下其生物量会上升，有时浮游植物的总生物量也因之而增加。

第三，在水体较浅时，鱼类活动对底质的扰动也可能会加速沉积物间隙水中营养物向水层补充，从而影响浮游生物的生长（Laws & Weisburd，1990）。

滤食性鱼类放养密度差异对浮游生物的影响也可能不同。Januszko（1974）发现，当鲢的放养密度为 1500 尾/hm^2 时，浮游植物量上升 10%；而当鲢的放养密度为 3000 尾/hm^2 时，浮游植物量下降 10%。Domaizon 和 Devaux（1999）也发现，当鲢的放养密度为 0g/m^3 和 8g/m^3 时，实验水体叶绿素 a 含量较低，而当鲢放养密度为 16g/m^3、20g/m^3 和 32g/m^3 时叶绿素 a 含量较高，16g/m^3 时叶绿素 a 含量最高。

鲢、鳙对具有不同结构的浮游植物群落影响会有所不同。水体不同的营养负荷、水文状况及不同季节都会出现不同的浮游生物群落，因此，这些因素也将间接或直接影响鲢、鳙在水体中的生态作用。

2. 罗非鱼对水体浮游生物的影响

罗非鱼多属滤食兼吞食性鱼类，在综合养殖水体中可以起到调控水质的作用。单养尼罗罗非鱼（*Oreochromis niloticus*）可致生态系统浮游生物组成发生重大变化，浮游植物密度、生物量、初级生产力增大，浮游植物群落由硅藻占优势转以<10μm 的小型绿藻占优势；浮游动物生物量也增大，桡足类占优势，枝角类小型化，原生动物密度增大（赵文等，2000a）。

随着罗非鱼放养量的增大，蓝藻、金藻、轮虫、枝角类和桡足类含量，以及水体 pH 和 TN/TP 比值都下降，相反，绿藻、硅藻、原生动物、浮游植物叶绿素 a 含量，以及水体浊度、总碱度、电导率、TN 和 TP 均增加。放养罗非鱼后浮游植物趋向小型化，生物量以小型硅藻和绿藻占优势（赵文等，2000b）。

介子林（2006）利用 12 个池塘围隔（面积 5m×6m）研究了尼罗罗非鱼与凡纳滨对虾综合养殖水体的水质。每个围隔放养体重 0.01g±0.01g 的对虾苗 2300 尾，体重 139.68g±39.40g 的罗非鱼分 4 个放养密度：0 尾/m^3（CO）、7 尾/m^3（P1）、22 尾/m^3（P2）和 48 尾/m^3（P3）。实验结果表明，放养罗非鱼的水体透明度显著大于无鱼水体，并以中等放鱼密度的水体透明度为最大（表 7-15）。但是，放鱼与否对初级生产力和浮游生物群落呼吸影响不大。但是，溶解氧呈现随放鱼密度增大而降低的趋势，初级生产力与浮游生物群落呼吸之比（*P*/*R*）也呈现出随放鱼密度的增大而增大趋势。

表 7-15　放养罗非鱼后不同处理平均溶解氧、透明度、初级生产力和群落呼吸

Tab. 7-15　Dissolved oxygen contents, transparencies, primary productivities and community respiration in different treatments after stocking tilapia

处理 Treatments	CO	P1	P2	P3
溶解氧/(mg/L) DO	9.36±0.62^a	8.82±0.30^b	8.33±0.40^b	8.02±0.70^b
透明度/cm Transparencies	38±6^a	42±6^b	45±3^b	42±8^b
初级生产力/[gO_2/(m^2·d)] Primary productivities	4.05±0.64^a	4.10±0.38^a	4.32±0.50^a	4.77±0.39^a
群落呼吸/[gO_2/(m^2·d)] Community respiration	3.84±1.27^a	3.28±0.15^a	3.21±0.64^a	3.32±0.48^a
P/*R*	1.06±0.24^a	1.25±0.10^{ab}	1.34±0.18^{ab}	1.44±0.11^b

Note: CO. Control; P1. 7ind./m^3; P2. 22ind./m^3; P3. 48ind./m^3

中等放鱼密度水体的透明度比单养对虾水体的透明度提高 18.4%，并直接导致 *P*/*R* 提高 26.4%。中等放鱼密度使光合作用能的净转化效率、净生物能转化效率和净总能量转化效率分别达到 10.43%、23.39%和 23.39%。

7.8.2　滤食性鱼类对浮游细菌的影响

养殖水体中浮游细菌对水质的作用极其重要。刘国才等（2001）研究了对虾养殖池塘不同粒级浮游生物的呼吸率，结果表明，小型（20～200μm）、微型（3～20μm）和超微型（<3μm，主要是细菌）浮游生物的呼吸率平均分别为 0.07mg/(L·d)、0.38mg/(L·d)和 0.31mg/(L·d)，占浮游生物总呼吸率的 9%、50%和 41%。可见，这细菌在维持水体的生态平衡中起着重要作用。

鲢可直接滤食附着在浮游腐屑上的细菌，鲢也可能通过抑制浮游动物（浮游细菌的摄食者）而对浮游细菌的生长起促进作用。Opuszynski（1979）报道，鲢放养后池塘浮游细菌数量增加。对虾养殖池塘中浮游动物对细菌摄食量为 98～643μgC/(L·d)，平均为 262μgC/(L·d)±167μgC/(L·d)。鱼类摄食大型浮游动物会对养殖系统的细菌数量产生显著的影响（刘国才等，2000b）。国外也不乏排除浮游动物后水体细菌数量显著增加的事例。

在中国对虾池塘中混养红罗非鱼（*Oreochromis mossambicus* × *O. niloticus*）可减少浮游细菌的生物量、颗粒有机碳和溶解有机碳含量，但是细菌的 *P*/*B* 系数即周转率大大加快。这表明，罗非鱼的滤食改善了池塘的水质环境（刘国才等，2000a；刘国才等，1999）。

滤食性鱼类对水质的影响主要通过以下几种途径：①直接摄食浮游植物和浮游动物；②通过摄食浮游动物，间接地减小了对浮游植物的摄食压力；③直接滤食附着在腐屑上的细菌；④直接摄食浮游动物，间接地减小了对浮游细菌的摄食压力。

7.8.3　放养鲢对水体物质循环格局的影响

鲢是一种上层生活的鱼类，鳙是一种中上层生活的鱼类，在较浅水体它们可活动于整个水体空间。鲢、鳙引入较浅水体后其活动有助于不同水层间水的混合，有助于营养盐自下而上的补充。同时，鲢、鳙可能会使底质—水界面扰动（Laws & Weisburd，1990），有助于底泥表层的营养物质进入水层。但是，水太浅、底泥质细时，底泥可能被鱼类的活动搅起，浑浊度增加，进而影响浮游植物的光合作用和生长。

在温带地区的夏季，很多较深的水体常由温跃层所致营养盐垂直分布的不均性使浮游生物群落的生长受到限制。鲢、鳙在较深水体中活动于水体中上层，对营养盐垂直分布的不均性扰动很小。相反，鲢、鳙摄食浮游生物后排出的粪便会部分地沉于底层，脱离了光合作用层，从而更加剧了营养物质垂直分布的不均程度（Kajak et al.，1975）。鲢、鳙在有些深水体放养后抑制浮游生物群落生长的原因除与放养密度较高有关外，很可能与上述原因也有很大关系。

鲢通常是以滤食浮游植物和小型浮游动物为主，它引入水体后将使原有食物网结构和通量产生较大变化。鲢引入前，浮游植物部分被浮游动物摄食，浮游动物又可能被其他更高营养级动物摄食。浮游动物对浮游植物的利用率较鲢对浮游植物的利用率高很多（何志辉，1985），其产量的很大一部分会沿食物链向后传递。鲢引入后，浮游动物被抑制，鲢仅能消化利用所滤食浮游植物的一小部分，其余部分则以粪便形式进入分解环节或被鲢等重新滤食。当鲢再次摄食其排出的微囊藻形成的粪便时，它的利用率会超过了对鲜微囊藻的利用率（陈少莲和刘肖芳，1989）。当鲢利用浮游植物时有一部分物质直接以浮游植物可利用的化学形态（如 NH_4^+-N）排出体外。因此，鲢引入水体后出现了有些人所称的“短路”现象（刘建康和黄祥飞，1997）。由于这种“短路”现象物质循环得到加速。营养物质在低营养层次中流通量的增加会促进浮游植物生产量的补偿。刘建康和黄祥飞（1997）在总结东湖生态学研究后指出，鲢、鳙摄食过程加速了水体营养物质的释放过程，提高了水体的初级生产力。

小　　结

1. 水产养殖工具种是与主养生物混养或间养的生物，它们通常既有较高的经济价值，同时还可起到调控、改善养殖水体水质和底质的作用。
2. 生物操纵（Biomanipulation）是指，通过调整食物链的结构使初级生产者生物量降低，并使生态系统整体上处于更有益的状态。生物操纵包括“上行效应”和“下行效应”两种途径。

3. 上行效应是通过控制营养物质输入量（增加或减少）和/或营养物质的比例，如 N/P 比，来控制浮游植物群落的生物量和结构，进而对更高营养层级的结构产生影响。其作用途径为：营养物质→浮游植物→浮游动物→鱼类。上行效应的特征是向后影响有一定的时滞，影响的强度会逐渐减弱。

4. 下行效应是通过控制摄食浮游植物的动物数量和结构来控制浮游植物的生物量和群落结构。其作用途径为：食鱼的鱼类→食浮游动物的鱼类→浮游动物→浮游植物。下行效应的影响向下传递也会有一定的时滞，影响的强度可能会逐渐放大。

5. 经典的生物操纵理论所依靠的关键因子是浮游动物；而非经典的生物操纵理论是利用滤食性鱼类或贝类直接对浮游植物进行生物调控。

6. 水域初级生产力通常会受到一种或两种可利用量最短缺的元素制约，这一种或两种元素被称为限制性营养元素。养殖水体多数表现为氮、磷双营养元素限制，但淡水池塘磷多为第一限制性元素，而高含盐量的水体则相反。

7. 可被水生植物利用的铁和磷在水中溶解量很小，它们可通过施肥增加或通过化学螯合等方式而“减少”，因此，通过调控水中铁和磷的含量来控制水质对水产养殖具有重要意义。

8. 大型海藻主要通过三种途径影响微藻：①通过遮阴作用影响微藻的光合作用；②通过对营养竞争影响微藻生长；③通过分泌克生物质抑制微藻生长甚至杀死微藻。

9. 在养殖水体中适量混养一些滤食性贝类，可以对浮游植物起到下行效应的控制作用，减少浮游植物的生物量，对养殖水体的水质产生明显的影响。

10. 滤食性鱼类对浮游生物的摄食量 $G = B \cdot f \cdot D \cdot E \cdot x \cdot P$。式中，$B$ 为吸水量，即鱼类滤水一次通过口咽腔的水量（ml/次）；f 为鱼类的滤水频率（次/min）；D 为食粒密度（个/ml）；E 为滤取效率，即鱼类滤水一次能将所过滤水中特定颗粒滤取的百分率；x 为日摄食节律系数，即一天用于摄食的时间占一天的比例；P 为浮游生物被捕捉到的概率。滤食性鱼类对浮游生物的摄食能力 $FC = B \cdot E \cdot f$。

11. 滤食性鱼类对食物的选择性分为对具体食物的选择性（种类或规格选择性）和对摄食区域的选择性（区域选择性）。在食粒均匀混合的水中，滤食性鱼类对食粒规格的选择性是基于其滤食器官结构的被动选择性。而当水体中食物种类分布不匀时，鲢和鳙都具有主动趋向某一区域或水层进行摄食的能力，即摄食区域选择性。当水中微小藻类、泥沙或大型微藻或群体藻类共存时，会在滤食性鱼类滤食过程中产生“拥挤效应”，使滤食性鱼类对微小食粒的滤食率提高。

12. 鲢可直接滤取大型浮游植物、微小浮游植物群体和某些较小的浮游动物，而对个体微小浮游植物滤取效率不高。尽管鲢对大型浮游动物的成体滤食率较低，但由于鲢可有效地滤食它们的幼体，因此，也可减少它们的种群数量。鳙可直接滤食较大的浮游植物、浮游植物群体（Phytoplankton colony）和浮游动物。

13. 鲢、鳙对浮游植物的间接影响包括以下 3 方面：①植食性浮游动物被鲢、鳙抑制后，减小了对浮游植物特别是对微小种类的压力，而使浮游植物数量增加；②大型浮游植物被大量滤食后，减少了微小浮游植物的营养竞争者，使微小种类生物量增加，有时浮游植物总生物量也因之增加；③在水体较浅时，鱼类活动对底质的扰动会加速沉积物间隙水中营养物向水层补充，从而影响浮游生物的生长。

14. 较深的水体常由温跃层致使营养盐垂直分布不均，鲢、鳙摄食浮游生物后排出的粪便会部分沉于底层，脱离了光合作用层，从而会加剧了营养物质垂直分布不均的程度。

15. 当鲢利用浮游植物后有一部分物质直接以浮游植物可利用的化学形态（如 NH_4^+-N）排出体外，形成所谓“短路”现象，加速了物质循环速率。营养物质在低营养层次中流通量的增加会促进浮游植物生产量的补偿。

第 8 章　养殖池塘的底质及其修复

8.1　养殖池塘的土壤　248
8.1.1　池塘土壤的特征　248
8.1.2　池塘土壤与水体之间的离子交换　251
8.1.3　池塘土壤的酸度　252
8.2　养殖池塘的沉降作用　253
8.3　养殖池塘底泥的呼吸作用　255
8.3.1　池塘底泥的好氧呼吸　255
8.3.2　池塘底泥的厌氧呼吸　257
8.4　养殖池塘底泥与上覆水间的氮磷交换　259
8.4.1　底泥与上覆水间的氮交换　259
8.4.2　底泥与上覆水间的磷交换　260
8.4.3　影响底泥与上覆水间氮磷交换的因素　261
8.5　养殖池塘底质的修复　263
8.5.1　物理修复　263
8.5.2　化学修复　264
8.5.3　生物修复　265
小结　268

养殖池塘的土壤是池塘养殖生态系统的重要组成部分，显著影响池塘的养殖性能。池塘土壤不仅承载着养殖池塘的水体，池塘表层土壤与水之间还存在物质交换，对池塘水质影响很大。养殖活动会改变池塘表层土壤的性质，进而影响养殖生物的生长和养殖产量。当池塘底质发生改变，并对养殖活动产生不利影响时，应设法修复池塘底质。池塘底质的修复方法包括物理、化学和生物学三方面。

8.1　养殖池塘的土壤

构成溪流、湖泊、水库和普通池塘底部的材料称为土壤。普通养殖池塘底部起初由陆地土壤组成，当池塘注入水后，底部土壤被水浸没，加之天然存在的沉积作用，其性质就会发生改变。人们将池塘底部土壤的表层部分称为底泥或沉积物。池塘底泥是多种化学物质的储存库，也是多种动物的栖息地。池塘的土壤与水体之间存在复杂的物质交换过程。富含有机物的底泥会大量耗氧，也是一些有害化学物质的来源地。

8.1.1　池塘土壤的特征

土壤形成于特定的地理空间，是历史自然过程和现代自然过程及人类活动共同作用的结果，是气候、地貌、地质、水文、生物和人类活动等诸多因素相互作用的综合效应和系统反映（张凤荣，2002）。池塘土壤的粒径结构、有机物含量、pH 等特性对池塘水质影响很大。

1. 我国土壤的地理分布

我国土壤自南向北呈现一种海洋性土壤的纬度地带性分布，即东部受太平洋副热带高压暖湿气流影响的湿润森林土壤的南北变化，自北而南分布着棕色针叶林土、暗棕壤、棕壤、褐土、黄棕壤、红壤、黄壤、赤红壤、砖红壤。表 8-1 是我国东部自北向南各种土壤类型的形成条件和基本特性。

表 8-1　我国东部森林土壤类型的形成条件及基本特性

Tab. 8-1　Formation conditions and basic characteristics of forest soil types in eastern China

土壤类型	棕色针叶林土	暗棕壤	棕壤	褐土	黄棕壤	红壤	黄壤	赤红壤	砖红壤
气候带	寒温带湿润	温带湿润	暖温带湿润半湿润	暖温带半湿润	北亚热带湿润	中亚热带湿润	中亚热带湿润	南亚热带湿润	热带湿润
年均温（℃）	<-4	-1～5	5～15	10～14	15～16	16～20	14～16	19～22	21～26
年降水量（mm）	450～470	600～1100	500～1200	500～800	1000～1500	1000～2000	约 2000	1000～1600	1400～3000
植被	针叶林	针叶与落叶阔叶混交林	落叶阔叶林	森林灌木	常绿与落叶阔叶混交林	常绿阔叶林	常绿阔叶林	季雨林	雨林与季雨林
有机物含量（%）	3～8	5～10	1～3	1～3	2～3	1.5～4	3～8	2～5	3～5
pH	4.5～5.5	5.5～6.0	5.5～7.0	7.0～8.4	5.0～6.7	4.2～5.9	4.5～5.5	4.5～5.5	4.5～5.0

资料来源：张凤荣，2002
Data from Zhang, 2002

我国土壤自东向西呈现一种大陆性土壤的经度地带性分布，即自沿海向大陆腹地，太平洋副热带高压暖湿气流的影响逐渐减弱，湿度逐渐减小，大陆性干燥气候逐渐增强，温带草原植被的覆盖度和草的高度越来越低；相应的腐殖质积累过程逐渐减弱，有机物含量越来越低，碱土金属和碱金属盐类在土体中逐渐增加，出现积钙和积盐过程；土壤类型自东向西分布着黑土（温带湿润草原化草甸）、黑钙土（温带半干旱半湿润草甸草原）、栗钙土（温带半干旱干草原）、棕钙土（温带干旱荒漠草原）、灰钙土、灰漠土（温带荒漠）和棕漠土。这些土壤的形成条件和基本特性见表 8-2。

表 8-2　我国温带草原土壤类型的形成条件及基本特性

Tab. 8-2　Formation conditions and basic characteristics of soil types in temperate grassland in China

土壤类型	黑土	黑钙土	栗钙土	棕钙土	灰钙土	灰漠土	棕漠土
气候带	温带湿润、半湿润	温带半干旱半湿润	温带半干旱	温带干旱	暖温带干旱	温带极干旱	暖温带极干旱
年均温（℃）	0～6.7	-2～5	-2～6	2～7	5～9	5～8	10～12
年降水量（mm）	500～650	350～500	250～400	150～280	200～300	100～200	<100
植被	草原化草甸、草甸	草甸草原	干草原	荒漠草原	荒漠草原	荒漠	荒漠
有机物含量（%）	5～8	5～7	1～4.5	0.6～1.5	0.9～2.5	<1	0.3～0.6
pH	6.5～7.0	7.0～8.4	7.5～8.5	8.5～9.0	8.4～9.5	8.4～10	7.5～9.0

资料来源：张凤荣，2002
Data from Zhang, 2002

随着山体海拔的增加，在一定高度范围内，温度下降，湿度升高，生物气候类型和土壤类型也会发生相应变化。山地土壤垂直分布规律取决于山体所在位置的生物气候特点。一般而言，气温与湿度（包括降水）随海拔而变，在不同的地理纬度和经度地区的变幅不尽相同。在中纬度半湿润地区，海拔每上升 100m，气温会下降 0.5～0.6℃，降水增加 20～30mm；然而，当海拔达到 2500m 以上时，地形对流雨则可能减少。

山体迎风面和背风面的气候也有差异。我国许多东西走向的山体往往是气候的分界线，如秦岭、燕山等。

由于土壤侵蚀、成土母质、地下水等区域成土因素的影响，还有一些土壤与地带性土壤不一样，称为隐地带性土壤，如紫土、石灰岩土、黄绵土、风沙土、潮土、草甸土等。这些土壤虽因区域成土因素的影响，没有发育成地带性的土壤，但仍然有着地带性的烙印，如潮土和草甸土都是受地下水影响。潮土因地处暖温带（黄淮海平原），其有机物含量低于地处温带（东北平原）的草甸土。如想了解更多有关土壤分布的知识可阅读张凤荣（2002）主编的《土壤地理学》等参考书。

2. 池塘土壤的特性

用于建造池塘的土壤来自当地土壤的表层或近表层。土壤表层风化较严重，随着土壤深度增加，风化程度逐渐降低，而且微细或可溶物质由于淋溶而向下运动，并在特定层面积累。

土壤的质地对建造养殖池塘十分重要。粒径为 0.05～2mm 的颗粒称为沙粒，0.002～0.05mm 的为粉粒，小于 0.002mm 的为黏粒。用于建造池塘的土壤一般应含有 20%以上的黏土（黏粒≥50%），通常为 30%～40%的黏土（Boyd，1995）。黏土太少容易“漏水”，黏土过多则太黏，且易在干燥时板结。

林地和草原的表层土壤含有很多有机物，而用于农业耕作的上层土壤有机物含量很少超过 6%。热带和亚热带地区的土壤有机物含量更少（表 8-1）。大多数池塘土壤是矿物土壤，但含有一定量的有机物。矿物土壤中的有机物多为不易分解的腐殖质。随着池塘年龄的增加，底泥中有机物也会有所增加。

水浸没的池塘土壤中有间隙，其中仍有溶解氧，但由于生物的消耗，土壤中的氧气浓度（分压）比水体的低，因此，分压梯度引起氧气从水体向土壤运动。而溶解二氧化碳的情况则相反，形成由土壤向水体的运动。

颜色也是池塘土壤的一种特性，因为很多物质能赋予土壤一些特征性颜色。铁氧化物可使土壤呈黄色或亮红色，有机物可使土壤颜色变深，有些有机土壤甚至呈黑色。沙质土壤往往是淡棕色。水浸的土壤由于还原条件和亚铁化合物的存在而变成灰色和黑色。典型的池塘底泥表层由于氧化作用而呈三价铁化合物的黄灰色，但其下层由于还原作用而呈二价铁化合物的黑色。

池塘土壤中存在大量胶体颗粒，其直径为 1～100nm，如黏土颗粒中的层状硅酸、氧化铁、氧化铝及一些腐殖质颗粒。这些胶体颗粒呈分散状态，可干扰光的通过，带有电荷。其表面积很大，可吸附水中的离子和其他溶解物质，是活性很高的土壤组分。

随土壤类型不同其 pH 也会有所不同（表 8-1、表 8-2）。一些高度有机化土壤可能 pH＜3，大多数高度淋溶的矿物土壤 pH≥4，富含钙和碱的土壤 pH＜8.5，而碱性土壤的 pH 在 8.5～10。

水产养殖池塘土壤的 pH 变化范围很宽。根据 Boyd（1995）对 358 口淡水池塘的调查，土壤 pH 变化范围为 3.9～8.0，平均为 6.69；346 口半咸水池塘土壤的 pH 变化范围为 1.2～9.8，平均为 6.5。池塘土壤 pH 的高低对水与土壤间的离子交换影响很大。

用于水产养殖的池塘多为非硫酸盐土壤，池塘中大部分硫存在于有机物中。通常，池塘土壤比陆地土壤含有更多的有机物，所以含硫量也更高。淡水池塘底泥含硫量通常较海水池塘（包括半咸水）底泥的含硫量少，前者很少高于 0.1%，而后者多高于 0.5%（Boyd，1995），主要原因是海水中含有更多的硫酸盐。

8.1.2　池塘土壤与水体之间的离子交换

黏土颗粒大多数带负电荷，少数带正电荷。一个黏土胶团中 Al^{3+}替代 Si^{4+}或胶团中 Mg^{2+}替代 Al^{3+}产生一个未饱和的负电荷，而 Al^{3+}替代 Mg^{2+}则产生一个未饱和的正电荷。

黏土颗粒上的有些电荷与上述同型替代无关，而是由矿物胶体表面的羟基基团产生的。羟基基团的电荷随 pH 上升而增加：

$$\text{胶团—OH} + OH^- \Longleftrightarrow \text{胶团—}O^- + H_2O$$

在 pH 低时羟基基团可能会产生 1 个正电荷：

$$\text{胶团—OH} + H^+ \Longleftrightarrow \text{胶团—}OH_2^+$$

腐殖质由于含有羟基、羧基和苯酚基团而带有负电荷。这些基团可以看作是有机酸，其中一小部分即使在低 pH 情况下也会解离而产生 1 个电荷。不过，随着 pH 升高，腐殖质中的电荷会由于更多的基团解离而提高：

$$\text{（羟基）}\quad \text{—OH} + OH^- \Longleftrightarrow O^- + H_2O$$

$$\text{（羧基）}\quad \text{—COOH} + OH^- \Longleftrightarrow COO^- + H_2O$$

$$\text{（苯酚）}\quad \text{—OH} + OH^- \Longleftrightarrow \text{—苯环—}O^- + H_2O$$

土壤胶体中的负电荷会吸附阳离子，而正电荷吸附阴离子。例如：

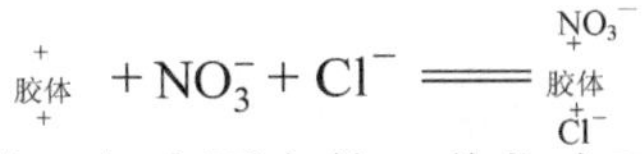

大多数胶体带有负电荷，但表面上的一些位点可能会带正电荷，这样就可能同时吸附正、负离子：

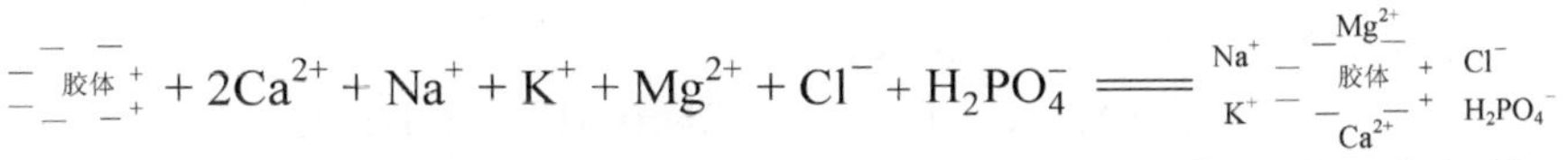

并不是所有阳离子都以相同的吸附强度被胶体上的负电荷吸附。它们被吸附的顺序如下：

$$Fe^{3+} > Al^{3+} > Ca^{2+} > Mg^{2+} > K^+ \geqslant NH_4^+ > Na^+$$

可见，吸附作用随着化合价的减小而下降。对于相同化合价的阳离子，离子半径越小电荷密度会越高，吸附亲和力也就越强。另外，水中离子的浓度也会影响其实际的吸附效果。例如，如果溶液中增加更多的 Ca^{2+}，那么在建立的新平衡体系中，土壤胶体上就会有更多的 Ca^{2+}被吸附。有些物质对某类物质具有特殊吸附作用，如有机物对两价金属就有较强的吸附亲和力。

易被带正电荷的土壤胶体吸附的阴离子有磷酸根、硅酸离子及某些有机酸离子等。阴离子被吸附的顺序如下：

草酸离子＞柠檬酸离子＞磷酸离子＞硫酸离子＞氯离子＞硝酸离子

8.1.3 池塘土壤的酸度

pH 是溶液中 H^+浓度的度量值，即 H^+的负对数值，而酸度是一种物质提供 H^+的能力。土壤 pH 与其酸度有关，pH 可影响土壤矿物的溶解度，是影响土壤化学平衡的重要变量。当需要施用碱性物质来修复酸化的池塘土壤时就必须了解土壤的酸度。

多数池塘土壤的 pH 和酸度主要是由土壤中可交换铝引起的（Boyd，1995），其反应式如下：

$$\text{胶体—}Al^{3+} \longrightarrow Al^{3+} + 3H_2O \longrightarrow Al(OH)_3 + 3H^+$$

H^+浓度和 pH 取决于溶液中 Al^{3+}的平衡浓度，而 Al^{3+}的平衡浓度与土壤胶体吸附的可交换阳离子总量及 Al^{3+}的比例有关。酸度主要由土壤胶体吸附 Al^{3+}的量决定。此外，Fe^{3+}的量也会影响土壤酸度，因为 Fe^{3+}与 Al^{3+}可以相同的方式水解。

有些土壤含有黄铁矿（FeS_2）或其他硫化物。沿海地区土壤中积累黄铁矿很普遍。海水和沿海湿地半咸水中存在大量硫酸盐，在厌氧条件下微生物的活动可产生硫化物和元素 S。铁和硫化物可通过几种途径反应生成黄铁矿（FeS_2），积淀于沉积物中。其简化反应式为：

$$\underset{\text{沉积物中}}{Fe_2O_3} + 4\underset{\text{海水中}}{SO_4^{2-}} + 8\underset{\text{有机物}}{CH_2O} + 0.5O_2 \longrightarrow 2FeS_2 + 8HCO_3^- + 4H_2O$$

厌氧条件下 FeS_2 是稳定的，但当与大气接触时，土壤中的硫化物会被氧化成硫酸。总硫超过 0.75%的土壤称为潜在酸性硫酸盐土壤。当其暴露于大气而被氧化时，就变成酸性硫酸盐土壤。碳酸钙会中和 FeS_2 氧化产生的酸，因此，当沉积物中有大量碳酸钙沉淀时其就不会发育成酸性硫酸盐土壤。

FeS_2 氧化涉及许多反应：

$$FeS_2 + H_2O + 3.5O_2 \longrightarrow FeSO_4 + H_2SO_4$$

$$2FeSO_4 + 0.5O_2 + H_2SO_4 \longrightarrow e_2(SO_4)_3 + H_2O$$

$$FeS_2 + 7Fe_2(SO_4)_3 + 8H_2O \longrightarrow 15FeSO_4 + 8H_2SO_4$$

此外，硫酸高铁可以按下列反应水解：

$$Fe_2(SO_4)_3 + 6H_2O \longrightarrow 2Fe(OH)_3 + 3H_2SO_4$$

$$Fe_2(SO_4)_3 + 2H_2O \longrightarrow 2Fe(OH)(SO_4) + H_2SO_4$$

硫酸高铁可与 FeS_2 反应产生元素 S，S 可在微生物作用下氧化产生硫酸：

$$Fe_2(SO_4)_3 + FeS_2 \longrightarrow 3FeSO_4 + 2S$$

$$S + 1.5O_2 \longrightarrow H_2O + H_2SO_4$$

氢氧化高铁能与吸附的碱起反应，如与硫酸盐土壤中的钾反应生成碱性黄钾铁矾：

$$3Fe(OH)_3 + 2SO_4^{2-} + K^+ + 3H^+ \longrightarrow KFe_3(SO_4)_2(OH)_6 \cdot 2H_2O + H_2O$$

黄钾铁矾比较稳定，但在酸性硫酸盐土壤中有水解的倾向：

$$KFe_3(SO_4)_2(OH)_6 \cdot 2H_2O + 3H_2O \longrightarrow 3Fe(OH)_3 + K^+ + 2SO_4^{2-} + 3H^+ + 2H_2O$$

池塘底泥的深层部位常缺氧，且微生物并不活跃，因此上述氧化反应并不强烈。但是，在池塘干露出的堤岸部位或池塘水排干时，上述氧化反应会导致池塘土壤酸化。在雨季，来自堤岸冲刷的硫酸可使池塘水 pH 大幅下降，影响养殖动物生长，甚至可使养殖动物死亡。菲律宾伊洛伊洛省和我国南方养殖池塘就发生过此类情况（Boyd，1995；周星晓和王志武，2011）。

8.2　养殖池塘的沉降作用

形成池塘底部的物质称为沉积物或底泥。池塘底部的沉积物分为外源性和内源性两部分。外源沉积物主要是池塘纳水时随水而入的颗粒物，遇到相对静态的池塘环境时，这些颗粒物就会沉降到池塘底部。外源沉积物主要成分是泥沙和动植物碎片，也包括部分密度较大的浮游植物，如硅藻。内源沉积物则主要是残饵、粪便、生物碎屑、泥沙等。有些池塘水交换频率比较高或增氧机形成的水流较强，池塘堤岸被冲蚀严重，这时，池塘的底泥可能会有很多来自堤岸崩坍的土壤。对于精养池塘和半精养池塘，残饵和养殖动物的粪便是池塘底泥的重要来源。使用多年的池塘底泥通常有机物含量较高，对池塘水质和养殖生产影响很大。

远离陆地的大洋中的浮游物沉降作用主要发生在真光带（具有光合作用的水层），浮游生物是其主要成分。随着水深的增加，海水中颗粒物质数量急剧减少，至 100 多米深处颗粒物质数量则趋于稳定（Bishop et al.，1977）。海洋沉积作用的有机碳数量范围在 1～1000mgC/(m^2·d)。该数量主要与初级生产力相关，近岸多，大洋少。营养比较丰富的近岸海域的生物沉积作用的有机碳数量范围为 30～600mgC/(m^2·d)，并具有明显的季节性变化（Valiela，1995）。

鱼类网箱养殖区下部会有大量残饵粪便沉积，导致有机物负荷增加。对欧洲鲑鱼网箱养殖区的调查显示，每年只有约 10%的有机物可得到分解（Gowen，1992）。

在近海贝类养殖区，滤食性贝类产生的粪便和假粪造成的（生物）沉积作用非常强烈。近海滤食性贝类养殖区的沉降作用是非养殖区的 3～7 倍（周毅等，2003b；Dahlbäck & Gunnarsson，1981；Haven & Morales-Alamo，1966）。荷兰舍尔达河口贻贝滩每年沉积 30cm 厚的淤泥（Haven & Morales-Alamo，1966），智利南部海湾贻贝的平均生物沉积量为 271g/(m^2·d)（Jamillo et al.，1992）。我国烟台四十里湾贝类养殖区一年的生物沉积量可达 5.92 万 t（周毅等，2001）。

较浅的养殖池塘，浮游生物量通常较高，其天然沉积作用比开放海域要高。Ren 等（2010）对刺参粗养（不投饵）池塘的沉降作用的研究表明，池塘总颗粒物（TPM）沉降量月平均值变化范围为 10.2～38.3g/(m^2·d)，平均为 22.1g/(m^2·d)。TPM 沉降通量在风较大的春、秋季节显著高于冬、夏季节。TPM 沉降通量最大值出现在 5 月份，最低值出现在 1 月份（表 8-3）。

表 8-3 刺参养殖池塘周年总颗粒物（TPM）、颗粒有机碳（POC）、颗粒有机氮（PON）、总磷（TP）和叶绿素（Chl a）沉降通量及再悬浮率（ReS）

Tab. 8-3 Annual sediment fluxes of TPM, POC, PON, TP, Chl a and resuspension rate (ReS) in sea cucumber culture ponds

日期 Dates	TPM/ [g/(m²·d)]	POC/ [mg/(m²·d)]	PON/ [mg/(m²·d)]	TP/ [mg/(m²·d)]	Chl a/ [mg/(m²·d)]	ReS/%
4/07 7 Apr.	24.8±1.2	782.5±72.6	87.0±5.8	17.3±1.4	2.5±0.1	89.6
5/07 7 May.	38.3±2.7	1104.3±22.1	113.4±13.4	21.6±2.1	4.4±0.4	95.5
6/07 7 Jun.	14.6±1.8	512.9±71.6	58.9±7.0	11.6±0.6	1.2±0.3	89.6
7/07 7 Jul.	18.0±2.6	626.7±79.8	57.7±19.4	19.4±2.3	0.9±0.2	66.5
8/07 7 Aug.	23.6±3.8	484.8±28.1	74.2±7.4	16.6±3.4	3.7±0.9	67.1
9/07 7 Sep.	29.3±3.2	1084.5±73.9	146.7±12.7	22.7±2.5	3.6±0.5	83.8
10/07 7 Oct.	28.8±0.7	1200.6±75.9	155.5±1.4	16.6±0.5	4.0±0.8	90.5
11/07 7 Nov.	31.8±1.8	1142.4±88.0	174.8±12.3	16.2±1.6	2.6±0.3	92.1
12/07 7 Dec.	14.5±2.5	465.3±65.2	52.2±6.6	10.8±1.6	1.2±0.2	79.3
1/08 8 Jan.	10.2±1.2	377.0±38.9	45.5±5.7	9.4±1.1	1.0±0.1	59.6
2/08 8 Feb.	11.9±0.5	419.8±26.2	50.8±1.5	9.2±0.4	1.4±0.4	69.8
3/08 8 Mar.	19.1±1.5	754.6±86.5	80.6±14.4	16.6±0.3	2.8±0.5	87.9
4/08 8 Apr.	22.1±1.3	874.3±244.0	99.9±22.2	15.1±1.1	2.8±0.2	91.0
平均 Mean	22.1	756.1	92.1	15.6	2.5	81.7

Note: TPM, total particulate matter; POC, particulate organic carbon; PON, particulate organic nitrogen; TP, total phosphorus

刺参养殖池塘水较浅，沉降至底部的颗粒物质再悬浮是不容忽视的生态过程。池塘沉积物再悬浮率月平均值变化范围为 59.6%～95.5%，平均为 81.7%，其中夏季和冬季再悬浮率显著低于春、秋季节。虽然池塘面积小，但水较浅，因此，其沉积物再悬浮率与一些开阔的受风影响较大的湖泊、近岸海域相当。

刺参粗养池塘颗粒有机碳沉降通量月平均值变化范围为 377.0～1200.6mg/(m²·d)，平均为 756.1mg/(m²·d)。池塘颗粒有机氮沉降通量月平均值变化范围为 45.5～174.8mg/(m²·d)，平均为 92.1mg/(m²·d)。池塘总磷沉降通量月平均值变化范围为 9.2～22.7mg/(m²·d)，平均为 15.6mg/(m²·d)。

海参粗养池塘不投饵，因此，其沉降作用主要是纳潮水中携带的颗粒物质和池塘生长的浮游生物的沉降。而投饵养殖池塘中的沉降作用还包括养殖动物的残饵、粪便和有机肥等物质的沉降。Boyd 等（2010）分析了世界上 233 个使用年限 1～52 年（平均 14.9 年±10.4 年）养殖池塘（其中 164 个是泰国的养殖池塘）的底泥状况。结果表明，它们的底泥厚度为 4～36cm，平均 16.8cm±11cm；底泥厚度增速为 1.44cm/年±0.79cm/年，相当于 6840g/(m²·年)；底泥干重密度为 0.176g/cm³±0.760g/cm³，平均为 0.475g/cm³±0.187g/cm³；底泥有机物含量为 1.08%±7.01%，平均 2.46%±1.21%。

土壤细菌干物质一般含有 10%的 N 和 50%的 C。底泥有机物中可利用的 C、N 重量比也是在 5 左右，有利于细菌的分解、利用。根据 Boyd（1995）对 346 半咸水池塘的调查，前者底泥的碳氮比值为 6.4，而后者为 6.0，这比一般陆地土壤的碳氮比值（10～12）低许多。其原因主要是陆地土壤和池塘底泥的有机物来源及其成分不同，池塘浮游植物 N 干重占 5%～10%，残饵 N 干重占 5%～6%，而陆生植物一般不超过 4%。

不投饵的扇贝和海参养殖会对池塘底质产生很大影响。养殖扇贝池塘、养殖海参池塘、空白池塘和邻近海域底泥的碳氮比值平均分别为 13.2、24.0、18.4 和 23.7（郑忠明，2009），都远大于 5，说明这些水体表层底泥有机碳比有机氮更为丰富。海参养殖池塘和邻近海域底泥的碳氮比值更高，说明它们的底泥中不易被利用的有机碳更多。

8.3　养殖池塘底泥的呼吸作用

养殖池塘底泥存在呼吸作用，包括好氧呼吸和厌氧呼吸，其中异养微生物的作用更为重要。异养微生物从有机物或无机物分解、转化中获得营养物质和能量。异养微生物好氧呼吸的最终电子和氢受体是溶解氧，而厌氧呼吸则以有机物代谢产物和无机物质替代溶解氧作为电子和氢受体。如下式所示：

$$\text{氧化作用}\quad NH_4^+ + 2O_2 = NO_3^- + 2H^+ + H_2O$$

$$\text{还原作用}\quad SO_4^{2-} + 4H_2 = S^{2-} + 4H_2O$$

底泥中存在的微生物在好氧条件下可分解有机物，生成 CO_2 和水，而在厌氧条件下，微生物作用的副产品则是可溶性有机物、甲烷、硫化氢等还原性物质。底泥呼吸作用对池塘水质和营养元素循环的影响很大。

8.3.1　池塘底泥的好氧呼吸

池塘底泥存在的呼吸作用主要是由底栖动物、底栖藻类和微生物引起。底栖动物的代谢活动会消耗有机物和溶解氧，排出 CO_2。底栖藻类在黑暗条件下会呼吸，消耗溶解氧并排出 CO_2。微生物的好氧呼吸是一个氧化反应，有机物中的 C 被氧化成 CO_2，同时释放能量。

池塘底泥中存在的有机物主要是由碳水化合物、蛋白质和脂肪组成。由于构成这些有机物的 C、H、O 组成比例不同，分解它们时产生的 CO_2 和消耗的 O_2 的比值（呼吸熵，*RQ*）也不同。碳水化合物的 C 比例为 40%，其 *RQ* 为 1.0，而蛋白质和脂肪的 *RQ* 则分别为 0.8 和 0.7。氧化程度越高的有机物，*RQ* 越高；而还原程度越高的有机物，*RQ* 越低，氧化过程中需消耗更多氧气。

异养微生物在好氧条件下可将处于还原状态的无机化合物氧化成氧化状态（表 8-4）。

表 8-4　几种细菌的电子供体、受体和终产物

Tab. 8-4　Major electron donors, acceptors and end products for several types of bacteria

细菌类型 Bacterium types	电子供体 Electron donor	电子受体 Electron acceptor	氧化终产物 Oxidized end products
硝化细菌 Nitrifying bacteria	NO_2^-、NH_4^+、NH_2OH	O_2、NO_3^-	NO_3^-、NO_2^-
硫化细菌 Sulfur bacteria	H_2S、S^0、$S_2O_3^-$	O_2	S^0、SO_4^{2-}
氢细菌 Hydrogen bacteria	H_2	O、SO_4	H_2O
甲烷细菌 Methane bacteria	CH_4	O_2	CO_2
铁细菌 Iron bacteria	Fe^{2+}	O_2	Fe^{3+}
一氧化碳细菌 CO bacteria	CO	H_2	CH_4

资料来源：Valiela，1995

Data from Valiela, 1995

影响池塘底泥微生物好氧呼吸的因子主要是溶解氧浓度、温度、pH 和有机物浓度等。好氧呼吸需要持续的氧气供应，当底泥中氧气接近耗竭时就会出现厌氧呼吸。即使水体中溶解氧十分充足时，池塘表层底泥之下由于氧气供应不畅也会呈现厌氧状态，底泥的颜色会呈还原性亚铁化合物的黑色。

在适宜的温度范围内，温度每上升 10℃微生物的呼吸强度会增加 1 倍，这是一般生物的代谢规律。每一种微生物都有一个最适的 pH 范围，在此 pH 范围下其生长较快。真菌在偏酸性土壤中生长更好，细菌则多喜欢中性或偏碱性土壤。因此，一般保持中性或偏碱性的池塘底泥更有利于细菌的生长和呼吸。

好氧微生物的生长、呼吸需要分解有机物，因此，有机物含量较高的底泥中微生物数量较多，呼气强度通常也会更高。郑忠明（2009）的研究表明，山东荣成扇贝养殖池塘、海参养殖池塘、空白池塘和邻近海域 0～5cm 底泥耗氧量（SOC）与其总有机碳（TOC）含量相关。2007 年 8 月扇贝养殖池塘的沉积速率较高[293.2gdw/(m^2·d)±40.8gdw/(m^2·d)]，因此，其底泥 TOC（1.841%±0.116%）也较海参养殖池塘（0.495%±0.050%）、空白池塘（1.362%±0.180%）和邻近海域（1.210%±0.115%）底泥高，导致扇贝养殖池塘底泥的耗氧量明显高于其他水体底泥（图 8-1）。由于海参摄食底泥中的有机物，11 月海参养殖池塘底泥 TOC 较低，其底泥的耗氧量也很低。停止养殖扇贝后，2008 年该池塘底泥的耗氧量也逐渐降低到与对照池塘相似的水平。

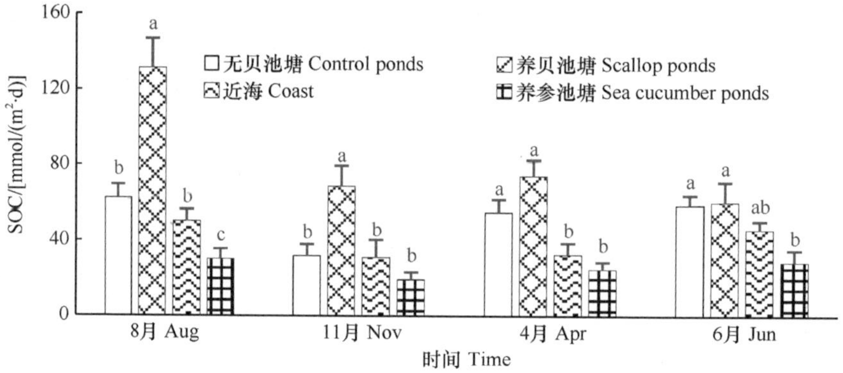

图 8-1　所调查池塘 0～5cm 底泥耗氧量（SOC）

2007 年 8～11 月为扇贝养殖期，2008 年 4～6 月为非扇贝养殖期

Fig. 8-1　Sediment oxygen consumption (SOC)(0～5cm) in investigation ponds

Scallop was cultured during Aug. 2007 and Nov. 2007, none scallop was culture during Apr. 2008 and Jun. 2008

我国广东省淡水草鱼养殖池塘表层底泥耗氧量为 0.76～1.09gO_2/(m^2·d)（张敬旺，2012），山东省海水对虾半精养池塘表层底泥耗氧量为 0.25～1.74gO_2/(m^2·d)（徐宁等，1999）。美国亚拉巴马州斑点叉尾鮰精养池塘表层底泥耗氧量为 0.19～2.74gO_2/(m^2·d)（Mezainis，1977），以色列高密度养殖池塘耗氧量可达 3～4gO_2/(m^2·d)（Schroeder，1987）。可见，养殖池塘底泥耗氧量与养殖模式、放养密度等有关。

底泥的耗氧量还与水温等多种因子有关。海水刺参养殖池塘底泥的耗氧量（SOC）在不同温度和溶解氧下的变化如图 8-2 所示（郑忠明，2009）。由图可见，不同的温度和溶解氧（DO）条件下，池塘底泥耗氧量变化范围在 155～1668mg/(m^2·d)。随着温度和 DO 的增加，SOC 总体上呈增加趋势。我国北方冬季池塘底泥耗氧量较低，如吉林省鱼类越冬池塘表层底泥耗氧量为 0.18～0.65gO_2/(m^2·d)（杨凤和雷衍之，1998）。

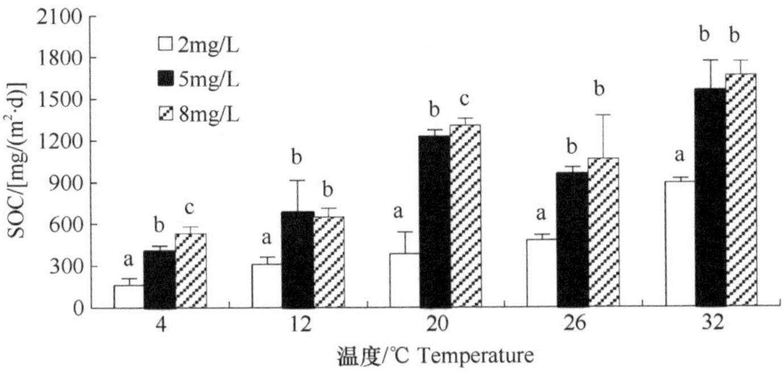

图 8-2　不同温度和溶氧条件下海水池塘底泥耗氧量

Fig. 8-2　Sediment oxygen consumption (SOC) of sea water pond under different temperature and dissolved oxygen conditions

在有氧（开动增氧机）的情况下，有氧分解速度加快，底泥中有机物的积累速度会减缓。Ghosh 和 Mohanty（1981）的研究表明，增氧可使底泥有机氮的矿化速度提高 20%～41%。

8.3.2　池塘底泥的厌氧呼吸

在缺氧状态下养殖池塘底泥微生物会进行厌氧呼吸。当池塘水体缺氧时，底泥会处于缺氧状态，即使在水体不缺氧时，底泥上层也仅有很薄的一层处于好氧状态，底泥深层会经常性地处于缺氧状态。

当分子氧耗尽时，由微生物介入的呼吸作用，或者处于相对氧化状态的无机或有机化合物的还原反应会自动进行。发酵是厌氧呼吸的一种类型，具有发酵能力的微生物会将复杂的有机化合物分解成更为简单的有机物。

许多微生物具有利用相对氧化状态的无机物替代分子氧作为电子受体的能力。利用硝酸作为电子受体的细菌能够水解复杂的化合物并产生 CO_2，同时硝酸被还原为亚硝酸、氨、氮或氮氧化物。在硝酸还原出现的地带，一部分有机碳被彻底氧化成 CO_2，一部分则被转化为有机发酵产物。

$$HNO_3^- + H^+ \longrightarrow HNO_2 + H_2O$$

$$2HNO_2 + 4H^+ \longrightarrow H_2N_2O_2 + 2H_2O$$（$H_2N_2O_2$ 为次亚硝酸）

$$H_2N_2O_2 + 4H^+ \longrightarrow 2NH_2OH$$（NH_2OH 为羟胺）

$$NH_2OH + 2H^+ \longrightarrow NH_3 + 2H_2O$$

$$H_2N_2O_2 \longrightarrow N_2O + H_2O$$

$$H_2N_2O_2 + 2H^+ \longrightarrow N_2 + 2H_2O$$

$$N_2O + 2H^+ \longrightarrow N_2 + H_2O$$

铁和锰还原细菌利用氧化铁和氧化锰作为氧化剂，分解有机物，产生亚铁（Fe^{2+}）和还原锰（Mn^{2+}）。硫酸还原菌和甲烷细菌不能水解复杂的有机物，也不能水解简单碳水化合物和氨基酸，只能利用短链脂肪酸和发酵细菌产生的简单乙醇作为有机碳源，产生硫化氢和甲烷。

通常，池塘底泥从表层向下，随着深度增加氧化还原电位下降，每层都有其特有的氧化还原反应。微生物在消耗氧时会引起底泥的氧化还原电位下降。随着氧化还原电位不断下降，微生物呼吸的电子受体依次变为硝酸、亚硝酸、高铁和高锰化合物、硫酸和二氧化碳。厌氧呼吸的副产物是可溶性有机化合物、CO_2、氨、亚硝酸、氮气、亚铁化合物、亚锰化合物、硫化氢、氢、甲烷等。

Mortimer（1942）测定了室内封闭（无氧气补充）和开放（有氧气补充）的底泥—水系统的氧化还原电位和溶解物质状况。结果表明，封闭系统底泥的氧化还原电位更低，而且水中存在高浓度的铁、锰、磷酸、氨和亚硝酸。封闭系统水中的硫酸由于还原为硫化氢而浓度降低。水质的这些变化都是由底泥厌氧呼吸产物引起的。

在池塘底层水不缺氧时，底泥的表层会存在一层氧化态底泥。这层底泥会影响底泥中还原性物质扩散进入池塘水体（图 8-3A）。但是，当底层水缺氧或底泥表层处于还原状态时，还原态底泥中存在的还原性物质就比较容易扩散进入池塘水体（图 8-3B）。

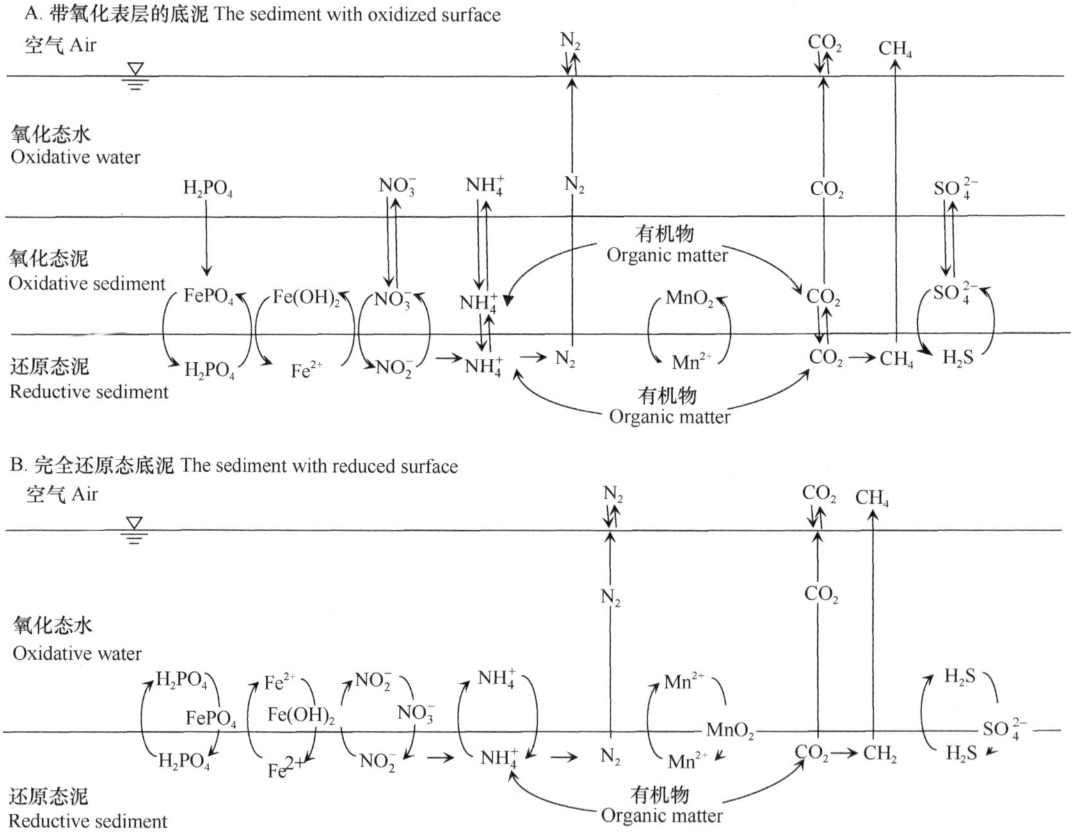

图 8-3 池塘中底泥与水间的物质交换（Boyd，1995）

Fig. 8-3 Matter exchanges between sediment and water in pond (Boyd, 1995)

池塘中养殖的底栖性鱼类（如鲤、鲫、斑点叉尾鮰等）会扰动底泥的氧化态层，增氧机的使用也会扰动底泥，这样的扰动会使底泥中的亚硝酸等还原性物质进入上覆水。

有些还原性化合物如 H_2S 等对养殖动物具有较大的毒性，对养殖的底栖鱼类或甲壳动物有一定的影响。

8.4 养殖池塘底泥与上覆水间的氮磷交换

池塘土壤，特别是底泥，是池塘水体溶解性营养盐和金属离子等物质的主要来源和归宿，在水产养殖生态系统中具有不可或缺的作用。一些离子在水与池塘土壤间通过吸附、解析构成动态平衡。养殖动物的残饵、粪便和池塘的生物沉积物质经分解、矿化、扩散后一部分又释放到水中，这些过程直接影响池塘的水质和底质，对池塘的养殖产量具有十分重要的潜在影响。

8.4.1 底泥与上覆水间的氮交换

人们常将大量的营养物质（饵料、肥料等）投入水产养殖系统中，系统对这些营养物质利用率有限，会导致有机物在池底沉积、积累。在半精养鱼塘中，由于生物利用率较低（11%～36%），投入的 N、P 大部分会进入沉积物环境中（Schroeder，1990）。Green（1995）的研究显示，施有机肥养殖罗非鱼池塘的 N、P 沉积分别占 N、P 输入的 70%和 35.4%。Funge 和 Briggs（1998）对精养虾池中物质平衡的研究发现，在养殖过程中只有 10%的 N 和 7%的 P 被利用，其余大部分落入沉积物环境中。

池塘底泥中 N 主要以有机氮的形态存在，占总氮的 70%～90%。在底泥微生物的作用下，有机氮转化为无机氮。同时，由于多种非生物因素的作用，各种形态的 N 间形成了复杂的动态平衡。

N 的转化可以分为氨化、硝化、反硝化 3 个过程。不像天然水体的底泥，池塘底泥积累的有机物多为碳氮比值较低的大分子化合物，更容易被微生物分解。底泥有机物氨化产生的氨氮首先会进入底泥间隙水中，之后，在浓度梯度的作用下扩散进入上覆水。草鱼混养池塘底泥间隙水的氨氮浓度是上覆水的 10～25 倍，且随着养殖时间的延长会逐渐升高。但是，硝酸氮和亚硝酸氮的浓度却比上覆水中的要低（赵蕾等，2011）。

底泥有机物分解产生的氨氮在进入上覆水之前可能会被进一步氧化为硝酸氮或亚硝酸氮，即硝化作用。正如前述，这一过程是耗氧过程。硝化作用产生的硝酸氮可在缺氧条件下还原成 N_2O 或 N_2（即反硝化作用），导致底泥氮以 N_2 形态逸失。多数反硝化细菌是兼性厌氧，在底泥—水界面处于缺氧状态时，反硝化作用更容易发生。

据郭永坚（2011）报道，山东省淡水草鱼混养池塘的硝化速率范围为 0～12.9mmol/(m^2·d)，高于广东省珠江口沉积物的硝化速率[0.32～2.43mmol/(m^2·d)]，也高于广东省大亚湾沉积物的硝化速率[0～4.68 μmol/(m^2·d)]（徐继荣等，2007，2005）。该池塘氨化速率范围在 0～41.25mmol/(m^2·d)，高于珠江口沉积物的氨化速率[4.17～13.06mmol/(m^2·d)]，也高于海参养殖池塘的氨化速率[0～21.916mg/(m^2·d)]（郑忠明，2009）。该池塘的反硝化速率为 0～734.15μmol/(m^2·d)，远高于刺参养殖池塘的速率，远低于海水对虾养殖池塘的速率，而与很多河口、湖泊的反硝化速率接近。

对海水刺参单养和混养池塘的研究表明，在养殖季节池塘均显示为底泥吸收硝酸盐，且月份间差异显著（图8-4），7月吸收速率更高（Zheng et al.，2009）。除6月刺参单养池塘外，氨也表现为底泥吸收。6～10月淡水草鱼养殖池塘的底泥对氨有时释放有时吸收，对硝态盐和亚硝态盐在7月、8月表现为底泥吸收，其余时间则为底泥释放（郭永坚，2011）。

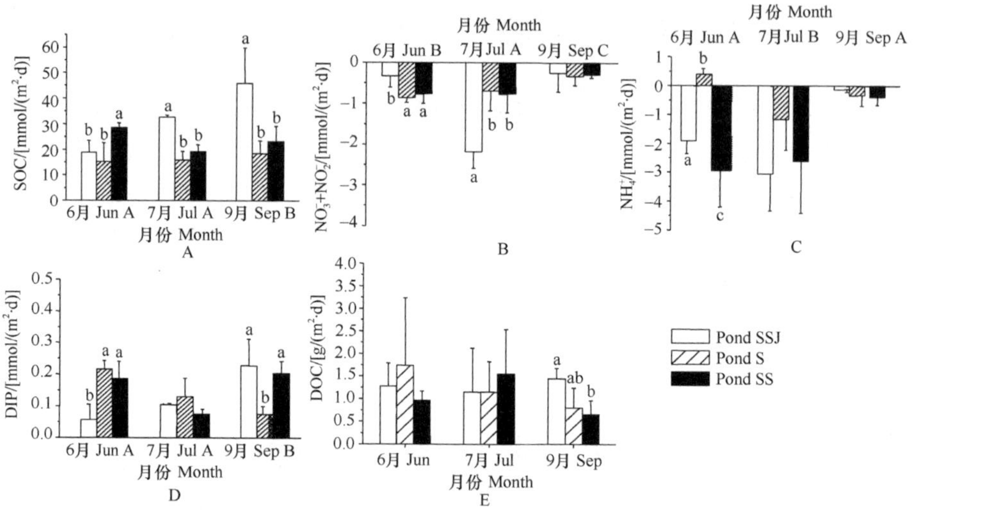

图 8-4　刺参养殖池塘夏季底泥—水界面营养物质通量比较

A. 底泥耗氧量；B. 底泥硝态盐+亚硝态盐通量；C. 底泥氨通量；D. 底泥可溶性无机磷酸盐通量；E. 底泥可溶性有机碳通量。负值表示底泥吸收。不同小写字母表示同一月份不同池塘间存在显著差异，不同大写字母表示月间差异显著（$P<0.05$）。S：刺参单养池塘；SS：刺参与对虾混养池塘；SSJ：刺参与对虾和海蜇混养池塘

Fig. 8-4　Comparisons on sediment-water interface fluxes of experimental ponds in three months

A. Sediment oxygen consumption (SOC); B. Sediment nitrate + nitrite fluxes; C. Sediment ammonium fluxes; D. Sediment dissolved inorganic phosphate (DIP) fluxes; E. Sediment dissolved organic carbon (DOC) fluxes. Negative values indicate a sediment uptake. Lowercase letters indicate the differences between ponds within same months; Capital letters indicate the differences between months. S: Sea cucumber monoculture ponds; SS: Polyculture ponds of sea cucumber with shrimp; SSJ: Polyculture ponds of sea cucumber with shrimp and jellyfish

影响底泥—水界面氮通量的因子主要有温度、溶解氧、氧化还原电位、有机物浓度、生物扰动等，因此，不同养殖模式和不同季节的底泥—水界面氮通量变化很大。

8.4.2　底泥与上覆水间的磷交换

沉积物中的磷以各种复杂的结合形式存在。从贮库上可分为颗粒态磷和溶解态磷；从性质上可分为无机态磷和有机态磷；从形态上可分为有机结合态磷和不稳定或弱结合态磷、Fe 或 Al 结合态磷、Ca 结合态磷等。

池塘底泥有机磷在微生物的作用下分解产生无机磷，无机磷则扩散进入上覆水参与水体中磷的循环。底泥是上覆水可溶性活性磷（SRP）的一个巨大贮库。表层底泥间隙水中 SRP 浓度高于上覆水（赵蕾等，2011），SRP 会沿着浓度梯度逐渐扩散进入上覆水。但当上覆水 SRP 浓度较高时底泥也会反过来吸收 SRP。

水中 Fe^{3+}、Ca^{2+}、Al^{3+}等离子可与 SRP 形成难溶的磷酸盐沉淀进入底泥。此外，上覆水中胶粒或黏土颗粒可能会吸附大量 SRP。在一定条件下被吸附的磷与溶液间发生离子交换、解析，从而参与间隙水与上覆水之间的磷交换。

对刺参单养和混养池塘的研究表明，在养殖季节池塘均显示为底泥吸收可溶性无机磷酸盐（DIP），且不同养殖模式间差异显著（图 8-4）。淡水草鱼养殖池塘 6 月、7 月、

10 月各池塘的 DIP 通量主要表现为底泥释放，养殖早期的 6 月最小，为 0.06～0.93mmol/(m^2·d)，而 8 月、9 月两个月多以底泥吸收 DIP 为主，最高值甚至达到 −500mmol/(m^2·d)（郭永坚，2011）。

8.4.3　影响底泥与上覆水间氮磷交换的因素

底泥—水界面营养盐的交换速率主要由扩散、吸附—解吸、沉淀—溶解和有机物的分解过程控制。影响营养盐在底泥—水界面间交换速率和方向的直接因素是间隙水与上覆水之间营养盐的浓度差，其他影响因素还有温度、氧气状况、pH、氧化还原环境、底泥本身的物理性质、有机物浓度等，底栖动物的扰动也对其有影响。

1. 温度和氧气状况

底泥—水界面上的吸附反应通常是一个发热过程，温度升高时，底泥的吸附能力下降，固体颗粒表面的离子容易解吸而进入间隙水和上覆水。随着温度的升高，物质的溶解度一般增加，物质的扩散速率也增加。

PO_4^{3-} 与底泥表面的氢氧化合物结合而被吸附，当底泥中溶解氧的浓度增加时，PO_4^{3-} 的释放受到抑制，而还原性环境有利于 P 的释放。溶解氧的浓度会影响硝化—反硝化过程，进而影响不同形态氮之间的转化速率和通量。硝化作用消耗氧，当底泥中氧浓度增加时，硝化反应速率增加，此时 NH_4^+ 的交换速率减小，而 NO_3^- 和 NO_2^- 的交换速率增加。在夏季，当底泥变为还原环境时，NH_4^+ 的交换通量是春、冬季的 3 倍（Sundby et al.，1992）。统计分析表明，水体中溶解氧和底泥耗氧量的变化可以解释 NH_4^+ 交换速率变化的 68%，NO_2^- 的交换速率和上覆水体溶解氧的变化可以解释 NO_3^- 交换速率变化的 73%，而 NO_3^- 交换速率和温度的变化可以解释 NO_2^- 交换速率变化的 74%。

对刺参养殖池塘底泥的研究表明，不同温度和溶氧状态下 NH_4^+ 的通量均为正值，即 NH_4^+ 由底泥向上覆水中扩散，并且变化范围较大（郑忠明，2009）。随着温度增加 NH_4^+ 通量也增加，但随着溶氧的升高 NH_4^+ 通量总体上呈现逐渐减小的趋势（图 8-5）。

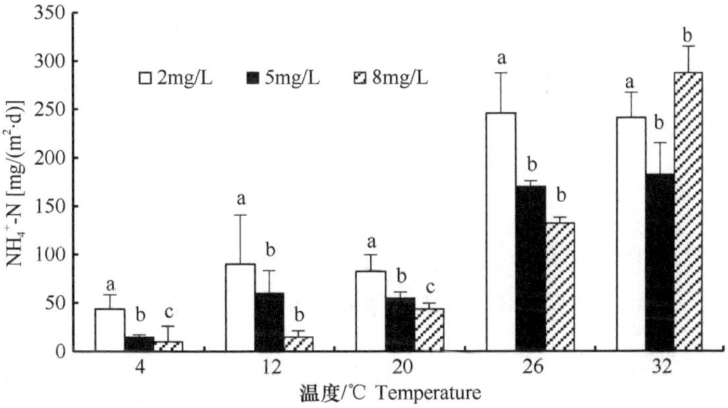

图 8-5　不同温度和溶氧条件下海水池塘底泥—水界面氨氮通量

Fig. 8-5　Fluxes of ammonium across sediment-water of sea water pond in different temperatures and dissolved oxygen conditions

池塘底泥—水界面间的PO_4^{3-}通量也受温度和溶解氧的影响。从图 8-6 中可见，4℃时 3 个不同溶氧水平下的PO_4^{3-}都表现为由上覆水向底泥扩散，且它们之间的通量差异不显著，其他温度状态下基本表现为由底泥释放。在溶氧为 5mg/L 和 8mg/L 时，随着温度升高PO_4^{3-}通量有增加的趋势。

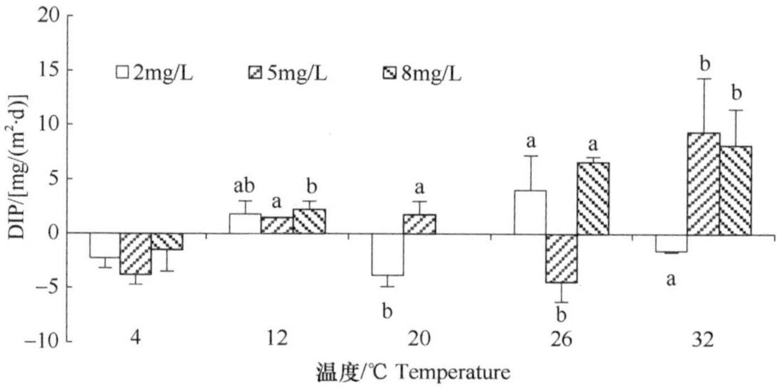

图 8-6　不同温度和溶氧条件下底泥—水界面可溶性磷酸盐（DIP）通量

正值表示营养盐由底泥向上覆水释放，负值表示营养盐被底泥吸收

Fig. 8-6　Fluxes of dissolved inorganic phosphate (DIP) across sediment-water in different temperatures and dissolved oxygen conditions

Positive and negative values represent nutrient out of and into sediments, respectively

2. pH 和氧化还原环境

pH 作为影响底泥—水界面氧化还原环境和化学平衡状态的重要因素，对营养物质生物地球化学过程影响显著。改变 pH 有利于某些矿物的溶解与某些组分的转化。pH 主要通过影响底泥中微生物活动，间接影响氮在底泥—水界面的迁移转化（刘培芳等，2002）。金相灿等（2004）对太湖底泥磷形态的研究发现，pH 是影响底泥中磷释放的重要因素。

3. 底泥的物理性质

池塘表层底泥主要由氧化物、黏土和有机物组成。具有电荷和巨大表面积的黏土颗粒和具有生物学可利用性及高度化学活性的有机物，对底泥—水界面上的物质交换影响较大。Fe 氧化物对PO_4^{3-}的快速吸附和释放控制着间隙水中PO_4^{3-}的浓度，从而直接影响PO_4^{3-}在底泥—水界面上的交换。

4. 底泥中的有机物

池塘底泥间隙水中的营养盐主要通过有机物分解而产生，并通过扩散等机制向上覆水体扩散、转移。因此，底泥中有机物的含量和补充速率对底泥—水界面营养盐的交换速率有着重要影响。

5. 生物扰动

生物扰动作用是指由底栖动物活动造成的底泥颗粒的混合和结构的改变。生物扰动作用可以改变底泥的理化性质，影响底泥—水界面的生物地球化学过程。生物扰动作用可以改变底泥的物理结构，影响底泥的稳定性和侵蚀率，加速间隙水与上覆水间的物质交换。底栖动物的活动可以破坏底泥原有的表面结构，改变底泥垂直结构，促进底泥中含氮无机盐的释放。底栖双壳贝类的存在可以大大加速沉积物再悬浮率和生物沉降率。底栖穴居类动物的扰动作用可以促进底泥硝化作用和反硝化作用的耦合，从而促进水体的脱氮作用。底栖动物扰动作用对底泥酸碱性和氧化还原电位也会产生影响，同时，还可以改变底泥中磷的形态，促进磷氧化，抑制活性磷释放。

生物扰动作用可以改变底栖生物群落的结构及其演替，影响微生物和小型生物的丰度和种类。底栖动物的掘穴和建管行为对底泥中微生物群落的影响较大，如提高管道中有机物的利用率、加剧化学反应和氧化还原条件的波动，还会影响洞穴管道壁上微生物群落的代谢活动。

8.5 养殖池塘底质的修复

养殖过程中，由于自然过程或人为的原因，池塘底质常会发生不利于养殖生产的改变，为了持续进行养殖生产就必须对底质进行修复。底质修复方法大致可分为物理方法、化学方法和生物学方法三类，它们各有千秋。

8.5.1 物理修复

养殖池塘底质的物理修复方法主要是暴晒、冷冻、清淤等。收获养殖生物后，将池塘水排干，进行暴晒、冷冻或将池塘底泥清除，可达到改善底质的效果。

暴晒和冷冻不仅可以杀死许多害虫和养殖生物的寄生虫、病原菌等，池塘水排干后表层淤泥暴露在空气中，还可改善氧气状况，促进底泥中有机物的分解，为池塘再注水后向水中释放更多的营养盐类。

池塘水排干后，清除过多的淤泥，可减少池塘底泥的有机物，改善底质，减少池塘再注水后底泥的耗氧。淡水池塘清出的淤泥可直接用作农田作物的肥料。海水池塘清出的淤泥经雨水淋洗后可种植耐盐植物，淋洗彻底的也可用作农田作物的肥料。Boyd（1995）的测定表明，东南亚国家海水养虾池塘清出的淤泥经 6～8 个月室外放置后，其含盐量已与淡水池塘土壤无显著差别。

过去，江浙一带有的渔民在养鱼期间用铁链搅动池塘底泥，目的是通过物理方法扰动底泥，改善底质。现在，“耕水机”的使用也是通过混合池塘上层富氧水与下层缺氧水，提高底层水和底泥表层的氧气含量，达到改善水质或底质的作用。

在池塘底泥上覆盖地膜是高位池养虾中常用的防止底质恶化、修复底质的方式。地膜覆盖整个虾池底部甚至侧坡，可以使池塘土壤与池水完全隔开，方便清淤、消毒，也有利于防止底泥中病原的传播（见第 12 章相关内容）。

生石灰溶于水的过程中释放的热量可杀死部分底泥中的有害生物，但施用生石灰的主要作用还是化学作用。

8.5.2 化学修复

养殖池塘底质的化学修复主要是通过施用化学试剂使污染物质发生化学变化，转化为无害物质，达到改善底质的目的。常用的方法包括碱化和氧化等。

1. 池塘底泥碱化

池塘养殖过程中的残饵、粪便会积累在池塘底部，会改变池塘底质，使其 pH 降低。当表层底泥 pH 低于 6.5 时就应考虑进行碱化处理。

酸性土壤地区的池塘底泥 pH 时常会呈酸性。在多雨、潮湿的内陆地区，土壤往往会被高度淋溶，含有高比例的可交换铝、铁化合物，水体的矿化度不高，池塘水和底质偏酸，需要经常进行碱化处理。沿海高度有机化或酸性硫酸盐土壤池塘也需经常进行碱化处理。

池塘底泥中有机胶体常带有负电荷，可以吸引阳离子；腐殖质所含有的羧基可以解离出 H^+而带负电荷；黏土颗粒在一般情况下解离出的 H^+比 OH^-多，从而带负电荷。因此，底泥与上覆水或间隙水间存在离子交换。以 Al^{3+}的反应为例：

$$\text{Al—泥粒} \rightleftharpoons Al^{3+} + 3H_2O \rightleftharpoons Al(OH)_3 + 3H^+$$

在土壤化学中，将土壤胶体上吸附的 H^+和 Al^{3+}交换下来所使用的氢氧化钠标准溶液的量称为可交换酸度（Exchangeable acidity）。土壤的可交换酸度取决于 pH 和阳离子的交换能力。底泥可交换酸度太大会对养殖生物不利，应加入碱性物质予以控制。

水产养殖中常用的碱化物质是生石灰。酸性底泥洒上生石灰之后，将出现如下反应：

$$2H^+ + CaCO_3 \longrightarrow Ca^{2+} + CO_2 + H_2O$$

整个反应结果是，Al^{3+}离开胶粒形成 $Al(OH)_3$ 沉淀，水中的 H^+被中和，底泥可交换的 Al^{3+}被 Ca^{2+}取代，pH 上升。

某些土壤含有黄铁矿（FeS_2）等含硫化合物。沿海湿地的半咸水池塘土壤普遍存在黄铁矿积累，某些沿海土壤的总硫可高达 5%。池塘水面以上的坡面土壤会长期暴露在空气中，其中的硫化物会氧化成硫酸。下雨时这些硫酸会随雨水进入池塘，使水的 pH 降低，有时会因此影响养殖生物的生长甚至使养殖生物死亡。

另外，当这类池塘排干水时，池塘土壤暴露在富氧的空气中，土壤中的硫化物就会被氧化成硫酸。 对于建在黄铁矿或硫化物土壤上的养殖池塘，只要保持较高的水位，避免水被排干，就可有效避免水质或底质严重酸化，在排水收获养殖生物后应尽快重新再加满水。对于海水池塘，经常换水可有效防止水质或底质酸化。

定期用生石灰对这类池塘进行碱化是保持良好水质或底质的最有效手段。施用生石灰具有提高 pH、碱度和硬度，促进腐殖质聚沉等益处。生石灰的用量与底泥的可交换酸度有关。池塘碱化所需生石灰用量的计算方法可参见 Boyd（1995）和陈佳荣（1996）的文献。值得注意的是，施用生石灰几周后才可施用无机肥，否则会影响施肥效果。

2. 池塘底泥氧化

提高池塘水和表层底泥间隙水的溶氧水平和氧化还原电位是减少池塘底泥有毒化合物扩散进入池塘水体的重要措施，这类措施可统称为池塘底泥氧化技术。常用的技术包括使用增氧机和一些化学试剂。

在池塘中使用增氧机的作用主要是给水体增氧，打破水体温度分层，促使水体流动等。高密度养殖池塘后半夜经常出现水体缺氧现象，在水体缺氧时，就需要开动增氧机，为水体增氧。

在高温季节的中午，特别是风力较弱时，池塘极易出现水温分层，阻碍了水体的垂直循环。由于强烈的光合作用，池塘上层水会呈现氧气过饱和，但由于强烈的呼吸作用，池塘下层水和表层底泥可能会出现缺氧现象。这时开动增氧机可促使池塘上下水层混合，减少上层水氧气的逸失，增加下层水和表层底泥的氧气含量。这时增氧机的作用更像有些人所称的“耕水机”。

增氧机的使用可以避免池塘表面底泥出现缺氧或减轻其缺氧程度，从而维持良好的底质条件。普通增氧机形成的较强水流容易造成池塘岸坡侵蚀，因此，使用微孔增氧设备的效果会更好。

次氯酸钙是水产养殖中常用的一种强氧化剂，可用于改善底质。它遇水生成 HClO 和 O_2 等：

$$Ca(ClO)_2 + CO_2 + H_2O = CaCO_3 + 2HClO$$

$$2HClO = 2HCl + O_2$$

将漂白粉洒在池塘底泥上不仅可杀灭病原微生物还可氧化底泥，将一些还原态的化合物变为氧化态，改善池塘底质。

高锰酸钾（$KMnO_4$）也是一种强氧化剂，在水中可释放出氧气：

$$2KMnO_4 + H_2O \longrightarrow 2KOH + 2MnO_2 + 1.5O_2$$

施用 $KMnO_4$ 可降低水和底泥中的化学耗氧量（COD）和生物需氧量（BOD），还可将底泥中还原态的 H_2S 和 Fe^{2+}转化为氧化态：

$$3H_2S + 4KMnO_4 \longrightarrow 2K_2SO_4 + S + 3MnO + MnO_2 + 3H_2O$$

$$3Fe(HCO_3)_2 + KMnO_4 + 7H_2O \longrightarrow MnO_2 + 3Fe(OH)_3\downarrow + KHCO_3 + 5H_2CO_3$$

$KMnO_4$ 常用作杀菌剂，可以氧化细菌细胞膜，也可用于杀灭水产养殖生物体表寄生虫。当然，高浓度的 $KMnO_4$ 对水产养殖生物也有毒性。

另外，H_2O_2 也是一种强氧化剂，在水中分解产生氧气，可用作消毒剂，也可用作底质改良剂，降低水中有机物的浓度。

有的学者使用 $NaNO_3$、CaO_2 等氧化剂来改善池塘底质条件，为底泥表层增氧（Chamberlain，1988），预防底泥出现高度还原状况（Avnimelech & Zohar，1986）。$NaNO_3$ 较 CaO_2 价格低廉，而且操作时风险较低，但当再缺氧时易被细菌还原成亚硝酸。当高浓度亚硝酸扩散到水体后可能会对养殖生物造成伤害。

Shigeno（1978）推荐在池塘使用氧化亚铁粉防止底泥释放 H_2S。其反应式为：

$$Fe^{2+} + S^{2-} = FeS\downarrow$$

尽管这一方法可暂时消除 H_2S，但通过改变底泥表层的还原条件来避免 H_2S 的产生更具有可行性。

8.5.3　生物修复

生物修复是利用生物（植物、动物和微生物）对底质中的污染物进行吸收、降解、转化，进而降低存在于环境中的有毒、有害物质的浓度或使其完全无害化的技术。从实施的位置而言，生物修复技术可分为原位修复和异位修复；从操控的生物种类而言可分为微生物修复、植物修复和动物修复。一般而言，生物修复方法费用低廉、处理操作简单、安全性较高。

1. 微生物修复

微生物修复是利用土著微生物和筛选出来的外源微生物来改善系统中的微生物代谢特征，提升底泥有机物的降解速率，抑制有害菌的繁殖。在水产养殖实践中，很多地方已在应用微生物来改善养虾池塘水质或底质环境，如应用光合细菌、枯草芽孢杆菌（*Bacillus subtilis*）、复合微生物制剂等调控水质和改良底质。施用芽孢杆菌制剂可改变对虾养殖池塘底泥中细菌群落组成，增加底质好氧细菌的数量（林亮等，2005）。固定化微生物的施用可有效降解对虾养殖池塘底泥有机物（金春华等，2010）。

近些年，一些企业开发出多种多样的用于修复养殖池塘水质和底质的微生物制剂，但应用效果并不显著。Boyd（1995）认为，微生物修复用于池塘底质改良还是一个有争议的命题。池塘底质微生物修复研究还有很长一段路要走。

2. 植物修复

植物修复是利用植物或与植物共存的微生物的吸收、代谢，来降低或消除污染物的技术。植物主要通过 3 种机制来实现对底质环境的修复：植物对污染物的直接吸收；植物和根际微生物协同作用，促进污染物的吸收、转化和降解；植物根部分泌的酶降解有机污染物（Sriprapat et al.，2011）。

植物可直接吸收底泥中的有机污染物，而后将无毒的中间代谢产物储存在植物体内。Bramwell 和 Prasad（1995）利用凤眼莲修复有机物污染的底质，短期实验发现，植物组织中氮含量增加了 2.9%～6.7%。张春雪（2013）在鱼类精养池塘种植莲藕的实验显示，种植莲藕后底泥有机物含量分别减少 11.45%（0～5cm 底泥深度）和 19.12%（5～10cm 底泥深度）。

根际区底泥有机污染物降解速率快于其他区域（夏会龙等，2002）。根际区微生物数量是非根际区数量的 10 倍左右。植物可以为微生物运输氧气，使其在根际区的好氧转化作用能够正常进行（殷峻等，2007）。张春雪（2013）的实验表明，在鱼类精养池塘种植莲藕能提高微生物对底泥有机物的降解能力，加速根际区底泥有机物的降解。

利用水生植物可以有效修复由养殖活动（残饵、粪便）造成污染的池塘底质，但种植的植物一定要适时收获，否则植物腐烂后会造成二次污染。因此，最好是种植经济植物，这样可以达到一举两得的目的。

李俊伟等研究了在刺参养殖池塘投喂鲜活菱形筒柱藻（*Cylindrotheca fusiformis*，一种硅藻）对池塘水质和底质的影响（Li et al.，2015；Shi et al.，2013）。结果表明，投喂的鲜活硅藻不仅是刺参的优质饵料，在有光照条件下其还可有效地改善养殖池塘的底质。投喂的菱形筒柱藻中部分细胞仍具有活力，可进行光合作用，可吸收水中的营养盐。与不投饵的对照池塘相比，投喂鲜活硅藻的养殖池塘对输入有机碳的利用率提高了 16.8%，对输入氮的利用率提高了 23.4%，对输入总磷的利用率提高了 8%。另外，投喂鲜活硅藻池塘的经济效益比对照组提高了 5.1%。

3. 动物修复

在水产养殖中常见的池塘底质的动物修复方式是底播沉积食性底栖动物，如日本刺沙蚕（*Neanthes japonica*）、刺参等。这些底栖动物可以摄食池塘底泥中的残饵、粪便、动植物残体等有机物，改善底质环境。

在对虾养殖池塘底播或随潮水纳入日本刺沙蚕是对虾养殖生产中修复底质的方式。沙蚕属于典型的沉积食性底栖动物，对底泥的摄食活动可影响底泥的理化性质（Sayama & Kurihara，1983）。日本刺沙蚕的受精卵和幼体可随潮汐大规模纳入对虾养殖池塘（张志南等，2004）。虾池中移植的日本刺沙蚕不仅作为动物性活饵料在对虾食物链中具有重要作用，其还可大量摄食虾池中的残饵、粪便及其他生物尸体，有效减缓虾池底部有机物的累积（周一兵和刘亚军，2000）。

在海水养殖中使用最为广泛的底质修复动物是海参。海参也是典型的沉积食性底栖动物，主要以水体底泥中和底泥表面的有机物为食。Ren 等（2012）的研究表明，放养刺参一年后，池塘底泥的 TOC、总有机氮（TON）和 TP 含量均低于未放养刺参的对照池塘（图 8-7）。

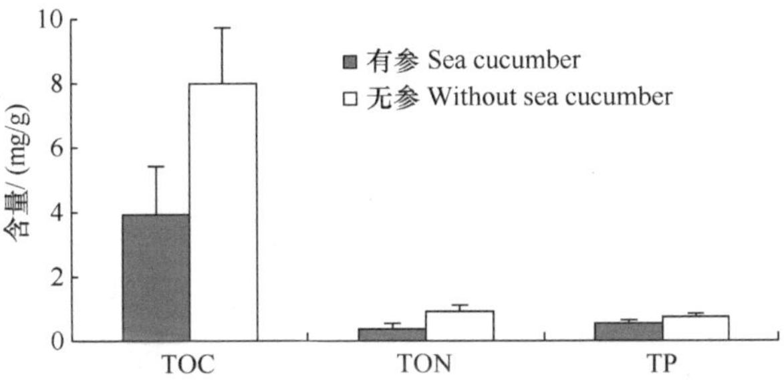

图 8-7　海参养殖池塘和对照池塘底泥 TOC、TON、TP 年平均含量

Fig. 8-7　Mean TOC, TON and TP contents in the sediment of sea cucumber culture ponds and the pond without sea cucumber

由于刺参的摄食，底泥有机物含量减少，底泥的硝化、反硝化和氨化速率也都相应降低（郑忠明，2009）。从表 8-5 可以看出，刺参的摄食作用大量消耗了底泥有机物，因此，养参池塘底泥的硝化速率较围堰和邻近海域底泥的硝化速率低得多。同样地，无贝区域、有贝区域、养参池塘和邻近海域底泥的反硝化速率和氨化速率也呈现与上述相似的现象。

表 8-5　无贝围堰、有贝围堰、邻近海域和养参池塘底泥硝化速率

Tab. 8-5　Nitrification rates at sea cucumber culture pond, non-scallop (NSC) and scallop (SC) areas within a cofferdam, and nearby coast

采样区 Sampling sites	硝化速率/[mmol/(m^2·d)]　Rates of nitrification				
	2007.8	2007.11	2008.4	2008.6	平均 average
无贝围堰 NSC	2.45±0.39^{ab}	1.78±0.40^{b}	1.29±0.55^{a}	2.08±0.35^{a}	1.90
有贝围堰 SC	3.24±0.64^{a}	3.75±0.41^{a}	1.95±0.38^{a}	2.29±0.43^{a}	2.81
邻近海域 Coast	1.24±0.25^{b}	0	0.47±0.09^{b}	0.45±0.22^{b}	0.54
养参池塘 Pond	0.45±0.11^{c}	0	0.15±0.03^{c}	0	0.15

海参不仅广泛应用于对虾养殖池塘底质的修复，国内外学者还尝试将其用于扇贝、牡蛎、鲍鱼及网箱鱼类养殖海域的底质修复。值得注意的是，在对虾养殖池塘中混养一些埋栖滤食性贝类，如缢蛏、菲律宾蛤仔等，可起到改善水质、增加对虾产量的效果，但这些贝类并没有改善池塘底质的作用。

小　　结

1. 土壤的质地对建造养殖池塘十分重要，土壤的粒径结构、有机物含量、pH 等特性对池塘水质影响较大。

2. 池塘底部的沉积物分为外源和内源两部分。外源沉积物主要是池塘纳水时随水而入的颗粒物，内源沉积物则主要是残饵、粪便、生物碎屑、泥沙等。在近海网箱养殖区和贝类养殖区，鱼类残饵、粪便和滤食性贝类产生的粪便和假粪造成的（生物）沉积作用非常强烈，对底质影响很大。

3. 养殖池塘底泥存在呼吸作用，包括好氧呼吸和厌氧呼吸。微生物在好氧条件下可分解有机物，生成 CO_2 和水；而在厌氧条件下，微生物作用的副产品则是可溶性有机物、甲烷、硫化氢等还原性物质。在池塘底层水不缺氧时，底泥的表层会存在一层氧化态底泥。这层底泥会影响底泥中还原性物质扩散进入池塘水体。但是，当底层水缺氧或底泥表层处于还原状态时，还原态底泥中存在的还原性物质就比较容易扩散进入池塘水体。

4. 影响营养盐在底泥—水界面间交换速率和方向的直接因素是间隙水与上覆水之间营养盐的浓度差，其他影响因素还有温度、溶解氧状况、pH、氧化还原环境、底泥本身的物理性质、有机物浓度等，底栖动物的扰动也对其有所影响。

5. 养殖池塘底质修复方法大致可分为物理方法、化学方法和生物学方法三类。物理修复方法主要是暴晒、冷冻、清淤等；化学修复方法包括碱化和氧化等；生物修复方法包括植物、动物和微生物修复。一般而言，生物修复方法费用低廉、处理操作简单、安全性较高。

6. 海水和沿海湿地半咸水中存在大量的硫酸盐，在厌氧条件下微生物活动可产生硫化物和元素 S。厌氧条件下 FeS_2 是稳定的，但当与大气接触时，沉积物或土壤中的硫化物会被氧化成硫酸。对于土壤含硫量较高的池塘，下雨时应注意池塘坡面土壤形成的硫酸进入池塘造成的 pH 骤降现象。这类池塘应尽可能地保持较高的池塘水位；同时，在排水收获养殖生物后应尽快重新再加满水，以减少硫酸的形成。阶段性地施用生石灰可缓解该类池塘 pH 降低现象。

第9章 综合水产养殖及其结构优化

9.1 我国综合水产养殖的历史沿革 269
9.1.1 综合水产养殖的定义 269
9.1.2 我国综合水产养殖的历史沿革 270
9.2 综合水产养殖的基本原理 272
9.2.1 养殖废物的资源化利用 272
9.2.2 通过互补机制稳定水质 273
9.2.3 通过下行效应调控水质 275
9.2.4 养殖水体资源的充分利用 275
9.2.5 生态防病 277
9.2.6 多生产活动有机结合以提高效益 277
9.2.7 综合水产养殖中的辩证思维 277
9.3 综合水产养殖系统的分类 278
9.3.1 养殖种类综合型 279
9.3.2 系统综合型 282
9.4 综合水产养殖结构优化的原理和方法 284
9.4.1 综合水产养殖结构优化的原理 284
9.4.2 综合水产养殖结构优化的方法 286
9.5 综合养殖结构的优化 287
9.5.1 水库综合养殖结构优化 288
9.5.2 池塘综合养殖结构优化 289
9.5.3 海湾综合养殖结构优化 291
9.6 综合水产养殖的发展 292
9.6.1 综合养殖模式的集约化水平有待提升 293
9.6.2 研究、推广、应用三个环节缺一不可 293
9.6.3 规模化发展与第三方认证 293
9.6.4 综合养殖食品的安全性和海藻销路 293
9.6.5 对开放水域综合养殖实施有效管理 294
小结 294

综合水产养殖（Integrated aquaculture，以下或简称综合养殖）是相对于单种类养殖而言的多种类养殖方式，易被人们掌握，具有资源利用率高、环保、产品多样、防病等优点。因此，综合水产养殖被普遍认为是一种有利于水产养殖可持续发展的养殖模式。综合养殖系统的结构优化是指养殖种类选择和各种类放养数量的优化。优化的养殖结构可获得最佳的生态经济效益。我国具有悠久的综合水产养殖历史和丰富的实践经验。本章将重点介绍我国综合水产养殖的历史沿革、基本原理、分类、养殖结构优化等。

9.1 我国综合水产养殖的历史沿革

9.1.1 综合水产养殖的定义

综合水产养殖一词是外来语。Muir（1981）将综合水产养殖定义为，水产养殖与农业（种植、畜牧）及人类其他活动（如水资源管理、工业、卫生等）结合进行的生产活动。

李德尚（1986）曾经将大水域综合养鱼定义为，在同一水域经营多产业、多项目和各个生产环节一体化的养殖业。他列举的综合养殖方式之一是，在同一水域中既用网箱或网围投饵养殖吃食性鱼类，又在开敞的水域中养殖滤食性鱼类。

Edwards 等（1988）将综合水产养殖定义为，综合养殖系统中一个亚系统输出的“废物”成为另一亚系统的输入，结果在经营者控制下陆地/水域的生产效率得到提高。Edwards（1998）重新给了综合养殖一个更宽泛的定义，即两个或多个人类活动系统（至少一个是水产养殖活动）即时或后续地、直接和/或间接地相结合的生产活动。

谭玉钧等（1992）给综合养鱼的定义是，以渔为主多种经营，综合利用水陆生态系统的生产方式。刘焕亮和黄樟翰（2008）给出的综合养鱼定义是，以渔为主，兼营作物栽培、畜牧饲养和农畜产品加工的综合经营及综合利用的生产方式。

FAO（2008）在水产术语中关于综合水产养殖的定义是，水产养殖系统与其他活动，如农业、涉农工业、基础设施（污水处理、电厂等），共享资源、水、饲料、管理等。

2004 年，Chopin 和 Taylor 将多营养层次种类的养殖（Multi-trophic aquaculture）与综合养殖（Integrated aquaculture）合并而称为多营养层次综合养殖（Integrated multi-trophic aquaculture，IMTA），并在加拿大实践多年后才引起西方世界的广泛关注（Chopin，2012）。西方学者喜欢用 IMTA 术语表述某些综合养殖方式，并将其定义为，在同一养殖水体将不同营养层次的养殖种类有机结合在一起开展的生产活动。

Soto（2009）给综合养殖下的定义是，水产养殖与其他生产活动在同一个水体内同时进行或与其他有关生产活动协调开展的生产方式。Soto 将包括多营养层次综合养殖在内的混养、鱼-红树林等都包含在了综合养殖范畴之内。

由此可见，综合水产养殖有狭义概念和广义概念之分。狭义的概念是指在一个水体内开展多种水生生物养殖，或在一个水体内将水产养殖与其他生产活动相结合的生产方式。广义的概念则是将水产养殖与邻近的陆地生产活动相结合的生产方式也包括在内，其范围更大。本章涉及的综合水产养殖的定义为广泛的定义，即几种水生生物或几种生产活动有机结合的生产方式，它既包括同一水体内水生生物的混养，也包括水产养殖与同一水体或邻近区域进行的其他生产活动有机结合的养殖方式。也就是说，综合水产养殖包括下列三种形式。

（1）同一水体内水生生物的混养，如同一池塘中不同种鱼类混养。

（2）水产养殖与同一水体的其他生产活动结合，如同一池塘中既养殖鱼类也养殖鸭、鹅。

（3）水产养殖与邻近区域进行的其他生产活动结合，如桑基鱼塘，即在池塘中养鱼，台田上种植桑树、养蚕。

我国是世界上综合水产养殖技术应用最为广泛、类型最为多样的国家。现在流行的综合水产养殖形式也是多种多样，其既传承了我国传统的养鱼经验，还不乏一些创新模式。

9.1.2 我国综合水产养殖的历史沿革

我国是世界上开展综合水产养殖最早的国家。新石器时代早期（约公元前 6000 年）的贾湖遗址出现了人工养殖的鲤鱼（Nakajima et al.，2019），我国的水稻种植可以追溯到公元前 5000 年（Fuller & Qin，2009）。然而，直到 1700 年前才有了稻田养殖鲤鱼的记载。三国时期（公元 220～265 年）的《魏武四时食制》说，“郫县子鱼，黄鳞赤尾，出稻田，可以为酱”，此鱼为鲤（刘建康和何碧梧，1992）。这表明，此时就出现了稻田养鲤这一综合养殖的雏形。

公元 618～907 年的唐朝，由于皇帝的“李”姓与“鲤”同音，而且认“鲤”象征皇族，因此鲤鱼被禁养。为此，人们开始寻找其他可以饲养的鱼类，之后，草鱼、青鱼、鲢、鳙四大家鱼的混养或称综合养殖开始兴起。南宋的《嘉泰会稽志》（公元 1201～1204 年）记载，“会稽、诸暨以南，大家多凿池养鱼为业。每春初，江州有贩鱼苗者，买放池中，辄以万计”，“其间多鳙、鲢、鲤、鲩、青鱼而已”。此处记载的正是综合养殖或鱼类混养。

刘恂在唐昭宗年代（公元 889～904 年）所著《岭表录异》有这样的记载：“新泷等州，山田栋荒，平处以锄锹，开为町疃。伺春雨，丘中贮水，即先买鲩鱼子散水田中。一二年后，鱼儿长大，食草根并尽，既为熟田又收鱼利”。这可能是我国历史上最早的草鱼与水稻综合养殖的记载。同时，此文也初步阐明了稻和草鱼综合养殖中的互利关系。

明代黄省曾所著《养鱼经》（公元 1573～1618 年）记载，“凡凿池养鱼，必以二，有三善焉。可以蓄水，鬻时可去大而存小，可以解泛。此池泛，可入彼池”。这段文字不仅介绍了养鱼时遇缺氧“泛塘”的解决方法，也告诉我们，那时就存在了不同规格鱼的混养，即现在所称的“轮捕轮放”技术。

明代徐光启所著《农政全书》（公元 1639 年）中江西养鱼法中说，“蓄水至清明前后出时，买鲢鱼、鲜鱼苗长一寸上下者，每池鲢六百、鲜二百，每日以水荇带草喂之”。鲜鱼就是草鱼（刘建康和何碧梧，1992）。这是鱼类混养的经典总结，既有鲢和草鱼的混养比例，也表明了该养殖方式仅用草投喂草鱼，草鱼的残饵和粪便肥水养鲢的营养关系。现在池塘养鱼界还流传着“一草养三鲢”的谚语。

《农政全书》的江西养鱼法还记载，“作羊棬与塘岸上，安羊，每早扫其粪于塘中，以饲草鱼，而草鱼之粪又可饲鲢鱼，如是可以损入打草，但鱼略有微滞耳”。这表明 17 世纪在我国已存在鱼畜综合养殖。同时，这里还表明，我们的先辈们已开始认识到该类综合养殖中食品品质问题。

17 世纪珠江三角洲的基塘系统就已相当普遍。清代屈大均的《广东新语》（约公元 1700 年）写道，“广州诸大县村落中，往往弃肥田以为基，以树果木。荔枝最多，茶、桑次”，“基下为池以畜鱼”。这是果基鱼塘、桑基鱼塘的记载。这时人们已利用蚕沙养鱼，塘泥肥桑，种桑、养蚕、养鱼有机结合（刘焕亮和黄樟翰，2008）。

1959 年我国政府开始组织众多水产养殖和水生生物学专家总结我国传统的淡水养殖经验，编写了《中国淡水鱼类养殖学》一书（中国淡水养鱼经验总结委员会，1961）。该书将我国传统的淡水养鱼技术归纳为“水、种、饵、密、混、轮、防、管”八字精养法，其中“混（养）”和“轮（捕轮放）”都属于综合养殖的技术范畴。

我国开放海域综合养殖始见于 1975 年在山东省蓬莱开展的海带、贻贝间养（解承林，1981）。几乎与此同时，福建省福鼎在海带养殖区套养贻贝也获得良好效果（傅溥，1979）。目前，在开放海域较大规模的综合养殖模式有海带+扇贝间养、鲍+海藻综合养殖等。

海水池塘综合养殖较早的报道是 1979 年在江苏省赣榆开展的对虾与梭鱼混养（吴从道等，1980）。次年在江苏省启东开展了对虾与文蛤混养，效益良好（朱耀光，1981）。

1984 年在我国各地涌现了对虾与多种养殖生物的混养试验。例如，江苏省启东成功地进行了对虾与鲻、梭鱼、罗非鱼混养试验，效果良好；浙江省舟山开展了对虾与鲻、牡蛎混养，效果良好。目前，由于对虾白斑综合征仍在流行，对虾与贝类、蟹类、鱼类、藻类的池塘混养十分盛行。

在我国，综合水产养殖已蔚然成风，特别是淡水池塘养殖中混养技术已为广大养殖者普遍采用。目前，大规模推广的海水或半咸水池塘混养模式有牙鲆+海蜇+缢蛏、对虾+梭子蟹+缢蛏、刺参+海蜇、对虾+河鲀、对虾+罗非鱼混养等。

9.2 综合水产养殖的基本原理

Edwards 等（1988）认为，综合养殖的原理是养殖废物再利用。近些年，西方学者推崇的多营养层次综合养殖（IMTA）的主要原理也是将一种养殖生物排出的废物变为另一种养殖生物的食物或营养。诚然，利用养殖生物间的营养关系建立的综合养殖模式是最重要的综合养殖类型，但依据其他生态关系和经济目的建立的综合养殖模式在我国也十分普遍且重要。

我国流行的综合养殖模式所依据的原理主要包括：①通过养殖生物间的营养关系实现养殖废物的资源化利用；②利用养殖种类或养殖亚系统间功能互补或偏利作用平衡水质；③放养滤食性动物通过下行效应调控水质；④利用不同养殖生物的合理组合实现养殖水体资源的充分利用；⑤利用养殖生物间的互利或偏利作用实现生态防病；⑥通过水产养殖系统与其他活动的有机结合实现经济和生态效益倍增等（董双林，2011b）。可见，综合养殖就是将生态系统的服务功能与人工投入有机结合，将多个生产活动有机结合的养殖模式。

9.2.1 养殖废物的资源化利用

通过养殖生物间营养关系实现养殖废物的资源化利用是综合养殖依据的最重要原理。我国在公元 889～904 年间记载的稻田养草鱼就是通过稻田和草鱼间的营养关系实现养殖废物资源化利用的范例。近来的研究表明，稻田养鱼系统中存在多种互利关系（Liu & Cai，1998）。我国传统的草鱼与鲢混养也具有这样的功能：即以草喂草鱼，草鱼残饵和粪便肥水养鲢，鲢又通过滤食浮游生物达到控制、改善水质的功能。

李德尚（1986）认为综合养殖的生态学基础之一是生产资料的高效益综合利用。在综合养殖中，投入的生产资料主要是饲料和肥料。例如，在过去的水库综合养殖中，饲料首先被网箱中养殖鱼类和网箱外鸭群所利用，残饵和鱼、鸭粪便散落水中，又为网箱外的杂食性和滤食性鱼类所利用。最后，残饵和粪便分解后产生的营养盐又起到了施肥作用，进一步加强了滤食性鱼类的饵料基础。

在海水养殖方面，1975 年我国大规模开展的海带、贻贝间养也是基于它们间的营养关系。海带的脱落物和分泌物可被贻贝滤食，贻贝的排泄物又可被海带吸收。

对虾与缢蛏混养、对虾与文蛤混养等也是依据这样的原理。饲料首先被对虾利用，残饵和对虾粪便又部分地被滤食性贝类利用。最后，残饵和粪便分解后产生的营养盐又起到了施肥作用，进一步增加了滤食性贝类的饵料基础。海水池塘对虾+青蛤+江蓠综合养殖（董贯仓等，2007）更是将养殖生物间的营养关系发挥得更加完美（图 9-1）。当然，如果再加入底栖沉积食性的动物后效果也许会更好。

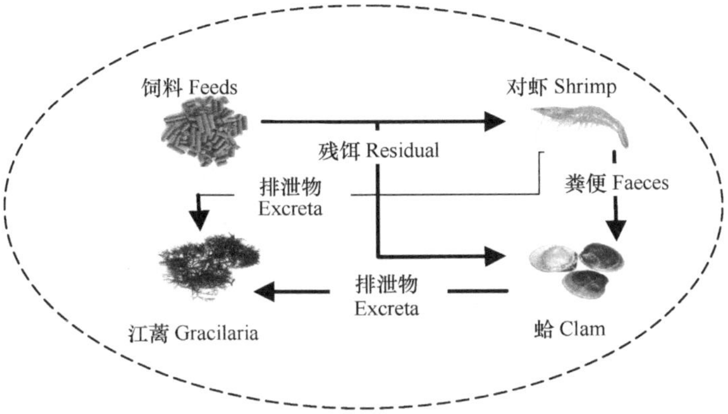

图 9-1　海水池塘对虾、青蛤、江蓠综合养殖概念图（彩图请扫封底二维码）
Fig. 9-1　Conceptual diagram of an integrated mariculture operation including shrimp, clam and seaweeds

在我国，目前流行的具有废物资源再利用功能的综合养殖模式还有许多种，如罗非鱼+对虾+牡蛎+江蓠分池环联养殖系统（申玉春等，2007）、鱼+鸭、鱼+畜、鱼+菜等综合养殖系统。

西方国家开展的鱼+滤食性贝类+大型海藻综合养殖，东南亚一些国家开展的贝+虾、鱼+虾、藻+虾综合养殖等，都具有将其中一种养殖生物的副产物（残饵、粪便等）变为另一生物的输入物质（肥料、食物等）的共同特征（Troell，2009）。

9.2.2　通过互补机制稳定水质

利用养殖生物或系统间的化学或代谢功能互补作用稳定、改善养殖水体水质也是综合养殖的重要功能。熊邦喜等（1993）的研究表明，配养于养鲤网箱外的鲢可以降低水体的 COD、总磷、叶绿素、颗粒物含量，减少水中细菌、浮游植物和浮游动物的数量，增加水体的溶解氧和透明度，从而起到提高养殖水体负荷力的作用。Hirata 等（1994）的研究也表明，与真鲷（*Pagrus major*）配养的石莼（*Ulva* sp.）可以影响水体的溶解氧、pH 和 CO_2 水平。

综合养殖中稳定、改善养殖水质的途径有两条：一条是利用养殖生物或养殖亚系统间代谢功能的互补作用，另一条是两亚系统间化学功能的互补作用。

1. 代谢功能的互补作用

董双林等（1998）依据养殖生态系统代谢类型或驱动因素将水产养殖系统分为两类，即自养型养殖系统和异养型养殖系统（表 2-2）。自养型养殖系统，如海带养殖系统，主要靠太阳辐射直接提供能源。在养殖生产过程中该系统或生物会产生溶解氧气、消耗 CO_2，从水中吸收无机盐。因此，该类生产活动会延迟水体的富营养化。制约该类养殖系统生产量的主要因子往往是无机盐的多寡。而异养型养殖系统，如网箱养殖吃食性鱼类养殖系统，则主要靠人工投饲来提供能源。在养殖生产过程中该系统或生物会消耗氧气、产生 CO_2，向水中释放尿素、氨等。因此，该类生产活动会加速水体的富营养化。制约该类养殖系统生产量的主要因子往往是溶解氧状况、代谢废物积累等。这两类养殖系统在生态学上有很多互补性，它们的复合可提高养殖水体的养殖容量，达到 1+1 大于 2 的效果（图 1-6）。

贝、藻间养也是基于养殖生物间代谢功能互补的原理。从养殖系统物质收支角度看，滤食性贝类养殖属于获取性养殖种类，但其代谢类型则属于异养型养殖系统。滤食性贝类养殖可以从水体中净提取氮、磷等物质，但又会因为生物沉积作用（粪便或假粪的沉积）而在养殖区下部形成能量和物质的蓄积，造成养殖区局部自身污染。滤食性贝类在养殖过程中会消耗水中的溶解氧，排出二氧化碳和氨等。与贝类间养的大型藻类可以吸收贝类排出的二氧化碳和氨，并为贝类提供更多的氧气。这些互补作用使得贝、藻间养在山东省桑沟湾收到了较好的生产效果（Fang et al.，1996）。

2. 化学功能的互补作用

20 世纪 80 年代，就有在水体中投饲养殖网箱中的鲤，同时施化肥养殖箱外的鲢的养殖形式（李德尚，1986）。Boyd 和 Tucker（1998）也报道，施有机肥结合化肥养殖罗非鱼也获得较好的养殖效果。这些养殖方式都是综合使用投饲和施化肥方法，发挥饲料（有机肥）和化肥的化学互补效应，实现稳定水质、提高养殖产量的目的。

如图 9-2 所示，人工饲料投入养殖水体后一部分被养殖动物摄食，其余散失在水中。散失的饲料和鱼类粪便的生态学作用相当于施有机肥。有机肥分解可使水体的 pH、溶解氧（DO）、氧化还原电位（E_H）下降，CO_2 增加。施化肥的作用恰与施有机肥的效果相反。化肥施入养殖水体后由于光合作用 pH、DO、E_H 上升，CO_2 减少。

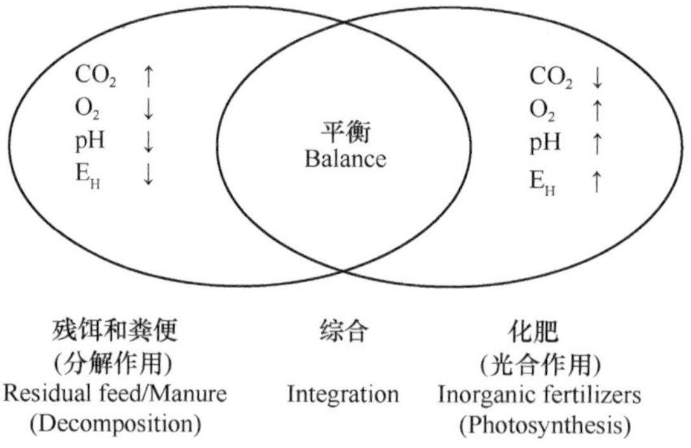

图 9-2　综合投饵和施化肥的生态学效果

Fig. 9-2　Ecological effects of integration of pellet feeding and chemical fertilizer applying

以投饵和施有机肥为主的养殖水体和以施化肥为主的养殖水体，都可能发生水环境失衡情况，但其具体表现则恰巧相反（图 9-2）。前者表现为自养生物光合作用过弱，异养生物分解作用过强，易产生缺氧“泛塘”现象。后者则表现为自养生物活动过强，分解作用过弱，时常会因溶解氧或 pH 过高而导致鱼类气泡病或碱病（张井增，2008；史为良，1998）。综合利用施化肥和施有机肥或投饲这两种技术就可以平衡光合作用和分解作用，避免“泛塘”或气泡病、碱病的发生。

1988 年山东省冶源水库开展了投饲、施化肥培育鲢、鳙鱼种实验，获得了良好效果（孙秉义等，1990）。该水库养鱼水面 688hm^2，平均水深 4.3m。75 个实验网箱（每个 56m^3）分别设置为不投饲不施化肥、不投饲施化肥、投饲加施化肥三个处理。养殖 3 个月后的产量是：不投饲不施化肥处理的平均鱼产量为 1.21kg/m^3，投饲不施化肥处理的平均产量为 1.31kg/m^3，投饲加施化肥处理的平均产量为 2.42kg/m^3。综合使用投饲和施化肥可以有效地发挥这两种技术的化学互补效应，达到稳定水质、增产目的。近些年，由于对水资源需求的不断增加，人们对作为水源地或旅游景观的大水域的保护意识也越来越强，因此，在大水域施肥现在已受到限制。

9.2.3　通过下行效应调控水质

滤食性鱼类和贝类可以直接滤食养殖水体中的浮游植物，因而可间接影响水质。目前我国流行的吃食性鱼类或虾蟹类与滤食性鱼类或贝类的养殖模式就是基于这一原理建立的综合养殖模式（详见第 7 章）。

滤食性鱼类的放养有时会将池塘中浮游动物几乎滤食殆尽，从而会切断浮游植物通过浮游动物沿食物链向后传递能量。将滤食性鱼类放养在池塘中套养的网箱中，或在池塘中用网隔离混养滤食性鱼类，既可发挥鱼类对水质的调控作用，并保持了浮游植物→浮游动物→养殖动物食物链的畅通。养殖实践表明，在池塘中以网隔离模式混养对虾和罗非鱼，既可避免鱼类抢食优质的对虾饲料，还实现了对虾、罗非鱼双增产（Sun & Dong，2010；介子林，2006）。

9.2.4　养殖水体资源的充分利用

养殖水体的资源主要包括饵料、空间和时间等资源。综合养殖是利用不同生态位生物的特点实现养殖水体资源（时间、空间和饵料）的充分利用的重要举措。

1. 空间和饵料资源的充分利用

充分利用养殖水体的空间资源就是在一个水体同时放养不同水层的养殖生物，使养殖水体的垂直空间、水平空间得到有效利用，使养殖容量得到很好利用。

我国淡水池塘混养的鱼类主要有鲢、鳙、草鱼、青鱼、鲮、鲤、鳊、鲂、鲫等。按照它们的栖息习性，相对地可分为上层、中层和底层鱼类。鲢、鳙属上层鱼，草鱼、鳊、鲂为中下层鱼，青鱼、鲮、鲤、鲫为底层鱼。草鱼通常喜欢栖息在近岸水草茂盛的区域，鲢、鳙则常在开阔水域活动。与单养不同，合理地选择栖息于不同水层的鱼类混养在同一池塘中可以增加单位面积的放养量，从而提高池塘鱼产量。

养殖水体中的天然饵料主要有大型水生植物、游泳生物、浮游植物、浮游动物、碎屑及细菌、底栖动物、底栖藻类等。通过养殖不同食性的动物才可充分利用养殖水体的各种天然饵料资源。从食性上看，鲢、鳙是滤食浮游生物的鱼类，草鱼、鳊、鲂主要食草，青鱼吃螺、蚬等底栖动物，鲮大量摄食有机碎屑及底栖藻类，鲤、鲫主要摄食底栖动物及有机碎屑。将这些鱼类混养在同一池塘或放养在同一大水域就可以充分利用水体的各种天然饵料资源，提高养殖水体的鱼产量（史为良，1991；中国淡水养鱼经验总结委员会，1961）。

上述鱼类混养在一起，它们既分享了不同水层也分享了不同的饵料资源。同时，有些鱼类间还存在一定的营养关系，如草鱼与鲢间的关系。

1984 年山东省长岛县（现已撤销）发展了海水"立体养殖"（骆文和王民，1984）。该模式是在上层养殖海带、裙带菜，中层养殖扇贝、贻贝，底层养殖海参、鲍鱼等。大型海藻在上层充分利用光照资源，中层的滤食性贝类利用水体中的浮游生物资源，鲍鱼和海参利用水底的底栖生物和非生命有机物资源。这种养殖模式也是考虑了空间、饵料资源的利用，同时利用了种间的营养关系。

400 多年前，我国人民发明了轮捕轮放这种综合养殖方式，现在该方法仍十分流行。轮捕轮放也是通过在养殖水体中保持稳定、较高的生物量，实现充分利用水体空间和饵料资源的目的。

现在，我国许多地方的海水池塘养殖中流行着对虾与梭子蟹轮捕轮放的养殖模式。春季放养虾苗和蟹苗；在夏季对虾长到可以出售的规格且池塘总生物量较高时收获全部或部分对虾，否则就会由于池塘总生物量太高而影响对虾和蟹的生长；虾收获后池塘生物量锐降，蟹生长加速，最后在合适的时间再收获蟹（图 9-3）。如果对虾和蟹养殖时间相同，则会出现早期池塘生物量不足，造成资源浪费，而后期池塘生物量太高，因资源不足而影响虾、蟹的生长。

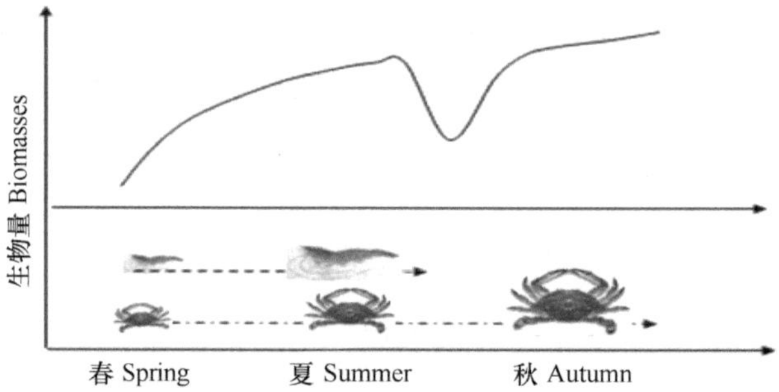

图 9-3　对虾和梭子蟹混养池塘的轮捕原理（彩图请扫封底二维码）

Fig. 9-3　Rotary stocking and harvesting of shrimp and crab in an integrated aquaculture pond

2. 时间或季节资源的充分利用

充分利用养殖水体的时间资源就是尽可能延长一年中养殖水体的利用时间。轮养就是充分利用养殖水体时间资源的一种综合养殖方式。

我国目前水产养殖种类有 200 多种，这些养殖种类有些是暖水种类，如凡纳滨对虾、罗非鱼等，有些则是冷水种类，如刺参、海带、皱纹盘鲍等，更多的则是温水广温种类。如果在我国中、北部的一个池塘单养暖水种类，那么，在漫长的秋末至次年春初该池塘就会闲置。综合养殖中的轮养技术就可解决此类问题。例如，江苏省在高温的 5～10 月份池塘养殖凡纳滨对虾，而在 10 月至次年 5 月养殖冬季仍然摄食、生长的鳜（沈伟芳和张斌，2004）。凡纳滨对虾与鳜轮养这一综合养殖方式实现了池塘的全年利用。

9.2.5　生态防病

生态防病模式在我国也十分流行。此种方式是利用养殖生物间的互利或偏利作用实现生态防病，即将两种动物混养在同一水体，其中一种养殖动物对另一种养殖动物的某种疾病具有预防作用。我国现在流行的对虾与一些肉食性鱼（如河鲀）混养就属此类。河鲀可以摄食感染白斑综合征（WSS）后游泳缓慢的对虾，客观上起到防 WSS 病扩散的效果。如果健康的对虾残食了染病的对虾，则可能被感染上 WSS 病，但河鲀摄食染病的对虾后则不会染病。生产实践表明，对虾与河鲀混养的防病效果十分显著。

另外，大西洋鲑养殖网箱中混养“清洁鱼类”，如梳隆头鱼（*Ctenolabrus rupestris*），可以通过摄食鲑鱼体表寄生的海虱而减轻大西洋鲑的海虱病害（Treasurer，2002）。

9.2.6　多生产活动有机结合以提高效益

水产养殖与农业、海洋牧场、游钓、旅游、绿色能源等产业的有机结合也属综合养殖范畴，这种产业间的综合不仅可以拓展水产养殖的发展空间，还可以增加或放大水产养殖和其他产业的经济、生态效益。

水产养殖与农业的综合在我国意义重大，主要包括稻田养鱼和低洼盐碱地池塘养殖。稻田养鱼可以通过养殖鱼类与水稻之间的互利作用提高水产养殖和农业的产量。已有研究表明，稻田养鱼系统中存在多种互利关系。例如，①只要等稻秧较大时放养草鱼则对稻秧无害，但草鱼可以清除杂草，减少了杂草与水稻对光照、空间和营养的竞争；②草鱼摄食昆虫，减少了昆虫对水稻的伤害；③放养的鱼类可直接或间接利用稻田水中的浮游生物、腐屑和底栖动物等；④水稻可为鱼类遮光，有利于鱼类生存；⑤鱼类呼出的 CO_2 可为水稻和浮游植物的光合作用提供可利用的碳源；⑥鱼类的粪便是水稻的肥料；⑦鱼类的摄食活动可改善土壤的团粒结构，有利于水稻对营养的吸收（Liu & Cai，1998）。

在政府的推动下，我国已有约 30 万 hm^2 的盐碱荒地被改造成鱼塘-台田综合种养系统（塘基台田系统）。同时，台田土壤的含盐量经过降水淋洗后也会降低，改造几年后台田也可以生产出大量的农作物（见第 11 章）。

以上是我国综合养殖主要依据的生态学原理，当然还有一些综合养殖模式依据的是其他原理。例如，吃活饵的鱼类与饵料鱼同池混养。在我国鳜是高档名贵鱼类，主要摄食活鱼。为此，有些地方在鳜养殖池塘配养小规格的鲢、鳙等鱼苗，供鳜食用。管理上，人们仅为配养的鱼苗培育饵料或提供饲料。再如，我国有些地方在家鱼亲鱼培育池中混养凶猛的鳜，以消灭与家鱼亲鱼争饵料的小杂鱼，这也属于此范畴的综合养殖类型。依据这些原理建立的综合养殖模式或类型都具有对投入的资源利用率高、对环境副作用小、经济效益较高等特点。

9.2.7　综合水产养殖中的辩证思维

18 世纪的西方，人们对大规模生产活动持两种完全相反的态度：一种是以英国塞尔波恩的牧师、自然博物学者怀特（Gilbert White，1720—1793）为代表的对待自然的“阿卡狄亚式的态度”，即以田园主义的观点倡导一种简单、和谐的生活，目的是恢复到一种与其他有机体和平共存的状态；另一种则是以林奈（Carolus Linnaeus，1707—1778）为代表的对待自然的“帝国式的态度”，即通过理性的实践和艰苦的劳动实现对自然的征服（Worster，1994）。类似的极端对立的思想在现代活动中仍有反映。

我国古代，人们对自然的认识深受老子（公元前 600～公元前 500 年）的影响。老子是我国古代伟大的哲学家，其重要论点包括“反者道之动”“祸兮福之所倚，福兮祸之所伏”，即在自然界和人类社会的任何事物，发展到了一个极端，就会走向另一个极端。这是老子哲学的主要论点之一，也是儒家所解释的《易经》的主要论点之一。《易传》说：“寒往则暑来，暑往则寒来”。又说：“日中则昃，月盈则食”。这个理论也为中庸之道提供了主要论据。“毋太过”历来是两家的格言，中庸之道儒家的人赞成、道家的人也一样赞成（冯友兰，2008）。

受这种思维模式的影响，我国在唐昭宗时代（公元 889～904 年）发明了稻田养草鱼这种综合养殖模式。草鱼可啃噬嫩小禾苗，因此，将草鱼放养在稻田中有点不可思议的。但是，小草鱼吃不了大禾苗，待禾苗长到一定规格时再放养小草鱼，它们间就仅剩互利关系了。在稻田养草鱼模式中水稻与草鱼既对立又统一的关系被发挥得淋漓尽致（图 1-7）。另一个典型的实例就是草鱼与鲢混养（公元 1639 年），该模式中草鱼残饵和粪便肥水养鲢，鲢通过摄食浮游生物稳定水质。

综合水产养殖是我国传统哲学思维在生产实践中的应用。综合养殖依据的基本原理主要是养殖废物的资源化利用、养殖种类或亚系统间功能互补等，其思路传承了我国传统的辩证思维模式，即以对立事物的转化达到两个相反过程的平衡（中庸）。在水产养殖系统中存在投喂性养殖种类（Fed species）与获取性养殖种类（Extractive species）、自养型（Autotrophic）养殖与异养型（Heterotrophic）养殖、施化肥与施有机肥、光合作用与呼吸作用、氧化与还原等似乎对立的事物（表 2-2 和图 9-2），将它们以一定的比例配置（综合）就可实现两相反过程的平衡（图 1-7、表 2-2 和图 9-2），实现高产的目的。

我国传统的辩证思维对我国现代水产养殖仍然具有现实意义。我国水产养殖业的发展正面临高产与低能耗这一对矛盾。我们也可基于辩证思维的技术路线解决高产、低能耗这一矛盾（见第 14 章）。

9.3 综合水产养殖系统的分类

Chien 和 Tsai（1985）曾将池塘养殖分为 4 类，即单养系统（Monoculture system）、渔农轮作系统（Crop rotation culture system）、混养系统（Polyculture system）和综合养殖系统（Integrated culture）。谭玉钧等（1992）将综合养鱼分为鱼-农、鱼-牧和多种类综合养殖三大类。刘焕亮和黄樟翰（2008）将综合养鱼系统分为渔-桑、渔-蔗、渔-果、渔-花、渔-草和渔-菜等 6 类。Troell（2009）将海水综合养殖系统分为 4 类，即混养系统（Polyculture）、分池环联系统（Sequential integration 或 Partitioned aquaculture system）、轮养系统（Temporal integration）和鱼-红树林综合系统（Aquasilviculture 或 Mangrove integration）。

中国是水产养殖种类最多、养殖系统类型最多样的国家。从制约养殖产量因子的角度看，综合水产养殖是六大类水产养殖系统之一（表 2-3）。根据综合养殖的定义，我国的综合养殖模式可大体归纳为两大类，即同一个水体内的水生生物种类综合类型和不同生产系统间综合类型，后者还可再分为水基系统综合和水基与陆基系统综合两个亚类（表 9-1）（董双林，2011b）。

表 9-1　综合水产养殖系统的分类

Tab. 9-1　Classification of integrated aquaculture systems

类型 Types		名称 Names	实例 Cases
1 养殖种类综合 Species integration		1-1 多营养层次综合养殖或营养层次综合 Integrated multi-trophic aquaculture or trophic integration	80：20 池塘养殖模式（奚业文和刘海涛，2002）、虾贝混养（王若祥和崔慧敏，2009）、贝藻间养（Fang et al.，1996）
		1-2 不同水层混养 Spatial integration	池塘鱼类混养（刘焕亮和黄樟翰，2008；史为良，1991）
		1-3 轮捕轮放 Rotary stocking and harvesting	虾蟹混养（李文敏等，2010）
		1-4 轮养 Temporal integration	对虾-鳜鱼（沈伟芳和张斌，2004）
		1-5 防病综合养殖 Disease prevention integration	对虾与河鲀防病混养（刘刚等，2007）
		1-6 多功能综合养殖 Multi-function integration	刺参-海蜇-对虾-扇贝（Ren et al.，2012；Li J W et al.，2011）
		1-7 其他 Other integration	鳜鱼与饵料鱼混养（杨壮志等，2006）
2 系统综合 Systems integration	2-1 水基系统综合 Integration of aquatic systems	2-1-1 分池环联 Partitioned aquaculture systems	罗非鱼-对虾-牡蛎-江蓠养殖（申玉春等，2007）
		2-1-2 鱼-水生植物综合 Aquaculture and aquatic agriculture integration	稻田养鱼（刘焕亮和黄樟翰，2008）
		2-1-3 鱼菜共生 Aquaponics	河鲀-蔬菜（丁永良等，2010）
		2-1-4 鱼-水禽综合 Aquaculture and waterfowl integration	鱼-鸭（罗方妮等，2002）
		2-1-5 鱼-两栖动物综合 Fish and amphibian integration	鱼-鳖、鱼-蛙（孙志周，2004；郑松周等，2004）
		2-1-6 鱼-红树林综合 Aquasilviculture	红树与美国红鱼（余忠明等，2005）
		2-1-7 其他 Other integration	池塘内套网箱等（介子林，2006；祝少华，2008）
	2-2 水基与陆基系统综合 Integration of aquatic and land systems	2-2-1 鱼-畜禽综合 Integration of pond and livestock or poultry breeding	鱼-猪（春慧敏等，2009）、鱼-羊（戴书林和严敏，1999）、鱼-鸡（李明之和于鸣，2000）
		2-2-2 鱼-植物种植综合 Integration of pond and plantation	鱼-粮（郑军等，2006）、鱼-草（唐明虎等，2010）、鱼-果（刘焕亮和黄樟翰，2008）
		2-2-3 其他 Other integration	热电厂废热水养罗氏沼虾（王兴礼，2003）、革胡子鲇（刘再明，2005）、鲍和参（林光恒和纪友宝，1993），生活污水养鱼（黄兆坤，1992）

9.3.1　养殖种类综合型

养殖种类综合型（Species integration）是在同一水体中利用两个或多个水生生物种类在生态学营养关系或食性、生活空间、养殖时间等方面的差异进行合理混养的方式。该类型又可分为以下 7 类。

1-1 多营养层次综合养殖或营养层次综合 Integrated multi-trophic aquaculture or Trophic integration

本类综合养殖是在同一水体混养或间养不同生态学营养层次的水生生物，在我国和亚洲一些国家已有悠久的历史且模式很多。我国自南宋就有记载的鳙、鲢、鲤、草鱼、青鱼混养就是历史最久、作用最大的范例。之后出现的草鱼与鲢混养也属于典型的营养层次综合。我国淡水池塘养殖现在广泛推广的 80%吃食性鱼类、20%滤食性鱼类的 80∶20 养殖模式（奚业文和刘海涛，2002）、海水池塘对虾与滤食性贝类混养（王若祥和崔慧敏，2009）和开阔海域扇贝与海带间养（Fang et al.，1996）等都是营养层次综合的现代实例。

2004 年 Chopin 和 Taylor 开始使用多营养层次综合养殖（Chopin，2012 表述该类养殖模式。有些学者还干脆将这类型的养殖，特别是含有大型海藻组分的综合养殖称为现代综合养殖（Neori et al.，2004）。过去，亚洲国家多用混养（Polyculture 或 Co-culture）一词表述多种水生生物养殖在同一水体。一些西方学者认为“混养”一词除包括不同食性种类的混养外还包括其他类型的多种类养殖，也许是认为亚洲现行的混养模式过于粗放，而将有藻类组分的或集约化程度更高的混养称为 IMTA（Troell，2009；Chopin，2006）。无论如何，Chopin 和 Taylor 最先使用 IMTA 术语，并引起长期习惯于单养的西方世界的广泛认可本身就是一件很了不起的事情。

IMTA 已在几十个国家得到推广，特别是在池塘养殖中应用得更多。开放海域中鱼类、滤食性贝类和大型海藻的综合养殖更被西方国家看好。实验表明，IMTA 中混养的贝类生长速度增加 50%，并可移除养殖水体中 54%的颗粒有机物；混养的大型海藻生长速度快 46%，并可以吸收养殖水体中多达 60%的溶解有机 N 和 P（Klinger & Naylor，2012；Barrington et al.，2010）。

1-2 不同水层混养 Spatial integration

此种类型是将生活于不同水层（食性也可能有所不同）的动物养殖在同一水体中，以合理利用养殖空间和不同水层的天然饵料资源，充分利用水体的养殖容量。例如，大水面同时放养鲢（上层鱼类，主食浮游植物）、鳙（中上层鱼类，主食浮游动物）、草鱼（沿岸带，食草）和鲤（底层鱼类，主食底栖动物）等（史为良，1991）。再如，山东省长海县发展了海水“立体养殖”，上层养殖海带、裙带菜，中层养殖扇贝、贻贝，底层养殖海参、鲍等（骆文和王民，1984）。

1-3 轮捕轮放 Rotary stocking and harvesting

中国传统的轮捕轮放养殖方式分两类：一类是针对同一种鱼类分期捕鱼和适时补放鱼种，捕大留小，以长时间保持养殖水体内最适载鱼量，从而获得较高鱼产量的养殖方式；还有一类也是出于同样目的但混养多种鱼类，分不同时间捕捞。这后一种方式的轮捕轮放就属于综合养殖中的轮捕轮放范畴。例如，中国江浙一带就有多种鱼类混养，夏、秋季先捕鲢、鳙和草鱼，年底再捕鳊、鲂、鲫等鱼类（刘建康和何碧梧，1992）。这样的养殖模式可以使养殖水体始终保持适宜的养殖生物量，以获得较高的鱼产量，避免养殖早期因鱼类生物量太低而浪费水体资源，同时避免到后期超负载而影响养殖生物的生长。现在流行的海水池塘虾、蟹混养也是依据同样的原理（图 9-3）。

1-4 轮养 Temporal integration

此种养殖方式是在同一水体不同的时间段养殖不同的养殖种类，以达到时间上充分利用养殖水体资源，实现同一水体高产、高效的目的。例如，江苏省在高温的 5～10 月份池塘养殖凡纳滨对虾，而在 10 月至次年 5 月养殖冬季仍然摄食、生长的鳜（沈伟芳和张斌，2004）。

1-5 防病综合养殖 Disease prevention integration

生产实践中还可见到以防病为主要目的综合养殖方式，如对虾与河鲀混养就比较流行。此种方式是将两种动物混养在同一水体，其中一种养殖动物对另一种养殖动物的常见疾病具有预防作用。河鲀可以摄食感染白斑综合征病毒、游泳缓慢的对虾，客观上起到防病扩散的效果。如果健康的对虾残食了染病的对虾，可能被感染上该病毒，但河鲀摄食染病的对虾后不会染病。生产实践表明，对虾与河鲀混养经济效益很好。如果不是对虾白斑综合征流行，对虾与肉食性鱼类混养是不合理的。我国现在还有一些对虾与其他肉食性鱼类混养成功的报道，那些也都是基于同样的原理。

1-6 多功能综合养殖 Multi-function integration

此种方式是将多种生物混养或间养或轮养在同一水体，利用这些生物间的多种生态关系以达到充分利用水体的空间、时间和饵料资源的目的。例如，山东省荣成市某公司在池塘实行刺参、海蜇及对虾混养，同时也在试验再加入栉孔扇贝（Li et al.，2013；Ren et al.，2012），就是典型的多功能综合养殖（图 9-4）。刺参全年轮捕轮放；5 月放养海蜇，9～10 月捕捞海蜇；6 月放养对虾，9 月捕捞对虾；10 月至次年 5 月或更长时间混养栉孔扇贝。刺参底栖，沉积食性。海蜇和扇贝生活于上水层（底播扇贝的功能相同），摄食刺参不能利用的浮游生物，其粪便和残饵沉降至水体底部后又为刺参增加了饵料资源。对虾利用了刺参在夏眠期没能利用的饵料和时间资源。刺参、海蜇、对虾及扇贝混养结合了营养综合、不同水层综合、轮捕轮放和轮养的功能，生态效率和经济效益十分显著。

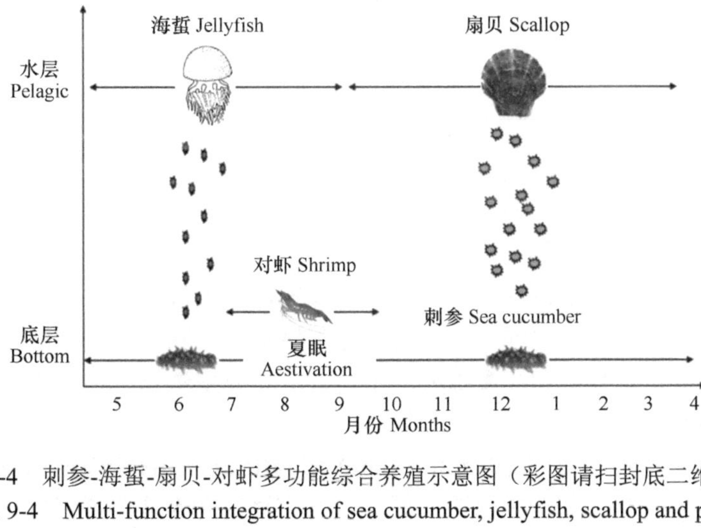

图 9-4　刺参-海蜇-扇贝-对虾多功能综合养殖示意图（彩图请扫封底二维码）

Fig. 9-4　Multi-function integration of sea cucumber, jellyfish, scallop and prawn

1-7 其他 Other integration

除上述综合养殖类型外，生产实践中还有其他一些综合养殖方式，鳜与饵料鱼同池混养就是一个较为典型的例子。鳜是高档名贵鱼类，其主要摄食活饵料鱼。为此有些地方在鳜养殖池塘配养小规格的鲢、鳙、鲤鱼苗，供鳜食用。管理上人们仅为配养的鱼苗培育饵料或提供饲料（杨壮志等，2006）。另外，中国有些地方在家鱼亲鱼培育池中混养凶猛的鳜，以清除与家鱼亲鱼争饵料的小杂鱼也属于综合养殖类型。

9.3.2　系统综合型

系统综合型（System integration）型是将两种或两种以上的生产系统有机结合在一起，使系统间产生互利作用或更好地利用系统资源，达到高效、高产的目的。此类型又可分为水基系统综合和水基与陆基系统综合两亚型。

2-1 水基系统综合 Integration of aquatic systems

该类型是将在水体开展的两种或多种不同的生产活动有机结合在一起，或在一个水体既开展水产养殖活动又开展其他生产活动的综合养殖方式。

2-1-1 分池环联 Partitioned aquaculture systems 或 Sequential integration

此综合养殖方式是将两个或多个不同种类的养殖池塘环联在一起，以达到更好的生态和经济效果。例如，广东省湛江开展的罗非鱼-对虾-牡蛎-江蓠分池环联养殖（申玉春等，2007）就是其典型实例（图 9-5）。

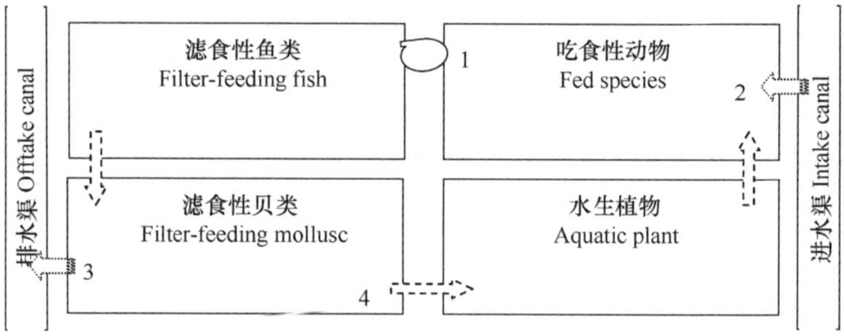

图 9-5　吃食性动物+滤食性鱼类+滤食性贝类+水生植物分池环联养殖示意图

1. 水泵；2. 进水闸；3. 出水闸门；4. 连接两池的管道

Fig. 9-5　Partitioned aquaculture system of fed species + filter-feeding fish+ filter-feeding mollusk + aquatic plant

1. Pump; 2. Inlet; 3. Outlet; 4. Connecting pipe between two ponds

该系统的水流方向和过程是：对虾池塘→罗非鱼池塘→牡蛎池塘→江蓠池塘→对虾池塘。投饲养殖对虾，罗非鱼滤食水中较大颗粒物，牡蛎再次过滤水中微小颗粒物，江蓠吸收水中无机营养盐，江蓠池塘的水再经蓄水过滤池流回对虾养殖池塘。这样环联的池塘中对虾、罗非鱼、牡蛎和江蓠都在一个适宜的环境中生长，各取所需。池塘水封闭循环，可以很少排污。

2-1-2 鱼-水生植物综合 Aquaculture and aquatic agriculture integration

此综合养殖方式是在同一水体内同时进行水产养殖和农业生产活动。养殖的动物与种植的植物之间存在互利或偏利（对一方有利且对另一方无害）的关系，从而使整个水体的生态效益和经济效益倍增。稻田养鱼是开展最为普遍的鱼-粮综合养殖类型。有些地区还在稻田中养殖河蟹、克氏原螯虾、蛙等。

2-1-3 鱼菜共生 Aquaponics

此养殖方式是在水面种植蔬菜，水中放养鱼类的综合方式，也称鱼菜共生系统。广州市一个 1000m^2 鱼菜共生系统每年产鱼 2～3t、产菜 10t（丁永良等，2010）。水生的蔬菜可以吸收水体的营养盐，降低水体营养负荷。但与混养大型海藻不同，该类水生蔬菜不从水中吸收 CO_2，也不向水中释放氧气。鱼藕混养在我国也较为普遍。

2-1-4 鱼-水禽综合 Aquaculture and waterfowl integration

此养殖方式是在同一水体进行鱼类养殖和鸭、鹅养殖。这是目前我国广泛开展的一种综合养殖模式。鸭、鹅可搅动水体，有利于改善池塘生态环境，鸭、鹅粪既可被滤食性鱼类摄食，还是良好的有机肥。罗方妮等（2002）的研究表明，银鲫、鲢、鳙、草鱼与鸭混养比单养鱼模式提高了水体的利用率，经济效益是单纯养鱼的 5～6 倍。

2-1-5 鱼-两栖动物综合 Fish and amphibian integration

在我国鱼鳖混养非常流行，一些地方还有鱼蛙混养等（郑松周等，2004）。

2-1-6 鱼-红树林综合 Aquasilviculture

这是将水产养殖与红树林结合的养殖方式。例如，深圳将红树与美国红鱼（*Sciaenops ocellatus*）和星洲红鱼（*Labidochromis flavigulus*）种植、养殖在一起。红树可改善水质，鱼类生长更快（佘忠明等，2005）。中国南方还有些地区开展红树林与对虾、红树林与牡蛎种植、养殖在一起的综合养殖方式。

2-1-7 其他 Other integration

在我国还有其他一些类型的综合养殖形式。例如，池塘中套养网箱就是一类。养虾池塘中用网隔离混养罗非鱼可避免罗非鱼抢食优质的对虾饲料，又可发挥罗非鱼对水质的调控作用。结果对虾、罗非鱼双丰收（Sun & Dong，2010；介子林，2006）。另外，养鲤科鱼类的池塘中套网箱养殖泥鳅（祝少华，2008）的经济效益也十分可观。

2-2 水基与陆基系统综合 Integration of aquatic and land systems

这种综合养殖的类型是将养殖水体与其周边土地上进行的生产活动相结合。例如，在四周的土地上种植作物、养殖牲畜等。养殖水体与四周的土地通过某些方式相联系，使养殖水体和土地的生产效率和生态效率更高。这种类型又可分为土地上种植植物、养殖动物和其他活动三类。

2-2-1 鱼-畜禽综合 Integration of pond and livestock or poultry breeding

这种综合养殖方式是在池塘中开展水产养殖，在周边土地上养家畜，如猪、羊、鸡等。池塘可为家畜提供水源，家畜的粪便可以肥水。罗非鱼-猪养殖模式是此种综合养殖方式的典型代表。少量施用发酵猪粪可以肥水，有利于罗非鱼生长。此类养殖方式生产的水产品卫生安全已引起人们的关注（蔡卓等，2009），但如果发酵后再施用这些粪肥就比较安全了。

2-2-2 鱼-植物种植综合 Integration of pond and plantation

这种综合养殖方式是在池塘中开展水产养殖，在周边土地上种植植物，如种粮、种草、种水果等。淡水池塘的淤泥是周边植物的良好肥料，塘水也是这些植物的灌溉水源。种植的草除可作为牲畜的饲料外还可成为草鱼的饲料。

桑基鱼塘（Mulberry fish pond system）这一综合养殖方式在中国清代的《广东新语》（约公元 1700 年）中就有记载。桑基鱼塘虽形式上是鱼-植物综合养殖方式，但其中又增加了养蚕的环节，是三者的有机结合。塘泥可以肥桑，蚕沙可以喂鱼，种桑、养蚕、养鱼有机结合。

2-2-3 其他 Other integration

水基与陆基系统综合的养殖方式还有一些其他形式，如利用热电厂排放的热水在池塘养殖（Integrated power plant and aquaculture system）罗氏沼虾、革胡子鲇、鲍和参。过去也曾有城镇生活污水养鱼形式（黄兆坤，1992），现在出于食品安全的考虑这种养殖方式已几乎被弃用。另外，广义上讲，水产养殖与发电、旅游、游钓等结合也属于综合养殖范畴。

9.4 综合水产养殖结构优化的原理和方法

相对于单养系统而言，综合水产养殖系统具有诸多优点，被普遍认为是一种可持续的养殖模式。尽管历史上我国劳动人民也曾优化出草鱼与鲢混养的 3∶1 比例，但这些都是他们靠试错法长期摸索的结果，用科学的理论去指导、优化综合养殖结构也仅是近些年的事情。迄今为止，我国流行的众多综合养殖模式仍然是群众靠试错法甚至是某个人主观确定的，并没有进行科学优化。为促进和指导我国综合水产养殖结构的优化工作，保障我国综合水产养殖事业健康发展，本节将简要介绍综合养殖结构优化的原理和方法。

9.4.1 综合水产养殖结构优化的原理

如前所述，我国现行综合水产养殖模式所依据的生态学原理主要包括前面已提到的六项，依据这些原理建立的综合养殖系统可以实现较高的生态效益和经济效益。

1. 生态效益和经济效益

生态效益是指生态环境中诸物质要素在满足人类社会生产和生活过程中所发挥的作用，它关系到人类生存发展的根本利益和长远利益。生态效益的基础是生态平衡和生态系统的良性、高效循环。水产养殖生产中所讲生态效益，就是要使养殖生态系统各组成部分在物质与能量输出输入的数量上、结构功能上，经常处于相互适应、相互协调的平衡状态，使水域自然资源得到合理的开发、利用和保护，促进水产养殖事业的健康、可持续发展。

环境效益是生态效益的一个方面，是对人类社会生产活动的环境后果的衡量。养殖水体的环境效益反映的是养殖活动对生态环境的影响程度，即不同的养殖系统对自身及周围生态环境的影响。在受人类活动影响较小的自然水域，系统的能量主要来自太阳能，在一定的时间内，系统能量与物质的输入与输出能保持相对平衡。

在自养型或非投喂型养殖系统中，人们只需投入苗种，即可利用太阳能和水体的营养物质生产出经济产品。尽管人们可以采取施肥、调控水质等措施提高生产量，但由于其生产力最终受制于太阳能的强度和利用率。该系统每年会随水产品的收获，大量的营养物质，如 N、P 等，从系统中输出，因而会降低水体的营养负荷。

在异养型或投喂型养殖系统中，人们需不断投入大量饵料等来维持养殖对象的生长，获得所需的较高产量。尽管每年也有大量的营养物质随水产品的捕出而输出到系统外，但由于该系统对饵料的利用率有限，因而总有一部分营养物质以有机污染物的形式沉积在该系统内或被排到周围水域，对该系统或邻近水域造成污染。近年来，近海的富营养化不断加剧，沿海投饲养殖的排污已不可忽视（程序，2009；崔毅等，2005）。因此，某种养殖方式或养殖系统在生产过程中是否向周围环境排放废水或废物，排放的程度，可以作为其生态或环境效益的重要指标。

经济效益是人们进行经济活动所取得的结果，而经济活动的生产环节又是整个经济活动的基础。经济效益反映的是某一养殖系统的经济性能，即该系统在经济上的成本投入与最终收益之间的关系。经济效益的高低，往往是一个生产经营者首先关注的问题。反映经济效益的指标有很多，常用的有收入（纯收入和毛收入）、产出投入比等。收入值是一个比较绝对的指标，受价格的影响较大，不同地区、不同时间的变动很大。而产出投入比则是总产出与总成本之间的比率，是一个相对的指标，受地域性和时间性因素影响较小。以产出投入比作为反映经济效益的指标，在不同地区、不同年度的同一养殖系统或不同养殖系统之间都具有较大的可比性。

2. 生态效益与经济效益的统一

生态效益与经济效益之间是相互制约、互为因果的关系。从宏观和长远的角度看，保持良好的生态效益是取得良好经济效益的前提。某项社会实践中所产生的生态效益和经济效益可以是正值或负值。最常见的情况是，为了更多地获取短期经济效益常给生态环境带来不利的影响。此时经济效益是正值，而生态效益却是负值。生态效益的好坏涉及全局和长期的经济效益。在人类的生产、生活中，如果生态效益受损害，整体的、长远的经济效益就很难得到保障。因此，人们在社会生产活动中要维护生态平衡，力求做到既获得较大的经济效益，又获得良好的生态效益，至少应该不损害生态环境。

长期以来，在水产养殖生产活动中，人们多片面追求经济效益，不重视生态效益，致使一些水域生态系统失去平衡，给产业和社会带来灾难，反过来也阻碍了经济的可持续发展。现代的综合水产养殖就是为实现生态和经济综合效益最大化而设计、建立的养殖模式，实现经济发展和生态保护的“双赢”，因此，评判这类养殖系统的效益也应采用经济效益、生态效益相结合的综合指标体系。生态效益和经济效益综合形成生态经济效益。在人类改造自然的过程中，要求在获取较高经济效益的同时，也最大限度地保持生态平衡并获得较高的生态效益，即取得最大的生态经济效益。

对于综合水产养殖系统可以用纯收入、产出投入比等反映不同系统的经济性能，而以 N、P 的利用率及养殖废物排出率作为反映不同综合养殖系统的生态性能的指标。需要说明的是，N、P 利用率不同的学者有不同的表示方法。一般生态学研究是把 N、P 利用率放在整个系统的 N、P 收支中考察。这种 N、P 利用率是把养殖对象所利用的 N、P 作为系统输出的一部分，以它占整个系统的总输入量的比数来表示。而对于养殖系统而言，我们更关心的是收获的养殖对象所含有的 N、P 数量占人工投入养殖系统的 N、P（投饵、施肥等）的比率。

实际运用时，可以设计包含多项经济效益和生态效益因素的综合效益指标。例如，李德尚等（1999）就利用下面的综合效益指标对养殖模式的生态经济效益进行了比较：

综合效果指标 =(系统的综合产量×N 的总利用率×产出投入比)$^{1/3}$

每个待优化的养殖结构所关注的问题不尽相同，因此，实际应用此类综合效果指标时也可根据具体需要设计不同的综合效果指标，如：

综合效果指标 =(净产量×平均尾重×饲料效率)$^{1/3}$（熊邦喜等，1993）

综合效果指标 =(产量×规格×N 或 P 相对利用率)$^{1/3}$（王吉桥等，1999）

综合效果指标 = 对虾当量相对综合产量×对虾相对规格×N 或 P 的相对利用率×相对纯收入×相对产出投入比（田相利等，1999）

9.4.2 综合水产养殖结构优化的方法

生态学研究或实验方法可划分为观察性研究（Observational study）、测定性实验（Mensurative experiment）和受控性实验（Manipulative experiment）。受控实验是对自然的或所选的一组客体的自然条件、过程、关系有意识操纵或施以两个或多个处理。受控实验有 4 个重要的性质或要素，包括对照、重复、随机和散置（Hurlbert，1984）。散置是随机原则的结果或在实验单元较少时的必要补充。受控实验不仅指某些生态因子受到高精度的控制，更重要的是该类实验的设计和实施还严格遵循着一些重要规则，使得这样的实验所得结果可被他人重复、检验。

实验生态系统可大致分为三类：小型实验生态系统（Microcosm）、中型实验生态系统（Mesocosm）和大型实验生态系统（Macrocosm）。小型生态系统可定义为小于 1m^3 或 0.1m^2 的系统，中型生态系统为 1～10^{3}m^3 或 0.1～10^{3}m^2 的系统，大型生态系统为大于 10^{3}m^3 或 10^{3}m^2 的系统。由于实验目的不同、研究对象（生物）不同，所需要的实验规模也不尽相同。一般情况下，研究较小生物（如微生物、浮游生物等）的生态学可使用一些小的容器，而研究鱼类等较大生物的生态学则需要稍大一些的容器，研究综合水产养殖系统则需要更大的水体。

小实验系统易控制，可以较严格地控制实验条件。这样的实验中通常可以同时设计多个处理、多个重复，但该系统与自然生态系统相比往往有较大的差异。较大实验系统与自然生态系统比较接近，有的实验，如整个湖泊的生态操纵实验，就是利用自然湖泊生态系统进行研究。 但是，该系统的实验由于种种限制常只能进行一种处理、不可设重复或重复数有限。

中国海洋大学水产养殖生态学实验室自 1989 年起使用实验围隔——中型人工模拟生态系统研究水产养殖生态系统的结构与功能、负荷力，优化综合养殖系统的结构（李德尚等，1994，1993b；李德尚，1992）。围隔实验系统是一种兼顾了实验可操纵性和真实性的较理想方法，克服了以往野外现场研究不易重复、室内模拟失真严重的缺陷，使水产养殖结构优化工作从经验走向科学。

20 世纪 80 年代末，李德尚教授领导的团队研发了浮式围隔，用以研究水库综合养殖的优化结构和负荷力等问题。浮式围隔是上开口、半封闭的实验设施，可在较深的水库使用（图 9-6）。20 世纪 90 年代，李德尚教授团队又开始优化海水池塘对虾综合养殖结构，并研制了池塘陆基围隔（李德尚等，1998）（图 9-7）。该围隔上开口，底部无编织布，实验水体与底泥接触。

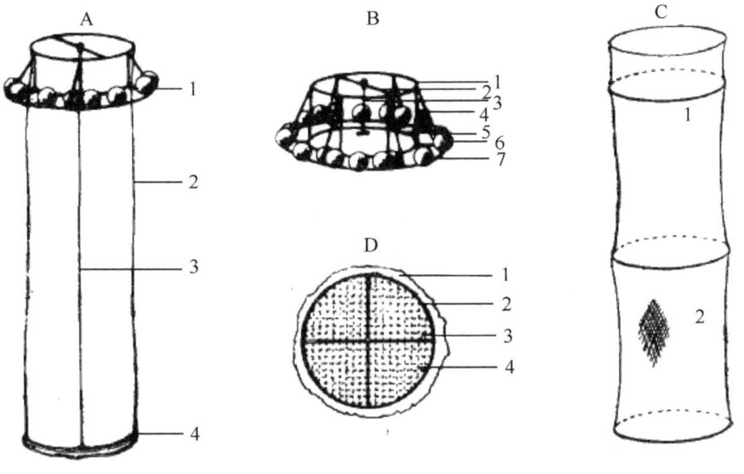

图 9-6　浮式围隔的结构

A. 整体简图：1. 浮体；2. 围隔袋；3. 力纲；4. 底盘。B. 浮体和搅水机：1. 顶圈；2. 搅水机横梁；3. 搅水机；4. 支架；5. 内圈；6. 浮子；7. 外圈。C. 内网：1. 力圈；2. 网衣。D. 底盘：1. 编织布；2. 边圈；3. 角钢；4. 铁丝网

Fig. 9-6　The structure of the suspended experimental enclosure

A. The whole body view: 1. Steel floated buoyant body; 2. Plastic-coated polyethylene woven cloth bag; 3. Rope; 4. Bottom tray. B. Floating body and stirrer: 1. Neck ring; 2. Crossbeam for stirrer; 3. Stirrer; 4. Stand; 5. Inner ring; 6. Buoy; 7. Outer ring. C. Inner net: 1. Iron ring; 2. Net. D. Bottom tray: 1. Plastic-coated polyethylene woven cloth; 2. Brim ring; 3. Angle iron; 4. Iron net

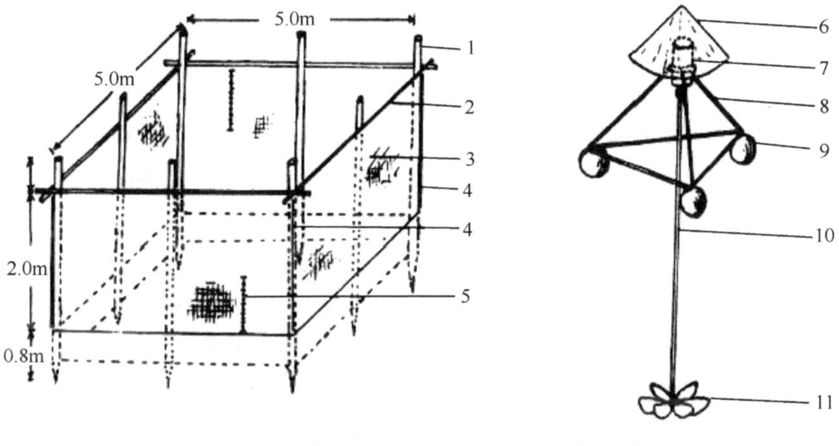

图 9-7　陆基实验围隔（左）及其搅水机（右）

1. 木桩；2. 青竹；3. 涂塑聚乙烯编织布；4. 竹竿；5. 拉链；6. 防雨罩；7. 电动机；8. 机架；9. 浮球；10. 传动杆；11. 叶轮

Fig. 9-7　The structure of the land-based experimental enclosure (right) and its water stirrer (left)

1. Wood pole; 2. Thick bamboo pole; 3. Plastic-coated polyethylene woven cloth; 4. Thin bamboo pole; 5. Zipper; 6. Rain-screening cap; 7. Motor; 8. Stand; 9. Float; 10. Transmission shaft; 11. Propeller

9.5　综合养殖结构的优化

综合水产养殖系统的结构优化是指实现综合养殖系统中的养殖种类和各种类的数量最佳的过程。优化养殖结构的目的是获得最佳的生态经济效益。下面以水库、池塘和海湾综合养殖结构优化实例进行介绍。

9.5.1 水库综合养殖结构优化

20 世纪 80 年代，水库网箱养鱼十分盛行，人们在获得很好经济效益的同时也出现了水库水质恶化、个别水库大规模死鱼现象。为此，人们开始关注、探索网箱中配养滤食性鱼类以改善水质、提高养殖负荷（载）力的工作。

熊邦喜等（1993）在山东省东周水库利用现场围隔研究了滤食性鲢与吃食性鲤综合养殖的最佳结构问题。实验共用 30 个水深 5m、容积 $14.3m^3$ 的实验围隔群。共设置了 15 个处理，每个处理两个重复。A 处理围隔不放养鲤，其他 4 个处理围隔，即 B、C、D 和 E，放养鲤鱼为 $75.5kg/m^3$、$50.7kg/m^3$、$37.8kg/m^3$ 和 $30.1kg/m^3$。鲢则按设计的各组鲤放养量的 1/3 和 1/2 配养。

34d 的实验结果表明，配养鲢可降低浮游植物、浮游动物、浮游细菌的数量和总磷浓度，明显改善了水质。养殖实验持续 16d 后，各围隔中配养鲢处理组的透明度明显大于未放鲢组，其中高配养鲢组的透明度又大于低配养鲢组。溶解氧与载鲤量呈负相关，也与配养鲢有关。1∶2 配养鲢组的溶解氧有高于 1∶3 配养组的趋势。

实验期间 B、C、D 三个处理围隔从实验的第 10 天开始先后都发生过鱼浮头现象，表明这三个处理组养鲤量都超过了水体负荷力。E 处理中未配养鲢的 1-1 号围隔在实验的第 27 天出现过一次溶解氧低于 3mg/L，证明该围隔是处于负荷力临界水平；而配养鲢的 2、3 两组围隔溶解氧始终都在 3mg/L 以上，符合渔业水质标准。说明配养鲢有增加溶解氧量的作用。

COD 与各围隔的载鲤量呈正相关，而且各围隔中配养鲢组的 COD 明显低于未配养组；高配养鲢组有低于低配养鲢组的趋势。实验期间各围隔群的 BOD 都有所增加，增加程度与各围隔载鲤量正相关，但都未超过 5.0mg/L 的渔业水质标准。

各组围隔鱼类的养殖生态学指标和效益综合指标见表 9-2。从表中可以看出，混养鲢的 B2、C2、D2 和 E2 围隔中鲤的载鱼量（CC）均大于或等于仅养鲤围隔的载鱼量。这表明，混养鲢可以提高鲤的养殖容量。从鲤、鲢两种鱼的总负荷力看，未配养鲢的 E 围隔 1 组鲤的负荷力（以载鱼量表示）只有 $2934kg/hm^2$，而配养鲢的 E 围隔 2 组鲤和鲢总负荷力却达到了 $3964kg/hm^2$，负荷力提高了 35%。

表 9-2 各群组养殖生态学指标和效益综合指标

Tab. 9-2 Indexes of aquaculture and BSI in each group of enclosures

围隔 Enclosures		鲤 Common carp					鲢 Silver carp		TNP	TCC
		NP	GR	FE	CC	BSI	NP	GR		
A	1	—	—	—	—	—	—	—	—	—
	2	—	—	—	—	—	55.0	68.8	55.0	471.2
	3	—	—	—	—	—	51.2	39.5	51.2	633.3
B	1	373.9	34.8	18.4	5065.5	11.5	—	—	373.9	5064.5
	2	418.8	38.6	20.8	5260.5	12.9	230.0	63.9	648.8	7320.7
	3	465.3	43.3	22.0	5379.0	14.1	295.0	52.5	760.3	8365.2
C	1	394.9	54.5	24.6	3912.0	15.7	—	—	394.9	3913.0
	2	495.0	64.2	29.7	4155.0	19.0	220.0	87.8	715.0	5796.9
	3	424.7	58.6	26.8	4015.5	16.9	273.0	73.9	698.1	6262.1

续表

围隔 Enclosures		鲤 Common carp					鲢 Silver carp		TNP	TCC
		NP	GR	FE	CC	BSI	NP	GR		
D	1	285.0	52.8	24.1	2880.0	13.5	—	—	285.0	2881.4
	2	340.0	63.0	28.7	3073.5	16.1	195.0	108.4	535.0	5382.2
	3	262.0	52.4	25.0	2863.5	13.6	220.0	81.5	502.0	4574.3
E	1	410.0	95.4	40.8	2934.0	21.4	—	—	410.0	2934.0
	2	410.0	95.4	44.3	2934.0	22.0	145.0	96.7	555.0	3964.0
	3	325.0	75.6	41.7	2637.0	18.5	216.0	100.0	540.0	4138.1

注：每一处理设置两个重复。NP. 净产量（g）；GR. 生长率（%）；FE. 饲料效率（%）；CC. 载鱼量（kg/hm^2）；TNP. 总净产量（g）；TCC. 总载鱼量（kg/hm^2）；BSI. 效益综合指标，$BSI = (NP_n \times W_n \times FE_n)^{1/3}$

Note: NP. Net production (g); GR. Growth rate (%); FE. Food efficiency (%); CC. Fish load (kg/hm^2); TNP. Total net production (g); TCC. Total fish carrying (kg/hm^2); BSI. Biological synthesis index; $BSI = (NP_n \times W_n \times FE_n)^{1/3}$

各围隔组养鱼学指标的统计结果还表明，配养鲢不仅提高了鲤净产量、生长率、饲料效率，还提高了养鱼的总产量（总载鱼量）和效益综合指标。从代表负荷力的E1 组和 2 组看，配养鲢使鲤的饲料效率提高了 10%，总鱼产量提高了 35%。这一结果直接表明，配养鲢对养鱼效益具有积极作用。

水质测定结果表明，1∶2 配养组优于 1∶3 配养组；从各项养鱼学指标和效益的统计则说明，1∶3 配养组优于 1∶2 配养组。以代表负荷力的 E 围隔的 2、3 两组比较看，在水质都符合渔业标准的条件下，1∶3 配养组的养鱼学指标和效益都优于 1∶2 配养组。综合各种因素，鲤：鲢最佳配比为 1∶3。

需要说明的是，由于环保的原因，我国已在逐步取缔在多功能水库中开展投饵网箱养殖。因此，介绍上述例子的主要目的是说明利用浮式围隔在较深水体进行综合养殖结构优化的方法。该方法对以养鱼为唯一功能的小水库具有重要参考价值。

9.5.2 池塘综合养殖结构优化

自 20 世纪 80 年代起，我国海水池塘养殖业迅猛发展，但传统的高密度、单养的养殖模式不仅对饲料利用率低且对环境负面影响十分严重。这样的养殖模式是不可持续的。因此，改变海水池塘养殖结构、提高饲料利用率、减少养殖排污，实现水产养殖由数量增长转为质量增长已成为国家亟待解决的重大问题。

2004 年王大鹏等在天津市塘沽利用陆基围隔优化了凡纳滨对虾、青蛤（*Cyclina sinensis*）、菊花江蓠（*Gracilaria lichevoides*）的混养结构（董贯仓等，2007；包杰等，2006；常杰等，2006；王大鹏等，2006）。实验持续 51d，使用 20 个 $25m^2$ 围隔，每处理 4 个重复。放养的凡纳滨对虾和青蛤的体重分别为 0.11g/尾±0.02g/尾和 6.03g/个±1.12g/个。实验设计与主要结果见表 9-3。

实验结束时，对虾的体重、存活率和净产量分别为 5.30～6.12g、63.0%～78.2%和 1065～1368kg/hm^2。青蛤净产量分别为 51～328kg/hm^2。江蓠净产量为 3900～9380kg/hm^2。混养系统的经济效益和生态效益均优于对虾单养。在该实验条件下，混养系统的最佳结构为凡纳滨对虾 30 尾/m^2、青蛤 30 个/m^2、菊花江蓠 200g/m^2。

表 9-3　凡纳滨对虾单养和与青蛤、菊花江蓠混养的效果

Tab. 9-3　Effects of integration of shrimp (*Litopenaeus vannamei*), clam (*Cyclina sinensis*) and seaweed (*Gracilaria lichevoides*)

项目 Items	处理 Treatments				
	P	PCS1	PCS2	PCS3	PCS4
对虾放养量/(ind./m^2) P stocking rate	30	30	30	30	30
青蛤放养量/(ind./m^2) C stocking rates	0	7	15	30	45
江蓠放养量/(g/m^2) S stocking rates	0	360	280	200	120
对虾净产量/(g/m^2) P net productions	115.4	119.1	116.6	136.8	106.5
收获虾的规格/(g/ind.) P yield sizes	5.47	6.12	5.30	5.53	5.32
对虾存活率/% P survival rates	67.5	69.7	68.0	78.2	63.0
青蛤净产量/(g/m^2) C net productions	—	5.1	16.4	32.8	25.3
江蓠净产量/(g/m^2) S net productions	—	938.0	743.0	779.5	390.0
光合能转化效率/% Photosynthetic conversion efficiencies	0.12	0.71	0.64	0.81	0.54
总能转化效率/% Total energy conversion efficiencies	42.62	90.97	82.77	92.07	60.48
N 利用率/% N utilization rates	24.5	38.2	34.7	35.6	26.3
P 利用率/% P utilization rates	7.2	13.9	14.3	17.2	9.5
产出/投入比 Ratios of output and input	1.22	1.89	1.71	1.69	1.29

注：P. 对虾单养；PCS. 对虾、青蛤、江蓠混养；光合作用转化效率（%）= (净总输出/光合作用能输入) × 100%，光合能转化效率（%）= (净总输出/生物能输入) × 100%，总能量转化效率（%）= (净总输出/总输入) × 100%

Note: P. Shrimp monoculture; PCS. Integration of shrimp, clam and seaweed; Photosynthetic conversion efficiency (%) = (Total net output/Photosynthetic input) × 100%, Total energy conversion efficiency = (Total net output/Total input) × 100%

1996～2005 年我们在山东省海阳、乳山、东营和天津市塘沽对中国对虾和凡纳滨对虾的海水池塘养殖结构进行了优化。10 年间共优化出 9 个养殖结构或模式（表 9-4）。

表 9-4　优化的 9 种对虾养殖结构

Tab. 9-4　Optimal structure of integrated shrimps mariculture in mariculture ponds

养殖模式 Integration Modes	最佳毛产量比 Biomass ratios	文献 Date sources
对虾-罗非鱼 *Fenneropenaeus chinensis* + tilapia	1∶1	Wang J Q et al.，1998
对虾-缢蛏 *Fenneropenaeus chinensis* + razor clam	1∶3	李德尚等，1999
对虾-牡蛎 *Fenneropenaeus chinensis* + oyster	1∶6	苏跃朋等，2003
对虾-海湾扇贝 *Fenneropenaeus chinensis* + bay scallop	1∶1	Wang et al.，1999
对虾-罗非鱼-缢蛏 *Fenneropenaeus chinensis* + tilapia + razor clam	1∶0.3∶2	Tian et al.，2000
对虾-青蛤 *Litopenaeus vannamei* + clam	1∶0.8	王大鹏等，2006
对虾-江蓠 *Litopenaeus vannamei* + seaweed	1∶5	牛化欣等，2006
对虾-青蛤-江蓠 *Litopenaeus vannamei* + seaweed + seaweed	1∶1.3∶8.3	王大鹏等，2006
对虾-毛蚶-江蓠 *Litopenaeus vannamei* +blood clam + seaweed	1∶1∶5.9	牛化欣等，2006

这 9 种优化结构不仅经济效益好，而且环境效益佳。例如，与对虾单养相比，中国对虾-罗非鱼-缢蛏混养的 1∶0.3∶2 结构，总产量提高 82%，N 排放减少 86%，产出/投入比提高 10%（表 9-5）。

表 9-5　对虾、罗非鱼、缢蛏混养的效益

Tab. 9-5　Benefits of shrimp, tilapia and razor fish integration

效益 Benefits	虾 S	虾鱼 SF	虾蛏 SR	虾鱼蛏 SFR
总产量 Total productions	1	+40%	+104%	+82%
N 排污 N discharge	1	–23%	–63%	–86%
产出/投入比 Output/Input ratio	1	–3%	+7%	+10%

再如，与对虾单养相比，凡纳滨对虾-青蛤-江蓠 1∶1.3∶8.3 养殖结构的水体中 TN 和 TP 含量、底质 TOC 和 N、P 排污率都大幅度减少，具有显著的环境效益（表 9-6）。

表 9-6　优化养殖结构改善水质和排污状况（%）

Tab. 9-6　Water and sediment quality in pond of shrimp integration (%)

养殖模式 Integration modes	水体 Water		底质 Sediment	排污率 Discharge rates	
	TN	TP	TOC	N	P
对虾-菲律宾蛤仔 *Fenneropenaeus chinensis* + *Ruditapes*	–5.2	–18.2	—	—	—
对虾-青蛤 *Litopenaeus vannamei* + *Cyclina*	–21.3	–10.5	–32.5	–24.5	–17.8
对虾-江蓠 *Litopenaeus vannamei* + *Gracilaria*	–21.0	–30.1	—	—	—
对虾-青蛤-江蓠 *Litopenaeus vannamei* + *Cyclina* + *Gracilaria*	–42.6	–31.7	–239.8	–109.9	–252.7
对虾-毛蚶-江蓠 *Litopenaeus vannamei* + *Scapharca* + *Gracilaria*	–37.0	–37.5	—	—	—

注：与对虾单养相比，单养取 100%

Note: Taking shrimp monoculture as 100%

9.5.3　海湾综合养殖结构优化

20 世纪 80 年代末，中国水产科学研究院黄海水产研究所在山东省桑沟湾成功实施了 IMTA，每年在约 100km^2 的海域生产出 30 多种总计 24 万 t 的海产品（Fang et al.，1996）。在桑沟湾不同区域实施的几种 IMTA 模式有效地利用了养殖水体上层水体和底部环境（图 9-8），获得了良好的经济和生态效益（Fang et al.， 2016）。此外，IMTA 的实施可以增加生态系统的服务功能。例如，将海藻和双壳贝类加入养殖系统，可以通过海藻的光合作用和双壳贝壳的碳封存作用，增加养殖系统碳汇功能（Tang et al.，2011）。

桑沟湾实施 IMTA 的一个例子是皱纹盘鲍（*Haliotis discus hannai*）与海带（*Laminaria japonica*）综合养殖（图 9-8A）。研究表明，1600m^2 示范海域笼养皱纹盘鲍 4～11 月的氨排泄量约 2.2kgN。依海带的生长速率和氮含量（1.3%干重）计算，理论上吸收皱纹盘鲍排出的氨所需的海带量为 10 080 株。因此，养殖 12 000 株海带就足以吸收皱纹盘鲍排出的氨。该系统的皱纹盘鲍产量约为 900kg/2 年，产值为 7 万元/1600m^2（按 2009 年市场价格计算，唐启升等，2013）。

桑沟湾实施 IMTA 的另一例子是鱼类、双壳贝类和海藻的综合养殖（图 9-8B）。海藻可吸收养殖鱼类和贝类排泄的营养物质，贝类可过滤养殖鱼类产生的残饵和粪便颗粒。海带和龙须藻（*Gracilaria lemaneiformis*）的养殖时间分别为 12 月至次年 5 月和 6～11 月，这样，养殖的海藻就全年都可吸收同一水体中养殖动物排泄的无机营养物质（唐启升等，2013）。

研究表明，以 72%对 28%比例混养的花鲈（*Lateolabrax maculatus*）和黑鲪（*Sebastodes*

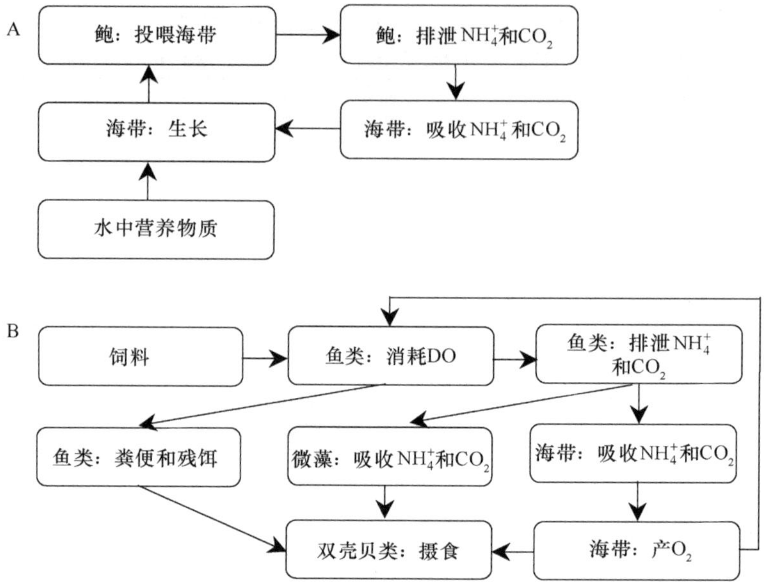

图 9-8　山东省桑沟湾多营养层次综合养殖模式（引自 Fang et al.，2016）

A. 鲍鱼和海带筏式养殖；B. 鱼类、双壳类和海带综合养殖。DO：溶解氧

Fig. 9-8　Integrated multi-trophic aquaculture models in Sanggou Bay, Shandong, China (from Fang et al., 2016)

A. Longline culture of abalone and kelp; B. Co-culture of finfish, bivalve and kelp. DO: Dissolved oxygen

fuscescens）氨排泄量在冬春季和夏秋季分别为 510kgN 和 5874kgN。以海带和龙须菜的氮含量分别为 1.34%（干重）和 2.70%（干重）计，氨排泄和吸收实现平衡的鱼：藻比例，即优化结构，冬春季为 1kg 湿重鱼：0.44kg 干重海带，夏秋季为 1kg 湿重鱼：1.12kg 干重龙须菜（Ge et al.，2007）。

在桑沟湾，长牡蛎（*Crassostrea gigas*）对鲈鱼养殖产生的有机物（包含 10%的残饵和 44%的粪便）的同化效率为 54%。如果这些有机物的 42%可被牡蛎摄食，则牡蛎理论上可以将网箱养殖鱼类排放有机物的 23%再回收利用（Jiang et al.，2012）。

桑沟湾实施 IMTA 的第三个例子是鲍鱼、海带和海参综合养殖。鲍鱼排泄的无机物（NH_4 和 CO_2）被海带吸收，转化为植物生物量。海带又可以作为鲍鱼的营养来源。海参是一种沉积食性动物，以腐烂的有机物为食，可以 6 头/笼的密度直接添加到鲍鱼养殖笼中。这样就不需对养殖笼进行任何修改，直接将养殖笼悬挂在海带吊绳上，既简单，成本又低。“鲍鱼-海带-海参”养殖系统两年产值可近 9 万元/1600m^2，其中海参产值 1.9 万元（按 2009 年市场价格计算）。此外，该 IMTA 系统具有良好的生态效益（Fang et al.，2009）。

9.6　综合水产养殖的发展

综合水产养殖在我国已有近 2000 年的历史，西方世界也看到了 IMTA 的优势，并开始应用。综合养殖概念和模式从未像现在这样深入人心。然而，综合养殖模式的发展还有很大发展潜力。

9.6.1　综合养殖模式的集约化水平有待提升

综合养殖模式在我国池塘养殖中十分流行，在湖泊、水库鱼类放养中也倡导“合理”放养。这里的“合理”是指，依据水体天然饵料的组成和生产力确定放养鱼类种类和数量。我国目前池塘综合养殖多是采用一些半精养甚至粗养模式，大多数精养池塘仍多采用单种类养殖。综合养殖有诸多优点，未来应多发展高集约化水平、排污达标甚至零排污的池塘综合养殖模式，这对我国水产养殖业可持续发展十分重要（见第 14 章）。

集约化程度更高的综合养殖模式可能会使生产管理操作更繁琐，但有些新的集约化程度较高的综合养殖模式，如池塘中跑道养殖模式、分池连环养殖模式可使生产操作更简便，也更易实现在增产的同时少排污甚至零排污的目标（见第 10 章）。

9.6.2　研究、推广、应用三个环节缺一不可

目前生产上流行的综合养殖模式多是一线养殖者自行发明的模式，其中相当一部分并未进行优化。因此，现行的综合养殖模式大多数还有很大的优化空间。表 9-4 中列出了经过科学实验优化的 9 种对虾养殖结构，但其结果是用最佳“毛产量比”表示的，而生产实践中人们的直接需求是放养数量比例。虽然“毛产量比”是最科学的表示方法，但与直接应用还有距离。将“毛产量比”计算成放养数量比并不容易，因为这与放养规格、养殖经验（影响成活率）、养殖周期长短等有关。可见，科学到应用之间还需要地方水产技术推广人员的“推广”环节。

9.6.3　规模化发展与第三方认证

我国池塘养殖采用的综合养殖模式通常规模有限，产品也很少进行第三方认证，这样的产品很难进入高价值链销售渠道。解决的途径是，实施规模化发展，并对产品进行第三方认证。这就需要地方政府、渔协或水产技术推广部门协助养殖户制定连片、整体的养殖规划和产品认证。

9.6.4　综合养殖食品的安全性和海藻销路

亚洲特别是中国和东南亚国家很容易接受综合养殖模式，但有些西方人还不太接受综合养殖模式。西方人对“营养”和“粪便”有着复杂的理解。例如，他们认定用粪肥种植的蘑菇属于有机产品，并愿意花高价钱购买这类产品。但对于养殖动物摄食另一种动物的“粪便”形成的产品则很难接受。加拿大在 21 世纪初制定的《加拿大贝类卫生规程》（*Canadian Shellfish Sanitation Program*）就规定，养殖贝类必须远离鱼类养殖网箱或网围至少 125m（Chopin，2012）。这一规定严重妨碍了鱼类、贝类和藻类的综合养殖，即 IMTA 的发展。尽管目前这一情况已有所改善，但西方人对 IMTA 产品安全性的担忧仍然存在（Little et al.，2016）。诚然，用猪粪直接喂养鱼类的方式不可取，但鱼类、贝类和藻类这些水生生物在自然界本就生活在一起，对它们之间的营养关系就没有必要

如此担心。另外，在亚洲 IMTA 中养殖的大型海藻本身就是人们喜食的产品或化工原料，而在西方，IMTA 发展首先就要为生产出的大型海藻找到销路。可见，关于综合养殖产品的安全性等问题我们还有很多工作要做。

9.6.5 对开放水域综合养殖实施有效管理

我国早已在开放海域 IMTA 方面开始了规模化实践，但真正按照科学规划实施的还是凤毛麟角，这主要是因为有效管理和社会性养殖容量研究仍不够。社会性养殖容量是其他利益相关方也可接受的最大收获量或放养密度。过去几十年，我国对水域的物理性养殖容量、生产性养殖容量和生态性养殖容量做了很多研究工作，而对社会性养殖容量的研究还很少，更谈不上实施（详见本书第 3 章 3.3 节）。就拿人们研究很多的山东省桑沟湾来说，湾内有上百家海水养殖单位（包括家庭所有的），加上周边社区对该公共海域的多种诉求，需要制定一个大家都可接受并可被严格遵守的整体养殖规划（养殖区布局、养殖种类和密度规划），即基于桑沟湾社会性养殖容量的规划。而这“最后一公里”我们还没走完。

小　　结

1. 综合水产养殖是几种水生生物或几种生产活动有机结合的生产方式，它既包括同一水体内水生生物的混养，也包括水产养殖与同一水体或邻近区域进行的其他生产活动有机结合的养殖方式。也就是说，综合水产养殖包括下列三种形式：①同一水体内水生生物的混养，如同一池塘中不同种鱼类混养；②水产养殖与同一水体的其他生产活动结合，如同一池塘中既养殖鱼类也养殖鸭、鹅；③水产养殖与邻近区域进行的其他生产活动结合，如桑基鱼塘，即在池塘中养鱼，台田上种植桑树、养蚕。
2. 我国现行的综合养殖模式所依据的原理主要包括：通过养殖生物间的营养关系实现养殖废物的资源化利用；利用养殖种类或养殖亚系统间功能互补或偏利作用平衡水质；放养滤食性动物通过下行效应调控水质；利用不同养殖生物的合理组合实现养殖水体资源的充分利用；利用养殖生物间的互利或偏利作用实现生态防病；通过水产养殖系统与其他活动的有机结合实现经济和生态效益倍增等。可见，综合养殖就是将生态系统的天然服务功能与人工投入有机结合，将多个水生生物或多个生产活动有机结合的养殖模式。
3. 我国开展综合水产养殖历史最悠久，模式最为多样。这些养殖模式可大体归纳为两大类，即同一个水体内的水生生物种类综合类型和不同生产系统间综合类型，后者还可再分为水基系统综合和水基与陆基系统综合两个亚类。
4. 多营养层次综合养殖（IMTA）是综合养殖中最重要的一种，指在同一水体混养或间养不同生态学营养层次的水生生物，如投喂性鱼类、滤食性贝类和大型海藻混养。这些养殖生物间通常存在一定的营养关系，可以实现一种养殖生物产生的废物成为另一种养殖生物的饵料或营养。西方世界非常推崇这类养殖模式。

5. 生态学研究或实验方法可划分为观察性研究、测定性实验和受控性实验。受控实验是对自然的或所选的一组客体的自然条件、过程、关系有意识操纵或施以两个或多个处理。受控实验有 4 个重要的性质或要素，即对照、重复、随机和散置。散置是随机原则的结果或在实验单元较少时的必要补充。

6. 综合养殖系统的结构优化是指养殖种类选择和各种类放养数量的优化。优化的养殖结构可获得最佳的生态经济效益。

7. 围隔实验系统多是中-大型实验生态系统，是一种兼顾了实验可操纵性和真实性的较理想方法，克服了以往野外现场研究不易重复、室内模拟失真严重的缺陷。浮式围隔是可用于较深水体养殖结构优化的工具，而陆基围隔可用来进行较浅水体（如池塘）养殖结构的优化。

8. 综合养殖是为实现养殖系统生态效益和经济效益的最大化或经济发展和环保双赢而设计或建立的一类养殖模式。因此，评价这类养殖系统的效益也应采用经济指标和生态指标相结合的综合指标体系。

9. 综合水产养殖在我国已有近 2000 年的历史，西方世界也逐渐认识到了综合养殖特别是 IMTA 的优势，并研发、推广了几十年。我国综合养殖模式的集约化水平还有待提升，以更好地满足增产和减排的需要。

第 10 章　陆基集约化水产养殖

10.1	封闭循环水养殖系统	296	10.3	跑道养殖系统	307
10.1.1	传统封闭循环水养殖原理	296	10.3.1	传统跑道养殖系统	308
10.1.2	现代 RAS 中的反硝化作用	298	10.3.2	池塘内跑道养殖系统	308
10.1.3	封闭循环水养殖的商业化应用	300	10.4	生物絮团养殖系统	312
10.2	阳光工厂化养殖系统	301	10.4.1	生物絮团养殖系统简介	313
10.2.1	鱼菜共生养殖系统	301	10.4.2	生物絮团养殖系统的水质	314
10.2.2	基于沉水植物的 SRAS	303	10.4.3	生物絮团养殖系统水质的调控	316
10.2.3	基于微藻的 SRAS	306		小结	317

我国水产养殖产量主要出自池塘、浅海、湖泊、水库等水域的养殖，养殖方式主要以粗放型或半集约化型为主，集约化程度较低。为提高水产养殖产量和经济效益，近些年全世界水产养殖系统都呈现出集约化发展的趋势。主要表现为投饲（饵）养殖产量占比增加、设施养殖产量占比增加、增氧机广泛使用等。本章将介绍陆基集约化养殖系统，如封闭循环水养殖系统、阳光工厂化养殖系统、跑道养殖系统和生物絮团养殖系统的构建原理等。

10.1　封闭循环水养殖系统

封闭循环水养殖系统（Closed recirculating aquaculture system，RAS 或 CRAS），又称工厂化（水产）养殖系统，是对养殖单元排出水进行处理并重复利用的水产养殖系统。该系统对养殖用水进行处理和循环利用，对水质、水温、水流、投饲、排污等实行半自动化或全自动化管理，从而在实现高产的同时减少排污，甚至可实现零排污。传统的循环水养殖系统是基于微生物硝化功能的养殖系统，现代循环水养殖系统开始重视基于微生物的反硝化作用，当下人们也开始认识到植物光合作用在去除水中溶解营养盐方面的作用，并逐渐完善系统结构。

10.1.1　传统封闭循环水养殖原理

RAS 养殖单元排出的“废水”或称“尾水”属于微污染水，可经处理后再循环利用。水处理方法包括物理、化学、生物等方法，处理过程和所用设备包括微滤机或弧形筛、臭氧消毒、生物滤池、紫外线杀菌、恒温控制、增氧等。粪便、残饵等大型颗粒物质靠沉淀和机械过滤机处理，微小颗粒和一些溶解有机物靠泡沫分离装置清除，溶解无机氮靠生物滤器转化、去除（图 10-1）。

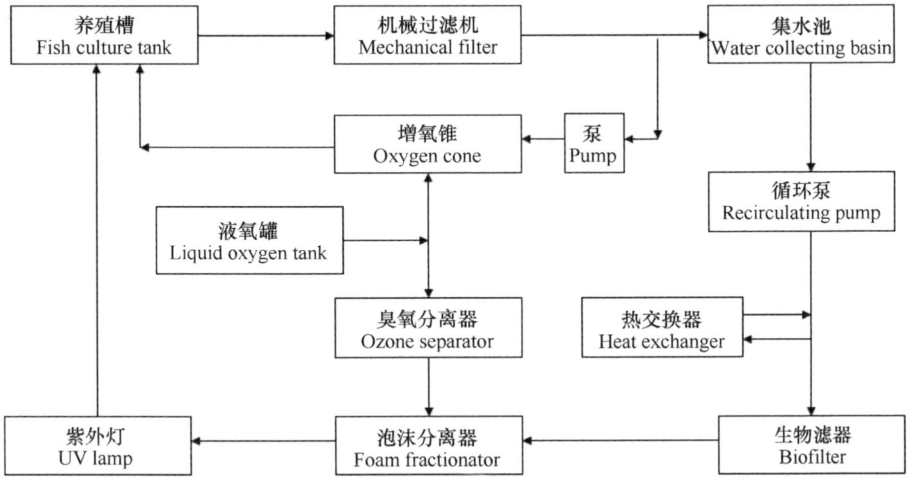

图 10-1　典型的循环水养殖水处理工艺流程

Fig. 10-1　A general diagram of water treatment in a typical recirculating aquaculture system

RAS 养殖槽排出的水经过曝气、沉淀、过滤、消毒后，根据不同养殖对象和不同生长阶段的生理需求，进行调温、增氧和适量新鲜水（1%～10%，补充系统循环中流失或蒸发的部分）的补充，再重新输入养殖槽中，反复循环使用。此系统还附设水质监测、流速控制、自动投饲、排污等装置，并由中央控制室进行自动监控。

一般养殖系统用水量为 3000～45 000L/kg 鱼，RAS 使用淡水较少，而有的人工海水 RAS 用量低至 16L/kg（Klinger & Naylor，2012）。

与传统的池塘养殖系统相比，RAS 具有明显优势：①基本不受气候变化（如季节、台风等）制约，可全年随市场需要安排生产；②可按规范生产，产品可追溯，疾病可防，因此，食品安全性高，可形成品牌；③设施占地少，坐落地点可自选，可利用边角余地，可靠近市场以降低物流成本；④因机械化程度高而无需很强的劳动力，可满足各类人群就业需求；⑤可为养殖动物营造最佳生长环境，如光照、水质节律性变化，产量高，饲料利用率高；⑥污染物排放少，环境友好；⑦用水量少；⑧封闭性好，可养殖高生物安全性要求的品种，如基因工程鱼。

海水 RAS 不直接与沿海水域接触，不会受到赤潮和流行性疾病病原影响，因此 RAS 养殖生物更安全。另外，RAS 中养殖的红鳍东方鲀无毒，肉质更透明、瓷实、厚，比网箱或海水池塘养殖产品更受消费者青睐（Takeuchi，2017）。近些年，水生动物基因工程技术研发取得巨大进展。基因工程海水大西洋鲑、基因工程淡水尼罗罗非鱼已相继培育成功，它们的生长速度和食物利用率都比原种提高了 1 倍左右。RAS 是保障基因工程动物养殖安全的最理想设施，在这方面 RAS 也有着广阔的发展前景。

早期的（传统的）RAS，系统中各环节基本都是在有氧条件下进行的，特别是生物滤器一般也始终处在充气状况下，因此，系统中不存在反硝化环节或可忽略。充气使生物滤器上的微生物与水实现了充分接触，高效的硝化作用将 NH_4^+ 氧化成为 NO_3^-。同时，水环境 pH 也随之下降：

$$NH_4^+ + 1.5O_2 \longrightarrow NO_2^- + 2H^+ + H_2O$$

$$NO_2^- + 0.5O_2 \longrightarrow NO_3^-$$

但是，RAS 中溶解无机氮总量并没有减少，生物滤器中的微生物只是将对养殖动物具有高毒性的 NH_3 变成了低毒性的 NO_3^-。尽管 NO_3^- 对鱼类毒性并不高，但其在 RAS 中过量积累也会影响养殖鱼类的生长和免疫力，严重时可危及养殖鱼类存活（Freitag et al.，2015）。同时，一旦长期运行的零排污 RAS 进行排水，则排放的水中总无机氮浓度会出现超标情况。

另外，RAS 水中离子铵与非离子氨在很高浓度构成如下平衡：

$$NH_4^+ + H_2O \rightleftharpoons NH_3 + H_3O^+$$

一旦水环境 pH 升高，非离子氨比例也会随即升高，这时过多的非离子氨可能会对养殖动物造成毒害。国外一些零排污的 RAS 常将水环境 pH 降至 6.5 上下，以确保养殖动物安全。偏酸的水环境不利于水产养殖动物的生长和蜕壳。总无机氮浓度很高和水环境偏酸是传统 RAS 存在的严重缺陷。

10.1.2 现代 RAS 中的反硝化作用

传统 RAS 中会出现 NO_3^- 积累，因此无法实现养殖系统零排污。传统 RAS 换水率一般为 0.1～1.0m³/kg 饲料（Martins et al.，2010）。为克服传统 RAS 中总无机氮浓度过高的缺陷，现代 RAS 引入了微生物的反硝化作用（图 10-2），反硝化单元在厌氧条件下通过下列反应将 NO_3^- 和 NO_2^- 还原成氮气，逸出 RAS。

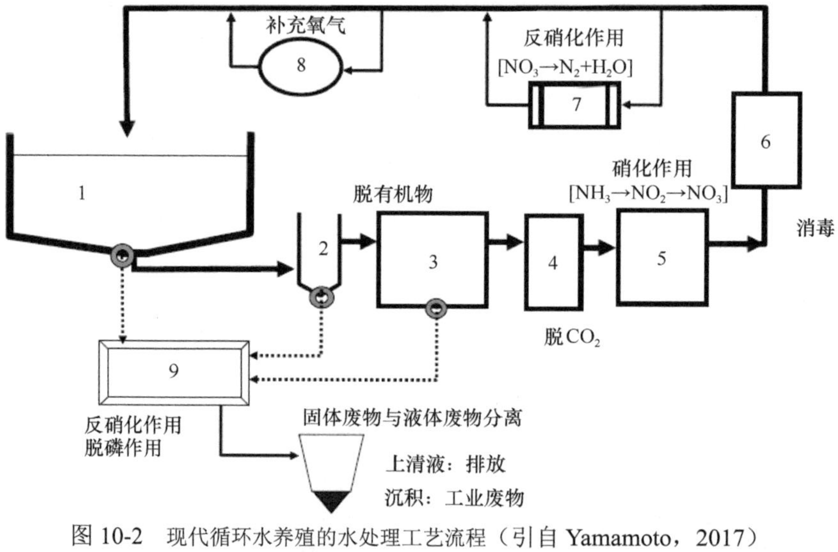

图 10-2 现代循环水养殖的水处理工艺流程（引自 Yamamoto，2017）

1. 养殖槽；2. 沉淀槽；3. 物理过滤单元；4. 脱气器；5. 生物滤器（硝化）；6. 消毒设备；7. 反硝化单元；8. 充氧器；9. 废物处理单元（反硝化、脱磷）

Fig. 10-2 Schematic diagram of equipment and their function in RAS (from Yamamoto, 2017)

1. Rearing tank; 2. Sedimentation tank; 3. Physical filter unit; 4. Degasifier; 5. Biofilter unit (nitrification); 6. Disinfection unit; 7. Denitrification unit; 8. Oxygen supply unit; 9. Waste treatment unit (denitrification and)

$$C_6H_{12}O_6 + 12NO_3^- \longrightarrow 12NO_2^- + 6CO_2 + 6H_2O$$

$$C_6H_{12}O_6 + 8NO_2^- \longrightarrow 4N_2 + 2CO_2 + 4CO_3^{2-} + 6H_2O$$

传统反硝化理论认为，氧气的存在会抑制反硝化酶活性，只有在缺氧或兼性厌氧的条件下反硝化酶才具有活性，生物反硝化过程才能进行。20 世纪 80 年代，Robertson 和 Kuene（1984）报道了好氧反硝化细菌和好氧反硝化酶系的存在，为水产养殖在有氧条件下去除硝酸盐提供了一种崭新的思路。最近的研究表明，利用异养硝化-好氧反硝化细菌建立反应器，能够将硝化过程产生的硝酸盐氮、亚硝酸盐氮直接作为好氧反硝化的底物，大大降低了运行成本和操作难度（黄志涛等，2018）。

影响好氧反硝化的主要因素有碳源、溶解氧和碳氮比（*C*/*N*）。不同种类好氧反硝化细菌最适宜的碳源不尽相同。Hamlin 等（2008）利用甲醇、乙酸、葡萄糖、水解淀粉作为反硝化的碳源对西伯利亚鲟（*Acipenser baeri*）养殖水体进行净化试验，发现上述 4 种碳源均能有效地将硝酸盐氮浓度从 11～57mg/L 降至检测不到的浓度。在不考虑碳源限制的条件下，最大的反硝化率可达 670～680g/(m^3·d)。Kaiser 和 Schmitz（1988）在封闭循环式虹鳟养殖系统中建立了一种转盘式生物滤器，通过添加可水解玉米纤维碳源来促进生物滤池内好氧反硝化细菌的生长。运行 118d 后，硝酸盐氮浓度由 120mg/L 下降至 10mg/L，之后趋于稳定。

每一种好氧反硝化细菌都有一个溶解氧阈值，环境溶解氧高于或低于该值好氧反硝化速率都会下降。异型枸橼酸杆菌（*Citrobacter diversus*）的溶解氧阈值为 5mg/L。好氧反硝化细菌需要一定的碳氮比水环境，各种好氧反硝化细菌所需最佳 *C*/*N* 也不尽相同。

相比于 RAS 中的好氧硝化工艺，好氧反硝化脱氮工艺具有技术简单、占地面积小、能够实现硝化与反硝化同时进行等优点。荷兰一家养殖罗非鱼的反硝化 RAS，水交换率低至 30L/kg 饲料，养殖用水实现了 99%的重复利用（Martins et al.，2009）。尽管反硝化 RAS 在劳动力使用、氧气用量等方面不如传统 RAS，但总体上其在环境可持续性方面较传统 RAS 具有明显优势（表 10-1）。反硝化 RAS 的养殖成本比传统 RAS 低约 10%、氮排放减少 81%、COD 排放减少 59%、CO_2 排放减少 30%、总溶解固体物排放减少 55%。

表 10-1　传统 RAS 与反硝化 RAS 养殖罗非鱼的环境可持续性指标比较（Eding et al.，2009）

Tab. 10-1　Comparison of environmental sustainability indicators for an intensive tilapia farm with conventional RAS and denitrification RAS (Eding et al., 2009)

		传统 RAS　Conventional	反硝化 RAS　Denitrification
饲料/(kg/kg)　Feed		1.22	1.22
电/(kWh/kg)　Electricity		1.8	2.2
加热/(kWh/kg)　Heating		3.4	0.0
水/(L/kg)　Water		238	38
氧气/ (kg/kg)　Oxygen		1.18	1.26
重碳酸盐/(g/kg)　Bicarbonate		252	107
劳力/(h/t)　Labor		12.5	13.1
氮排放/(g/kg)	固体　Solid	8.5	2.6
Nitrogen discharge	溶解物　Dissolved	37.4	5.9
磷排放/(g/kg)	固体　Solid	4.5	4.7
Phosphorus discharge	溶解物　Dissolved	3.8	1.3
COD 排放/(g/kg)	固体　Solid	189	84
COD discharge	溶解物　Dissolved	40	9
总溶解固体物排放/(kg/kg)　TDS discharge		62	28
CO_2 排放/(g/kg)　CO_2 emission		1.58	1.10

10.1.3 封闭循环水养殖的商业化应用

封闭循环水养殖系统（RAS）概念最早由日本科技工作者 Saeki（1958）提出。到 20 世纪 70 年代，欧美开始对 RAS 开展实验研究。较早开始 RAS 商业化应用的国家有荷兰、丹麦等。2018 年我国工厂化水产养殖产量为 46.9 万 t，其中 54.5%来自海水养殖。养殖模式包括普通流水养殖、温流水养殖和循环流水养殖。

目前世界上正在应用的 RAS 设施多为年产量小于 50t 的设施，主要用于高价格苗种孵化、培育，包括鲑鳟鱼类、观赏和热带鱼类，以及罗非鱼、杂交条纹鲈、鲟、虹鳟、红点鲑、鲆鲽鱼类、欧洲鳗鲡、鲈、非洲鲇等。美国 20 世纪 80 年代和 90 年代建成的 50t/年规模的 RAS 多数都已倒闭，美国和澳大利亚近些年建的少数 RAS 仍然盈利（Klinger & Naylor，2012）。尽管 RAS 具有养殖密度高、省水、可周年供应市场等优点，但其投资大和盈利的不确定性还是影响了投资者的信心。

RAS 的水质必须完全依赖水处理设施和高强度充氧等手段来维持，再加上控温、照明等，均需要消耗大量电能，导致 RAS 养殖能耗居高不下。据徐皓等（2011）的报道，我国池塘、工厂化（包含 RAS）和网箱养殖的单位产品耗电量分别为 0.37kWh/kg、8.66kWh/kg 和 3.16kWh/kg，可见，工厂化养殖远高于池塘养殖和网箱养殖。世界上肉食性鱼类 RAS 养殖、网围养殖和流水池塘养殖的能耗（包括饲料）分别为 16～98kWh/kg、7.4kWh/kg 和 27.2kWh/kg。耗电多意味着间接排放 CO_2 也多（1kWh/kg=0.997CO_2），碳足迹高。

西方国家一般能源价格较低，劳动力成本极高，因此，用人少耗电多的 RAS 首先在西方发达国家出现是符合逻辑的。但是，与发达国家相比，我国较高的能源价格和相对仍较低的劳动力成本使得 RAS 产品在很多情况下竞争力被削弱。然而，由于我国各级政府的激励政策，过去十年我国工厂化养殖产量的年增长速度达到 8.0%。其实，RAS 发展的可持续性并不高（见第 14 章）。只有在池塘养殖系统排污和抽取地下水开展水产养殖受到严格管控的条件下，RAS 养殖的产品才有一定的市场竞争力。

日本 RAS 养殖红鳍东方鲀的能耗占总成本的 39.3%（Takeuchi，2017）。欧洲养殖大菱鲆的 RAS 能耗占总成本的 11%，我国养殖牙鲆的 RAS 相应成本则占总成本的 28%（刘鹰，私人通讯交流）。可见，降低能耗是一些 RAS 发展的重要任务。RAS 可借助其他能源实现节能的目的。例如，借助热电厂冷却水（温排水）的热源养殖喜高温种类，借助液化天然气设施冷却水（冷排水）养殖冷水鱼类，利用高位水源靠自流水养殖水产生物等。

最近，人们提出创建封闭生态 RAS（Closed ecological recirculating aquaculture system，CERAS）概念，并开展了以浮游植物、浮游动物、罗非鱼、生物滤器为主要组分的 CERAS 实验研究（Takeuchi，2017）。这些研究对未来深空探索、海上人工浮岛构建等都有十分重要的意义。

没有光合作用的食物生产系统通常不会有高的生态效率，因为维持这样的系统运行需要投入大量的人工辅助能源和物质。下面介绍将光合作用引入封闭的 RAS，构建阳光工厂化养殖系统及其节能、减排效果。

10.2　阳光工厂化养殖系统

基于硝化作用的传统 RAS 存在的主要问题是能耗高和无机氮积累多，具有反硝化功能的 RAS 仍然存在能耗高的问题。这是因为人们总试图实现养殖环境的全人工控制，忽视或排除了天然生态系统中光合作用对水质的调控作用。本节介绍将水生植物（大型沉水植物、漂浮植物或挺水植物、浮游植物）植入 RAS 的阳光循环水养殖系统（Solar recirculating aquaculture system，SRAS），俗称阳光工厂化养殖系统，包括基于漂浮植物或挺水植物的鱼菜共生养殖系统（Aquaponic system，APS）、基于沉水植物的 SRAS 和基于浮游植物的微藻的 SRAS。

10.2.1　鱼菜共生养殖系统

1. 鱼菜共生系统的原理和优势

传统 RAS 是最高产的水产养殖系统之一，但其缺陷最终还是会排污。无土栽培（Hydroponics）是最高产的农业生产系统之一，但其需要外加营养。从系统的营养收支角度看，传统 RAS 与无土栽培具有一定的互补性。鱼菜共生系统（APS）是传统 RAS 与蔬菜无土栽培结合的产物，是一种利用无土栽培或称水培技术将漂浮植物或挺水植物植入循环水养殖系统的水产养殖模式。也有人限定，只有系统中“菜”吸收的营养物质超过 50%是源于养鱼代谢产物的系统才可称为 APS（Lennard & Goddek，2019）。

APS 充分发挥了鱼与植物的互利作用，植入的植物吸收、去除养殖水环境中的过量营养物质，实现了净化水质、循环利用水资源、减少排污、增加效益的目标。一个理想的 APS 产出的鱼和菜可与一个 RAS 产出的鱼量加另一个无土栽培产出的菜量相当（Lennard，2005）。

APS 的基本单元包括养鱼池、沉淀池、生物滤池、水培单元和贮水池等（图 10-3）。水培单元由水池、砾石与沙组成的基质（或多孔塑料泡沫板）和植物组成。养鱼单元产生的残饵和粪便颗粒物可通过沉降池或机械筛去除；养殖鱼类产生的氨由生物滤器转化成硝酸氮，之后与磷酸盐一起再被栽培植物吸收利用。

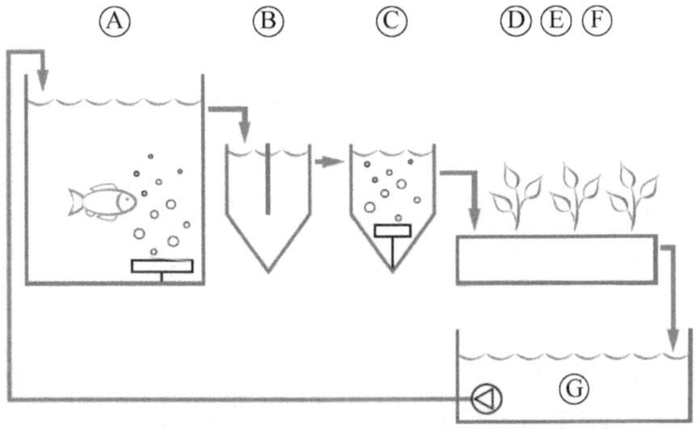

图 10-3　鱼菜共生系统示意图（引自 Palm et al.，2019）（彩图请扫封底二维码）

A. 养鱼池和充气设备；B. 沉淀池；C. 生物滤器和充气设备；D～F. 水培单元；G. 贮水池和泵

Fig. 10-3　Schematic diagram of an aquaponic system (from Palm et al., 2019)

A. Fish tank and aeration; B. Sedimenter; C. Biofilter with substrates and aeration; D~F. Hydroponic unit; G. Sump with pump

APS 的设计应该尽力做到 5 点：①该系统应将养鱼产生的废物变为可食用或有商品价值的植物，这也是发明 APS 的初衷。如果水培植物产品不能成为盈利的商品，则其还会再次成为废物，并对环境造成负面影响。②该系统应尽可能提高水培植物对养鱼排入水中的无机营养物的利用率，以降低该系统对周边环境的直接影响。③该系统使用的技术不会妨碍养殖的鱼类和栽培的植物对水和营养资源的利用。例如，不建议使用土质池塘，而是建议使用塑料、化纤或水泥池，因为土质池塘渗漏水和对营养盐吸附或释放会影响鱼和植物对水和营养资源的利用，从而降低系统的水和养分利用效率。同样，该系统中水培方法不应像无土栽培蔬菜那样添加培养液，因为培养液中高浓度的营养物会影响植物对养鱼代谢产物的利用率。④系统内产生的废水和营养物质不应流到系统外，否则会造成水和营养物质的浪费，并可能对环境造成损害。如果废水和营养物质不得已流出该系统，则要用外部的植物再利用这些流出的水和营养物质，生产可食用或有商品价值的生物产品，以避免对环境造成更大范围的影响。⑤APS 应建在环境可控的结构中（如温室），从而获得最佳的鱼产量和植物产量。

RAS 养殖的鱼类仅能利用饲料中 25%～35%的营养物质，其余的都需要进行处理，否则会排向邻近环境中。已报道的 APS 系统对硝酸盐氮和磷酸盐去除率分别为 9%～93%和 0%～53%（Endut et al.，2010；Graber & Junge，2009；Lennard & Leonard，2006）。

节水效率较高的 APS 可比 RAS 或无土栽培节水 90%以上（Lennard，2005），有的节水可达 98%，效率达到 320L 水/kg 鱼（Al-Hafedh et al.，2008）。设计、运营较好的 APS 每天仅需补水 1.5%（补蒸发损失水），用水量仅为土质池塘养殖的 1%。另外，APS 的建设不需要考虑土壤问题，这样建设选址就更灵活，可利用荒地或边角余地。

2. 鱼菜共生系统的管理和结构优化

对于完全循环的 APS，水环境理化参数的调控一般应以主养鱼类的需求为参考依据，因为鱼类通常比水培植物和微生物对环境要求更苛刻。然而，养殖的鱼类、栽培的植物和生物滤器的微生物对 pH 要求差异很大，在这方面饲料成分和工程技术等都还有很多工作要做（Tyson et al.，2011；Endut et al.，2010）。单纯考虑水培植物，4.5～6.0 的 pH 水环境最佳，但鱼类需要 7.0～8.0 的 pH 环境。为此，人们研发了添加缓冲液技术和非偶联的鱼菜共生系统（Decoupled aquaponic system）。养鱼饲料中所含水培植物需要的钙和钾离子不足，而且生物滤器中微生物的作用又降低了水的 pH，因此，可以在不同的单元添加含有碳酸盐、重碳酸盐、氢氧化钙或钾盐的缓冲液，以满足鱼和植物对特定 pH 的需求。非偶联系统中流过水培单元的水不再回到养鱼单元，因此可在水流出养鱼单元之后、流入水培单元和生物滤器之前向水中添加某些对植物或微生物有利的物质（Goddek et al.，2019b）。然而，有人给出的狭义鱼菜共生定义不包括此类非偶联系统（Lennard & Goddek，2019）。

APS 的产量、鱼类代谢废物去除率、养殖用水重复利用率与植物种类、水交换率、鱼/植物生物量比等有关。APS 中最佳鱼：菜生物量比例，理论上是栽培的植物可以刚好全部吸收来自上一单元（如生物滤器）流入的代谢废物。用含 32%蛋白质的饲料喂养罗非鱼时，$1m^2$ 栽培植物每天可以处理投入 60～100g 饲料产生的废水，因此 Rakocy 等（2006）将投喂率（Feeding rate）定为 60～100g/(m^2·d)。种养非洲鲇鱼和空心菜（*Ipomoea aquatica*）时的投喂率为 15～24g/(m^2·d)。可见，种养种类不同投喂率也会不同。

渔农种养结合在我国、东南亚和南美洲都有悠久的历史，而现代 APS 在 20 世纪 70 年代起源于美国，James Rakocy 及其团队在 80 年代初为 APS 的发展做了大量奠基性工作（Goddek et al.，2019b）。据估计，美国建有 1500 个左右的 APS，澳大利亚建的数量更多（Rakocy et al.，2010）。该系统常见于私人庭院、科研、教育、非营利组织及商业化应用，产能通常小于 50t/年（Klinger & Naylor，2012）。大规模、商业化运营的 APS 多见于干旱地区，如阿拉伯半岛、澳大利亚和撒哈拉以南非洲（Goddek et al.，2019b）。养殖鱼类包括罗非鱼、鳟、尖吻鲈、澳鳕及各类鲈科和鲤科鱼类。栽培的植物是一些可吸收低浓度营养盐的生菜、空心菜、葱、豆瓣菜等。罗非鱼和生菜是最常见的组合。

尽管 APS 具有诸多优势，但除干旱地区外，在其他区域大规模运营的案例并不多，主要原因还是经济成本问题。首先，该系统占用较多土地，并需要复杂的设备，因此，用地、建造和运营成本都很高。为降低建造和运营成本，现在很多 APS 都取消了水体消毒过程。对农业上的无土栽培传统，水体消毒是常规技术。一些高密度 RAS 也常用消毒技术防止养殖动物病害发生。但是，无论是对养殖废物分解还是植物根系对营养的吸收都需要微生物的参与，因此，水体消毒是一把双刃剑。考虑到水培单元中沙砾和设施已有很大的可供微生物附着的表面积，有的 APS 也取消了生物滤器单元。以往小规模 APS 更多地关注于投入物质的利用率及对环境的影响，但权衡运营成本、代谢废物利用率、节水效率三者间的平衡是每一个大规模 APS 投资、运营商都会考虑的问题。

近几十年，虽然 APS 有了长足的发展，但仍有许多重要问题需要解决。相较于池塘养殖，APS 仍然是碳足迹比较高的水产养殖系统，如何有效利用绿色能源驱动 APS 生产仍有很多工作要做。另外，很多西方人对 APS 养殖产品的安全性还存在很多疑虑。美国和澳大利亚已将 APS 产品认证为有机产品，但欧盟还没有。这一现状影响了欧盟投资者信心和 APS 规模化、商业化发展（Goddek et al.，2019b；Klinger & Naylor，2012）。可见，APS 科普、立法、产品安全性认证等还有很多工作要做。有关 APS 更多内容可阅读《鱼菜共生食物生产系统》（Goddek et al.，2019b）。

10.2.2　基于沉水植物的 SRAS

1. 基于沉水植物 SRAS 的结构

SRAS 是将沉水植物植入 RAS，阳光可射入光合作用单元，形成基于沉水植物的 SRAS（图 10-4）。水生植物在阳光作用下进行如下光合作用反应：

$$106CO_2+90H_2O+16NO_3^-+1PO_4^{3-}+\text{矿质元素}=\!=\!=3258\text{g 原生质}+154O_2$$

水生植物吸收了水中的 CO_2、NO_3^-和PO_4^{3-}，释放了溶解氧，净化了水质。如果植入的水生植物是经济植物则增收了新产品。因此，该植物的植入起到了消除污染物、增氧、增收新产品的效果。

沉水植物的植入分为原位植入和异位植入两类。原位植入是将光合作用单元与养鱼单元合并，即形成水生动物与水生植物混养单元。图 10-3 所示系统为异位植入的 SRAS，即养鱼与植物处理水单元分离的养殖系统。有些淡水工厂化养殖系统是将养殖尾水排放入人工湿地，用湿地中的植物吸收水中的无机营养盐。该类系统的原理与 SRAS 相似，只是植物光合作用释放的氧气并没有被 RAS 利用。

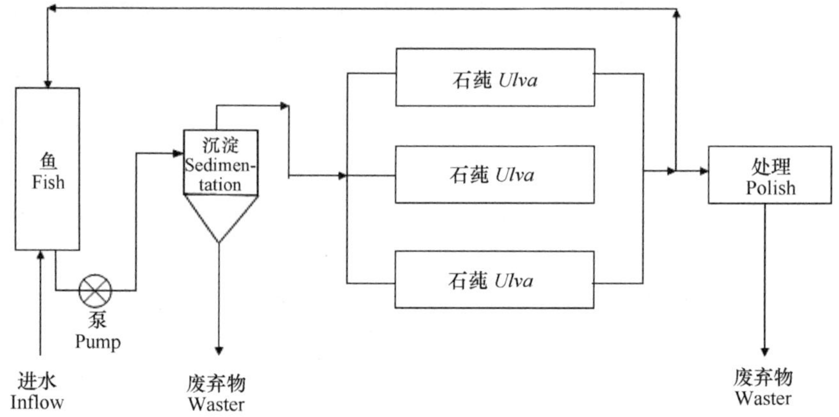

图 10-4　养鱼池-大型海藻生物滤器复合系统示意图（引自 Krom et al.，1995）

图中箭头示意水流方向

Fig. 10-4　Schematic diagram of a fishpond-seaweed biofilter system (from Krom et al., 1995)

Arrows indicate the direction of water flow

2. SRAS 的光照和温度控制

利用微生物滤器的 RAS 并不需要光照，因此，为保持车间气温该类养殖系统通常都设有完善的保温和隔热设施，车间的棚顶大多不透明或透明度比较低。而如果 SRAS 实施原位处理或将光合作用单元与主养单元放在同一车间内，就需要考虑对养殖车间屋顶进行透光处理，并对养殖车间内气温进行控制。一般大型海藻的光照补偿点多在 2000 lx 以上，因此，SRAS 养殖车间需要采用透明的屋顶以获得充足的光照。然而，过强的光照可能会抑制养殖鱼类的正常生长，因此，光照强度的控制应该权衡海藻光合作用需要与养殖动物生长需要。光照控制措施可选择适合透光度的棚顶材料，或通过在棚顶覆盖不同透光率的遮阳网对室内的光照强度进行控制。

SRAS 的温度控制包括夏季降温和冬季保温。室内降温系统可采用通风降温、遮阳降温、湿帘-风机降温、微雾降温、屋顶喷淋降温、屋面喷白降温等。另外，有条件的还可利用地下水降温，如水源热泵技术。室内冬季升温，除了完善保温装置外，还可因地制宜地选择利用电厂余热、锅炉等进行升温。

3. SRAS 的鱼藻比例

养殖动物与大型藻类或水生植物合适的混养比例是 SRAS 原位混养必须考虑的关键问题之一。王晓龙等（2016）在实际的工厂化流水养殖条件下，研究了菊花江蓠与珍珠龙胆石斑鱼原位混养结构。养殖池日换水率为 400%，鱼类放养量为 18.3 尾/m^2 或 0.38kg/m^2。从两个月的养殖结果看，混养江蓠的各处理在水质和石斑鱼生长指标上均优于石斑鱼单养模式，而且菊花江蓠的放养密度对混养的实际养殖效果影响较大。在实验密度范围内，随海藻放养密度增加，水质状况也随之趋好。放养藻类的生长速度随放养密度的增加而降低，产量则以藻类 500g/m^2 处理组最高。混养海藻的处理组鱼类生长速度明显增快，饲料系数明显降低，且以海藻 500g/m^2 处理组表现最好。

4. 石斑鱼与几种植物构建的养殖模式比较

大型藻类和高等水生植物作为初级生产者，生长过程中均能吸收水体中的污染物质，改善水质，并已在水环境修复和综合养殖上广泛应用。菊花江蓠在光照 20～300μE/(m^2·s)、12～36℃和盐度 5～40 的范围内都能生长，比较适合的生长条件为 120～300μE/(m^2·s)、24～36℃和盐度 20～35（黄鹤忠等，2013）。菊花江蓠与青石斑鱼混养池塘中无机氮和无机磷浓度分别较青石斑鱼单养降低 36.8%和 15.2%（徐永健等，2007）；汤坤贤等（2005）在网箱养殖区进行菊花江蓠的混养实验亦表现出修复区无机氮和无机磷浓度明显降低的结果。

长茎葡萄蕨藻（*Caulerpa lentillifera*）（绿藻）是一种具有保健功能的食用海藻，经济价值较高，原产于东南亚、日本冲绳、大洋洲热带及亚热带等海域（姜芳燕等，2014a）。近年来在山东青岛、海南琼海、广西北海等地已先后成功地进行了规模化养殖生产（姜芳燕等，2014b；谭围等，2014）。海马齿（*Sesuvium portulacastrum*）是一种多年生肉质喜沙的兼性草本盐生植物，盐度适应范围广，在非盐渍或盐渍环境下均能生长。海马齿生长进入稳定期后，对海水养殖系统中氨氮去除率可达 74%～91%，亚硝态氮去除率达 93%～98%，并可降低 COD，减少有机物污染，从而有效改善养殖环境（窦碧霞等，2011）。不过，与混养大型海藻模式相比，利用生物浮床种植水面植物其作用却也存在一定局限性，如不能有效吸收水体中的 CO_2，且因无法向水中释氧气，对增加水体中溶解氧作用也有限。

王晓龙（2016）选取菊花江蓠（沉水）、长茎葡萄蕨藻（沉水）和海马齿（挺水）三种水生植物，研究了珍珠龙胆石斑鱼与上述 3 种植物阳光工厂化原位混养情况。实验处理为：珍珠龙胆与菊花江蓠混养（FA，500g/m^2）、长茎葡萄蕨藻混养（FB，500g/m^2）和海马齿混养（FC，2000g/m^2）。实验结果表明，混养处理的水质指标整体上优于石斑鱼单养（F），其中以海马齿混养处理的整体水质条件最好，其 NH_4^+-N、NO_2^--N、PO_4^{3-}-P、COD、悬浮物浓度等指标均显著低于其他处理组（表 10-2）。

表 10-2　不同混养植物处理的水质情况

Tab. 10-2　Water quality for different treatments

项目 Items	处理 Treatments			
	F	FA	FB	FC
NH_4^+-N/(μg/L)	271.15±13.14^a	230.42±11.62^b	214.95±10.20^b	220.15±13.04^b
NO_2^--N/(μg/L)	50.33±2.19^a	43.65±1.96^b	45.19±2.02^b	42.73±2.17^b
PO_4^{3-}-P/(μg/L)	73.08±1.99^a	68.17±1.49^b	69.12±1.28^b	63.70±2.05^c
总氮/(mg/L) TN	2.10±0.11^a	1.90±0.06^b	1.94±0.09^{ab}	1.83±0.12^b
总磷/(μg/L) TP	182.04±8.60^a	174.04±8.59^{ab}	173.54±13.68^{ab}	157.50±12.21^b
COD/(mg/L)	2.92±0.12^a	2.36±0.14^b	2.64±0.40^{ab}	2.05±0.13^c
悬浮物/(mg/L) SS	7.75±0.32^a	5.17±0.13^b	5.20±0.26^b	4.58±0.12^c

Note: F. grouper; A. *Gracilaria lichevoides*; B. *Caulerpa lentillifera*; C. *Sesuvium portulacastrum*. Stocking densities of plants in FA, FB and FC are 500g/m^2, 500g/m^2 and 2000g/m^2, respectively

石斑鱼的特定生长率在 0.69%/d～0.82%/d，以海马齿混养最高，显著高于菊花江蓠混养和石斑鱼单养，而与长茎葡萄蕨藻混养差异不显著；饲料系数在 1.02～1.11，以海马齿混养最低，显著低于菊花江蓠混养和石斑鱼单养，而与长茎葡萄蕨藻处理之间没有显著差异（表 10-3）。3 种混养植物的净产量方面，以海马齿最高，达 1730.26g/m^2±117.01g/m^2，显著高于菊花江蓠和长茎葡萄蕨藻（表 10-4）。

表 10-3 各处理组珍珠龙胆石斑鱼生长情况

Tab. 10-3 Growth performance of the grouper in different treatments

处理 Treatments	初重/g Initial weight	末重/g Final weight	增重率/% Weight gain rate	*SGR*/(%/d)	饲料系数 Feed coefficient
F	374.5±6.71	566.1±10.71^a	51.15±2.64^a	0.69±0.03^a	1.11±0.02^a
FA	374.5±6.71	594.6±9.71^b	58.76±1.79^b	0.77±0.02^b	1.07±0.01^b
FB	374.5±6.71	602.2±11.37^{bc}	60.80±2.12^{bc}	0.79±0.03^{bc}	1.05±0.006^{bc}
FC	374.5±6.71	613.8±8.53^c	63.90±2.12^c	0.82±0.02^c	1.02±0.004^c

表 10-4 不同混养植物的生长情况

Tab. 10-4 Growth performance of the aquatic plants in different treatments

处理 Treatments	增重率/% Weight gain	*SGR*/(%/d)	净产量/(g/m^2) Net yield
FA	91.20±4.89^a	1.08±0.04^a	456.01±24.46^a
FB	165.35±13.18^b	1.63±0.08^b	826.75±65.90^b
FC	346.05±23.40^c	2.49±0.09^c	1730.26±117.01^c

总体比较，与 3 种植物混养的珍珠龙胆石斑鱼的特定生长率均高于石斑鱼单养，且都有较低的饲料系数。其中，混养海马齿石斑鱼特定生长率为 0.82%/d，高于与菊花江蓠混养的 0.77%/d 和与长茎葡萄蕨藻混养的 0.79%/d，且混养海马齿的饲料系数最低（为 1.02）。

从混养植物的附加经济价值方面看，长茎葡萄蕨藻远高于菊花江蓠和海马齿（姜芳燕等，2014a），但水质改善效果较海马齿差一些，而且养殖过程操作繁琐，不易控制。

5. 国外 SRAS 的研发

国内外已有很多利用大型藻类等作为生物滤器净化养殖水质的研究与实践。国外的 SRAS 多采用异位养殖大型植物处理养殖单元排出水。Krom 等（1995）设计的金头鲷（*Sparus aurata*）养殖池与石莼（*Ulva lactuca*）滤器复合养殖系统（图 10-4）可以去除系统中 9%～20%的 N。Schuenhoff 等（2003）设计的皱纹盘鲍（*Haliotis discus hannai*）养殖池、金头鲷养殖池和石莼生物滤池构成的综合养殖系统，可以净化和循环 50%的养殖用水。以色列已实现了金头鲷、鲍鱼和大型藻类滤池综合养殖系统的商业化运营（Neori et al.，2004）。

10.2.3 基于微藻的 SRAS

池塘水环境中浮游植物的光合效率很高，可以有效吸收水中的营养盐。高效藻塘（High-rate algal pond，HRAP）也可用来处理 RAS 排出的废水。图 10-5 是 Metaxa 等（2004）

设计的基于 HRAP 的欧洲鲈（*Dicentrarchus labrax*）循环水养殖系统。该系统 1～9 组分构成一个完整的 RAS。经过紫外线（6）消毒后的水可部分流入 HRAP（10），经浮游植物净化后的干净水再被送回 RAS 中。Deviller 等（2004）则在欧洲鲈（*Dicentrarchus labrax*）循环水养殖系统中增加了一个由石莼（*Ulva*）、浒苔（*Enteromorpha*）和刚毛藻（*Cladophora*）组成的海藻塘。结果表明，该海藻塘可比普通的循环水养殖系统多去除 25%的 N 和 9%的 P。天气状况好时，该系统对硝酸盐和磷酸盐的去除率分别高达 0.5gN/(m^2·d)±0.2gN/(m^2·d) 和 0.03gP/(m^2·d)±0.02gP/(m^2·d)。HRAP 是一种特殊设计的水质净化系统（Racault & Boutin，2005），较好的 HRAP 对 BOD 的清除效率可达 175gBOD/(m^3·d)，而普通池塘仅为 5～10gBOD/(m^3·d)。

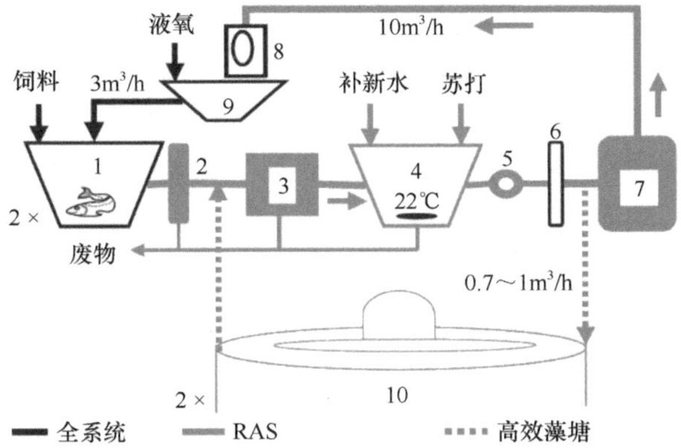

图 10-5 基于高效藻塘的循环水养殖系统（仿 Metaxa et al.，2004）

1. 养鱼池；2. 沉淀池；3. 机械筛；4. 调水箱；5. 泵；6. 紫外灯；7. 生物滤器；8. 气液分离器；9. 储水、增氧池；10. 高效藻塘

Fig. 10-5 Schematic diagram of a high-rate algal pond (HRAP) based RAS (from Metaxa et al., 2004)

1. Fish tank; 2. Particle trap; 3. Mechanical filter; 4. Pumping tank; 5. Pump; 6. UV lamp; 7. Biofilter; 8. Packed column; 9. Storage tank; 10. HRAP

HRAP 中的浮游植物吸收了 RAS 排出的溶解营养物质，但同时也培养出大量的浮游植物，这些浮游植物也必须加以利用，否则它们将对环境造成二次污染。浮游植物生物量可利用絮凝法加以收获，也可通过养殖滤食性鱼类和贝类加以利用（Martins et al.，2010）。

由于养殖动物种类、水源条件、排放水要求、周边环境、市场需求等的不同，基于微藻的循环水养殖系统还可有其他形式的系统结构。HRAP 单元可以是普通养殖池塘、实施净化水作用的池塘，也可与投饲养殖池塘进行环联，即分池环联（Partitioned aquaculture）综合养殖系统（见第 9 章相关内容）。

10.3 跑道养殖系统

跑道养殖系统（Raceway aquaculture system）是在水体内形成贯穿流或局部形成高速水流的养殖系统，不仅适于养殖水产动物，也可用来养殖浮游生物。另外，快速水流可使鱼类代谢产物得到及时稀释，溶解氧得到及时补充，因而可实现高产。下面将分别介绍传统跑道养殖系统和池塘内跑道养殖系统。

10.3.1 传统跑道养殖系统

跑道养殖系统分为直流水跑道和环形跑道两类。最早的流水养殖系统是通过在一段河流的上方和下方设置栅栏，将养殖鱼类圈养起来的系统。直流水跑道（Flow-through raceway）养殖系统多见于具有一定坡度的山区或丘陵地区，溪水或泉水靠重力作用自流穿过串联或并联的池塘。该类水体由于通常海拔较高又靠近溪流源头，经常用来养殖冷水性和对水质要求较高的鱼类，如鲑鳟鱼类、鲟等。这类养殖系统会持续向下游水系排放养殖废物，因此，其发展已受到公众的关注，并开始受到各国环境政策的制约。

另一类跑道养殖系统是环形跑道养殖系统（Loop raceway aquaculture system），基本结构如图 10-6 所示。该系统中设置有水车等推水装置，可驱动环形跑道内形成环流。室外环形跑道养殖系统常用来养殖浮游植物，如螺旋藻、小球藻、盐藻等。这些浮游植物可制成保健品、饲料或生物燃料等（Pawar，2016）。建造在室内的环形跑道养殖系统常用来养殖浮游植物、鱼、虾等。跑道内形成的水流有利于养殖生物的生长。

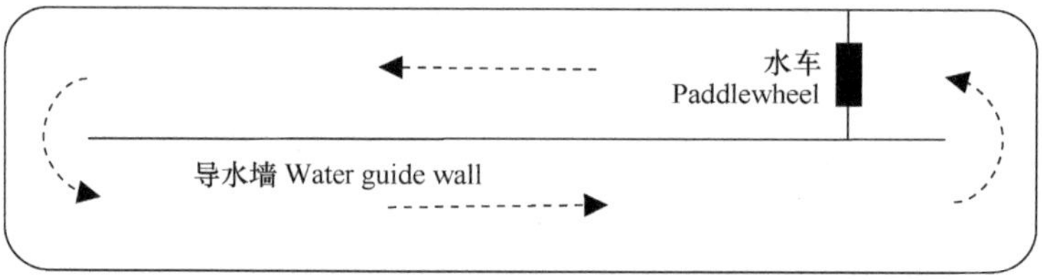

图 10-6　传统环形跑道养殖系统结构

Fig. 10-6　Schematic diagram of conventional loop raceway aquaculture system

10.3.2 池塘内跑道养殖系统

池塘内跑道养殖系统（In-pond raceway system，IPRS），又称池塘内循环流水养殖系统、池塘工程化循环水养殖系统等，是传统跑道养殖系统、分池环联养殖系统（Partitioned aquaculture system）与池塘养殖系统有机结合的产物。IPRS 最早由美国奥本大学于 20 世纪 90 年代初研发，后经美国大豆出口协会推广到我国。

1. IPRS 的结构和原理

海水 IPRS 是将池塘内分为流水养鱼区、残饵粪便收集区、贝类养殖区、植物（藻类）栽培区（图 10-7），从而实现对投入饲料逐级利用的生态集约化养殖模式。更详细的结构设计可参阅汪翔等（2019）、Masser（2012）及郁蔚文和王健（2016）的文献。

流水养鱼区由推水装置和若干条养鱼跑道构成。推水装置常用气提式推水装置或水车，它们工作时除可使养鱼跑道中形成定向水流外，还可有效地为水体增氧。跑道中水流速度可由推水装置的功率控制。奥本大学专家建议，流水养鱼槽水流速度一般应控制在 0.06～0.09m/s，但具体流速需要依据养殖的品种、规格、实际鱼载量、饲料性质等确定。推水装置形成的水流和增氧功能，使进入跑道水中的溶解氧丰富且水交换率较高，这是 IPRS 的核心技术。

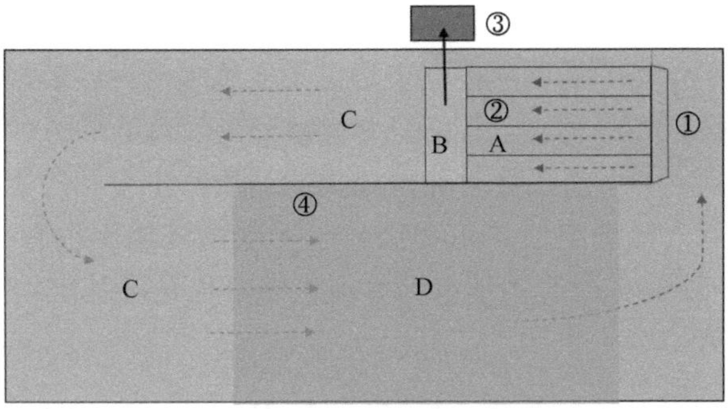

图 10-7　海水池塘跑道养殖结构（彩图请扫封底二维码）
①推水装置，②养殖跑道，③残饵粪便沉淀池，④导水墙；A. 流水养鱼区，B. 残饵粪便收集区，C. 贝类养殖区，D. 植物栽培区

Fig. 10-7　Schematic diagram of in-pond raceway system in seawater
①Air lift pump, ② Fish rearing raceway, ③ Settling chamber for faces and residue, ④ Water guide wall; A. Fish rearing area, B. Faeces and residue collecting area, C. Mollusc rearing area, D. Macroalgae planting area

粪便和残饵收集区由残饵粪便收集区和沉淀池构成。跑道中鱼类摄食饲料形成的较大粒径残饵和粪便会沉降在残饵粪便收集区。该区的末端设置矮墙，可使残饵粪便收集区内形成涡流或静流区，加速残饵和粪便会沉积。残饵、粪便的沉积速度还可由推水装置形成的水流速度控制。沉积的残饵和粪便再由吸污装置吸取后排到沉淀池，之后通过自然沉淀和固液分离，用于后续的废弃物处理及尾水的循环利用。人为介入处理养殖鱼类产生的大颗粒残饵和粪便，使得 IPRS 的养殖容量较混养池塘有了较大提高。

贝类养殖区的功能是对细小颗粒有机物的利用。由粪便和残饵收集区流出的水中还含有浮游生物、细小颗粒残饵和粪便及溶解性物质。该区筏式或底播养殖的滤食性贝类可以利用浮游生物、细小颗粒残饵和粪便，并将这些“废物”转化为具有经济价值的贝类产量。贝类养殖区还可底播沉积食性动物以利用沉底的有机颗粒，如在北方海水池塘底播刺参。

大型植物（藻类）栽培区的功能是吸收、利用水中溶解的无机营养盐类。从贝类养殖区流出的水中仍然含有大量贝类无法利用的溶解性无机营养盐。该区栽培的水生植物如海藻可吸收这些无机营养物质，并将其转化为具有经济价值的植物产量。

将贝类和大型植物（藻类）分区养殖有利于管理，实际生产时也可不分区混养。滤食性贝类也可用滤食性鱼类替代，或同时混养滤食性鱼类。混养滤食性鱼类可分布于池塘内除流水养鱼区及粪便和残饵收集区外的其余区域。

与池塘养鱼系统相比，运转良好的 IPRS 具有以下优点：①便于管理。由于养殖鱼类（除散养的滤食性鱼类）都集中在跑道中，贝类和水生植物也分区养殖，更易于实施机械化采收和智能化管理；对于集中养殖的鱼类，病害防治更方便。②饲料利用率高。吃食性鱼类都集中养殖在跑道中，可集中投饲；由于养殖鱼类集中，更容易观察鱼类的饱食程度，做到适量投饲；如果投喂浮性饲料，饲料被限于跑道养殖区内，可减少饲料流失。③养殖产量更高。人为介入粪便和残饵收集、处理，提高了系统对养殖废物处理的能力，从而提高了系统的养殖容量和产量。④更节能。相较于普通池塘，该系统的增氧功能集中于流水养鱼区，并可根据水中光合作用强度和鱼类饱食程度调节增氧功率和水流速度，从而大大降低增氧耗能。⑤排污少，可以做到零排污。粪便和残饵收集区、贝类养殖区和大型植物（藻类）栽培区可将养鱼区产生的大颗粒残饵和粪便、微小颗粒有机物、溶解性无机营养盐逐级吸收、利用，提高投入饲料的利用率，实现尾水达标排放。如果各功能区间比例设置得当，还可以实现零排污。⑥更易根据市场需求实施多品种、多规格养殖。各跑道单元可独立运行，因此可实现多品种、多规格分单元放养，以满足市场对养殖产品持续和特色需求。另外，跑道内一定的水流还会对养殖鱼类的品质产生有利的影响（刘梅等，2019）。

IPRS 与网箱养殖、传统跑道养殖和循环水养殖系统相比也有一些显著的优势（表 10-5），是近些年国外较受欢迎的陆基水产养殖系统，也是陆基集约化养殖模式（系统）中推广最好的养殖模式。

表 10-5 IPRS 与网箱、池塘、直流水跑道、RAS 的比较（Masser，2012）

Tab. 10-5 Comparison of IPRS with cage, pond, flow-through raceway and RAS (Masser, 2012)

养殖系统 Systems	池塘内跑道养殖系统 IPRS	网箱 Cage	池塘 Pond	直流水跑道 Flow-through raceway	封闭循环水养殖 RAS
高放养密度 Stocking density	1	–	–	=	–
饵料系数 Feed conversion efficiency	1	–	–	=	=
单产 Production/area	1	–	–	=	–
越冬 Overwintering	1	=	+	+	+
用工 Labor	1	–	–	=	–
经济效益 Economic efficiency	1	–	–	+	–
水质 Water quality	1	–	–	+	+
颗粒废物清除 Solid waste removal	1	–	–	–	+

注：+，优于；=，相当；–，差于

Note: +, Be superior to; =, Similar to; –, Inferior to

2. IPRS 的养殖容量

根据奥本大学专家的建议，作为一个保守的设计基准，在温带地区，一条养殖跑道（5m×22m×1.5m）需要 6667m^2（≈10 亩）平均深度为 1.5～2.0m 的池塘水体支撑。在热带地区，可以考虑适当增加跑道对池塘水体的比例。

IPRS 的基础养殖容量可以按整个池塘养殖系统的生产力估算。一般认为，传统池塘的养鱼生产力范围为 0.5～0.6kg/m^3，据此，可以计算出整个池塘的生产力。有了整个池塘生产力的数据，除以跑道体积即可得到养殖区的鱼类基础养殖量，也可计算出所需放养鱼的数量和生物量。

考虑到粪便和残饵收集区清除粪便和残饵的作用及养殖池塘对养殖鱼类排泄废物的净化能力，奥本大学专家建议，IPRS 池塘水体养鱼生产力可以达到 1～1.5kg/m^3。假设按这个标准，一个平均水深 1.7～2.0m 的 IPRS 池塘水体养鱼生产力可达 20 000～25 000kg/(hm^2·年)。同样，据此可计算出跑道中所需放养鱼的数量和生物量。

IPRS 的养殖容量受支撑跑道养殖区运转的池塘体积、养殖种类、饲料质量、推水装置增氧效率，以及粪便和残饵收集区、贝类养殖区和大型植物（藻类）栽培区对养殖废物的清理能力等诸多因素影响，因此，一个 IPRS 的养殖容量应具体问题具体分析，不存在统一的参数。

跑道体积与池塘体积的比例是 IPRS 设计的关键参数。根据杨菁和管崇武（2019）计算，当跑道中养鱼密度为 100kg/m^3，在残饵和粪便收集率为 30%和 60%时，跑道和池塘的体积比应分别为 1.03%～1.55%和 1.18%～1.77%。

推水装置的增氧作用和产生的水流使得跑道中鱼类高密度养殖成为可能，但养殖鱼类的密度还是应该有所限制。王裕玉等（2019）的实验表明，吉富罗非鱼（*Oreochromis niloticus*，GIFT）的最佳放养密度为 90 尾/m^3。密度太低不利于发挥跑道养殖系统的潜力，密度过高造成的拥挤压力又会影响养殖鱼类的生理状态（王裕玉等，2019）及鱼类肠道菌群结构等（李倩等，2020）。

如果考虑养殖尾水达标排放或实现零排污，IPRS 的养殖容量还需进一步研究。

3. IPRS 的生态效益和养殖效益

根据奥本大学的研究，在总养殖水体面积为 0.4hm^2 时，采用淡水 IPRS（图 10-8 左）养殖斑点叉尾鮰的产量明显高于网箱和池塘养殖模式，而养殖成本明显低于网箱和池塘养殖模式（表 10-6）。斑点叉尾鮰对投入饲料的 N、P 利用率分别达到 34.0%和 34.1%（Brown et al.，2012）。

图 10-8　池塘内跑道养殖系统（彩图请扫封底二维码）

左：美国亚拉巴马州淡水养殖斑点叉尾鮰的 IPRS；右：中国河北海水养殖河鲀的 IPRS

Fig. 10-8　The in-pond raceway systems

Left: The IPRS for channel catfish in Alabama, USA; Right: The IPRS for puffer fish in Hebei, China

表 10-6　IPRS、网箱和池塘养殖斑点叉尾鮰的经济效益比较（0.4hm^2）（Masser，2012）

Tab. 10-6　Economic efficiency comparisons between IPRS, cages, and pond catfish culture (0.4hm^2 pond) (Masser, 2012)

系统 systems	IPRS	网箱 Cage	池塘 Pond
收获量/kg Yield	2433	1286	1730
死亡率/% Mortality	10	10	6
饵料系数 Feed conversion efficiency	1.45	1.6	1.8
饲料蛋白/% Protein content of feed	36	36	32
总支出/$ Total costs	5272	3241	3923
总成本/($/kg) Breakeven price	2.17	2.52	2.27

李卫东（2020）对主养河鲀的海水 IPRS（图 10-8 右）和传统池塘（均为 4hm^2、1.8～2.0m 水深）进行了比较研究。IPRS 结构类似图 10-7，主养与配养种类包括红鳍东方鲀（*Takifugu rubripes*）、菊黄东方鲀（*T. flavidus*）、花鲈（*Lateolabrax maculatus*）、滤食性硬壳蛤（*Mercenaria mercenaria*）和植物海马齿（*Sesuvium portulacastrum*）。池塘养殖为原位混养，主养与混养种类包括红鳍东方鲀、三疣梭子蟹（*Portunus trituberculatus*）和中国

对虾。比较研究结果表明，海水 IPRS 中红鳍东方鲀、菊黄东方鲀、花鲈、硬壳蛤和海马齿的成活率分别为 78.8%、95.4%、72.2%、45.2%和 98.8%，而池塘混养系统中红鳍东方鲀、三疣梭子蟹和中国对虾的成活率分别为 76.4%、5.66%和 2.23%。海水 IPRS 的总产量显著高于池塘混养系统的总产量。

IPRS 残饵和粪便的 N、P 分别占总 N、P 支出的 10.6%和 16.1%，而池塘混养系统的相应值分别 31.7%和 21.1%。IPRS 对 N、P 的利用效率分别为 29.2%和 15.3%，而池塘混养系统对 N、P 的利用效率分别为 4.91%和 3.17%。因此，IPRS 较池塘混养系统，不仅可以提高对 N、P 的利用效率，而且可以更有效地利用水体资源，减少对近海的污染。

IPRS 生物净产出能、光合能转化效率、饲料能转化效率、总能量转化效率上均显著性高于池塘混养系统，但其单位净产量饲料耗能和单位净产量总耗能均显著小于池塘混养系统（表 10-7）。可见，IPRS 具有较高的能量转化效率。

表 10-7　池塘内跑道系统和池塘混养系统的能量转化效率

Tab. 10-7　Energy conversion coefficients in in-pond raceway systems and pond systems

指标 Parameters	池塘内跑道系统 IPRS	池塘 Pond
净产出能/MJ Total yield	201 843±1274[a]	39 515±534[b]
光合能转化效率/% Photosynthetic conversion efficiency	0.11±0.03[a]	0.04±0.01[b]
饲料能转化效率/% Feeding energy conversion efficiency	57.48±6.29[a]	14.05±1.53[b]
总能量转化效率/% Total energy conversion efficiency	40.37±1.52[a]	16.43±0.93[b]
单位净产量饲料耗能/(MJ/kg) Feeding energy consumption per unit of net yield	10.14±2.08[a]	54.85±6.05[b]
单位净产量总耗能/(MJ/kg) Total energy consumption per unit of net yield	10.63±2.19[a]	55.01±7.67[b]

IPRS 虽发明于 20 世纪 90 年代初，但推广速度很快，特别是在我国推广速度尤其快。据不完全统计，目前我国养殖跑道已经超过 6000 条，养殖品种达到 20 余种。但是，我国的 IPRS 主要应用在淡水养殖环境，海水的 IPRS 报道尚较少。

从生态效益看，经测算，养殖草鱼平均耗水 460m^3/t，比普通池塘养殖节水 78.5%，废弃物减排 57%（魏泽能等，2018）。对浙江杭州的 4 个 IPRS 水质监测发现，与普通养殖池塘相比，IPRS 的水质明显改善，水体中总氮平均下降 41.5%，总磷平均下降 23.65%，溶解氧平均上升 58.5%，养殖过程可基本不换水（马文君等，2019）。

目前，我国不同地区、不同模式的经济效益差异较大。在安徽省运行较好的 IPRS 养殖单产可达 50～150kg/m^3，一般的养殖单产为 35～75kg/m^3，较差的养殖单产为 15～50kg/m^3。养殖主体盈利、亏损及保本的基本各占 1/3。由此可见，IPRS 还有很多问题需要研究，许多技术需要改进。目前，我国 IPRS 的应用普遍存在重流水养殖区、轻水质净化功能区建设问题，需要我们给予关注和正确引导。

IPRS 是对养殖池塘实施局部集约化改造的典范，与其他陆基集约化养殖方式相比具有一些显著的优势。然而，该模式的发展潜力可能只有在对养殖池塘排污实施严格监管的条件下才能真正发挥出来。

10.4　生物絮团养殖系统

池塘养殖投饲策略分为两类：一类是投喂高蛋白饲料，投喂的营养物质可基本满足养殖动物的需求；另一类是投喂基于农作物产品的低蛋白饲料，并依靠天然饵料补充饲料的营养缺失部分。水产养殖动物利用的天然饵料通常是养殖系统中基于光合作用的初级生产者和次级生产者，而本节主要介绍的是基于异养生物絮团的天然饵料。基于生物絮团的养殖系统，即生物絮团养殖系统（Biofloc-based aquaculture system 或 Bioflocs），是 20 世纪 90 年代出现的养殖系统，目前广泛养殖的种类是可直接利用天然生产力的罗非鱼和对虾等（Browdy et al.，2012）。

10.4.1　生物絮团养殖系统简介

随着水产养殖系统排污受到越来越严厉的限制，加之对虾流行性病毒病在世界范围内的传播，人们开始关注基于微生物群落的封闭式、不投饲水产养殖系统的研发。20 世纪七八十年代以色列科学家提出了建立基于异养食物网养殖系统的概念，后来在以色列 Solar Aquafarms 公司支持下研发出了今天已商业化运营的生物絮团养殖系统（Browdy et al.，2012）。之后，以色列理工学院和美国 Waddell 海水养殖研究发展中心才开始系统地研究少换水、零排污的罗非鱼和对虾生物絮团养殖技术。

在养殖方式上，生物絮团养殖有室外土池、铺膜池、跑道池，室内普通水泥池、循环水养殖系统等。该系统养殖对虾的单季产量为 1～2kg/m^2，高的可达到 10kg/m^2；养殖罗非鱼的单季产量可达 10～30kg/m^2（Browdy et al.，2012）。

一般的水产养殖动物对饲料中有机碳、氮和磷的平均利用率分别为 13%、29%和 16%，未被利用的营养物质还需用机械滤除、沉淀、微生物转化方式或直接排出养殖系统。而在生物絮团养殖系统中，低密度的养殖不需要投饲，养殖鱼、虾利用的是微生物群落形成的生物絮团；较高密度的养殖则需要补充低质饲料，残饵和粪便由系统中的微生物分解、利用，并形成可被养殖动物利用的生物絮团（营养物）。在 RAS 中生物滤器表面也着生或培养有大量微生物，其功能主要是分解养殖动物的代谢产物，而生物絮团养殖系统中的微生物既是废物分解者、转化者，也是养殖动物的饵料。

生物絮团广泛存在于水域生态系统中，主要组分包含无生命的腐殖酸、蛋白质、脂肪、多糖化合物等，还包含有生命的细菌、真菌、病毒、各类浮游植物、原生动物、纤毛虫、线虫等。一般生物絮团干物质含有 25%～50%的粗蛋白和 0.5%～15%的粗脂肪。

生物絮团养殖系统中的絮团颗粒大的可达几毫米，养殖的鱼、虾可直接摄食它。Moss 和 Pruder（1995）证实，直径大于 5μm 的絮团颗粒的存在可促进对虾养殖产量的提高。生物絮团养殖系统中絮团颗粒的大小与增氧方式和增氧强度等有关。生物絮团颗粒结构和粒径随环境变化而变化。小功率气提式（Airlift）增氧方式有利于大絮团颗粒的形成，强烈的充气则易使大絮团颗粒破碎。

一粒生物絮团本身就是一个微生态系统，具有多种生态功能。养殖过程中需要添加碳或/和碳水化合物用于培养絮团微生物群落，并通过增氧、调节 pH 等措施为养殖动物和微生物维持良好的水质环境。

生物絮团技术可通过以下三个途径实现对虾防病：第一，封闭的系统和较少的水交换率降低了有害外源性病原侵入养殖系统的可能性，增强了养殖系统的生物安全性。第二，生物絮团中微生物与病原菌竞争生存空间、营养物质，扰乱病原菌的密度感应系统，从而抑制水体病原菌生长和繁殖。第三，生物絮团中含有多种细菌及其分泌产物，如聚-β-羟基丁酸、多糖类等活性物质，很可能对养殖动物具有促进生长发育和免疫增强作用。

运行良好的生物絮团养殖系统的主要优势包括：①能耗较少。由于曝气成本通常低于水交换成本，生物絮团养殖系统的能耗成本会比需要流水或大换水的养殖系统的低。②无需高蛋白饲料或需量较少。生物絮团系统养殖的罗非鱼和对虾可以系统中培养的天然饵料为食，不需投喂高蛋白饲料，只需为该系统添加碳或/和碳水化合物用于培养微生物群落。③节水。该系统基本不需换水，通常只需添加蒸发损失的水即可。④可很好地预防对虾流行病。首先该系统是封闭系统，不易受外来病原体侵染；其次，该系统中微生物群落可有效抑制病原微生物对养殖对虾的侵害。⑤可实现零排污。该系统可不换水，同时实现不排污。⑥省空间。与一些开放的养殖池塘相比该系统占地少，用地成本低。

10.4.2 生物絮团养殖系统的水质

像其他水产养殖系统一样，生物絮团养殖系统从注水到系统中形成稳定的生物群落会经历一个生物群落演替过程，或称熟化过程，其水质也随之发生着相应变化。影响生物絮团养殖系统水质的主要生态过程包括光合作用、异养同化作用、硝化作用和反硝化作用。

1. 浮游植物的光合作用

在光照比较充足的情况下，室外养殖系统启用后，首先看到的是水色逐渐变绿，浮游植物群落呈指数式增长，最后由于密度过高而出现自荫现象。之后，该系统开始从浮游植物自养作用主导的系统向微生物异养作用主导的系统转变。光照不足和高投饵率会加速这一转变过程。在此期间，随着光合作用和微生物“水呼吸”作用强度的相对变化，水中的溶解氧、CO_2、pH 等也出现有规律的变化过程。

生物絮团的积累也会降低水中光照强度，从而影响浮游植物对水环境中氨氮的吸收。另外，即使在强增氧条件下，水体中溶解氧浓度也会出现规律性昼夜波动。大体上，当日投饲率低于 30g/m^2，浮游植物的光合作用会是控制水质的主要因素。随着投饲率的增加，系统内微生物群落将会由浮游植物起主导作用转变为细菌群落起主导作用（徐武杰，2014）。

2. 细菌的同化作用

早期生物絮团微生物群落主要是异养群落，异养细菌利用残饵和粪便作为碳源和能源。异养微生物将碳水化合物（糖、淀粉和纤维素）同化成微生物细胞碳（C_{mic}），并产生 CO_2：

$$\text{有机碳} \longrightarrow CO_2 + \text{能量} + \text{同化的}\ C_{mic}$$

微生物对残饵、粪便 C 的转化率（E）为 40%～50%。它们在同化饲料有机碳时也会同时同化残饵和粪便的有机碳。

由于含蛋白饲料的不断投入，养殖系统水中可溶性氮类物质（包括无机氮和有机氮）含量会持续增加，可溶性有机碳的不足就成了异养菌生长、繁殖的限制因素。养殖实践中，人们常通过添加有机碳源（糖、淀粉和纤维素）或降低饲料蛋白质含量来提高水环境的 C/N，以维持健康的微生物群落。C_{mic} 量与需要同化或添加碳水化合物量（ΔCH）存在下列关系（Avnimelech，1999）：

$$\Delta C_{mic} = \Delta CH \times \%C \times E$$

式中，%C 为残饵、粪便 C 的含量。微生物对 N 的需求量（ΔN）与微生物体组织的 C/N 关系为

$$\Delta N = \Delta C_{mic}/(C/N)_{mic} = \Delta CH \times \%C \times E/(C/N)_{mic}$$

如果 $\%C$、E 和（C/N）$_{mic}$ 分别取 0.5、0.4 和 4，则需要同化或添加碳水化合物量（ΔCH）为

$$\Delta CH = \Delta N/(0.5 \times 0.4/4) = \Delta N/0.05$$

因此，水环境氨氮每降低 $1gN/m^3$ 就需要同化或添加 $20g/m^3$ 碳水化合物。养殖池塘在应急降低氨氮时也可参考此关系式添加糖类物质。

随着养殖动物排泄和残饵、粪便的分解，水中无机氮开始在系统中积累，NH_3 浓度逐渐增加。在一定的 pH、温度和盐度下，NH_3 与 NH_4^+ 也会建立起相应的平衡。系统中的 NH_3 可通过光能自养细菌（蓝藻）和自养硝化细菌被利用或转化。

3．细菌的硝化作用

随着水环境中氨氮浓度逐渐升高，在有氧条件下，硝化类自养细菌开始通过硝化作用对养殖动物有毒的 NH_3 分步转化为 NO_2^- 和 NO_3^-。如果系统建立初期投饲率过高，系统中将迅速出现 NH_3 浓度和 NO_2^- 浓度峰值（图 10-9），浓度高时还会影响养殖动物的生长，甚至会对养殖动物造成致命伤害。

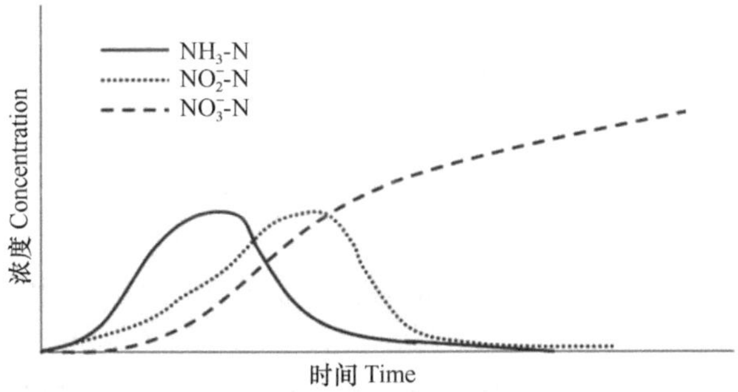

图 10-9　典型的硝化作用起始阶段曲线（Browdy et al.，2012）

Fig. 10-9　Typical nitrification startup curves (Browdy et al., 2012)

硝化作用是缓慢的、长期的过程，但最终 25%～50%的投入饲料氮将在此过程中转化为硝酸盐氮。这一机制在集约化程度较高，即投饲率较高的养殖系统中尤为重要。

在生物絮团养殖系统中硝化类细菌发育成熟并达到稳定后，就可以停止添加有机碳源。硝酸氮逐渐积累是硝化作用强于异养同化和反硝化作用的特征（图 10-9）。

4．细菌的反硝化作用

由于大功率充气，生物絮团养殖系统整体上处于有氧状态，但生物絮团颗粒内部会出现局部缺氧状态，因此，系统中也会发生反硝化作用。反硝化作用是反硝化细菌在厌

氧条件下将 NO_3^- 和 NO_2^- 还原成氮气的过程。由于这一过程的存在，生物絮团养殖系统的氮收支就变得更为复杂。

10.4.3 生物絮团养殖系统水质的调控

在生物絮团养殖系统发育、成熟、稳定过程中，为维持良好的水质环境，人们需要调节 *C/N* 和 pH，为生物絮团养殖系统增氧，控制生物絮团密度等。

1. *C/N* 调节

生物絮团养殖系统内发生的氨氮硝化和异养同化的化学计量学平衡见表 10-8。异养同化 1g 氨氮会消耗 15.17g 碳水化合物，因此，在系统异养同化活动较活跃阶段应该向系统添加碳水化合物。

表 10-8 1g 氨氮硝化和异养同化的化学计量学平衡（引自 Ebeling et al.，2006）（g）

Tab. 10-8 Stoichiometric balances for the removal of 1g of ammonia-nitrogen by the mechanisms of nitrification and heterotrophic assimilation (from Ebeling et al., 2006) (g)

	硝化作用 Nitrification	异养同化 Heterotrophic assimilation
碳水化合物消耗 Carbohydrate consumed	0	15.17
碱度消耗 Alkalinity consumed	7.05	3.57
氧气消耗 Oxygen consumed	4.18	4.71
产生细菌生物量 Bacterial biomass produced	0.20	8.07
产生二氧化碳 CO_2 produced	5.85	9.65
产生硝酸氮 NO_2^--N produced	0.976	0

水产饲料通常含有较高的粗蛋白，其 *C/N* 为 6～10，而适宜异养细菌同化氨氮的 *C/N* 为 12～15。因此，在养殖过程中可以通过往养殖水体中添加有机碳源或使用低蛋白含量的配合饲料来提高水环境的 *C/N*。生产实践中常将有机碳源分为简单碳水化合物，如葡萄糖、蔗糖等，以及复杂碳水化合物，如淀粉、木薯粉、谷物粉等。前者的优点是速效，缺点是需要不断添加。后者的特点则与前者相反。在生物絮团养殖系统运行初期或应急调节 *C/N* 时可添加简单碳水化合物。初期也应添加复杂碳水化合物，目的是为之后持续、稳定地调节 *C/N*。

在使用含 30%～38%粗蛋白的饲料时，理论上每投喂 1kg 饲料需要添加 0.5～1.0kg 的糖。如果水体存在可吸收氨氮的光合作用时可适量减少碳水化合物的添加量。可见，添加这么大量的糖会是一笔不小的成本开支，因此，寻求便宜的复杂碳水化合物替代简单碳水化合物是人们关注的热点问题。

2. pH 调节

硝化作用会消耗大量的碱度（碳酸氢根离子），产生 CO_2，使水环境 pH 降低（Ebeling & Timmons，2007）：

$$NH_4^+ + 1.83O_2 + 1.97\,HCO_3^- \longrightarrow 0.0244C_5H_7O_2N + 0.976\,NO_3^- + 2.90H_2O + 1.86CO_2$$

因此，如不注意观测、及时调节 pH 则会影响养殖动物的生长和对虾蜕壳。生物絮团养殖系统内氨氮被硝化或被异养同化都会消耗碱度和氧气（表 10-8），特别是硝化作用消耗碱度更多。微生物每消耗 1g 氨氮就会同时消耗 7.05g 碳酸氢根。因此，应时常向养殖系统中泼洒生石灰或碳酸氢钠以补充消耗的碱度，防止 pH 大幅下降，以保障硝化细菌和养殖动物良好生长。在集约化的自养菌主导的生物絮团养殖系统中，每投喂 1kg 饲料大约需要添加 0.25kg 碳酸氢钠。当然，在实际养殖操作过程中，至少每周定期进行碱度监测，并依据需要来确定添加碳酸氢钠的量。

3. 生物絮团密度调节

生物絮团养殖系统中絮团颗粒密度通常很高，经常超过 1000mg/L。生物絮团颗粒密度高意味着鱼、虾的饵料多，但同时水体的需氧量也会高，增氧的费用也会相应提高。过高的生物絮团颗粒密度还可能阻塞鱼鳃丝。调节生物絮团颗粒密度是生物絮团养殖系统生产管理的重要工作。Ray 等（2010）对跑道式生物絮团养殖系统的研究发现，当悬浮颗粒物密度在 100～300mg/L 时，养殖对虾的摄食情况最佳。悬浮颗粒物密度在 200～500mg/L 时，养殖系统运行良好，微生物耗氧量适中。生物絮团颗粒密度过高不仅会增加人工增氧耗能，还会影响养殖动物生长。

对于对虾养殖密度不太高、人工增氧强度不是很高的池塘铺膜生物絮团养殖系统，生物絮团颗粒密度应该更低一些。池塘生物絮团沉降体积在 10～15ml/L 时，对虾养殖效果较好（徐武杰，2014）。室外生物絮团养殖系统中的浮游植物是调控水质的重要参与者，低密度的生物絮团颗粒可使浮游植物获得更好的光照条件，有利于光合作用进行。

养殖水体底部可以设置中央排污管道并对沉降池进行定期清淤，也可用泡沫分选器等定期移除生物絮团。异养同化作用需要投入大量碳水化合物，产生的固体废物量约是硝化作用的 40 倍，因此，此时更应及时清理生物絮团养殖系统内的淤泥。

生物絮团技术在对虾养殖方面展现出很好的发展前景。然而，生物絮团本身仍充满诸多未知。关于生物絮团的结构和功能及其调控、营养价值和促生长因子等仍需深入研究。生物絮团养殖系统需要大量电能投入，这不仅会使养殖产品的碳足迹偏高，也限制了该养殖模式在电力供应紧张、电价昂贵地区的应用。

小　结

1. 封闭循环水养殖系统（RAS），又称工厂化（水产）养殖系统，是对养殖单元排出水进行处理并进行重复利用的水产养殖系统。与传统的池塘养殖系统相比，RAS 具有的优势包括：基本不受气候变化制约，可全年随市场需要安排生产；可按规范生产，产品可追溯；耗水量少；设施占地少；产量高；饲料利用率高，排放污染物少；封闭性好，流行病可防。

2. 传统的 RAS 的有氧环境，使得系统中反硝化作用很弱，生物滤器中的微生物只是将对养殖动物具有高毒性的 NH_3 变化成了低毒性的 NO_3^-，溶解无机氮总量会出现积累。现代 RAS 引入了微生物的反硝化作用，可将 NO_3^- 和 NO_2^- 还原成 N_2，逸出 RAS 系统。

3. RAS 的缺陷是运营成本高，碳足迹高。在全球气候变化的大背景下，RAS 的高碳足迹是一个需要认真对待的问题。阳光工厂化养殖系统（SRAS）是光合作用植入的RAS 系统，包括基于漂浮植物或挺水植物的鱼菜共生系统和基于沉水植物的 SRAS，也可包括基于浮游植物的微藻 SRAS。

4. 鱼菜共生系统（APS）是传统 RAS 与蔬菜无土栽培结合的产物，是一种利用无土栽培或称水培技术将挺水植物或漂浮植物植入 RAS 的水产养殖模式。APS 充分发挥了鱼与植物的互利作用，植入的植物吸收、去除养殖水环境中的过量营养物质，实现了净化水质、循环利用水资源、减少排污、增加效益的目标。尽管 APS 具有诸多优势，但除干旱地区外，在其他区域大规模运营的案例并不多，主要原因还是经济成本较高问题。

5. 基于沉水植物的 SRAS 分为原位和异位两类，原位植入沉水植物的优点是植物产生的氧气可直接溶解到水中，可同时降低物理增氧的成本。

6. 基于微藻的 SRAS 是将高效藻塘（High-rate algal pond，HRAP）用来处理 RAS 排出废水的综合养殖系统。其优点是水处理成本比传统 RAS 更低。

7. 跑道养殖系统（Raceway aquaculture system）是在养殖水体内形成高速水流来养殖水生生物的系统。跑道内形成的水流有利于养殖生物的生长。

8. 池塘内跑道养殖系统（In-pond raceway system，IPRS），是传统跑道养殖系统、分池环联养殖系统与池塘养殖系统有机结合的产物。IPRS 将池塘内分为流水养鱼区、粪便和残饵收集区、贝类养殖区、植物（藻类）栽培区，从而实现对投入饲料逐级利用的生态集约化养殖模式。与池塘养鱼系统相比，运转良好的 IPRS 具有以下优点：便于管理；饲料利用率高；养殖产量更高；更节能；排污少，可以做到零排污；更易根据市场需求实施多品种、多规格养殖。

9. 生物絮团养殖系统（Biofloc-based aquaculture system 或 Bioflocs）是基于异养食物网概念建立的养殖系统，目前广泛养殖的种类是可直接利用天然生产力的罗非鱼和对虾等。其优势包括：能耗较少；无需高蛋白饲料或需量较少；节水；可很好地预防对虾流行病；可实现零排污；省空间。

10. 生物絮团养殖系统从注水到系统中形成稳定的生物群落会经历一个生物群落演替过程，或称熟化过程，其水质也随之发生着相应变化。影响生物絮团养殖系统水质的主要生态过程包括光合作用、异养同化作用、硝化作用和反硝化作用。

11. 在生物絮团养殖系统发育、成熟、稳定过程中，为维持良好的水质环境，人们需要调节 C/N 和 pH，为生物絮团养殖系统增氧、控制生物絮团密度等。由于异养细菌同化氨氮的 C/N 高于优质饲料的 C/N，在养殖过程中可以通过往养殖水体中添加有机碳源或使用低蛋白含量的配合饲料来提高水环境的 C/N。硝化作用和异养同化作用都会大量消耗碳酸氢根离子，产生 CO_2，使水环境 pH 降低，因此，养殖过程中需要经常向水中添加碱性化合物，以阻止 pH 大幅下降。

第 11 章　低洼盐碱地池塘养殖

11.1　盐碱地基塘渔农系统　319
11.1.1　盐碱地改良概述　319
11.1.2　基塘渔农系统　320
11.2　低洼盐碱地池塘水质和生物环境　322
11.2.1　低洼盐碱地池塘的水质特点　322
11.2.2　低洼盐碱地池塘的生物　323
11.3　水产养殖动物对盐碱的耐受性　324
11.3.1　pH 对淡水养殖动物的影响　324
11.3.2　养殖动物对含盐量的耐受性　325
11.3.3　养殖动物对碱度的耐受性　325
11.4　水中阳盐离子对对虾生长的影响　326
11.4.1　对虾对水体 Na^+/K^+ 值的适应性　327
11.4.2　对虾对水体 Ca^{2+} 浓度的适应性　328
11.4.3　对虾对水体 Mg^{2+}/Ca^{2+} 值的适应性　328
11.5　低洼盐碱地养殖池塘水质调控　329
11.5.1　施肥对盐碱池塘水质的影响　329
11.5.2　盐碱池塘水质改良剂　330
11.5.3　滤食性鱼类对盐碱池塘水质的调控　332
小结　335

盐碱地是指土壤含盐量或/和含碱量较高并影响作物正常生长的土地。全球有 8 亿 hm^2 盐碱地，约占全球陆地面积的 6%，占农业用地的 20%，主要分布在亚太地区。世界上有盐碱地的国家超过 100 个，盐碱地面积较多的国家有俄罗斯、印度、巴基斯坦、中国等。由于灌溉不当，全球每天都会增加 2000hm^2 盐碱地；全球气候变化引起的海平面升高也可能会加速土地盐碱化过程（Dagar et al.，2019）。因此，如何高效可持续地开发利用这些盐碱地资源是人类面对的重要课题。

渔农综合利用盐碱地是高效开发盐碱地土地资源的有效途径之一。本章将简要介绍盐碱地基塘渔农系统、盐碱池塘水质特点、养殖生物对盐碱的耐受性和水质调控等内容。

11.1　盐碱地基塘渔农系统

11.1.1　盐碱地改良概述

盐碱土壤分为盐（Saline）土和碱（Sodic）土两类。盐-腐殖质（Saline-humic）土也是含盐量较高但呈酸性的土壤，在此也一并介绍。滨海地区的盐土主要为氯化物盐土，主要受海水影响而形成。内陆盐土和碱土主要是水分蒸发后盐碱积存在表层土壤而形成。盐-腐殖质土富含腐殖质，通常受节律性海洋潮汐影响，pH 较低。

我国盐碱土地约 3467 万 hm^2，主要分布在东北、华北、西北地区和沿海一带。东北地区盐碱地主要以盐土和碱土为主。地下水埋深 1.5～3.0m，含盐量 2～5g/L，有的地方可达 10g/L 以上，盐分组成以碳酸盐为主。华北地区盐碱地土壤以硫酸盐和氯化物为主，局部封闭低洼易涝地区还有重碳酸盐土。地下水埋深1.0～2.0m，含盐量1～2g/L。西北地区盐碱地表层土壤含盐量在1～10g/kg，盐分以硫酸盐和氯化物为主。低洼地地下水埋深1.0m左右，含盐量1～2g/L，高的可达10g/L以上（杨富亿，2000）。滨海地区的盐土主要为氯化物盐土，主要受海水影响而形成。

低洼盐碱地形成的主要原因是，地势较低，地下水位相对较高，雨水长期疏排不畅。在这些区域，各种易溶性盐类在上层土壤中作水平方向与垂直方向的重新分配，从而使盐分在土壤表层逐渐积聚起来。开发利用这部分土地的主要手段或技术是直接或间接降低地下水水位，抑制水分蒸发速率，降低表层土壤含盐量和碱度或酸度。

盐碱地可采取化学、生物和工程技术措施进行改良。人们曾用磷石膏和糖醛渣改良碱土和碱化潮土，也有人用泥炭改良盐碱土。通常，一些化学技术措施由于具有明显的副作用或技术还不成熟而应用规模不大（赵可夫等，2001；宋杰等，2000）。

在利用工程技术措施改造盐碱地方面，我国处于领先地位（李保国等，2003）。常用采用包括垂直排水（或称机电排水）、明沟排水、暗管排水等在内的工程措施来降低地下水位（杨富亿，2000）。垂直排水通过抽井水可有效降低地下水位，但该方法只能使盐分暂时不会上升到地面。一旦遇上大涝或停止排水则会前功尽弃。明沟排水和暗管排水法虽然能永久性解决问题，但工程量大、成本较高。

人们还利用生物排水法（Biodrainage）也称植树造林法来降低地下水水位。生物排水法是通过根深且生长迅速植物的蒸腾作用降低低洼区域地下水水位的方法。该方法利用的是生物能而非传统电能。Singh 和 Lal（2018）的研究显示，植物蒸腾水量可达6500～28 000$m^3/(hm^2·年)$，3～5年可使水位下降1～2m。所用植物有桉树（*Eucalyptus*）、杨树（*Populus*）、金合欢（*Acacia*）等。生物排水法仅能用于地下水盐碱含量不高的区域。盐碱含量稍高，根深的植物很难生长得好，生物排水效果也不会好。另外，植树造林法降低水位的区域十分有限，距林地几百米外的地下水位受影响很小（杨富亿，2000）。

一些农业措施，如深耕改土、增施有机肥、种植绿肥等措施都可起到一定的降碱效果（杨富亿，2000）。现在人们找到了另一种更好的改造低洼盐碱土地和盐-腐殖质土地的工程技术，即基塘渔农系统（Pond-based aquaculture-agriculture system），俗称上粮下渔法。该系统能排、能灌，是一种十分高效的盐碱地渔农综合开发模式（董双林，2003；杨富亿，2000）。

11.1.2 基塘渔农系统

我国邻近水系可以进行渔业开发的低洼盐碱荒地有300万hm^2。20世纪90年代，我国开始规模化地采用挖池抬田（Digging pond and raising land or land shaping）技术（图11-1）构建基塘渔农系统（Dagar et al.，2019；董双林，2003）。

抬田高度应高于地下水临界深度1m以上。黏质土地区，养鱼池塘从原地面下挖1.5～2m，同时筑台田高出原地面1.5～2m为宜。砂质土壤地区，养鱼池塘从原地面下挖2～2.5m，同时筑台田高出原地面2～2.5m为宜。山东省推广的基塘渔农系统是按4∶4∶2比例构建池塘、台田和河渠路林。在地下水位相对稍低的盐碱地建立的基塘系统，台田面积可以达到 50%～70%。

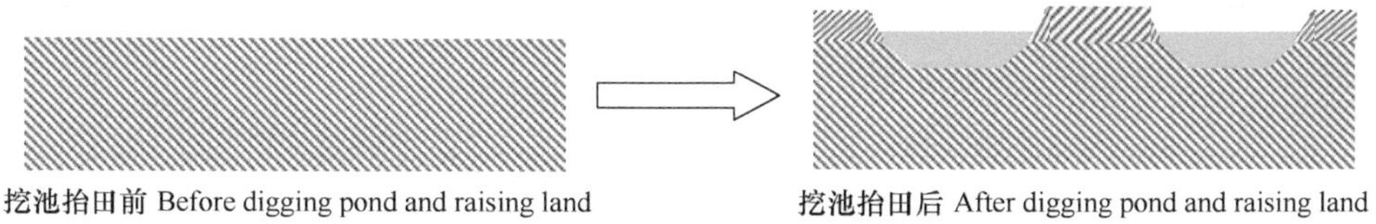

图 11-1　低洼盐碱地挖池抬田前后剖面图

Fig. 11-1　Longitudinal profile of waterlogged salt-alkali land before and after digging ponds

沿养鱼池塘四周修筑宽 30cm、高 20cm 土埂，用作漫灌、淋洗台田盐碱和保护池坡。台田四周及边坡可种植耐盐碱草护坡，并统一向鱼池设置排水通道。在山东禹西和高青盐碱地挖池抬田形成基塘渔农系统后，首先将池塘内含盐量较高的地下渗水排干，再引进黄河水，并开始进行鱼类养殖。

由于开挖池塘的土垫在台田上，抬高了地面，对台田而言也就相对降低了地下水位，抑制了地下水的蒸发作用。假以时日，台田土壤的盐碱含量就会因降雨淋洗而逐渐降低。例如，山东省禹城八支北池塘相邻的高台田和低台田高度相差 1.28m，高台田距地下水位 2.63m，低台田距地下水位 1.35m。经过基塘系统改造三年后，台田土壤的含盐量明显降低（表 11-1）。尽管低台田也有一定的降盐效果，但相比之下，高台田降盐效果更好些（段登选等，2000；2002）。

表 11-1　不同高度台田的土壤含盐量（%）

Tab. 11-1　Salt contents in soil of the terraces with different heights of bed (%)

地点 Sites	1997 年 Year			1998 年 Year			1999 年 Year		
	5 月 May	7 月 July	10 月 October	5 月 May	7 月 July	10 月 October	5 月 May	7 月 July	10 月 October
对照 Control	2.74	2.45	1.00	1.52	1.63	1.90	2.95	1.11	1.00
低台田 1.35m bed	1.35	0.69	0.32	0.56	0.30	0.75	0.99	0.86	0.59
高台田 2.63m bed	0.39	0.56	0.17	0.23	0.087	0.27	0.26	0.63	0.077

与此同时，经改造 3 年后，高台田土壤有机物含量从 0.58%增加至 0.99%，pH 也从 8.35 降至 7.91。台田上种植的小麦和玉米产量随改造时间的延长产量逐渐增高。

采用盐碱薄膜隔盐碱技术（在抬田时将塑料膜预放在台田与原地面之间）效果更佳。据段登选等（2000）测定，采用该技术两年后台田（0.5m 高）的含盐量从 23.54g/kg 降为 12g/kg 以下，而不铺薄膜台田（0.5m 高）的含盐量从 2.4g/kg 升为 18g/kg。

三年后基塘渔农系统所在区域地下水含盐量总体上并没有显著降低（表 11-2），但池塘水的含盐量自从引入黄河水后一直保持在较低水平，已适于养殖淡水鱼类。

在山东省沿黄低洼盐碱地区，根据地理特点、资源情况、土质状况和地下水的埋深特点，人们还构建了鱼-粮、鱼-棉、鱼-草、鱼-鸭、鱼-果、鱼-桑等多种渔农综合利用模式（谷孝鸿等，2000）。

我国珠江三角洲地区也在用高畦深沟系统进行渔农综合开发低洼地。抬高的畦面上种植水果、蔬菜等，沟内养殖鱼类、螺类或种植水生植物（杨富亿，2000）。可见，挖池抬田技术可用于多种类型低洼地的渔农综合利用。

表 11-2 挖池台田后池塘水和地下水含盐量（g/L）

Tab. 11-1 Salt contents in ponds and underground water after digging pond and raising land (g/L)

时间 Time		1997 年 Year			1998 年 Year			1999 年 Year		
		5 月 May	7 月 July	10 月 October	5 月 May	7 月 July	10 月 October	5 月 May	7 月 July	10 月 October
禹西 Yuxi	池塘 Pond water	2.27	1.54	3.41	1.41	1.85	1.59	1.79	1.72	1.78
	地下水 Underground water	6.12	7.21	4.69	4.96	7.05	6.42	5.07	5.42	6.03
高青 Gaoqing	池塘 Pond water	1.62	1.69	1.59	1.23	1.69	1.53	1.25	1.34	1.50
	地下水 Underground water	1.00	13.43	10.01	15.55	14.42	12.79	13.28	0.85	11.41

受海洋潮汐影响的低洼酸性盐-腐殖质土壤也可采用上述方法进行改造。Velmurugan 等（2016）利用高畦深沟系统（Raised bed and furrow system）对印度潮湿热带沿海酸性盐-腐殖质土壤洼地进行了改造。当地年降雨量为 2900～3100mm，黏性土壤的表层土壤含盐量为 7.19g/L±1.34g/L，pH 为 4.9±1.1，有机碳含量为 8.7g/kg±1.83g/kg。改造方式是下挖壕沟 1.5m 深，6m 宽，垫起台田 1m 高。台田土壤靠雨水淋洗降盐，壕沟内收集天然雨水。壕沟水深在旱季为 20～60cm，雨季为 100～120cm。台田土壤的含盐量由 2009 年 3 月（改造前）的 6.98g/L 降至 2013 年 3 月的 0.96g/L，壕沟水含盐量也由 1.66g/L 降至 0.45g/L。壕沟内收集的淡水已可用来养殖淡水鱼类。

11.2 低洼盐碱地池塘水质和生物环境

11.2.1 低洼盐碱地池塘的水质特点

低洼盐碱地由于地下水位相对较高，加之干旱、半干旱区域蒸发量远大于降水量而加速了土地盐碱化过程。水在浓缩或水中含盐量在升高过程中主要离子的比例也会产生变化。总的趋势是：随着含盐量的增高，阳离子 Na^+逐渐取代 Ca^{2+}、Mg^{2+}。阴离子中 SO_4^{2-} 和 Cl^-逐渐取代 HCO_3^-。与此同时，水体的其他理化因子及生物组成也随之变化。

黄河中游、下游和河口区域分布有大片典型的低洼盐碱地，也是我国规模化渔业利用较为集中的区域。黄河上游区域气温低、蒸发量小，土壤以山地草甸土为主，土壤和水中的含盐量普遍较低，均属重碳酸盐水型。黄河中游属干旱、半干旱区域，土壤和地下水含盐、碱量较高，很多属碳酸盐型，局部区域（如甘宁苦水区）地下水和个别水体（如宁夏前进湖）属硫酸盐水型（黄河水系渔业资源调查协作组，1986）。黄河下游区域已属半湿润气候，一般土壤和地下水含盐量并不高，但沿黄河两岸仍分布有一些低洼盐碱地。黄河河口和近河口区域的土壤和地下水含盐量和离子组成主要受海水影响，阳离子以 Na^+为主，阴离子以 Cl^-为主。

山东省境内沿黄河从滨海重盐碱池塘向上到低洼盐碱地池塘，水中 Cl^-所占比例逐渐变小，而碳酸盐和重碳酸盐所占的比例逐渐增大。这些内陆低洼盐碱地地下水含盐量一般不超过 5g/L，但却具有高碱度和高 pH 特征。池塘水的 pH 一般在 8.0 以上，有些甚至超过 9.0。尽管 7 月份因降雨土壤和池塘水的碱度有所降低，但一般也都在 2.0mmol/L 以上，并且有随着离河口距离增加而增加的趋势。

盐碱池塘水质存在十分明显的季节变化（张美昭等，2000）。例如，山东省高青县低洼盐碱地池塘 pH 全年变化范围为 7.08～9.64，平均 8.29，最低值出现在 10～11 月。电导率变化范围在 1.46×10^3～9.75×10^3μs/cm，最低值出现在刚灌入黄河水的池塘中，最高值出现在多年未换水的池塘。总碱度全年平均值为 5.98mmol/L，变幅 1.73～11.66mmol/L，主要由重碳酸盐碱度组成，7～8 月较低，冬季较高。

通常，淡水水体中限制性营养元素是 P，而海水中限制性营养元素通常是 N，而一些氯化物水型的盐碱池塘中 N 是经常性的限制性营养元素，有少数池塘表现为 N 和 P 双限制（文良印等，1999）。这可能是含盐量较高的水体，盐效应的作用使得难溶磷酸化合物的溶解度增大所致。

水体的 pH 呈弱碱性时，其中存在下列两个 CO_2 平衡关系式：

$$2HCO_3^- \rightleftharpoons CO_3^{2-} + CO_2 + H_2O$$

$$CO_3^{2-} + Ca^{2+} \rightleftharpoons CaCO_3\downarrow$$

如果水体中具有丰富的 Ca^{2+}离子，光合作用强烈时可能会使水体中出现白色 $CaCO_3$ 沉淀。这种沉淀反应会消耗 CO_3^{2-}，减缓水体 pH 上升的速度。当光合作用减弱，呼吸作用会使 CO_3^{2-} 减少，这时形成的 $CaCO_3$ 会再次溶解。CO_2 平衡系统和 Ca^{2+}离子的存在会对水体 pH 变化起到有效缓冲作用。然而，盐碱池塘中 Ca^{2+}常缺乏，致使水体对酸碱的缓冲能力较差。水体浮游植物光合作用持续较强时，会导致 pH 大幅攀升（文良印等，2000），这可能会危及养殖动物的安全。

11.2.2　低洼盐碱地池塘的生物

1. 盐碱地养殖池塘的浮游植物和初级生产力

一般情况下，盐度、碱度和 pH 越高的水体浮游生物的种类数越少，多样性指数越低（赵文，1992；何志辉等，1989）。20 世纪 90 年代末，从山东省高青县氯化物型低洼盐碱地池塘中，共采集、检出浮游植物 120 属 197 种，其中绿藻门最多，45 属 76 种，占浮游藻类种类总数的 38.58%；硅藻门次之，28 属 46 种，占 23.35%。浮游植物主要是淡水普生性的耐盐种或喜盐种，有些则是典型的盐水种（赵文等，2002；申屠青春等，2000a）。

池塘浮游植物的平均生物量为 49.90mg/L±31.92mg/L，变幅为 0.60～368mg/L。浮游植物的生物量组成具有一定的粒级结构，小于 10μm 的种类对生物量和初级生产的贡献较大（Zhao & Dong，2003）。盐碱池塘浮游植物生物量存在明显的季节变动特点。

低洼盐碱池塘叶绿素总量平均为 115.12μg/L，叶绿素 a 平均占叶绿素总量的 61.76%。盐碱池塘叶绿素 a 含量与浮游植物生物量、水温、总氮、总磷和硅酸盐含量显著正相关，与透明度显著负相关（赵文等，2000c）。

山东省高青县示范区盐碱池塘鱼类生长期内（4～9 月）浮游植物初级生产力为 $9.42gO_2/(m^2\cdot d)\pm4.21gO_2/(m^2\cdot d)$，日生产力与生物量之比（$P/B$ 系数）平均 0.24±0.18，浮游植物对太阳有效辐射能的利用率平均 1.53%。统计分析表明，浮游植物现存量、透明度、水温、盐度是影响盐碱池塘浮游植物初级生产力的主要生态因子（赵文等，2003）。

2. 盐碱地养殖池塘的浮游动物

从山东省高青县氯化物型低洼盐碱池塘共检出浮游动物 89 属 159 种。其中原生动物种数最多，为 48 属 78 种；轮虫次之，检出 27 属 58 种。浮游动物主要是淡水耐盐种或喜盐种，一些是典型的盐水种（赵文等，2001a）。在氯化物型低洼盐碱池塘，浮游动物的平均生物量为 9.47mg/L，变化范围为 0.002～308mg/L。浮游动物一般都存在春季和初秋两次生物量高峰。

3. 盐碱地养殖池塘的大型水生植物和底栖动物

山东省高青地区盐碱池塘共发现大型水生植物 12 种，具有种类少而优势种突出的特点（赵文等，2001b）。在表层光照度 7200 lx、水温 28～30℃的条件下，优势种菹草、角果藻和轮藻的毛产量分别为 $1.70mgO_2/(h·g)$、$1.56mgO_2/(h·g)$和 $1.50mgO_2/(h·g)$。除光照、水温、pH 等因素外，含盐量和碱度对大型植物的初级生产力影响显著。菹草和角果藻的生产力最高时的含盐量均为 3g/L，前者适宜的碱度为 6.69mmol/L，而后者则为 3.82mmol/L。

山东省高青地区盐碱池塘共发现底栖动物 14 种，隶属 3 门 6 纲，其中软体动物门腹足纲有 3 科 3 种；环节动物门有 3 纲 4 种；节肢动物门有 2 纲 4 目 7 种。所检出的 14 种底栖动物中，羽摇蚊和奥特开水丝蚓是常见优势种（赵文等，2001c）。未养鱼池塘底栖动物的密度和生物量比养鱼池塘高很多，前者密度和生物量分别为 40～2085ind./m^2 和 0.15～12.91g/m^2，而后者分别为 54～161ind./m^2 和 0.14～0.54g/m^2。底栖动物密度和生物量在春夏之交有一高峰。

11.3 水产养殖动物对盐碱的耐受性

低洼盐碱地池塘水环境的 pH、含盐量和碱度是对养殖动物影响较大的因子，它们的影响还存在相互作用。这三个因子也是盐碱池塘水质调控较常用的三个水质指标，因此，了解这三个因子对养殖动物的影响具有重要的理论和实践意义。

11.3.1 pH 对淡水养殖动物的影响

由于盐碱池塘水体常缺乏钙离子，对酸碱的缓冲能力较差，加之光合作用的昼夜变化，其 pH 的大幅度变化可能会对养殖动物，特别是幼小的苗种，产生一定的影响，甚至伤害。pH 和 Ca^{2+}浓度对日本沼虾（*Macrobrachium nipponense*）生长和能量收支影响中存在交互作用，其作用机制主要是影响其能量摄入量（董双林等，1994）。

青鱼、草鱼、鲢、鳙对 pH 的适应范围为 4.6～10.2，鲤的适应范围则为 4.4～10.4。它们对 pH 为 0.2 的微小变化都能感受到（张礼善，1960）。在耐碱性方面，青鱼、草鱼比鲢、鳙强；在耐酸性方面，青鱼、草鱼、鳙比鲢强。氢离子浓度对鱼类呼吸生理有一定影响，氢离子浓度偏高或偏低时，鱼类均要求有更高的溶解氧浓度。鲤幼鱼在 18～26℃温度范围内，在 pH 为 4.0、溶解氧低于 7.0mg/L 时，较低的 pH 就将导致很高的死亡率，原因是低 pH 会损害其呼吸系统。

11.3.2　养殖动物对含盐量的耐受性

国内外不少学者用稀释海水、自来水添加 NaCl、盐碱水添加 NaCl 或盐碱水蒸发等方法研究过淡水鱼、虾、蟹对含盐量的耐受性。尼罗罗非鱼、淡水白鲳、鲢、鲤、花鲈、银鲫、澎泽鲫、河蟹、罗氏沼虾等是山东省低洼盐碱池塘常见养殖动物，它们在 pH 8.2～8.9 范围内对含盐量的适应性见表 11-3。这些养殖对象对 NaCl 含量耐受值（半致死浓度，LC_{50}）大小顺序为罗氏沼虾≈河蟹＜淡水白鲳≈澎泽鲫≈银鲫≈鲢＜鲤＜尼罗罗非鱼（王桂春等，2001；郑伟刚等，2001；章征忠等，1999）。

表 11-3　NaCl 含量对养殖种类的半致死浓度（LC_{50}）（g/L）

Tab. 11-3　NaCl contents of LC_{50} for different aquaculture species (g/L)

种类 Species	24h	48h	72h	96h	pH 和水温/℃ pH & water temperature
淡水白鲳 Co	11.99	11.41	10.99	10.43	8.21±0.07，23±1.0
尼罗罗非鱼 Ti	18.37	14.66	14.39	14.25	8.91±0.11，18～23
鲤 Cy	13.69	13.46	12.01	11.91	8.60±0.18，25±2.0
鲢 Hy	11.24	8.96	8.55	8.15	8.60±0.18，23±2.0
银鲫 Cag	11.53	10.77	9.35	8.58	8.8±0.1，24.5±1.5
澎泽鲫 Cax	10.23	7.91	7.81	7.78	8.56±0.25，25±1.0
河蟹 Er	8.12	6.47	5.29	4.88	8.33±0.13，20.3±1.4
罗氏沼虾 Ma	8.58	5.32	3.47	2.19	8.40±0.18，23.6±1.0

Note: Co. *Colossoma brachypomum*; Ti. *Tilapia nilotica*; Cy. *Cyprinus carpio*; Hy. *Hypophthalmichthys molitrix*; Cag. *Carassius auratus gibelio*; Cax. *Carassius auratus*; Er. *Eriocheir sinensis*; Ma. *Macrobrachium rosenbergii*

臧维玲等（1989）也研究了 pH 7.00～9.90 条件下养殖鱼类的耐盐能力，它们的耐盐顺序为：鳙鱼＞草鱼＞团头鲂＞鲢鱼。在盐度 15.66 以下，罗氏沼虾成活率不受影响，其适宜生长盐度为 0～6.83（郑述河，1993）。

Likongwe 等（1996）研究了温度（24℃、28℃和 32℃）与盐度（0、8、12 和 16）对尼罗罗非鱼幼鱼生长和饲料利用率的影响。结果表明，温度、盐度及其相互作用均显著影响其饲料转化率和蛋白质效率，在 32℃、盐度为 8 时其生长速度最快，饲料利用率最高，而在 28℃、盐度为 16 时最低。

Allan 和 Maguire（1992）研究了 pH 及盐度对斑节对虾成活、生长和渗透压的影响，结果发现，盐度为 32 时 96h LC_{50} 的 pH 为 3.7，但盐度为 30 时，其值为 5.9。盐度和 pH 的交互效应显著。

11.3.3　养殖动物对碱度的耐受性

史为良（1981）采用浓缩内蒙古达里湖（碳酸盐型半咸水）湖水（pH 约 9.4，总碱度为 44.5mmol/L，含盐量 5.5）的方法进行毒性试验，得出麦穗鱼（*Pseudorasbora parva*）、瓦氏雅罗鱼（*Leuciscus waleckii*）、鲫的 12h、24h、48h 和 96h 及青海湖裸鲤（*Gymnocypris przewalskii*）的 48h、96h 的半致死碱度。发现几种耐碱性鱼类耐碱能力的顺序为：青海湖裸鲤＞瓦氏雅罗鱼≈麦穗鱼＞鲫。高碱、高 pH 的盐碱水对鱼类的慢性毒性影响具有共同特征，即导致烂鳍、瞎眼、肌肉溃疡和坏疽，也称“碱病”（即原纤维腐蚀和坏死）。

雷衍之等（1985）也曾探讨了碱度对鱼类的毒性作用及碱度各成分的相互关系。结果发现，碱度（A，单位为毫克当量 meq/L）和 pH 对鱼类的致死作用存在着相互作用。而且，在所进行的实验条件下，CO_3^{2-} 对鲢的 24h LC_{50} 值为 12.4meq/L。因此，碱度对养殖鱼类致毒的主要因子是 CO_3^{2-}，pH 的表观协同作用主要是改变了水体中 CO_3^{2-} 在总碱度中的比例。10meq/L 可作为一般养鱼用水碱度的危险指标阈值。低洼盐碱池塘常见养殖动物对碱度耐受值大小顺序为鲢＜罗氏沼虾≈河蟹≈淡水白鲳＜花鲈≈澎泽鲫≈银鲫＜尼罗罗非鱼（表 11-4）。

表 11-4　碱度对养殖动物的半致死浓度（LC_{50}）（mmol/L）

Tab. 11-4　Alkaline of LC_{50} for different species (mmol/L)

种类 Species	24h	48h	72h	96h	pH 和水温/℃ pH & water temperature
淡水白鲳 Co	83.25	56.99	53.43	45.70	8.85±0.18，23±1.0
尼罗罗非鱼 Ti	142.1	128.28	124.25	103.62	8.32±0.35，18～21
鲤 Cy	55.91	25.94	23.41	21.33	8.59±0.33，25±2.0
鲢 Hy	51.41	27.06	23.74	15.74	8.74±0.34，23±2.0
银鲫 Cag	98.74	79.49	74.08	64.19	8.84±0.26，24.5±2.5
澎泽鲫 Cax	90.29	69.15	60.82	59.82	8.87±0.29，25±1.0
花鲈 La	101.05	63.27	56.84	46.18	8.4±0.25，18.5±0.5
河蟹 Er	52.97	42.44	26.27	24.96	8.33±0.17，20.3±1.4
罗氏沼虾 Ma	51.02	37.02	27.19	21.54	8.59±0.31，23.6±1.0

Note: Co. *Colossoma brachypomum*; Ti. *Tilapia nilotica*; Cy. *Cyprinus carpio*; Hy. *Hypophthalmichthys molitrix*; Cag. *Carassius auratus gibelio*; Cax. *Carassius auratus*; Er. *Eriocheir sinensis*; La. *Lateolabrax maculatus;* Ma. *Macrobrachium rosenbergii*

经盐碱联合毒性实验证明，NaCl 含量、碱对水产养殖动物的毒性为协同效应。NaCl 含量（Sal）与、24h LC_{50} 碱度（Alk）间的关系式如下：

淡水白鲳　Alk=256.2–24.69 Sal，　n=8，r^2= –0.9017；
尼罗罗非鱼　Alk=513.9–29.79 Sal，　n=5，r^2= –0.9878；
鲤　Alk=78.89–4.777 Sal，　n=5，r^2=0.9195；
鲢　Alk=34.17–1.78 Sal，　n=6，r^2=0.7247；
罗氏沼虾　Alk =72.15–7.813 Sal，　n=7，r^2= –0.9920；
花鲈幼鱼　Alk =125.1–2.18 Sal，　n=7，r^2=0.9518；

生长和生物能量学研究表明，尼罗罗非鱼养殖池塘的碱度最好控制在 8mmol/L 以下；NaCl 含量和碱度对淡水白鲳生长不会造成影响的最高值分别为 5mmol/L 和 7mmol/L；NaCl 含量 1g/L 时河蟹生长较好。

11.4　水中阳盐离子对对虾生长的影响

凡纳滨对虾是一种抗病力强、广盐性、生长快的经济甲壳动物，已在多个国家广泛养殖于内陆和滨海盐碱地池塘，经济效益很好。但是，由于各区域水质，特别是阳盐离子浓度及组成差异很大，经常会造成养殖对虾幼体阶段大量死亡，全军覆没也屡见不鲜。水中的主要阳离子包括 K^+、Na^+、Ca^{2+}和 Mg^{2+} 4 种，它们的绝对量和相互间的比例对凡纳滨对虾的生长、发育影响很大。因此，本节将主要介绍水环境中阳盐离子对凡纳滨对虾生长的影响。

11.4.1　对虾对水体 Na^+/K^+值的适应性

某些盐碱地区地下咸水中 K^+离子含量偏低，不能直接用于对虾养殖或养殖效果不理想。为了解缺 K^+型低盐咸水养殖对虾效果，朱长波等（2005）研究了盐度 15、Na^++K^+为 239mmol 条件下，不同 Na^+/K^+（mol/mol）比对凡纳滨对虾生长、摄食和能量收支的影响。实验结果表明，Na^+/K^+值为 47～76 的实验组对虾特定生长率明显高于 98 及以上处理组。养殖水体的 Na^+/K^+值对实验虾的摄食能总量及生长能、粪便能和蜕壳能占摄食能的比例都产生了显著影响，而各组虾的呼吸能和排泄能的分配比例之间差异不显著（表 11-5）。

表 11-5　Na^+/K^+对凡纳滨对虾能量收支的影响（盐度为 15）

Tab. 11-5　Effects of Na^+/K^+ ratios on the energy budget of *Litopenaeus vannamei* at salinity 15 ppt

Na^+/K^+	*C*/kJ	*G*/*C*/%	*R*/*C*/%	*F*/*C*/%	*U*/*C*/%	*E*/*C*/%
47	$48.22±2.35^a$	$18.30±1.02^a$	62.67±1.06	$12.78±0.39^a$	5.45±0.16	$0.80±0.15^a$
62	$46.80±5.62^{ab}$	$18.14±0.33^a$	62.31±0.35	$12.87±0.69^a$	5.52±0.01	$1.16±0.08^{ab}$
76	$45.11±2.09^{abc}$	$18.86±1.11^a$	61.59±1.32	$12.74±0.42^a$	5.83±0.13	$0.98±0.15^a$
88	$38.46±1.71^{bc}$	$18.30±1.50^a$	60.06±1.96	$14.74±1.15^{ab}$	5.51±0.23	$1.38±0.12^{ab}$
98	$36.26±2.53^c$	$13.48±1.42^b$	65.77±2.00	$13.07±0.80^a$	5.88±0.30	$1.80±0.11^{bc}$
116	$36.85±1.19^c$	$13.55±1.50^b$	62.61±1.49	$16.12±0.37^b$	5.73±0.25	$1.99±0.27^c$

养殖水体 Na^+/K^+值是通过影响凡纳滨对虾对食物的转化效率（*FCE*）和生长能的分配比例来影响其生长的。在盐度 15 左右的缺 K^+咸水环境下养殖凡纳滨对虾，通过添加钾盐，将水体 Na^+/K^+值降低到 76 以下的水平，才能达到较好的养殖效果。

另一个实验结果表明，当盐度增加到 30 时，养殖对虾对水环境 Na^+/K^+值变化的反应变得不明显（图 11-2）。实验虾的生长率受盐度、Na^+/K^+值及交互作用的影响均显著，且它们在盐度 15 时的平均值显著大于盐度 30 时的平均值（Zhu et al.，2006a，2004）。

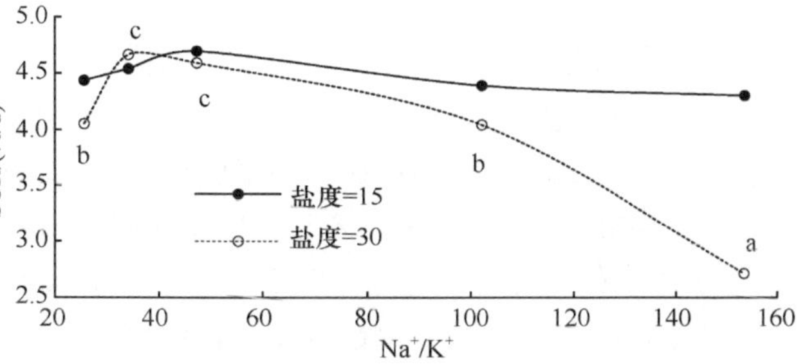

图 11-2　凡纳滨对虾在不同盐度和 Na^+/K^+值处理下的特定生长率

同一盐度不同字母表示差异显著（$P<0.05$）

Fig. 11-2　Specific growth rate (*SGR*) of *Litopenaeus vannamei* reared at different salinities and Na^+/K^+ ratios

Means with different letters within the same salinity are significantly different ($P<0.05$)

凡纳滨对虾可能不具备从饲料中有效地吸收 K 的能力，仅水体 K^+含量对其生长影响显著。在水体 K^+含量偏低的情况下，补充饲料源的 K 不会明显改善其生长状况（Zhu et al.，2006b）。

我国黄河三角洲盐碱地区、澳大利亚南部和印度一些滨海地区地下咸水属于氯化物型，其组成大部与海水相同，但 K^+含量常比正常海水低 90%～95%，Na^+/K^+值是正常海水的 8～20 倍。因此，在这些地区或类似区域养对虾、养鱼时应特别关注缺钾问题。

11.4.2 对虾对水体 Ca^{2+}浓度的适应性

钙对甲壳动物的生存、生长和代谢等都起着重要的作用。低盐度条件下适量增加 Ca^{2+}浓度可显著提高凡纳滨对虾的存活率。盐度为 0.5 时，Ca^{2+}浓度低于 15mg/L 会明显影响对虾的生长。凡纳滨对虾对 Ca^{2+}浓度的适应性与盐度有关，盐度越高其对 Ca^{2+}浓度的需求也越高。在 Ca^{2+}浓度 1mg/L 时，盐度为 0.5 处理的对虾成活率约为 5%，而在 5 和 10 盐度水平下对虾成活率极低。在 Ca^{2+}浓度为 5mg/L 时，盐度为 0.5、5 和 10 三个处理下对虾成活率分别约为 80%、70%和 0（侯纯强，2011）。盐度为 15 时，Ca^{2+}浓度为 180～750mg/L 凡纳滨对虾生长速度最快，摄食能分配于生长的比例最大（董少帅等，2005）。

中国对虾对 Ca^{2+}浓度的适应性也与盐度有关，盐度越高其对 Ca^{2+}浓度的需求也越高。中国对虾幼虾在盐度为 5 时，Ca^{2+}浓度为 0mg/L 时 96h 存活率仅为 46.7%，Ca^{2+}浓度为 43.75mg/L 时其 96h 存活率为 93.3%。盐度为 15 时，Ca^{2+}浓度为 0mg/L 和 43.75mg/L 时其 96h 存活率分别为 0 和 3.3%；Ca^{2+}浓度为 87.5mg/L 时其 96h 存活率为 100%。盐度为 30 时，Ca^{2+}浓度为 262.5mg/L 时对虾 96h 的存活率为 66.7%，Ca^{2+}浓度为 350mg/L 时其 96h 的存活率 93.3%。

从能量分配模式看，Ca^{2+}浓度为 1200mg/L 时中国对虾摄食能用于生长的部分达 24.5%。Ca^{2+}浓度是通过影响中国对虾摄食和代谢率实现对其生长能积累的影响。在对虾养殖生产中，在缺钙的水中适当提高养殖水体的 Ca^{2+}浓度可显著提高养殖效益（董少帅，2005）。

11.4.3 对虾对水体 Mg^{2+}/Ca^{2+}值的适应性

盐度为 30 条件下，水体 Mg^{2+}/Ca^{2+}值在 0.11～7.87 范围内，凡纳滨对虾幼虾存活率均为 100%，而 11.81 处理的对虾在实验开始一周后就陆续出现死亡，并多为蜕壳后甲壳难以硬化而被同类残食现象（朱长波等，2010）。前面曾介绍，盐度为 15、Ca^{2+}浓度为 60mg/L 时凡纳滨对虾稚虾的生长良好。朱长波实验中比值 11.81 处理的 Ca^{2+}浓度为 94mg/L，因此，Ca^{2+}的绝对浓度应该不是对虾死亡的主因。11.81 处理对虾死亡与 Ca^{2+}浓度或 Mg^{2+}浓度的绝对值关系不大，而与 Mg^{2+}/Ca^{2+}值有关。

从能量分配模式看，Mg^{2+}/Ca^{2+}值在 0.53～7.87 范围内，凡纳滨对虾的摄食能和用于生长的能量分配都较高，呼吸、排泄等也正常。因此，建议养殖生产上水的 Mg^{2+}/Ca^{2+}值在 0.5～5.0 为宜。

朱长波（2005）还研究了水体$(Mg^{2+}+Ca^{2+})/(Na^{+}+K^{+})$值对凡纳滨对虾生长和能量收支的影响。研究结果表明，$(Mg^{2+}+Ca^{2+})/(Na^{+}+K^{+})$值在 0.05～0.71 范围内，仅比值 0.05 处理的生长能分配比例显著小于其他 6 个处理，而其他 6 个处理组间无显著差异。凡纳滨对虾对水体低$(Mg^{2+}+Ca^{2+})/(Na^{+}+K^{+})$值的耐受力很弱，而对较高$(Mg^{2+}+Ca^{2+})/(Na^{+}+K^{+})$值的耐受力强一些。

11.5　低洼盐碱地养殖池塘水质调控

对于滨海半咸水地区常见的含大量黄铁矿（FeS_2）的酸性水环境池塘，施用石灰即可解决水体呈酸性的问题（参见第 8 章相关内容）。而对盐碱池塘的水质调控比较复杂且对养鱼、养虾等至关重要。人们曾研究过多种方法改善盐碱池塘水质，包括物理、化学和生物方法。池塘水质改良常用的物理调控技术包括挖池抬田建立基塘系统、灌注淡水（如引入黄河水）、增氧、搅底泥等技术。下面重点介绍采用化学和生物方法调控盐碱池塘水质的原理。

11.5.1　施肥对盐碱池塘水质的影响

这里所说肥料包括无机肥和有机肥。无机肥料指的是含有氮、磷、钾等大量元素的化合物，有机肥则指粪肥。残饵在生态效果方面也可视作有机肥。

盐碱池塘水碱度高、pH 高，施用碱性肥料无疑会给养鱼生产雪上加霜，使碱度、pH 更高。应该施用酸性肥料，其不仅可为池塘提供所需的养分，还会中和部分碱度，减少高碱度、高 pH 对养殖鱼虾类的威胁。

在盐碱池塘施用酸性肥料如尿素、铵态氮肥可经过硝化作用降低 pH（Boyd，1982）：

$$(NH_2)_2CO + H_2O \longrightarrow 2NH_3 + CO_2 \text{（尿酶）}$$

$$2NH_3 + 2H_2O \longrightarrow 2NH_4^+ + 2OH^-$$

$$2NH_4^+ + 4O_2 \longrightarrow 4H^+ + 2NO_3^- + 2H_2O \text{（硝化细菌）}$$

根据上式，1mmol 尿素或 NH_4^+-N 经硝化作用可产生 2mmol 酸，降低 2mmol 碱度，但这种情况只有在黑暗条件下藻类不利用 NH_4^+ 时发生。在有光条件下，由于浮游植物优先吸收铵态氮，同时池塘的硝化作用较弱，施入的尿素或铵态氮还来不及硝化便被浮游植物吸收，由此，反而造成碱度升高。已有研究表明，施用铵态氮肥并没有降低 pH，相反碱度和 pH 会升高（Knud-Hansen & Pautong，1993；Pote，1990）。由下式可知，施用硝酸盐肥料也会由于光合作用而使碱度增加，pH 升高：

$$106CO_2+16NO_3^- + HPO_4^{2-} +122H_2O+18H^+ \longrightarrow \{C_{106}H_{263}O_{110}N_{16}P\}+138O_2$$

由此看来，在无机氮贫乏的盐碱池塘水中施用尿素和无机肥一般都会增加碱度和 pH。申屠青春（1999）的试验也表明，施用 NH_4Cl、NH_4NO_3 和$(NH_4)_2SO_4$后 pH 都不同程度升高，因此，施用这些化合物时要注意防止 pH 升得过高而危害养殖鱼虾。

有机肥除含有氮、磷等营养元素外，还含有铁、锰、锌、铜等微量元素。同时有机肥中的有机物在细菌作用下发生矿化反应：

$$\{C_{106}H_{263}O_{110}N_{16}P\}+138O_2 \longrightarrow 106CO_2+16NO_3^- + HPO_4^{2-} +122H_2O+18H^+$$

矿化反应除向池塘提供丰富的营养外，还产生大量的二氧化碳和有机酸，可降低池塘水环境的 pH。用有机粪肥在淡水中试验发现，有机肥料可导致总碱度的大幅度下降（Manjunatha & Shetty，1991）。总碱度的下降是有机物产酸的结果，而同时分解产生的 CO_2 可降低水体的 pH。假设一种有机质含 35.8%的碳，根据计算，1kg 的该有机质完全分解可产生 1.31kg 的 CO_2。这些 CO_2 理论上可增加 29.8mol 的酸度，可溶解 2.98kg 的 $CaCO_3$，并产生 2.98kg 的碱度（以 $CaCO_3$ 计）（Boyd，1997）。因此，施用有机肥对于盐碱池塘应该是较好的选择。杨富亿（2000）等一些学者的实地测定表明，在盐碱池塘施用有机肥可显著降低水环境的 pH。

有机肥属缓效肥，且含氮量不稳定。相对于磷的量来说，有机肥的含氮量较低，无机氮肥与有机肥混合施用可以刺激微生物活动并促进有机肥的分解。所以，在盐碱池塘中将无机氮肥与有机肥料配合施用效果更佳。

饲料亦为有机物，残饵对水质的影响如同有机肥的效果。因此，投饲和施肥均能提高池塘水体的总二氧化碳含量，引起 pH 降低（张美昭等，2002）。

11.5.2 盐碱池塘水质改良剂

盐碱池塘缺 K^+常对养殖的对虾造成伤害。施 KCl 和 $CaCl_2$ 可有效改善池塘水质状况，提高养殖动物的成活率和产量。

1. *施用 KCl 对养虾效果的影响*

当前，我国内陆盐碱池塘养虾活动开展得如火如荼，经济效益十分显著，有力地推动了盐碱荒地的开发利用。但是，某些盐碱地区由于在漫长的地质过程中发生的化学地理学过程，造成了土壤和地下水缺 K^+现象。在这些地区利用咸水或半咸水进行水产养殖时，会遇到水体中离子比例不当问题，给养殖业时常造成不必要的损失。澳大利亚和印度利用地下咸水养殖澳大利亚金赤鲷（*Pagrus auratus*）和对虾时也遇到过缺 K^+麻烦。为此，我们曾试图在对虾饲料中增加 K 离子解决此问题，但效果不佳。下面介绍一下盐碱池塘水中施用 KCl 的效果。

前面已介绍过，在实验室水族箱中盐度 15、Na^++K^+为 239mmol 条件下，Na^+/K^+值为 47～76 时凡纳滨对虾生长最佳（表 11-5）。下面介绍室外池塘的养殖效果。实验所用池塘面积约 1000m^2，平均水深 1.5m，内设 5m×6m 的围隔 15 个。实验用凡纳滨对虾体重为 0.01g±0.01g。实验共设 5 个处理，即水体 Na^+/K^+（mol/mol）分别为 10、20、40、80 和 154（对照），每个处理 3 个重复。养殖实验持续 3 个多月。实验期间各处理组的水温、含盐量、透明度、pH、溶解氧都没有显著差异。

未添加 KCl 的水体（对照组，原池塘渗水）从放养的第二天起对虾就开始陆续死亡，实验结束时未发现活虾。由于实验水体和周边养虾池塘并没有发生明显的流行病，推断该死亡是 Na^+/K^+过高所致。其他添加 KCl 的 4 个处理间在产量、存活率间总体上差异显著，并以 Na^+/K^+为 40 时最高（表 11-6）。当水中 Na^+/K^+为 40 时，对虾的生长率和食物转化率也都最高。

表 11-6　不同 Na^+/K^+ 下凡纳滨对虾的产量、体重和成活率

Tab. 11-6　Net production, body weight and survival of *Litopenaeus vannamei* in the brackish water pond of different Na^+/K^+ ratios

Na^+/K^+ (mol/mol)	产量/(g/45m³)　Yields	个体重/g ind.　Weight	存活率/%　Survival
10	2840.5±24.6^a	12.17±1.48^a	23.55±2.53^a
20	6969.3±539.9^b	11.53±3.13^a	63.23±15.55^b
40	8323.1±343.6^c	11.92±2.53^a	71.86±14.52^b
80	7966.3±45.9^c	11.78±1.95^a	68.87±11.11^b
154 对照 Control	0	0	0

2. 施用 $CaCl_2$ 调控池塘水质的效果

对虾养殖的水环境中需要有一定浓度的 Ca^{2+}。在盐度为 5 时，Ca^{2+}浓度为 0mg/L 时中国对虾幼虾 96h 存活率仅为 46.7%，Ca^{2+}浓度为 43.75mg/L 时其 96h 存活率可达 93.3%。另外，当水环境中缺乏 Ca^{2+}时（盐碱地氯化物水型池塘中常见），水体对酸碱的缓冲能力会较差，在水体浮游植物光合作用持续较强时，会导致 pH 大幅攀升，严重时会危及养殖动物的安全。因此，申屠青春等（2000b）研究了向水中施用 $CaCl_2$ 降低碱度和 pH 的作用，结果表明，$CaCl_2$ 是盐碱池塘水质的高效改良剂。

$CaCl_2$ 是强酸弱碱盐，施用后可以降低水体的 pH 和总碱度。从图 11-3 可以看到，施 2mmol/L $CaCl_2$ 两天后，养殖用水的 pH 急剧下降 1.0 个单位，尽管之后缓慢上升，但 16d 后仍然维持在稍低的水平。总碱度在前两天急剧下降，之后的 14d 里也一直在缓慢下降。由此可见，施用一定量的 $CaCl_2$ 不仅可以提高水体对酸碱的缓冲能力，还可有效地降低水体的 pH 和总碱度。另外，施用 $CaCl_2$ 可显著提高浮游植物多样性，并对浮游植物生物量无显著影响。

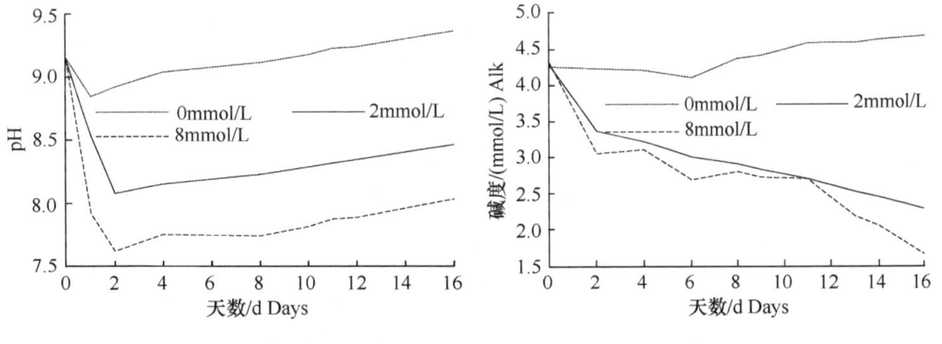

图 11-3　盐碱池塘施 $CaCl_2$ 后 pH 和总碱度的变化

Fig. 11-3　Changes of pH and alkaline after $CaCl_2$ fertilization

3. 施用其他酸性化学物质调控池塘水质的效果

Boyd 和 Tucker（1998）曾建议通过通入二氧化碳、施用强酸等降低池塘水的 pH。盐酸能迅速降低水体 pH，但持续时间较短，不适于作为盐碱池塘水质改良剂。相比而言，这些方法大多数不是费用太高就是太危险，或效果太短暂而实用价值不大。

研究表明，施用 $NaHCO_3$ 也可降低水体 pH，但须高浓度使用，且会使水体缓冲能力下降（申屠青春等，2000b）。用硫酸铝、硫酸钙调控高碱度低硬度池塘水质的试验发现，只有硫酸钙有明显的降 pH 效果。

Pote（1990）研究了向池塘水中施用滤明矾[$Al_2(SO_4)_3 \cdot 14H_2O$]来调节水的缓冲系统，它可水解释放氢离子，但由于铝可形成 $Al(OH)_3$、$AlPO_4$ 等沉淀，因而会引起水中 TP 和有效磷大幅度下降。

11.5.3 滤食性鱼类对盐碱池塘水质的调控

有学者曾想通过在池塘中种植水花生、浮萍等水生植物来降低盐碱池塘的含盐量、碱度、pH 等，结果显示，仅降碱度效果比较明显。但在降低碱度的同时也降低了水体中无机氮浓度和浮游植物生物量。

科学实验和养殖实践都已表明，在养殖池塘中混养滤食性鲢、鳙和罗非鱼等鱼类均可以通过摄食大型浮游生物，缓解对小型浮游生物的摄食压力，使养殖池塘浮游植物丰度、叶绿素 a 含量和初级生产力增大，达到改善水质的目的（参见第 8 章相关内容）。下面仅就盐碱地对虾与罗非鱼池塘网隔混养模式介绍罗非鱼对养虾池塘水质的影响及其调控机制。

1. 对虾与罗非鱼网隔混养模式

为预防对虾白斑病，对虾与罗非鱼同池混养已经很普遍，但这一模式存在若干严重缺陷：第一，罗非鱼会抢食昂贵的高蛋白对虾饲料（罗非鱼的饲料蛋白要求相对低）；第二，罗非鱼会因滤食能力很强而迅速抑制、减少整个池塘的浮游动物数量（Sun et al., 2010；张鸿雁等，1999），从而阻断了浮游植物通向罗非鱼的食物链，影响罗非鱼对池塘浮游植物初级生产力的间接利用，最终影响罗非鱼的生长（田相利等，1997）；第三，罗非鱼可能也会残食正在蜕壳的对虾。为此，我们研发了对虾和滤食性鱼类网隔混养技术，旨在解决上述问题。

实验在 9 个深度约 2.0m、面积为 36m×14m 的池塘中进行，其中 3 个池塘仅放养凡纳滨对虾，3 个池塘是对虾与尼罗罗非鱼网隔混养，但不给罗非鱼投饲，另 3 个池塘是对虾与罗非鱼网隔混养，并以每天约 0.5%鱼体重给罗非鱼投饲（介子林，2006）。为防止罗非鱼残食对虾或抢食对虾的饲料，鱼被网拦隔在池塘中间 7m×14m 的区域内（图 11-4）。每个池塘放养体重 0.01g±0.01g 的凡纳滨对虾 45 尾/m^2；每个鱼虾混养池塘放养个体重 51.74g±19.63g 的尼罗罗非鱼 51.6g/m^2。

图 11-4　对虾和滤食性鱼类池塘网隔混养模式（彩图请扫封底二维码）

左. 示意图；右. 现场照片

Fig. 11-4　Inner net partitioned polyculture of shrimp and tilapia in ponds

Left: Schematic sketch; Right: Actual photo

在 95d 的养殖过程中，各种处理间在溶解氧、pH 方面无显著差异，但对虾单养池塘透明度显著低于其他两个处理。对虾和罗非鱼养殖结果显示，网隔混养但不（给罗非鱼）投饲池塘对虾的成活率分别比对虾单养和网隔混养并（给罗非鱼）投饲的高 48.6% 和 23.7%。混养池塘除额外获得了罗非鱼产量外，对虾的净产量也分别提高了 13.1%和 12.5%。另外，该模式还消除了罗非鱼抢食优质对虾饲料的行为，经济效益显著增加。

2. 网隔混养模式中罗非鱼对浮游生物的影响

孙卫明等（Sun & Dong，2010；Sun et al.，2010）研究了网隔混养罗非鱼对整个养殖水体浮游生物动态及罗非鱼生长的影响。实验持续 70d，共利用 6 个放养罗非鱼的围隔（7m×4m），罗非鱼的放养量为 5kg/围隔，分别设置浮游动物庇护所（AR）（1/4 水体以网目 1.5cm 的网将鱼隔开）（图 11-5）与无庇护所（AN）两组，每个处理 3 个重复（表 11-7）。

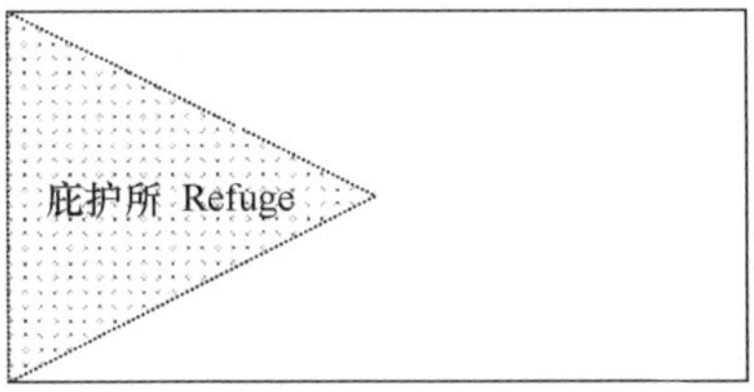

图 11-5　浮游动物庇护所设置示意图

庇护所占 1/4 面积，网目 1.5cm

Fig. 11-5　Schematic drawing of the zooplankton refuge in enclosure

All fish were excluded from a water column 1/4 of the enclosure's size with a polyethylene net (1.5cm mesh)

表 11-7　实验设计和鱼的生长状况

Tab. 11-7　Experimental design and the biomass, number of tilapia stocked in the enclosures and the average individual increment of tilapia

处理 Treatments	网隔离 Refuge	鱼生物量/kg Stocking biomass of fish	鱼数量 Fish number	平均个体生长量/g Average growth increment of fish
AR	有 Yes	5.05±0.04	31.33±0.33	23.5±6.00
AN	无 No	5.06±0.03	31.33±1.20	3.17±4.19

实验结束时，罗非鱼的成活率为 100%。设置庇护所与否对罗非鱼的生长影响显著。设置庇护所较没有庇护所的罗非鱼平均体重重 5.4 倍。在实验期间，各实验围隔中的轮虫生物量都有不同程度的增长，并一直维持在相对较高的水平（图 11-6）。不同处理之间的轮虫生物量差异显著。设置庇护所的两个处理中，轮虫平均生物量为 0.32mg/L，显著高于未设置庇护所围隔中的轮虫生物量（0.17mg/L）。

实验期间，浮游植物生物量总体上呈上升趋势。设置庇护所的水体中浮游植物生物量较未设置的低，设置庇护的水体浮游植物平均生物量为 101mg/L，未设置庇护所的水体为 140mg/L。另外，设置庇护所可使浮游植物的多样性指数显著升高。

在滤食性鱼类池塘粗养中，只有充分利用初级生产力才能提高鱼产量。为提高池塘初级生产的利用率就应该在养殖水体中始终保持一定量的可滤食浮游植物（特别是微型浮游植物）的浮游动物生物量。该实验表明，在养殖滤食性鱼类水体中设置庇护所是通过维持一定的浮游动物量达到提高鱼类养殖产量的有效方法。

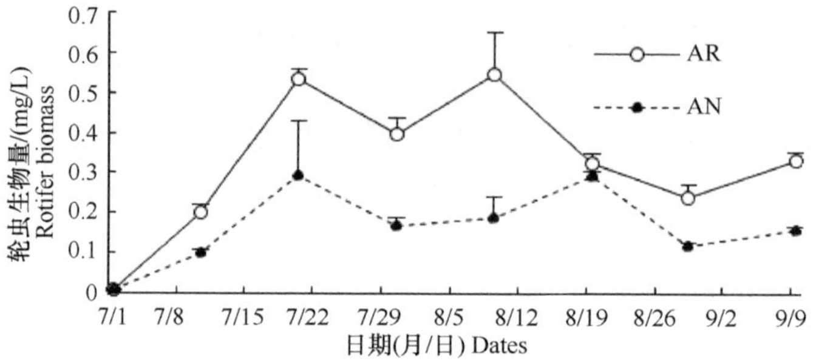

图 11-6 围隔中轮虫生物量的变动

AR. 有庇护所；AN. 无庇护所

Fig. 11-6 Rotifer biomass in the enclosures

AR. With zooplankton refuge; AN. Without zooplankton refuge

轮虫的繁殖力很强，并且是罗非鱼的适口饵料。设置庇护所的水体中轮虫生物量较对照增加了 0.88 倍，这可为放养的罗非鱼提供了更丰富的饵料资源，而且轮虫也能更有效地利用了水体的浮游植物资源。

3. 网隔混养模式中罗非鱼与对虾的结构优化

在一个平均水深 1.3m 的池塘里设置 12 个陆基围隔（每个面积 5m×6m），我们研究了尼罗罗非鱼与凡纳滨对虾网隔混养模式中罗非鱼与对虾的最佳比例结构，并比较了鱼、虾不同混养比例养殖系统能量转化效率和能量消耗。所有罗非鱼均被圈养在体积 1.2m×1.2m×0.7m 的网箱中。实验共持续 36d。

实验结果表明，放养的罗非鱼对养殖水体中的浮游生物产生了明显的影响。如表 11-8 所示，实验期间放鱼处理的透明度显著大于不放鱼处理的，并以中等放鱼密

表 11-8 罗非鱼与对虾混养的生态学效果

Tab. 11-8 Ecological effects of integrated aquaculture of tilapia with shrimp

项目 Items	CO	P1	P2	P3
溶解氧/(mg/L) Dissolved oxygen	9.36±0.62^a	8.82±0.30^b	8.33±0.40^b	8.02±0.70^b
透明度/cm Transparencies	38±6^a	42±6^b	45±3^b	42±8^b
P/R 系数 Primary production/Community respiration	1.06±0.24^a	1.25±0.10^{ab}	1.34±0.18^{ab}	1.44±0.11^b
单位净产量光合作用能消耗 Photosynthetic energy input for unit net product	80.59±12.89^a	55.81±5.49^b	29.24±3.67^c	28.22±2.62^c
单位净产量生物能消耗 Biological energy input for unit net product	24.62±1.42^a	19.78±0.27^b	12.95±1.10^c	15.08±0.84^d
单位净产量总能量消耗 Total energy input for unit net product	105.41±13^a	81.27±5.54^b	50.50±4.97^c	57.26±4.90^c

注：每个围隔放养体重 0.01g±0.01g 的凡纳滨对虾虾苗 59 尾/m^3，体重 139.68g±39.40g 的罗非鱼分 4 个密度放养：0 尾/m^3（CO）、7 尾/m^3（P1）、22 尾/m^3（P2）和 48 尾/m^3（P3）。单位净产量光合作用能消耗（kJ/g 鱼和虾）=光合作用能输入/净输出，单位净产量生物能消耗（kJ/g 鱼和虾）=生物能输入/净输出，单位净产量总能量消耗（kJ/g 鱼和虾）=总输入/净输出

Note: Shrimp were stocked at 59ind./m^3. Individual weight of the shrimp is 0.01±0.01g, and individual weight of tilapia is 139.68±39.40g. CO is control, without tilapia; P1. Tilapia 7ind./m^3; P2. Tilapia 22ind./m^3; P3. Tilapia 48ind./m^3; Photosynthetic energy input for unit net product (kJ/fish or shrimp) = Photosynthetic input/Total net product; Biological energy input for unit net product = Biological input/Total net product; Total energy input for unit net product (kJ/fish or shrimp) = Total energy input/Total net energy product

度围隔的透明度为最大。随着放鱼量的增大水体初级生产量与群落呼吸的比值有增大的趋势。

罗非鱼中等放养密度处理（P2）的对虾产量为 40.9g/m^2，显著高于其他处理（CO、P1 和 P3 的平均产量分别为 25.8g/m^2、27.7g/m^2 和 27.0g/m^2）。另外，P2 处理对虾的个体重也最大，成活率最高，饲料系数最小。

不放鱼的 CO 处理每生产 1g 虾的净光合作用能量消耗为 80.59kJ，显著高于各放鱼处理，P2 和 P3 显著低于其他两个处理。各处理组单位净产量生物能消耗差异显著，以中等放鱼水平的 P2 消耗最少，为 12.95kJ/g。P2 放鱼处理的单位净产量总能量消耗最低，为 50.50kJ/g，显著小于对照和 P1 处理。

以上研究结果表明，网隔混养方法用于池塘混养罗非鱼与凡纳滨对虾效果较好，可有效地减少罗非鱼对凡纳滨对虾的残食，减少罗非鱼对高品质对虾饲料的摄食。在对罗非鱼少量投饲的情况下罗非鱼与凡纳滨对虾混养时鱼虾总产量比不给罗非鱼投饵系统增加 63.8%，对虾的产量增加 12.5%。

中等放鱼密度处理的对虾产量最高、个体增重最大、饲料系数最小。中等放鱼密度处理的透明度比单养对虾的透明度提高了 18.4%，这直接导致初级生产力与浮游生物群落呼吸之比（P/R）提高 26.4%。中等放鱼密度使光合作用能的净转化效率、净生物能转化效率、净总能量转化效率、单位净产量生物能消耗、单位净产量的能量消耗分别达到 10.43%、23.39%、23.39%、12.95kJ/g 鱼和虾、50.50kJ/g 鱼和虾。

小　　结

1. 滨海地区的盐土主要为氯化物盐土，主要受海水影响而形成。内陆低洼盐碱地形成的主要原因是，地势较低，地下水位相对较高，雨水长期疏排不畅，导致地下水盐碱含量较高。

2. 基塘渔农系统（Pond-based aquaculture-agriculture system），俗称上粮下渔法，是一种非常高效的盐碱地开发模式，它能在开展水产养殖的同时带动种植业的发展。一般低洼地和受海洋潮汐影响的低洼酸性盐-腐殖质土壤区域可采用基塘渔农系统进行改造。

3. 内陆低洼盐碱池塘通常具有高碱度和高 pH 特征。盐碱池塘中常缺乏 Ca^{2+}，致使水体酸碱的缓冲能力较差。水体浮游植物光合作用持续较强时，会导致 pH 大幅攀升，从而会危及养殖动物的安全。

4. 碱度对养殖鱼类致毒的主要因子是 CO_3^{2-}。10meq/L 可作为一般养鱼用水碱度的危险指标阈值。

5. 某些盐碱地区地下咸水中 K^+离子含量偏低，养殖对虾时需施加 KCl，Na^+/K^+（mol/mol）比控制在 40 左右为宜。

6. 在缺钙的水中适当提高养殖水体的 Ca^{2+}浓度可显著提高养殖效益。施用 CaCl 的量与水体含盐量有关，含盐量越高施 Ca^{2+}浓度应越高。盐度为 5 时，Ca^{2+}浓度应在

44mg/L 以上，盐度为 15 时，Ca^{2+}浓度应在 87mg/L 以上，盐度为 30 时，Ca^{2+}浓度应在 350mg/L 以上。

7. 投饲、施有机肥、施用 $CaCl_2$ 均能经济、高效地降低养殖水体碱度和 pH。
8. 在养殖滤食性鱼类水体中设置庇护所是通过维持一定的浮游动物量达到提高鱼类养殖产量的有效方法。

第 12 章　开放水域鱼类网箱养殖

12.1　网箱养殖概况	337	12.2.3　水质数值模型评估	345
12.1.1　网箱养殖的历史沿革	337	12.2.4　综合数值模型评估	347
12.1.2　养殖网箱的类型	339	12.3　网箱的污损生物及其清除	347
12.1.3　网箱养殖的优缺点	341	12.3.1　养殖网箱上的污损生物	348
12.2　开放海域网箱的养殖容量评估	343	12.3.2　污损生物对网箱养殖的影响	349
12.2.1　简单模型评估	343	12.3.3　网箱污损生物的清除	350
12.2.2　颗粒物跟踪模型评估	344	小结	351

水产养殖网箱（Net cage）是为在水中进行水产动物养殖而制作的箱笼结构设施。网箱框架由木材、高密度聚乙烯、钢铁等构成，底部和侧面覆以聚乙烯、尼龙、铜合金等材质网衣。有些网箱上面敞口，有些网箱上面也覆有网衣。网箱内外的水可透过网衣进行交换。网箱与网围（Pen）（也称围网）的区别是，前者有底部结构并通常浮在水面或悬于水中，而后者无底部结构，由养殖水体自然底质形成。网围所围水体面积通常远大于网箱的养殖水体面积。网箱与网围的养殖原理基本相同，因此，本章将不再赘述网围养殖的相关原理。

自 20 世纪 70 年代现代网箱引入我国后，网箱养殖在我国水库、湖泊、河流、海湾得到了迅速推广，使得我国养殖水域得到大大拓展。但是，随着网箱养殖规模的迅速扩大，其对环境的负面影响也逐渐显现出来。为了使读者了解在实践中如何更好地发挥网箱在水产养殖中的作用，减小或避免其负面影响，本章将介绍网箱养殖的历史沿革、原理、养殖容量、污损生物及其清除等内容。

12.1　网箱养殖概况

12.1.1　网箱养殖的历史沿革

世界网箱养殖发展可大致分为三个阶段，即简易网箱养殖阶段、现代网箱养殖阶段和远海网箱养殖阶段。

1. 简易网箱养殖阶段

我国很早就有用网箱暂养鱼类的记载。早在汉代我国就有人使用网箱暂养鱼类（Li，1994）。宋代的周密（1232—1298）在《癸辛杂识》中记载“至家，用大布兜于广水中，以竹挂其四角，布之四边出水面尺余，尽纵鱼苗于布兜中。其鱼苗时见风波微动，则为阵顺水旋转游戏焉。养一月半月，不觉渐大而货之”。文中的“大布兜”即为密眼网衣，“广水”就是大水域。将鱼苗置于布兜内培养，待其长大后出售。

19 世纪末，柬埔寨人开始用木制或竹制浮式网箱暂养、育肥捕捞的鳢（*Channa*）、胡子鲇（*Clarias*）等鱼类，后来该技术传到越南等其他湄公河流域国家（Beveridge，2004）。可以相信，随着考古和文献挖掘进展，世界多国的水产养殖都会有早期网箱暂养、转运、育肥鱼类的证据发现。

世界早期出现的养殖网箱都是木（竹）制框架和棉麻或竹编网衣制作的简易网箱，一直到 1909 年美国人 Leo Baekeland 人工合成高分子材料酚醛树脂，特别是 20 世纪 40 年代合成聚乙烯后，人们才有可能使用现代网箱养殖鱼类。

2. 现代网箱养殖阶段

现代网箱的网衣是由人工合成纤维和/或金属合金制成。1954 日本近畿大学的原田教授开始用现代网箱养殖黄条鰤，并获得成功（Beveridge，2004）。同期，在美国国家海洋和大气管理局实验室的 Tim Joyner 鼓励和指导下，“棕熊号”货船被改造成了养殖工船，用于在美国曼彻斯特的普吉特湾（Puget Sound）海水中驯养银鲑幼鱼，并同时建造了能够驯养更多幼鱼和亲鱼的浮式钢铁框架网箱（Nash，2011）。随后的 20 世纪 60 年代，美国奥本大学开始用网箱养殖罗非鱼；同时，挪威特隆赫姆的 Sivert Gröntvedt 和 Ove Gröntvedt 兄弟俩建造了浮架（Floating collar）式八角形网箱，即现代离岸养殖网箱的雏形。其浮架由木板和膨胀聚酯构成，这使得鲑鱼养殖操作更加安全、简便。

得益于聚乙烯（PE）、聚氯乙烯（PVC），特别是高密度聚乙烯（HDPE）在水产养殖上的应用，上述浮架网箱改为由 HDPE 管材构建。HDPE 管材比钢铁材料更经济，柔韧性更好，抵御风浪的能力更强。20 世纪 70 年代，圆形 HDPE 重力式浮架网箱的推广，助推了挪威鲑鳟鱼类网箱养殖规模化发展（Nash，2011；Grøtum & Beveridge，2007）。之后，这些技术推广到了世界各地。人们发现，大型网箱养殖的鱼生长更快、品质更高，因此，HDPE 浮架网箱出现了大型化的趋势，用于养殖金枪鱼的网箱周长已达 300m。

我国 1973 年从日本引入普通型现代网箱养殖技术，并首先在水库等淡水水体进行鲢、鳙等鱼类网箱养殖试验，并成功地利用开阔水域的天然浮游生物饵料将鱼种培育至商品规格（胡保同，1988）。然而，普通型网箱安全性还不够高，因此仅在水库、河流、湖泊和海湾区域得到推广应用。我国 1998 年从挪威引进 HDPE 浮架重力网箱，并在很短的时间内实现了国产化。2019 年，我国海水网箱养殖产量已达 76 万 t，其中深水网箱养殖产量约 21 万 t，较 2018 年增加 33.1%，显示出海水网箱养殖尤其是深水网箱养殖的巨大潜力。

3. 远海网箱养殖阶段

随着近岸、港湾海水鱼类养殖规模的迅速扩大，海水养殖的生态损失、病害风险、质量安全及与其他产业的海域使用冲突等问题日益突出，近岸养殖走向离岸、走向远海（Offshore）已是大势所趋。远海开阔海域风大、浪高、流急等特征，对养殖装备提出了新的要求。同时，为了使养殖产品具有足够的市场竞争力，适宜远海网箱养殖种类的选择也成了热点问题（董双林，2019b；Lovatelli et al.，2013；Beveridge，2004）。

为抵御远海恶劣海况，远海网箱应该为钢铁和/或 HDPE 材料建造的半潜或全潜结构（图 12-1）。1986 年瑞典建造了钢构半潜式远海养殖网箱（图 12-1A，Farmocean 公司），后来推广到欧洲和地中海海域（Lovatelli et al.，2013），其养殖容积为 2500～6000m^3，可抵御 5m 高的浪。20 世纪 90 年代末，美国建造了全潜式碟形网箱（图 12-1B，SeaStation^{TM}），用于在高海况（有义波高超过 9m）海域养殖鱼类，其养殖容积为 2000m^3。类似的装置还有全潜式球形网箱（图 12-1C，Aquapod^{TM}）、八角形 Sadco-Shelf 网箱（养殖容量 2000m^3）等。碟形和球形网箱的优点是抗风浪，缺点是捕鱼、靠泊等都有一定难度。

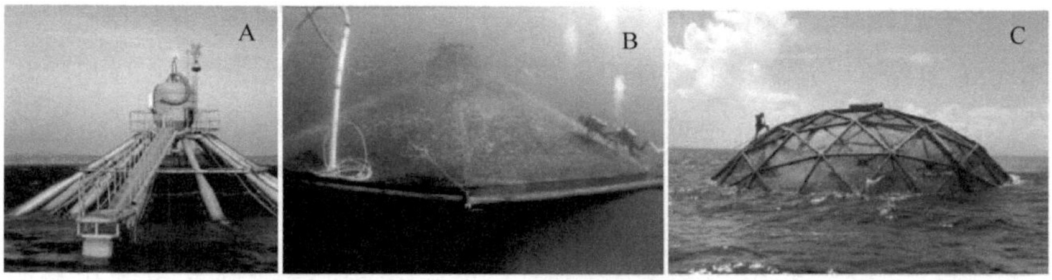

图 12-1　远海养殖用半潜式网箱（A）、全潜式蝶形网箱（B）和球形网箱（C）
（自 Lovatelli et al.，201）（彩图请扫封底二维码）

Fig. 12-1　Offshore semi-submersible cage (A), and conical (B) and geodesic sphere (C) submersible cages (Lovatelli et al., 2013)

世界上近些年建造的远海网箱大多数体积较小，多为试验性远海网箱，盈利的不多（Lovatelli et al.，2013）。近几年，为尽快实现规模效益，挪威和我国分别建造了 25 万 m^3 的半潜式“海洋渔场”和 5 万 m^3 的全潜式“深蓝 1 号”钢构网箱（图 12-2），它们的网衣均采用超高分子量聚乙烯材料（UHMWPE）。

图 12-2　漂浮式网箱（A）、半潜式网箱（B）和全潜式网箱（C）（彩图请扫封底二维码）

Fig.12-2　Floating (A), semi-submersible (B) and submersible (C) aquaculture cages

12.1.2　养殖网箱的类型

养殖网箱类型多种多样，目前还没有统一的分类标准。《中国渔业统计年鉴》将海水养殖网箱分为普通网箱和深水网箱两大类。当然，还可根据网箱的形状（矩形、多边形、圆形、船形、碟形、球形等）、大小（小型、中型、大型）、框架的材质（浮绳、木制、聚乙烯、高密度聚乙烯、金属材料等）、集约化程度、在水中的沉浮位置、保持网衣形态的方式、距岸的距离、养殖种类等进行分类。下面仅就上述后四种分类做一简要介绍。

1. 按网箱在水中的沉浮状态划分

就养殖网箱在水体的状态而言，网箱可分为固定式网箱（用于较浅水域）、漂浮式网箱（图 12-2A）、半潜式网箱（图 12-2B）和全潜式网箱（图 12-2C）。全潜式网箱又称可沉降网箱，具有躲避台风、赤潮、海虱，利用不同水层温度等功能（Dempster et al.，2009）。

2017 年启用的挪威“海洋渔场”（图 12-2B）是典型的半潜式网箱，总高 69m，养殖容积 25 万 m^3。养殖生产时网箱主体几乎全沉入水中，仅数米挂网箱体和上层建筑露出水面。由于该网箱位于水体的上层，其所能养殖的鱼类种类会受到当地气候条件的制约。

我国 2018 年启用的“深蓝 1 号”（图 12-2C）是全潜式网箱，高 38m，养殖水体约 5 万 m^3。高温季节整个网箱都沉入海中，可利用水体下部（温跃层下）的冷水养殖冷水性鱼类。待秋末海水表层水温降至 18℃左右时可将网箱浮到水面开展养殖活动。2019 年该网箱又经过改造，增加了网箱上部的投饵等结构。“深蓝 1 号”采用的是“（沂蒙）山（黄）海接力”的养殖模式，即鲑鱼受精卵首先在低温淡水育苗系统中孵化、培育；鱼苗开口摄食颗粒饲料后被分送到沂蒙山区等地农户，进行大规格鱼种培育；经半年左右培育，待长到 150g 以上后再运到海边的海水驯养系统进行海水驯化；待鱼种适应海水盐度后，再运到黄海冷水团海域养殖 1 年左右，直至养成 4kg 以上的商品鱼（董双林，2019b）。

2. 按保持网衣形态的方式划分

就保持网衣形态的方式而言，养殖网箱可分为重力网箱（Gravity net cage）、张力腿（锚）网箱（Anchor tension net cage）、半刚性网箱（Semi-rigid net cage）、刚性网箱（Rigid net cage）及其他网箱。重力网箱是通过配重形成向下的垂直重力，以保持网衣形态；张力腿网箱是通过系泊系统的张力和完整性保持网衣形态和所处位置；半刚性网箱是由绳索和刚性钢构件组合来保持网箱的完整性和网衣形态；刚性网箱是用钢铁或其他刚性材料构建的框架保持网衣形态。

3. 按距岸距离划分

就养殖网箱距岸边的距离而言，海水养殖可分为近岸养殖、离岸养殖和（深）远海养殖，相应的网箱也可分为近岸养殖网箱、离岸养殖网箱和（深）远海养殖网箱。各国近海陆架坡度和岸线状况差异很大，因此，世界上对海水养殖的区域划分并无统一的标准。美国将 3 海里外和专属经济区的海水养殖定义为远海养殖（USCOP，2004）。联合国粮农组织 2010 年的报告中，依据离岸距离和海水深度等将海水养殖划分为近岸（Coastal）养殖、离岸（Off-the-coast）养殖和远海（Offshore）养殖三类（Lovatelli et al.，2013）。所谓近岸养殖是指在水深小于 10m、距岸不超过 0.5km、有掩蔽的海域养殖；离岸养殖是在水深 10～50m、距岸 0.5～3km、海况较恶劣的海域养殖；而远海养殖则是指在离岸距离大于 2km 或超出视距、水深超过 50m、海况恶劣的海域养殖。离岸和远海养殖还可合称为开放海域（Open ocean）养殖。

我国海水养殖规模宏大，远非世界上任何一个国家所能及，有些省份的浮筏式养殖已外延到了距岸 15km 外的开放海域，有的鱼类养殖网箱距大陆岸线的距离还要远。根据我国实际，一般距岸 2km（视距范围）内、水深 10m 浅或有掩蔽的海域（如海湾）的养殖可称为近岸养殖；距岸 2km 以外、水深 10～50m 开放海域的养殖称为离岸养殖；而利用现代化装备在 50m 以上水深的海域养殖或在 12 海里领海之外的专属经济区海域开展的养殖称为深远海养殖（Far offshore mariculture）（董双林，2019a）。

一般而言，用于近岸养殖的网箱结构相对简单，多为木板加膨胀聚酯结构或高密度聚乙烯浮管结构网箱（图 12-3A）；离岸养殖网箱目前基本上都是高密度聚乙烯材质扶架网箱（图 12-3B）；深远海养殖网箱位于海况恶劣的海域，因此，通常需要采用金属构架网箱（图 12-3C）。

图 12-3　近岸网箱（A）、离岸网箱（B）和深远海网箱（C）（彩图请扫封底二维码）

Fig.12-3　Aquaculture net cages used in coastal (A), off-the-coast (B) and far offshore (C) areas

4. 按养殖种类划分

网箱养殖（试验）鱼类已有 150 多种，甲壳动物有几十种（Beveridge，2004）。按养殖种类，养殖网箱可分为滤食性鱼类养殖网箱、吃食性鱼类养殖网箱、底栖鱼类养殖网箱、海参养殖网箱、鲍鱼养殖网箱（笼）等。养殖滤食性鱼类一般不需投饵，只要将网箱设置在浮游生物丰富、溶解氧充足的水域即可。养殖底栖鱼类的网箱一般都较浅。养殖海参的网箱需要沉于海底。养殖鲍鱼的网箱（笼）则需要设置投喂大型海藻的特殊结构。

12.1.3　网箱养殖的优缺点

2017 年我国大型深水网箱养鱼的平均产量为 11.1kg/m^3，美国用体积为 1m^3 的小网箱养殖斑点叉尾鮰，单产可高达 600kg/m^3。网箱养殖产量之所以如此高，主要是因为其很好地利用了网箱所在水域的水动力环境条件。虽然网箱的体积或面积并不大，但由于天然水流的作用，其是在利用大于自身体积或面积几百倍、上千倍的水域进行养殖。网箱体积越小表面积比越大，箱内水交换频率越高，通常单位面积养殖产量也越高。网箱养殖很好地利用了水域的水动力环境条件，因此它是最经济的养殖方式之一（Angel et al.，2019；Beveridge，2004）。网箱养殖除养殖成本较低外还具有以下诸多特点。

1. 网箱使养殖水域得到拓展，产品品质更有保障

网箱养殖的最大优势或贡献是将水产养殖活动从陆基养殖活动拓展到了开放公共大型水域养殖，如湖泊、水库、河流、海湾养殖，甚至远海养殖。网箱养殖者只要获得政府批准即可按规定缴纳水域使用费后开展相应的养殖生产活动。

养殖水域的拓展不仅会增加水产养殖产量、提高水域资源利用效率、节约大量土地，还会促进就业。另外，开放水域的水质通常更好，网箱养殖的水产品品质通常也会更好（Beveridge，2004）。

2. 网箱养殖更易于管理

除深远海网箱外，网箱是可移动的养殖设施，具有机动、灵活、操作方便的优点。另外，如果设置网箱的水域环境变得不适宜，养殖者可随时将网箱移动到水质较好的水域，这是网箱养殖动物品质较好的原因之一。对于用网箱养殖滤食性鱼类，网箱可随时被移到饵料生物丰富的水域“放牧”。遇到台风或赤潮，网箱还可下沉到一定深度避风、躲避赤潮。经常性地移动网箱还可避免养殖产生的残饵、粪便在局部海底造成有机物过多积累。

用网箱养殖在大水域放流或放养的鱼类可省去从陆基养殖水体运输鱼种到大水域的费用，还可提高成活率。当网箱中养殖的鱼种长到一定规格时，将网箱打开放走圈养的鱼种进入大水域即可。在同一水体中利用不同的网箱或不同网目的网箱养殖不同的鱼类或不同规格的鱼类可使得鱼类混养更加简单、方便。

另外，网箱养殖可以控制某些鱼类的过度繁殖。例如，利用网箱养殖罗非鱼就可避免其过度繁殖、群体密度过大而抑制生长、造成资源浪费的缺点。

3. 养殖动物代谢活动降低，生长更快

网箱养殖鱼类活动的空间受到限制，因此，养殖鱼类的代谢和生长也会发生变化。中国科学院水生生物研究所的科研人员（网箱养鱼技术编写组，1982）曾对养殖在网箱内和网箱外鲢、鳙的一些代谢指标进行了测定，结果显示，网箱内鱼类的磷酸肌酸、血红蛋白和血细胞比容都比网箱外的鱼类低（表 12-1）。这说明养殖在网箱内的鱼类活动受到限制后运动量相应降低，用于运动消耗的能量减少，养殖在网箱内鱼类的肌肉组织中粗蛋白和粗脂肪含量相应增加（表 12-2）。

表 12-1　网箱内外养殖的鲢、鳙代谢指标

Tab. 12-1　Metabolism indexes of the silver carp (H) and bighead carp (A) in and out of net cages

地点 Location	磷酸肌酸/（mg/L）Phosphocreatine		血红蛋白/（g/100mL）Hemoglobin		血细胞比容/% Haematocrit	
	鲢 H	鳙 A	鲢 H	鳙 A	鲢 H	鳙 A
网箱内 In cage	7.2	7.4	7.3	6.4	36.6	32.1
网箱外 Out of cage	9.9	10.6	7.5	7.1	40.5	33.1
内外比/% In/Out	72.7	69.8	97.3	90.1	90.4	97.0

表 12-2　网箱内外养殖的鲢、鳙肌肉生化成分

Tab. 12-2　Biochemical composition of the silver carp (H) and bighead carp (A) muscle in and out of net cages

地点 Location	粗蛋白/% Crude protein		粗脂肪/% Crude fat		水分/% Water	
	鲢 H	鳙 A	鲢 H	鳙 A	鲢 H	鳙 A
网箱内 In cage	16.90	15.61	3.46	1.59	78.66	81.75
网箱外 Out of cage	16.38	15.15	2.86	1.08	79.62	82.32
内外比/% In/Out	103.2	103.0	121	147	98.79	99.31

可见，网箱体积越小鱼类活动空间越小，更有利于养殖鱼类生长。但是，长期运动量小也可能使鱼类脂肪过度积累，这对一些养殖鱼类的品质会有影响。例如，小网箱养殖的大黄鱼就因为脂肪过多等原因而价格较低。因此，现在人们正试图利用大体积的网箱或围栏设施养殖大黄鱼。

4. 网箱可避免敌害侵扰，提高养殖动物成活率

网箱养殖是将鱼类放养在网衣围成的空间内进行的生产活动，可有效地避免大型凶猛鱼类或猛兽对养殖鱼类的捕食，提高养殖鱼类的成活率。

挪威、智利等国养殖的大西洋鲑等鲑鳟鱼类正在受到寄生虫海虱的严重侵害，每年用于防治海虱的费用十分高昂。据研究，浮游阶段的海虱主要生活于水体的上 10m 水层，因此，将网箱沉到 10m 水深以下水层进行养殖是防止海虱寄生的有效途径（Hevrøy et al.，2003）。

5. 便于提高机械化和智能化生产水平

网箱养殖是一种集约化养殖方式，十分便于开展机械化、智能化作业。目前，已研制出多种网箱养殖专用设备并得到广泛应用，如洗网机、吸鱼泵、投饵机和专用船舶等。未来，网箱养殖设施的研发重点为智能化养殖生产装备与管理系统。

6. 网箱养殖存在的主要问题

网箱养殖产生的残饵、粪便、代谢产物会造成生物沉积和水体富营养化，化学药物的使用可能产生潜在的污染风险，养殖鱼类逃逸也可能导致生物入侵或基因污染，网箱养殖的肉食性鱼类还会消耗大量的鱼粉、鱼油（Naylor et al.，2000，1998）。另外，网箱养殖摄食会阻碍开放水域的水流，还可能与其他产业如运输、旅游、捕捞业等产生矛盾。了解网箱养殖对环境的影响和养殖容量可参阅第 3 章和第 4 章相关内容。

12.2　开放海域网箱的养殖容量评估

评估一个水体的养殖容量通常需要了解四方面的问题：决定生产力的因子、养殖生物对资源的消耗和产生的废物、环境对养殖所产废物的响应、允许的响应范围。海水鱼类网箱养殖的饵料基本上是人工投入的饲料，因此，制约生产力的因子是环境因子而不是营养或饵料因子。利用数学模型，结合现场实测数据，参考相关可接受或允许的现行标准或阈值，就可对养殖容量进行评估。对鱼类网箱养殖而言，比较重要的环境因子包括溶解氧浓度、营养盐含量、沉积物有机物含量等。与封闭的内陆小水体养殖容量评估有所不同（见第 3 章），开放海域鱼类网箱养殖系统的容量评估应充分考虑水体动力学因素。目前常采用的评估方法有简单模型评估、颗粒物跟踪模型评估和数值模型评估等。

12.2.1　简单模型评估

模型是对环境中变量、关系和过程的简化表达。简单的水产养殖容量模型仅是一个数学表达式，而复杂的模型则可是一个养殖区或一个养殖生态系统尺度的多变量交互作

用过程（Weitzman & Filgueira，2020）。评估养殖容量的简单模型是静态地描述养殖生物与周围环境之间简单关系的数学表达式。养殖容量的限制因子可以是溶氧浓度、沉积物有机物含量等。通过实测或理论计算获得养殖水体相关参数，并与可接受的数值进行比较，最终可确定所研究水体的养殖容量。

Telfor 和 Robinson（2003）曾用溶解氧收支模型评估了爱尔兰 Mulroy 海湾网箱鱼类和贝类的养殖容量。他们建立的溶解氧收支模型为：

$$OP_{\text{浮游生物}} + OP_{\text{大藻}} - OD_{\text{沉积物}} - OD_{\text{养殖动物}} > 0$$

即浮游生物净产氧（$OP_{\text{浮游生物}}$）加大藻产氧（$OP_{\text{大藻}}$），减沉积物耗氧（$OD_{\text{沉积物}}$）和养殖动物耗氧（$OD_{\text{养殖动物}}$），结果应大于零。研究结果表明，实测和计算的结果均是正值（+35 598kgO_2/d），即溶解氧还有富余，也就是该海湾养殖量整体上还没有超过养殖容量。该研究方法存在诸多缺陷，如未考虑大气与海水界面的氧气通量等，因此，该研究仅能看作是初步的定性结果，但其研究思路可以借鉴。

徐汉祥等（2005）利用下列模型估算了我国舟山海域各深水拟养区域的网箱养殖数量（N）：

$$N = K \times S \times 10^6/200$$

式中，N 为表层面积为 200m^2 的标准网箱个数；S 为拟养海域可养面积（km^2）；K 为与海域水深和水质有关的系数。根据可养殖区域的水深和水质状况及专建议，K 取值范围在 1/60～1/30。评估结果表明，舟山海域 27 个观测站的鱼类养殖容量为 2385 个网箱。该模型仅是一个粗糙的经验模型，因为其给出的边界十分模糊，如养殖密度、养殖种类、饵料种类等都比较模糊。

黄洪辉等（2003）利用表层沉积物有机碳含量作为限制指标评估了大亚湾大鹏澳海水鱼类网箱养殖区的养殖容量。如果将表层沉积物有机碳含量 1.8%作为可接受最高限值，该养殖区 5 月的底质有机碳含量已超标。他们认为，该网箱养殖区春、秋两季养殖容量分别达到了 650t 和 550t 的最高限值。

从上述 3 个研究实例可以看到，简单模型估算法属于静态方法，易掌握，但考虑的影响因子不够全面，导致精度不高，提供的信息也十分有限。下面介绍的复杂模型既涉及流体力学信息也包含空间和时间变化。

12.2.2 颗粒物跟踪模型评估

对于较浅和水流不是很强的养殖水体，鱼类网箱养殖产生的残饵和粪便会对养殖区域海底沉积物环境产生较大影响，这一影响反过来又会影响该区域的养殖容量。Beveridge（2004）推荐的鱼类网箱养殖对底质影响的评估分三步：第一步，量化养殖生产排放的残饵和粪便颗粒量；第二步，计算残饵和粪便颗粒的分布；第三步，利用地理信息系统（GIS）软件（IDRISI 32）绘制颗粒分布图。

Cromey 等（2002）研发了颗粒物跟踪模型（DEPOMOD）用于模拟海水网箱养殖区产生的固体废物的沉积、积累和对海底生物群落的影响。该模型中网格生成模块支持用户生成包含相关区域深度、网箱数量和采样点位置信息的网格。在获得养殖鱼类残饵、粪便排放速率和该海域水动力学信息后，就可以用颗粒跟踪模型预测残饵、粪便在海底的初始沉积。然后，根据近海底流场，利用再悬浮模型预测颗粒物的实际分布和网格区域内残饵、粪便在海底的净累积量。最后，根据底栖生物群落与残饵、粪便量间的定量关系预测养殖活动对底栖生物群落的影响程度。

饲料的沉降速率与饲料颗粒比重（饲料种类）、粒径等有关。根据 Cromey 等（2002）的实验，鲑鳟鱼类颗粒饲料沉降速率（y，cm/s）与粒径（x，mm）存在 $y=5.9775e^{0.0797x}$ 关系。

Cromey 等（2002）利用泥沙陷阱研究验证了颗粒物跟踪模型的有效性。模型预测的通量[g/(m^2·d)]与现场实测数据基本一致，在扩散位置和沉积位置的精度分别达到±20%和±13%。他们利用已验证的再悬浮模型参数和苏格兰一些养殖场数据，建立了预测的固体累积量与测定的底栖动物营养级指数（ITI）或个体丰度之间的量化关系。挪威政府规定，鱼类网箱养殖区下部沉积物中存在的底栖动物种类数不得少于 2 种，这是对局部区域养殖容量的限定（Stigebrandt，2011）。因为，养殖生物量较高时网箱下方沉积物中底栖动物数量会增加，但常会出现单优势种类。底质污染严重时还会因缺氧而使底栖动物消失。

DEPOMOD 可用于养殖场选址评估、养殖容量估算、养殖饲料需求量预测。虽然大多数养殖区模型研究的是生产性养殖容量，而 DEPOMOD 评估的是养殖区尺度的生态性养殖容量。

12.2.3　水质数值模型评估

水较深和流速较大养殖水域的养殖容量最好是利用养殖活动与水质变化关系的模型即水质数值模型评估。该类模型中水流速度和投饲量对养殖容量影响较大。水流可带来溶解氧，带走或稀释养殖动物的代谢废物，为养殖动物营造良好的生长环境。每一种水产养殖动物都有适宜的养殖水质范围和可接受的最大或最小阈值，这些阈值可用作养殖容量评估标准。计划在某海域建水产养殖场时，首先应该利用数学模型，结合实测环境数据，参考相关的现行标准，对该海域的养殖容量进行评估。对于开放海域人们可多关注与水体富营养化有关的指标，而对于半封闭的海湾可能还需关注对养殖动物十分重要的溶解氧、氨等指标。

黄小平和温伟英（1998）利用水质数值模型研究了广东上川岛公湾海域的网箱养殖容量。他们首先利用下式计算了单个网箱（规格 3m×3m×3m，产鱼量 250kg）磷污染负荷产生量：

$$F_P = E \times E_P - Y \times Y_P$$

式中，F_P 为网箱内磷负荷产生量；E 为相应的投饵量；E_P 为饵料中的含磷率；Y 为产鱼量；Y_P 为单位鱼体重的含磷率。通过计算，每个网箱的磷负荷产生量为 18.75kg。

将水环境质量标准的要求（0.02mgP/L）作为磷的最高限制值，利用数学模型（二维浅水潮波方程）模拟上川岛公湾海域流场，并且利用现场实测海流和潮位资料对模型进行验证，结果表明所使用的模型与所研究海域实际情况基本一致。因此，利用下式计算水环境对其网箱养殖容量的限制情况：

$$\frac{\partial(HP)}{\partial t}+\frac{\partial(HUP)}{\partial x}+\frac{\partial(HVP)}{\partial y}=\frac{\partial}{\partial x}\left(HDx\frac{\partial P}{\partial x}\right)+\frac{\partial}{\partial y}\left(HDy\frac{\partial P}{\partial y}\right)-KPH+SH$$

式中，P 为污染物质磷浓度；H 为混合水深；U 和 V 分别为 x 和 y 方向的垂向平均流速分量；Dx 和 Dy 分别为 x 和 y 方向的扩散系数；K 为衰减系数；S 为污染源强度。上川岛公湾海域磷的本底值为 0.006mg/L，且为磷限制。研究结果显示，上川岛公湾海域的网箱养殖容量为 65 000 个网箱左右。因为鱼类的残饵、粪便只有部分以溶解态进入水体环境，还有未溶解的部分会沉积到水底，因此，上述计算的污染物负荷量会与实际情况有较大出入（张皓等，2007）。

我们采用水质数值模型初步评估了南黄海冷水团海域鲑鳟鱼类网箱养殖区的养殖容量。以中华人民共和国《渔业水质标准》（GB 11607—1989）为标准，选取溶解氧和非离子氨作为限制因子评估养殖区生产性养殖容量；以中华人民共和国《海水水质标准》（GB 3097—1997）为标准，选取溶解氧和总溶解无机氮作为限制因子评估养殖区生态性养殖容量。

首先利用硬头鳟（*Oncorhynchus mykiss*）营养要素收支模型估算了单个网箱满载时的氧气消耗量和溶解态污染负荷产生量（张恭等，2018）：

$$OR=-0.8162T^2+33.224T-28.689$$

$$AER=-0.0711T^2+2.1604T-9.6283$$

式中，OR 为硬头鳟单位体重的耗氧率[g/(g·h)]；AER 为硬头鳟的排氨率[g/(g·h)]；T 为水温（℃）。设计的“深蓝 2 号”网箱有效养殖水体 17 万 m^3，载鱼量 5000t。如果以养殖区水温为 19℃时计算，单个网箱的耗氧率为 1540kg/h，排氨率为 29kg/h。该海域非离子氨占氨氮比例为 4%，即单个网箱的非离子氨排放率为 1.16kg/h。评估过程中暂未考虑残饵和粪便等颗粒态废物对水质的影响。

当处于涨潮与落潮交替的平流期时，流速及相应的水交换率最低，养殖容量最小。因此，我们采用 Delft3D 水动力-水质模型建立一个理想水槽模型模拟养殖区处于平流时氧气消耗和非离子氨的排出情况及相应的养殖容量，即生产性养殖容量。

将一组 10 个网箱沿海流方向呈两列或三列排列，网箱间距为 240m，流速以平流期最低流速 0.04m/s 计，模拟时间设定为 6h。养殖区溶解氧本底值为 7mg/L，非离子氨浓度几乎为 0。根据国家《渔业水质标准》（GB 11607—1989），鲑鳟鱼养殖区溶解氧应连续 16h 不得低于 5mg/L，任何时间不得低于 4mg/L；非离子氨浓度不得高于 0.02mg/L。

模拟结果显示，当养殖海域处于平流期时，如果将一组网箱按上述两种方式紧密布放，消耗的溶解氧和排放的非离子氨均不会对网箱内的鲑鳟鱼产生不利影响。在两种排列方式中，最下游的网箱内溶解氧浓度高于 4.5mg/L，非离子氨浓度低于 0.005mg/L，符合国家渔业水质标准。因此，如此布列的网箱养殖规模没有超过该养殖区域的生产性养殖容量。需要指出的是，该生产性养殖容量与网箱布置的集中程度有关，如果将相同数量的网箱以更稀疏的方式布置则其生产性养殖容量会更高。而一个海域生态性养殖容量则与网箱的数量即排污或耗氧总量有关。

为评估该海域生态性养殖容量，我们建立并校准了包含养殖海域在内的黄海中部水动力模型，分别模拟了在 84.7km^2 海域布放 20 个、40 个和 60 个“深蓝 2 号”网箱时海水溶氧和总溶解无机氮的浓度变化。模拟结果显示，在养殖区布放 60 个网箱时，虽然养殖区的总溶解无机氮浓度依然低于 0.2mg/L，符合国家《海水水质标准》（GB 3097—1997）的一类海水水质标准，但溶解氧将由 7mg/L 降低至 6mg/L 以下，由一类海水下降为二类海水，说明 60 个网箱已经超出了该海区的生态性养殖容量。综上所述，在该海区布放不超过 40 个网箱为符合可持续发展要求的生态性养殖容量。

12.2.4　综合数值模型评估

2004 年 Stigebrandt 等挪威专家研发了海水鱼类网箱养殖容量评估的 MOM 模型。该模型名为峡湾水质模型，实为包含 7 个子模型的综合模型（Stigebrandt，2011）。鱼类子模型用以计算养殖鱼类对饲料的转化情况，包括摄食、生长、耗氧和废物（溶解营养物如氨、残饵、粪便）形成量。扩散子模型计算局部养殖区颗粒物质的扩散情况。底质子模型可根据养殖区观测到的近海底水流和氧气状况计算氧气输送到海底的情况，计算出能使底栖动物存活的有机物最大负荷量。养鱼网箱水质子模型可根据实测的网箱内最小流速计算网箱内最低溶氧和最高氨浓度。近岸养殖区表层水质子模型可根据已知水交换速率和增加的营养负荷计算 Secchi 透明度深度。区域水体（如整个峡湾）水质子模型可根据天然水交换量和有机物质的流入量计算区域（峡湾）溶氧浓度。区域有机物质流入量子模型可根据相关数据计算有机物天然流入量。

MOM 模型定义的最大养殖量即养殖容量应满足三个条件（Stigebrandt，2011）：第一，网箱之下沉积物中必须有底栖动物存活。如果养殖网箱量过多或养殖密度过大底栖动物会因缺氧而消失。挪威政府规定，养殖网箱下底栖动物至少可以见到 2 种，满足这一条件的最大养殖生物量为底栖养殖容量（$CC_{底栖}$）。第二，网箱内水质要好，如溶氧应足够高，非离子氨应足够低。对于养殖鲑鳟鱼类而言，相应的溶氧养殖容量（$CC_{溶氧}$）的水质标准为箱内溶氧＞5mg/L 或饱和度＞60%，非离子氨养殖容量（$CC_{氨}$）的水质标准是氨＜0.020mg/L。第三，不能对毗邻环境造成不可接受的负面影响。满足这一条件的最大养殖生物量为区域或海湾养殖容量（$CC_{区域}$）。度量这一负面影响的指标包括透明度的降低量、下层水溶氧的减少量等。有专家建议，由富营养化导致的透明度降低量不得大于 10%，海湾深层水的溶氧浓度应超过 3.0～3.5ml/L（Stigebrandt，2011）。

$CC_{底栖}$、$CC_{溶氧}$和 $CC_{氨}$属于局部海域即养殖区养殖容量，它们的数值与养殖方式的设计有关，如养殖网箱规格越小、各网箱之间的距离越大，则这些养殖区的养殖容量越大。$CC_{区域}$则是整个区域或海湾系统的养殖容量，其与全区域内养殖动物生物量和总投饲量有关。优化饲料成分、提高饲料利用率有助于提高上述 4 种养殖容量的数值。有关 MOM 模型信息可见 Stigebrandt（2001）提供的网站。

12.3　网箱的污损生物及其清除

污损生物（Biofouler）是生活在水中物体表面的微生物、藻类和水生无脊椎动物的总称，可导致养殖设施生物污损（Biofouling），对鱼类网箱养殖和贝类养殖影响很大。清除网箱和贝类产品上污损生物的费用很高，可达养殖成本的 5%～10%（Dürr & Watson，2010）。另外，污损生物还会严重影响养殖贝类产品的商品价值。因此，了解生物污损及其影响有助于我们高效清理养殖设施和养殖产品表面的污损生物，降低养殖成本，提高产品质量。

12.3.1 养殖网箱上的污损生物

水产养殖的污损生物包括所有营固着生活的生物，还有外来藻类和无脊椎动物，有时也包括海星、海胆等敌害生物。苏格兰海湾冬季网衣上的生物膜（Biofilm）起初由细胞外聚合物质、细菌和硅藻构成，6 周后硅藻的生物多样性和丰度进一步增加，8 周后水螅出现（Corner et al.，2007）。养殖设施上的污损生物主要为牡蛎、贻贝、海鞘、藤壶、水螅和苔藓虫等固着性表栖生物及藻类等。

养殖设施投放入水体后，污损生物开始附着，其群落结构随投放时间进行演替。首先附着的生物对后来生物具有促进（Facilitation）、耐受（Tolerance）和抑制（Inhibition）三类情形（Jenkins & Martins，2012）。无论是先到的还是后来的污损生物，只要能在养殖设施上存活下来就都在资源竞争方面具有某种优势，可将竞争者驱离或消灭。

污损生物可阻塞网目，影响网箱水体交换，消耗水体溶氧，增加网衣水流载荷而影响养殖设施的安全性。淡水网箱污损生物主要是蓝藻、硅藻和苔藓。地域不同养殖设施上的污损生物组成也会不同。在西欧污损生物主要由藻类、水螅、多毛类龙介虫（Serpulid）、贻贝、藤壶和海鞘组成（Dürr & Watson，2010）。

水产养殖的污损生物与养殖种类、设施结构、材质、养殖地点等有关。鱼类养殖网箱的材质、网衣编制工艺、表面处理工艺都会影响污损生物的群落组成和生物量。硬质污损生物如贝类倾向于附生于硬质材料如网箱框架、浮子上。软质污损生物如藻类、海鞘、海绵等倾向于附生于软质材料如网衣、绳索上。养殖地点和地理位置不同污损生物群落结构差异很大，即使是在同一地点的养殖设施，水深不同受光照影响也有所不同，污损生物的群落结构也会不同。潮汐对固定养殖设施上污损生物的影响十分显著，长期浸没在水中的部位比有时裸出水面的部位附生的污损生物更多。水产养殖特别是投饲养殖会使水环境营养物质增加，也会使污损生物量增加。

养殖设施上污损生物的垂直分布样式与季节、投放时间、地理位置、距岸远近、水流速度、营养状况等有关。对水下养殖设施而言，尽管光照等理化因子也存在垂直变化，但其基质相对均一。养殖设施上的污损生物组成除与周边天然附着生物组成有关外，主要影响因子是光照条件。在有光照条件下，即在光亮带（Photic zone）安置的养殖设施上会附生大量藻类。藻类生长的深度下限与水的透明度有关。近岸水域的深度下限浅一些，仅几米，远海水域可达几十米。在苏格兰斯卡帕湾（Scapa Flow），5m 深的锚链上主要着生红藻、绿藻、褐藻、水螅、扇贝、贻贝、藤壶和管虫，10m 水深处绿藻消失，褐藻锐减，水螅成为优势种类。我国“深蓝 1 号”网箱在夏季下潜到 20m 深后，网衣上附着的主要是水螅，对网箱水流影响很大。

养殖设施上有时也会存在外来的污损生物，如浒苔、马尾藻等。这些生物随海流而来，被网衣阻拦后而生活于此。

12.3.2　污损生物对网箱养殖的影响

仅个别情况下污损生物有益于水产养殖。例如，污损生物可提高浮游植物的初级生产力，增加可供养殖贝类利用的饵料生物量；污损生物还可提高养殖贝类幼体附着、变态率等。然而，污损生物总体上对水产养殖是有害的。污损生物对鱼类网箱养殖的负面影响包括妨碍水交换、增加疾病风险和网箱结构受损等三方面（Fitridge et al.，2012）。

1. 妨碍水交换

着生于网衣表面的污损生物会影响网箱内与外界的水交换，从而影响养殖鱼类的生长。污损生物附着严重时网箱水流的交换率可减少一半甚至更多（Gormican，1989）。由于大型网箱的表面积与体积比更小，污损生物对其水交换的影响会更大。

网箱水交换状态会直接影响网箱内溶解氧补充及鱼类代谢废物排除和稀释情况。对于大西洋鲑养殖而言，网箱内溶解氧最好在 7mg/L 以上，低于 5mg/L 会影响鱼类摄食和生长，低于 2mg/L 就可影响鱼类存活。在鱼类养殖密度较大时，经常清理网衣，预防网衣的网目被污损生物阻塞是网箱养鱼中一项极其重要的日常管理工作。

2. 增加疾病风险

一些生存于网箱污损生物中的病原生物可增加养殖鱼类致病风险。污损生物是一些寄生虫的临时栖息场所，待养殖鱼类代谢状态不佳时这些寄生虫就可能会感染养殖鱼类。导致鲑鱼鳃病的一种海洋原生动物 *Neoparamoeba pemaquidensis* 平时是以苔藓虫和海鞘为载体生活。从双壳贝类中分离出的病毒包括马苏大麻哈鱼 13p2 呼吸道肠道病毒、日本牡蛎 JOV-1 病毒、感染性胰腺坏死病毒和感染性造血坏死病毒等（Fitridge et al.，2012）。另外，贝类组织中也存在可致鱼病的一些弧菌等。

网箱上的污损生物还是一些鱼类寄生虫的中间宿主。生活于污损生物中的甲壳动物是一种绦虫 *Gilquinia squali* 幼体的中间宿主，它曾导致加拿大不列颠哥伦比亚省养殖的大鳞大麻哈鱼大批死亡（Kent et al.，1991）。澳大利亚网箱养殖南方蓝鳍金枪鱼（*Thunnus maccoyi*）吸虫（*Cardicola forsteri*）病原体的中间宿主是网箱上的多毛类动物（Cribb et al.，2011）。

3. 网箱变形和结构疲劳

在水流的作用下网箱会倾斜和变形。网箱变形的程度与水流速度、网箱的结构、配重、网衣类型及污损生物附着量有关。随网目被污损生物阻塞程度增大网衣的流阻也会增大，被阻塞网衣的流阻会比干净网衣的流阻大 11.5 倍（Fitridge et al.，2012）。除非大量增加配重，否则，在 0.5～1.0m/s 流速下网箱的有效体积会减小 45%～80%。

污损生物还会增加网衣的负载，高的可增加 200 倍。网衣上着生的贻贝可使网衣的水平阻力增加 2 倍（Swift et al.，2006）。高度变形的网箱会使特定点位的结构应力增加，水平应力增加 1～5 倍。因此，设计网箱的浮力系统和锚泊系统时应考虑污损生物增加的负载，以避免网箱变形导致养殖鱼类密度过大和网箱破损导致养殖鱼类逃逸。

12.3.3 网箱污损生物的清除

污损生物会导致网箱水交换不畅、鱼类患病风险增加、网箱变形等，因此，防污损（Antifouling）对于提高网箱养殖鱼类的安全性和养殖效益极其重要。水产养殖是生产人类食用水产品的产业，因此，水产养殖中防污损必须以不影响水产品食用安全为前提。鱼类网箱养殖中常用的防污损方法包括换网衣、清洗网衣、化学防污损、生物防污损等。

1. 清洗网衣和换网衣

开展鱼类网箱养殖需要经常清洗网衣或换网衣。清洗网衣或换网衣的频次与水质、网衣材质、网目大小、网箱深度、养殖种类和规格等有关，从几天到几周一次。网目越大污损生物阻塞网目需要的时间越长，网衣需清洗的频次越小。养殖金枪鱼网箱的网目为 60～90mm，6 个月清洗一次即可。清洗网衣的方法常用的有潜水员人工潜水刷洗、高压水枪冲洗和盘状洗网器自动清洗。如果污损生物仅限于网箱上部几米深处，也可将网箱上部拉出水面晾晒一段时间即可。

另外，网衣清洗的季节和时机也很重要，需要根据不同海区污损生物优势种的繁殖高峰期和幼虫集中附着的季节性，调整网衣清洗的频率和强度。例如，在包括我国北方在内的温带海区，大部分海洋无脊椎动物的繁殖和幼虫附着高峰期集中在春季，因此，在 3～6 月，需要提高网衣清洗的频率，春季做好网衣防附着管理，会减轻夏季的防附着工作量。秋季 10～11 月在部分温带海区会出现一个相对于春季较小的繁殖高峰期，在此期间亦需适当加强污损生物清除管理。

换网衣可很好地解决污损生物附着问题，但费用很高且需要人力较多。频繁换网衣不仅会导致养殖鱼类伤损，还可能因干扰鱼类的正常活动而影响养殖鱼类生长。

2. 化学防污损

铜对于很多无脊椎动物特别是幼体有毒，因此，在网衣上涂铜可有效预防污损生物附着。网衣涂铜的有效期一般为半年，所以需要每年涂一次。尼龙网衣涂铜费用昂贵，可占网箱造价的 20%～25%（Beveridge，2004）。需要注意的是，网衣上涂铜的渗出对养殖动物有毒（Thomas & Brooks，2010）。

尽管有的学者认为，养殖大西洋鲑肌肉和肝脏不会积累铜，但为避免渗出铜对养殖产品的潜在风险，如果使用涂铜网衣，最好在网箱安置水中一个月后再放养鱼类。网衣涂铜还会对网箱养殖区底栖生物造成一定的影响。近些年，人们开始使用铜合金网衣建造养鱼网箱，但我们对铜合金网衣的生态效应了解得还很不够。

基于清洁生产和绿色产品的考虑，涂铜网衣使用量在减少，特别是欧盟国家。一些国家禁止水产养殖设施涂用铜、锌等的行动，催生了无毒涂料的发展（Fitridge et al.，2012）。在无毒、经济、高效的涂料广泛使用之前，机械清洗和生物防污损应是网箱养殖中的首选方法。

3. 生物防污损

在鱼类养殖网箱中混养植食性和啃食性的杂食性或者肉食性鱼类可以有效清除网

衣上的污损生物。生物防污损方法大规模应用的案例现在并不多，常见的报道都多是些小规模试验。由于鱼类的摄食具有选择性，那些混养鱼类不喜欢摄食的污损生物还会存在于网衣上，因此，混养这些鱼类仅可减少洗网或换网的频率，并不能彻底解决污损生物在网衣上的附着问题。

小　　结

1. 水产养殖网箱（Net cage）是在水中进行水产动物养殖而制作的箱笼结构设施。利用棉麻、竹制网衣的简易网箱养殖鱼类在我国已有两千多年的历史，而人工合成纤维网衣、聚乙烯结构的现代网箱起源于美国、日本和挪威。自 20 世纪 70 年代现代网箱引入我国后，网箱养殖在我国水库、湖泊、河流、海湾得到了迅速推广，大大拓展了我国养殖水域。

2. 按网箱在水中的沉浮状态，网箱可分为固定式网箱、漂浮式网箱、半潜式网箱和全潜式网箱。按保持网衣形态的方式，养殖网箱可分为重力网箱、张力腿网箱、半刚性网箱、刚性网箱等。按距岸距离，海水养殖网箱也可分为近岸养殖网箱、离岸养殖网箱和（深）远海养殖网箱。按养殖种类，养殖网箱可分为滤食性鱼类养殖网箱、吃食性鱼类养殖网箱、底栖鱼类养殖网箱、海参养殖网箱、鲍鱼养殖网箱（笼）等。

3. 网箱养殖的优缺点有：网箱使养殖水域得到拓展，产品品质更有保障；网箱养殖更易于管理；养殖动物代谢活动降低，生长更快；网箱可避免敌害侵扰，提高养殖动物成活率；便于提高机械化和智能化生产水平。网箱养殖存在的主要问题包括，网箱养殖产生的残饵、粪便、代谢产物会造成生物沉积和水体富营养化，化学药物的使用可能产生潜在的污染风险，养殖鱼类逃逸也可能导致生物入侵或基因污染等。

4. 与封闭的内陆小水体养殖容量评估有所不同，开放海域鱼类网箱养殖系统的容量评估应充分考虑水体动力学因素。海水鱼类网箱养殖的饵料基本上是人工投入的饲料，因此，制约生产力的因子是环境因子而不是营养或饵料因子。目前常采用的评估方法有简单模型评估、颗粒物跟踪模型评估和数值模型评估等。简单模型估算法属于静态方法，易掌握，但精度不高，提供的信息也十分有限。复杂模型既涉及流体力学信息也包含空间和时间变化。

5. 开放海域养殖区生产性养殖容量与生产方式设计有关，如网箱布置的集中程度、网箱内鱼类种类和养殖密度、饲料质量等。如果将相同数量的网箱更稀疏地布置则其生产性养殖容量通常会更高。而一个海区生态性养殖容量与网箱的数量即排污或耗氧总量等有关。评判生产性养殖容量的标准是国家渔业水质标准，而评判生态性养殖容量的标准是国家海水水质标准。

6. 污损生物（Biofouler）是生活在水中物体表面的微生物、藻类和水生无脊椎动物的总称，可导致养殖设施生物污损（Biofouling），对鱼类网箱养殖和贝类养殖影响很大。水产养殖的污损生物因养殖种类、设施结构、材质、养殖地点等有关。海水养殖设施上的污损生物主要为贻贝、海鞘、藤壶、水螅和藻类等，淡水网箱污损生物主要是蓝藻、硅藻和苔藓。这些生物可阻塞网目，影响网箱水体交换，消耗水体溶氧等。

7. 养殖设施上污损生物的垂直分布样式与季节、投放时间、地理位置、距岸远近、水流速度、营养状况等有关。藻类生长的深度下限与水的透明度有关，近岸水域浅一些，仅几米，而在远海水域可达几十米。

8. 污损生物总体上对网箱养殖是有害的，如妨碍水交换、增加疾病风险和网箱结构受损。个别情况下污损生物有益于水产养殖，如可提高浮游植物的初级生产力，提高养殖贝类幼体附着率、变态率等。

9. 水产养殖中防污损（Antifouling）必须以不影响水产品食用安全为前提。鱼类网箱养殖中常用的防污损方法包括换网衣、清洗网衣、化学防污损、生物防污损等。

第 13 章　水产养殖动物的保健和福利

13.1　水产养殖动物的保健　353
13.1.1　环境恶化与疾病发生的关系　353
13.1.2　环境诱导性疾病　354
13.1.3　养殖鱼类保健　358
13.2　养殖水体细菌群落演替与调控　360
13.3　对虾养殖的生态防病　361
13.3.1　WSSV 的传播途径　362
13.3.2　对虾白斑病暴发与环境的关系　364
13.3.3　对虾白斑病的综合预防　368
13.4　养殖鱼类的福利　370
13.4.1　养殖鱼类福利指标　370
13.4.2　鱼类福利的评价方法　372
小结　373

养殖水体环境质量与养殖动物健康水平呈正相关关系。因此，水产养殖管理的核心工作之一就是通过改善水质提高养殖动物健康水平，减少甚至杜绝某些疾病的发生或减轻病症，提高养殖效益，生产安全的水产品。

13.1　水产养殖动物的保健

水产养殖动物保健（Health maintenance）是指现有经济条件下的一种养殖状态，该状态下养殖动物的生长、食物转化、繁殖和存活状况最佳，传染、营养和环境性疾病问题最少。动物保健不是简单地针对传染病，而是涉及养殖活动的全过程，目的是通过生产管理提高养殖动物健康水平，高效地生产出健康的水产品。随着水产养殖系统集约化程度的提高，水产养殖动物保健问题也日益受到重视。

13.1.1　环境恶化与疾病发生的关系

恶劣的水质环境经常是水产养殖动物疾病发生的诱因，最典型的就是低溶解氧引起鱼类感染。池塘养殖中经常会出现水华崩溃造成水质恶化，即溶解氧和 pH 降低，NH_3 和 CO_2 增加。例如，当溶解氧低于 1mg/L 时斑点叉尾鮰就会陆续出现死亡。刚开始对死鱼进行尸检时并不能检出致病菌。4d 后养殖鱼类出现出血、皮肤褪色和肌肉损伤，这时在内脏和受损肌肉中也不一定能检出致病菌；再过 2d 则可能会检出嗜水气单胞菌（*Aeromonas hydrophila*）（Plumb & Hanson，2011）。用增氧机增氧或换水后，该病随即缓解。这个低氧综合征（Low dissolved oxygen syndrome）的例子很好地诠释了养殖环境、宿主和病原体在致病中的关系。因此，在调查养殖动物发病原因时，不能仅简单地去找病原体，还应去找环境诱因。

养殖环境（E）、宿主（H）、病原体（P）与疾病（D）发生的关系为 $D=H(P+E^2)$（Plumb & Hanson，2011）。由于病原体存在和宿主免疫力低下是疾病发生的重要条件，所以在病原体几乎无处不在的养殖水体，恶劣环境就常是触发疾病暴发的诱因（图 13-1）。

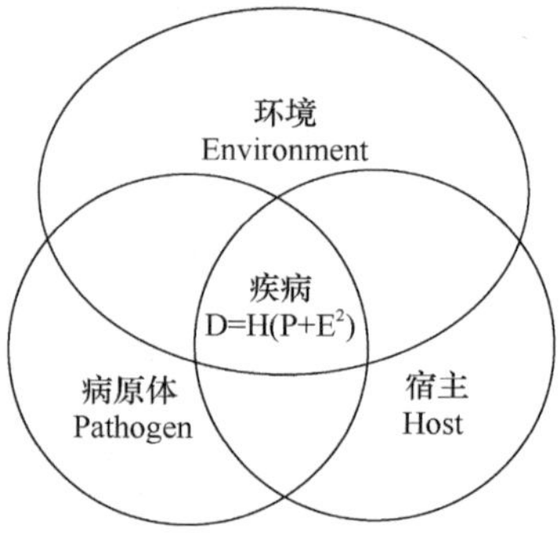

图 13-1 病原体（P）、宿主（H）和养殖环境（E）与疾病（D）发生的关系
Fig. 13-1 Relationship among infectious agents (P), host (H), and environment (E) that influence disease (D) occurrence

影响病原体致病力的因素包括病原体的传染性、毒力、生存力等。影响宿主易感性的因素包括种类、年龄、营养状况、放养密度等。触发疾病发生的主要环境因素包括温度、溶解氧、CO_2、pH、NH_3、盐度等。

环境因子的协同作用常会加剧某环境因子对养殖动物的影响程度。例如，在池塘养殖鱼类低氧综合征中，溶解氧、CO_2、pH、NH_3 等因子在养殖鱼类死亡中存在协同作用。在溶解氧充足的情况下，斑点叉尾鮰可以耐受 20～30mg/L 浓度的 CO_2，但溶解氧较低时，鱼类无法排出 CO_2，亚致死 CO_2 浓度就可致鱼类昏迷、死亡（Boyd，1990）。

13.1.2 环境诱导性疾病

水产养殖动物既不能生活在化学纯的水中，也不能存活于杂物过多的水中。鱼类适应的水质参数范围较宽，但保健或生长最佳水质范围相对较窄，并因种类、品系而不同（表 13-1）。暴露在不良水质条件下的鱼类要么会逐渐适应，要么会发生病变、死亡。

本土鱼类一般都能适应当地养殖水体由于季节变化引起的水质变化，有些变化还会很好地诱导鱼类性腺发育、繁殖，促进鱼类生长。但有些偶发事件，如特大暴雨，会使大量淡水流入海水养殖池塘，使池塘盐度突降，导致养殖动物死亡；有的暴雨将大量低 pH 沼泽水灌入养殖水体也可导致养殖动物死亡；有的暴雨带入的泥沙会损伤养殖鱼类鳃丝而致其死亡；还有的暴雨带入大量有机物，致使养殖水体溶解氧骤降。另外，风暴潮导致的海水倒灌也时常造成淡水池塘养殖鱼类死亡。

1. 水温

水产养殖动物几乎都是变温动物，养殖水体温度变化可直接影响养殖动物的代谢强度、生长速度、繁殖甚至生存。水生动物繁殖适温范围比生长和生存的适温范围都窄（表 5-4）。水生动物天然分布范围主要受繁殖或孵化温度制约，也就是说，其天然分布区边

表 13-1　冷水和温水鱼类保健最佳水质指标（除 pH 外均为 mg/L）

Tab. 13-1　Water quality criteria for optimum health management of cold-water and warm-water fish
(mg/L except for pH)

指标 Criteria	冷水鱼类 Cold-water fish	温水鱼类 Warm-water fish
溶解氧 Dissolved oxygen	5mg/L 至饱和	5mg/L 至饱和
pH	6.5～8.0	6.5～9.0
非离子氨 Un-ionic ammonia	0～0.0125	0～0.02
钙 Calcium	4～160	10～160
CO_2	0～10	0～15
H_2S	0～0.002	0～0.002
总铁 Total iron	0～0.15	0～0.5
锰 Manganese	0～0.01	0～0.01
硝酸盐 Nitrate	0～3.0	0～3.0
磷 Phosphorus	0.01～3.0	0.01～3.0
锌 Zinc	0～0.05	0～0.05
总硬度 Total hardness ($CaCO_3$)	10～400	10～200
总碱度 Total alkalinity ($CaCO_3$)	10-400	10～400
氮气 Nitrogen (gas saturation)	＜100%	＜100%
总颗粒物 Total solids	0～80	50～500

资料来源：Plumb & Hanson，2011
Data from Plumb & Hanson, 2011

界的温度通常就是其繁殖或孵化的临界温度。有关水温对养殖动物生长的影响可参见第 5 章 5.2 节有关内容。引发水生动物病害的温度阈值接近其生存或耐受温度的阈值。其他水质因子也是如此。

鲤科鱼类对温度的耐受范围从近 0℃到 30℃多，在宽达 30℃的范围内其生存并不受影响。同一种类的不同地理种群对温度耐受性经常不同。有的温度并不会直接导致养殖动物死亡，但长期暴露在这一温度下会对养殖动物的健康不利。例如，长期暴露在亚致死高温下的锦鲤会表现出运动迟钝、体型变瘦和背部凹陷等症状（Hoole et al.，2001）。

暴露在高温下的鱼类呼吸活动会受到影响。温度升高时水中溶解氧含量减少，但此时鱼类生理需氧量增加，呼吸强度增加。高温还会影响鱼类的渗透压调节，因为高温下鱼类会消耗鳃细胞的脂类，从而影响盐和排泄调节能力。另外，温度升高还会使某些污染物如重金属和氨的毒性增强而间接影响鱼类的健康。

低温会使鱼类免疫系统反应迟钝，从而使其对某些细菌和真菌更易感。越冬的鲤科鱼类由于免疫能力低下而易感染假单胞菌。低温可直接导致鱼类呼吸窘迫和休克。尽管低温时水中溶解氧更多，但由于温度非常低时呼吸频率和心脏跳动次数骤减，鱼类也会出现缺氧反应。

2. 溶解气体

大气中含量最多的气体为氮气（78%）和氧气（21%），但水中这两种气体的溶解量是空气中的 1/30～1/20，且变化很大。影响水中溶解气体含量的因素主要为水体的温度、盐度、海拔和生物活动（见第 2 章 2.3 节）。

鱼类对溶解氧的需求量因种、规格而异，通常低温、溪流和海水中生活的鱼类习惯于高溶解氧环境。鲤较耐低氧环境，可耐受 0.7mg/L 溶解氧的环境，而鲑鳟鱼类对溶解氧的需求约 5.5mg/L。夏季或加温养殖鱼类应格外注意养殖水体缺氧问题。放养密度过高，过量投饵等也会导致水中缺氧。

鱼类具有一定的耐低氧调节机制，如增加呼吸频率，通过增加血液红细胞中的线粒体密度提高对溶解氧的利用效率（Hoole et al.，2001）等。当水中溶解氧迅速降至临界点以下时，鱼类会因缺氧而浮头，严重时会窒息而死。缺氧死亡的鱼类口和鳃盖会张开。慢性缺氧会导致养殖鱼类厌食，生长减慢，易感染疾病。

水中溶解的气体也会出现过饱和现象，此时鱼类容易像潜水员患减压病那样，因血管被血液中逸出的气泡栓塞而得“气泡病”。鱼类气泡病常见于夏季中午池塘因水生植物或浮游植物光合作用强烈导致的溶解氧过饱和时，还见于瀑布落水、水电站排水、深井水突然减压后导致的氮气过饱和时。增氧机剧烈搅动和快速加温有时也会出现水体气体过饱和现象。通常认为，气体溶解饱和度超过 110%就容易对鱼类产生伤害。

患急性气泡病的鱼类游泳行为会出现异常，如失去平衡、打转、迟钝、阶段性昏迷，严重的几分钟后就会死亡。慢性气泡病会导致鱼类眼球突出、失明、皮肤和鳍条表皮出现气泡。气泡栓塞血管可导致组织溃烂，易感染致病菌。鱼类气泡病不易治疗，但可通过消除成因后缓解。

3. pH

天然水体的 pH 一般在 4～10，特殊水体的 pH 会较低或较高，海水的 pH 在 8～8.5。通常雨水的 pH 为 5.6，但污染严重地区降雨的 pH 有时会低至 4.0，称酸雨。酸雨水在流过酸碱缓冲能力较弱（碱性盐较少，如花岗岩）流域后，pH 仍为酸性，形成酸性溪流。封闭养殖水体也会因养殖生物代谢活动、有机物分解等而呈弱酸性。沿海富含腐殖质和富含黄铁矿（FeS_2）或其他硫化物土壤区域的池塘水常呈酸性（详见 8.1 节）。低洼盐碱地池塘的 pH 通常高于 8.0（详见 11.2.1 节）。

养殖生物通常可很好地适应水环境 6.0～8.5 的 pH 变化。慢性低 pH 中毒的鱼类病征并不明显，主要表现为生长减慢。在急性低 pH 中毒时，鱼类呼吸频率加快，异常兴奋，鳃分泌过量黏液，呼吸出现障碍。低 pH 下一些重金属的毒性也会增加。

盐碱地池塘（见第 11 章 11.1 节）、新建的水泥池和刚施用过生石灰池塘的水体 pH 都较高。养殖水体水生植物或浮游植物的光合作用可使水环境 pH 出现很大波动，光合作用强烈时水体 pH 会呈碱性。慢性高 pH 中毒的鱼类会得碱病（Alkalosis）。急性中毒时，鱼体表有絮状物。pH 高时总氨中极具毒性的非离子氨（NH_3）比例增加，此时应注意氨中毒。

4. 含氮代谢产物

养殖水体中常含有一定量养殖动物排泄的氨，在有氧环境下氨可被硝化菌转化成低毒的亚硝酸盐和硝酸盐。被生活污水污染的养殖水体也会出现高浓度氨。养殖动物对这些氨的耐受浓度因种而异，因个体而异（见第 2 章 2.3 节）。

鱼类在低溶解氧和高 pH 时易出现 NH_3 中毒。当水中的 NH_3 增加时，鱼类体内 NH_3 排泄受阻，血液与组织中的 NH_3 就会增加。血液 pH 上升对有些酶的活性和膜的稳定性产生不利影响。水中高的 NH_3 浓度还可影响鱼类的渗透压调节，增加组织的耗氧，损害鳃、肾脏和脾脏，甲状腺组织也会发生变化。亚致死浓度的 NH_3 对鱼的影响包括孵化成活率降低，生长速度和形态发育减慢，严重时引起鳃、肝和肾脏组织病变等。急性中毒的鱼表现为失去平衡、过度兴奋、呼吸频率增加。心血输出和氧吸收的增加严重时能引起惊厥、昏迷，以致死亡。通过换水降低氨浓度是解决氨中毒的最佳途径。如无水或缺水可换时则可利用沸石等方法处理。

当养殖水体硝化作用不畅时会出现 NO_2^- 积累，严重时可致养殖动物中毒。水环境中 NO_2^- 浓度过高时会通过鳃进入鱼血液，影响其血红蛋白载氧能力，导致缺氧。缺氧的鱼游泳缓慢、呼吸频率加快、浮头、平滑肌松弛、血管扩张，严重时会心脏骤停。慢性中毒的鱼类更易感染传染性疾病。对此类问题换水或提高生物滤器效率是最好的解决办法，向水中添加 100mg/L 食盐也可部分缓解 NO_2^- 毒性（Hoole et al., 2001）。

在有氧条件下 NO_3^- 是含氮化合物最终代谢产物，广泛存在于受农业施化肥影响的水域和地下水。尽管 NO_3^- 对养殖鱼类毒性不大，但高浓度 NO_3^- 也会导致鱼类生长减缓，免疫能力受影响，更易感染传染性疾病。在反硝化作用较弱的循环水养殖系统中时常会存在高浓度的 NO_3^-。

5. 其他污染物

对养殖动物影响较大的污染物还有生活污水、化肥、杀虫剂、石油、重金属，有时还会受到有害水华等的影响。这些污染物对水产养殖和养殖动物的影响可参见第 4 章 4.2 节有关内容。

6. 渔业水质标准

为了防止和控制渔业水域水质污染，保证养殖的鱼、虾、贝、藻类的正常生长、繁殖和产品质量，很多国家和地区都制定相关的渔业水质标准。美国环境保护署（EPA）负责发布了关于水生生物、人体健康和营养物的水质基准。欧盟 78/659/EEC 指令规定了有关淡水渔业和贝类养殖的水质标准。我国制定了《渔业水质标准》（GB 11607—1989）（表 13-2）。该标准适用于鱼虾类的产卵场、索饵场、越冬场、洄游通道和水产增养殖区等海水、淡水的渔业水域。表 13-2 中各项标准数值系指单项测定最高允许值。标准值单项超标，即表明不能保证鱼、虾、贝正常生长繁殖，并产生危害。

该标准规定，任何企事业单位和个体经营者排放的工业废水、生活污水和有害废弃物，必须采取有效措施，保证最近渔业水域的水质符合本标准。关于这些因子的介绍可参见雷衍之（2004）主编《养殖水环境化学》的相关内容。

表 13-2 国家《渔业水质标准》（GB 11607—1989）

Tab. 13-2 Water quality standard for fisheries of China (GB 11607-1989)

序号 List	项目 Items	标准值 Standards	序号 List	项目 Items	标准值 Standards
1	色、臭、味	不得使鱼、虾、贝、藻类带有异色、异臭、异味	18	氟化物（以 F 计）	≤1
2	漂浮物质	水面不得出现明显油膜或浮沫	19	非离子氨	≤0.02
3	悬浮物质	人为增加的量不得超过 10，而且悬浮物质沉积于底部后，不得对鱼、虾、贝类产生有害的影响	20	凯氏氮	≤0.05
4	pH	淡水 6.5～8.5，海水 7.0～8.5	21	挥发性酚	≤0.005
5	溶解氧	连续 24h 中，16h 以上必须大于 5，其余任何时候不得低于 3；对于鲑科鱼类栖息水域冰封期其余任何时候不得低于 4	22	黄磷	≤0.001
6	生化需氧量	不超过 5，冰封期不超过 3	23	石油类	≤0.05
7	总大肠菌群	不超过 5000 个/L（贝类养殖水质不超过 500 个/L）	24	丙烯腈	≤0.5
8	汞	≤0.0005	25	丙烯醛	≤0.02
9	镉	≤0.005	26	六六六（丙体）	≤0.002
10	铅	≤0.05	27	滴滴涕（DDT）	≤0.001
11	铬	≤0.1	28	马拉硫磷	≤0.005
12	铜	≤0.01	29	五氯酚钠	≤0.01
13	锌	≤0.1	30	乐果	≤0.1
14	镍	≤0.05	31	甲胺磷	≤1
15	砷	≤0.05	32	甲胺对硫磷	≤0.0005
16	氰化物	≤0.005	33	呋喃丹	≤0.01
17	硫化物	≤0.2			

注：除 pH 和总大肠杆菌群外其他指标的单位为 mg/L

Note: The units of parameters in the table are mg/L except for pH and the total number of *Escherichia coli*

13.1.3 养殖鱼类保健

鱼类保健涉及水产养殖的全过程，从养殖场选址、养殖种类选择、引进、繁育、养殖，直到最后收获，通过保持良好水质，避免接触传染性病原体，投喂全价饲料，可提高养殖动物健康水平，高效地生产安全的水产品。

1. 养殖场位置选择

养殖场选址对养殖成功极其重要。选址考虑的因素主要包括地形、土质、水源质量和水量，以及与销售市场的距离等。为保持养殖鱼类群体健康，养殖种类、池塘土质、水质必须匹配。养殖种类应首选土著鱼类，养殖引进种类有时需要付出额外成本。例如，北方地区养殖热带鱼类或南方地区养殖冷水鱼类就需要给水体加热或降温，这些都会增加养殖成本，除非有工业热源水或冷源水、地热水或地下凉水等。

池塘土质不仅会影响池水渗漏状况还会影响水质。沿海富含腐殖质、黄铁矿（FeS_2）或其他硫化物土壤的池塘水常呈酸性，盐碱地池塘的水呈碱性（见第 8 章和第 11 章相关内容），过酸或过碱的水都会对养殖动物产生一定的影响。从防病的角度讲，泉水和井水水源优于地表水（河流、湖泊、水库等），但有时泉水和井水的某些水质指标（如二氧化碳、氮气、pH、含铁量、温度等）不一定合适，需要进行相应的调节。养殖水体的水质应符合鱼类保健和渔业要求（表 13-1 和表 13-2）。如果采用地表水作为水源一定应防止病原体、有害生物及污染物进入养殖水体。

2. 避免接触传染性病原体

确保养殖群体不被传染性病原体感染首先应保证水源和放养的苗种无特定病原体（SPF）。现在各国都提出了养殖无特定病原体动物的要求，使用 SPF 亲鱼进行苗种繁育，购买 SPF 受精卵或苗种，一旦发现高致病性病原体则应立即严格消杀。北欧国家建立了鱼病联合监测体系，目标是根除传染性鱼病，或将其危害降至最小。该体系监测的疾病主要包括病毒性出血性败血症（Viral hemorrhagic septicemia）、传染性造血器官坏死病（Infectious hematopoietic necrosis）、传染性胰脏坏死病（Infectious pancreatic necrosis）、病毒性神经坏死病（Viral nervous necrosis）、细菌性肾脏病（Bacterial kidney disease）和疖病（Furunculosis）。目前北欧国家对传染性鱼病的控制比其他区域都做得好一些。

越来越多的国家对进口水产品提出了检疫要求，一些发达国家为保障鱼类健康还制定了相应的法规以限制鱼类随意转运。在鱼类运输后应实行隔离、观察制度，发现高致病性病原体就要果断实施消杀。1989 年，在欧洲之外的美国首次发现病毒性出血败血症病毒（VHSV）。为防止其传播，美国曾将西海岸北部两处溯河回归的成鱼全部杀死。遗憾的是，之后在美国西北部又出现了该病毒（Plumb & Hanson，2011）。有的病毒如感染性胰腺坏死病毒（IPNV）的中间宿主是水鸟，病毒通过鸟类消化道后感染鱼类。因此，有的传染性疾病的预防视野应更宽一些，不能仅限于水中。

有些病原体是条件致病性的，常与养殖鱼类共存但不发病，只有在鱼类免疫能力低下或病原体达到一定数量时才发病。嗜水气单胞菌（*Aeromonas hydrophila*）是运动性气单胞菌败血症（MAS）的病原体，存在于世界各地富含有机质的水体。只有在鱼类受到机械性创伤或免疫能力低下时才患此病。表皮和鳃寄生虫性疾病也通常是在环境恶化到一定程度时才发病。因此，最有效的预防此类病的方法是通过换水等措施降低水体有机物负荷和病原体数量，在鱼体出现机械性损失时及时处理表皮创伤。对于条件致病性病原体导致的疾病，生态和营养防病应是摆在首位的工作。

对于专性致病菌则应采取阻断或减少接触策略。正像我们现在对待禽流感那样，切断传染源传播途径是疾病防治的第一道防线，而疫苗使用则应是最后一道防线。1959～2012 年世界共发生必须报告的禽流感（NAI）30 多次，除亚洲 H5N1、HPAI 外，均在较短时间内被扑灭或根除（刘秀梵，1994），就是很好的例证。患病鱼可通过表皮黏液将病菌传播给与其接触的鱼，因此，控制好鱼类养殖密度可减少此类疾病发病程度。鱼类也可通过摄食带有病原体的中间宿主或带有病菌或寄生虫的鲜杂饵料鱼而患病。对于以水鸟为中间宿主的寄生虫病，用网遮盖养殖池塘和网箱可有效阻断病害发生。有些病原体还可通过繁殖的鱼卵、精液垂直传播，因此，选择 SPF 亲鱼十分重要。病原体常通过运载工具或参观者带入养殖场，因此，车辆消毒和参观者鞋底消毒应该制度化。

由于某些致病菌，如杀鲑气单胞菌，具有宿主专一性，即并不是对所有种类和所有年龄的水生动物都致病，因此，隔离可减少这类疾病传播。另外，还可在疫区养殖对特定病菌不敏感或不太敏感的种类或品系，以降低发病率。感染性造血坏死病毒（IHNV）对三月龄以下的鲑鳟鱼类易感，特别是在 10～17℃更易感，据此，我们可以制定相应的比较安全的养殖方案。

过去鱼类新品种选育性状主要考虑生长率，现在人们也开始将抗病力作为品种选育和基因操纵育种的重要或主要指标，并取得了一些成效。

3. 营养性疾病

良好的营养对鱼类存活、生长、繁殖十分重要。投喂养殖系统中的鱼类营养全部或主要来自饲料，因此，投喂全价饲料是保障养殖鱼类健康的基础，缺少任何一类营养成分都会影响鱼类健康，并降低养殖鱼类对疾病的抵抗能力。饲料中缺乏维生素 C 可导致斑点叉尾鮰脊椎损伤；核黄素不足可致虹鳟患白内障；清水中生活的、烟酸摄入量不足的鱼对紫外线敏感，易患灼伤病；泛酸不足可致虹鳟鳃病，如不纠正可发展成细菌性鳃病；叶酸不足可致斑点叉尾鮰贫血症（Plumb & Hanson，2011）。饲料中某些元素缺乏也会增加鱼类的疾病易感性。

人们发现，饱食状态的鱼比非饱食的鱼更易患病。例如，斑点叉尾鮰饥饿两周后患斑点叉尾鮰病毒病（Channel catfish virus disease，CCVD）的症状就会减轻。当斑点叉尾鮰肠道败血症（Enteric septicemia of catfish，ESC）发生时，在美国停食是规定动作，但其机理还不清楚（Plumb & Hanson，2011）。停食或减量可以改善水质，这是不争的事实，因此，上述停食或减量应该不失为一种有益的措施。

4. 防病重于治病

鱼类保健工作应该与养殖生产同步开始，甚至在建场时就应开始考虑。鱼病发生后兽医开的处方，如往水中或饲料中添加药物，通常仅能暂时缓解症状，降低死亡率，要永久性解决问题还是要消除诱发疾病的因素。预防性保健目前是养殖生产中避免疾病发生的最有效方法。

巡塘（主要观察鱼类摄食、运动行为和水色等）是鱼类保健的日常性工作。当发现鱼类摄食量突然减少，说明鱼本身出了问题；如发现池塘水色突变，说明水质出了问题。此时就应引起高度警觉，尽快查明原因，并采取适当措施。养殖水体溶解氧实时监测和变化趋势判定也是鱼类保健的日常工作。

基于食品安全的考虑，在水产养殖生产中尽力减少抗生素使用量已成为人们的共识。因此，保持清洁的环境和良好的水质就成为鱼类保健最重要的工作。例如，经常换水，持续保持水体溶氧丰富、及时清除死鱼、每年清淤并用生石灰消杀池塘、保持环境清洁和生产工具卫生等。

13.2 养殖水体细菌群落演替与调控

养殖水体中的细菌数量与其有机物负荷有关，有机物负荷较大（水较肥），如施有机肥、大量投喂饲料，则细菌数量也往往较多。养殖实践中，人们都希望水干净些，水中微生物少一些，因此，无论是封闭循环水养殖还是池塘养殖，人们常频繁使用各种方法如换水和消毒以减少水中细菌数量。其实，这些方法也是一把双刃剑。

养殖生产中的换水、消毒等活动对养殖水体中的微生物群落是一种扰动，会使养殖水体中的细菌数量迅速减少。换水后，随着投饵，养殖水体中残饵、粪便逐渐积累，水中细菌数量也会逐渐增加。消毒后，细菌数量在骤降后也会逐渐增加，直至达到与残饵、粪便等有机负荷相适应的水平。

养殖水体存在的细菌，有些对养殖生物无害，有些对养殖生物有益，还有一些是致病菌，可感染养殖生物。细菌群落中的细菌种类可分为 *r*-选择策略种类和 *k*-选择策略种类。营养丰富、资源竞争者少、多变的环境有利于种群增殖快、对资源利用能力强的种类，即 *r*-选择策略种类，也称机会种。相反，营养贫乏、资源竞争激烈、稳定的环境更有利于种群增殖慢的 *k*-选择策略种类。可见，频繁换水、消毒的养殖水体或刚开始投饵的养殖水体更有利于 *r*-选择策略细菌种类。

图 13-2 是养殖水体中细菌群落的演替规律。从中可以看出，受扰动后，细菌群落中首先快速发展起来的是 *r*-选择策略种类，之后才是 *k*-选择策略种类，最后形成稳定的 *k*-选择策略种类数量多、*r*-选择策略种类数量少的群落。致病菌多为 *r*-选择策略种类，它们对仔稚鱼和受胁迫的养殖生物个体影响很大（Schryver & Vadstein，2014）。

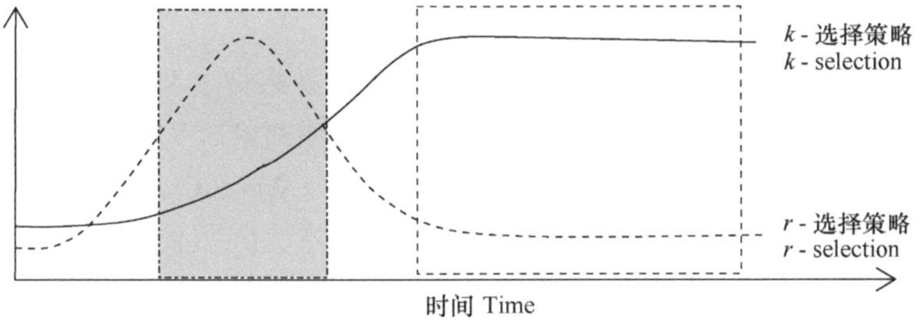

图 13-2　养殖水体微生物演替及防止机会菌侵染的方法（仿 Sorgeloos，2019）

Fig. 13-2　Microbial succession in aquaculture waters and solutions to minimize exposure of animals to opportunist bacteria (From Sorgeloos, 2019)

依据 *r*/*k*-选择策略理论和养殖水体细菌群落演替规律，放养仔稚鱼的时机应该是在养殖水体 *k*-选择策略细菌接近或达到峰值时段（图 13-2 右框），而非在换水或消毒后不久的时段（图 13-2 左边有阴影的框），以避免 *r*-选择策略致病菌的侵染。另外，尽可能减少养殖水体的扰动，如尽可能减少消毒和换水频率等，也是减少细菌病害的有效途径。

养殖水体换水前，可将纳入的新水在预处理池中先培育（熟化）一段时间，使 *k*-选择策略种类发展起来，然后再导入养殖水体，以降低 *r*-选择策略致病菌侵染的风险。有实验表明，使用预熟化的水换水，可保持养殖水体微生物群落稳定，并使大西洋鳕仔鱼成活率提高 65%～70%（Attramadal et al.，2014）。换水、消毒、养殖水体熟化等引起的微生物多样性变化与养殖生物病害发生之间的关系仍值得进一步深入研究。

13.3　对虾养殖的生态防病

生态防病是指通过生态学手段，如阻断病原体传播途径以避免养殖生物与病原体接触，控制环境条件以提高养殖生物抗病力，削弱病原体的致病力等，来预防和控制水产养殖生物发生疾病的方式，其原理是水产养殖生态学的重要研究内容。由于篇幅所限，本节将主要以对虾白斑病（White spot disease，WSD）的生态防控为例做简要介绍。

对虾白斑病，又称对虾白斑综合征（WSS），1991 年在出现以来，现在已传播至全球几乎所有对虾养殖国家，每年该病给水产养殖业造成的经济损失在 10 亿美元左右（Verbruggen et al.，2016）。病原体是对虾白斑综合征病毒（White spot syndrome virus，WSSV），一种杆状的双链环状 DNA 病毒。对于这种传染性很强的病害最应该实施的策略应该是检疫、消杀，但是，WSSV 在很多国家的沿海水产养殖区域已普遍存在，很难根除。采取一些生态预防措施可有效缓解该病的发生，减少发病造成的损失。

13.3.1 WSSV 的传播途径

由于对虾免疫系统进化不完善，加之经济成本因素，目前我们还没有可完全治愈对虾白斑病的方法。目前，一些生态防病方法可有效预防、控制对虾白斑病的发生或发生强度。为了更好地了解该病生态防控的原理，下面首先介绍 WSSV 的宿主和若干重要传播途径。

1. WSSV 的易感动物和宿主

根据感染后的症状，WSSV 的宿主可分为两类：易感宿主和潜在宿主。我国台湾的 5 种主要养殖对虾，即斑节对虾、日本囊对虾、长毛明对虾、刀额新对虾及野生短钩对虾中均检出 WSSV 阳性，它们是 WSSV 的敏感宿主（Wang C S et al.，1998）。另外，在中国对虾、凡纳滨对虾、脊尾白虾、天津厚蟹、日本大眼蟹体内也检测阳性，它们也是 WSSV 的天然宿主（雷质文等，2002）。

另有一些甲壳动物可自然或人工感染 WSSV，但感染后无明显病理症状，更不会导致大量死亡，这些动物是 WSSV 的潜在宿主，如哈氏美人虾、短脊鼓虾、克氏原螯虾、肉球近方蟹、藤壶等（张家松，2007）。

Rajendran 等（1999）也用 WSSV 感染了印度的 5 种海水对虾、2 种淡水对虾、4 种蟹及 3 种龙虾，结果发现，蟹、淡水对虾和龙虾可能是 WSSV 的无症状携带者。尽管一些野生虾、蟹等 WSSV 的无症状携带者在水产上直接危害并不大，但它们广泛分布于对虾养殖场，其可感染性可能在传播 WSSV 中起着重要作用。

Maeda 等（1998）用巢式 PCR 方法对对虾养殖池塘中的 14 种甲壳类动物进行了调查，发现其中 11 种带病毒，尤其是三齿厚蟹（*Helice tridens*）和肉球近方蟹（*Hemigrapsus sanguineus*）带毒率高达 66.7%和 75%。将 WSSV 监测阳性 *H. tridens* 和对虾一起混养，28d 后所有对虾死亡，并呈现明显的 WSS 症状，30d 后 70%的蟹也死亡。进一步 PCR 检测发现，其 WSSV 呈阳性。

WSSV 的宿主种类很多，目前已发现和确定的有 98 种（Verbruggen et al.，2016），海水甲壳动物对 WSSV 普遍易感，现在人们养殖的对虾、大部分蟹类、野生虾类都是 WSSV 的宿主（张家松，2007）。在流行病学调查中，对虾池塘中的许多浮游生物都被检测出 WSSV 阳性。已经被检测出 WSSV 阳性的浮游动物包括：轮虫、多毛类、桡足类、卤虫、糠虾等。闫冬春等（2006）检测了乳山对虾养殖场 1000 余份样品携带 WSSV 的情况，结果显示，639 例养殖的中国对虾样品中阳性检出率为 26.6%，77 例蟹类样品中阳性检出率为 18.2%，266 例浮游动物样品中阳性检出率为 38.3%，30 例贝类样品检测均为阴性，204 例底泥样品中阳性检出率为 17.6%。后续的研究中发现，WSSV 存在于轮虫和桡足类的休眠卵中，并具有感染性，表明浮游动物休眠卵可能是 WSSV 的宿主（Yan et al.，2004），这为我们深入了解 WSSV 越冬传播机制提供了新路径。

2. WSSV 的若干传播途径

人们已发现，健康对虾可通过残食感染 WSSV 的对虾而被感染，同时，与病虾物理性接触也可被感染（Tuyen et al.，2014）。

有些学者研究发现，中国对虾卵母细胞中有大量的 WSSV 病毒粒子。还有人发现，感染 WSSV 的斑节对虾和凡纳滨对虾亲虾能产出携带 WSSV 或传染性肌肉坏死病病毒（IMNV）的卵子。据此他们推测，病毒可通过生殖细胞进行垂直传播（Silva et al.，2016；江世贵等，2000；包振民等，1997）。然而，也有很多学者的研究并不支持上述垂直传播途径理论（Pradeep et al.，2012；刘萍等，1999；Lo，1997）。

有些浮游动物是 WSSV 的宿主，对虾通过摄食这些宿主而被感染。为了研发生态防病技术，我们需要了解以浮游生物为主要载体的 WSSV 传播途径。

浮游微藻是养殖池塘中一类很重要的生物，也是浮游动物和一些养殖生物的饵料。研究表明，微藻可吸附感染动物排出的 WSSV，从而使其成为 WSSV 的携带者。PCR 检测发现，一个实验中的 4 种浮游微藻可以在一定时间内携带 WSSV（表 13-3）。在 96h 内 4 种浮游微藻均可携带 WSSV，其中湛江等鞭金藻和亚心形扁藻在 144h 内为 WSSV 阳性，盐藻在 120h 内为阳性。之后，这些藻类在不同时间开始呈现 WSSV 阴性（张家松等，2007）。

表 13-3　不同时间 PCR 检测各浮游微藻携带 WSSV 的结果

Tab. 13-3　PCR detection of four phytoplankton for adhering WSSV at different time

种类 Species	时间/h Time												
	0.5	1	2	4	8	12	24	48	72	96	120	144	168
湛江等鞭金藻 *Isochrysis zhanjiangensis*	+	+	+	+	+	+	+	+	+	+	+	+	–
亚心形扁藻 *Platymonas subcordiformis*	+	+	+	+	+	+	+	+	+	+	+	+	–
盐藻 *Dunaliella salina*	+	+	+	+	+	+	+	+	+	+	+	–	–
中肋骨条藻 *Skeletonema costatum*	+	+	+	+	+	+	+	+	+	+	–	–	–

注：+. WSSV 阳性；–. WSSV 阴性

Note: +. WSSV positive; –. WSSV negative

在流行病学调查中，多次发现对虾池塘中的浮游动物呈现 WSSV 阳性的现象。通过浸泡法和病毒-浮游微藻吸附法两种方式对养虾池塘中 4 种常见浮游动物，即壶状臂尾轮虫（*Brachionus urceus*）、克氏纺锤水蚤（*Acartia clausi*）、猛水蚤（*Nitocra* sp.）和黑褐新糠虾（*Neomysis awatschensis*），进行了 WSSV 的感染实验。巢式 PCR 检测结果表明，WSSV 可以通过病毒－浮游微藻吸附法成功感染这些浮游动物和游泳动物（Zhang et al.，2007）。同时也表明，微藻携带病原体可能成为 WSSV 传播至浮游动物的途径（图 13-3）。

从对虾发病池塘的春季底泥中采得浮游动物的休眠卵，经严格表面消毒后检测发现，不仅桡足类休眠卵携带 WSSV，轮虫休眠卵也携带该病毒，而且这些病毒阳性的休眠卵孵出的幼体也均检测出 WSSV 阳性（Zhang & Dong，2006；Yan et al.，2004）。Zhang

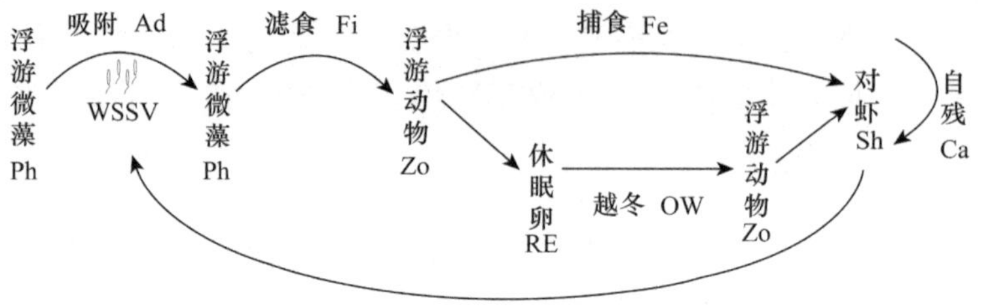

图 13-3 WSSV 传播的若干途径

Fig. 13-3 Several transmission routes of White spot syndrome virus (WSSV)

Ph. Phytoplankton; Ad. Adhesion; Fi. Filtering; Zo. Zooplankton; RE. Resting egg; Fe. Feeding; Sh. Shrimp; Ca. Cannibalism; OW. Over winter

和 Dong（2008）通过病毒－浮游微藻吸附法成功使美丽猛水蚤感染 WSSV。之后，再用这些 WSSV 阳性猛水蚤投喂日本囊对虾的仔虾。经过 15d 的投喂后检测发现，攻毒组仔虾的感染率是 100%。

为了进一步确认 WSSV 阳性猛水蚤体内病毒的感染性，用 WSSV 阳性猛水蚤的组织粗提液注射日本囊对虾稚虾，攻毒 20d 后，对虾的死亡率是 72.50%±9.57%，而对照组死亡率是 22.50%±5.00%，差异显著。一步 PCR 检测攻毒组的稚虾全部为病毒阳性，并且巢式 PCR 检测对照组对虾为阴性。该研究结果表明，猛水蚤可以作为 WSSV 的宿主，具有感染能力，并成为该病毒的传播媒介。

综上所述，浮游微藻可以吸附 WSSV 病毒，并使其活性保持时间延长 4 倍以上；吸附于浮游微藻体表的 WSSV 可以被轮虫、桡足类摄食，并感染浮游动物；感染 WSSV 的轮虫或桡足类可产生带病毒的休眠卵，并且其孵化出的幼体可以将 WSSV 传播给对虾幼体（图 13-3）。

13.3.2 对虾白斑病暴发与环境的关系

1. WSS 与养殖水体物理环境的关系

很多学者发现，下大雨与养殖对虾 WSS 的暴发有着密切的关系。福建省每年台风暴雨过后不久，对虾很快发病，已经成了虾病发生的规律（曾志南等，1998）。何建国和莫福（1999）对广东省近万亩对虾养殖情况的统计分析后发现，大雨一般不会诱发养殖 20d 以内的斑节对虾发病，但是可以诱发养殖时间在 20d 以上的斑节对虾发病。养殖时间在 20～30d 的对虾，发病率为 7%；养殖时间在 30～50d 的对虾，发病率为 30%；而养殖时间在 50d 以上的对虾，发病率高达 80%以上。

对虾白斑病暴发还与寒潮侵袭有一定的关系。何建国和莫福（1999）对广东省 WSS 暴发情况分析表明，4～5 月份有冷空气南下时，常诱发对虾白斑病暴发。这可能是养殖水体的温度急剧变化所致。另外，有的学者还发现对虾白斑病暴发与池塘水深、换水量等有关。这也许都与养虾池塘温度、盐度的变化有关，水越浅、换水量越大对池塘温盐环境的扰动越大，对虾越易发病。

上述环境因子的变化涉及盐度、温度及其变化对 WSSV 致病力和对虾易感性的影响问题。WSSV 在纯水中 1h 仍能保持感染活性，但其在 3mol/L 的高盐溶液中 1h 就会失去感染力（谢数涛等，2000）。盐度由中盐度（23±1）往高盐度（32±1）或低盐度（14±1）骤变会使凡纳滨对虾的累积死亡率提高，并使对虾体内病毒数量增加。因此，对携带 WSSV 的对虾而言，盐度不当的变化会促使 WSSV 由潜伏感染转为急性感染（向赟等，2014b；孙成波，2004）。

当养殖温度为 15℃、23℃、28℃和 33℃时，人工感染 WSSV 的日本囊对虾半致死时间（LT_{50}）分别为 16.0d、4.5d、4.5d 和 9.0d；28℃时虾感染 WSSV 最严重，血细胞总数最少，15℃时感染最轻，血细胞总数最多（管越强，2003）。温度为 19℃±1℃条件下，感染 WSSV 组对虾 45d 的实验结束时对虾累积死亡率低于 11.1%，而在 25℃±1℃条件下 48～96h 死亡率最大，达 63.3%，对虾病毒携带量也大幅增加。可见，温度也会影响对虾感染 WSSV 后的死亡率（孙成波，2004）。

当温度在 21～30℃时 WSSV 增殖速度最快，感染的克氏原螯虾于 6～8d 后全部死亡；而较高（33℃）及较低（15～18℃）温度对病毒的增殖均具有一定的抑制作用，螯虾存活时间也更长；当温度降至 12℃或 8℃时病毒增殖受到明显抑制（李侃等，2013）。29℃±1℃下凡纳滨对虾体内 WSSV 增殖率也明显快于 19℃±1℃下的增殖率。

也有研究表明，斑节对虾、凡纳滨对虾、中国对虾、日本囊对虾和克氏原螯虾对 WSSV 的易感温度分别是 30℃、27℃、23℃、25℃和 24℃（Rahman et al.，2006；谢数涛等，2005；姚泊和何建国，2002；周化民等，2001）。这也是有些对虾一年两次发病的重要原因。当然，易感温度与对虾的规格、生理状况等有关，还与实验中病原体的状况有关。

温度突变也会对养殖对虾白斑病产生影响，24～27℃/6h 和 24～30℃/6h 温度突变模式下不会引起健康日本囊对虾的死亡，但可加速染病虾的死亡。较比 27℃，33℃水温可以抑制 WSSV 在凡纳滨对虾体内增殖速度，而且温度在 27～33℃波动也会对 WSSV 增殖有一定的影响，但不同的 WSSV 株系表现不同（Rahman et al.，2007）。

对通讯螯虾（*Pacifastacus leniusculus*）和奥斯塔欧洲螯虾（*Astacus astacus*）的研究表明，注射或口服 WSSV 45d 后，在 4℃±2℃或 12℃±2℃水温下的螯虾没有出现死亡，但转移到 22℃±2℃后的死亡率达到 100%。在 22℃±2℃下濒临死亡的螯虾再转入 16℃以下水温后死亡现象得到缓解。低温情况下，这些螯虾只是 WSSV 的携带者，并不发病，但当温度增加时则会发病（Jiravanichpaisal et al.，2004）。

以往的研究表明，养殖水体盐度、温度剧烈的变化可能导致 WSSV 致病力或/和对虾易感性增大，易出现对虾白斑病暴发。因此，适度加大对虾养殖池塘水深，控制好换水频率和换水百分比是减小池塘温盐剧烈波动、预防该病暴发的有效措施。

在我国北方池塘养殖海参实践中，人们也时常遇到因下暴雨而致养殖海参大量死亡的情况，其原因也是盐度骤降。为此，大连海洋大学的常亚青教授研发了“刺参养殖池塘闸门”，该闸门可使下暴雨时池塘上层新增的低盐水及时排出池塘，以避免池塘盐度骤降。该方法在对虾养殖中也可借鉴。

2. WSS 与养殖水体化学环境的关系

稳定的养殖水体化学环境对养殖生物保健十分重要，不良水化环境可降低养殖生物对病原体的抵御能力，甚至可致白斑病暴发。养殖生产中时常遇到的影响养殖生物健康的水化因子主要有 pH、溶解氧、氨、亚硝酸盐等。

当水环境 pH 为 5 以下或 12.6 以上时，WSSV 会在 1h 左右丧失感染活性（谢数涛等，2000）。在 5.0～9.5 范围内，养殖水体的 pH 每下降一个单位感染 WSSV 的凡纳滨对虾的平均存活时间会延长 28.4h（陈勇贵等，2010）。同理，斑节对虾杆状病毒（MBV）的感染度随着 pH 升高而增高（李贵生等，1996）。可见，将养殖水体的 pH 控制在适宜范围内是预防对虾白斑病的有效手段。

养殖水体溶解氧浓度对虾、蟹抗病力的影响的报道很多。阴天和下雨天养殖水体溶解氧都会因氧分压下降及浮游植物光合作用减弱而降低，浮游生物大量死亡也能因分解耗氧而使溶解氧降低。低溶解氧条件下虾抗病力会降低，这已为众多研究所证实。王克行等（1998）认为，溶解氧下降是造成对虾白斑病暴发的主要环境因子。

养殖水体中氨是养殖动物蛋白质代谢的重要产物，水体中氨的大量积累不利于养殖动物体内含氮废物的排泄。如果氨从环境中进入水生动物组织液内，就会形成血氨中毒。对虾对氨有一定的耐受力，凡纳滨对虾对氨毒性的耐受能力要强于斑节对虾和中国对虾。非离子氨对体长 5cm 左右凡纳滨对虾的安全浓度为 0.201mg/L（孙国铭等，2002），对斑节对虾后期幼体的安全浓度为 0.104mg/L（周光正，1991），对 2.61cm 中国对虾的安全浓度为 0.097mg/L（Zang et al.，1993）。氨还会影响养殖动物的抗病力，长时间处于高浓度氨环境中的中国对虾的抗病力会明显下降。

亚硝酸盐是硝化、反硝化等多个过程的中间产物，对水产养殖动物有较强的毒性，可导致多种生理代谢紊乱，如呼吸作用、离子调节、心血管压力调节、内分泌及排泄等。亚硝酸态氮对体长 5cm 左右凡纳滨对虾的安全浓度为 5.55mg/L。养殖水体中较高的亚硝酸盐浓度会降低凡纳滨对虾的免疫能力和抗病能力，甚至引起大量死亡（Tseng & Chen，2004）。亚硝酸盐可使对虾血淋巴中氧合血蓝蛋白转为脱氧血蓝蛋白，对氧亲和力降低，使对虾对病原体的易感性增大。亚硝酸氮浓度变化由起始浓度（0.05mg/L）往中浓度（10mg/L）和高浓度（20mg/L）进行突变和渐变的实验结果显示，携带 WSSV 的凡纳滨对虾对亚硝酸氮浓度变化更敏感，更易引起 WSSV 从潜伏感染转为急性感染。突变试验中起始浓度、中浓度、高浓度组凡纳滨对虾的累积死亡率分别为 52.2%、70.0% 和 76.7%（向赟等，2014a）。

虾池中 COD 是表征水质的重要指标，其升高表明有机质等增加，水质恶化。有实验研究表明，当 COD 浓度小于 10mg/L 时，养虾池塘不易暴发白斑病，但当 COD 浓度大于 10.2mg/L 时，白斑病容易暴发（李奕雯等，2008）。这一实验表明，COD 升高也易诱发对虾白斑病。

一些消毒剂，如碱类、卤素类和氧化剂类等，常被用作杀灭 WSSV 的化合物。二氧化氯有效浓度 50ppm、作用时间 60min 就能引起 WSSV 结构蛋白的降解，并可使其感染活性丧失。高锰酸钾 25ppm 作用时间 15min，或 50ppm 作用时间 5min，就能使 WSSV 粒子完全失去感染活性（李文婷，2014）。

陈勇贵等（2010）根据正交试验表 L_{16}（4^5）对海水盐度、NH_4^+-N 浓度、NO_2^- 浓度、pH 及感染 WSSV 数量等 5 个因子对凡纳滨对虾存活时间的影响进行了比较研究。结果表明，它们对该虾存活时间影响的大小顺序为：pH＞WSSV 数量＞ NO_2^- ＞ NH_4^+-N＞盐度，其中前四者与凡纳滨对虾的平均存活时间的相关性达到极显著水平。虽然这一顺序结果与该实验中各因子所设浓度及梯度有关，但这一结果对生态防病技术的研发有一定的参考价值。

3. WSS 与养殖水体生物环境的关系

与对虾白斑病有关的水环境生物包括 WSSV 的宿主或携带者和对养殖环境质量影响比较大的生物。WSSV 的宿主种类很多，人工养殖的对虾、大部分蟹类、野生虾类都是 WSSV 的宿主，养殖水体中浮游甲壳动物甚至轮虫也检测到携带 WSSV。WSSV 阴性的对虾摄食或接触到感染 WSSV 的动物就有可能感染上病毒。有关这些内容可参见前面关于 WSSV 传播途径的有关介绍。

另一类与对虾白斑病有关的生物是可影响养殖环境质量的生物，如浮游藻类、浮游微生物等。浮游藻类是对虾养殖池塘生态系统的重要组成部分，对于维持虾池生态系统的正常功能，稳定池塘环境不可或缺。正如本书第 2 章 2.3 节中介绍的那样，浮游植物的光合作用、呼吸作用和分解作用可以改变水体溶解氧和二氧化碳状况，改变水体的 pH 和氧化还原电位，进而还可影响水中氨、硫化物等的存在状态。这些水化学环境的变化会直接或间接地影响养殖对虾的抗病力。

环境中的微藻对抑制对虾白斑病具有一定的积极作用，如在水体中加入赤潮异弯藻（*Heterosigma akashiwo*）与感染 WSSV 的中国对虾共同培养时，加藻组虾体内检测到病毒含量比未加藻组略低，对虾死亡高峰期也有所推迟（李才文等，2003）。最近，一些地区温棚养虾的效果较好，该系统中浮游微藻是养殖对虾的主要生物环境。

池塘中的绿藻可以预防对虾白斑病。在菲律宾对虾养殖池塘，10^6 细胞/mL 的小球藻防病效果较佳。养虾池塘中微绿球藻和小球藻作为优势种时 10^5 细胞/mL 的密度效果也很好（Tendencia et al.，2011）。其作用机理是小球藻本身就有抗菌特性和改善水质功能。

然而，浮游微藻也有助力 WSSV 传播的一面。浮游微藻并不是 WSSV 的宿主，病毒无法进入藻类细胞内部进行有效增殖。但是，其可通过细胞外表面黏附 WSSV 粒子，并使 WSSV 在海水中存活时间更长，而且，还可进一步通过浮游动物的这一中间携带者，将 WSSV 传播至养殖对虾（图 13-3）。

细菌在对虾养殖生态系统中具有极其重要的作用，它能有效分解、利用养殖池塘中的有机物，降低池塘水中某些有害物质的浓度。研究表明，在养殖过程中科学使用细菌，不仅能有效净化养殖水体环境（李卓佳等，2007），还可在一定程度上降低对虾白斑病的发生概率。在菲律宾，也有往养虾池塘添加蔗糖，通过培养黄弧菌，缓解对虾白斑病病害的报道（Tendencia et al.，2011）。

与对虾混养的生物，如大型海藻、滤食性鱼类、滤食性贝类等，也是养殖对虾的环境生物，合理地混养这些生物都可有效地预防对虾白斑病发生或缓解发病症状。其原理是，混养的这些藻、贝或鱼都有改善水质的作用。详细原理可参见第 7 章相关内容。另外，对虾与少量河鲀混养也有预防对虾暴发白斑病的作用，详细原理可参见第 9 章 9.2 节生态防病内容。

13.3.3 对虾白斑病的综合预防

自对虾白斑病流行以来，世界多国众多科技工作者和对虾养殖者对该病的病原体、流行病学、对虾免疫、生态预防等方面做了大量、系统、深入的研究工作，也在多方面取得了很大进展。但是，对于 WSS 疫区，我们还没有找到经济且百分之百可防治对虾白斑病的方法。我国对虾养殖产量已从 1994 年低谷期的 6.39 万 t 恢复到 2014 年的 186.4 万 t。其主要原因是得益于凡纳滨对虾的引进、低盐池塘养虾的拓展和以高位池精养为代表的综合生态防病技术的应用。

凡纳滨对虾抗病力强，自残作用较小，较其他对虾更适于高密度养殖。自 1998 年该种对虾在我国南方规模化养殖推广以来，其产量已逐渐超过曾主导我国对虾养殖产量的中国对虾，2014 年其产量已占我国对虾养殖产量的 85%。远离海岸的低盐池塘养虾是我国对虾养殖向非疫区或低发病区的拓展，而高位池养殖成功则是在疫区实施综合生态防病技术的成功。

我国对虾养殖向内陆发展非常迅速，对于那些从未发生过对虾白斑病的非疫区，当务之急是，严格把好 WSSV 输入关。一旦个别养殖水体发生白斑病就坚决果断地给予隔离、杀灭，正像我们现在对待禽流感和美国要求本国对虾养殖者所做的那样，千万不能采取“带病不发病”的姑息策略，避免再犯我们已经犯过的无法挽回的失误。

对于 WSSV 疫区，我们可以采用生态防病的措施，尽可能做到杜绝 WSSV 输入养殖水体或感染养殖对虾，发现病害时也可采取措施尽可能做到“带病不发病”或少发病。

根据前面介绍的 WSSV 传播途径和对虾白斑病暴发与环境的关系，我们可以导出或归纳出一些对虾白斑病生态预防技术，包括物理的、化学的和生物的技术。这些技术有些是着眼于阻断 WSSV 传播途径，有些是杀灭 WSSV 宿主或携带者，有些则是改善对虾生活环境、提高其抗病力，但生产实践中人们采用更多的是综合预防技术。

1. 养虾水体的前期处理

对虾养殖生产最好在非 WSS 疫区进行，但如果在疫区养虾，首先要把好水源处理关，其次要做好池塘处理。如果养殖用水的 pH 低于 7.0，则应适量施用生石灰以提高 pH；如果在盐碱池塘养虾则应注意降低 pH 和调节 Na^+/K^+工作（详见第 11 章 11.4 节相关内容）。在疫区养殖对虾，如果以开放水域的水为水源，则养殖过程中补充水应经过滤并消毒（李德尚等，2004；何建国和孙成波，2004），以尽可能地阻止病原体被带入养殖水体。

2. 养殖过程中阻断 WSSV 传播途径

无论是疫区还是非疫区，放养无特异病原体的虾苗是最重要的物理隔离措施。此外，阻断 WSSV 在疫区传播的措施就是杀灭 WSSV 和封闭管理。

（1）对于发病池塘进行暴晒也是杀灭 WSSV 的有效办法。Hernandez-Llamas 等（2014）的调查表明，墨西哥养虾池塘在发生白斑病后就进行排干、暴晒处理，暴晒的时间从 2005 年的 2.1 个月增加到 2011 年的 3.1 个月，结果显示，总体上暴晒时间延长防病效果也更好。

（2）浮游动物休眠卵是 WSSV 的中间宿主，其可携带病毒在池塘越冬，而且在池塘中不易用化学和物理方法杀灭。因此，在放养虾苗前应至少进行两次彻底的带水消毒，间隔时间应在 15d 以上，以杀灭从休眠卵中孵出的浮游动物幼体，切断通过浮游动物休眠卵隔冬传播 WSSV 的途径（Yan et al.，2004）。

（3）养虾池塘可采用地膜铺底，甚至全池铺防水布，使得池塘可以彻底清淤。这样就可在冬季将带有病原体的浮游动物休眠卵等淤积物彻底排除干净。一些传统的潮间带养虾池塘连年发病的主要原因之一就是无法做到彻底清塘，底泥中可能会有残留的病原体体越冬（Yan et al.，2004）。

（4）在贮水（兼水处理）池和养殖池周围设置防蟹围栏，将该等池塘封闭起来，使可能带 WSSV 的杂蟹不能从岸边侵入池内（李德尚等，2004）。采用封闭或半封闭式管理，把好 WSSV 输入关（胡维安等，2011；索建杰等，2015）。

3. 保持良好的水质环境

稳定、良好的水质环境可提高养殖对虾的抗病力，降低 WSSV 的致病性。保持稳定和良好水质的主要方法包括：减少扰动、绿水养殖和益生菌应用。

（1）减少扰动

减少对池塘水环境的扰动就是通过物理和生物的措施保持水质稳定，以提高养殖对虾的抗病力，降低 WSSV 的致病性。重要的措施包括：使用预熟化的水换水，可保持养殖水体微生物群落稳定（Attramadal et al.，2014）；持续增氧，避免溶解氧剧烈的日变动（何建国和孙成波，2004）；及时排污，减少有机物负荷持续增加；适当增加池塘深度，避免水温和盐度剧烈下降等（何建国和莫福，1999）。

（2）绿水养殖

国内外对虾养殖实践显示，将对虾与大型海藻、滤食性鱼类、滤食性贝类混养可以保持良好、稳定的水质环境，提高养殖成功率。国外学者称这类养殖技术为绿水（Green water）技术（Tendencia et al.，2011）。对虾与少量肉食性鱼类如河鲀混养可以有效预防对虾暴发白斑病。绿水养殖的原理可参见本书第 9 章第 2 节内容。

（3）益生菌应用

有益菌是指在使用量达到一定水平时，可以对生物的生理健康和养殖环境产生有益作用的活微生物。目前，水产养殖中常用的有益菌种类包括光合细菌、芽孢杆菌等。有益菌已经在水产养殖实际生产中得到大规模应用，在改善养殖水质、促进养殖动物生长、提高养殖动物抗病力等方面有一定的效果（单洪伟，2013）。芽孢杆菌对养殖对虾环境中的异养细菌和弧菌有一定的抑制作用，有利于维持浮游微藻生物量平稳，净化水质，增强对虾的非特异性免疫力，提高养殖对虾 的成活率和产量（Gatesoupe，1999；Ninawe & Selvin，2009；李卓佳等，2006；曹煜成等，2013）。也有些弧菌则对养殖动物有利，如溶藻弧菌。自 1992 年，厄瓜多尔就把溶藻弧菌作为有益菌，用于对虾育苗生产中，既可缩短孵化时间，又可提高虾苗产量（单洪伟，2013）。

近些年来，生物絮团技术（Bio-floc technique）被国内外众多学者认为是一种零换水、高密度养殖对虾的模式。生物絮团技术模式对病害的防控机理主要有以下四个方面：第一，构建封闭式生物絮团养殖系统，避免引入外源性病原体；第二，生物絮团中微生物与病原菌竞争生存空间和营养物质，从而抑制水体病原菌生长和繁殖；第三，生物絮团中含有多种细菌及其分泌产物，很可能对养殖动物具有促进生长发育和免疫增强作用。第四，系统中较低的氨氮和亚硝酸盐水平也有利于对虾生长和对病害的抵御能力（单洪伟，2013；张许光，2012；徐武杰，2014）。

13.4 养殖鱼类的福利

越来越多的人认识到，在科学研究中应遵循实验动物照护及使用规则，如“3R 原则”，即替代（Replacement）、减少（Reduction）和求精（Refinement）原则。也就是说，在实验中尽可能地使用无知觉的动物替代有知觉的动物，用低等动物替代高等动物；在不影响显著性和精度的情况下应尽可能减少使用实验动物个体的数量；在设计实验程序时，应尽可能减小对动物身体的影响范围、受损伤程度和受损的频率（Macrina，2005）。

尽管其感知程度和方式与高等动物不同，但鱼类能感知痛苦，有类似害怕的状态。因此，一些国家的学者认为，鱼类应与哺乳动物和畜禽动物一样，享有动物福利（Nuffield Council on Bioethics，2005）。已有 100 多个国家制定了有关动物福利的法律、法规。欧盟国家和挪威对鱼类福利十分重视，已制定了针对养殖鱼类福利的法规。该法规的实施将对未来水产养殖及水产品的国际贸易产生重要影响。为此，下面简要介绍鱼类福利和相关研究成果。

13.4.1 养殖鱼类福利指标

动物福利（Animal welfare）是指动物适应其所处的环境，满足其基本的自然需求。英国农场动物福利委员会（FAWC）用“五大自由”评判动物福利，即远离饥渴的自由，舒适生活的自由，免于痛苦、伤害和疾病的自由，表达天性的自由，远离恐惧和悲伤的自由。由此可见，动物福利包含精神、行为和身体机能三个层面的内容，而目前研究较多的是后两个层面的内容。

鱼类福利是动物福利的一种。1986 年，英国将鱼类列为《动物（科学方案）法令》（又称《实验动物法》）保护对象之一。2006 年，《保护农畜欧洲公约》（*European Convention for the Protection of Animals Kept for Farming Purposes*）常务委员会就养殖鱼类福利提出了详细的建议（Council of Europe，2006）。

我国在野生动物保护、实验动物管理、动物运输管理、宠物管理等方面也进行了一些立法或规定工作。2017 年全国畜牧业标准化技术委员会的专家审查通过了《动物福利评价通则》，但目前有关鱼类福利相关法案或规定还未见报道。

硬骨鱼有超过 2.5 万种，用于养殖的鱼类也有近百种。为确保养殖鱼类的福利，首先和最重要的是了解养殖鱼类生物学特性，并据此为其提供适宜的养殖环境。保障实验鱼类和养殖鱼类的福利并不容易，因为涉及的因素很多，如福利指标、水体理化参数、环境的复杂性、鱼类的觅食、放养密度和社会行为等（Tonil et al.，2018）。

1. 福利指标

福利指标是用于评判动物生存舒适度或健康水平的指标。为了保障养殖鱼类的福利，应该选择那些易获得、可靠、采样时不会给鱼类造成过大创伤的指标。福利指标应主要包括受测个体的行为和生理表现。当某种胁迫（Stress）长期存在就会造成养殖鱼类不适时，就可将该胁迫因子作为不良福利的衡量指标。因此，鱼类对某一胁迫的回避程度及其健康程度都可用于评估福利水平。

养殖鱼类的饥饿、疼痛、不适和恐惧可以通过外观、解剖学、行为、生理和生化指标来评估。根据血液和组织参数评估动物福利水平必须采用微创的捕获和采样方式。身体和行为健康状况的评估也要尽可能采用非侵入性方法。例如，使用遥控水下可变焦摄影机对养殖鱼类扰动小，获得的信息也更可信。

鱼类福利的身体指标包括眼睛和皮肤的颜色及其变化（得病时通常颜色变暗）、形态的改变（如鳍被啃咬）、行动迟缓、身体姿势改变、黏液分泌和鳃盖扇动频率的变化等。目前常用于鱼类福利评估的行为学指标主要有：①养殖环境的空间利用、生境选择和养殖环境结构的复杂性；②觅食行为和摄食量的改变；③与放养密度有关的对同种动物的攻击性；④行为的时空模式、分布水层和游泳活动（速度和方向）改变，昼夜节律紊乱等。

皮质醇含量作为鱼类福利特征性生理、生化指标用得最多。有些对生物无侵害的指标也被用于研究鱼类福利。例如，养殖水体中皮质醇含量可作为生物无侵害福利评价指标（李贤和刘鹰，2014）。随着鱼类福利研究的进一步深入，相信会有越来越多更具代表性、更科学的指标被挖掘出来。

2. 水体理化参数

养殖水体的理化特性对鱼类的生活具有直接且重要的影响。影响鱼类福利的水体理化参数包括水体温度、溶解气体（O_2和CO_2）浓度、pH 和盐度，鱼类代谢产生的氨，以及人为来源的化学污染物，如重金属、杀虫剂等。其他因素，如光照、噪声和振动，也会对鱼类福利产生影响。在自然环境中，鱼类可以移动去寻找更适宜的理化环境，而养殖鱼类，特别是实验室设施中的鱼类，活动空间有限，因此，应尽可能为它们提供鱼类福利所需的理化环境状态。维持稳定、良好的水质参数对于获得真实、可重复的实验数据也很重要。

3. 环境的复杂性

环境的复杂性（Complexity）是水产养殖系统设计中需要考虑的一个因素。天然的水下环境是多样化的，这可为水生动物提供隐蔽和感到安全的场所。复杂的环境可以提高养殖鱼类的福利。有数据表明，养殖环境结构的复杂性可以改变鱼类的行为，并可通过缓解胁迫而对鱼类福利和健康起到积极作用（Pounder et al.，2016）。例如，在饲养水体设置遮蔽物可降低欧鲇（*Silurus glanis*）个体间的竞争、攻击性和胁迫水平。此外，环境的复杂性还可以促进养殖鱼类大脑发育，提高其认知能力和觅食技能。

应综合、平衡考虑养殖鱼类的密度和领地性特点来确定是否设置遮蔽物。没有遮蔽物可能会加剧个体间竞争和攻击行为，使福利水平降低；但另一方面，较多的遮蔽物又会挤占水体空间，使高密度个体间竞争和攻击行为加剧，导致福利水平降低。基质特征，尤其是适宜的底色，可以提高鱼类的福利。蓝色和棕绿色基质可降低金头鲷（*Sparus aurata*）幼体的攻击性（Batzina & Karakatsouli，2014）。

因此，应该对每种养殖鱼类生活环境的丰富度（Enrichment）进行评估，包括不同发育阶段的行为特点、领地性和攻击性，避免单调的养殖环境引起的不当鱼类行为。为了正确评价环境丰富度水平，应该多进行一些不同丰富度环境下鱼类行为的对比实验。

4. 鱼类的觅食行为、放养密度和社会行为

鱼类觅食行为、放养密度和社会行为三者间存在相互作用，这些作用反过来又决定了鱼类攻击性的强度。鱼类的社会性常以等级序列与领地性的结合为特征。攻击行为会消耗很多能量，过于强烈的攻击行为可能会损害代谢和免疫功能。此外，攻击性产生了领地性和空间行为，如个体间保持的距离、身体接触和可能的伤害动作。

觅食行为是鱼类福利研究领域中最复杂和被广泛研究的问题之一。物种间觅食行为差异很大，因此不应为所有的养殖鱼类制定一个通用的喂食策略。鱼类的喂食策略，如投喂节律、日粮和投喂时间等，应因种而异。就这方面而言，自主摄食系统可让养殖鱼类自主选择最佳的进食时间和日粮，从而改善鱼类的福利。

放养密度是水产养殖过程中和实验中需要认真考虑的另一个因素。鱼类行为的空间模式经常与放养密度有关。研究表明，游泳活动状态是鱼类受拥挤等胁迫的综合表征，比生长率、代谢率等指标更易观测，且更可信。

养殖水体放养鱼类的数量和重量应适度，以减少攻击行为。鱼类的社会性常建立在社会等级基础上，与食物可得性相关的鱼类密度会影响鱼类的社会交往水平，并因此影响其游泳方式。很明显，觅食行为和放养密度会影响鱼类的社会行为，因此，可用来评估鱼类福利。

13.4.2 鱼类福利的评价方法

评价鱼类福利可采用常规方法或全面评价方法（李贤和刘鹰，2014）。常规方法是采用鱼类生理、生化、行为和养殖环境水质的福利指标评价养殖鱼类的福利水平。然而，单一的福利指标，如皮质醇含量、摄食量、能量消耗量、死亡率、游泳行为等，只能代表鱼类某方面的状况，并不等同于福利状况。鱼类福利水平高，应表现在身体机能可很好地应对一定的胁迫、疾病，可很好地维持内稳态和健康。如果从鱼类身体机能、行为变化等综合考虑鱼类福利，皮质醇等单一指标的变化并不能用以全面评价福利水平高低。

福利全面评估（Overall welfare assessment，OWA）需要用具有代表性、可靠、可测的福利指标建立模型，从而综合评价养殖鱼类福利。目前，采用较多的方法有动物需求指数评价、基于临床观察及生产指标的因素分析评价、畜禽舍饲基础设施及系统评价、风险分析和语义建模（Semantic modelling）评估。Stien 曾采用语义建模方式，通过水温、盐度、溶氧、养殖密度、光照、日死亡率、饵料摄入量、寄生虫等 17 项参数，成功地建立了网箱养殖大西洋鲑的打分制评估模式 SWIM 1.0（Stien et al.，2013）。鉴于不同养殖方式下鱼类生活环境的多变性，全面准确评价鱼类福利水平并不是一项容易的工作。

随着鱼类福利研究的深入，如何改善鱼类福利水平已成为研究热点。目前，养殖密度控制、及时分级（将不同规格的鱼及时分养，可避免残食、胁迫行为）、养殖环境优

化、安全运输、人道屠宰等都是人们关注的问题。

欧盟颁布的《欧洲联盟运作条约》(TFEU)，要求进入欧盟或者在欧盟生产的水产品、动物产品必须确保高水平的动物福利。维持较高的养殖鱼类福利意味着较高的养殖成本投入，同时也意味着养殖鱼类更高的成活率、更高的水产品品质、更强的国际竞争力。提高养殖鱼类的福利水平与增加养殖效益很多时候并不矛盾，有关这方面的认识我们还有大量的研究工作要做。

小　　结

1. 水产养殖动物保健（Health maintenance）是指现有经济条件下的一种养殖状态，该状态下养殖动物的生长、食物转化、繁殖和存活状况最佳，传染、营养和环境性疾病问题最少。动物保健不是简单地针对传染病，而是涉及养殖活动的全过程，目的是通过保持良好水质，避免接触传染性病原体，投喂全价饲料，提高养殖动物健康水平，高效地生产安全的水产品。

2. 养殖环境（E）、宿主（H）、病原体（P）与疾病（D）发生的关系为 $D=H(P+E^2)$。尽管病原体存在和宿主免疫力低下是疾病发生的重要条件，但在病原体几乎无处不在的养殖水体，恶劣环境则是更重要的疾病触发诱因。

3. 环境诱导性疾病是指暴露在不良水质条件下的养殖生物发生的疾病。水产养殖中常见环境诱导因子包括水温、溶解氧、CO_2、pH、NH_3 等。引发水生动物病害的温度阈值接近其生存或耐受温度的阈值。其他水质因子也是如此。

4. 养殖水体受扰动（如换水、消毒、投饵等）后，细菌群落中首先快速发展起来的是 *r*-选择策略种类，之后才是 *k*-选择策略种类，最后形成稳定的 *k*-选择策略种类数量多、*r*-选择策略种类数量少的群落。致病菌多为 *r*-选择策略种类，它们对仔稚鱼和受胁迫的个体影响很大。养殖水体换水前，可将纳入的新水在预处理池中先培育（熟化）一段时间，使 *k*-选择策略种类发展起来，然后再导入养殖水体，可以降低 *r*-选择策略致病菌侵染的风险。

5. 生态防病是指通过生态学手段，如阻断病原体传播途径以避免养殖生物与病原体接触，控制环境条件以提高养殖生物抗病力等，来预防和控制水产养殖生物发生疾病的方式。

6. 动物福利（Animal welfare）是指动物适应其所处的环境，满足其基本的自然需求。已有 100 多个国家制定了有关动物福利的法律、法规。欧盟国家和挪威对鱼类福利十分重视，已制定了针对养殖鱼类福利的法规。

7. 保障实验鱼类和养殖鱼类的福利并不容易，因为涉及的因素很多，如福利指标、水体理化参数、环境的复杂性、鱼类的觅食、放养密度和社会行为等。

第 14 章　水产养殖生产系统的可持续性

14.1　水产养殖系统的多维性　374
14.2　水产养殖的生态足迹　379
14.2.1　生态学效率与生态足迹　379
14.2.2　生命周期评价方法　380
14.2.3　刺参不同养殖系统的生态足迹　382
14.2.4　生态足迹与系统可持续性　385
14.3　水产养殖系统的碳足迹　386
14.4　水产养殖系统的水足迹　388
14.4.1　水足迹及其研究方法　389
14.4.2　不同集约化水平系统的水足迹　389
14.5　水产养殖系统的能值分析　390
14.5.1　能值分析理论　391
14.5.2　三种刺参养殖系统能值分析　394
14.6　水产养殖系统的不确定性和可持续性　396
14.6.1　我国水产养殖发展的不确定性　397
14.6.2　我国水产养殖系统的可持续性　398
14.7　水产养殖系统生态集约化发展　402
14.7.1　水产养殖系统生态集约化方法　402
14.7.2　水产养殖系统生态集约化途径　403
14.7.3　政策建议和展望　407
小结　408

为缓解土地和淡水资源等因素对水产养殖业发展的制约，世界范围内水产养殖系统呈现集约化发展的趋势。但是，以往农业生产的实践已证明，简单集约化发展会在提高生产力的同时产生一系列严重的负面效应，如环境污染、水土流失、农业病害流行等。为此，国际上提出了可持续集约化（Sustainable intensification）概念，即在保护环境、改善养殖者及其雇工及地方社区经济和社会状况、保障养殖生物健康和福利的前提下，高效地生产安全、高质量农产品。鉴于此，可持续集约化也应是水产养殖业发展的模式。

实现水产养殖可持续集约化目标可通过水产养殖系统的生态集约化途径实现，也就是通过发挥水产养殖系统的生态服务功能，来提高养殖系统的产出和综合效益。本章将介绍水产养殖系统的多维性，了解集约化程度与经济效益、水资源、土地依赖、生态足迹等之间的关系，以便我们更好地理解水产养殖系统的可持续性和水产养殖业未来的发展样式。

14.1　水产养殖系统的多维性

随着水产养殖集约化和规模化发展，现代水产养殖系统已不仅具有食物生产、价值增值功能，它与其他系统的相互作用关系逐渐强化，其功能或作用的多维性也更加明显（图 14-1）。水产养殖系统多维性的强化将会影响水产养殖业未来的发展样式。

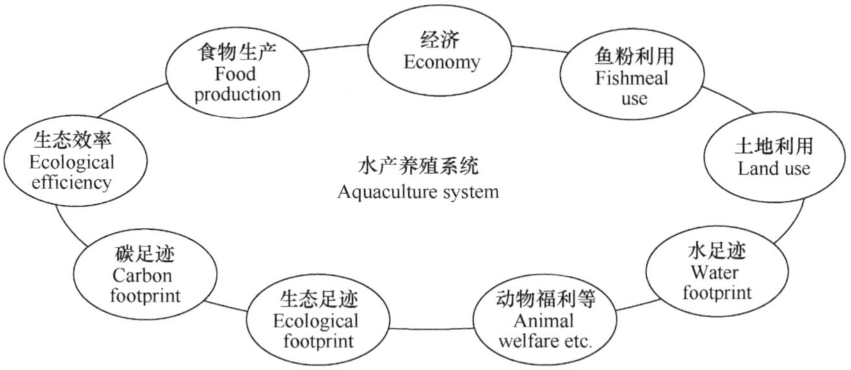

图 14-1　水产养殖系统的多维性

Fig. 14-1　The multi-dimensional nature of aquaculture systems

水产养殖系统的可持续性与经济、社会、资源、环境等众多因素有关。经济和社会因素（如经济发展、食物安全、就业等）会促进水产养殖业发展，资源约束因素（如水域、土地、淡水、鱼粉等）会制约水产养殖业发展，环境因素（如生态足迹、碳足迹、水足迹等）及政策因素也会影响水产养殖业的发展。本节将简要介绍经济因素对水产养殖业的驱动和部分资源因素对水产养殖业的影响。

1. 水产养殖系统的经济功能

现在我们无从考证最早的水产养殖活动是公元前 6000 年中国贾湖遗址地的何人所为，但可以推测，最早出现的水产养殖系统应该仅是为食物生产而建立的。直到后来春秋战国或更早的时期，水产养殖活动达到一定规模后，所生产的鱼类产品除供自己享用外还有了剩余，在已经出现商品流通的社会将这些剩余养殖鱼类“商品”进行买卖就成了自然而然的行为。春秋战国时期范蠡所著《养鱼经》就详细描述了养鲤的池塘条件、人工繁殖方法等，并记有“留长二尺者二千枚作种，所余皆取钱”，可见当时已将养鲤活动作为经济与食物生产结合的活动。因此，最迟在春秋战国时期，水产养殖业就不再仅仅是一种单纯的食物生产活动，它同时也具有了经济活动特征。

20 世纪五六十年代，随着增氧机、浮式网箱和颗粒饲料的应用，水产养殖业开始规模化发展，养殖产量空前提高，开放水域也开始被用来开展水产养殖，表观经济效益（不计环境成本的经济效益）也显著提高。水产养殖系统的经济学性质会促使人们致力于提高（经济）投入产出比，并追求经济利益最大化。这无疑能够推动水产养殖的研究和技术水平的提高，如选择最适宜的养殖种类、使用经济高效饲料、探索最佳养殖密度等。采用高度精养模式的单位面积收入较粗养模式会大幅度提高，每公顷从万元级上升为百万元级（表 14-1）。这是人们热衷于集约化发展的主要内在经济驱动力。然而，简单集约化对野生鱼类资源和环境的负面影响也不可忽视。

作为典型的生态经济学系统，水产养殖系统既是自然生态系统的子系统，又是社会经济系统的子系统，它的发展既受自然禀赋制约，又受经济规律支配。因此，简单地用生态学或经济学方法对其加以研究都会失之偏颇。

表 14-1 6 种养殖系统的年经济效益分析

Tab. 14-1 Annual economic accounting and analysis of six farming systems

系统 Systems	放养密度 /(kg/hm^2) Stocking density	经济总投入 /(¥/hm^2) Total economic input	经济总产出 /(¥/hm^2) Total economic output	单位面积收入 /(¥/hm^2) Income/hm^2	产出投入比 Output input ratio
池塘粗养海参 Extensive pond for sea cucumber	4.60×10^2	1.10×10^5	1.81×10^5	7.02×10^4	1.65
池塘精养草鱼 Intensive pond for grass carp	1.51×10^3	4.81×10^4	5.65×10^4	0.85×10^4	1.17
池塘精养草鲢鲤 Intensive pond for polyculture of carps	1.56×10^3	3.97×10^4	5.95×10^4	1.98×10^4	1.50
对虾池塘半精养 Semi-intensive pond for shrimp	7.92	1.60×10^4	2.94×10^4	1.34×10^4	1.84
流水养殖大菱鲆 Flow-through for turbot	–	1.355×10^6	2.511×10^6	1.156×10^6	1.85
室内精养海参 Indoor intensive sea cucumber culture	1.25×10^4	6.53×10^6	8.00×10^6	1.48×10^6	1.23

2. 水产养殖与野生鱼类资源的联系

水产养殖与野生鱼类资源联系紧密。水产养殖的发展可以缓解人们对野生鱼类资源的捕捞压力。同时，水产养殖的苗种培育设施也可用于培育天然水域和海洋牧场增殖放流的苗种，如果做得好，水产养殖有利于水域野生鱼类资源修复和生物多样性保护。但是，目前人们十分关注的是水产养殖对鱼粉、鱼油的消耗及对野生鱼类资源造成的压力问题，甚至曾称其为“鱼粉陷阱”（Naylor et al.，1998）。

全球水产养殖总产量中投喂养殖的产量比例在上升，从 2000 年到 2016 年上升了 10 个百分点至 69.5%（FAO，2018）。2008 年我国水产养殖中有约 41%的产量靠投饲养殖获得（董双林，2009），到 2016 年则上升为 47%（董双林，2019a）。可见，尽管与全球发展趋势相同，但我国投饲养殖的比例显著低于全世界平均数，这主要得益于海水贝类和淡水鲤科鱼类的养殖。从这方面讲，我国水产养殖是世界上生态效率最高的动物食物生产系统之一（Gui et al.，2018；Larsen & Roney，2013）。

水产养殖投喂的饲料中含有大量由野生鱼类资源制成的鱼粉和鱼油。过去 20 年，世界水产养殖供应链在四方面的重大进展使得水产养殖对野生鱼类资源的依赖性有所减少：杂食性鱼类产量快速增长；吃食性养殖种类的食物转化率显著提高；饲料中大量使用植物蛋白和油脂成分；鱼类加工边角料和副产品的利用（Naylor et al.，2021）。然而，仍不可忽视的是，水产养殖业对世界鱼粉的利用份额从 2000 年的 33%增加到 2016 年的 69%，对鱼油的利用份额从 55%增加到 75%。这主要是养殖规模的扩大和投饲养殖产量比例的增加所致。

国际鱼粉年生产能力在 500 万～700 万 t，其产量主要受海洋现象（如厄尔尼诺等）影响而波动（Boyd & McNevin，2014）。国际有限的鱼粉供应已无法满足水产养殖规模快速扩大和集约化程度提高对鱼粉的需求。这是引发世界鱼粉价格总体上涨的原因。

利用植物蛋白、昆虫、动物产品加工边角料替代鱼粉是减少水产养殖对海洋渔业资源（鱼粉和鱼油）依赖的重要途径。近些年水产饲料中的鱼粉含量减少十分迅速（Boyd & McNevin，2014）。但是，种植农作物也需要淡水，因此，植物蛋白替代鱼粉后养殖水产品的水资源消耗量会相应提高（详见下文）。可见，节水种植替代鱼粉的植物蛋白也很重要。因此，鱼粉替代仍是一个需要深入、系统研究的问题（Mente et al.，2019；Jennings et al.，2016；Powell，2003）。

3. 水产养殖系统的食物生产功能

从生态学营养层次看，水产养殖系统可分为三类，即直接养殖（栽培）植物的系统，如海藻栽培；将植物蛋白转化为动物蛋白的系统，如投草喂草鱼；将低值动物蛋白转化为高值动物蛋白的系统，如投饵料鱼养鳜。前两类系统基本都是净生产食物的系统，而第三类系统则情况多样。主养浮游动物食性的鳙等鱼类的系统具有净生产食物的功能，而投饲料养殖水生动物的系统一般则不是净生产食物的系统。

世界上最重要的 9 种水产养殖动物的饲料转化系数平均为 1.6，但它们平均蛋白质滞留和能量滞留值①仅分别为 0.19 和 0.10（表 14-2），即 19%和 10%。可见，就能量和物质收支而言，投饲养殖并没有净增加蛋白质总量；相反，在生产食物的同时消耗了更多的蛋白质资源。但是，投饲养殖实现了蛋白质升值，表现出了经济增值功能。另外，多数投饲养殖系统是将人们不能食用或不喜食的“饲料”通过养殖动物转化成了经济价值更高且可食的水产品。

表 14-2　养殖动物平均饲料转化系数和滞留值（引自 Jillian et al.，2018）

Tab. 14-2　Mean FCR and retention values of farmed animals (from Jillian et al., 2018)

种类 Species	饲料转化系数 FCR	饲料/可食部重量比 Feed/edible weight	蛋白质滞留 Protein retention	能量滞留 Calorie retention
鲤 Common carp	1.7	3.78	0.15	0.09
草鱼 Grass carp	1.7	3.78	0.18	0.09
斑点叉尾鮰 Channel catfish	1.4	2.87	0.18	0.11
巨鲇 Pangasius catfish	1.4	3.02	0.17	0.09
大西洋鲑 Atlantic salmon	1.3	1.77	0.28	0.25
虹鳟 Rainbow trout	1.3	2.14	0.22	0.16
罗氏沼虾 Giant tiger prawn	1.7	4.25	0.14	0.06
凡纳滨对虾 Whiteleg shrimp	1.7	2.68	0.22	0.09
罗非鱼 Tilapia	1.7	4.17	0.18	0.07
加权平均 Weighted average	1.6	3.08	0.19	0.10
肉牛 Beef cattle	8.0	14.0	0.13	0.07
猪 Pig	3.9	5.34	0.21	0.16
鸡 Chicken	1.9	2.57	0.37	0.27

就饲料转化系数而言，水产养殖动物对饲料的利用率较畜禽更高，但从饲料蛋白质的滞留值看，水产养殖动物与家畜间差异不大，低于家禽（表 14-2）。

提高饲料转化率、降低鱼粉和鱼油添加率及增加使用鱼类加工边角料，降低了水产

① 蛋白质滞留值=(可食部蛋白质重量)/(饲料中蛋白质重量)；能量滞留值=(可食部能量值)/(饲料中能量值)

养殖中野生鱼投入与养殖鱼产量的比值（FIFO）。在全球范围内，2017 年主要吃食性鱼类养殖的 FIFO 平均为 0.28，但虾、鲑、鳟和鳗的 FIFO 还仍大于 1.0（Naylor et al., 2021）。随着整个产业中投饲养殖比例的提高和养殖规模的扩大，水产养殖系统的食物生产功能也在变化。目前，我国和世界水产养殖中投饲养殖比例还在增加，这说明水产养殖系统的经济功能仍在强化。

4. 水产养殖对土地的利用

全球养殖池塘水面面积约为11.7万km^2，加上附属土地和其他陆基水产养殖共占用土地约22.4万km^2，为陆地面积的0.17%（Boyd & McNevin，2014）。水产养殖用地主要是由农用地、滩涂、淡水湿地、红树林土地等改造而来。水产养殖占用的土地除主要修建池塘、进排水沟渠、道路等之外，还需要大量的土地用于生产渔用饲料等。

2018年我国海水池塘面积40.0万hm^2，淡水池塘面积266.7万hm^2，稻田养鱼面积202.8万hm^2，其水产品产出量分别占我国水产养殖总产量的4.9%、44.3%和4.7%。就产量而言，占用耕地资源的池塘养殖占了我国水产养殖的半壁江山。我国的城镇化正在挤压池塘养殖所占空间，而同时，低洼盐碱地改造成池塘和稻田养鱼的面积还在扩大。

由于食性不同，各种水产养殖种类对土地的利用效率有很大不同。例如，生产1t肉食性的虹鳟仅用0.081hm^2池塘，而生产1t杂食性的罗非鱼则需用0.402hm^2池塘（表14-3）。这主要是因为罗非鱼饲料中含有大量需要土地种植的粮食，而虹鳟需要的1350kg饵料鱼则是来自海洋捕捞。可见，罗非鱼对土地依赖性更强，而虹鳟则对野生鱼类资源依赖性更强。

表 14-3 生产 1t 水产品需要种植饲料的土地和饵料鱼量（引自 Boyd & McNevin，2014）

Tab. 14-3 Land required to produce plant meals and live fish needed for fish meal in feed to produce 1t of some aquaculture species (from Boyd & McNevin, 2014)

种类 Species	植物饲料用土地/hm^2 Land area for plant meals	饵料鱼/kg Live fish for fish meals
大西洋鲑 Atlantic salmon	0.074	1350
虹鳟 Trout	0.081	1350
对虾 Shrimp	0.220	1710
罗非鱼 Tilapia	0.402	486
斑点叉尾鮰 Channel catfish	0.388	198

池塘养殖平均生产力约为2.04t/hm^2（包括种植饲料占地），而畜禽养殖的土地（牧场和种植饲料用地）生产力为0.23t/hm^2（Boyd & McNevin，2014）。可见，水产养殖对土地的利用效率较畜禽养殖更高。Froehlich等（2018）的情景分析结果显示，在满足人类对动物蛋白需求的前提下，多消费水产养殖产品可以节约可观的用于生产饲料的土地。尽管水产养殖业的发展靠得更多的是市场行为，政府引导和社会力量宣传对更好地保障食物安全和逐步改变人们的饮食习惯也会起到重要作用。

尽管总体上水产养殖占用耕地并不多，约占地球陆地面积的0.17%（Boyd & McNevin，2014），但公众还是十分关注水产养殖对红树林的破坏和一些集中连片池塘对局部区域环境的影响。另外，池塘养殖与其他生产活动的矛盾也渐显突出。因此，如何提高池塘养殖生产力、如何保持池塘养殖可持续发展等问题仍需认真对待和研究。

5. 水产养殖对水域的利用

地球表面的 70.8%被水覆盖，其中内陆水域面积为 457.8 万 km^2。2010 年全球内陆水产养殖使用了 201km^3 淡水，且主要在我国。2018 年，我国内陆湖泊养殖面积 74.6 万 hm^2，水库养殖面积 144.2 万 hm^2，主要是养殖鱼类。我国海上养殖面积为 114.0 万 hm^2，滩涂养殖面积 59.6 万 hm^2，海水池塘养殖面积 40.0 万 hm^2。海水养殖面积的 60.7%用于养殖贝类，14.4%用于养殖虾蟹类，11.7%用于养殖海参。

我国浅海滩涂可养殖面积约 240 万 hm^2，已基本被利用，局部区域还出现超养殖容量养殖的情况。而我国还有 20m 等深线与 40m 等深线间的海域 3400 万 hm^2（韩立民和王金环，2013），发展离岸或称远海养殖特别是深远海养殖还有很大空间。

6. 水产养殖对环境的影响

第 4 章已介绍了水产养殖与环境的相互作用，但那仅是养殖活动本身对环境的直接影响。其实，水产养殖对环境的影响应该包括从自然界获取原材料和能源，生产养殖产品，存贮、运输、销售产品等环节，直至产品被消费，这一过程的各个环节（“从摇篮到坟墓”）产生的影响。

水产养殖活动对环境的影响是多方面的，不仅仅是富营养化问题，还包括对自然资源的压力（如水、能源和野生鱼类资源等）、排放水引起的生物多样性丧失、生物入侵、遗传变异、疾病传播、全球变暖、水体酸化等。因此，我们需要更全面地评判水产养殖活动对环境影响的方法或工具。下面将介绍水产养殖的生态足迹等问题。

14.2　水产养殖的生态足迹

14.2.1　生态学效率与生态足迹

长期以来，水产养殖系统的生态学效率（系统对投入物质和能量的转化效率）是人们关注的核心内容。人们构建分解、生产、消费功能相平衡的稳定、高效的养殖生态系统，目的是增加养殖系统物质在循环过程中的有效积累。例如，我们对池塘养殖对虾、青蛤、江蓠的混养结构进行了优化（表 9-3 ），使其光合能转化效率比单养系统提高了 6.75 倍，总能转化效率提高了 2.16 倍，投入 N 的利用率提高了 1.45 倍，投入 P 的利用率提高了 2.39 倍。现在人们不仅看重生态效率，还十分关注养殖与周边环境的关系。特别是随着对虾池塘养殖和大西洋鲑网箱养殖的规模化发展，其对周边系统的负面影响引起国际学者的广泛关注。

公众和政府迫切需要定量了解水产养殖生产活动对环境的全方位影响，这也有助于水产养殖业在生产安全食物的同时还要确保环境不被破坏。生态足迹（Ecological footprint）就是更全面认识水产养殖对环境影响的理论与方法之一。

生态足迹是衡量一个人或一群人或某一生产活动对全球自然资源需求的尺度，主要用于量化某一区域或某一产品生产的资源消费和废弃物排放对环境的影响。生态足迹评价并不是对实际生产系统中已经造成的环境影响的评价，而是对环境潜在影响的评价，是一种合理的预期或推算。定量研究生态足迹的常用方法有生命周期评价（Life cycle assessment，LCA）和投入产出分析法等。LCA方法常用于评价某一产品对环境的全方位影响。因此，下面就先简要介绍LCA方法。

14.2.2 生命周期评价方法

1. 生命周期评价的概念

LCA 起源于 1969 年美国研究人员对饮料容器从原材料获取到废弃物最终处理的全过程进行的跟踪与定量分析。20 世纪 90 年代，国际环境毒理学与化学学会（SETAC）将生命周期定义为：产品 “从摇篮到坟墓” 的整个生命周期过程，包括从自然界中获取原材料和能源，经过设计加工等生产过程制造出最终产品，又经过存贮、运输、销售及使用等环节，直至产品报废等全部的生命周期过程（邓南圣和王小兵，2003）。

LCA 所分析和评价的是产品的整个生命周期对环境的影响，是一个面向产品的环境评估工具。LCA 有助于破除“有烟囱才有污染”的末端治理观念，加之技术框架成熟、分析过程规范、定量结果可靠，目前已成为足迹类指标计算的常规方法。

2. 生命周期评价的步骤和方法

LCA 的步骤通常包括相互联系的 4 个部分：目标与范围的界定、清单分析、生命周期影响评价和生命周期解释。

1）目标与范围的界定

目标主要是说明进行 LCA 的原因和应用意图。范围界定则主要描述所研究产品系统的功能单位、系统边界、数据分配程序、数据要求及原始数据质量要求等。目标与范围定义直接决定了 LCA 研究的深度和广度。

2）清单分析

清单分析是对所研究系统中输入和输出数据建立清单的过程。清单分析主要包括数据的收集和计算、量化产品系统中的相关输入和输出。首先是根据所确定的研究范围建立生命周期模型，做好数据收集准备。然后进行数据收集，并根据收集的数据进行计算，汇总得到产品生命周期的清单结果。

3）生命周期影响评价

影响评价的目的是根据清单分析阶段的结果对产品生命周期的环境影响进行评价，是生命周期评价过程中最核心的部分，也是难度最大的环节。它是将清单分析阶段获取的各种废弃物排放对环境的影响进行定性分析和定量评估的过程，也就是确定能源与资源的使用对环境造成的影响。

生命周期评价方法所关注的不是实际发生的环境影响，而是通过一系列的特征化方法将清单分析阶段获取的资源和能源投入数据及废弃物的排放数据应用到不同影响潜势当中，以量化评估各种输入输出项目对环境影响潜势的贡献。对水产养殖系统的评价可以包括全球变暖、富营养化、水体酸化、能量使用、生物资源枯竭、非生物资源枯竭、人类健康损害、臭氧耗尽和光化学氧化剂等方面（表 14-4）。

表 14-4　水产养殖系统生命周期评价的常用影响项

Tab. 14-4　Impact categories commonly used in aquacultural LCAs

影响项 Impact category	特征因子 Characterization factor	标示物 Category indicator	当量单位 Equivalency unit	解释 Interpretation	空间范围 Spatial	时间范围 Temporal
全球变暖 Climate change	全球变暖潜势 GWP	CO_2	$kgCO_2$	大气吸收红外辐射 Atmosphere absorption of infrared radiation	全球 Global	10 年/世纪 Decades/Centuries
富营养化 Eutrophication	富营养化潜势 EP	PO_4	$kgPO_4$	营养积累 Nutrient enrichment	区域/地方 Regional/local	年际 Years
水体酸化 Acidification	酸化潜式 AP	SO_2	$kgSO_2$	酸沉降 Acid deposition	区域 Regional	年际 Years
能量使用 Energy use	能量使用潜势 EUP	MJ	MJ	非再生能源枯竭 Depletion of non-renewable energy resource	区域/地方 Regional/local	世纪 Centuries
生物资源枯竭 Biotic resource depletion	生物资源枯竭潜势 BDP	NPP	kgC	再生资源枯竭 Depletion of renewable resources	区域/地方 Regional/local	年际 Years
非生物资源枯竭 Abiotic resource depletion	非生物资源枯竭潜势 ADP	锑 Sb	kgSb	不可再生资源枯竭 Depletion of non-renewable resources	地方 Local	世纪 Centuries
人类健康损害 Human toxicity	人类健康损害潜势 HTP	1,4-DB	kg1,4-DB	对人的毒性 Toxic to humans	地方 Local	小时/天/年 Hours/Days/Years
臭氧耗尽 Ozone depletion	臭氧耗尽潜势 ODP	CFC	kgCFC	平流层臭氧空洞 Stratospheric ozone breakdown	全球 Global	十年/世纪 Decades/Centuries
光化学氧化剂 Photochemical oxidant	光化学烟雾潜势 POP	C_2H_4	kgC_2H_4	光化学烟雾 Photochemical smog	区域/地方 Regional/local	小时/天 Hours/Days

注：NPP. 净初级生产力；1,4-DB. 1,4-二氯苯；CFC. 含氯氟烃
资料来源：Cao 等，2013
Note: NPP. Net primary productivity; 1,4-DB. 1,4-dichlorobenzene; CFC. Chlorofluorocarbon
Data from Cao et al., 2013

4）生命周期解释

这是 LCA 工作的最后一步，也是基于清单分析和影响评价的结果识别出产品生命周期中存在的主要问题，并对结果进行评估，包括完整性、敏感性和一致性检查，进而给出结论、局限和建议。

LCA 前三个步骤中，每一步都可以独立做出分析结果解释，也可以在完成前三步之后作统一的生命周期结果解释。例如，对清单分析阶段进行结果解释，可理清生产过程中各种投入项的数量关系，确定单位产品所消耗的能源和资源总量。而对整个生命周期评价的结果解释，可识别系统存在的主要问题，包括数据清单的来源（如资源消耗、能源消耗、废弃物排放等）、环境影响指标的选择（如人类健康损害潜势、富营养化潜势等）以及贡献分析（如各种资源、能源、排放对环境影响的贡献）。

14.2.3 刺参不同养殖系统的生态足迹

为查明刺参精养、半精养和粗养模式这三种不同集约化水平养殖系统对环境的影响，2013 年我们对位于青岛的三个不同集约化水平的刺参养殖场进行了调查和研究（Wang et al.，2015b）。

1. 目标和范围界定

为比较三种刺参养殖系统在能源消耗和环境影响方面的差异，该研究的范围界定为从刺参苗到养成至离开养殖场，包括场地建造和刺参养成过程的能源消耗及废弃物排放。场地建造的原料主要包括混凝土、钢材、聚乙烯、聚氯乙烯和砖块等；能源包括用电、燃煤和燃油；排放的废物包括 CO_2、CO、NO_x、SO_2、COD、CH_4、N 和 P。因三种养殖系统所产的成品刺参在后续的批发零售、处理加工等过程不存在差异，故未纳入本研究的范畴。研究假设三种系统中所用的苗种与饲料无差异。定义各系统生产 1t 鲜活刺参为研究的功能单位。

2. 清单分析

收集的实验数据列于表 14-5。室内精养系统中，基建材料包括水泥、钢材、聚氯乙烯、聚乙烯和砖等，而两种池塘养殖系统的建造相对简单，用到少量的混凝土、钢材、聚乙烯和砖。根据调研的实际情况，本研究假设各种建筑原材料的使用寿命为：混凝土 10 年、钢材 10 年、砖 10 年、聚氯乙烯 4 年、聚乙烯 4 年。

表 14-5 三种养殖系统中单位刺参产量（1t）的输入和输出

Tab. 14-5 Inputs and outputs for the production of 1t sea cucumber from three farming systems

项目 Items	单位 Units	室内精养系统 Indoor intensive system	池塘半精养 Semi-intensive system	池塘粗养 Extensive system
整体参数 General system parameters				
总体积 Total culture volume	m^3	500	40 000	40 000
平均放养密度 Average stocking density	kg/m^3	1.250	0.050	0.046
输入 Inputs				
水泥 Concrete	kg/t	1 840	57.1	66.5
钢材 Steel	kg/t	57.8	1.90	2.22
聚氯乙烯 Polyvinylchloride	kg/t	20.0	0.00	0.00
聚乙烯 Polyethylene	kg/t	556	28.6	27.7
砖 Brick	kg/t	111	3.81	4.43
饲料 Feed	kg/t	1 146	53.5	0.00
电 Electricity	kWh/t	10 000	2 857	0.00
煤 Coal	kg/t	8 340	0.00	0.00
燃油 Diesel	L/t	97.0	3.53	3.75
输出 Outputs				
收获物 Harvests	kg	1 000	1 000	1 000
排放氮 N emissions to water	kg/t	80.6	–105	–125
排放磷 P emissions to water	kg/t	90.4	–830	–1106

室内精养系统的用电主要集中在水泵和充气机。燃煤主要用于低温季节保温。辅助性发电机使用柴油。相对于室内精养系统，池塘半精养系统没有聚氯乙烯和燃煤的投入，池塘粗养系统未用到聚氯乙烯、饲料、电和燃煤。三种刺参养殖系统的建筑及养殖管理所用材料的运输半径均假定为 50km。

3. 生命周期影响评估和结果解释

根据生命周期清单数据与环境的相关性，该研究选取了全球变暖潜势、富营养化潜势、酸化潜势、光化学烟雾潜势、人类健康损害潜势和能量使用潜势作为环境影响指标，评估三种刺参养殖系统各环境影响指标造成的潜在影响的程度。三种刺参养殖系统的生命周期影响评价结果列于表 14-6。

表 14-6　三种养殖系统生产 1t 鲜刺参的环境代价

Tab. 14-6　Environmental impacts of 1t of fresh sea cucumber from three systems

项目 Items	GWP/kgCO_2	EP/kgPO_4	AP/kgSO_2	POP/kgC_2H_4	HTP/kg1,4-DB	EUP/MJ
室内精养系统 Indoor intensive farming system						
基建材料 Infrastructure materials	5.00×10^3	2.45×10^{-2}	26.6	5.25×10^{-2}	0.648	3.04×10^4
饲料 Feed	1.60×10^3	57.3	14.3	0.00	0.55	2.06×10^4
能源 Energy sources	1.20×10^4	9.17	1.52×10^2	0.182	1.27	2.84×10^5
合计 Total	1.86×10^4	66.5	1.93×10^2	0.235	2.47	3.36×10^5
池塘半精养系统 Semi-intensive farming system						
基建材料 Infrastructure materials	2.24×10^2	1.07×10^{-3}	1.26	2.60×10^{-3}	0.491	1.28×10^3
饲料 Feed	74.9	2.68	0.669	0.00	2.57×10^{-2}	9.63×10^2
能源 Energy sources	3.15×10^3	2.41	41.4	5.20×10^{-2}	0.163	1.04×10^4
其他 Others		-2.59×10^3				
合计 Total	3.45×10^3	-2.58×10^3	43.3	5.46×10^{-2}	0.68	1.27×10^4
池塘粗养系统 Extensive farming system						
基建材料 Infrastructure materials	2.24×10^2	1.11×10^{-3}	1.23	2.52×10^{-3}	0.491	1.31×10^3
饲料 Feed	0.00	0.00	0.00	0.00	0.00	0.00
能源 Energy sources	12.1	1.13×10^{-2}	6.33×10^{-2}	4.04×10^{-6}	1.27×10^{-5}	1.73×10^2
其他 Others		-3.44×10^3				
合计 Total	2.36×10^2	-3.44×10^3	1.30	2.53×10^{-3}	0.491	1.48×10^3

注：GWP. 全球变暖潜势；EP. 富营养化潜势；AP. 酸化潜势；POP. 光化学烟雾潜势；HTP. 人类健康损害潜势；EUP. 能量使用潜势

Note: GWP. Global warming potential; EP. Eutrophication potential; AP. Acidification potential; POP. Photochemical oxidant potential; HTP. Human toxicity potential; EUP. Energy use potential

全球变暖潜势（GWP）评估 CO_2、CH_4 和 N_2O 等废气在大气层中吸收红外线导致温室效应对环境的影响，用 kgCO_2 当量表示。由表 14-6 中可见，室内精养系统中，能源消耗是全球变暖潜势的主导因素，占 65%。其次是基建材料（27%）和饲料（9%）。燃煤是最主要的能源消耗。池塘半精养系统的情况与此类似，能源消耗、基建材料和饲料对全球变暖潜势的贡献比例分别为 90%、8%和 2%。但在数值上，室内精养系统总的全球变暖潜势值是池塘半精养的 5.32 倍。池塘粗养系统的全球变暖潜势数值是室内精养系统的 1/64，因为池塘粗养系统中未投入饲料、燃煤和用电。也正因如此，粗养系统的基建材料占最大比例，为 96%，能源消耗仅为 4%。

富营养化潜势（EP）包括氮、磷在内的所有导致环境营养水平升高的生源要素对环境的影响，通常以 $kgPO_4$ 当量表示。富营养化可导致水体浮游生物群落结构改变和生物量增加。水域生态系统中浮游生物生物量过高可导致水体溶解氧水平降低。室内精养系统中，饲料是主要的富营养化潜势的贡献者。相反，其他两种池塘养殖系统的富营养化潜势较小。刺参粗养池塘的排水中总氮和总磷的含量低于纳潮进入池塘水中的总氮和总磷含量（Li J W et al.，2013，2011），说明该系统滞留了部分总氮、总磷。因此，刺参池塘养殖系统不仅是水产品生产系统，还是沿岸水质净化系统，是环境友好型养殖系统。

酸化潜势（AP）是度量酸化污染消极影响的指标，包括土壤、地下水、地表水等，以 $kgSO_2$ 当量表示。酸化污染气体主要是 SO_2 和 NO_x。本研究中 SO_2 的排放主要来自混凝土、聚乙烯、聚氯乙烯、燃煤和用电的投入；NO_x 主要来自燃煤、用电和燃油。室内精养和池塘半精养系统中，酸化潜势最大的贡献者为能源消耗，分别占 79%和 87%，主要是燃煤和用电的 SO_2 贡献。而池塘粗养系统的酸化潜势比前两者分别低 33 倍和 8 倍，因为池塘粗养系统没有燃煤和用电的投入。

光化学烟雾潜势（POP）又称次生空气污染，指大气中的氮氧化物和碳氢化合物等一次污染物和其受紫外线照射后产生的二次污染物所组成的混合污染物。光化学烟雾形成潜势用 kgC_2H_4 当量表示。该研究中主要的光化学污染物是 CH_4，其排放主要由聚乙烯、聚氯乙烯、燃油和用电而来。室内精养系统和池塘半精养系统中，能源使用对光化学烟雾形成潜势的贡献呈绝对优势，比例分别为 77%和 95%。池塘粗养系统中，因为没有能源使用的投入，该环境影响指标的主要贡献者为基建材料，比例为 99%，其中以聚乙烯贡献最大。所以建议，池塘养殖系统应尽量减少聚乙烯材质的使用，取而代之以石块、废弃混凝土或砖瓦，以进一步降低其光化学烟雾潜势。

人类健康损害潜势（HTP）或生态毒性包括对人类健康造成影响的毒性物质，以 kg1,4-DB 当量表示。该研究中人类健康损害潜势污染物主要是烟雾和 CH_4。其中烟雾主要为燃煤和发电所产生的悬浮颗粒物；CH_4 则主要来自聚乙烯、聚氯乙烯、燃油和用电。该研究中，室内精养、池塘半精养和池塘粗养的人类健康损害潜势比值为 5.0∶1.4∶1。

能源使用潜势（EUP）是生命周期评价中一个重要的影响因子，单位为 MJ。该研究中，室内精养系统的能源使用潜势分别为池塘半精养和粗养系统的 26 倍和 225 倍。室内精养系统的能源消耗对全球变暖潜势、酸化潜势、光化学烟雾潜势、人类健康损害潜势和能量使用潜势的贡献比例分别为 65%、78%、77%、52%和 85%，相对于基建材料和饲料投入均占绝对优势。

Cao 等（2011）也曾就我国对虾精养和半精养系统的生态足迹进行了研究，结果显示，精养系统的 AP（$kgSO_2$ 当量）、EP（$kgPO_4$ 当量）、GWP（$kgCO_2$ 当量）、能量累积使用量 CEU（GJ）和生物资源使用量 BRU（kgC）数值分别为 43.9、63、5280、61.5 和 60 700，而半精养系统的相应数值分别为 19.4、32.3、2750、34.2 和 36 800。可见，尽管精养系统土地使用量明显比半精养系统少，但其对环境的影响几乎是半精养系统的两倍。这主要是因为前者的用电量、投饲量、排放水营养物浓度都大于后者。这一研究结果与刺参养殖研究的结论相似。

14.2.4　生态足迹与系统可持续性

Cao 等（2013）比较了水产养殖与畜牧业的生态足迹，结果显示，水产养殖产生的环境代价通常比畜牧业小得多（表 14-7）。除鸡肉外，其他畜牧产品都比养殖或捕捞的水产品产生更多的 CO_2，并可导致更严重的酸化和富营养化。牛和其粪便产生的温室气体最多，因此，牛肉的全球变暖潜势最大。此外，牛肉的酸化潜势和富营养化潜势也最高。海洋捕捞和水产养殖的耗电量比畜牧产品大，但海捕产品的富营养化潜势比养殖产品要低得多。总体而言，水产品不仅是优质动物蛋白，还是更好的无公害产品。

表 14-7　生产 1t 鲜农产品和水产品的环境代价

Tab. 14-7　Environmental impacts of 1t of agri-food and seafood products

产品 Product	生产地 Location	GWP/ ($kgCO_2$ eq)	AP/ ($kgSO_2$ eq)	EP/ ($kgPO_4$ eq)	CEU/ (GJ)	土地使用量/ $1000m^2$ Land use
牛肉 Beef	英国 UK	25 300	708	257	40.7	38.5
猪肉 Pork	英国 UK	6 360	395	100	16.7	7.4
鸡肉 Chicken	英国 UK	4 570	173	49	12	6.4
养殖虾 Farmed shrimp	亚洲 Asia	5 250	31	37	54	2.2
养殖鲑 Farmed salmon	欧洲 Europe	2 450	22.4	51.7	43.3	6
养殖鳟 Farmed trout	法国 France	2 270	15.2	38.5	58.8	—
海捕鳕 Wild-caught cod	欧洲 Europe	3 000	—	—	81.3	1390
海捕金枪鱼 Wild-caught tuna	西班牙 Spain	1 800	24	3.7	—	—

注：CEU. 能量累积使用量

资料来源：Cao et al.，2013

Note: CEU. Cumulative energy use

Data from Cao et al., 2013

海捕鱼的土地（海域）使用量大是因海洋中鱼类密度低，每次拖网扫海面积大所致。表中水产养殖产品和畜牧产品使用的鱼粉并没有计算在内，即没有折算成土地面积，如果计算在内的话则情形会大不一样，因为有的水产养殖产品使用的鱼粉非常多，即鱼粉比率高。

陆基循环水养殖系统在富营养化潜势、生物多样性保护方面的表现优于开放养殖系统，但是，其在全球气候变暖潜势、能量消耗等方面的表现则很差（表 14-8）。越南斑点叉尾鮰流水塘养殖系统全球气候变暖潜势异常高，这是因为其饲料中使用了稻米，水稻种植过程中会释放大量温室气体。

Pelletier 等（2009）比较了挪威、英国和智利大西洋鲑养殖的生态足迹，结果表明，挪威养殖鲑的环境代价最低，英国最高。主要原因是饲料配方和饲料利用率的差异，英国所用饲料中使用了更多的鱼粉和鱼油。英国、挪威和智利养鲑的生物资源使用（BRU）分别为 137 000kgC、111 000kgC 和 56 600kgC。

美国对虾养殖酸化潜势、全球气候变暖潜势和能量使用量较我国和泰国对虾养殖都高，但其富营养化潜势最低（邓南圣和王小兵，2003）。这主要是因为美国的养殖系统多为陆基循环水养殖系统，对排放水进行了处理，而且有大量的人工辅助能的投入。

表 14-8 生产 1t 鲜鱼的环境代价

Tab. 14-8 Environmental impacts of 1t of live-weight fish produced

种类 Species	系统 Systems	区域 Locations	AP/ ($kgSO_2$)	EP/ ($kgPO_4$)	GWP/ (kCO_2)	CEU/ (GJ)	BRU/ (kgC)	ADP/ (kgSb)	HTP/ (kg1,4 DB)
鲑 Salmon	袋养 Bag	加拿大 Canada	18	31.9	2250	37.3	—	12.1	639
	流水池 Flow through tank		33.3	31	5410	132	—	—	—
	网围 Net pen		17.9	35.3	2070	26.9	—	—	—
沟鲇 Catfish	流水塘 Flow through pond	越南 Vietnam	48.1	65	8930	13.2			4280
罗非鱼 Tilapia	网围 Net-pen	印度尼西亚 Indonesia	20.2	47.8	1520	18.2	2760	38.1	2580
	流水塘 Flow through pond	印度尼西亚 Indonesia	23.8	45.7	2100	26.5	2700	—	—
鳟 Trout	流水池 Flow through tank	法国 France	13.4	28.5	2020	34.9	28 000	13.9	840
	流水跑道 Flow-through raceway	法国 France	19.2	65.9	2750	78.2	62 200	—	—
	循环水池 Recirculating tank	法国 France	13.1	21.1	2040	63.2	28 100	—	—
海鲈 Sea bass	网箱 Sea cage	希腊 Greece	25.3	109	3600	54.7	71 400	—	—
红点鲑 Arctic char	循环水池 Recirculating tank	加拿大 Canada	63.4	11.6	10 300	233	—	72.5	54 400
大菱鲆 Turbot	循环水池 Recirculating tank	法国 France	48.3	77	6020	291	60 900	—	—

注：BRU. 生物资源使用；ABD. 非生物资源枯竭

资料来源：Cao et al.，2013

Note: BRU. Biotic resource use; ABD. Abiotic depletion

Data from Cao et al., 2013

尽管人们已发表了大量的有关用 LCA 评价水产养殖系统的论文，但在比较、解读这些研究结果时还应十分慎重，因为他们的研究背景差异可能很大，范围（边界）界定、方法学等也可能有所不同。只有在用相同方法比较同一区域、相似背景的研究对象时才可能获得较为精确的分析结果。正像前面已介绍的，为了较为精确地比较精养、半精养和粗养模式对环境的影响，Wang 等（2015b）选择了同位于青岛三个不同集约化水平的刺参养殖场作为研究对象，这样的 LCA 评价才可消除“背景噪声”，获得可比较的数据。

14.3 水产养殖系统的碳足迹

生态足迹可评估与产品生产相关的所有环境影响，而碳足迹（Carbon footprint）则仅用来衡量温室气体的生态足迹。碳足迹是指在人类生产和活动中所排放的与气候变化相关的气体总量，以产生的 CO_2 的量来衡量，其他温室气体如 CH_4 和 N_2O 等均换算成 CO_2 当量（CO_2-e）表示。产品的碳足迹基本上都是用 LCA 方法进行评估。该方法评估的是水产养殖产品整个生命周期的碳足迹，不仅包括所有直接的现场排放，还包括与加工和运输及设施建造等相关的间接排放。

碳足迹的计算方法是将整个过程分成几个层次，用假设的边界分成几个层面。所有层面的全球变暖潜势（GWP）都会增加碳足迹。Pandey 和 Agrawal（2014）给出的计算碳足迹的公式为：

$$总\ GWP（kgCO_2\text{-}e/hm^2）= 排放或移除的\ CH_4 \times 25 + N_2O \times 298 + CO_2$$

$$碳足迹 = \sum(每一层的\ GWP)$$

当然，上述公式中的单位面积碳足迹也可用单位质量碳足迹表示。

王国栋（2014）选择了同位于青岛的三个不同集约化水平的刺参养殖场作为研究对象，分析、比较了它们的碳足迹，目的是比较三者在碳排放视角下的优劣，并提出相应的减少碳排放的措施。该研究范围界定与前面的生态足迹分析基本相同。

根据国内外研究成果（王明新等，2006；Brentrup et al.，2004）确定的刺参养殖系统投入物质的碳排放系数列于表 14-9。尽管 CH_4 和 N_2O 等温室气体的排放量相对较小，但其对于气候变化有着不可忽视的影响。因此该研究选取的温室气体包括 CO_2、CH_4 和 N_2O，计量单位为 $kgCO_2$ 当量。根据 IPCC 2007 年第四次评估报告，CH_4 和 N_2O 的 CO_2 当量系数分别为 25 和 298。

表 14-9　三种养殖系统中资源和能源的碳排放系数

Tab. 14-9　Carbon emission factors of inputs to *Apostichopus japonicus* farming systems

项目 Items	CO_2 系数/kg Emission factor	CH_4 系数/kg Emission factor	N_2O 系数/kg Emission factor
混凝土/kg　Concrete	0.572	0.00	0.00
钢材/kg　Steel	2.10	0.00	1.00×10^{-3}
聚氯乙烯/ kg　Polyvinylchloride	8.87	1.30×10^{-2}	1.70×10^{-4}
聚乙烯/kg　Polyethylene	6.41	1.30×10^{-2}	1.70×10^{-4}
红砖/ kg　Brick	6.15×10^{-2}	1.04×10^{-4}	3.51×10^{-4}
饲料/kg　Feed	0.26	0.00	0.00
电能/kWh　Electricity	1.07	2.60×10^{-3}	6.46×10^{-3}
燃煤/kg　Coal	1.83	8.36×10^{-7}	4.41×10^{-4}
柴油/L　Diesel	3.23	1.54×10^{-4}	2.31×10^{-2}

根据前述计算公式，由表 14-5 投入物质和能源消耗量与表 14-9 各项碳排放系数的乘积加和得到表 14-10，即三种养殖系统中单位刺参产量的碳足迹。在该研究条件下，室内精养、池塘半精养和池塘粗养系统生产 1t 鲜刺参的碳足迹分别为 38 887$kgCO_2$ 当量、9024$kgCO_2$ 当量和 270$kgCO_2$ 当量，比值约为 144∶33∶1。

从表 14-10 中可以看出，室内精养系统中，生产 1t 鲜刺参消耗电能导致的碳排放高达 30 600$kgCO_2$，占总排放量的 78.7%，是该系统碳足迹的主导因素；聚乙烯占总排放量的 9.7%，是另一个主要碳排放源；燃煤和混凝土的碳排放分别占比例 4.7%和 2.7%；饲料的碳排放仅占总量的 0.8%。

对大多数水产养殖种类而言，饲料因含有大量的蛋白质和脂肪而碳排放量较大，但刺参底栖杂食的食性决定了其饵料低蛋白、低脂肪的需求，且宜含一定比例的海泥等（Liu et al.，2009），因此，刺参养殖系统的饲料不是主导系统碳排放的关键点。

池塘半精养系统的情形与之类似，电能的碳排放量占到 96.9%。但在绝对数值上，池塘半精养系统的总碳排放量不足室内精养系统的 1/4。

表 14-10　三种养殖系统生产 1t 鲜刺参的碳足迹（$kgCO_2$ 当量）

Tab. 14-10　Carbon footprints for the production of 1t *Apostichopus japonicus* from the three farming systems ($kgCO_2$-e)

项目 Items	室内精养系统 Indoor intensive system	池塘半精养 Semi-intensive system	池塘粗养 Extensive system
混凝土 Concrete	1 052	32.68	38.03
钢材 Steel	138.6	4.56	5.32
聚氯乙烯 Polyvinylchloride	184.9	0.00	0.00
聚乙烯 Polyethylene	3 773	193.8	187.9
红砖 Brick	18.74	0.64	0.75
饲料 Feed	298.0	13.92	0.00
电能 Electricity	30 600	8 743	0.00
燃煤 Coal	1 840	0.00	0.00
柴油 Diesel	981.5	35.72	37.94
CO_2 总排放量 Total emission	38 887	9 024	270.0

无电能消耗的池塘粗养系统的总碳排放量低至 270$kgCO_2$，仅为室内精养系统总碳排放的 1/144，是池塘半精养系统总碳排放量的 1/33。粗养系统的碳足迹大户是聚乙烯附着基，占总量的 69.6%，混凝土和柴油的比例次之，同为 14.1%。

刺参池塘半精养和粗养系统在基建材料、饲料及能源等方面的碳排放均远低于刺参室内精养系统，即从碳足迹的角度上看，刺参池塘养殖模式明显优于室内精养模式，更符合可持续发展的要求。

刺参室内精养系统的电能投入主要用于深井提水或蓄水池泵水，池塘半精养系统的电能主要用于池塘充氧。为保证刺参的生长和健康状况，二者均不宜在使用量上做削减。但若能使用新能源替代传统能源，如风力发电、太阳能发电等替代传统能源，电能投入的碳排放将大幅降低。

池塘半精养和粗养系统的聚乙烯投入主要是刺参附着基，如果能用其他低碳材料，那么刺参池塘养殖的碳排放量将进一步降低，其可持续发展性也会得到进一步提高。

14.4　水产养殖系统的水足迹

为了满足全球食品需求，农业每年消耗全球约 70%的水资源。2011 年，我国农产品生产、加工对淡水的消耗量已经占我国总淡水消耗的 73.8%，且一半以上与食物生产和交易有关（Zhao & Chen，2014）。我国人均水资源量仅为世界的 1/4，是世界上 13 个最缺水的国家之一。依据国家水安全战略，未来 30 年我国农业用水只能维持零增长或负增长。因此，包括水产业在内的大农业的节水发展任务十分艰巨。

一般认为，海产品生产不消耗淡水资源，是替代陆源动物蛋白、减少潜在水消耗的优质食品（Gepgart et al.，2014）。但是，大多数海水鱼类养殖需要饲料，一些饲料原料的种植或养殖需要消耗淡水，并可能产生污染。我国是全球最大的鱼类养殖、消费国，养殖产量占全球的 69.5%。因此，了解我国水产养殖消耗淡水量及与养殖结构的关系，有助于我们优化水产养殖结构、制定水产贸易策略。本节将简要介绍水足迹概念及其在水产养殖中的应用。

14.4.1　水足迹及其研究方法

水足迹是指一定区域内所有产品和服务需要消费的水资源量（方恺，2015），即凝结在产品和服务中的虚拟水量。这一概念最早由荷兰科学家Hoekstra于2002年提出，其完整概念包括“国家水足迹”和“个人水足迹”两部分。国家水足迹包括用于农业、工业和家庭生活的河水、湖水、地下水，以及供作物生长的雨水。个人水足迹计算的则是一个人用于生产和消费的总水量。我们食用的食物、水果等都是消耗一定量的淡水生产、运输、加工而来的。例如，一个100g苹果的水足迹为70L，1kg玉米的水足迹为900L，1kg小麦的水足迹为1300L，1kg大米的水足迹为3400L，而1kg牛肉的水足迹是15 500L。

水足迹分为三类，即蓝水足迹、绿水足迹和灰水足迹。蓝水足迹是指产品生产过程中地表水和地下水的消耗量；绿水足迹是指生产过程中雨水的消耗量；灰水足迹则是指以现存周围环境水质为基准时，污染物稀释所消耗的淡水量，简单地理解就是，将污染物超标排放水稀释到达标排放水所需水量。

像生态足迹一样，水足迹的计算方法主要有两种，即自下而上的 LCA 法和自上而下的投入产出分析法（IOA 法）。LCA 法是计算国家和地区所评价产品的消费量与单位产品的虚拟水消耗量的乘积，即产品虚拟水消耗总量，是以产品消耗为节点的算法。而 IOA 法则是先计算区域内水资源消耗总量与虚拟水流入量之和，再减去该区域虚拟水流出量，是一种输入减去输出模型算法。

若评价产品的年存积量不变，则两种方法评价结果完全一致；若评价产品的年存积量发生变化，自上而下法的结果会产生一定的偏差。自上而下法的另一个不足之处就是用水和水贸易之间存在一个延迟期。而自下而上法是以实际消费量为依据进行计算，单位产品的虚拟水消耗量具有地域差异性，计算结果更加贴近实际评价过程。因此，自下而上法，即 LCA 法，是目前研究者采用的主要研究方法。

14.4.2　不同集约化水平系统的水足迹

海水养殖看似不消耗淡水资源，其实一些饲料原料的种植或养殖需要消耗淡水。2008年水产饲料的水足迹为31～35km^3，预计2020年将达到71km^3（Tacon et al.，2011）。表14-11列出了几种鱼类饲料中包含的能量和淡水量（Boyd et al.，2007）。从中可见，鲑鳟鱼类饲料中含有大量的鱼油，因此其含能量很高，但其消耗淡水量较少。而罗非鱼饲料中由于含有较多的粮食而消耗淡水最多。

表14-12是不同水产养殖种类或系统的水足迹（Waite & Beveridge，2014）。从养殖种类方面看，非投饲养殖的贝类几乎不消耗淡水（蓝水），同时其还可以净化养殖水体（灰水为负值）；饲料中含有粮食较多的种类，如鲤和斑点叉尾鮰，对蓝水消耗较多；杂食性且能摄食一定量浮游动物的罗非鱼的蓝水和灰水消耗都较少。从养殖系统方面看，粗养系统蓝水消耗较多，灰水消耗较少，而与粗养系统相比精养系统蓝水较少但灰水较多。

表14-11 水产养殖饲料包含的能量和淡水量

Tab. 14-11 Average embodied energy and water in feed for aquaculture species

项目 Items	种类 Species				
	斑点叉尾鮰 Channel catfish	罗非鱼 Tilapia	大西洋鲑 Atlantic salmon	虹鳟 Rainbow trout	南美白对虾 Whiteleg shrimp
能量/(GJ/t) Energy	4.90	5.83	12.48	12.26	9.07
水/(m^3/t) Water	1227	1685	849	502	1116

表 14-12 不同水产养殖种类或系统的水足迹（m^3/kg 蛋白质）

Tab. 14-12 Water footprint for different farming groups and systems in aquaculture (m^3/kg protein)

养殖种类或系统 Farming groups or systems	蓝水消耗 Blue water use	灰水消耗 Gray water use
养殖种类 Farming groups		
双壳贝 Bivalve	0	-148
鲤 Carp	61.4	97
斑点叉尾鮰 Catfish	52.2	97
虾 Shrimp	4.4	104
罗非鱼 Tilapia	15.9	82
养殖系统 Farming systems		
粗养-鱼虾蟹 Extensive-fish & crustaceans	77.2	90
半精养-鱼虾蟹 Semi-intensive-fish & crustaceans	36.0	101
精养-鱼虾蟹 Intensive-fish & crustaceans	33.5	94

2014年，我国养殖鱼类（包括鲢鳙在内24种，占全国总养殖量91%）的水足迹约为$139\times10^9m^3$/年，蛋白质产出约为4.60×10^9kg/年，经济收益约为163×10^9元/年。如果养殖结构得到优化，则水足迹可降低到$128\times10^9m^3$/年，蛋白质产出增加至5.34×10^9kg/年，经济收益增加至181×10^9元/年。依据优化结果，应鼓励鲢、鳙、草鱼等养殖模式的发展（袁琪，2016）。

我国严重缺水，南北方水资源分布又严重不均，因此，我国在水产养殖的布局、贸易和发展中应逐渐强化对水足迹的考虑。

14.5 水产养殖系统的能值分析

水产养殖系统多数是人工干预程度很高的半自然生态系统。该系统中生产、消费、分解、物质循环和能量流动等自然生态系统的重要功能仍然在起作用，在有些系统中甚至起着主导作用。但集约化养殖水体放养动物的生物量很大，使得养殖系统中营养层次金字塔出现严重畸形，因此必须进行人工干预以维持养殖生态系统结构和功能的稳定，如投饲以弥补初级生产量的不足，人工增氧以满足庞大消费者群体和强烈分解作用对溶解氧的需求等。

相对于自然生态系统，水产养殖系统的物质、能量输入和输出量都大得多。随着水产养殖集约化程度的提高，工业辅助能的投入越来越多，自然生态系统服务功能发挥得越来越小。为全面认识水产养殖系统，我们既需要量化和评价水产养殖系统中环境资源的贡献，也需要认识和评价经济活动的贡献。

一个多世纪以来，人们应用能量作为共同的尺度，对各种能量系统进行研究，但传统的分析方法都是对同类别能量（如机械动力能）进行比较分析。水产养殖生态经济系统的能量来源是多种多样的，如太阳光能、电能、饲料和放养苗种所含的生物能等，这些不同来源和形式的能量的“质量”是不相同的，具有很大的等级差异。例如，1 焦耳（J）电能、1J 太阳能和 1J 生物能是不一样的，在对系统进行能量分析中不应该直接将它们相加减。人们一直试图解决这个难题，但很长时间都没有找到令人满意的方法。

20 世纪 80 年代美国著名生态学家、系统能量分析的先驱 H. T. Odum 首创了能值分析理论和方法（Odum，1983），将生态经济系统内流动和储存的不同类型的能量和物质转换为统一标准的能值（Emergy）加以定量研究。能值分析理论和方法可定量分析自然资源对经济发展的贡献，衡量自然资源与人类活动的真实价值。

我国于 20 世纪 90 年代初引入能值理论（蓝盛芳等，2002）。现在，我国已有许多学者开始进行有关研究。近年来，国内外能值分析研究十分活跃，已发表、出版了大量论文和专著，研究内容既有国家和地区资源环境、经济、社会发展方面的能值分析，也有具体生态系统和经济系统的能值分析等。

14.5.1　能值分析理论

能值分析理论是研究生态经济系统的理论和方法，是在传统能量分析的基础上创立的一种新的研究方法。它把各种形式的能量转化为统一的单位。以统一的能值标准为量纲，把系统中不同种类、不可比较的能量转化成同一标准的能值来衡量和分析，综合分析系统的能量流、物质流、货币流等，得出一系列反映系统结构、功能和效率的能值分析指标，从而定量分析系统的功能特征和生态、经济效益。能值理论与分析方法是人类认识自然、社会、经济的新工具，是联系生态学与经济学的桥梁。

1. 能值

能值与能量（Energy）不同。在物理学中，能量通常定义为物体做功的能力。生态系统的环境和生物都采用焦耳（Joule）的能量单位进行能量计算。能值则定义为流动或贮存的能量中所包含的另一类别能量的数量，是产品或劳务形成过程中直接或间接投入应用的一种有效能总量。因各种资源、产品或劳务的能量均直接或间接起源于太阳能，故多以太阳能值（Solar emergy）来衡量某一能量的能值大小，其单位为太阳能焦耳（Solar emjoule，缩写为 sej）。

任何流动或贮存状态的能量所包含的太阳能的量，即为该能量的太阳能值。换言之，某种资源、产品或劳务的能值，就是其形成过程中直接或间接应用的太阳能焦耳总量。例如，1g 雨水的太阳能值约为 1.54×10^4sej，1g 煤的太阳能值约为 4.00×10^4sej，1g 海参苗的太阳能值约为 2.00×10^6sej。

2. 能值转换率

能值转换率（Emergy transformity）即形成每单位物质或能量所含有的另一种能量

的量。能值分析中常用太阳能值转换率，即形成每单位物质或能量所含有的太阳能的量，单位为 sej/J 或 sej/g。某种物质的太阳能值转换率等于其包含的太阳能焦耳除以它的能量或质量。根据各种资源（物质、能量）相应的太阳能值转换率，可将不同类别能量（J）或物质（g）转换为统一度量的能值单位（sej）。常用的太阳能值转换率数值可参见 Odum（1996）、蓝盛芳等（2002）等的著作。应该注意的是，由于各国国情不同，同一物质的能值转换率数值在不同国家会有所不同。

3. 能值理论的基本指标

1）能值/货币比率

复合生态系统的各种生态流均可以用能值来度量，社会经济系统的货币流也可以用能值来度量。能值/货币比率（Emergy/Money ratio）是打通自然子系统与经济子系统的重要参数。用其可将货币换算成能值。

能值/货币比率是某国家（或地区）当年总应用能值（包括可更新资源和不可更新资源）与该国（或地区）国民生产总值（GNP）之比。例如，1983 年美国的能值/货币比率为 3.2×10^{12}sej/\$，中国的为 8.7×10^{12}sej/\$（Odum，1996）。能值/货币比率的大小，反映的是货币购买力的高低。能值/货币比率高，代表单位货币所换取的能值财富多，显示生产过程中使用的自然资源所占的比重大；反之，能值/货币比率小的国家（或地区），其自然资源对经济成长的贡献较小，说明该地区的科技发达，开发程度较高。能值/货币比率可衡量货币流通真正购买力和劳动力实际能力的标准。

2）能值货币价值

能值货币价值（Emergy dollar，缩写为 Em$）是指将生态系统或生态经济系统物质和能量的能值折算成货币，也称为宏观经济价值。其折算方法是能值除以当年能值/货币比率。为了增强不同国家或地区之间的可比性，一般以美元为单位。

3）能值投资率

能值投资率（*EIR*）像下面将要介绍的指标一样是一综合指标，是对生态经济系统中投入和产出的各种能值参数（图 14-2）经过计算获得的指标。

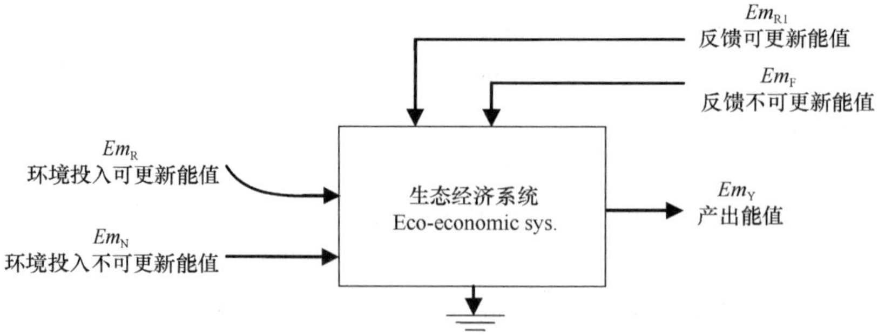

图 14-2　生态经济系统能值投入产出示意图（引自蓝盛芳等，2002）

Fig. 14-2　Input and output of emergy in ecological-economic systems (from Lan et al., 2002)

能值投资率 $EIR=(Em_F+Em_{R1})/(Em_N+Em_R)$。式中，$Em_F$ 为人类经济社会反馈投入的不可更新资源能值；Em_{R1} 为人类经济社会反馈投入的可更新资源能值；Em_N 为自然环境投入的不可更新资源能值；Em_R 为自然环境投入的可更新资源能值。能值投资率也称“经济能值/环境能值比率”，是衡量经济发展程度和环境负载程度的指标，也可用于确定经济活动在一定条件下的效益，并可测知环境资源条件对经济活动的负载率。

4）能值产出率

能值产出率（*EYR*）等于系统总产出能值与社会经济反馈投入能值之比，即 $EYR=Em_F/(Em_F+Em_{R1})$。该指标可以评价系统的产出效率，体现系统利用可更新资源的能力。其值越大说明系统开发利用可更新资源的效率和数量越高。

5）能值自给率

能值自给率（*ESR*）是一个国家或地区的本地资源能值投入（包括可更新资源能值投入和不可更新资源能值投入）与国外或外地输入能值之比，即 $ESR=(Em_N+Em_R)/Em_Y$。

6）环境负载率

环境负载率（*ELR*）为系统不可更新能源投入能值总量与可更新能源投入能值总量之比，即 $ELR=(Em_F+Em_N)/(Em_R+Em_{R1})$。该指标可用以衡量由于不可更新资源的输入和使用，对环境造成的压力和胁迫作用，是考察能量传递和转移过程对环境压力的一个指标，也可看作是生产对生态压力的度量。

7）可更新能源投入率

可更新能源投入率（*RIR*）是系统可更新能源投入能值总量与系统能值投入总量之比，即 $RIR=(Em_R+Em_{R1})/Em_Y$。

8）能值交换率

能值交换率（*EER*）是在交易或购买中交换（获得与给予）能值的比率。这个比率总是相对于一个贸易伙伴来表示的，它衡量一个伙伴相对于另一个伙伴的相对贸易优势。

9）能值可持续指标

能值可持续指标 $ESI=EYR/ELR$。一般发达国家 $ESI<1$，发展中国家在 1～10。

10）能值可持续发展性能指标

能值可持续发展性能指标 $EISD=EYR\times EER/ELR$。可持续发展系统要求其系统能值产出率 *ERY* 与能值交换率 *EER* 的乘积要高，而环境负载率 *ELR* 要低。此公式中 *EYR* 可用能值扩大率 *EAR* 取代。

4.　能值分析的基本步骤和方法

就研究对象而言，能值分析包括国家和地区生态经济系统的能值分析、资源与经济的能值分析、城市或农业生态经济系统能值分析、具体生产系统能值分析等。就研究手段和步骤而言，能值分析包括资料收集、能量系统图的绘制、能值分析表编制、能值综合结构图构建、能值指标体系建立、系统模拟、系统的发展评价和策略分析等。

14.5.2 三种刺参养殖系统能值分析

20 世纪 80 年代开始，H. T. Odum 开始应用能值分析理论对美国及其他一些国家不同系统进行了研究。例如，他利用该理论研究了厄瓜多尔的对虾养殖系统（Odum & Arding，1991）。近些年，对水产养殖种类的研究主要有老虎慈鲷（*Tilapia mariae*）、凡纳滨对虾、大西洋鲑、金头鲷、刺参、鳗鲡（*Anguilla japonica*）、乌鳢（*Channa argus*）、鲻（*Mugil cephalus*）、大口黑鲈、鲢、鳙、草鱼等。另外，有些国内学者还利用此方法比较研究了不同地区的渔业状况，分析了一些养殖系统的可持续性等。

由于世界不同区域间，甚至一个国家的不同地区间，经济发展水平不同，气象、水文等自然条件也可能差异很大，因此其产品、服务的能值也会差异很大。如果不能获得较为精确的产品或服务的能值数据，不同区域间研究结果的比较就较为困难或不精确。

2013 年为查明刺参精养、半精养和粗养系统对环境的影响，同时克服某些地域精确的参数难以获得的困难，Wang 等（2015a）对处于同一区域（经济发展水平和气象、水文条件相似）的三种刺参养殖模式进行了能值分析，以期克服不精确的地域性参数的干扰，更客观地评价室内精养、池塘半精养和池塘粗养三种养殖系统的资源输入、生产力、环境影响、经济收益以及可持续性。

1. 刺参养殖系统的经济效益

表 14-13 列出了三种刺参养殖系统的经济效益。从表中可见，室内精养系统是高投入（6.53×10^6 元）、高产出（8.00×10^6 元）的养殖方式，而池塘粗养系统则是低投入（1.10×10^5 元）、低产出（1.81×10^5 元）的养殖方式。然而，室内精养系统的产出投入比（1.23）比池塘粗养的（1.65）要低。半精养系统则介于两者之间。

表 14-13 刺参三种养殖系统的经济计算分析

Tab. 14-13 Annual economic accounting and analysis table for *Apostichopus japonicus* farming systems

项目 Items	单位 Unit/hm^2	室内精养参 Indoor	半精养参 Semi-intensive	粗养参 Extensive
放养密度 Stocking density	kg	1.25×10^4	4.95×10^2	4.60×10^2
经济总投入 Total economic input	元	6.53×10^6	1.31×10^5	1.10×10^5
经济总产出 Total economic output	元	8.00×10^6	2.10×10^5	1.81×10^5
单位面积收入 Income per unit area	元	1.48×10^6	7.93×10^4	7.02×10^4
产出投入比 Output input ratio		1.23	1.60	1.65

2. 能值计算与分析

能值资源分为可更新资源投入与购买资源投入两大类。前者包括太阳能、风能、雨能、潮汐能和沉积物积累作用，后者包括参苗、电能、燃煤、直接劳动力、租金、维护费用、用药及饲料等。表 14-14 中列出了三种刺参养殖系统的能值计算数据。

表 14-14　工厂化养刺参、池塘半精养和池塘粗养刺参系统的能值计算表[sej/(hm²·年)]

Tab. 14-14　Emergy accounting table for indoor, semi-intensive and extensive culture systems for sea cucumber [sej/(hm²·yr)]

项目 Items	室内精养参 Indoor	半精养参 Semi-intensive	粗养参 Extensive
可更新资源能值 Local renewable resource input			
1. 太阳辐射 Solar radiation	\	3.42×10^{13}	3.42×10^{13}
2. 风 Wind	\	1.40×10^{12}	1.40×10^{12}
3. 降雨 Rain	\	5.70×10^{14}	5.70×10^{14}
4. 潮汐 Tides	\	6.51×10^{15}	6.51×10^{15}
5. 沉积积累 Sediment accumulation	\	6.39×10^{16}	6.39×10^{16}
购买资源投入 Purchased resource input			
6. 苗种 Fingerlings	2.05×10^{15}	8.12×10^{13}	7.54×10^{13}
7. 电 Electricity	2.88×10^{17}	2.16×10^{15}	\
8. 煤或油 Coal or oil	3.38×10^{17}	\	\
9. 劳力 Direct labor	1.92×10^{18}	1.92×10^{16}	1.44×10^{16}
10. 租赁 Rent	1.92×10^{18}	5.76×10^{16}	5.76×10^{16}
11. 维护 Maintenance	1.09×10^{18}	1.44×10^{16}	4.80×10^{15}
12. 药 Pesticide	9.90×10^{17}	\	\
13. 饲料 Feed	1.76×10^{18}	8.64×10^{15}	\
14. 捕捞 Capture	\	1.33×10^{16}	1.14×10^{16}
总能值 Total emergy	8.31×10^{18}	1.73×10^{17}	1.59×10^{17}
经济收益 Economic returns	1.54×10^{19}	4.03×10^{17}	3.47×10^{17}

室内精养、池塘半精养和池塘粗养系统的总能值分别为 8.31×10^{18}sej/(hm²·年)、1.73×10^{17}sej/年和 1.59×10^{17}sej/年。室内工厂化精养系统中，劳动力、租金和饵料三项投入能值的数量级相同，高于其他购买资源投入。刺参工厂化养殖过程中，需要大量劳动力投入。精养系统的租金资源投入在三种系统中是最多的。

三种养殖系统中几种能值评估指标计算结果列于表 14-15。能值产出率（*EYR*）是总能值与购买的不可更新投入能值的比值，是系统利用可更新资源能力的体现。刺参粗养系统的 *EYR* 最高（2.06），半精养池塘系统居中（1.90），室内工厂化系统最低（1.18）。可见，随着刺参养殖系统集约化程度的提高，其对可更新资源的转化率降低。室内工厂化系统的 *EYR* 接近 1，说明该系统只能转化少量的可更新资源，而更多的是依靠高能量物质的投入。

如果不考虑经济因素来评估环境能量流动，就不可能更好地利用自然资源，也不可能获得管理决策所需的理论分析。能值交换率（*EER*）是一个表达所研究系统与市场关系的指标，也表示在一个交易或者买卖中，能值的交换比率。交易中获得较多能值的一方往往得到了较多的实物收益或者较大的经济利益。该研究中室内精养、池塘半精养和粗放养殖系统的 *EER* 分别为 1.85、2.11 和 2.17（表 14-15），即系统分别获得了 85%、111%和 117%的能值利益。从这一视角看，粗放养殖系统的能值获益明显高于室内精养系统。

表 14-15　三种刺参养殖系统能值指标的比较

Tab. 14-15　Comparison and evaluation of emergy indices for three farming systems of *Apostichopus japonicus*

项目 Items	工厂化养参 Indoor	半精养参 Semi-intensive	粗养参 Extensive
经济收益总能值/(sej/年) Emergy of economic value from outputs	1.54×10^{19}	4.03×10^{17}	3.47×10^{17}
可更新能值/(sej/年) Renewable emergy flow	1.28×10^{18}	9.04×10^{16}	8.19×10^{16}
不可更新能值/(sej/年) Nonrenewable emergy flow	7.04×10^{18}	1.01×10^{17}	7.74×10^{16}
系统总能值/(sej/年) Total emergy flow	8.32×10^{18}	1.91×10^{17}	1.59×10^{17}
能值产出率（*EYR*）Emergy yield ratio	1.18	1.90	2.06
环境承载率（*ELR*）Environmental loading ratio	5.50	1.12	0.94
能值可持续指标（*ESI*）Emergy sustainability index	0.21	1.70	2.18
能值交换率（EER）Emergy exchange ratio	1.85	2.11	2.17
能值可持续发展性能指标（*EISD*）Emergy index for sustainable development	0.40	3.58	4.74

环境承载率（*ELR*）体现了系统对环境的压力，是评估环境的重要指标。环境承载率是由于生产活动而产生的对环境的压力，与可更新资源的比例直接相关。*ELR* 的数值高，通常意味着能值利用中伴随着对环境较大的压力。该研究中，室内精养系统的 *ELR* 为 5.50，约是池塘粗养系统（0.94）和池塘半精养系统（1.12）的 5 倍，这表明，室内精养系统对环境的压力要明显大于其他两种养殖系统。

能值可持续指标（*ESI*）是一个综合比值，表示能值利益与环境压力之间的关系。换言之，能值可持续指标表示一个过程或者系统是否提供了可持续的贡献。能值可持续指标综合兼顾了生态与经济因素，其越大，一个系统或者过程的可持续性越强。该研究中，池塘粗养系统具有较高的可持续性（*ESI*=2.18），半精养系统（1.70）次之，而室内精养系统的 *ESI* 数值最低，为 0.21。这说明，室内精养系统的可持续性最差。

能值可持续发展性能指标（*EISD*）与能值可持续指标相辅相成，考虑了产品在市场中的交易因素，测定在时间和空间上具有复杂特点的研究对象的可持续性。该研究中，粗养和半精养池塘 *EISD* 分别为 4.74 和 3.58，也都远远高于室内精养系统的 *EISD*(0.40)。

据报道，金头鲷（Vassallo et al.，2007），鲑（Odum，2001）和罗非鱼（Brown & Bardi，2001）的 *EYR* 分别为 1.20、1.23 和 1.02。这些养殖方式的 *EYR* 与刺参室内精养系统的 *EYR*（1.18）数值基本相同。从环境承载和可持续性方面看，集约化程度越高的系统对环境的压力越大，越不符合可持续要求。

14.6　水产养殖系统的不确定性和可持续性

在土地和水资源约束日趋紧张的大背景下，过去几十年世界水产养殖系统一直呈现集约化发展的趋势。然而，农业发展的实践已表明，简单的集约化发展往往会在提高生产力的同时产生不可忽视的负面作用（Tilman et al.，2011）。我国是水产养殖生产大国，但由于环境挑战和资源约束，我国水产养殖未来的发展存在很大的不确定性，这种不确定性会对世界水产品供给、消费和价格产生重大影响（FAO，2018）。为保持我国水产养殖稳定、持续发展，首先需要对我国水产养殖系统可持续性有一个清晰的认识，并在系统水平上制定整体解决方案。

14.6.1　我国水产养殖发展的不确定性

全球人口预计将从 2017 年的 76 亿增加到 2050 的 98 亿（United Nations，2017），如何养活全球不断增长的人口对人类社会是一个严峻的挑战。为了满足人们对水产品的预期需求，2050 年全球水产养殖年产量将需要增加到 1.4 亿 t（表 14-16）。不容乐观的是，目前全球每年有 500 万～700 万 hm^2（0.6%）的耕地和池塘因工业化和城镇化被蚕食，同时，水产养殖对环境的负面影响也已到了不容忽视的程度。

表 14-16　水产养殖产量增长面临的主要环境挑战和资源约束（引自 Ahmed et al.，2019）

Tab. 14-16　Major environmental challenges and resource constrain for increasing aquaculture production (from Ahmed et al., 2019)

项目 Elements	环境挑战和资源约束 Environmental challenges and resource constrain
水产养殖 Aquaculture	2050 年全球水产养殖产量需求将达 1.4 亿 t Global aquaculture production will need to reach 140 million tons in 2050
捕捞 Capture fisheries	2030 年全球捕捞产量将稳定在 9300 万 t Global capture fisheries will likely be stable at 93 million tons by 2030
土地需求 Land requirement	2050 年水产养殖将占用 4400 万 hm^2 土地 Aquaculture will occupy 44 million ha of land in 2050
淡水需求 Water demand	2050 年水产养殖将利用 469 km^3 淡水 Aquaculture will use 469 km^3 of freshwater in 2050
淡水富营养化 Freshwater eutrophication	2050年与水产养殖相关的淡水富营养化将达89万t P当量 Aquaculture-related freshwater eutrophication will reach 0.89 million tons P-e in 2050
海洋富营养化 Marine eutrophication	2050年与水产养殖相关的海水富营养化将达320万t N当量 Aquaculture-related marine eutrophication will reach 3.2 million tons N-e in 2050
营养物排放 Nutrient release	2050 年海水养殖营养物排放将较 2013 年增加 6 倍 Nutrient release from mariculture will increase up to sixfold by 2050
生物资源 Biotic depletion	2050年用于加工水产养殖饲料的野生鱼（鱼粉和鱼油）将需要4700万t Demand for wild fish to produce fishmeal and fish oil for aquafeeds will need 47 million tons in 2050
温室气体排放 Greenhouse gas emissions	2050 年与水产养殖相关的温室气体排放将达 7.76 亿 t 二氧化碳当量 Aquaculture-related GHG emissions will reach 776 million tons CO_2-e in 2050

2018 年，世界水产养殖动物产量为 8210 万 t，不包括 3240 万 t（鲜重）的水生植物，总产值为 2636 亿美元。2001～2018 年水产养殖产量年均增长率为 5.3%，但由于近几年我国水产养殖增速大幅放缓，世界水产养殖产量 2017 年和 2018 年的年增长率仅分别为 4.0%和 3.2%。

《中华人民共和国国民经济和社会发展第十三个五年规划纲要》提出，牢固树立和贯彻落实创新、协调、绿色、开放、共享的发展理念，加快转变农业发展方式，走产出高效、产品安全、资源节约、环境友好的农业现代化道路。考虑到一些严厉的环保政策已在我国开始实施，联合国粮农组织预测，在无规划（不严格实施环保政策）、基线和全规划（严格实施环保政策）的情景下，到 2030 年中国水产养殖产量将分别较 2016 年增长 24.7%、31.1%和 36.5%（FAO，2018）。相应地，受中国的影响全球水产养殖产量到 2030 年在三种情景下将分别增长 38.3%、36.7% 和 34.8%。可见，我国水产养殖发展存在更大的不确定性，并会对世界产生显著影响。

根据我们的估算，如果按照过去 10 年的轨迹，即遵循严格的环境保护政策，到 2030 年，我国的水产养殖产量将比 2016 年仅增长 15.4%。然而，如果按照过去 20 年相对宽松的环境保护政策的轨迹，到 2030 年将比 2016 年增长 28.4%。

过去 25 年，我国水产品在价值上是贸易顺差，但数量上总体是贸易逆差。由于国内对水产品的需求强劲，如果未来我国水产养殖的增长率大幅下降，我国将成为水产品贸易逆差大国。因此，我国水产养殖业实现稳定且可持续发展不仅对我国，对世界都十分重要。

14.6.2 我国水产养殖系统的可持续性

过去 30 年，我国水产养殖动物产量从 1989 年的 545 万 t 增长到 2018 年的 4756 万 t，增长 7.73 倍。2018 年，我国水产养殖肉产量（可食用部分产量）中 84.9%来自内陆水产养殖系统，63.4%来自投饲养殖系统。2000～2018 年，我国投饲养殖的水产养殖产量占水产养殖动物总产量的比例增长了约 11%。我国水产养殖种类最多，养殖系统也最为多样，但养殖产量最高的在内陆是低营养水平鲤科鱼类池塘养殖，在海水则是滤食性贝类近岸养殖。

根据投喂策略、水体类型和水环境，我国主要水产养殖系统可大致划分为 10 类（表 14-17）。在大水体的养殖活动，如内陆大水域投喂养殖（FAL）、内陆大水域非投喂养殖（nFAL）、近岸投喂养殖（FEN）和近岸非投喂养殖（nFEN），对水质比较敏感。这些养殖活动的污染物排放一般是被禁止或受到严格限制。在小型、家庭或集体所有水域（池塘、水池等）的养殖活动，如池塘投喂养殖（FAP）、池塘非投喂养殖（nFAP）和陆基循环水养殖系统（RAS），通常对利润敏感，较高的经济效率对它们来说至关重要。而稻田养鱼（PFA）、低洼盐碱地养殖（SALA）和远海投喂养殖（FOA）在我国则是政策敏感性养殖活动，是政府和学者们目前鼓励发展的养殖方式。

表 14-17　我国 10 类水产养殖系统的特点和生态足迹

Tab. 14-17　Main characteristics and ecological footprints of the 10 major aquaculture production systems in China

系统 Systems*	nFEN	nFAL	nFAP	PFA	FOA‡	RAS	SALA	FAL	FAP	FEN
产值（百万元）Production value (mCNY)	242.87	31.95	51.76	43.57	11.88	35.20	20.61	8.64	402.98	46.73
肉产量/百万 t Edible food production (mt)†	1.73	2.83	4.52	2.03	0.13	0.41	1.23	0.59	17.04	0.51
增长率/% Growth growth‡	5.8	2.8	4.3	7.1	15.7	8	3.8	-7.0	4.4	5.7
COD 污染/(g/kg) Pollution	0	0	0	2.18	85.9 (59.9～154)	60.4 (2.28～227)	37.1 (6.35～126)	38.8 (2.54～196)	34.1 (2.18～276)	97.3 (59.9～154
鱼粉消耗份额 Fishmeal consumption portion	0	0	0	0.01	0.03	0.11	0.05	0.01	0.68	0.12

续表

系统 Systems*	nFEN	nFAL	nFAP	PFA	FOA‡	RAS	SALA	FAL	FAP	FEN
水足迹/(m^3/kg) Freshwater footprint	0	0	2.83 (1.66～5.04)	0.01	1.6 (1.1～2.2)	1.50 (0.71～8.73)	5.22 (3.89～11.5)	2.49 (1.40～11.8)	4.91 (0.95～47.15)	1.6 (1.10～2.20)
土地占用/(m^2/kg) Land use	0	0	0.178	0	0	0.116	0	0	0.132	0
能量消耗/(kWh/kg) Energy consumption	0.017	0.017	0.37	0.017	3.16	8.66	0.37	3.16	0.37	3.16

† 将水产品鲜重数据转化为可食用水产品肉重的平均转化系数为：鱼 1.15（去内脏）、甲壳类 2.80（去皮）、软体类 6.0（无壳）。‡2009～2018 年产量年平均增长率

† The average major species group conversion factors used for converting whole live weight aquatic food product data to edible aquatic meat were as follows: fish 1.15 (gutted, head-on), crustaceans 2.80 (tails/meat, peeled), and molluscs 6.0 (meat, without shells). ‡ Average annual growth rates of production from 2009 to 2018. * nFEN: non-fed nearshore aquaculture; nFAL: non-fed aquaculture in large inland waters; nFAP: non-fed aquaculture in ponds; PFA: paddy field aquaculture; FOA: fed offshore aquaculture; RAS: recirculating aquaculture systems; SALA: waterlogged salt-alkali land aquaculture; FAL: fed aquaculture in large inland waters; FAP: fed aquaculture in ponds; FEN: fed nearshore aquaculture.

我国水产养殖系统的生态足迹差异很大。一般而言，非投喂养殖系统，如近岸非投喂养殖和池塘非投喂养殖，在化石能源消耗、养殖污染和鱼粉消耗方面具有较小的生态足迹。就产值而言，我国非投喂养殖系统的产量占水产养殖总产量的 36.4%。相比之下，一些集约化养殖系统，如陆基循环水养殖和近岸投喂养殖系统，具有较大的生态足迹。池塘投喂养殖在产量和产值方面看是我国最重要的养殖系统，也是鱼粉、淡水和耕地的最大消费者或用户。近岸非投喂养殖是我国第二大水产养殖系统，也是一种碳汇养殖系统。近岸水产养殖是我国捕捞渔民转产、转业的主要领域之一。然而，近岸拥挤的网箱已经出现富营养化、鱼病等问题，近岸养殖向离岸养殖、深远海养殖发展已是大势所趋。

在经济利益驱动和政策鼓励或限制下，我国稻田养鱼在过去十年发展迅速，而内陆大水域投喂养殖正在被取缔。稻田养鱼是许多国家传统的综合养殖系统，该系统中养殖动物与种植的水稻共享水和土地资源，可使水产养殖和农业双赢，并通过鱼和水稻间的互利效应减少环境负担。然而，养鱼比例过大可能会导致养殖废物积累和排放。

我国有约 3500 万 hm^2 盐碱地，其中 300 万 hm^2 以上低洼盐碱地可以开发成基塘养殖系统。低洼盐碱地基塘养殖系统不仅开发了我国大量荒废的土地资源，还构成池塘与台田互利的发展格局。但随着基塘养殖规模的扩大，次生盐渍化问题应该受到关注。

各类水产养殖系统的可持续性评估是一个复杂的多指标决策问题（图 14-3）。水产养殖系统的可持续性与环境、资源、经济和社会因素有关。在我国影响水产养殖可持续性的社会和经济因素主要包括食物安全、食品安全、就业、经济增长等；环境因素主要包括污染、生态风险、非化石能源消耗（二氧化碳排放）等；资源因素主要包括土地、淡水、鱼粉等。另外，政策因素在短期内对产业发展也很重要。水产养殖的整体可持续性取决于每个养殖系统的可持续性，涉及 11 个指标，分为三个层次，可用运筹学中的层次分析方法（AHP）评估（Saaty & Vargas，2012）。

评估每个养殖系统可持续性涉及各种相互冲突的指标，即一些社会和经济因素趋向于推动水产养殖业发展。然而，另一些因素，主要是环境和资源因素，会抑制水产养殖业发展。影响我国 10 类水产养殖系统可持性的 11 个指标中有些是可测并已获得的指标，

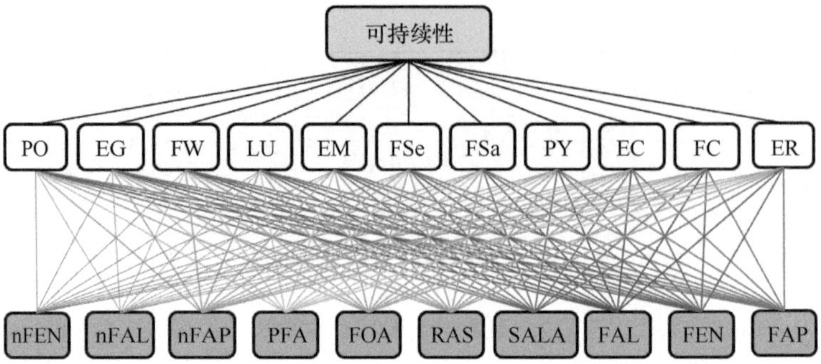

图 14-3 水产养殖系统可持续性三层次分析决策模型：目标、指标和生产系统（彩图请扫封底二维码）
EC：能源消耗；EG：经济增长；EM：就业；ER：生态风险；FC：鱼粉消耗；FSa：食品安全；FSe：食物安全；FW：淡水消耗；LU：土地占用；PO：养殖污染；PY：政策

Fig. 14-3 Analytic hierarchy process (AHP) decision model for sustainability ranking of aquaculture production systems (APSs) with three levels: goal (sustainability), criteria, and APSs
EC: Energy consumption; EG: Economic growth; EM: Employment; ER: Ecological risk; FC: Fishmeal consumption; FSa: Food safety; FSe: Food security; FW: Freshwater consumption; LU: Land use; PO: Aquaculture pollution; PY: Policy

如能源消耗、经济增长、鱼粉消耗、食物安全、淡水消耗、养殖污染和土地占用等 7 个指标（表 14-17），而另 4 个指标则是不易测或还没有获得的指标，如生态风险、食品安全、政策和就业等。为此，我们邀请了国务院学位委员会学科评议组水产学科组专家、中国海洋湖沼学会养殖生态学分会专家，加上邀请的食品安全、经济和管理专家及企业家、非政府组织代表等共 30 位，就经济贡献、食物安全、食品安全、就业、土地占用、淡水消耗、鱼粉消耗、养殖污染、能耗、生态风险（逃逸、病害传播等）和政策等 11 个指标对水产养殖业可持续发展的重要性进行两两比较、矩阵，并对 10 类养殖系统的可持续性进行上述 11 个指标下的排序，经层次分析方法处理后（Saaty & Vargas，2012）的结果见图 14-4。专家认为，养殖污染、经济增长、食品安全、淡水消耗和土地占用等 5 项指标对我国水产养殖的可持续性影响最大，这也反映了我国水质环境恶化、淡水和耕地资源短缺的实际情景。

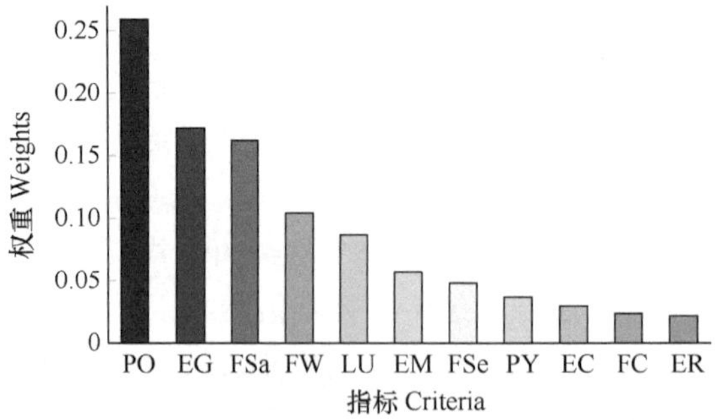

图 14-4 影响水产养殖可持续性指标的重要性排序（彩图请扫封底二维码）
Fig. 14-4 Criteria rating with respect to aquaculture sustainability

我国 10 类主要养殖系统各有特点，它们 11 个指标的权值见图 14-5A～C。与其他 8 类养殖系统相比，近岸非投喂养殖（nFEN）系统和内陆大水域非投喂养殖（nFAL）系统指标总体上处于最佳状态。与其他陆基水产养殖系统相比，RAS（图 14-5C）在生态风险、土地占用和淡水消耗方面优势明显，但在鱼粉消耗、经济增长和就业等指标方面缺陷突出。

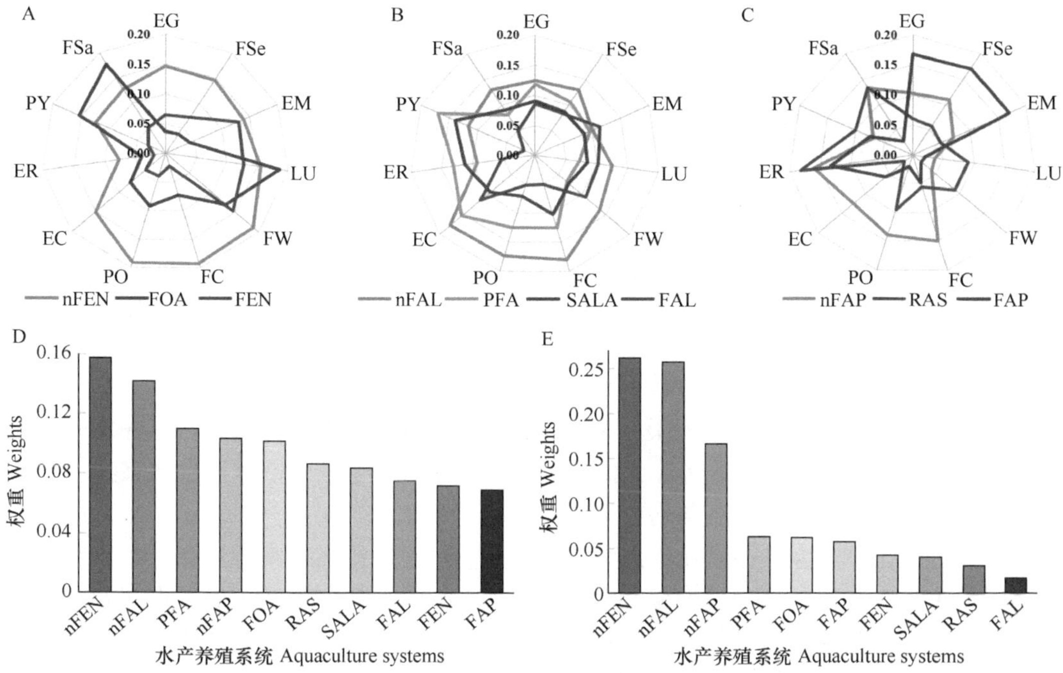

图 14-5　我国主要水产养殖系统的指标权值星状图和可持续性权重（彩图请扫封底二维码）

A. nFEN、FOA 和 FEN 系统各指标的权值；B. nFAL、PFA、SALA 和 FAL 系统各指标的权值；C. nFAP、RAS 和 FAP 系统各指标的权值；D. 利用专家打分数据评估获得的各养殖系统权重；E. 利用客观数据评估获得的各养殖系统权重

Fig. 14-5　Multidimensional characteristics and sustainability weights of each aquaculture systems in China

A. Local weights of nFEN, FOA, and FEN with respect to each criterion; B. Local weights of nFAL, PFA, SALA, and FAL with respect to each criterion; C. Local weights of nFAP, RAS, and FAP with respect to each criterion; D. Sustainability weights of each APS evaluated using the expert AHP; E. Sustainability weights of each APS evaluated using the objective AHP

利用基于专家打分的层次分析法（Expert AHP）计算获得的各养殖系统整体可持续性权重如图 14-5D 所示，其中 nFEN 和 nFAL 的可持续性权重很高，而 FAL、FEN 和 FAP 的权重在各养殖系统中排序垫底。基于实测数据的客观层次分析法（Objective AHP）使用了 7 个客观指标数据（表 14-17），它们涉及社会经济（食物安全和经济增长）、环境[水产养殖污染和能源消耗（与温室气体排放有关）]、资源（鱼粉消耗、淡水消耗和土地占用）。客观层次分析法的结果表明，10 个系统可明显地分为 2 个组（图 14-5E），且非投喂养殖系统整体上可持续性权重高于投喂养殖系统。

我国水产养殖种类总体上营养级比较低，因此我国水产养殖业被认为是世界上生态效率最高的水产养殖业之一（Gui et al.，2018；Larsen & Roney，2013）。然而，从可持续发展的角度看，我国各类养殖系统仍然存在诸多问题。为保障我国水产养殖业的可持续发展，我们还有很多工作要做。

由于我国人口还在持续增加，生活水平不断提高，人们对优质水产品的需求也在增加。这意味着，我国水产养殖业的发展不能回到生态效率较高但产量较低的粗放型养殖模式，同时，我们也不简单地进行集约化发展，因为简单的集约化发展也存在明显的缺陷。水产养殖系统的生态集约化发展应是我国水产养殖业发展的主要途径。

14.7 水产养殖系统生态集约化发展

14.7.1 水产养殖系统生态集约化方法

水产养殖系统生态集约化（Ecological intensification of aquaculture system，ELIAS）是一种通过人工投入与水产养殖生态系统服务功能（Ecosystem service of aquatic ecosystem）有机结合（综合）提高养殖产量和增进综合效益的方法。ELIAS 强调，在保护环境、促进经济社会发展的前提下，高效地生产安全的水产品。生态集约化追求的是增产、节能（低碳）、减排多因素综合效益的最大化（董双林，2015a）。

生态系统服务被定义为给人类带来利益的过程或条件（Daily，1997），并被分为四个类别，即供应服务、调节服务、支持服务和文化服务。由于水产养殖生态系统具有很高的多样性，多种生态系统服务功能可被用来服务于水产养殖生产（表 14-18），以提高养殖系统的产出和效益。在农业生态系统中，人们常通过提高和维持农业生态系统的生物多样性来提高和维持系统的产量和效益（Bommarco et al.，2013）。对于水产养殖生态系统，综合养殖也是利用了增加混养种类，并借助主养生物与配养生物间的营养级间协同、偏利等功能提高养殖产量和效益（见第 9 章）。

表 14-18 水产养殖生态系统的服务功能

Tab. 14-18 Major ecosystem services of aquaculture ecosystem

生态服务 Ecological services	主要服务 Major services	实例 Cases
提供服务 Provisioning services	鱼虾贝 Fish, shrimp and molluscs	收获水产品 Harvest of seafoods
	天然生产力 Natural productivities	非投喂养殖动物的饵料 Food for non-fed animals
		生物絮团系统的饵料 Food in biofloc system
	营养盐 Inorganic nutrients	海藻 Seaweeds
	水和底泥 Water & organic sediment	灌溉水和农肥 Irrigation & fertilizer for agriculture
调节服务 Regulating services	生物多样性 Biodiversity	多营养层次综合养殖中营养级间协同 Trophic synergism in integrated multi-trophic aquaculture
		多营养层次综合养殖和稻田养鱼中的互利 Mutualism in IMTA & PFA
		生态防病混养中的偏利作用 Commensalism for disease prevention in polyculture
		生物自净作用 Self-purification
		碳汇 Carbon sequestration
	光合作用 Photosynthesis	鱼菜共生 Aquaponics
支持服务 Supporting services	水环境 Water environment	养殖生物生活环境 Environment of all aquaculture species
	营养物质循环 Nutrient cycling	所有养殖系统 All aquaculture waters
	物理自净 Physical purification	大水体养殖系统 Aquaculture in large waters
	陆地空间 Land space	渔农综合系统、光伏发电 Aquaculture-agriculture systems, solar power generation
文化服务 Cultural services	生态旅游 Ecotourism	
	科普教育 Education	
	游钓 Game fishing	

池塘中的水对于水产养殖生物是养殖载体属于支持服务范畴，而如果提供给塘坝上的农作物用于灌溉，对于农作物则是提供服务。可见，水产养殖生态系统不仅可为水产养殖生物提供生态服务，还可为其他产业提供土地空间、灌溉用水和文化等服务功能。后者可提高水产养殖系统（养殖场）的综合效益和就业水平等。

14.7.2　水产养殖系统生态集约化途径

我国是世界上水产养殖种类和养殖系统最为多样的国家。从可持续发展的角度看，我国有很多养殖系统可持续性并不高（图 14-5），仍然存在诸多问题。整体而言，我国粗放的养殖系统还有进一步“集约化”的空间，而对于一些高度集约化的养殖系统则需要“生态化”改造。

1. 陆基循环水养殖

陆基循环水养殖系统（RAS）是高度集约的水产养殖系统。与传统养殖系统相比，RAS 具有若干优势，如用水量少、节约土地、饲料利用率高、食品安全可保障等。然而，RAS 作为高度人工控制的系统，自然生态系统服务功能特别是光合作用未被充分利用，使其可持续性并不高。大多数 RAS 产品碳足迹很高，且经济可行性备受质疑。

西方国家一般能源价格较低，劳动力成本极高，因此，采用耗电多用人少的 RAS 在西方发达国家是合乎逻辑的。但是，与发达国家相比，我国较高的能源价格和相对仍较低的劳动力成本使得 RAS 产品在很多情况下缺乏竞争力。为了克服低能源效率和溶解性废物清除造成的高成本问题，RAS 中应该植入大型水生植物（原位或异位），充分发挥光合作用这一高效的自然生态系统服务功能（表 14-19）。RAS 中的大型水生植物可以吸收无机氮、释放溶解氧，本身可能还是高价值产品，经济效益会大幅提高。另外，高效有氧反硝化技术的研发和应用也是人们期待降低 RAS 运行成本的重要途径。

表 14-19　我国主要水产养殖系统的生态集约化方法

Tab. 14-19　Approaches to ecological intensification for major aquaculture production systems (APSs) in China within the frame of ELIAS

养殖系统 APSs	挑战或制约因素 Challenges or constraints	可利用生态系统服务功能 Major ecosystem services that need to be integrated	解释 Explanation
陆基循环水养殖（RAS）	养殖污染、鱼粉消耗、能源消耗、经济可行性等 Pollution, fishmeal consumption, energy consumption, economic feasibility	光合作用的调节服务、替代能源的支持服务等 Regulating services (RS) of photosynthesis, Supporting services (SS) of alternative energy	原位或异位嵌入水生植物的光合作用；利用替代能源，如发电厂温排水、地热水或地下凉水；采用光伏发电或风电；与旅游、科普结合等 Integrating with the photosynthesis of aquatic plants *in situ* or *ex situ*; leveraging alternative sources of energy, such as thermal drainage from power plants or geothermal water or underground cool water; adopting wind and/or solar power generation, and integrating with tourism and education activity
池塘投喂养殖（FAP）	污染、鱼粉消耗、能源消耗、淡水消耗、土地占用、食品安全等 Pollution, fishmeal consumption, freshwater consumption, land use, food safety	营养级间协调的调节服务、替代能源的支持服务、旅游的文化服务等 RS of trophic synergism, SS for power generation, Cultural services (CS) of tourism	淡水池塘滤食性鱼类 2∶8 模式，海水池塘 IMTA；池塘跑道，分池环联；与发电、旅游、科普结合等 Integrating *ca* 20% of filter-feeders in freshwater ponds, and integrated multi-trophic aquaculture (IMTA) in seawater ponds, such as 1∶1 of shrimp∶clams in the standing crop; adopting the models of raceways in ponds and partitioned aquaculture systems; codesigning the integration with other sectors of wind and/or solar power generation, tourism, and education activity

续表

养殖系统 APSs	挑战或制约因素 Challenges or constraints	可利用生态系统服务功能 Major ecosystem services that need to be integrated	解释 Explanation
近岸投喂养殖（FEN）	养殖污染、鱼粉消耗、能源消耗、食品安全、生态风险、与其他产业的矛盾等 Pollution, fishmeal consumption, energy consumption, food safety, ecological risks, conflicts with other users	营养级间协调的调节服务、替代能源的支持服务、旅游的文化服务等 RS of trophic synergism and self-purification, SS for power generation, CS of tourism	IMTA；向远海发展以利用海洋物理自净能力；依据生态性养殖容量和社会性养殖容量实施科学规划；与发电、旅游和科普活动有机结合等 IMTA; moving to offshore areas to take advantage of the physical self-purification function of the ocean; informed planning based on ecological and social carrying capacities; codesigning the integration with other sectors of wind power generation, tourism, and education activity
远海投喂养殖（FOA）	养殖污染、能源消耗、生态风险、经济可行性等 Pollution, energy consumption, ecological risks, economic feasibility	营养级间协调和自净能力的调节服务、发电的支持服务 Regulating services (RS) of trophic synergism and self-purification, SS for power generation	IMTA；依据生态性养殖容量实施科学规划；与发电等活动有机结合；放养三倍体等不育品种 IMTA; informed planning based on ecological carrying capacity of the ocean; codesigning the integration with wind and/or solar power generation; stocking triploid varieties
近岸非投喂养殖（nFEN）	超载放养、与其他产业的矛盾等 Over stocking, conflicts with other users	天然生产力的提供服务、发电的支持服务和旅游的文化服务 PS of natural productivity, SS for power generation, CS of tourism	依据天然生产力和饵料生物组成合理放养；与发电、旅游和科普活动有机结合；依据生态性养殖容量和社会性养殖容量实施科学规划等 Stocking suitable species and optimal quantities of seed according to the compositions and productivity of natural feed organisms; codesigning the integration with other sectors of wind and/or solar power generation, tourism, and education activity; informed planning based on ecological and social carrying capacities
内陆大水域非投喂养殖（nFAL）	放养比例失调等 Disproportionality of fish stocking	天然生产力的提供服务、旅游的文化服务 PS of natural productivity, CS of tourism	依据天然生产力和饵料生物组成合理放养，如在较大水库放养 70%鳙和 30%鲢，而在较小水库放养 70%鲢和 30%鳙；与发电、旅游和科普活动有机结合等 Stocking suitable multi-species and optimal quantities of seed according to the compositions and productivity of natural feed organisms, such as stocking *ca* 70% silver carp and *ca* 30% bighead carp in smaller lakes, but stocking *ca* 70% bighead carp and *ca* 30% silver carp in larger reservoirs; codesigning the integration with other sectors of wind and/or solar power generation, tourism, and education activity
池塘非投喂养殖（nFAP）	淡水消耗、土地占用等 Freshwater consumption, land use	天然生产力的提供服务、发电的支持服务和旅游的文化服务 PS of natural productivity, SS for power generation, CS of tourism	依据天然生产力和饵料生物组成合理放养；水产养殖与农业、畜牧业、家禽养殖业相结合；与发电、旅游和科普活动有机结合等 Stocking suitable species and optimal quantities of seed according to the compositions and productivity of natural feed organisms; integrated aquaculture with agriculture and animal husbandry; codesigning the integration with other sectors of wind and/or solar power generation, tourism, and education activity
稻田养鱼（PFA）	食品安全、养鱼与种稻比例失调 Food safety, disproportionality of fish and rice	天然生产力的提供服务、营养级间协调的调节服务 RS of trophic synergism, PS of natural productivity	按比例种与养，如养鱼面积不超过稻田面积的 10%；规模化发展；禁用或少用农药等 Farming fish and planting rice in proportion, commercialized production, banned pesticides. The area for animal culture is less than *ca* 10% of the total paddy field area
低洼盐碱地池塘养殖（SALA）	淡水消耗、次生盐碱化 Freshwater consumption, re-salinization	营养级间协调的调节服务、农用灌溉水的提供服务、发电的支持服务 RS of trophic synergism, SS for power generation, PS of irrigation water	池塘与田地、陆地、渠面积比约 4∶6；池塘混养；养殖耐盐碱水生生物，如对虾和罗非鱼等；采用节水技术，如池塘内网箱等；与发电等活动结合等 Area ratio of terraces + roads to pond is about 6∶4, and polyculture in ponds; farming salt-tolerant aquatic species, such as whiteleg shrimp and tilapia; application of freshwater conservation techniques, such as fishnet cages in ponds; codesigning the integration with wind and/or solar power generation
内陆大水域投喂养殖（FAL）	养殖污染、淡水消耗、与其他产业矛盾等 Pollution, freshwater consumption, conflicts with other users	光合作用的调节服务、替代能源的支持服务等 Regulating services (RS) of photosynthesis, Supporting services (SS) of alternative energy	逐渐取缔传统养殖模式，发展零排污的水基循环水养殖模式 Gradually banning conventional aquaculture models and developing the water-based recirculating aquaculture systems with zero discharge

借助其他能源可以降低 RAS 的能源消耗成本，如利用热电厂温排水或地热水养殖高价值暖水性生物，利用地下凉水或一些设施排放的低温水养殖高价值冷水性生物，利用高位水源进行养殖生产等。此外，RAS 还应尽可能地采用绿色能源，以降低单位重量产品的碳足迹。

2. 池塘投喂养殖

池塘投喂养殖（FAP）是目前世界上许多国家的主要水产养殖方式。2018 年，我国水产养殖总量的 54.7%来自 FAP，且主要是淡水池塘养殖。就现状来看，FAP 是可持续性能较差的养殖系统（图 14-5），主要原因是其排污、淡水消耗和土地占用等方面的缺陷。

池塘投喂养殖总产量在我国水产养殖中举足轻重，但池塘多为家庭所有，实施生态集约化改造难度很大。综合养殖模式可以利用池塘养殖生物间营养级协同、互利、偏利等作用，实现在减少污染物排放的同时增加产量。我国现在迫切需要研发、应用集约化程度较高、污染物达标排放、规模化运作的池塘综合养殖模式。过去一些混养模式虽具有较好的生态效益，但管理、收获较繁琐。近些年新出现的池塘跑道（Raceways in pond）分池环联（Partitioned aquaculture）系统是集约化程度更高且易管理的养殖模式（见第 10 章），值得人们进一步探索。

3. 近岸投喂养殖

近岸投喂养殖（FEN）是我国从事捕捞渔民转产、转业的主要领域。虽然其在我国的养殖产量占比并不高，但是局部近岸、港湾拥挤的网箱养殖造成水体富营养化、食品安全、疾病等问题已引起人们的广泛关注。随着沿海区域社会和经济的进一步发展，逐步将大部分 FEN 移到开阔海域甚至远海是大势所趋。作为过渡时期的权宜之计，可以将 FEN 与 nFEN 相结合，开展综合养殖，即 IMTA，以在一定程度上减少其负面影响。另外，近岸海域是公共水域，各种诉求可基于生态性和社会性养殖容量的规划加以平衡。

4. 远海养殖

开展远海投喂养殖（FOA），又称离岸投喂养殖，是应对土地紧张、水资源短缺和近岸污染物积累挑战的战略选择。远海养殖是可充分利用海洋物理自净功能（海洋最重要生态系统服务功能之一）的养殖模式。目前我国统计上将在水深＞20m 海域设置的抗风浪网箱称为深水网箱。我们暂将深水网箱养殖产量称为成为 FOA 产量。虽然 2018 年 FOA 产量仅占我国水产养殖总产量 0.3%，但在中央和地方政府鼓励下，过去 10 年的年平均增长率为 15.7%。我国 FOA 的典型代表是“深蓝 1 号”，安置在青岛市东南方向 120 海里的南黄海冷水团海域，用以养殖冷水性鲑鳟鱼类。

FOA 也应尽力避免传统近岸养殖存在的生态和环境问题，如逃逸鱼类与土著鱼类杂交风险、与野生鱼类竞争资源、疾病传播等（第 12 章）。此外，FOA 潜在的污染风险依然存在，因此，规划时应精准查明特定养殖海域的养殖容量。此外，远海养殖还应尽多地采用绿色能源，以降低其产品碳足迹。

由于运营成本很高，目前我国非投喂的远海养殖还很少见，但非投喂远海养殖系统与 FOA 的综合养殖具有广阔的应用前景。

5. 非投喂养殖系统

除海藻养殖外，非投喂养殖系统主要包括内陆大水域（湖泊、水库）非投喂养殖（nFAL）系统、池塘非投喂养殖（nFAP）系统和近岸非投喂养殖（nFEN）系统。这类养殖系统具有很高的可持续性（图 14-5），养殖产量（不计海藻，以鲜活产量计）占我国水产养殖总产量的 42.4%。基于养殖水体天然饵料组成和生产力放养适宜种类和数量的苗种，以充分利用天然生产力，是提高它们产量和经济效益的最佳途径。

近几年，部分人对内陆大水域鱼类放养，又称基于养殖的渔业（Aquaculture based fishery），与水质关系的模糊认识，导致许多大水域放养量不足；另外，我国许多近岸港湾已出现超负载养殖现象。例如，与 1999 年相比，我国 2018 年扇贝养殖面积增加了 11.3 倍，但养殖产量却仅增长了 2.7 倍，这说明有些海域已经超负荷养殖。因此，根据养殖水体物理性、生产性和生态性养殖容量确定苗种放养量，并依据社会性养殖容量统筹做好与其他利益相关方的协调工作，仍然任重道远。

越来越多的人，特别是欧洲人，开始喜好消费有机食品。非投喂养殖系统生产的水产品是基于天然生产力、人为投入物质少、可持续性较高的产品，符合有机水产养殖的标准（Lembo & Mente，2019）。我国 nFEN、nFAL 和 nFAP 产量占水产动物养殖总产量的 42.4%，而在全球 2018 年该比例为 30.5%，显示了水产养殖业生产有机食品的能力。

6. 稻田养鱼

发展水产养殖与农业综合种养模式在我国意义重大。这类模式主要包括稻田养鱼（PFA）和低洼盐碱地池塘养殖（SALA）。PFA 可以通过养殖鱼类与水稻之间的互利作用提高水产养殖和农业的产量（详见第 9 章），具有较高的可持续性（图 14-5）。

我国政府鼓励发展 PFA，因为其具有较高的经济效益且不与农业争地、争水。2018 年，我国 PFA 利用 203 万 hm^2 稻田产出了 233 万 t 水产品，占水产养殖总产量的 4.7%。过去 10 年 PFA 的年均增长率为 7.1%。值得注意的是，养殖与种植面积比例应适当，如养殖比例过大则不仅会挤占农用地，还可能因投喂饲料而排放养殖污染物。此外，传统的 PFA 还需要逐渐实现规模化运作。另外，应严格禁止在 PFA 中使用农药，以确保其食品安全和系统的可持续性。

7. 低洼盐碱地池塘养殖

在各级政府的推动下，现在已有约 20 万 hm^2 的土地被改造成池塘-台田综合种养系统，每年产出约 150 万 t 鱼虾。同时，台田土壤的含盐量经过降水淋洗后也会逐渐降低，几年后台田也可以生产出大量的农作物。但值得关注的是，随着低洼盐碱地池塘养殖（SALA）规模化发展，大量淡水的注入可能还会使排水不畅的低洼盐碱地出现次生盐碱化。因此，SALA 中应尽量养殖耐盐碱的动植物，如南美白对虾，并尽量采用节水养殖技术，以减少淡水消耗量。

8. 其他

充分发挥水产养殖生态系统的文化服务功能，开展生态旅游、科普教育、游钓，是提高水产养殖生态系统经济效益和就业水平的重要途径。在我国许多地区还出现了大量池塘养殖与光伏发电（“渔光互补”）和/或风电相结合事例，这使得池塘土地空间利用更加高效，同时，从某种意义上讲还降低了池塘养殖的碳足迹。另外，近岸投喂养殖（FEN）与海洋牧场有机结合也十分重要。FEN 的苗种繁育设施可为海洋牧场生产放流用的苗种，增加海洋牧场的渔业资源量，修复被破坏的渔业资源。

14.7.3　政策建议和展望

过去 30 年，由于养殖系统集约化水平的持续提高，我国水产养殖产量以每年 7.5% 的速度在增长，但这也使得养殖成本不断攀升，而且潜在环境风险也在持续增加。建议针对各养殖系统的可持性状态制定相应的政策，以确保我国水产养殖业的可持续发展。这些政策、措施包括：

（1）鉴于非投喂养殖产品更符合国际有机食品标准（Lembo & Mente，2019），应协助对该类产品的有机认证，必要时给予适当补贴。目的是通过增强其市场竞争力而促进这些非投喂养殖系统的健康发展。

（2）加强对养殖水体生态性养殖容量和社会性养殖容量研究，确定各类养殖水体的生产潜力，协调各利益相关者的利益，以确保大水域养殖业的可持续发展。

（3）采用激励与约束双管齐下的策略，促进池塘养殖、近岸养殖和陆基循环水养殖系统的生态集约化发展。也就是以优惠政策鼓励渔民采用生态集约化养殖模式，同时实施严格的尾水排放等环保政策，并支持学者研发更加环保的集约化养殖模式。

（4）在土地和海域使用、装备建造、燃油补贴等方面给予优惠政策，促进盐碱地渔-农综合利用、稻田种养殖、离岸和深远海养殖业发展。

（5）鼓励水产养殖与旅游、教育、绿色发电相结合，以实现和提高生态集约化养殖的经济和社会效益。

（6）逐步淘汰内陆大水域投喂养殖模式，鼓励发展零排污的水基循环水养殖模式。

在过去几十年，水产养殖是世界各类食物生产行业中年增长速度最快的产业，远超过人口的增长率。因此，可以期待水产养殖业可为世界未来食物安全提供重要保障，并为人类提供不可或缺的高品质微量营养物质（Hicks et al.，2019）。水产养殖是世界上食物生产效率最高的产业之一，因此，如果到 2050 年全世界 98 亿人口多消费水产养殖产品，将比多消费畜禽产品能够节约更多的农用土地（Froehlich et al.，2018）。可见，水产养殖具有很大的发展需求。

水产养殖系统或养殖模式已经或正在经历单种粗养、多种粗养（混养）、半精养、单种精养（或称工业化单养）、集约化综合养殖（或称生态养殖）发展阶段（表 1-3）。水产养殖发展的历史就是在人们对水产品需求不断增加、科技不断进步和对环境日益关注驱使下养殖模式生态集约化演进的历程。在这一进程中，集约化和“生态化（Ecologicalization）”在交替进行，螺旋式上升。如果 8000 年前单种鱼类粗养算作是人类从渔猎向养殖迈出的第一步，那么之后出现的多种类混养就是人类充分利用池塘天然饵料生产力的“生态化”第一步，之后出现的施肥、投草是继“生态化”后的“集约化”发展。20 世纪五六十年代，随着颗粒饲料和浮式聚乙烯网箱的发明及增氧机的广泛应用，水产养殖产量快速提高，养殖水域迅速拓展，人类也由此进入了集约化（工业化）单种类养殖阶段（Costa-Pierce，2010）。然而，随着集约化水产养殖模式对环境的负面影响大规模显现，发展集约化综合养殖（Costa-Pierce 称之为生态养殖）又提上了水产养殖发展的新议程。

当下，人类正面临人口增长、环境污染和全球气候变化三重严峻挑战，只有发展基于非化石能源和/或光合作用的绿色养殖模式(养殖系统)才能使水产养殖同时实现高产、零排污、低碳的终极目标。绿色水产养殖模式将主要以基于非化石能源的陆基和海基循环水养殖系统、基于绿色能源和海洋自净能力的离岸或远海养殖系统、基于光合作用(天然生产力）的大水域（湖泊、水库、近海等）非投饲养殖系统为特征。我国政府已承诺中国将在 2030 年实现碳达峰，在 2060 年前实现碳中和。可以预期，在不久的将来我们将迎来一个主要基于非化石能源的绿色水产养殖阶段，这将是人类运用高科技并借助生物圈的服务功能（以非化石能源和光合作用为主）发展水产养殖的新时代。

现阶段，我国水产养殖发展主要关注的是养殖污染、经济增长和食品安全，而发达国家或从全球视角看，人们关注的问题可能会与我们有所不同，就是在我国东部沿海发达地区与西部内陆欠发达地区的关注点也会有稍有不同。由于世界各国在发展阶段、地理位置、水产养殖产品市场化程度、饮食习惯等方面存在巨大差异，世界上不可能存在某种在任何地方都可占主导地位的养殖模式（系统），世界上多类养殖模式（系统）长期共存将成为常态。然而，生态集约化将会是指导各类水产养殖系统可持续发展的主要方案。

随着水产养殖生态集约化发展，我们还会遇到一些需要解决的新问题，当下也还有许多水产养殖的基础科学问题和关键技术难题仍未解决。例如，贝类养殖到底是大气 CO_2 的源还是汇。回答这一问题我们还缺乏系统边界清晰、长时间跨度的实验证明。该实验的完成将证实贝类养殖作为“碳汇渔业”的功能。再如，基于绿色能源的大水域水基封闭循环水养殖系统将可能成为我们未来解决缺水少地困境且生态足迹低、经济可行的主要养殖模式之一，但还有许多技术问题需要解决。可见，我们水产养殖生态学工作者仍任重而道远。

当然，水产养殖的发展不仅仅是科技问题，更不仅仅是养殖模式或养殖生态学问题。消费市场在牵引水产养殖发展和塑造水产养殖结构等方面具有不可替代的作用。育种、饲料、病害防治等方面的科技进步都会直接或间接提高养殖系统对投入饲料的利用率、减少排污、降低对鱼粉鱼油的依赖，助力水产养殖产业的可持续发展。水产养殖业可持续发展有赖于政策制定者、科技工作者、企业家、养殖生产者的共同努力和密切合作。

小　　结

1. 为缓解土地和淡水资源等因素对水产养殖业发展的制约，世界范围内水产养殖系统呈现集约化发展的趋势。精养系统具有高投入、高产出的特点，这是人们热衷于实施集约化发展的主要内在经济驱动力。但是，以往农业生产的实践已证明，简单集约化发展会在提高生产力的同时产生一系列严重的负面效应。

2. 水产养殖与野生鱼类资源联系紧密。水产养殖生产大量水产品可缓解人们对野生鱼类资源的捕捞压力，但同时，水产养殖饲料中大量使用鱼粉、鱼油也会对野生鱼类资源造成压力。尽可能地降低养殖动物的营养层次、提高饲料利用率、尽快研发鱼粉替代品等是缓解这一矛盾的重要途径。

3. 就生产单位重量产品而言，养殖罗非鱼比养殖虹鳟需要更多的土地资源，这是因为罗非鱼饲料中含有更多的需要土地种植的粮食。养殖的杂食性鱼类对土地依赖性更强，而肉食性鱼类则对野生鱼类资源依赖性更强。

4. 水产养殖对环境的影响应该包括从自然界获取原材料和能源，生产养殖产品，存贮、运输、销售产品等环节，直至产品被消费全过程（“从摇篮到坟墓”）产生的影响。水产养殖的生态足迹是水产养殖产品的资源消费和废弃物排放对环境影响的度量。生命周期评价（LCA）是评估一个产品整个生命周期（即从原材料获取、生产和使用阶段到废物管理全过程）潜在的环境影响和资源消耗的工具。

5. 用 LCA 方法对精养系统、半精养和粗养系统生态足迹的研究表明，尽管精养系统的土地使用量明显比半精养和粗养系统少，但其对环境的潜在影响则较半精养和粗养系统大得多。这主要是因为前者的用电量、投饲量等都大于后两者。与鸡肉和家畜相比，水产品不仅是优质的动物蛋白，而且是更好的无公害产品。

6. 生态足迹评估的是所有的环境影响，而碳足迹仅评估温室气体的影响。碳足迹是指某一生产和活动中所排放的与气候变化相关的气体总量。

7. 一种产品的水足迹是生产该产品的虚拟所用淡水量，包括全产业链。水足迹分为三类，即蓝水足迹、绿水足迹和灰水足迹。蓝水足迹是指产品生产过程中地表水和地下水的消耗量；绿水足迹是指生产过程中雨水的消耗量；灰水足迹则是指以现存周围环境水质为基准时，污染物稀释所消耗的淡水量，简单地理解就是，将污染物超标排放水稀释到达标排放水所需水量。

8. 养殖杂食性鱼类需要较多的粮食，因此比养殖肉食性鱼类间接地需要更多淡水资源。海水养殖不直接消耗淡水资源，是减少潜在淡水消耗的养殖模式。滤食性动物的养殖可以净化水质，因此可以减少水足迹。

9. 能值分析理论是研究生态经济系统的理论和方法，它以统一的能值（Emergy）标准为量纲，可定量分析生态经济系统的功能特征和生态、经济效益。从能值分析角度看，池塘粗养系统具有较高的可持续性，而室内精养系统的可持续性最差。

10. 就投饵策略和水域类型而言，我国主要水产养殖有 10 类。在大水域（水库、湖泊和近海海域）的养殖活动，如内陆大水域投喂养殖（FAL）、内陆大水域非投喂养殖（nFAL）、近岸投喂养殖（FEN）和近岸非投喂养殖（nFEN），对水质比较敏感。这些养殖活动的污染物排放一般是被禁止或受到严格限制。在小型、家庭或集体所有水域（池塘、水池等）的养殖活动，如池塘投喂养殖（FAP）、池塘非投喂养殖（nFAP）和陆基循环水养殖（RAS），通常对利润敏感，较高的经济效率至关重要。而稻田养鱼（PFA）、低洼盐碱地池塘养殖（SALA）和远海投喂养殖（FOA）在我国则是政策敏感性养殖活动，政府激励发展的养殖活动。

11. 非投喂或少投喂的 nFEN、nFAL、nFAP 和 PFA 系统的可持续性权重都比较高，而 FAL、FEN 和 FAP 的权重在各养殖系统中排名垫底。由于我国人民对优质水产品的需求在持续增加，这就决定了我国水产养殖的发展不可能全部采用可持续性较高但生产力较低的非投喂养殖模式，同时，简单的集约化发展又存在明显的缺陷，因此，水产养殖系统的生态集约化发展就成为水产养殖发展的主要途径。

12. 充分发挥水产养殖生态系统的文化服务功能，开展生态旅游、科普教育、游钓，是提高水产养殖生态系统经济效益和就业水平的重要途径。

13. 随着科技不断进步和人们对水产品需求不断增加、对环境日益关注，水产养殖模式的发展历史就是养殖模式不断地生态集约化演进的历程。在这一进程中，集约化和生态化（Ecologicalization）在交替进行，螺旋式上升。我们即将进入的绿色养殖时代，将主要以基于非化石能源的陆基和海基循环水养殖系统、基于绿色能源和海洋自净能力的离岸或远海养殖系统、基于光合作用（天然生产力）的大水域（湖泊、水库、近海等）非投饲养殖系统为特征。

参考文献

包杰. 2008. 环境因子对青刺参和红刺参(*Apostichopus japonicus*)代谢与生长及其机制的影响. 青岛: 中国海洋大学博士学位论文.

包杰, 田相利, 董双林, 等. 2006. 对虾、青蛤和江蓠混养的能量收支及转化效率研究. 中国海洋大学学报, 36(增): 27-32.

包杰, 田相利, 董双林, 等. 2008. 温度、盐度和光照强度对鼠尾藻氮、磷吸收的影响. 中国水产科学, 15(2): 293-300.

包振民, 胡景杰, 姜明, 等. 1997. 杆状病毒感染越冬亲虾(*Penaeus chenesis*)的研究——越冬亲虾感染及其垂直传播的可能性. 青岛海洋大学学报, 27(3): 347-351.

边蔚, 胡晓波, 田在锋, 等. 2011. 白洋淀水产养殖容量研究. 河北大学学报(自然科学版), 31(1): 79-84, 112.

蔡卓, 廖新俤, 吴银宝. 2009. 猪粪对淡水养殖水质及罗非鱼安全的影响. 广东农业科学, (3): 135-138.

曹煜成, 李卓佳, 朱长波, 等. 2013. 施用芽孢杆菌对滩涂土池养殖凡纳滨对虾数量生长特性的影响. 广东农业科学, (10): 125-130.

常杰. 2006. 对虾、青蛤和江蓠不同混养系统氮磷收支的实验研究. 青岛: 中国海洋大学硕士学位论文.

常杰, 田相利, 董双林, 等. 2006. 对虾、青蛤和江蓠混养系统氮磷收支的实验研究. 中国海洋大学学报, 36(增): 33-39.

常亚青, 王子臣. 1996. 贝类生物能量学研究进展. 海洋科学, (6): 25-30.

车轩, 刘晃, 吴娟, 等. 2010. 我国主要水产养殖模式能耗调查研究. 渔业现代化, 37(2): 9-13.

陈洪达, 何楚华. 1975. 武昌东湖水生维管束植物的生物量及其在渔业上的合理利用问题. 水生生物学集刊, 5(3): 410-420.

陈佳荣. 1996. 水化学. 北京: 中国农业出版社: 283.

陈建春, 叶继丹, 王和伟. 2013. 鱼类补偿生长的研究进展. 水产学杂志, 26(3): 56-63.

陈少莲. 1982. 东湖放养鲢、鳙鱼种的食性分析. 水利渔业, (3): 21-26.

陈少莲, 刘肖芳. 1989. 鲢鳙对鱼粪消化利用的研究. 水生生物学报, 13(3): 250-258.

陈少莲, 华元渝, 朱志荣, 等. 1987. 鲢、鳙在天然条件下摄食强度(Ⅱ)武汉东湖鲢、鳙周年摄食强度研究. 水生生物学报, 13(2): 114-123.

陈燕. 2016. 投饲活动对水产养殖池塘水—气界面碳通量及碳收支的影响. 青岛: 中国海洋大学博士学位论文.

陈勇贵, 梁秋玲, 何建国. 2010. 几种理化因子对急性感染WSSV凡纳滨对虾的影响. 中山大学学报(自然科学版), 49(6): 78-82, 88.

陈兆波, 李景玉, 张兆琪, 等. 1999. 3种罗非鱼吸水量及滤水率的初步研究. 水利渔业, 19(4): 1-3.

程序. 2009. 生物质能与节能减排及低碳经济. 中国生态农业学报, 17(2): 375-378.

春慧敏, 王素萍, 杨卫东. 2009. 猪粪、沼液、沼渣喂鱼技法. 河南水产, (3): 29-30.

崔奕波. 1998. 草鱼生物能量学研究进展. 中国科学基金, 12(1): 9-13.

崔奕波, 李钟杰. 2005. 长江流域湖泊的渔业资源与环境保护. 北京: 科学出版社: 424.

崔毅, 陈碧鹃, 陈聚法. 2005. 黄渤海海水养殖自身污染的评估. 应用生态学报, 16(1): 180-185.

戴书林, 严敏. 1999. 农民刘吉华的高效生态农业新模式. 当代畜禽养殖业, (4): 29.

邓利, 张波, 谢小军. 1999. 南方鲇继饥饿后的恢复生长. 水生生物学报, 23 (2): 168-173.

邓南圣, 王小兵. 2003. 生命周期评价. 北京: 化学工业出版社.

丁永良, 兰泽桥, 张明华. 2010. 工业化封闭式循环水养鱼污水资源化——生态循环经济的典范“鱼菜共生系统”. 中国渔业经济, 28(1): 124-130.
董波, 薛钦昭, 李军. 2000. 温度对菲律宾蛤仔滤食率、清滤率和吸收率的影响. 海洋水产研究, 21(1): 37-42.
董贯仓. 2009. 光照及投礁方式对刺参(*Apostichopus japonicus*)行为、生长的影响及其机制. 青岛: 中国海洋大学博士学位论文.
董贯仓, 田相利, 董双林, 等. 2007. 几种虾、贝、藻混养模式能量收支和转化效率的研究. 中国海洋大学学报, 37(6): 899-909.
董亢. 2020. 不同光周期对虹鳟(*Oncorhynchus mykiss*)幼鱼生长和耐盐能力的影响. 青岛: 中国海洋大学硕士学位论文.
董少帅. 2005. Ca^{2+}浓度对中国明对虾和凡纳滨对虾稚虾生长的影响及其生物能量学机制. 青岛: 中国海洋大学硕士学位论文.
董少帅, 董双林, 王芳, 等. 2005. Ca^{2+}浓度对凡纳滨对虾生长的影响. 水产学报, 29(2): 211-215.
董双林. 1992. 清河水库鲢、鳙鱼种群动态研究Ⅰ. 生产量的估计. 应用生态学报, 3(2): 160-164.
董双林. 1994. 鲢鱼的放养对水质影响的研究进展. 生态学杂志, 13: 66-68.
董双林. 2003. 干旱及内陆盐碱地区的水产养殖可持续发展的战略和选择//中国水产学会. 世界水产养殖科技大趋势—2002 年世界水产养殖大会论文交流综述. 北京: 海洋出版社: 21-25.
董双林. 2009. 系统功能视角下的水产养殖业可持续发展. 中国水产科学, 16(5): 798-805.
董双林. 2011a. 高效低碳—中国水产养殖业发展的必由之路. 水产学报, 35(10): 1595-1600.
董双林. 2011b. 中国综合水产养殖的历史、原理和分类. 中国水产科学, 18(5): 1202-1209.
董双林. 2015a. 论我国水产养殖业生态集约化发展. 中国渔业经济, 33(5): 4-9.
董双林. 2015b. 中国综合水产养殖的生态学基础. 北京: 科学出版社: 350.
董双林. 2016. 水产养殖生态学发展的回顾与展望. 中国海洋大学学报(自然科学版) 46(11): 16-21.
董双林. 2019a. 多维视角下的新时代水产养殖业发展. 水产学报, 43(1): 105-115.
董双林. 2019b. 黄海冷水团大型鲑科鱼类养殖研究进展与展望. 中国海洋大学学报(自然科学版), 49(3): 1-6.
董双林, 李德尚. 1994. 机械作用在鲢摄食、消化中的意义//中国水产学会. 全国首届水产青年学术研讨会论文集. 上海: 同济大学出版社: 367-371.
董双林, 赵文. 2004. 养殖水域生态学. 北京: 中国农业出版社: 323.
董双林, 堵南山, 赖伟. 1994. pH 值和 Ca^{2+}浓度对日本沼虾生长和能量收支的影响. 水产学报, 18(2): 118-123.
董双林, 李德尚, 潘克厚. 1998. 论海水养殖的养殖容量. 青岛海洋大学学报, 28(2): 245-250.
董双林, 李群, 王莉, 等. 1989a. 几种鲤科鱼类鳃的研究Ⅰ. 呼吸面积的研究. 大连水产学院学报, 4(3-4): 41-44.
董双林, 史为良, 王立柱, 等. 1989b. 辽宁省水库的浮游生物. 大连水产学院学报, 4(1): 1-10.
董双林, 潘克厚, Brockmann U. 2000. 海水养殖对沿岸生态环境影响的研究进展. 青岛海洋大学学报, 30(4): 575-582.
董双林, 王芳, 王俊, 等. 1999. 海湾扇贝对海水池塘浮游生物和水质的影响. 海洋学报, 21(6): 138-144.
窦碧霞, 黄建荣, 李连春, 等. 2011. 海马齿对海水养殖系统中氮、磷的移除效果研究. 水生态学杂志, 32(5): 94-99.
段登选, 杨立邦, 刘树云, 等. 2000. 低洼盐碱地薄膜隔盐碱效果的研究. 土壤, 2000(5): 274-277.
段登选, 杨立邦, 刘树云, 等. 2002. 低洼盐碱地以渔改碱技术研究//中国水产学会. 中国水产学会论文集. 北京: 海洋出版社: 170-176.
范德朋, 潘鲁青, 马甡, 等. 2002a. 温度对缢蛏(*Sinonovacula constricta*)耗氧率和排氨率的影响. 青岛海洋大学学报, 32 (1): 56-62.
范德朋, 潘鲁青, 马甡, 等. 2002b. 缢蛏滤除率与颗粒选择性的实验研究. 海洋科学, 26(6): 1-4.

方恺. 2015. 足迹家族：概念、类型、理论框架与整合模式. 生态学报, 35(6): 1647-1659.
房景辉, 田相利, 姜海滨, 等. 2011. 不同循环投喂模式对半滑舌鳎的生长体成分组成代谢和能量收支的影响. 水产学报, 35(7): 1090-1097.
冯建祥, 董双林, 高勤峰, 等. 2011. 海蜇养殖对池塘底泥营养盐和大型底栖动物群落结构的影响. 生态学报, 31 (4): 964-971.
冯友兰. 2008. 中国哲学简史. 天津：天津社会科学院出版社: 340.
傅溥. 1979. 养海带套养贻贝. 海洋渔业, (1): 20.
谷孝鸿, 胡文英, 李宽意. 2000. 基塘系统改良低洼盐碱地环境效应研究. 环境科学学报, 20(5): 569-573.
管越强. 2003. 主要环境因子对养殖对虾抗病力及白斑综合症发生的影响. 青岛：中国科学院研究生院博士学位论文.
郭彪. 2010. 光照和温度波动对凡纳滨对虾(*Litopenaeus vannamei*)蜕皮和生长的影响及机制的初步研究. 青岛：中国海洋大学博士学位论文.
郭赣林, 董双林. 2008. 干出对潮间带不同垂直位置海藻的生长及光合作用速率的影响. 海洋与湖沼通报, (4): 78-84.
郭永坚. 2011. 草鱼与凡纳滨对虾复合养殖池塘沉积物-水界面营养盐动态研究. 青岛：中国海洋大学硕士学位论文.
韩立民, 王金环. 2013. "蓝色粮仓"空间拓展策略选择及其保障措施. 中国渔业经济, 31(2): 53-58.
何建国, 莫福. 1999. 对虾白斑综合症病毒暴发流行与传播途径、气候和水体理化因子的关系及其控制措施. 中国水产, (7): 34-37, 41.
何建国, 孙成波. 2004. 高位池对虾精养技术及病害防治. 中山大学学报(自然科学版), 43(6): 6-10.
何志辉. 1985. 淡水生物学(下册，生态学部分). 北京：农业出版社: 258.
何志辉, 李永函. 1983a. 清河水库的浮游生物. 水生生物学集刊, 8(1): 71-84.
何志辉, 李永函. 1983b. 无锡市河埒口高产鱼池水质的研究Ⅱ. 浮游生物. 水产学报, 7(4): 287-298.
何志辉, 泰建光, 王洪起. 1989. 晋南和银川地区盐水和超盐水体的浮游动物. 水生生物学报, 13(1): 24-38.
侯纯强. 2011. 水中钙浓度对凡纳滨对虾（*Litopenaeus vannamei*）蜕皮和生长的影响及生理生态学机制. 青岛：中国海洋大学博士学位论文.
侯纯强, 王芳, 董双林. 2010. 低钙浓度波动对凡纳滨对虾稚虾蜕皮、生长及能量收支的影响. 中国水产科学, 17(3): 536-542.
胡保同. 1988. 我国网箱养鱼技术发展现状. 现代渔业信息, 1988(Z1): 15-20.
胡维安, 李纯厚, 颉晓勇, 等. 2011. 高位池循环水养殖系统的构建及其水质调控效果. 广东农业科学, (23): 124-128.
黄河水系渔业资源调查协作组. 1986. 黄河水系渔业资源. 大连：辽宁科学技术出版社: 222.
黄鹤忠, 梁建生, 张群英. 2013. 菊花江蓠(*Gracilaria lichenoides*)对 N、P 吸收效应及其细胞超微结构变化. 海洋与湖沼, 44(1): 95-102.
黄洪辉, 林钦, 甘居利, 等. 2007. 大鹏澳海水鱼类网箱养殖对沉积环境的影响. 农业环境科学学报, 26(1): 75-80.
黄洪辉, 林钦, 贾晓平, 等. 2003. 海水鱼类网箱养殖场有机污染季节动态与养殖容量限制关系. 集美大学学报, 8(2): 101-105.
黄小平, 温伟英. 1998. 上川岛公湾海域环境对其网箱养殖容量限制的研究. 热带海洋, 17(4): 57-64.
黄兆坤. 1992. 生活污水养鱼种高产试验. 水利渔业, (2): 37-38.
黄志涛, 江玉立, 宋协法. 2018. 好氧反硝化技术处理水产养殖废水研究进展. 渔业现代化, 45(5): 7-13.
江世贵, 何建国, 吕玲, 等. 2000. 白斑综合症病毒对斑节对虾亲虾的感染及垂直传播的初步研究. 中山大学学报(自然科学版), 39(增刊): 164-171.

姜芳燕, 宋文明, 杨宁, 等. 2014a. 海南长茎葡萄蕨藻的营养成分分析及评价. 食品工业科技, 24: 356-359.
姜芳燕, 宋文明, 杨宁, 等. 2014b. 长茎葡萄蕨藻的人工养殖技术研究. 热带农业科学, 2014(8): 99-103.
姜海波, 姜志强. 2007. 周期性饥饿一再投喂对牙鲆幼鱼生长和饲料利用的影响. 大连水产学院学报, 223: 231-234.
姜宏波, 田相利, 董双林, 等. 2007. 不同营养盐因子对鼠尾藻氮、磷吸收速率的影响. 中国海洋大学学报, 37(增): 175-180.
姜宏波, 田相利, 董双林, 等. 2009. 鼠尾藻生长、藻体成分及其生境的初步研究. 海洋湖沼通报, (2): 59-66.
姜志强, 贾泽梅, 韩延波. 2002. 美国红鱼继饥饿后的补偿生长及其机制. 水产学报, 26(1): 67-72.
蒋增杰, 崔毅, 陈碧鹃. 2007. 唐岛湾网箱养殖区沉积物-水界面溶解无机氮的扩散通量. 环境科学, 28(5): 1001-1005.
介子林. 2006. 盐碱地池塘鱼虾混养模式的基础理论研究. 青岛: 中国海洋大学博士学位论文.
金春华, 陆开宏, 郑忠明, 等. 2010. 固定化微生物在凡纳滨对虾养成池中的应用. 水产学报, 34(2): 285-291.
金书秦, 陈洁. 2012. 我国水产养殖的直接能耗及碳排放研究. 中国渔业经济, 30(1): 73-82.
金送笛, 朴文豪, 邢殿楼. 1984. 哈尔滨地区高产鱼池水质研究——水化学与初级生产力. 大连水产学院学报, 8(1): 1-14.
金相灿, 王圣瑞, 庞燕. 2004. 太湖沉积物磷形态及 pH 值对磷释放的影响. 中国环境科学, 24(6): 707-711.
蓝盛芳, 钦佩, 陆宏芳. 2002. 生态经济系统能值分析. 北京: 化学工业出版社: 427.
雷衍之. 2004. 养殖水环境化学. 北京: 中国农业出版社: 371.
雷衍之, 董双林, 沈成刚. 1985. 碳酸盐碱度对几种鱼类毒性的研究. 水产学报, 9(2): 171-183.
雷衍之, 于淑敏, 徐捷. 1983. 无锡市河口高产鱼池水质的研究——水化学和初级生产力. 水产学报, 7(3): 185-199.
雷质文, 黄倢, 寇运同, 等. 2002. 对虾白斑综合症(WSS)的分子流行病学研究进展. 中国水产科学, 9(3): 260-264.
李保国, 李韵珠, 石元春. 2003. 水盐运动研究 30 年(1973—2003). 中国农业大学学报, 8(增刊): 5-19.
李才文, 管越强, 于仁诚. 2003. 赤潮异弯藻对中国对虾感染白斑综合症病毒的影响. 海洋学报, 25(1): 132-137.
李德尚. 1980. 水库鱼产力研究. 海洋湖沼通报, (3): 76-80.
李德尚. 1986. 论大水域综合养鱼. 水利渔业, (2): 28-32.
李德尚. 1992. 水库对投饵网箱养鱼负荷力的研究方法. 水利渔业, (3): 3-5.
李德尚, 董双林. 1996. 鲢、鳙滤食器官的结构与功能的实验研究. 动物学报, 42(1): 10-14.
李德尚, 董双林. 2002. 对虾与鱼、贝类封闭式综合养殖的实验研究. 海洋与湖沼, 33(1): 90-96.
李德尚, 董双林, 黄国强, 等. 2004. 对虾白斑病围栏封闭预防技术. 水产学报, 28(4): 431-437.
李德尚, 董双林, 田相利, 等. 1999. 对虾与鱼、贝类的封闭式综合养殖//李永祺. 海水养殖生态环境的保护与改善. 济南: 山东科学技术出版社: 261.
李德尚, 焦念志, 周春生, 等. 1993a. 山东省大中型水库鱼产力的综合评估. 水产学报, 17(2): 95-104.
李德尚, 熊邦喜, 李琪, 等. 1993b. 一种适于内陆水域生态实验用的浮式围隔. 海洋与湖沼, 24(5): 547-552.
李德尚, 熊邦喜, 李琪, 等. 1994. 水库对投饵网箱养鱼的负荷力. 水生生物学报, 18(3): 223-229.
李德尚, 杨红生, 王吉桥, 等. 1998. 一种池塘陆基实验围隔. 青岛海洋大学学报, 28(2): 199-204.
李德尚, 张美昭, 赵曼华, 等. 1988. 指导大水域施肥的生氧量生物测验法的研究. 海洋与湖沼, 18: 539-546.
李馥馨, 刘永宏, 宋本祥, 等. 1996. 刺参(*Apostichopus japonicus* Selenka)夏眠习性研究 II——夏眠致

因的探讨. 中国水产科学, 3(2): 49-57.
李贵生, 何建国, 李桂峰, 等. 1996. 斑节对虾杆状病毒感染与水体理化因子. 中山大学学报论丛, (增): 26-30.
李侃, 罗淑娅, 徐丽美. 2013. 温度影响对虾白斑综合症病毒增殖机制的研究. 应用海洋学学报, 32(1): 61-66.
李明之, 于鸣. 2000. 鸡粪及其加工和利用. 渔业经济研究, (3): 30-31.
李琪, 李德尚, 熊邦喜, 等. 1993. 放养鲢鱼(*Hypophthalmichys molitrix* C et V)对水库围隔浮游生物群落的影响. 生态学报, 13 (1): 30-37.
李倩, 郭建林, 王雨辰, 等. 2020. 池塘内循环流水养殖下太湖鲂鲌(翘嘴鲌(♀)×三角鲂(♂))肠道微生物群落变化的研究. 海洋与湖沼, 51(02): 364-370.
李思发. 1998. 中国淡水主要养殖鱼类种质研究. 上海: 上海科学技术出版社: 233.
李思发, 杨和荃, 陆伟民. 1980. 鲢、鳙、草鱼摄食节律和日摄食率的初步研究. 水产学报, 4(3): 275-282.
李卫东. 2020. 一种海水池塘跑道养殖系统的构建与生态学效果. 青岛: 中国海洋大学博士学位论文.
李文敏, 宋学章, 孙玉华, 等. 2010. 三疣梭子蟹和日本对虾高效混养技术. 中国水产, (7): 46-47.
李文婷. 2014. 常用消毒剂对白斑综合症病毒(WSSV)的作用及病毒在宿主的感染增殖. 厦门: 国家海洋局第三海洋研究所硕士学位论文.
李贤, 刘鹰，2014. 水产养殖中鱼类福利学研究进展. 渔业现代化, 41(1): 40-45.
李晓东, 吴辉良, 张清靖, 李永函. 2002. 褶皱臂尾轮虫室外培育池浮游生物的初步研究. 海洋科学集刊, 44: 52-60.
李辛夫, 陈宜瑜. 1996. 内陆水体生物学发展的回顾与展望. 中国科学院院刊, (2): 100-106.
李奕雯, 曹煜成, 李卓佳, 等. 2008. 养殖水体环境与对虾白斑综合症关系的研究进展. 海洋科学进展, 26(4): 532-538.
李英. 2010. 环境因子变化对凡纳滨对虾蜕皮同步性和生理特征影响的实验研究. 青岛: 中国海洋大学硕士学位论文.
李永函. 1983. 池塘轮虫和鞭毛藻类培养、利用技术操作规程(试行). 水库渔业, (4): 59-61.
李卓佳, 郭志勋, 冯娟, 等. 2006. 应用芽孢杆菌调控虾池微生态的初步研究. 海洋科学, 30(11): 28-31.
李卓佳, 贾晓平, 杨莺莺. 2007. 微生物技术与对虾健康养殖. 北京: 海洋出版社: 311.
梁惜梅, 施震, 黄小平. 2013. 珠江口典型水产养殖区抗生素的污染特征. 生态环境学报, 22(2): 304-310.
梁彦龄, 刘伙泉. 1995. 草型湖泊资源、环境与渔业生态学管理(一). 北京: 科学出版社: 335.
林光恒, 纪友宝. 1993. 利用电厂冷却海水进行鲍参混养室内越冬的研究. 海洋科学, (1): 4-7.
林亮, 李卓佳, 郭志勋, 等. 2005. 施用芽孢杆菌对虾池底泥细菌群落的影响. 生态学杂志, 24(1): 26-29.
刘刚, 丁增明, 李长波. 2007. 池塘混养中国对虾和红鳍东方鲀试验. 水产养殖, 28(2): 1-2.
刘国才, 李德尚, 董双林, 等. 1999. 对虾养殖围隔生态系中的细菌碳代谢. 水产学报，23(4): 357-362
刘国才, 李德尚, 董双林. 2000a. 对虾综合养殖围隔中浮游细菌生产力的研究. 生态学报, 20(1): 124-128.
刘国才, 李德尚, 董双林. 2000b. 对虾围隔生态系浮游动物对细菌的摄食作用. 黄渤海海洋, 18(1): 45-49.
刘国才, 李德尚, 董双林. 2001. 对虾养殖生态系不同粒级浮游生物呼吸率和初级生产率测定. 海洋学报, 23(6): 101-107.
刘焕亮. 2000. 水产养殖学概论. 青岛: 青岛出版社: 613.
刘焕亮, 黄樟翰. 2008. 中国水产养殖学. 北京: 科学出版社: 1178.
刘慧, 方建光, 董双林, 等. 2003. 莱州湾和桑沟湾养殖海区主要营养盐的周年变动及限制因子. 中国水产科学, 10(3): 227-234.
刘建康. 1990. 东湖生态学研究(一). 北京: 科学出版社: 407.
刘建康. 1995. 东湖生态学研究(二). 北京: 科学出版社: 491.

刘建康. 1999. 高级水生生物学. 北京: 科学出版社: 402.
刘建康, 何碧梧. 1992. 中国淡水鱼类养殖学(第三版). 北京: 科学出版社: 750.
刘建康, 黄祥飞. 1997. 东湖生态学研究概况. 环境科学, 8(1): 51-53.
刘剑昭, 李德尚, 董双林, 等. 2000. 养虾池半精养封闭式综合养殖的养殖容量实验研究. 海洋科学, 24(7): 6-11.
刘静雯, 董双林. 2001a. 光照和温度对细基江蓠繁枝变形的生长及生化组成的影响. 青岛海洋大学学报, 31(3): 332-338.
刘静雯, 董双林. 2001b. 温度和盐度对几种大型海藻生长率和 NH_4-N 吸收的影响. 海洋学报, 23(2): 109-116.
刘静雯, 董双林, 张稚兰, 等. 2009. 微藻类病毒与宿主之间微生态关系. 中国海洋大学学报（自然科学版）, 39(1): 26-34.
刘梅, 宓国强, 郭建林, 等. 2019. 池塘内循环流水养殖模式对黄颡鱼生长性能、形体指标、血清生化指标及肌肉营养成分的影响. 动物营养学报, 31(04): 1704-1717.
刘培芳, 陈振楼, 刘杰. 2002. 盐度和 pH 对崇明东滩沉积物中氨氮释放的影响研究. 上海环境科学, 21(5): 271-273.
刘萍, 孔杰, 石拓, 等. 1999. 暴发性流行病病原对中国对虾亲虾人工感染及对子代影响的 PCR 检测. 海洋与湖沼, 30(2): 139-144.
刘世禄, 王凤起, 杨鸣, 等. 2003. 山东省水产养殖外来物种调查研究. 海洋水产研究, 24(3): 66-71.
刘秀梵. 1994. H5N1 亚型禽流感从暴发、流行到地方流行给我们的启示. 兽医导刊, (12): 10-11.
刘再明. 2005. 利用热电厂热水资源暂养革胡子鲇鱼苗技术. 中国水产, (5): 44-47.
卢敬让, 李德尚, 杨红生, 等. 1997. 海水池塘鱼贝施肥混养生态系中贝类与浮游生物的相互影响. 水产学报, 21(2): 158-164.
鲁雪报, 肖慧, 张德志, 等. 2009. 中华鲟幼鱼循环饥饿后的补偿生长和体成分变化. 淡水渔业, 39(3): 64-67.
罗方妮, 魏文志, 王志跃, 等. 2002. 鱼鸭混养和单纯养鱼的经济效益和生态效益比较. 水产养殖, (4): 3-5.
骆文, 工民. 1984. 长岛县采取有力措施发展海水"立体养殖". 中国水产, (7): 14-15.
马文君, 丁雪燕, 周凡, 等. 2019. 浙江省池塘内循环流水"跑道"养殖模式发展现状及建议. 中国渔业经济, 37(05): 76-81.
穆峰. 2002. 半精养对虾养殖池水质变动规律及水质调控研究. 青岛: 中国海洋大学硕士学位论文.
南春容, 董双林. 2003. 资源竞争理论及其研究进展. 生态学杂志, 22(2): 36-42.
南春容, 董双林. 2004a. 大型海藻孔石莼抑制浮游微藻生长的原因初探——种群密度及磷浓度的作用. 中国海洋大学学报, 34(1): 48-59.
南春容, 董双林. 2004b. 大型海藻与海洋微藻间竞争研究进展. 海洋科学, 28(11): 64-66.
牛化欣, 马甡, 田相利, 等. 2006. 菊花心江蓠对中国明对虾养殖环境净化作用的研究. 中国海洋大学学报(自然科学版), 36(S1): 45-48.
农业农村部渔业渔政管理局, 全国水产技术推广总站, 中国水产学会. 2019. 中国渔业统计年鉴. 北京: 中国农业出版社.
潘鲁青, 范德朋, 马甡, 等. 2002. 环境因子对缢蛏滤水率的影响. 水产学报, 26(3): 226-230.
裴素蕊. 2012. 刺参(*Apostichopus japonicus*)个体生长差异的影响因素及其调控机制. 青岛: 中国海洋大学博士学位论文.
裴素蕊, 董双林, 王芳, 等. 2013. 限定食物资源下密度对刺参个体生长的影响. 中国海洋大学学报, 43(3): 32-37.
齐振雄, 李德尚, 张曼平. 1998. 对虾养殖池塘氮、磷收支的实验研究. 水产学报, 22(2): 124-128.
阮景荣. 1986. 武汉东湖鲢、鳙生长的几个问题的研究. 水生生物学报, 10(3): 252-264.
佘忠明, 林俊雄, 彭友贵, 等. 2005. 红树林与水产养殖系统初步研究. 生态学杂志, 24(7): 837-840.

单洪伟. 2013. 底质改良及固定化微生物技术对对虾养殖环境的调控. 青岛: 中国海洋大学博士学位论文.
申屠青春. 1999. 盐碱池塘含盐量、碱度对水质的影响和降盐、降碱度、降 pH 值措施的研. 青岛: 青岛海洋大学硕士学位论文.
申屠青春, 董双林, 赵文, 等. 2000a. 盐度、碱度对浮游生物和水化因子的影响. 应用生态学报, 11(3): 449-454.
申屠青春, 董双林, 赵文, 等. 2000b. $CaCl_2$、$NaHCO_3$ 和盐酸降 pH 的效果及其对水质的影响. 海洋湖沼通报, (2): 53-62.
申玉春, 熊邦喜, 王辉, 等. 2007. 虾-鱼-贝-藻养殖结构优化试验研究. 水生生物学报, 31(1): 30-38.
沈伟芳, 张斌. 2004. 南美白对虾与鳜鱼轮养模式. 中国水产, (6): 41-42.
史洁, 魏皓. 2009. 半封闭高密度筏式养殖海域水动力场的数值模拟. 中国海洋大学学报, 39(6): 1181-1187.
史洁, 魏皓, 赵亮, 等. 2010. 桑沟湾多元养殖生态模型研究: III 海带养殖容量的数值研究. 渔业科学进展，31(4): 43-52.
史为良. 1981. 我国某些鱼类对达里湖碳酸盐型半咸水的适应能力. 水生生物学集刊, 7(3): 359-369.
史为良. 1991. 内陆水域鱼类增殖与养殖学. 北京: 中国农业出版社: 245.
史为良. 1998. 谈鱼类气泡病. 科学养鱼, (6): 23-24.
史为良, 董双林, 夏德昌, 等. 1988. 辽宁省 13 座水库的若干生态学效率. 大连水产学院学报, (1): 71-74
宋杰, 范海, 赵可夫. 2000. 试论可持续的盐地农业. 山东师范大学学报(自然科学版), 15(4): 450-453.
宋颀, 田相利, 董双林, 等. 2011. 草鱼混养生态系统能量收支的研究, 中国海洋大学学报, 41(10): 45-51.
苏赫维尔霍夫. 1957. 池塘养鱼学. 水产部淡水渔业司译. 北京: 农业出版社: 472.
苏跃朋, 马甡, 张哲. 2003. 对虾养殖池塘混养牡蛎对底质有机负荷的作用. 中国水产科学, 10(6): 491-494.
隋锡林. 1990. 海参增养殖. 北京: 中国农业出版社: 259.
孙秉义, 鲍广栋, 楚昭明, 等. 1990. 网箱区施化肥培育大规格鲢、鳙鱼种技术研究. 水利渔业, (4): 7-10.
孙琛. 2000. 中国水产品市场分析. 北京: 中国农业大学博士学位论文.
孙成波. 2004. 环境因子和弧菌对白斑综合症病毒(WSSV)在凡纳滨对虾体内增殖的影响. 湛江: 广东海洋大学硕士学位论文.
孙成波, 李婷, 王平, 等. 2009. 高位池养殖对虾携带白斑综合症病毒变化. 海洋通报, 28(2): 116-120.
孙国铭, 汤建华, 仲霞铭. 2002. 氨氮和亚硝酸氮对南美白对虾的毒性研究. 水产养殖, (1): 22-24.
孙云飞, 王芳, 刘峰, 等. 2015. 草鱼与鲢、鲤不同混养模式系统的氮磷收支. 中国水产科学, 22(3): 450-459.
孙志周. 2004. 池塘鱼鳖混养技术. 中国水产, (5): 45-46.
索建杰, 王玉玮, 姜玉声, 等. 2015. 三种凡纳滨对虾养殖模式的水质特征及养殖效果. 水产学杂志, 28(5): 12-17.
谭围, 王荣霞, 陈傅晓, 等. 2014. 长茎葡萄蕨藻室外水泥池养殖技术. 现代农业科技, (5): 287-288.
谭玉钧, 雷慧僧, 李家乐. 1992. 综合养鱼//农业部水产司养殖增殖处和中国水产学会科普工作委员会. 中国水产综合养殖理论与实践. 北京: 科学普及出版社: 16-25.
汤坤贤, 焦念志, 游秀萍, 等. 2005. 菊花心江蓠在网箱养殖区的生物修复作用. 中国水产科学, 12(2): 156-161.
唐明虎, 姜增华, 孙莉, 等. 2010. 种草养鱼高效生态养殖模式. 科学养鱼, (9): 41-42.
唐纳德·沃斯特. 1999. 自然的经济体系——生态思想史. 侯文蕙译. 北京: 商务印书馆: 608.
唐启升, 丁晓明, 刘世禄, 等. 2014. 我国水产养殖业绿色、可持续发展战略与任务. 中国渔业经济, 32(1): 6-14.

唐启升, 方建光, 张继红, 等. 2013. 多重压力胁迫下近海生态系统与多营养层次综合养殖. 渔业科学进展, 34(1): 1-11.
田相利. 2000. 变温对中国对虾生长的影响及其生物能量学机制. 青岛: 青岛海洋大学博士学位论文.
田相利. 2004. 养殖水域鱼产力的研究方法//董双林, 赵文. 养殖水域生态学. 北京: 中国农业出版社: 294-309.
田相利, 董双林. 2005. 变温对水生动物生长影响的研究进展. 应用生态学报, 16(9): 1780-1785.
田相利, 董双林, 王芳. 2004a. 不同温度对中国明对虾生长及能量收支的影响, 应用生态学报, 15(4): 678-682.
田相利, 董双林, 吴立新, 等. 2004b. 恒温和变温下中国对虾生长和能量收支的比较. 生态学报, 25(11): 2811-2817.
田相利, 李德尚, 阎希翥, 等. 1999. 对虾池封闭式三元综合养殖的实验研究. 中国水产科学, 6(4): 49-54.
田相利, 王吉桥, 李德尚, 等. 1997. 海水池塘中国对虾与罗非鱼施肥混养的实验研究. 应用生态学报, 8(6): 628-632.
汪翔, 崔凯, 李海洋, 等. 2019. 池塘养殖跑道流场特性数值模拟及集污区固相分布分析. 农业工程学报, 35(20): 220-227.
王大鹏, 田相利, 董双林, 等. 2006. 对虾、青蛤和江蓠三元混养效益的实验研究. 中国海洋大学学报, 36(增): 20-26.
王迪, 吴军, 窦寅, 等. 2008. 江苏水产养殖鱼类外来物种调查及其生物入侵风险初探. 江西农业学报, 20(11): 99-102.
王芳, 董双林, 范瑞青, 等. 1998a. 四种滤食性贝类滤食器官鳃的扫描电镜观察. 青岛海洋大学学报, 28 (2): 240-244.
王芳, 董双林, 王涛, 等. 1998b. 菲律宾蛤仔呼吸和排泄规律的研究. 海洋科学, (2): 1-3.
王芳, 董双林, 张硕. 1998c. 藻类浓度对海湾扇贝和太平洋牡蛎滤除率的影响. 海洋科学, (4): 1-3.
王芳, 董双林, 张硕, 等. 1998d. 海湾扇贝(*Argopecten irradians*)和太平洋牡蛎(*Crassostrea gigas*)呼吸和排泄的研究. 青岛海洋大学学报, 28(2): 233-239.
王芳, 董双林, 李德尚, 等. 1993. 鲢鱼摄食强度和节律的实验研究. 青岛海洋大学学报, 23(2): 101-108.
王芳, 董双林, 李德尚. 1997. 菲律宾蛤仔和栉孔扇贝的呼吸与排泄研究. 水产学报, 21(3): 252-257.
王芳, 董双林, 张硕, 等. 2000. 海湾扇贝和太平洋牡蛎的食物选择性及滤除率的实验研究. 海洋与湖沼, 31(2): 139-144.
王芳, 张建东, 董双林, 等. 2005. 光照强度和光照周期对中国明对虾稚虾生长的影响. 中国海洋大学学报, 35(5): 768-772.
王桂春, 张兆琪, 董双林, 等. 2001. 氯化钠和碱度对罗氏沼虾仔虾的毒性研究. 青岛海洋大学学报, 31(4): 523-528.
王国栋. 2014. 刺参陆基养殖系统的能值分析和生命周期评价. 青岛: 中国海洋大学博士学位论文.
王吉桥, 李德尚, 董双林, 等. 1999. 对虾池不同综合养殖系统效率和效益的比较研究. 水产学报, 23(1): 45-52.
王吉桥, 赵德树, 张景全. 1994. 不同日照时数对鲤、鲢、鳙鱼苗生长和存活的影响. 生态学杂志, 13(3): 41-44.
王骥. 1999. 水域生物生产力//刘建康. 高级水生生物学. 北京: 科学出版社: 128-150.
王骥, 梁彦龄. 1981. 用浮游植物的生产量估算武昌东湖鲢鳙生产潜力与鱼种放养量的探讨. 水产学报, 5(4): 343-350.
王俊, 姜祖辉, 董双林. 2001. 滤食性贝类对浮游植物群落增殖作用的研究. 应用生态学报, 12(5): 765-768.
王克行. 2008. 虾类健康养殖原理与技术. 北京: 科学出版社: 447.
王克行, 马甡, 李晓甫. 1998. 试论对虾白斑病暴发的环境因子及防病措施. 中国水产, (12): 34-35.

王明新, 包永红, 吴文良, 等. 2006. 华北平原冬小麦生命周期环境影响评价. 农业环境科学学报, 5(5): 1127-1132.
王巧晗. 2008. 环境因子节律性变动对潮间带大型海藻孢子萌发、早期发育和生长的影响及其生理生态学机制. 青岛: 中国海洋大学博士学位论文.
王巧晗, 董双林, 田相利, 等. 2007. 盐度日节律性连续变化对孔石莼生长和生化组成的影响. 中国海洋大学学报, 37(6): 911-915.
王若祥, 崔慧敏. 2009. 缢蛏与对虾立体生态调控养殖技术. 齐鲁渔业, 26(11): 40-41.
王晓龙. 2016. 珍珠龙胆石斑鱼与海水植物工厂化原位混养模式的构建与优化. 中国海洋大学硕士学位论文. 青岛: 中国海洋大学.
王晓龙, 田相利, 董双林, 等. 2016. 珍珠龙胆石斑鱼与菊花江蓠工厂化原位混养效果的初步研究. 中国海洋大学学报(自然科学版), 46(增): 72-80.
王兴礼. 2003. 电厂余热水养殖罗氏沼虾技术. 淡水渔业, 33(4): 39-40.
王兴强, 曹梅, 马甡, 等. 2006. 盐度对凡纳滨对虾存活、生长和能量收支的影响. 海洋水产研究, 27(1): 8-13.
王兴强, 马甡, 董双林. 2004. 凡纳滨对虾生物学及养殖生态学研究进展. 海洋湖沼通报, (4): 94-100.
王岩. 1999. 罗非鱼补偿生长及其生物能量学机制. 武汉: 中国科学院水生生物研究所博士后研究工作报告.
王岩. 2003. 食物水平和初始体重对杂交罗非鱼生长和个体生长分化的影响. 应用生态学报. 14(2): 37-240.
王勇军. 1999. 周期性温度变化对幼蟹生长发育的影响. 水产养殖, 20 (4): 19-20.
王宇庭, 董双林. 2003. 清河水库鲢、鳙群体动态研究Ⅱ. 最大持续渔获量估计. 莱阳农学院学报, 20(2): 131-134.
王裕玉, 徐跑, 聂志娟, 等. 2019. 池塘工程化循环水养殖模式下养殖密度对吉富罗非鱼生长及生理指标的影响. 长江大学学报(自然科学版), 16(5): 78-84, 9-10.
王志余, 董双林. 1990. 鲢鲫鳃丝的扫描电镜观察. 大连水产学院学报, 5(2): 69-73.
网箱养鱼技术编写组. 1982. 网箱养鱼技术. 北京: 农业出版社: 164.
魏泽能, 崔凯, 李海洋, 等. 2018. 安徽省池塘内循环流水特色养殖模式构建与效果分析. 安徽农业科学, 46(15): 84-86.
温彬, 高勤峰, 董双林, 宁鲁光. 2016. 不同水深条件下刺参养殖池塘大型底栖动物群落结构季节性变化特征. 生态学报, 36 (14): 4327-4336.
文良印, 董双林, 张兆琪, 等. 1999. 氯化物水型盐碱池塘的限制性营养盐研究. 中国水产科学, 6(4): 43-48.
文良印, 董双林, 张兆琪. 2000. 氯化物水型盐碱地池塘缓冲能力研究. 中国水产科学, 7(2): 51-55.
吴从道, 唐天德, 林重先, 等. 1980. 对虾与梭鱼混养. 海洋渔业, (3): 11.
吴立新, 董双林. 2000. 水产动物继饥饿或营养不足后的补偿生长研究进展. 应用生态学报, 11(6): 943-946.
吴立新, 董双林, 田相利. 2001. 中国明对虾继饥饿后的补偿生长研究. 生态学报, 21(3): 452-457.
吴普特, 冯浩, 牛文全, 等. 2006. 中国节水农业战略思考与研发重点. 科技导报, 24(5): 86-88
吴玉波, 吴立新, 陈晶, 等. 2011. 饥饿对牙鲆幼鱼补偿生长、生化组成及能量收支的影响. 生态学杂志, 30(8): 1691-1695.
奚业文, 刘海涛. 2002. 大面积池塘实施 80∶20 养鱼模式高产高效技术的效果. 安徽农业科学, 30(5): 734-735.
夏会龙, 吴良欢, 陶勤南. 2002. 凤眼莲植物修复水溶液中甲基对硫磷的效果与机理研究. 环境科学学报, 22(3): 229-332.
向赟, 王刚, 陈兆明, 等. 2014a. 亚硝酸氮浓度变化对感染白斑综合症病毒的凡纳滨对虾的影响. 安徽农业科学, 42(30) : 10569-10572, 10659.

向赟, 王刚, 叶国锋, 等. 2014b. 盐度变化对携带白斑综合症病毒(WSSV)的凡纳滨对虾(*Litopenaeus vannamei*)的影响. 海洋与湖沼, 45(2): 427-435.
谢从新. 1989. 池养鲢鳙鱼摄食习性的研究. 华中农业大学学报, 8(4): 385-394.
谢平. 2003. 鲢、鳙与藻类水华控制. 北京: 科学出版社: 134.
谢数涛, 邱德全, 何建国, 等. 2000. 几种理化因子对斑节对虾白斑杆状病毒(WSBV)感染力的影响. 海洋科学, 24(3): 52-54.
谢数涛, 吴任, 许忠能. 2005. 亚致死温度热休克对凡纳滨对虾的保护作用. 中山大学学报(自然科学版), 44(6): 87-89.
解承林. 1981. 贝藻间养经济效益高. 中国水产, (5): 5.
解绶启, 刘家寿, 李钟杰. 2013. 淡水水体渔业碳移出之估算. 渔业科学进展, 34(1): 82-89.
熊邦喜, 李德尚, 李琪, 等. 1993. 配养滤食性鱼对投饵网箱养鱼负荷力的影响. 水生生物学报, 17(2): 131-144.
熊莹槐. 2018. 盐度对虹鳟和硬头鳟生长的影响及生理生态学机制. 青岛: 中国海洋大学博士学位论文.
徐汉祥, 王伟定, 刘世忠, 等. 2005. 舟山深水网箱拟养海区环境本底状况及养殖容量. 现代渔业信息, 20(1): 8-11.
徐皓, 张祝利, 张建华, 等. 2011. 我国渔业节能减排研究与发展建议. 水产学报, 35(3): 472-480.
徐继荣, 王友绍, 王清吉, 等. 2007. 大亚湾海域沉积物中的硝化与反硝化作用. 海洋与湖沼, 38(3): 206-211.
徐继荣, 王友绍, 殷建平, 等. 2005. 珠江口入海河段 DIN 形态转化与硝化和反硝化作用. 环境科学学报, 25(5): 686-692.
徐宁, 李德尚, 董双林. 1999. 海水养殖池塘溶氧平衡的实验研究. 中国水产科学, 6(1): 69-74.
徐武杰. 2014. 生物絮团在凡纳滨对虾零水交换养殖系统中功能效应的研究与应用. 青岛: 中国海洋大学博士学位论文.
徐永健, 陆开宏, 韦玮. 2007. 大型海藻江蓠对养殖池塘水质污染修复的研究. 中国生态农业学报, 15(5): 156-159.
徐中民, 张志强, 程国栋. 2003. 生态经济学理论方法与应用. 郑州: 黄河水利出版社: 306.
闫冬春, 董双林, 黄倢. 2006. 乳山对虾养殖场白斑综合征病毒(WSSV)调查研究. 海洋水产研究, 27(1): 21-27.
阎希翥. 1999. 对虾综合养殖池塘生态系统能量生态学的研究. 青岛: 青岛海洋大学博士学位论文.
杨凤, 雷衍之. 1998. 鱼类越冬池底泥若干特性的研究. 大连水产学院学报 13(3): 1-8.
杨富亿. 2000. 盐碱湿地及沼泽渔业利用. 北京: 科学出版社: 680.
杨红生, 李德尚, 董双林, 等. 1998. 中国对虾与罗非鱼施肥混养的基础研究. 中国水产科学, 5(2): 35-29.
杨建雷, 高勤峰, 董双林, 等. 2011. 草鱼、鲢鱼和鲤鱼混养池塘中浮游生物和悬浮颗粒物组成变化的研究. 中国海洋大学学报, 41 (10): 23-29.
杨健, 苏彦平, 刘洪波, 等. 2012. 内陆渔业生态系统的碳循环特征及碳汇机制. 水产学报, 36(5): 794-800.
杨菁, 管崇武. 2019. 池塘内循环养殖模式关键工艺参数设计. 中国农学通报, 35(15): 142-145.
杨茜, 杨庶, 宋娴丽, 等. 2014. 桑沟湾夏、秋季悬浮颗粒物的沉降通量及再悬浮的影响. 海洋学报, 36(12): 85-90.
杨严鸥, 姚峰, 何文平. 2005. 长吻鮠、异育银鲫和草鱼补偿生长的比较研究. 水产科学, 12(5): 575-579.
杨逸萍, 王增焕, 孙建. 1999. 精养虾池主要水化学因子变化规律和氮的收支. 海洋科学, 1: 15-17.
杨章武, 卢小宁, 郑雅友, 等. 2011. 温度对凡纳滨对虾幼体生长、变态和存活率的影响. 台湾海峡, 30(1): 81-85.
杨壮志, 钟维林, 汪万良. 2006. 商品鳜鱼和饵料鱼同池当年养成技术. 科学养鱼, (5): 57.
姚泊, 何建国. 2002. 温度对白斑综合症杆状病毒致病力的影响. 广州大学学报, 1(4): 17-19.

殷峻, 闻岳, 周琪. 2007. 人工湿地中微生物生态的研究进展. 环境科学与技术, 30(1): 108-111.
殷名称. 1995. 鱼类生态学. 北京: 中国农业出版社: 293.
郁蔚文, 王健. 2016. 集聚式池塘内循环流水养殖设施的应用与分析. 渔业现代化, 43(6): 1-5.
袁琪. 2016. 中国养殖鱼类水足迹估算及可持续养殖政策. 大连: 大连理工大学硕士学位论文.
袁有宪, 曲克明, 陈聚法, 等. 2000. 栉孔扇贝对环境变化适应性研究——温度对存活、呼吸、摄食及消化的影响. 中国水产科学, 7(3): 24-27.
臧维玲, 王武, 叶林, 等. 1989. 盐度对淡水鱼类的毒性效应. 海洋与湖沼, 20(5): 445-452.
曾志南, 陈木, 周宸, 等. 1998. 1994-1995 年福建养殖对虾流行病病原和病理学研究. 水产学报, 22: 72-76.
张春雪. 2013. 精养池塘底泥—水界面特征分析及底泥改良研究. 武汉: 华中农业大学硕士学位论文.
张东旭. 2015. 三疣梭子蟹、日本囊对虾和菲律宾蛤仔不同混养系统水—气界面 CO_2 和 CH_4 通量及系统碳收支的研究. 青岛: 中国海洋大学硕士学位论文.
张凤荣. 2002. 土壤地理学. 北京: 中国农业出版社: 347.
张恭, 高永刚, 高勤峰, 等. 2018. 不同温度对硬头鳟幼鱼 C、N、P 营养要素收支的影响. 中国海洋大学学报, 48(10): 11-17.
张皓, 杜琦, 黄邦钦, 等. 2007. 海水网箱养殖容量研究综述. 现代渔业, 34(3): 54-56, 59.
张鸿雁, 李德尚, 王岩. 1999. 混养罗非鱼对对虾池浮游生物群落结构的影响. 中国水产科学, 6(4): 114-116.
张继红, 方建光, 王诗欢. 2008. 大连獐子岛海域虾夷扇贝养殖容量. 水产学报, 32(2): 236-241.
张继红, 吴文广, 任黎华, 等. 2013. 桑沟湾表层水 pCO_2 的季节变化及影响因素分析. 渔业科学进展, 34(1): 57-64.
张家松, 2007. 浮游生物传播对虾白斑综合症病毒(WSSV)的研究. 青岛: 中国海洋大学博士学位论文.
张家松, 董双林, 田相利, 等. 2007. 浮游微藻携带和传播 WSSV 研究. 海洋环境科学, 26(3): 221-224.
张井增. 2008. 北方盐碱池塘 pH 过高原因分析与对策. 齐鲁渔业, 27(8): 42.
张敬旺. 2012. 草鱼养殖池塘溶氧收支平衡及关键影响因子的研究. 上海:上海海洋大学硕士学位论文.
张礼善. 1960. 青草鲢鳙对氢离子浓度的适应性. 水生生物集刊, (2): 134-144.
张美昭, 董双林, 文良印, 等. 2002. 投饵施肥对盐碱池塘 CO_2 缓冲系统和营养盐的影响. 青岛海洋大学学报, 32(增): 1-6.
张美昭, 张兆琪, 赵文, 等. 2000. 氯化物型盐碱地池塘水化学特性的研究. 青岛海洋大学学报, 30(1): 68-74.
张明亮. 2011. 栉孔扇贝生理活动对近海碳循环的影响. 青岛: 中国科学院海洋研究所博士学位论文.
张青田, 张兆琪, 董双林. 2002. 氮磷对金藻的增殖效应. 海洋湖沼通报, (2): 45-51.
张善东. 2006. 大型海藻龙须菜与赤潮微藻营养竞争的研究. 青岛: 中国科学院海洋研究所博士学位论文.
张硕, 董双林, 王芳. 1998. 中国明对虾生物能量学研究 1. 温度、体重、盐度和摄食状态对耗氧率和排氨率的影响. 青岛海洋大学学报, 28(2): 215-219.
张硕, 董双林, 王芳. 1999. 盐度和饵料对中国明对虾碳收支的影响. 水产学报, 23(2): 144-149.
张许光. 2012. 生物絮团技术在凡纳滨对虹、工厂化养殖中的研究与应用. 青岛: 中国海洋大学博士学位论文.
张永胜. 2013. 光照对刺参(*Apostichopus japonicus*)苗种培育的影响及其机制的研究. 青岛: 中国海洋大学硕士学位论文.
张志南, 于子山, 段榕琦, 等. 2004. 虾池纳潮期日本刺沙蚕幼体数量及其沉降的研究. 海洋与湖沼, 25(3): 248-258.
章征忠, 张兆琪, 董双林, 等. 1999. pH、盐度、碱度对淡水养殖种类影响的研究进展. 中国水产科学, 6(4): 95-98.

赵可夫, 张万钧, 范海, 等. 2001. 改良和开发利用盐渍化土壤的生物学措施. 土壤通报, 32(S0): 115-119.
赵蕾, 王芳, 孙东, 等. 2011. 草鱼复合养殖系统间隙水与上覆水中营养盐分布特征. 渔业科学进展, 32: 70-77.
赵文. 1992. 中国北方内陆盐水的浮游植物. 大连水产学院学报, 7(2, 3): 49-64.
赵文, 董双林, 郑伟刚, 等. 2000a. 罗非鱼对盐碱池塘围隔浮游生物群落的影响. 动物学研究, 21(2): 108-114.
赵文, 董双林, 张兆琪, 等. 2000b. 罗非鱼放养量对盐碱水微型浮游生物群落的影响. 青岛海洋大学学报, 30(3): 435-440.
赵文, 董双林, 戴昀娣, 等. 2000c. 氯化物水型盐碱池塘浮游植物叶绿素 a 的研究. 湖泊科学, 12(3): 247-254.
赵文, 董双林, 李德尚, 等. 2003. 盐碱池塘浮游植物初级生产力的研究. 水生生物学报, 27(1): 47-54.
赵文, 董双林, 申屠青春, 等. 2002. 氯化物盐碱池塘浮游植物种类和多样性的研究. 水生生物学报, 26(1): 31-38.
赵文, 董双林, 张美昭, 等. 2001a. 盐碱池塘浮游动物的种类组成和生物量. 水产学报, 25(1): 26-31.
赵文, 董双林, 申屠青春, 等. 2001b. 盐碱池塘水生植物的研究. 植物研究, 21(1): 140-146.
赵文, 董双林, 张美昭, 等. 2001c. 盐碱池塘底栖动物初步研究. 应用与环境生物学报, 7(3): 239-243.
赵文, 董双林, 张兆琪, 等. 2001d. 鲢放养和施肥对盐碱池塘围隔生态系统浮游生物群落的影响. 应用生态学报, 12(2): 299-303.
赵志刚. 2011. 鲢、草鱼的呼吸与摄食的关系及其调节机制. 青岛: 中国海洋大学博士学位论文.
郑军, 孙宪芝, 史建民. 2006. 山东省生态农业发展典型模式及其评价. 中国生态农业学报, 14(4): 244-248.
郑述河. 1993. 河口地区盐度对罗氏沼虾生长的影响. 齐鲁渔业, 44(1): 24-29.
郑松周, 沈浩铎, 郑章荣. 2004. 池塘鱼蛙立体养殖技术. 中国水产, 2004(4): 49-50.
郑伟刚, 张兆琪, 张美昭, 等. 2001. 盐碱水 NaCl 和碱度对银鲫(*Carassius auratus gibelio*)幼鱼毒性的初步研究. 青岛海洋大学学报, 31(4): 513-517.
郑振华. 2006. pH 和投饵组合的周期性变化对凡纳滨对虾(*Litopenaeus vannamei*)生长的影响. 青岛: 中国海洋大学博士学位论文.
郑振华, 董双林, 田相利. 2008. pH 不同处理时间的周期性变化对凡纳滨对虾生长的影响. 中国海洋大学学报, 38(1): 45-51.
郑忠明. 2009. 刺参养殖池塘沉积物—水界面营养盐通量的研究. 青岛: 中国海洋大学博士学位论文.
中国淡水养鱼经验总结委员会. 1961. 中国淡水鱼类养殖学. 北京: 科学出版社: 612.
周光正. 1991. 氨和亚硝酸盐对对虾幼体的毒性. 海洋湖沼通报, (2): 95-98.
周化民, 何建国, 莫福, 等. 2001. 斑节对虾白斑综合症暴发流行与水体理化因子的关系. 厦门大学学报, 40(3): 775-781.
周晖, 陈刚, 纪多亮, 等. 2012. 3 种蛋白替代鱼粉对褐点石斑鱼生长、体成分及能量收支的影响. 广东海洋大学学报, 32(6): 10-16.
周显青, 牛翠娟, 李庆芬. 2000. 光照对水生动物摄食、生长和存活的影响. 水生生物学报, 24(2): 178-181.
周星晓, 王志武. 2011. 酸性池塘改造技术措施. 中国水产, 2011(10): 41-42.
周一兵, 刘亚军. 2000. 虾池生态系能量收支和流动的初步分析. 生态学报, 20(3): 471-481.
周毅, 杨红生, 何义朝. 2001. 栉孔扇贝生物沉积的模拟测定//中国海洋湖沼学会. 贝类学论文集(第Ⅸ辑). 北京: 海洋出版社: 99-111.
周毅, 杨红生, 毛玉泽, 等. 2003a. 桑沟湾栉孔扇贝生物沉积的现场测定. 动物学杂志, 38(4): 40-44.
周毅, 杨红生, 张福绥. 2003b. 海水双壳贝类的生物沉积及其生态效应. 海洋科学, 2003(2): 23-26.
朱长波. 2005. 海水主要阳离子含量对凡纳滨对虾(*Litopenaeus vannamei*)生长的影响及其机制. 青岛:

中国海洋大学博士学位论文.
朱长波, 董双林, 王芳. 2010. 水环境中 Mg^{2+}、Ca^{2+}含量对凡纳滨对虾幼虾生长和能量收支的影响及其机制. 水产学报, 34(1): 184-191.
朱长波, 董双林, 张建东, 等. 2005. 缺 K^{+}型低盐度水体 Na^{+}/K^{+}比值对凡纳滨对虾幼虾生长和能量收支的影响. 中国海洋大学学报, 35(5): 773-778.
朱清时, 姜岩. 2004. 东方科学文化的复兴. 北京: 北京科学技术出版社: 367.
朱耀光. 1981. 对虾养殖池中兼养文蛤. 海洋渔业, 1981(2): 25.
祝少华. 2008. 养鱼池塘内设置网箱养殖泥鳅技术. 渔业致富指南, 2008(17): 38-39.
Ackefors H, Enell M. 1990. Discharge of nutrients from Swedish fish farming to adjacent sea areas. Ambio, 19: 28-35.
Acosta-Nassar M V, Morell J R, Corredor J E. 1994. The nitrogen budget of a tropical semi-intensive fresh water fish culture pond. J World Aquac Soc, 25(2): 261-270.
Adams C, Huntingford F, Turnbull J, et al. 2000. Size heterogeneity can reduce aggression and promote growth in Atlantic salmon parr. Aquaculture International, 8: 543-549.
Ahmed N, Thompson S, Glaser M. 2019. Global aquaculture productivity, environmental sustainability, and climate change adaptability. Environ. Manage, 63: 159-172.
Ahvenharju T, Ruohonen K. 2007. Agonistic behaviour of signal crayfish (*Pacifastacus leniusculus* Dana) in different social environments: Effect of size heterogeneity on growth and food intake. Aquaculture, 271: 307-318.
Al-Hafedh Y S, Alam A, Beltagi M S. 2008. Food production and water conservation in a recirculating aquaponic system in Saudi Arabia at different ratios of fish feed to plants. J World Aquacult Soc, 39: 510-20.
Al-Hafedh Y S, Alam A, Buschmann A H, et al. 2012. Experiments on an integrated aquaculture system (seaweeds and marine fish) on the Red Sea coast of Saudi Arabia: efficiency comparison of two local seaweed species for nutrient biofiltration and production. Reviews in Aquaculture, 4: 21-31.
Ali M, Nicieza A, Wootton R. 2003. Compensatory growth in fishes: A response to growth depression. Fish and Fisheries, 4: 147-190.
Allan G L, Maguire G B. 1992. Effects of pH and salinity on survival, growth and osmoregulation in *Penaeus monodon* Fabricius. Aquaculture, 107(1): 33-47.
An Z H, Dong Y W, Dong S L. 2007. Temperature effects on growth-ration relationships of juvenile sea cucumber *Apostichopus japonicus* (Selenka). Aquaculture, 272(1-4): 644-648.
Angel D, Jokumsen A, Lembo G. 2019. Aquaculture production systems and environmental interactions// Lembo G, Mente E. Organic Aquaculture. Switzerland: Springer Nature Switzerland AG: 103-118.
Arakawa K Y, Kusuki Y, Kamigaki M. 1971. Studies on biodeposition in oyster beds. 1. Economics density for oyster culture. Venus, 30(3): 113-128.
Ashkenazi D Y, Israel A, Abelson A. 2018. A novel two-stage seaweed integrated multi-trophic aquaculture. Reviews in Aquaculture, 11: 246-262.
Attramadal K J K, Truong T M, Bakke I, et al. 2014. RAS and microbial maturation as tools for *K*-selection of microbial communities improve survival in cod larvae. Aquaculture, 432: 483-490.
Avnimelech Y. 1999. Carbon/nitrogen ratio as a control element in aquaculture systems. Aquaculture, 176: 227-235.
Avnimelech Y, Zohar G. 1986. The effect of local anaerobic condition on growth retardation in aquaculture systems. Aquaculture, 58: 167-174.
Azaza M S, Dhraief M N, Kraiem M M, et al. 2010. Influences of food particle size on growth, size heterogeneity, food intake and gastric evacuation in juvenile Nile tilapia, *Oreochromis niloticus* L., 1758. Aquaculture, 309: 193-202.
Bacher C, Duarte P, Ferreira J G, et al. 1998. Assessment and comparison of the Marennes—Oléron Bay (France) and Carlingford Lough (Ireland) carrying capacity with ecosystem models. Aquat Ecol, 31(4):379-394.
Bal G, Rivot E, Prévost E, et al. 2011. Effect of water temperature and density of juvenile salmonids on

growth of young-of-the-year Atlantic salmon. Salmo salar. Journal of Fish Biology, 78: 1002-1022.
Bange H W, Bartell U, Rapsomanikis S, et al. 1994. Methane in the Baltic and North Seas and a reassessment of the marine emissions of methane. Global Biogeochemical Cycles, 8: 465-480.
Bao J, Dong S L, Tian X L, et al. 2010. Metabolic rates and biochemical compositions of *Apostichopus japonicus* (Selenka) tissue during Periods of inactivity. Chinese Journal of Oceanology and Limnology, 28(2): 218-223.
Bao J, Jiang H B, Wang F, et al. 2014. Effects of light colors on the growth of green type and red type sea cucumber *Apostichopus japonicus* (Selenka). Aquaculture, 418-419: 139-143.
Barange M, Cochrane K L. 2018. Impacts of climate change on fisheries and aquaculture: conclusions//Barange M, Bahri T, Beveridge M C M, et al. Impacts of Climate Change on Fisheries and Aquaculture: Synthesis of Current Knowledge, Adaptation and Mitigation Options. Rome: FAO Fisheries and Aquaculture Technical Paper No. 627: 611-628.
Bardach J E, Ryther J H, McLarney W O. 1972. Aquaculture: The Farming and Husbandry of Freshwater and Marine Organisms. New York: Wiley-Interscience: 884.
Barkai R, Griffiths C L. 1988. An energy budget for the south African abalone *Haliotis midae* Linnaeus. J Moll Stud, 54: 43-51.
Barreto R E, Moreira P S A, Carvalho R F. 2003. Sex-specific compensatory growth in food-deprived Nile tilapia. Brazilian Journal of Medical and Biological Research, 36: 477-483.
Barrington K, Ridler N, Chopin T, et al. 2010. Social aspects of the sustainability of integrated multitrophic aquaculture. Aquaculture International, 18: 201-211.
Baskett M L, Burgess S C, Waples R S. 2013. Assessing strategies to minimize unintended fitness consequences of aquaculture on wild populations. Evol Appl, 6(7):1090-1108.
Bastviken D, Cole J, Pace M et al. 2004. Methane emissions from lakes: Dependence of lake characteristics, two regional assessments, and a global estimate. Global Biogeochemical Cycles, 18: 305-313.
Batzina A, Karakatsouli N. 2014. Is it the blue gravel substrate or only its blue color that improves growth and reduces aggressive behavior of gilthead seabream *Sparus aurata*? Aquacultural Engineering, 62: 49-53.
Bayne B L. 2017. Biology of oysters. Developments in Aquaculture and Fisheries Science, 41: 417-504.
Beveridge M. 2004. Cage Aquaculture, 3rd edition. Oxford: Blackwell Publishing: 368.
Beveridge M C M. 1984. Cage and pen fish farming: Carrying capacity models and environmental impact. FAO Fish Tech Papers, 255: 131.
Beveridge M C M, Ross L G, Kelly L A. 1994. Aquaculture and Biodiversity. Ambio, 23(8): 497-502.
Bishop J K B, Edmond J M, Ketten D R, et al. 1977. The chemistry, biology and vertical flux of particulate matter from the upper 400m of the equatorial Atlantic Ocean. Deep-Sea Res, 24: 511-548.
Bommarco R, Kleijn D, Potts S G. 2013. Ecological intensification: harnessing ecosystem services for food security. Trends Ecol Evol, 28: 230-238.
Bosma R, Thi Anh P, Potting J. 2011. Life cycle assessment of intensive striped catfish farming in the Mekong Delta for screening hotspots as input to environmental policy and research agenda. International Journal of Life Cycle Assessment, 16: 903-915.
Boyd A J, Heasman K G. 1998. Shellfish mariculture in the Benguela system: Water flow patterns within a mussel farm in Saldanha Bay, South Africa. Journal of Shellfish Research, 17: 25-32.
Boyd C E. 1982. Water Quality Management for Pond Fish Culture. Amsterdam: Elsevier.
Boyd C E. 1985. Chemical budgets for channel catfish ponds. Trans. Amer Fish Soc, 114: 291-298.
Boyd C E. 1990. Water Quality in Ponds for Aquaculture. Alabama Agricultural Experiment Station, Auburn University, Auburn.
Boyd C E. 1995. Bottom Soils, Sediment, and Pond Aquaculture. New York: Chapman & Hall: 340.
Boyd C E. 1997. Practical aspects of chemistry in pond aquaculture. The Progressive Fish-culturist, 59: 85-93.
Boyd C E, Gross A. 2000. Water use and conservation for inland aquaculture ponds. Fisheries Management and Ecology, 7: 55-63.
Boyd C E, Tucker C S. 1998. Pond Aquaculture Water Quality Management. The Netherlands: Kluwer

Academic Publisher: 700.
Boyd C E, McNevin A. 2014. Aquaculture, Resource Use, and the Environment. New Jersey: Willey: 337.
Boyd C E, Tucker C, McNevin A, et al. 2007. Indicators of resource use efficiency and environmental performance in fish and crustacean aquaculture. Reviews in Fisheries Science, 15(4): 327-360.
Boyd C E, Wood C W, Chaney P L, et al. 2010. Role of aquaculture pond sediments in sequestration of annual global carbon emissions. Environmental Pollution, 158(8): 2537-2540.
Bramwell S A, Devi Prasad P V. 1995. Performance of a small aquatic plant wastewater treatment system under caribbean conditions. Journal of Environmental Management, 44: 3213-220.
Breitburg D, Levin L A, Oschlies A, et al. 2018. Declining oxygen in the global ocean and coastal waters. Science, 359(6371): eaam7240.
Brentrup F, Küsters J, Lammel J, et al. 2004. Environmental impact assessment of agriculture production systems using the life cycle assessment methodology. Ⅱ. The application to N fertilizer use in winter wheat production systems. European Journal of Agronomy, (20): 265-279.
Brett J R. 1971. Energetic responses of Salmon to temperature: A study of some thermal relations in the physiology and freshwater ecology of Sockeye salmon (*Oncorhynchus nerka*). Am Zool, 11: 99-113.
Brooks K M, Mahnken C V. 2003. Interactions of Atlantic salmon in the Pacific Northwest environment III Accumulation of zinc and copper. Fish Res, 62: 295-305.
Browdy C L, Ray A J, Leffler J W, et al. 2012. Biofloc-based aquaculture systems//Tidwell J H. 2012. Aquaculture Production Systems. Oxford: Wiley-Blackwell: 278-307.
Brown F A. 1970. The Biologic Clock. New York: Academic Press.
Brown M T, Bardi E. 2001. Handbook of Emergy Evaluation. Folio 3: Emergy of Ecosystems. Gainesville: Center for Environmental Policy, University of Florida.
Brown T W, Boyd C E, Chappell J A, 2012. Approximate water and chemical budgets for an experimental, in-pond raceway system. Journal of the World Aquaculture Society, 43(4): 526-537.
Burke J S, Bayne D R, Rea H. 1986. Impact of silver carp and bighead carp on plankton communities of channel catfish ponds. Aquaculture, 55: 59-68.
Burridge L E, Doe K, Haya K, et al. 1999. Chemical analysis and toxicity tests on sediments under salmon net pens in the Bay of Fundy. Can Tech Rep Fish Aquat Sci, No. 2291: iii+39.
Burridge L, Weis J S, Cabello F, et al. 2010. Chemical use in salmon aquaculture: A review of current practices and possible environmental effects. Aquaculture, 306: 7-23.
Buyukcapar H M, Alp A. 2006. The carrying capacity and suitability of the Menzelet Reservoir (Kahramanmaras-Turkey) for trout culture in terms of water quality. Journal of Applied Sciences 6: 2774-778.
Byron C, Link J, Costa-Pierce B, et al. 2011. Calculating ecological carrying capacity of shellfish aquaculture using mass-balance modeling: Narragansett Bay, Rhode Island. Ecological Modelling, 222: 1743-1755.
Cai W J, Dai M, Wang Y. 2006. Air-sea exchange of carbon dioxide in ocean margins: A province-based synthesis. Geophysical Research Letters, 33(12): 347-366.
Cao L, Diana J S, Keoleian G A, et al. 2011. Life cycle assessment of Chinese shrimp farming systems targeted for export and domestic sales. Environmental Science & Technology, 45: 6531-6538.
Cao L, Diana J S, Keoleian G A. 2013. Role of life cycle assessment in sustainable aquaculture. Reviews in Aquaculture, 5(2): 61-71.
Carpenter S R, Kitchell J F, Hodgson J R. 1985. Cascading trophic interactions and lake productivity. Bio Science, 3: 634-639.
Carpenter S R, Chisholm S W, Krebs C J, et al. 1995. Ecosystem experiments. Science, 269: 324-327.
Carver C, Mallet A. 1990. Estimating the carrying capacity of a coastal inlet for mussel culture. Aquaculture, 88: 39-53.
Chamberlain G. 1988. Rethinking shrimp pond management. Texas Agri Ext Ser, Coastal Aquaculture, 5(2): 1-19.
Chamberlain G, Lawrene W A L. 1981. Maturation reproduction and growth of *Penaeus vannamei* and *P. stylirostris* fed natural diet. Journal of the World Mariculture Society, 12: 209-224.
Chauvaud L, Thompson J K, Cloern J E, et al. 2003. Clams as CO_2 generators: The *Potamocorbula*

amurensis example in San Francisco Bay. Limnology and Oceanography, 48(6): 2086-2092.

Chen Y, Dong S L, Wang F, et al. 2016. Carbon dioxide and methane fluxes from feeding and no-feeding mariculture ponds. Environmental Pollution, 212: 489-497.

Chen Y, Dong S L, Wang Z, et al. 2015. Variations in CO_2 fluxes from grass carp (*Ctenopharyngodon idella*) aquaculture polyculture ponds. Aquaculture Environment Interactions, 8: 31-40.

Chien Y H, Tsai W S. 1985. Integrated pond culture: a type of spatially sequential polyculture. Journal of the World Mariculture Society, 16: 429-436.

Chopin T. 2006. Integrated Multi-Trophic Aquaculture. What it is and why you should care and don't confuse it with polyculture. Northern Aquaculture, 12(4): 4.

Chopin T. 2012. Progression of the integrated multi-trophic aquaculture (IMTA) concept and upscaling of IMTA systems towards commercialization. Aquaculture Europe, 36(4): 5-12.

Chopin T, Robinson S. 2004. Defining the appropriate regulatory and policy framework for the development of integrated multi-trophic aquaculture practices: introduction to the workshop and positioning of the issues. Bulletin of the Aquaculture Association of Canada, 104(3): 4-10.

Chopin T, Buschmann A H, Halling C, et al. 2001. Integrating seaweeds into marine aquaculture systems: a key towards sustainability. Journal of Phycology, 37: 975-986.

Christou P, Savin R, Costa-Pierce B A, et al. 2012. Sustainable Food Production. London: Springer: 1865.

Cole J, Caraco N F, Kling G W, et al. 1994. Carbon dioxide supersaturation in the surface waters of lakes. Science, 265: 1568-1570.

Corner R A, Ham D, Bron J E, et al. 2007. Qualitative assessment of initial biofouling on fish nets used in marine cage aquaculture. Aquaculture Research, 38: 660-663.

Costa-Pierce B. 2010. Sustainable ecological aquaculture systems: The need for a new social contract for aquaculture development. Mar Technol Soc J, 44(3): 388-112.

Council of Europe. 2006. Standing Committee of the European Convention for the Protection of Animals kept for farming purposes recommendation concerning farmed fish. Strasbourg Cedex, France.

Cressey D. 2009. Future fish. Nature, 458: 398-400.

Cribb T H, Adlard R D, Hayward C J, et al. 2011. The life cycle of *Cardicola forsteri* (Trematoda: Aporocotylidae), a pathogen of ranched southern bluefin tuna, *Thunnus maccoyi*. Int J Parasitol, 41: 861-870.

Cromey C J, Nickell T D, Black K D. 2002. DEPOMOD-modelling the deposition and biological effects of waste solids from marine cage farms. Aquaculture, 214(1-4): 211-239.

Cui L, Ge Z, Yuan L, et al. 2015. Vulnerability assessment of the coastal wetlands in the Yangtze Estuary, China to sea level rise. Estuarine, Coastal and Shelf Science, 156(1): 42-51.

Cummins K W. 1977. From headwater streams to rivers. The American Biology Teacher, 39: 305-312.

Dabrowski T, Lyona K, Curé M, et al. 2013. Numerical modelling of spatio-temporal variability of growth of *Mytilus edulis* (L.) and influence of its cultivation on ecosystem functioning. Journal of Sea Research, 76: 5-21.

Dagar J C, Yadav R K, Sharma P C. 2019. Research Developments in Saline Agriculture. Singapore: Springer.

Dahlbäck B, Gunnarsson L Ǻ H. 1981. Sedimentation and sulfate reduction under a mussel culture. Marine Biology, 63(3): 269-275.

Daily G C. 1997. Nature's services. Societal dependence on natural ecosystems. Washington D C: Island Press.

Dame R F, Prins T C. 1998. Bivalve carrying capacity in coastal ecosystems. Aquat Ecol, 31: 409-421.

Daniels H V, Boyd C E. 1989. Chemical budgets for polyethylene lined brackish water ponds. Journal of the World Aquaculture Society, 20(21): 53-60.

De Silva S S. 2003. Culture-based fisheries: An underutilized opportunity in aquaculture. Aquaculture, 221: 221-243.

Dempster T, Korsøen Ø, Folkedal O, et al. 2009. Submergence of Atlantic salmon (*Salmo salar* L.) in commercial scale sea-cages: A potential short-term solution to poor surface conditions. Aquaculture, 288: 254-263.

Deviller G, Aliaume C, Nava M A F, et al. 2004. High-rate algal pond treatment for water reuse in an integrated marine fish recirculating system: effect on water quality and sea bass growth. Aquaculture, 235: 331-344.

Diana J S. 1984. The growth of largemouth bass, *Micropterus salmoides* (Lacepede), under constant and fluctuating temperatures. Journal of Fish Biology, 24: 165-172.

Díaz P A, Álvarez G, Varela D, et al. 2019. Impacts of harmful algal blooms on the aquaculture industry: Chile as a case study. Perspect Phycol, 6: 39-50.

Dillon P J, Rigler R H A. 1974. Test of a simple nutrient budget model predicting the phosphorus concentration in lake water. J Fish Res Bd Can, 31: 1771-1778.

Domaizon I, Devaux L. 1999. Experimental study of the impacts of silver carp on plankton communities of eutrophic Villerest reservoir (France). Aquatic Ecology, 33: 193-204.

Dong G C, Dong S L, Wang F, et al. 2010. Effects of light intensity on daily activity rhythm of juvenile sea cucumber, *Apostichopus japonicus* (Selenka). Aquaculture Research, 41(11): 1640-1647.

Dong S L, Li D S. 1994a. Comparative studies on the feeding selectivity of silver carp and bighead carp. Journal of Fish Biology, 44: 621-626.

Dong S L, Li D S. 1994b. Comparative studies on the feeding capacity of silver carp and bighead carp. Chinese Journal of Oceanology and Limnology, 12: 187-192.

Dong S L, Li D S. 1996. Methods for determining feeding parameters of filter-feeding fishes//Proceedings of the International Symposium on Aquaculture. Qingdao: Qingdao Ocean University Press: 62-65.

Dong S L, Li D S, Bing X W, et al. 1992. Suction volume and filtering efficiency of silver carp (*Hypophthalmichthys molitrix*) and bighead carp (*Aristichthys nobilis*). Journal of Fish Biology, 41: 833-840.

Dong S L, Liang M, Gao Q F, et al. 2009. Intra-specific effects of sea cucumber (*Apostichopus japonicus*) with reference to stocking density and body size. Aquaculture Research, 41: 1170-1178.

Dong S L, Zhang S, Wang F. 2002. Food sources and carbon budget of Chinese prawn *Penaeus chinensis*. Chinese Journal of Oceanology and Limnology, 20(1): 32-40.

Dong Y W, Dong S L. 2006. Growth and oxygen consumption of the juvenile sea cucumber *Apostichopus japonicus* (Selenka) at constant and fluctuating water temperature. Aquaculture Research, 37: 1327-1333.

Dong Y W, Dong S L, Tian X L, et al. 2006. Effects of diel temperature fluctuations on growth, oxygen consumption and proximate body compositions of sea cucumber *Apostichopus japonicus* Selenka. Aquaculture, 255: 514-521.

Doucette G J, Harrison P J. 1990. Some effects of iron and nitrogen stress on the red tide dinoflagellate. Mar Ecol Prog Ser, 62: 293-306.

Dowd M. 1997. On predicting the growth of cultured bivalves. Ecological Modelling, 104: 113-131.

Dowd M. 2005. A bio-physical coastal ecosystem model for assessing environmental effects of marine bivalve aquaculture. Ecological Modelling, 183: 323-346.

Drenner R W, O'Brien W J, Mummert J R. 1982. Filter-feeding rates of gizzard shad. Transactions of the American Fisheries Society, 111: 210-215.

Drenner R W, Threlkeld S T, McCracken M D. 1986. Experimental analysis of the direct and indirect effects of an omnivorous filter-feeding clupeid on plankton community structure. Can J Fish Aquat Sci, 43: 1935-1945.

Droop M. 1968. Vitamin B_{12} and marine ecology. IV. The kinetics of uptake, growth and inhibition in *Monochrysis lutheri*. J Mar Biol, 48: 689-733.

Dürr S, Watson D I. 2010. Biofouling and antifouling in aquaculture//Dürr S, Thomason J C. Biofouling. New Delhi: Blackwell Publishing Ltd: 267-287.

Ebeling J M, Timmons M B. 2007. Stoichiometry of ammonia-nitrogen removal in zero-exchange systems. World Aquaculture, 38: 22-25, 71.

Ebeling J M, Timmons M B, Bisogni J J. 2006. Engineering analysis of the stoichiometry of photoautotrophic, autotrophic, and heterotrophic removal of ammonia nitrogen in aquaculture systems. Aquaculture, 257: 346-358.

Eding E. 2009. Tilapia farming using recirculating aquaculture systems (RAS)—case study in the Netherlands. Handbook for Sustainable Aquaculture. Project no.: COLL-CT-2006-030384, http://www.sustainaqua. org/.

Edwards P. 1998. A systems approach for the promotion of integrated aquaculture. Aquaculture Economics & Management, 2: 1-12.

Edwards P, Pullin R S V, Gartner J A. 1988. Research and education for the development of integrated crop-livestock-fish farming systems in the tropics. ICLARM Studies and Reviews, (16): 53.

Endut A, Jusoh A, Ali N, et al. 2010. A study on the optimal hydraulic loading rate and plant ratios in recirculation aquaponic system. Bioresour Technol, 101: 1511-1517.

Eppley R W, Thomas W H. 1969. Comparison of half-saturation constants for growth and nitrate uptake of marine phytoplankton. J Phycol, 5: 375-379.

Fang J G, Funderud J, Qi Z H et al. 2009. Sea cucumbers enhance IMTA system with abalone, kelp in China. Global aquaculture advocate, 2009: 51-53.

Fang J G, Sun H L, Yan J P, et al. 1996. Polyculture of scallop *Chlamys farreri* and kelp *Laminaria japonica* in Sungo Bay. Chinese Journal of Oceanology and Limnology, 14(4): 322-329.

Fang J H, Tian X L, Dong S L, et al. 2014. An experimental study on the compensatory growth of tongue sole, *Cynoglossus semilaevis* (Gunther, 1873), following lower temperature manipulation. Aquaculture Research, 45: 1523-1532.

FAO. 1995. 负责任的渔业行为守则. 罗马: FAO: 40.

FAO. 2008. FAO Aquaculture Glossary. Rome: FAO.

FAO. 2011. "Energy-smart" Food for People and Climate. Rome: FAO.

FAO. 2013. 水产养殖发展 4. 水产养殖生态系统方法. 粮农组织负责任渔业技术准则第 5 号, 补编 4. 罗马: FAO: 53.

FAO. 2018. The State of World Fisheries and Aquaculture 2018—Meeting the sustainable development goals. Rome: FAO.

FAO. 2020. The State of World Fisheries and Aquaculture 2020—Sustainability in Action. Rome: FAO.

Feng J X, Gao Q F, Dong S L, et al. 2014. Trophic relationships in a polyculture pond based on carbon and nitrogen stable isotope analyses: A case study in Jinghai Bay, China. Aquaculture, 428-429: 258-264.

Ferreira J G, Grant J, Verner-Jeffreys D W, et al. 2013. Carrying capacity for aquaculture, modeling frameworks for determination of//Christou P, Savin R, Costa-Pierce B et al. Sustainable Food Production. New York: Springer Science+Business Media: 417-448

Ferreira J G, Hawkins A J S, Bricker S B. 2007. Management of productivity, environmental effects and profitability of shellfish aquaculture: the Farm Aquaculture Resource Management (FARM) model. Aquaculture, 264(1-4): 160-174.

Fitridge I, Dempster T, Guenther J, et al. 2012. The impact and control of biofouling in marine aquaculture: A review. Biofouling, 28: 649-669.

Fredheim A, Langan R. 2009. Advances in technology for off-shore and open ocean finfish aquaculture// Burnell G, Allan G. New Technologies in Aquaculture. Woodhead Publishing Series in Food Science, Technology and Nutrition: 914-944.

Freitag A R, Dempster T, Guenther J, et al. 2015. Effects of elevated nitrate on endocrine function in Atlantic salmon, Salmo Salar. Aquaculture, 436(1): 8-12.

Friedlingstein P, Andrew R M, Rogelj J, et al. 2014. Persistent growth of CO_2 emissions and implications for reaching climate targets. Nature Geoscience, 7: 709-715.

Froehlich H E, Runge C A, Gentry R R, et al. 2018. Comparative terrestrial feed and land use of an aquaculture-dominant world. PNAS, 115(20): 5295-5300.

Fu W, Primeau F, Moore J K, et al. 2018. Reversal of increasing tropical ocean hypoxia trends with sustained climate warming. Global Biogeochemical Cycles, 32(4): 551-564.

Fuller D Q, Qin L. 2009. Water management and labour in the origins and dispersal of Asian rice. World Archaeol. 41: 88-111.

Funge S, Briggs M R P. 1998. Nutrient budgets in intensive shrimp ponds: Implications for sustainability. Aquaculture, 164(18): 117-133.

Galindo R J G, Medina J A, Villagrana L C. 1996. Physiological and biochemical changes in shrimp larvae (*Penaeus vannamei*) intoxicated with organochlorine pesticides. Marine Pollution Bulletin, 32: 872-875.

Gamboa-Delgado J, Márquez-Reyes J M. 2018. Potential of microbial-derived nutrients for aquaculture development. Reviews in Aquaculture, 10: 224-246.

Gao Q F. 2005. Use of artificial reefs and green-lipped mussels (*Perna viridis*) for removal of nutrients from marine fish farming. Hong Kong: PhD thesis of City University of Hong Kong.

Gao Q F, Shin P K S, Lin G H, et al. 2006. Stable isotopic and fatty acid evidence for uptake of organic wastes from fish farming through green-lipped mussels (*Perna viridis*) in a polyculture system. Marine Ecology Progress Series, 317: 273-283.

Gao Q F, Xu W Z, Liu X S, et al. 2008. Seasonal changes in C, N and P budgets of green-lipped mussels *Perna viridis* and removal of nutrients from fish farming in Hong Kong. Marine Ecology Progress Series, 353: 137-146.

Garriques D, Arevalo G. 1995. An evaluation of the production and use of a live bacterial isolate to manipulate the microbial flora in commercial production of *Penaeus vannamei* postlarvae in Ecuador //Browdy C L, Hopkins J S. Swimming Through Troubled Water. Proceedings of the Special Session on Prawn Farming, Aquaculture 95'. Baton Rouge, USA: World Aquaculture Society: 53-59.

Gatesoupe F J. 1999. The use of probiotics in aquaculture. Aquaculture, 180(1-2): 147-165.

Gaylord T G, Gatlin D M. 2000. Assessment of compensatory growth in channel catfish *Ictalurus punctatus* R. and associated changes in body condition indices. Journal of the World Aquaculture Society, 31: 326-336.

Gazeau F, Quiblier C, Jansen J M, et al. 2007. Impact of elevated CO_2 on shellfish calcification. Geophysical Research Letters, 34(7): 470-480.

Ge C Z, Fang J G, Guan C T et al. 2007. Metabolism of marine net pen fouling organism community in summer. Aquaculture Research, 38(10): 1106-1109

Gepgart J A, Pace M L, Odorico P. 2014. Freshwater savings from marine protein consumption. Environmental Research Letters, 9(1): 14005.

Ghosh S R, Mohanty A R. 1981. Observation on the effect of aeration on mineralization of organic nitrogen in fish pond soil. Israeli Journal of Aquaculture-Bamidgeh, 33: 50-56.

Gibbs M M, James M R, Pickmere S E, et al. 1991. Hydrodynamic and water column properties at six stations associated with mussel farming in Pelorus Sound, 1984-85. Mar Freshwater Res, 25(2): 239-254.

Gibbs M T. 2007. Sustainability performance indicators for suspended bivalve aquaculture activities. Ecol Indic, 7: 94-107.

Gjedrem T. 1997. Contribution from selective breeding to future aquaculture development. Journal of the World Aquaculture Society, 3: 33-45.

Goddek S, Joyce A, Wuertz S, et al. 2019a. Decoupled Aquaponics Systems//Goddek S, Joyce A, Kotzen B, et al. 2019. Aquaponics Food Production Systems. Cham: Springer: 201-229.

Goddek S, Joyce A, Kotzen B, et al. 2019b. Aquaponics Food Production Systems. Cham: Springer: 619.

Golléty C, Gentil F, Davoult D. 2008. Secondary production, calcification and CO_2 fluxes in the cirripedes *Chthamalus montagui* and *Elminius modestus*. Oecologia, 155: 133-142.

Gormican S J. 1989. Water circulation, dissolved oxygen, and ammonia concentrations in fish net-cages. Vancouver, BC Canada: MSc thesis of University of British Columbia: 62.

Gowen R J. 1992. Aquaculture and environment//De Pauw N, Joyce J. Aquaculture and the Environment. Gent: European Aquaculture Society Special Publication.

Graber A, Junge R. 2009. Aquaponic systems: nutrient recycling from fish wastewater by vegetable production. Desalination, 246: 147-56.

Granada L, Sousa N, Lopes S, et al. 2016. integrated multitrophic aquaculture the solution to the sectors' major challenges?—A review. Reviews in Aquaculture, 8: 283-300.

Grant J, Bacher C. 1998. Comparative models of mussel bioenergetics and their validation at field culture sites. Journal of Experimental Marine Biology and Ecology, 219(1-2): 21-44.

Gräslund S, Bengtsson B E. 2001. Chemicals and biological products used in south-east Asian shrimp farming, and their potential impact on the environment—A review. The Science of the Total Environment, 280: 93-131.

Green B W. 1995. Chemical budgets for organically fertilized fish ponds in the dry tropics. Journal of the world Aquaculture Society, 26(3): 284-296.

Grøtum J A, Beveridge M. 2007. A review of cage aquaculture: northern Europe//Halwart M, Soto D, Arthur J R. Cage aquaculture—Regional reviews and global overview. FAO Fisheries Technical Paper. No. 498, 126-154. Rome: FAO.

Gui J F, Tang Q S, Li Z J, et al. 2018. Aquaculture in China: Success Stories and Modern Trends. Wiley Blackwell: 720.

Guo B, Mu Y C, Wang F, et al. 2012. Effect of periodic light color change on the molting frequency and growth of *Litopenaeus vannamei*. Aquaculture, 362-363: 67-71.

Guo B, Wang F, Dong S L, et al. 2010. The effects of cyclical temperature changes on growth and physiological status of *Litopenaeus vannamei*. Aquaculture International, 18: 921-932.

Guo B, Wang F, Dong S L, et al. 2011a. The effect of rhythmic light color fluctuation on the molting and growth of *Litopenaeus vannamei*. Aquaculture, 314: 210-214.

Guo B, Wang F, Dong S L, et al. 2011b. Effect of fluctuating light intensity on molting frequency and growth of *Litopenaeus vannamei*. Aquaculture, 330-333: 106-110.

Hai F I, Visvanathan C, Boopathy R. 2018. Sustainable Aquaculture. Cham: Springer International Publishing AG: 327

Hallegraeff G M. 1995. Harmful algal blooms: A global overview//Hallegraeff G M, Anderson D M, Cembella A D. Manual on Harmful Marine Microalgae. IOC Manuals and Guides No. 33, UNESCO.

Hamlin H J, Michaels J T, Beaulaton C M, et al. 2008. Comparing denitrification rates and carbon sources in commercial scale upflow denitrification biological filters in aquaculture. Aquacultural Engineering, 38(2): 79-92.

Hapagain A K, Hoekstra A Y. 2002. Virtual water trade: A quantification of virtual water flows between nations in relation to international crop trade. J Org Chem, 11(7): 835-855.

Hartmann D L, Klein Tank A M G, Rusticucci M, et al. 2013. Observations: Atmosphere and surface//Stocker T F, Qin D, Plattner G-K, et al. Climate change 2013: The physical science basis. Contribution of Working Group I to the Fifth Assessment Report of the Intergovernmental Panel on Climate Change. Cambridge and New York: Cambridge University Press: 159-254.

Haven D S, Morales-Alamo R. 1966. Aspects of biodeposition by oysters and other invertebrate filter feeders. Limno. Oceannogr, 11(4): 487-498.

Heasman K G. 1996. The influence of oceanographic conditions and culture methods on the dynamics of mussel farming in Saldanha Bay, South Africa. MSc thesis, Grahamstown: Rhodes University.

Henriksson P J G, Belton B, Murshed-e-Jahan K, et al., 2018. Measuring the potential for sustainable intensification of aquaculture in Bangladesh using life cycle assessment. PNAS, 115(12): 2958-2963.

Henriksson P J G, Zhang W, Nahid S A A, et al., 2014. Final LCA case study report. Primary data and literature sources adopted in the SEAT LCA studies. SEAT Deliverable Ref: D 3.5. Annex report. Stirling, United Kingdom: SEAT Project: 121. (available at http://media.leidenuniv.nl/legacy/d35-annexreport.pdf).

Hepher B, Pruginin Y. 1981. Commercial Fish Farming with Special Reference to Fish Culture in Israel. New York: John Wiley and Sons: 261.

Hernandez-Llamas A, Magallon-Barajas F J, Perez-Enriquez R, et al. 2014. Pond shutdown as a strategy for preventing outbreaks of white spot disease in shrimp farms in Mexico. Reviews in Aquaculture, 6: 67-74.

Herodek S, Tatrai I, Olah J, et al. 1989. Feeding experiments with silver carp (*Hypophthalmichthys molitrix*) fry. Aquaculture, 83: 331-344.

Hevrøy E M, Boxaspen K, Oppedal F, et al. 2003. The effect of artificial light treatment and depth on the infestation of the sea louse *Lepeophtheirus salmonis* on Atlantic salmon (*Salmo salar*) culture. Aquaculture, 220: 1-14.

Hickling C F. 1962. Fish Culture. London: Faber and Faber: 268.

Hicks C C, Cohen P J, Graham N A J, et al. 2019. Harnessing global fisheries to tackle micronutrient deficiencies. Nature, 574: 95-98.

Hirata H, Yamasaki S, Maenosono H, et al. 1994. Relative budgets of pO_2 and pCO_2 in cage polycultured red sea bream, *Pagrus major* and sterile *Ulva* sp. Suisanzoshoku, 42(2): 377-381.

Hokanson K E F, Kleiner C F, Thorslund T D. 1977. Effects of constant temperatures and diel temperature fluctuations on specific growth and mortality rates and yield of juvenile rainbow trout, *Salmo gairdneri*. Journal of the Fisheries Research Board of Canada, 34: 639-648.

Hoole D, Bucke D, Burgess P, et al. 2001. Diseases of Carp and Other Cyprinid Fishes. Ames, Iowa: Blackwell Science Ltd: 264.

Hou C Q, Wang F, Dong S L, et al. 2010. The effects of different Ca^{2+} concentration fluctuation on the molting, growth and energy budget of juvenile *Litopenaeus vannamei*. Aquaculture Research, 42(10): 1453-1459.

Huang B, Banzon V F, Freeman E et al. 2015. Extended Reconstructed Sea Surface Temperature Version 4 (ERSST. v4). Part I: Upgrades and intercomparisons. Journal of Climate, 28: 911-930.

Huang G Q, Dong S L, Wang F. 2005. Growth, energy allocation, and biochemical composition of the body of Chinese shrimp, *Fenneropenaeus chinensis*, fed different diets. Crustaceana, 78: 141-162.

Huet M. 1976. 鱼类养殖学(第四版). 译著再版. 曾文阳译. 基隆: 徐氏基金出版社: 627.

Hurlbert S H. 1984. Pseudoreplication and the design of ecological field experiments. Ecological Monographs, 54(2): 187-211.

ICES. 1993. Man's impact on ecosystems//ICES. North Sea Quality Status Report. London: Oslo and Paris Commission: 80-98.

Idso S B, Gilbert R G. 1974. On the universality of the Poole and Atkins Secchi disk-light extinction equation. Journal of Applied Ecology, 11: 399-401.

Inglis G J, Hayden B J, Ross A H. 2000. An overview of factors affecting the carrying capacity of coastal embayments for mussel culture. Christchurch: NIWA Client Report CHC00/69: 31.

IPCC. 2007. Contribution of Working Groups Ⅰ, Ⅱ and Ⅲ to the Fourth Assessment Report of the Intergovernmental Panel on Climate Change. Geneva, Switzerland. 104.

IPCC. 2014. Climate change 2014: Synthesis report. Contribution of Working Groups Ⅰ, Ⅱ and Ⅲ to the Fifth Assessment Report on the Intergovernmental Panel on Climate Change. Geneva, Intergovernmental Panel on Climate Change: 151.

Jamillo E, Bertrán C, Bravo A. 1992. Mussel biodeposition in an estuary in southern Chile. Marine Ecology Progress Series, 82: 85-94.

Januszko M. 1974. The effect of three species of phytophagous on algae development. Polish Archives of Hydrobiology, 21: 431-454.

Jenkins S R, Martins G M. 2012. Succession on Hard Substrata//Dürr S, Thomason J C. Biofouling. New Delhi: Blackwell Publishing Ltd: 60-72.

Jennings S, Stentiford G D, Leocadiol A M, et al. 2016. Aquatic food security: insights into challenges and solutions from an analysis of interactions between fisheries, aquaculture, food safety, human health, fish and human welfare, economy and environment. Fish and Fisheries, 17: 893-938.

Jewett L, Romanou A. 2017. Ocean acidification and other ocean changes//Wuebbles D J, Fahey D W, Hibbard K A, et al. Climate Science Special Report: Fourth National Climate Assessment, Volume Ⅰ. Washington D C: US Global Change Research Program: 364-392.

Ji T T, Dong Y W, Dong S L. 2008. Growth and physiological responses in the sea cucumber, *Apostichopus japonicus* Selenka: Aestivation and temperature. Aquaculture, 283: 180-187.

Jiang Z J, Wang G H, Fang J G, Mao Y Z. 2012. Growth and food sources of Pacific oyster *Crassostrea gigas* integrated culture with sea bass *Lateolabrax japonicus* in Ailian Bay, China. Aquacult Int 21: 45-52.

Jillian P F, Mailloux N A, Love D C, et al. 2018. Feed conversion efficiency in aquaculture: Do we measure it correctly? Environ Res Lett, 13: 024017.

Jin Q, Dong S L, Nan C R. 2003. Comparative studies on the allelopathic effects of two different strains of *Ulva pertusa* on *Heterosigma akashiwo* and *Alexandrium tamarense*. Journal of Experimental Marine

Biology and Ecology, 293(2003): 41-55.

Jin Q, Dong S L, Wang C Y. 2005. Allelopathic growth inhibition of *Prorocentrum micans* (Dinophyta) by *Ulva pertusa* and *Ulva linza* (Chlorophyta) in laboratory cultures. European Journal of Phycology, 40(1): 31-37.

Jin Q, Dong S L, Wang C Y. 2006. Growth inhibition to three red tide microalgae by extracts of *Ulva pertusa*. Chinese Journal of Oceanology and Limnology, 24 (2): 147-153.

Jiravanichpaisal P, Söderhäll K, Söderhäll I. 2004. Effect of water temperature on the immune response and infectivity pattern of white spot syndrome virus (WSSV) in freshwater crayfish. Fish & Shellfish Immunology, 17: 265-275.

Jobling M. 2003. The thermal growth coefficient (TGC) model of fish growth: a cautionary note. Aquaculture Research, 34: 581-584.

Jobling M, Jorgensen E H, Siikavuopio S I. 1993. The influence of previous feeding regime on the compensatory growth response of maturing and immature Arctic charr, *Salvelinus alpinus*. J Fish Biol, 43: 409-419.

Jobling M, Meloy O H, Santos J D, et al. 1994. The compensatory growth response of the Atlantic cod: effects of nutritional history. Aquaculture International, 2: 75-90.

Jonsson B, Jonsson N. 2011. Ecology of Atlantic Salmon and Brown Trout. London: Springer Science: 708.

Kaiser H, Schmitz O. 1988. Water quality in a closed recirculating fish culture system influenced by addition of a carbon source in relation to feed uptake by fish. Aquaculture research, 19(3): 265-273.

Kajak Z, Rybak J I, Spodniewska I, et al. 1975. Influence of planktivorous fish, *Hypophtalmichthys molitrix* (Val.) on the plankton and benthos of eutrophic lake. Polish Archives of Hydrobiology, 22: 301-310.

Kang B, Deng J M, Wang Z M, et al. 2015. Transplantation of icefish (Salangidae) in China: Glory or disaster? Reviews in Aquaculture, 7: 13-27.

Karlsson F, Tremaroli V, Nielsen J, Bäckhed F. 2013. Assessing the human gut microbiota in metabolic diseases. Diabetes 62: 3341-3349.

Kennedy H, Beggins J, Duarte C M, et al. 2010. Seagrass sediments as a global carbon sink: Isotopic constraints. Global Biogeochemical Cycles, 24(4): 6696-6705.

Kent M L, Margolis L, Fournie J W. 1991. A new eye disease in pen-reared Chinook salmon causes by metacestodes of *Gilquinia squali* (Trypanorhyncha). J Aquat Anim Health, 3: 134-140.

Kerrigan D, Suckling C C. 2018. A meta-analysis of integrated multitrophic aquaculture: Extractive species growth is most successful within close proximity to open-water fish farms. Reviews in Aquaculture, 10: 560-572.

Kestemont P, Jourdan S, Houbart M, et al. 2002. Size heterogeneity, cannibalism and competition in cultured predatory fish larvae: Biotic and abiotic influences. Aquaculture, 227: 333-356.

Klinger D, Naylor R. 2012. Searching for solutions in aquaculture: Charting a sustainable course. Annu Rev Env Resour, 37: 247-276.

Knud-Hansen C F, Pautong A K. 1993. On the role of urea in pond fertilization. Aquaculture, 114: 273-283.

Konstantinov A S, Zdanovich V V, Kalashnikov Y N. 1989. Effects of temperature variation on the growth of eurythermous and stenothermous fishes. J Ichthyol, 28(3): 61-67.

Konstantinov A S, Zdanovich V V, Tikhomirov D G. 1990. The effect of temperature fluctuations on metabolic rate and energetics of juvenile fish. Journal of Ichthyology, 30: 38-47.

Kooijman S. 2010. Dynamic Energy Budget Theory for Metabolic Organisation. Cambridge: Cambridge University Press.

Krom M D, Ellner S, Van Rijn J, et al. 1995. Nitrogen and phosphorus cycling and transformations in a prototype 'non-polluting' integrated mariculture system, Eilat, Israel. Marine Ecology Progress Series, 118(1): 25-36.

Kroon B M A, Latasa M, Ibelings B W. 1992. The effect of dynamic light regimes on chlorella. 1. Pigments and cross-sections. Hydrobiologia, 238: 71-78.

Kwiatkowski L, Bopp L, Aumont O, et al. 2017. Emergent constraints on projections of declining primary production in the tropical oceans. Nature Climate Change, 17: 355-359.

Larsen J, Roney J M. 2013. Farmed Fish Production Overtakes Beef. Plan B Updates. NY, USA: Earth Policy

Institute http://www.earth-policy.org/plan_b_updates/2013/update114.

Laws E A, Weisburd R S J. 1990. Use of silver carp to control algal biomass in aquaculture ponds. Progressive Fish-Culturist, 52: 1-8.

Le Magnen J. 1985. Hunger. Cambridge: Cambridge University Press: 157.

Lembo G, Mente E. 2019. Organic Aquaculture-Impacts and Future Developments. Cham: Springer: 192.

Lennard W A. 2005. Aquaponic integration of Murray Cod (*Maccullochella peelii peelii*) aquaculture and lettuce (*Lactuca sativa*) hydroponics. Melbourne: PhD thesis of Royal Melbourne Institute of Technology University.

Lennard W, Goddek S. 2019. Aquaponics: The Basics//Goddek S, Joyce A, Kotzen B, et al. 2019. Aquaponics Food Production Systems. Cham: Springer: 113-143.

Lennard W, Leonard B. 2006. A comparison of three different hydroponic sub-systems (gravel bed, floating and nutrient film technique) in an aquaponic test system. Aquacult Int, 14: 539-50.

Li J W, Dong S L, Gao Q F, et al. 2011. Nitrogen and phosphorus budget of a polyculture system of sea cucumber *Apostichopus japonicus*, jellyfish *Rhopilema esculenta* and shrimp *Fenneropenaeus chinensis*. Journal of Ocean University of China, 13(3): 503-508.

Li J W, Dong S L, Gao Q F, et al. 2013. Total organic carbon budget of integrated aquaculture system of sea cucumber *Apostichopus japonicus*, jellyfish *Rhopilema esculenta* and shrimp *Fenneropenaeus chinensis*. Aquaculture Research, 45(11): 1825-1831.

Li J W, Dong S L, Tian X L, et al. 2015. Effects of the diatom *Cylindrotheca fusiformis* on the growth of the sea cucumber *Apostichopus japonicus* and water quality in ponds. Chinese Journal of Oceanology and Limnology, 23(4): 955-965.

Li L J, Lu H F, Ren H, et al. 2011. Emergy evaluations of three aquaculture system on wetlands surrounding the Pearl River estuary, China. Ecological Indicators, 11: 526-534.

Li L, Zhang Y S, Dong S L, et al. 2019. Effects of light intensity on larval development and juvenile growth of sea cucumber *Apostichopus japonicus*. Aquaculture Research, 50(9): 2333-2340.

Li S F. 1994. Fish culture in cages and pens//Li S F, Mathias J. Freshwater Fish Cultures in China: Principals and Practices. Amsterdam: Elsevier: 305-346.

Li S, Meng X, Ge Z, et al. 2014. Vulnerability assessment of the coastal mangrove ecosystems in Guangxi, China, to sea level rise. Regional Environmental Change, 15(2): 265-275.

Liang M, Dong S L, Gao Q F, et al. 2010. Individual variation in growth in sea cucumber *Apostichopus japonicus* (Selenck) housed individually. Journal of Ocean University of China, 9 (3): 291-296.

Likongwe J S, Stecko T D, Stauffer J R. 1996. Combined effects of water temperature and salinity on growth and feed utilization of juvenile Nile tilapia *Oreochromis niloticus* (Linneaus). Aquaculture, 146: 37-46.

Ling S W. 1977. Aquaculture in Southeast Asia: A Historical Overview. Seattle: University of Washington Press.

Little D C, Newton R W, Beveridge M C. 2016. Aquaculture: a rapidly growing and significant source of sustainable food? Status, transitions and potential. Proc Nutr Soc, 75: 274-286.

Liu J K, Cai Q H. 1998. Integrated aquaculture in Chinese lakes and paddy fields. Ecological Engineering, 11: 49-59.

Liu J W, Dong S L. 2001a. Comparative studies on utilizing nitrogen capacity between two macroalgae *Gracilaria tenuistipitata* var. *liui* (Rhodophyta) and *Ulva pertusa* (Chlorophyta) Ⅰ. Nitrogen storage under nitrogen enrichment and starvation. Journal of Environmental Sciences, 13(3): 318-322.

Liu J W, Dong S L. 2001b. Comparative studies on utilizing nitrogen capacity between two macroalgae *Gracilaria tenuistipitata* var. *liui* (Rhodophyta) and *Ulva pertusa* (Chlorophyta) Ⅱ. Feedback control of intracellular nitrogen pools on nitrogen uptake. Journal of Environmental Sciences, 13(3): 323-327.

Liu J W, Dong S L, Liu X Y, et al. 2000. Responses of the macroalga *Gracilaria tenuistipitata* var. *liui* (Rhodophyta) to iron stress. Journal of Applied Phycology, 12: 605-612.

Liu J W, Dong S L, Liu X Y. 2002. Aspects of iron nutrition in macroalga *Ulva pertusa* (Chlorophyta) under iron stress. Chinese Journal of Oceanology and Limnology, 20(2): 162-169.

Liu Y, Dong S L, Tian X L, et al. 2009. Effects of dietary sea mud and yellow soil on growth and energy budget of the sea cucumber *Apostichopus japonicus* (Selenka). Aquaculture, 286: 266-270.

Lo C F. 1997. Detection of tissue tropism of white spot syndrome baculovirus (WSSV) in captured brooders of *Penaeus monodon* with a special emphasis on reproductive organs. Diseases of Aquatic Organisms, 30: 53-72.

Lo W T, Purcell J E, Hung J J, et al. 2008. Enhancement of jellyfish (*Aurelia aurita*) populations by extensive aquaculture rafts in a coastal lagoon in Taiwan. ICES Journal of Marine Science, 65(3): 453-461.

Lock A R, Mclaren I A. 1970. The effect of varying and constant temperatures on the size of a marine copepod. Limnol Oceanogr, 15: 638-640.

Lovatelli A, Aguilar-Manjarrez J, Soto D. 2013. Expanding mariculture farther offshore: Technical, environmental, spatial and governance challenges. FAO Fisheries and Aquaculture Proceedings No. 24. Rome: FAO: 314.

Lu J, Li X. 2006. Review of rice-fish-farm systems in China. One of the Globally Important Ingenious Agricultural Heritage Systems (GIAHS). Aquaculture, 260: 106-113.

Macrina F L. 2005. Scientific Integrity: Text and Cases in Responsible Conduct of Research (3rd edition). Washington D C: ASM Press.

Maeda M, Kasornchandra J, Itami T. 1998. Detection of PRDV in wild-caught shrimp another crustaceans. Fish Pathology, 33 (4): 373-380.

Mallin M A, Paerl H W. 1992. Effects of variable irradiance on phytoplankton productivity in shallow estuaries. Limnology and Oceanography, 37: 54-62.

Manjunatha M, Shetty H P C. 1991. Fertilization effects of some organic manures on plankton production and hydrological conditions//Sinba V R P, Srivastava H C. Aquaculture Productivity. New Delhi: Mohan Primlani for Oxford & IBH Publishing Co Pvt Ltd: 357-372.

Martins C I M. 2005. Individual variation in growth of African catfish *Clarias gariepinus*: A search for explanatory factors. Wageningen: PhD thesis of Wageningen University.

Martins C I M, Eding E H, Verdegem M C J, et al. 2010. New developments in recirculating aquaculture systems in Europe: A perspective on environmental sustainability. Aquacultural Engineering, 43: 83-93.

Martins C I M, Ochola D, Ende S S W, et al. 2009. Is growth retardation present in Nile tilapia *Oreochromis niloticus* cultured in low water exchange recirculating aquaculture systems? Aquaculture, 298: 43-50.

Masser M P. 2012. In-pond raceways//Tidwell J H. Aquaculture Production Systems. Oxford: Wiley-Blackwell: 387-394.

McFarland W N. 1986. Light in the sea-correlations with behaviours of fishes and invertebrates. American Zoologist, 26: 389-401.

McKindsey C W. 2013. Carrying capacity for sustainable bivalve aquaculture//Christou P, Savin R, Costa-Pierce B A et al. Sustainable Food Production. New York: Springer Science+Business Media: 449-466.

McKindsey C W, Thetmeyer H, Landry T, et al. 2006. Review of recent carrying capacity models for bivalve culture and recommendations for research and management. Aquaculture, 261: 451-462

Mclaren I A. 1963. Effects of temperature on growth of zooplankton, and the adaptive of vertical migration. Journal of the Fisheries Research Board of Canada, 20: 685-727.

McQueen D J, Post J R, Mills E L. 1986. Trophic relationships in freshwater pelagic ecosystems. Canadian Journal of Fisheries & Aquatic Sciences, 35: 1571-1581.

Mélard C, Kestemont P, Grignard J C. 1996. Intensive culture of juvenile and adult Eurasian perch (*P. fluviatilis*): effect of major biotic and abiotic factors on growth. J Appl Ichthyol, 12: 175-180.

Mente E, Jokumsen A, Carter A C G, et al. 2019. Nutrition in relation to organic aquaculture: Sources and strategies//Lembo G, Mente E. Organic Aquaculture-Impacts and Future Developments. Cham: Springer: 141-188.

Metaxa E, Deviller G, Pagand P et al. 2004. High rate algal pond treatment for water reuse in a marine fish recirculation system: Water purification and fish health. Aquaculture, 252(1): 92-101.

Mezainis V E. 1977. Metabolic rates of pond ecosystems under intensive catfish cultivation. Auburn, USA: MSc thesis of Auburn University.

Michelutti N, Wolfe A P, Vinebrooke R D, et al. 2005. Recent primary production increases in arctic lakes. Geophysical Research Letters, 32(19): L19715.

Miglavs I, Jobling M. 1989. Effects of feeding regime on food consumption, growth rates and tissue nucleic acids in juvenile Arctic charr, *Salvelinus alpinus*, with particular respect to compensatory growth. Journal of Fish Biology, 34: 947-957.

Mistri M, Munari C. 2012. Clam farming generates CO_2: A study case in the Marinetta lagoon (Italy). Marine Pollution Bulletin, 64(10): 2261-2264.

Molles M C. 2005. Ecology: Concepts and Applications (3rd ed.). Boston: McGraw-Hill Companies, Inc: 509.

Moran D. 2007. Size heterogeneity, growth potential and aggression in juvenile yellowtail kingfish (*Seriola lalandi* Valenciennes). Aquaculture Research, 38: 1254-1264.

Moriarty D J W, Pullin R S V. 1987. Detritus and Microbial Ecology in Aquaculture. Manila: ICLARM: 420.

Mortimer C H. 1942. The exchange of dissolved substances between mud and water in lakes. J Ecol, 30: 147-201.

Moss S M, Pruder G D. 1995. Characterization of organic particles associated with rapid growth in juvenile white shrimp, *Penaeus vannamei* Boone, reared under intensive culture conditions. Journal of Experimental Marine Biology and Ecology, 187: 175-191.

Mu Y C, Wang F, Dong S L, et al. 2005a. Effects of salinity fluctuation in different ranges on intermolt period and growth of juvenile *Fenneropenaeus chinensis*. Acta Oceanologica Sinica, 24(3): 1-7.

Mu Y C, Wang F, Dong S L. 2005b. Effects of salinity fluctuation pattern on growth and energy budget of juvenile shrimp *Fenneropenaeus chinensis*. Journal of Shellfish Research, 24(4): 1217-1221.

Muir J F. 1981. Integrated fish-farming in developing countries//Smith A J, Gunn R G. Intensive Animal Production in Developing Countries. Parma, Italy: British Society of Animal Production: Occasional Publication no. 4: 311-316.

Muir J. 2005. Managing to harvest? Perspectives on the potential of aquaculture. Philosophical Transactions of the Royal Society of London B: Biological Sciences, 360(1453): 191-218.

Nair C M, Salin K R. 2012. Current status and prospects of farming the giant river prawn *Macrobrachium rosenbergii* (De Man) and the monsoon river prawn *Macrobrachium malcolmsonii* (H. M. Edwards) in India. Aquac Res, 43(7): 999-1014.

Nakajima T, Hudson M J, Uchiyama J, et al. 2019. Common carp aquaculture in Neolithic China dates back 8,000 years. Nature Ecology & Evolution, 3: 1415-1418.

Nan C R, Dong S L, Jin Q. 2003. Test of resource competition theory between microalga and macroalga under phosphate limitation. Acta Botanica Sinica, 45(3): 282-288.

Nash C E. 2011. The History of Aquaculture. Iowa: Blackwell Publishing Ltd: 227.

Naylor R, Burke M. 2005. Aquaculture and ocean resources: Raising tigers of the sea. Annual Review of Environment and Resources, 30: 185-218.

Naylor R L, Goldburg R J, Mooney H, et al. 1998. Nature's subsidies to shrimp and salmon farming. Science, 282: 883-884.

Naylor R L, Goldburg R J, Primavera J H, et al. 2000. Effect of aquaculture on world fish supplies. Nature, 405: 1017-1024.

Naylor R L, Hardy R W, Bureau D P, et al. 2009. Feeding aquaculture in an era of finite resources. PNAS, 106(36): 15103-15110.

Naylor R L, Hardy R W, Buschmann A H, et al. 2021. A 20-year retrospective review of global aquaculture. Nature 591: 551-563.

Neori A, Chopin T, Troell M, et al. 2004. Integrated aquaculture: Rationale, evolution and state of the art emphasizing seaweed biofiltration in modern mariculture. Aquaculture, 231: 361-391.

Neori A, Krom M D, Ellner S P, et al. 1996. Seaweed biofilters as regulators of water quality in integrated fish-seaweed culture units. Aquaculture, 141(3): 183-199.

Neori A, Shpigel M, Ben-Ezra D. 2000. A sustainable integrated system for culture of fish, seaweed and abalone. Aquaculture, 186(3): 279-291.

Ney J J. 1978. A synoptic review of yellow perch and walleye biology//Kendall R L. Selected Coolwater Fishes of North America. Special publication no. 11. Bethesda, MD: American Fisheries Society.

Ninawe A S, Selvin J. 2009. Probiotics in shrimp aquaculture: Avenues and challenges. Crit Rev Microbiol,

35(1): 43-66.

Noble C, Gismervik K, Iversen M H, et al. 2018. Welfare Indicators for Farmed Atlantic Salmon: Tools for Assessing Fish Welfare. Tromso: Nofima: 351.

Nuffield Council on Bioethics. 2005. The ethics of research involving animals. London, UK: Nuffield Council on Bioethics. http://nuffieldbioethics.org/wp-content/uploads/The-ethics-of-research-involving-animals-full-report.pdf.

Nyström M, Jouffray J B, Norström A V et al. 2019. Anatomy and resilience of the global production ecosystem. Nature 575, 98-108.

Odum E P, Barrett G W. 2005. Fundamentals of Ecology (5th ed.). Belmont: Thomson Brooks/Cole: 581.

Odum H T. 1957. Trophic structure and productivity of Silver Springs, Florida. Ecological Monographs, 27: 55-112.

Odum H T. 1983. Systems Ecology. New York: Wiley: 644.

Odum H T. 1996. Environmental Accounting: Emergy and Environmental Decision Making. New York: John Wiley and Sons: 370.

Odum H T. 2001. Emergy Evaluation of Salmon Pen Culture. Gainesville: University of Florida Press.

Odum H T, Arding J E. 1991. Emergy Analysis of Shrimp Mariculture in Ecuador. Narragansett: CRC Press, Inc: 194.

Olsen Y, Vadstein O, Andersen T, et al. 1989. Competition between *Staurastrum luetkemuellerii* (Chlorophyceae) and *Microcystis aeruginosa* (Cyanophyceae) under varying modes of phosphate supply. Journal of Phycology, 25: 499-508.

Opuszynski K. 1979. Silver carp, *Hypophthalmichthys molitrix* (Val.) in carp pond. 3. Influence on ecosystem. Ekologia Polska Seria A, 27: 117-133.

Opuszynski K, Shireman J V. 1995. Food habit, feeding behavior and impact of triploid bighead carp, *Aristichthys nobilis*, in experimental ponds. Journal of Fish Biology, 42: 517-530.

Ortiz-Llorente M, Alvarez-Cobelas M. 2012. Comparison of biogenic methane emissions from unmanaged estuaries, lakes, oceans, rivers and wetlands. Atmospheric Environment, 59: 328-337.

Páez-Osuna F, Guerrero-Galván S R, Ruiz-Fernández A C. 1998. The environmental impact of shrimp aquaculture and the coastal pollution in Mexico. Marine Pollution Bulletin, 36: 65-75.

Palm H W, Knaus U, Appelbaum S, et al. 2019. Coupled Aquaponics Systems//Goddek S, Joyce A, Kotzen B, et al. 2019. Aquaponics Food Production Systems. Cham: Springer: 163-200.

Pandey D, Agrawal M. 2014. Carbon footprint estimation in the agriculture sector//Assessment of Carbon Footprint in Different Industrial Sectors, vol 1. Singapore: Springer: 25-47.

Parker R. 2002. Aquaculture Science. 2nd edition. Albany: Delmar: 621.

Paul A J, Fuji A. 1989. Bioenergetics of the Alaskan Crab *Chionoecetes bairdi*. (Decapoda: Majidae). Journal of Crustacean Biology, 9(l): 25-36.

Paul A J, Paul J M, Smith R L. 1995. Compensatory growth in Alaska yellow fin sole, *Pleuronectes asper*, following food deprivation. Journal of Fish Biology, 46: 442-448.

Pawar S. 2016. Effectiveness mapping of open raceway pond and tubular photobioreactors for sustainable production of microalgae biofuel. Renewable and Sustainable Energy Reviews, 62: 640-653.

Pei S R, Dong S L, Wang F, et al. 2014. Effects of stocking density and body physical contact on growth of sea cucumber, *Apostichopus japonicus*. Aquaculture Research, 45: 629-636.

Pelletier N, Tyedmers P, Sonesson U, et al. 2009. Not all salmon are created equal: life cycle assessment (LCA) of global salmon farming systems. Environmental Science and Technology, 43: 8730-8736.

Pennell P, Barton B A. 1996. Development in Aquaculture and Fisheries. Amsterdam: Elsevier Science: 1039.

Pervez M S, Henebry G M. 2015. Assessing the impacts of climate and land use and land cover change on the freshwater availability in the Brahmaputra River basin. Journal of Hydrology: Regional Studies, 3: 285-311.

Pianka E R. 1972. *r* and *k* selection or b and d selection. American Naturalist, 106: 581-588.

Pilditch C A, Grant J, Bryan K R. 2001. Seston supply to sea scallops (*Placopecten magellanicus*) in suspended culture. Can J Fish Aquat Sci, 58 (2): 241-253.

Pillay T V R. 1992. Aquaculture and the Environment. Oxford, England: Fishing News Books: 189.

Pillay T V R, Kutty M N. 2005. Aquaculture: Principles and Practices, 2nd edition. Oxford: Blackwell Publishing: 640.

Piper R G, McElwain I B. 1982. Fish Hatchery Management. Washington D C: US Department of the Interior, Fish and Wildlife Service.

Plumb J A, Hanson L A. 2011. Health Maintenance and Principal Microbial Diseases of Cultured Fishes, Third Edition. Ames: Blackwell Publishing Ltd: 492.

Pote J W. 1990. Control of high pH in aquacultural ponds. Aquacultural Engineering, (3): 175-186.

Pounder K C, Mitchell J L, Thomson J S, et al. 2016. Does environmental enrichment promote recovery from stress in rainbow trout? Applied Animal Behaviour Science, 176: 136-142.

Powell K. 2003. Eat your veg. Nature, 426: 378-379.

Pradeep B, Rai P, Mohan S A, et al. 2012. Biology, host range, pathogenesis and diagnosis of white spot syndrome virus. Indian J Virol, 23: 161-174.

Qiu C, Zhu J. 2015. Assessing the influence of sea level rise on salt transport processes and estuarine circulation in the Changjiang River estuary. Journal of Coastal Research, 313(3): 661-670.

Racault Y, Boutin C. 2005. Waste stabilization ponds on France: state of the art and recent trends. Water Sci Technol, 51: 1-9.

Rahman M M, Corteel M, Dantas-Lima J J, et al. 2007. Impact of daily fluctuations of optimum (27℃) and high water temperature (33℃) on *Penaeus vannamei* juveniles infected with white spot syndrome virus (WSSV). Aquaculture, 269: 107-113.

Rahman M M, Escobedo C M, Cortee L M, et al. 2006. Effect of high water temperature (33 degrees C) on the clinical and virological outcome of experimental infections with white spot syndrome virus (WSSV) in specific pathogen-free (SPF) *Litopenaeus vannamei*. Aquaculture, 261(3): 842-849.

Rajendran K V, Vijayan K K, Santiago T C, et al. 1999. Experimental host range and histopathology of white spot sydrome virus (WSSV) infection in shrimp, prawns, crabs and lobsters from India. Journal of Fish Diseases, 22: 183-191.

Rakocy J E, Bailey D S, Shultz R C, et al. 2010. The status of aquaponics—2010. San Diego, USA: World Aquaculture Society.

Rakocy J E, Masser M P, Losordo T M. 2006. Recirculating aquaculture tank production systems: Aquaponics—integrating fish and plant culture. South Reg Aquacult Cent, 454: 1-16.

Ray A J, Lewis B L, Browdy C L, et al. 2010. Suspended solids removal to improve shrimp (*Litopenaeus vannamei*) production and an evaluation of a plant-based feed in minimal—exchange, superintensive culture systems. Aquaculture, 299(1): 89-98.

Ren L, Arkin P, Smith T M, et al. 2013. Global precipitation trends in 1900-2005 from a reconstruction and coupled model simulations. Journal of Geophysical Research Atmospheres, 118(4): 1679-1689.

Ren Y C, Dong S L, Qin C X, et al. 2012. Ecological effects of co-culturing sea cucumber *Apostichopus japonicus* (Selenka) with scallop *Chlamys farreri* in earthen ponds. Chinese Journal of Oceanology and Limnology, 30(1): 71-79.

Ren Y C, Dong S L, Wang F, et al. 2010. Sedimentation and sediment characteristics in sea cucumber *Apostichopus japonicus* (Selenka) culture ponds. Aquaculture Research, 42: 14-21.

Rensel J E. 1995. Management of finfish aquaculture resources//Hallegraeff G M, Anderson D M, Cembella A D. Manual on Harmful Marine Microalgae. IOC Manuals and Guides No. 33. UNESCO: 463-474.

Reynolds C S. 1984. The Ecology of Freshwater Phytoplankton. Cambridge: Cambridge University Press.

Reynolds C S. 1997. Vegetation Processes in the Pelagic: A Model for Ecosystem Theory. Oldendorf/Luhe: Ecology Institute: 371.

Rico A, Satapornvanit K, Haque M M, et al. 2012. Use of chemicals and biological products in Asian aquaculture and their potential environmental risks: A critical review. Rev Aquacult, 4(2): 75-93.

Robb D H F, MacLeod M, Hasan M R, et al. 2017. Greenhouse gas emissions from aquaculture: A life cycle assessment of three Asian systems. FAO Fisheries and Aquaculture Technical Paper No. 609. Rome: FAO: 110.

Robertson A I, Phillips M J. 1995. Mangroves as filters of shrimp pond effluent: Predictions and biogeochemical research needs. Hydrobiologia, 295: 311-321.

Robertson L A, Kuene J G. 1984. Aerobic denitrification: a controversy review. Archives of Microbiology, 139(4): 351-354.

Rödenbeck C, Keeling R, Bakker D, et al. 2013. Global surface-ocean p(CO_2) and sea-air CO_2 flux variability from an observation-driven ocean mixed-layer scheme. Ocean Science, 9(2): 193-216.

Rosas C, Vanegas C. 1993. Energy balance of *Callinecte thrasbonae* Contreras 1930 in floating cages in a tropical coastal lagoon. Journal of the World Aquaculture Society, 24(1): 71-79.

Russell N R, Wootton R J. 1992. Appetite and growth compensation in European minnows (*Phoxinus phoxinus*) following short periods of food restriction. Environ Biol Fish, 34: 277-285.

Ryder R A. 1965. A method for estimating the potential fish production of north temperate lakes. Trans Am Fish Soc, 94: 214-218.

Ryder R A. 1982. The morphoedaphic index—use, abuse, and fundamental concepts. Transactions of the American Fisheries Society, 111(2): 154-164.

Saaty T L, Vargas LG. 2012. Models, Methods, Concepts & Applications of the Analytic Hierarchy Process (2nd ed.). New York: Springer: 345.

Saeki A. 1958. Studies on fish culture in aquarium of closed-circulating system. Its fundamental theory and standard plan. Nippon Suisan Gakkaishi, 23: 684-695.

Samuelsen O B. 1989. Degradation of oxytetracycline in seawater at two different temperatures and light intensities, and the persistence of oxytetracycline in the sediment from a fish farm. Aquaculture, 83: 7-16.

Sayama M, Kurihara Y. 1983. Relationship between burrowing activity of the polychaetous annelid, *Neanthes japonica* and nitrification-denitrification processes in the sediments. J Exp Mar Bio Ecol, 72: 233-241.

Scheffer M. 1998. Ecology of Shallow Lakes. London: Chapman & Hall: 343.

Schroeder G L. 1987. Carbon and nitrogen budgets in manured fish ponds on Israel's coastal plain. Aquaculture, 62: 259-279.

Schroeder L. 1990. The dominance of algal-based food webs in fish ponds receiving chemical fertilizers plus organic manures. Aquaculture, 86: 219-229.

Schryver P D, Vadstein O. 2014. Ecological theory as a foundation to control pathogenic invasion in aquaculture. The ISME Journal, 8: 2360-2368.

Schuenhoff A, Shpigel M, Lupatsch I, et al. 2003. A semi-recirculating, integrated system for the culture of fish and seaweed. Aquaculture, 221: 167-181.

Schwarz FJ, Plank J, Kirchgessner M. 1985. Effect of protein or energy restriction with subsequent realimentation on performance parameters of carp (*Cyprinus carpio* L.). Aquaculture, 48: 23-33.

Shapiro J, Wright D J. 1984. Lake restoration by biomanipulation: Round Lake, Minnesota, the first two years. Freshwater Biology, 14: 371-383.

Shapiro J, Lamarra V, Lynch M. 1975. Biomanipulation: an ecosystem approach to lake restoration//Brezonik P L, Fox J L. Proceedings of a Symposium on Water Quality Management Through Biological Control. Gainesville: University of Florida Press: 85-96.

Shi C, Dong S L, Pei S R, et al. 2015. Effects of diatom concentration in prepared feeds on growth and energy budget of the sea cucumber *Apostichopus japonicus* (Selenka). Aquaculture Research, 46: 609-617.

Shi C, Dong S L, Wang F, et al. 2013. Effects of four fresh microalgae in diet on growth and energy budget of juvenile sea cucumber *Apostichopus japonicus* (Selenka). Aquaculture, 416-417: 296-301.

Shigeno K. 1978. Problems in Prawn Culture. New Dehli: Amerind Publishing Co.: 103.

Shumway S E. 2011. Shellfish Aquaculture and the Environment. Iowa, USA: Wiley-Blackwell: 507

Silva S M B C, Silva A D R, Lavander H D, et al. 2016. Vertical transmission of Infectious myonecrosis virus in *Litopenaeus vannamei*. Aquaculture, 459: 216-222.

Singh G, Lal K. 2018. Review and case studies on biodrainage: An alternative drainage system to manage waterlogging and salinity. Irrigation and Drainage, 67(Suppl. 2): 51-64.

Smaal A C, van Duren L A. 2019. Bivalve aquaculture carrying capacity: Concepts and assessment tools//Smaal A C, Ferreira J G, Grant J et al. Goods and Services of Marine Bivalves. Cham, Switzerland: Springer Open: 451-483.

Smaal A C, Prins T C, Dankers N, et al. 1998. Minimum requirements for modelling bivalve carrying capacity. Aquat Ecol, 31: 423-428.

Smith D W. 1985. Biological control of excessive phytoplankton growth and enhancement of aquacultural production. Canadian Journal of Fisheries & Aquatic Sciences, 42: 1940-1945.

Smith D W. 1989. The feeding selectivity of silver carp. Journal of Fish Biology, 34: 819-828.

Solomon S, Qin D, Manning M, et al. 2007. Climate Change 2007: The Physical Science Basis. Cambridge: Cambridge University Press: 989.

Song C C, Zhang L H, Wang Y Y, et al. 2006. Annual dynamics of CO_2, CH_4, N_2O emissions from freshwater marshes and affected by nitrogen fertilization. Environmental Science, 27 (12): 2370-2375.

Sorgeloos P. 2018. Improved microbial management protocols for more predictable outputs in marine fish hatcheries. Qingdao: Presentation in Ocean University of China.

Soto K. 2009. Integrated mariculture: A global review. FAO Fisheries and Aquaculture Technical Paper. 529. Rome: FAO: 183.

Spataru P, Gophen M. 1985. Feeding behaviour of silver carp *Hypophthalmichthys molitrix* Val. and its impact on the food in Lake Kinneret, Isreal. Hydrobiologia, 120: 59-61.

Spigarelli S A, Thomas M M, Prepejchal W. 1982. Feeding, growth, and fat deposition by Brown trout in constant and fluctuating temperatures. Transactions of the American Fisheries Society, 111: 199-209.

Sriprapat W, Kullavanijaya S, Techkarnjanaruk S, et al. 2011. Diethylene glycol removal by *Echinodorus cordifolius* (L.): The role of plant-microbe interactions. Journal of Hazardous Materials, 185(2-3): 1066-1072.

Sterner R W. 1986. Herbivores'direct and indirect effects on algal populations. Science, 231: 605-607.

Stickney R R, Treece G D. 2011. History of Aquaculture//Tidwell J H. Aquaculture Production Systems. Ames: Wiley-Blackwell: 15-50.

Stien L H, Bracke M B M, Folkedai O, et a1. 2013. Salmon Welfare Index Model (SWIM 1.0): A semantic model for overall welfare assessment of caged Atlantic salmon: Review of the selected welfare indicators and model presentation. Reviews in Aquaculture, 5(1): 33-57.

Stigebrandt A. 2001. FjordEnv—a water quality model for fjords and other inshore waters. Report C40. Göteborg, Sweden: Earth Sciences Centre, Göteborg University: 41. http://ancylus.net/Filbas/Fishmodel.pdf.

Stigebrandt A. 2011. Carrying capacity: general principles of model construction. Aquaculture Research, 42: 41-50.

Sun W M, Dong S L. 2010. The impact of net-isolated polyculture of tilapia (*Oreochromis niloticus*) on plankton community in saline-alkaline pond of shrimp (*Penaeus vannamei*). Aquaculture International, 19(4): 779-788.

Sun W M, Dong S L, Zhao X D, et al. 2010. Effects of zooplankton refuge on the growth of tilapia (*Oreochromis niloticus*) and plankton dynamics in pond. Aquaculture International, 18: 647-655.

Sun Z L, Gao Q F, Dong S L, et al. 2013. Seasonal changes in food uptake by the sea cucumber *Apostichopus japonicus* in a farm pond: Evidence from C and N stable isotopes. Journal of Ocean University of China, 12(1): 160-168.

Sundby B C, Gobeil N, Silverberg N, et al. 1992. The phosphorus cycle in costal marine sediments. Limnological Oceanographer, 37: 1129-1145.

Swift M R, Fredriksson D W, Unrein A, et al. 2006. Drag force acting on biofouled net panels. Aquacult Eng, 35: 292-299.

Tacon A G J, Forster I P. 2003. Aquafeeds and the environment: Policy implications. Aquaculture, 226: 181-189.

Tacon A G J, Metian M, 2008. Global overview on the use of fish meal and fish oil in industrially compounded aquafeeds: Trends and future prospects. Aquaculture, 285: 146-158.

Tacon A G J, Metian M. 2015. Feed matters: satisfying the feed demand of aquaculture. Reviews in Fisheries Science & Aquaculture, 23: 1-10.

Tacon A G J, Hasan M R, Metian M. 2011. Demand and Supply of Feed Ingredients for Farmed Fish and Crustaceans: Trends and Prospects. FAO Fisheries and Aquaculture Technical Paper No. 564, Rome.

Takahashi T. 2004. The fate of industrial carbon dioxide. Science, 305: 352-353.

Takeuchi T. 2017. Application of Recirculating Aquaculture Systems in Japan. Tokyo: Springer: 333.

Tang Q S, Zhang J H, Fang J G. 2011. Shellfish and seaweed mariculture increase atmospheric CO_2 absorption by coastal ecosystems. Marine Ecology Progress, 424: 97-104.

Tarasova O, Koide H, Dlugokencky E, et al. 2011. The state of greenhouse gases in the atmosphere using global observations through 2010. WMO Greehouse Gas Bulletin, (7): 1-4.

Telfor T, Robinson K. 2003. Environmental quality and carrying capacity for aquaculture in Mulroy Bay, Co. Donegal. Marine Environment and Health Series, 9: 1-99.

Tendencia E A, Bosma R H, Verreth J A J. 2011. White spot syndrome virus (WSSV) risk factors associated with farming practices in polyculture and monoculture *P. monodon* farms in the Philippines. Aquaculture, 311: 87-96.

Teves J F T, Ragaza J A. 2016. The quest for indigenous aquafeed ingredients: A review. Reviews in Aquaculture, 8: 154-171.

Thomas K V, Brooks S. 2010. The environmental fate and effects of antifouling paint biocides. Biofouling 26: 73-88.

Tian X L, Dong S L. 2006. The effects of thermal amplitude on the growth of Chinese shrimp *Fenneropenaeus chinensis*. Aquaculture, 251: 516-524.

Tian X L, Dong S L, Wang F, et al. 2006. The growth of juvenile Chinese shrimp, *Fenneropenaeus chinensis* Osbeck, at constant and diel fluctuating temperatures. Journal of Shellfish Research, 25(3): 1007-1011.

Tian X L, Dong S L, Wang F. 2004. The effects of temperature changes on the oxygen consumption of Chinese shrimp. Journal of Experimental Marine Biology and Ecology, 310(1): 59-72.

Tian X L, Li D S, Dong S L, et al. 2000. An experimental study on closed-polyculture of penaeid shrimp with tilapia and constricted tagelus. Aquaculture, 202(3/4): 57-77.

Tidwell J. 2012. Aquaculture production systems. Oxford: Wiley-Blackwell: 440.

Tilman D. 1977. Resource competition between planktonic-algae: An experimental and theoretical approach. Ecology, 58: 338-348.

Tilman D, Balzer C, Hill J, et al. 2011. Global food demand and the sustainable intensification of agriculture. Proceedings of the National Academy of Sciences of the United States of America, 108: 20260-20264.

Tonguthai K. 1996. The use of chemicals in aquaculture in Thailand//Arthur J R, Lavilla-Pitogo C R, Subasinghe R P. Proceedings of the meeting on the use of chemicals in aquaculture in Asia. Tigbauan: Southeast Asian Fisheries: 207-220.

Tonil M, Manciocco A, Angiullil E, et al. 2018. Review: Assessing fish welfare in research and aquaculture, with a focus on European directives. Animal, 13(1): 161-170

Treasurer J W. 2002. A review of potential pathogens of sea lice and the application of cleaner fish in biological control. Pest Management Science, 58: 456-558.

Troell M. 2009. Integrated marine and brackish water aquaculture in tropical regions: Research, implementation and prospects//Soto D. Integrated Mariculture: A Global Review. FAO Fisheries and Aquaculture Technical Paper, 529. Rome: FAO: 47-131.

Tsadik G G, Kutty M N. 1987. Influence of ambient oxygen on feeding and growth of the tilapia, *Oreochromis niloticus* (L.). Working Paper ARAC/87WP/10. Port Harcourt, Nigeria: African Regional Aquaculture Center: 13.

Tseng I T, Chen J C. 2004. The immune response of white shrimp *Litopenaeus vannamei* and its susceptibility to *Vibrio alginolyticus* under nitrite stress. Fish and Shellfish Immunology, 17(4): 325-333.

Tucker C S, Hargreaves J A. 2004. Biology and Culture of Channel Catfish. Elsevier: 676.

Turano M J, Turano R J, Daniels H V. 2008. Effects of cyclic feeding on compensatory growth of hybrid striped bass (*Morone chrysops* × *M. saxtilis*) food fish and water quality in production ponds. Aquaculture Research, 14(39): 1514-1523.

Tuyen N X, Verreth J, Vlak J M, et al. 2014. Horizontal transmission dynamics of white spot syndrome virus by cohabitation trials in juvenile *Penaeus monodon* and *P. vannamei*. Preventive Veterinary Medicine, 117: 286-294.

Tyson R V, Treadwell D D, Simonne E H. 2011. Opportunities and challenges to sustainability in aquaponic systems. Hort Technology, 21: 6-13.

United Nations. 2017. World Population Prospects: The 2017 Revision, Key Findings and Advance Tables. New York: Population Division, United Nations.

US Department of Commerce. 2001. Aquaculture policy. http://www.lib.noaa.gov/docaquapolicy.htm.

USCOP. 2004. An Ocean Blueprint for the 21st Century. Washington D C: US Comm. Ocean Policy.

Valiela I. 1995. Marine Ecological Processes. 2nd edition. New York: Springer-Verlag, Inc.

Van Ham E H, Berntssen M H G, KImsland A, et al. 2003. The influence of temperature and ration on growth, feed conversion, body composition and nutrient retention of juvenile turbot (*Scophthalmus maximus*). Aquaculture, 217: 547-558.

Vassallo P, Bastianoni S, Beiso I, et al. 2007. Emergy analysis for the environmental sustainability of an inshore fish farming system. Ecological Indicators, 7(2): 290-298.

Velmurugan A, Swarnam T P, Ambast S K, et al. 2016. Managing waterlogging and soil salinity with a permanent raised bed and furrow system in coastal lowlands of humid tropics. Agricultural Water Management, 168 (2016): 56-67.

Verbruggen B, Bickley B L, van Aerle R. 2016. Molecular mechanisms of white spot syndrome virus infection and perspectives on treatments. Viruses, 8: 23. doi:10.3390/v8010023.

Viana M T, Lopez L M, Garcia-Esquivel Z, et al. 1996. The use of silage made from fish and abalone viscera as an ingredient in abalone feed. Aquaculture, 140: 87-98.

Villarreal H. 1991. A partial energy budget for the Australian crayfish *Cherax tenuimanus*. J of the World Aqua Society, 22(4): 252-259.

Von Bertalanffy L. 1938. A quantitative theory of organic growth. Human Biology, 81: 181-213.

Waite R, Beveridge M. 2014. Brummett R et al. Improving Productivity and Environmental Performance of Aquaculture. Washington D C: World Resources Institute: 60.

Wang C S, Tsai Y J, Chen S N. 1998. Detection of white spot baculovirus infection in shrimp using in situ hybridization. Journal of Invertebrate Pathology, 72: 170-173.

Wang F, Dong S L, Huang G Q, et al. 2003. The effect of light color on the growth of Chinese shrimp *Fenneropenaeus chinensis*. Aquaculture, 228(1-4): 351-360.

Wang F, Dong S L, Huang G Q, et al. 2004. The effect of light intensity on the growth of Chinese shrimp *Fenneropenaeus chinensis*. Aquaculture, 234(1-4): 475-483.

Wang G D, Dong S L, Tian X L, et al. 2015a. Sustainability evaluation of different systems for sea cucumber (*Apostichopus japonicus*) farming based on emergy theory. Journal of Ocean University of China, 14(3): 503-510.

Wang G D, Dong S L, Tian X L, et al. 2015b. Life cycle assessment of different systems for sea cucumber (*Apostichopus japonicus* Selenka) farming. Journal of Ocean University of China, 14 (6): 1068-1074.

Wang J Q. 1989. Daily food consumption and feeding rhythm of sliver carp (*Hypophtalmichthys molitrix*) during fry to fingerling period. Aquaculture 83: 73-79.

Wang J Q, Li D S, Dong S L, et al. 1998. Experimental studies on polyculture in closed shrimp ponds 1. Intensive polyculture of Chinese shrimp (*Penaeus chinensis*) with tilapia hybrid. Aquaculture, 163: 11-27.

Wang J Q, Li D S, Dong S L, et al. 1999. Experimental studies on intensive polyculture of Chinese shrimp with bay scallop. Journal of Fishery Sciences of China, 6(1): 97-102.

Wang Q H, Dong S L, Tian X L, et al. 2007. Effects of circadian rhythms of fluctuating temperature on growth and biochemical composition of *Ulva pertusa*. Hydrobiologia, 586: 313-319.

Wang Q L, Dong Y W, Qin C X, et al. 2013. Effects of rearing temperature on growth, metabolism and thermal tolerance of juvenile sea cucumber, *Apostichopus japonicus* Selenka: critical thermal maximum (CTmax) and *hsps* gene expression. Aquaculture Research, 44(10): 1550-1559.

Wang X Q, Ma S, Dong S L, et al. 2004. Effects of salinity and carbohydrate levels on growth and energy budget of juvenile *Litopenaeus vannamei*. Journal of Shellfish Research, 23(1): 231-236.

Wang Y, Cui Y B, Yang Y X, et al. 2002. Reduced growth in hybrid tilapia (*Oreochromis mossambicus* ×*O. niloticus*) at intermediate stocking density. Chinese Journal of Oceanology and Limnology, 20(4):

344-347.
Ward J E, MacDonald B A, Thompsom R J. 1993. Mechanisms of suspension feeding in bivalves: Resolution of current controversies by means of endoscopy. Limnology & Oceanography, 38(2): 265-272.
Ware J R, Smith S V, Reakakudla M L. 1992. Coral-reefs-sources or sinks of atmospheric CO_2. Coral Reefs, 11(3): 127-130.
Weise A M, Cromey C J, Callier M D, et al. 2009. Shellfish-DEPOMOD: modelling the biodeposition from suspended shellfish aquaculture and assessing benthic effects. Aquaculture, 288: 239-253.
Weitzman J, Filgueira R. 2020. The evolution and application of carrying capacity in aquaculture: Towards a research agenda. Reviews in Aquaculture, 12: 1297-1322.
Wetzel R G. 1983. Limnology. 2nd edition. New York: CBS College Publishing: 767.
Wieser W, Krumschnabel G, Ojwang-Okwor J P. 1992. The energetics of starvation and growth after refeeding in juveniles of three cyprinid species. Environmental Biology of Fishes, 33: 63-71.
Wilson P N, Osbourn D F. 1960. Compensatory growth after undernutrition in mammals and birds. Biological Reviews, 35: 324-363.
Worster D. 1994. Nature's Economy—A History of Ecological Ideas (2nd edition). Cambridge: Cambridge University Press.
Wu L X, Dong S L. 2002. Compensatory growth responses in juvenile Chinese shrimp, *Penaeus chinensis*, at different temperature. Journal of Crustacean Biology, 23(3): 511-520.
Wu L X, Dong S L, Wang F, et al. 2000. Compensatory growth response following period of starvation in Chinese shrimp, *Penaeus chinensis* Osbeck. Journal of Shellfish research, 19 (2): 717-722.
Wu L X, Dong S L, Wang F, et al. 2001. The effect of previous feeding regimes on the compensatory growth response in Chinese shrimp, *Penaeus chinensis*. Journal of Crustacean Biology, 21(3): 559-565.
Wu L X, Dong S L, Wang F, et al. 2002a. Effects of protein restriction with subsequent realimentation on growth performance of juvenile Chinese shrimp, *Fenneropenaeus chinensis* (Osbeck). Aquaculture, 210(1-4): 343-358.
Wu L X, Dong S L, Wang F, et al. 2002b. The effects of repetitive starvation-and-refeeding cycles on the compensatory growth response in Chinese shrimp, *Fenneropenaeus chinensis* (Osbeck 1765). Crustaceana, 74(11): 1225-1239.
Wu R S S. 1995. The environmental impact of marine fish culture: Towards a sustainable future. Marine Pollution Bulletin, 31: 159-166.
Wyban J, Walsh W A, Godin D M. 1995. Temperature effects on growth, feeding rate and feed conversion of the Pacific white shrimp (*Penaeus vannamei*). Aquaculture, 138(1): 267-279.
Xia B, Gao Q F, Dong S L, et al. 2013. Uptake of farming wastes by silver carp *Hypophthalmichthys molitrix* in polyculture ponds of grass carp *Ctenopharyngodon idella*: evidence from C and N stable isotopic analysis. Aquaculture, 404-405: 8-14.
Xie P, Liu J K. 1992. Studies on the influences of planktivorous fishes (silver carp and bighead carp) on the phytoplankton community in a shallow eutrophic Chinese lake (the Donghu Lake) using enclosure method//Liu J K. Annual Report of FEBL for 1990. Beijing: International Academic Publishers: 31-38.
Xing Y P, Xie P, Yang H, et al. 2005. Methane and carbon dioxide fluxes from a shallow hypereutrophic subtropical lake in China. Atmospheric Environment, 39: 5532-5540.
Xing Y P, Xie P, Yang H, et al. 2006. The change of gaseous carbon fluxes following the switch of dominant producers from macrophytes to algae in a shallow subtropical lake of China. Atmospheric Environment, 40: 8034-8043.
Xiong Y H, Wang X, Dong S L, et al. 2019. Comparisons of salinity adaptation in terms of growth, body composition, and energy budget in juveniles of rainbow and steelhead trouts (*Oncorhynchus mykiss*), Journal of Ocean University of China, 18(2): 509-518.
Yamamoto K, Hirano O, Hashimoto M. 1988. A direct measurement of gill ventilation volume and its application to carp. Suisanzoshoku, 36: 131-135.
Yamamoto Y. 2017. Characteristics of closed recirculating systems//Takeuchi T. Application of Recirculating Aquaculture Systems in Japan. Tokyo: Springer: 1-18.
Yan D C, Dong S L, Huang J, et al. 2004. White spot syndrome virus (WSSV) detected by PCR in rotifers

and rotifer resting eggs from shrimp pond sediments. Diseases of Aquatic Organisms, 59: 69-73.

Zang W L, Xu X C, Dai X L, et al. 1993. Toxic effects of Zn^{2+}, Cu^{2+}, Cd^{2+} and NH_3 on Chinese prawn. Chinese Journal of Oceanology and Limnology, 11(3): 254-259.

Zdanovich V V. 1999. Some features of growth of the young of Mozambique tilapia, *Oreochromis mossambicus*, at constant and fluctuating temperatures. Journal of Ichthyology, 39(1): 100-104.

Zhang J S, Dong S L. 2006. Studies on the rotifer (*Brachionus urceus* Linnaeus, 1758) as a vector in white spot syndrome virus (WSSV) transmission. Aquaculture, 261: 1181-1185.

Zhang J S, Dong S L. 2008. Bioassay evidence for the transmission of WSSV by the harpacticoid copepod *Nitocra* sp. Journal of Invertebrate Pathology, 97(1): 33-39.

Zhang J S, Dong S L, Tian X L, et al. 2007. Virus—phytoplankton adhesion: a new WSSV transmission route to zooplankton. Acta Oceanologica Sinica, 26(6): 109-115.

Zhang P, Dong S L, Wang F, et al. 2011. Effect of salinity on growth and energy budget of red and green color variants sea cucumber *Apostichopus japonicus* (Selenca). Aquaculture Research, 43(11): 1611-1619.

Zhao C, Chen B. 2014. Driving force analysis of the agricultural water footprint in China based on the LMDI method. Environmental Sciencc & Technology, 48(21): 12723-12731.

Zhao W, Dong S L. 2003. The contribution of size-fractionated plankton to biomass and primary production of phytoplankton in saline-alkaline ponds. Hydrobiologia, 492: 181-190.

Zhao Z G, Dong S L. 2017. Effects of algae particle size on the breathing and feeding of filter-feeding silver carp (*Hypophthalmichthys molitrix* Val.). Aquaculture Research, 48(6): 3102-3110.

Zhao Z G, Dong S L, Wang F, et al. 2011. The measurements of filtering parameters under breathing and feeding of filter-feeding silver carp (*Hypophthalmichthys molitrix* Val.). Aquaculture, 319: 178-183.

Zhao Z G, Dong S L, Wang F, et al. 2014. Effect of algae density on breathing and feeding of filter-feeding silver carp (*Hypophthalmichthys molitrix* Val.). Aquaculture, 433: 133-136.

Zheng Z H, Dong S L, Tian X L. 2008. Effects of intermittent feeding of different diets on growth of *Litopenaeus vannamei*. Journal of Crustacean Biology, 28(1): 21-26.

Zheng Z M, Dong S L, Tian X L, et al. 2009. Sediment-water Fluxes of Nutrients and Dissolved Organic Carbon in Extensive Sea Cucumber Culture Ponds. Clean-Water, Air and Soil, 37 (3), 218-224.

Zhu C B, Dong S L, Wang F, et al. 2004. Effects of Na/K ration in seawater on growth and energy budget of juvenile *Litopenaeus vannamei*. Aquaculture, 234(1-4): 485-496.

Zhu C B, Dong S L, Wang F, et al. 2006a. Interaction of salinity and Na/K ratio in seawater on growth, nutrient retention and food conversion of juvenile *Litopenaeus vannamei*. Journal of Shellfish Research, 25(1): 107-112.

Zhu C B, Dong S L, Wang F, et al. 2006b. Effects of seawater potassium concentration on the dietary potassium requirement of *Litopenaeus vannamei*. Aquaculture, 258: 543-550.